Carl von Liebermeister

Vorlesungen über die Krankheiten des Nervensystems

Carl von Liebermeister

Vorlesungen über die Krankheiten des Nervensystems

ISBN/EAN: 9783743452312

Hergestellt in Europa, USA, Kanada, Australien, Japan

Cover: Foto ©berggeist007 / pixelio.de

Manufactured and distributed by brebook publishing software (www.brebook.com)

Carl von Liebermeister

Vorlesungen über die Krankheiten des Nervensystems

C. LIEBERMEISTER,

KRANKHEITEN DES NERVENSYSTEMS.

Vorlesungen

über

Specielle Pathologie und Therapie

VON

Dr. C. LIEBERMEISTER,

O. Ö. PROFESSOR DER PATHOLOGIE UND THERAPIE, VORSTAND DER
MEDICINISCHEN KLINIK IN TÜBINGEN.

———

ZWEITER BAND.

KRANKHEITEN DES NERVENSYSTEMS.

———

LEIPZIG,

VERLAG VON F. C. W. VOGEL.

1886.

VORLESUNGEN

ÜBER DIE

KRANKHEITEN DES NERVENSYSTEMS

VON

Dr. C. LIEBERMEISTER,

O. Ö. PROFESSOR DER PATHOLOGIE UND THERAPIE, VORSTAND DER
MEDICINISCHEN KLINIK IN TÜBINGEN.

MIT 4 ABBILDUNGEN.

———— · ————

LEIPZIG,
VERLAG VON F. C. W. VOGEL.
1886.

INHALTSVERZEICHNISS.

KRANKHEITEN DER PERIPHERISCHEN NERVEN.

Seite

Anatomische Erkrankungen peripherischer Nerven 10
Continuitätstrennung 10
Atrophie und Degeneration 12
Hypertrophie und Neubildung. Neurome 14
Neuritis 16

Functionelle Störungen in peripherischen Nerven 21
Functionelle Störungen in sensiblen Nerven 22
Hyperaesthesie und Paraesthesie 23
Anaesthesie 26
Anaesthesie der Hautnerven. Anaesthesia cutanea 28
Symptomatologie und Untersuchungsmethoden 31
1. Mangel des Drucksinns. Anaesthesia tactilis 31
2. Mangel des Temperatursinns. Thermische Anaesthesie . . 35
3. Mangel der Schmerzempfindung. Analgesie 36
Abnormitäten der Erregung in sensiblen Nerven 47
Schmerz 48
Neuralgie 52
Neuralgien im Gebiete der Hautnerven 64
Neuralgie im Gebiete des Trigeminus. Prosopalgie. Tic douloureux.
Neuralgia faciei. Gesichtsschmerz 64
Cervico-Occipital-Neuralgie. Neuralgie im Gebiete der vier oberen
Cervicalnerven 65
Cervico-brachial-Neuralgie. Neuralgie im Gebiete der vier unteren
Cervicalnerven 66
Intercostalneuralgie 67
Lumbo-abdominal-Neuralgie 67
Cruralneuralgie 68
Neuralgie im Gebiete des Plexus ischiadicus. Ischias 68
Coccygodynie 70
Hautjucken. Pruritus 71
Neuralgien in inneren Organen 74
Kopfschmerz. Cephalalgie 75

Seite

Hemikranie. Migräne 78
Rückenschmerz. Spinalirritation 81
Neuralgia pleuritica 82
Angina pectoris 83
Neuralgie der Brustdrüse, Mastodynie 83
Neuralgie der Magennerven, Gastralgie, nervöse Cardialgie, Magen-
krampf 83
Neuralgia mesenterica, Colica nervosa 83
Neuralgia spermatica s. testiculi 84
Neuralgien der Gelenke 84
Functionelle Störungen in motorischen Nerven 86
Lähmung. Akinesis 86
Lähmungen im Gebiete einzelner Nerven 99
Lähmung des Nervus facialis. Gesichtslähmung 100
Lähmung des motorischen Theiles des N. trigeminus, Kaumuskel-
lähmung 106
Lähmung des N. hypoglossus 106
Lähmung des M. serratus anticus major 107
Lähmung der Rückenmuskeln 108
Lähmung des Zwerchfells 108
Lähmung des N. radialis 109
Acute spinale Lähmung. Poliomyelitis anterior acuta 110
Progressive Muskelatrophie 115
Progressive Bulbärparalyse. Paralysis glosso-pharyngo-labialis . . . 125

Abnormitäten der Erregung in motorischen Nerven 132
Hyperkinesis. Krampf. Spasmus 132
Symptomatologie 133
Tonische Krämpfe 133
Klonische Krämpfe 134
Aetiologie 137
Therapie 139
Localisirte Krämpfe 141
Krampf im Bereiche des Facialis. Mimischer Gesichtskrampf. Tic
convulsif 143
Krampf im motorischen Theil des Trigeminus. Kaumuskelkrampf 143
Krampf im Gebiet des Accessorius 144
Krampf des Zwerchfells 144
Functionelle Krämpfe. Schreibekrampf und andere Beschäftigungskrämpfe 145

KRANKHEITEN DES RÜCKENMARKS.

Anatomische Erkrankungen des Rückenmarks 156
Die Herderkrankungen des Rückenmarks 157
1. Totale vollständige Quertrennung 157
2. Unvollständige Quertrennung 163
3. Particlle Quertrennung 164
4. Halbseitige Quertrennung 165

Seite

Die verschiedenen Arten der Herderkrankungen 167
I. Traumatische Einwirkungen 167
II. Tumoren 168
III. Compression 169
IV. Haemorrhagie. Spinalapoplexie 171
V. Myelitis 172
Diffuse Erkrankungen des Rückenmarks. Systemerkrankungen. Tabes
dorsalis im weiteren Sinn 178
Aetiologie 181
Symptomatologie 183
Tabes dorsalis im engeren Sinne. Sklerose der Hinterstränge mit
Betheiligung der grauen Substanz. Tabes sensibilis et coordi-
natoria 189
Tabes spastica 192
Myatrophische Lateralsklerose 194
Therapie 196
Hyperaemie und Anaemie des Rückenmarks 197
Meningitis spinalis. Acute Leptomeningitis 197
Chronische Leptomeningitis 202
Pachymeningitis spinalis 203
Blutungen in die Rückenmarkshäute 204
Congenitale Anomalien des Rückenmarks 204
Hydrorrhachis interna 205
Spina bifida 205

Functionelle Krankheiten des Rückenmarks 206
Tetanus. Starrkrampf 207
Paralysis ascendens acuta 212

KRANKHEITEN DES GEHIRNS.

Anatomische Erkrankungen des Gehirns 213
Herderkrankungen 214
Herderkrankungen in der Grosshirnrinde 217
Störungen der Motilität 222
Störungen der Sensibilität 224
Störung des Sprachvermögens, Aphasie 225
Störungen der höheren psychischen Functionen 229
Herderkrankungen im Centrum ovale 230
Herderkrankungen in den Grosshirnganglien und der Capsula interna . 232
Herderkrankungen im Pedunculus cerebri 238
Herderkrankungen im Pons Varolii 239
Herderkrankungen in der Medulla oblongata 243
Herderkrankungen im Kleinhirn 245
Herderkrankungen an der Basis des Gehirns 247
Raumbeschränkende Wirkungen bei Herderkrankungen. Gehirndruck 250
Die verschiedenen Arten der Herderkrankungen 256
Gehirnhaemorrhagie. Apoplexia sanguinea 257
Verschliessung von Gehirnarterien. Gehirnerweichung 267

Seite

Gehirnabscess. Encephalitis suppurativa 272
Tumoren des Gehirns 277
Diffuse Gehirnkrankheiten 288
Acute Meningitis 289
   Anatomisches Verhalten 289
   Aetiologie 291
      Meningitis simplex 291
      Meningitis cerebrospinalis epidemica 293
      Meningitis tuberculosa 294
   Symptomatologie 294
   Therapie 300
Chronische Meningitis 301
Thrombose der Gehirnsinus 303
Haematom der Dura mater 306
Hydrocephalus congenitus. 308
Hydrocephalus chronicus acquisitus 311
Gehirnoedem. Intracranielles Oedem. 313
Hypertrophie des Gehirns 315
Atrophie des Gehirns und Bildungsmangel. 316
Multiple Sklerose des Gehirns und Rückenmarks 319
Diffuse Sklerose des Gehirns 322
Diffuse parenchymatöse Degeneration des Gehirns. Dementia paralytica 323
Hyperaemie des Gehirns 329
Arterielle Anaemie des Gehirns 335
Gehirnreizung 341
   Febrile Störungen der Gehirnfunctionen 341
   Gehirnreizung mit Depression der Temperatur 345
   Mania transitoria 345
   Delirium tremens 348
   Gehirnreizung bei Kindern 352
   Leichtere Formen von Gehirnreizung 353

Functionelle Gehirnkrankheiten 355
   Epilepsie 356
   Eklampsie 369
   Chorea 371
   Paralysis agitans 378
   Katalepsie 380
Störungen der psychischen Functionen 381
   Hysterie 386
   Hypochondrie 416
   Störungen der höheren psychischen Functionen. Geisteskrankheiten . 431

KRANKHEITEN

DES

NERVENSYSTEMS.

Die Lehre von den Krankheiten des Nervensystems ist das schwierigste Capitel der speciellen Pathologie. Die überaus grosse Mannigfaltigkeit in dem Bau und den Functionen der nervösen Apparate hat der anatomischen und physiologischen Forschung besonders grosse Schwierigkeiten bereitet, und die Mangelhaftigkeit in der Erkenntniss des normalen Verhaltens steckt wiederum der Erkenntniss des abnormen Verhaltens, der pathologischen Anatomie und der Pathologie, sehr enge Grenzen. Und so erklärt es sich auch, dass in diesem Gebiete häufiger als in anderen die pathologisch-anatomische Untersuchung und die klinische Forschung noch nicht sich decken und in vielen Fällen noch kaum bis zur gegenseitigen Berührung gekommen sind. Aus diesem Grunde sind wir genöthigt, bei den Krankheiten des Nervensystems noch zu unterscheiden einerseits die anatomischen oder sogenannten organischen Krankheiten und anderseits die functionellen Krankheiten. Bei den ersteren kennen wir einigermassen die anatomischen Veränderungen und können häufig auch angeben, welcher Symptomencomplex diesen Veränderungen entsprechen wird. Die sogenannten functionellen Krankheiten dagegen stellen nur gewisse Complexe von Symptomen dar, von denen wir zwar voraussetzen, dass ihnen gewisse materielle Veränderungen zu Grunde liegen, bei denen wir aber über die Art und oft auch über den Sitz dieser materiellen Veränderungen nur vereinzelte Andeutungen und oft sogar nur unsichere Vermuthungen haben.

So z. B. werden anatomische oder organische Krankheitseinheiten dargestellt durch die Tumoren des Gehirns, die je nach ihrem Sitz und ihrer Grösse ·verschiedene Symptome hervorrufen. Eine functionelle Krankheitseinheit dagegen bildet z. B. die Epilepsie, ein sehr charakteristischer Complex von Symptomen, für welchen eine constante anatomische Grundlage bisher nicht aufgefunden worden ist. In einzelnen Fällen treten die anatomische und die functionelle Krankheitseinheit in Berührnng, indem durch manche Tumoren des Gehirns auch der Symptomencomplex der Epilepsie hervorgerufen werden kann; andere Tumoren aber haben keine Epilepsie zur Folge; und umgekehrt kommt in sehr zahlreichen

1*

Fällen Epilepsie vor, ohne dass Tumoren zugegen sind. Weitere anatomische Krankheiten im Gebiet der Centralorgane sind z. B. Atrophie
oder Hypertrophie, Haemorrhagie, Embolie, Encephalitis, Meningitis u. s. w.
Functionelle Krankheiten, bei denen wir von der anatomischen Grundlage
nur unvollkommen oder gar nicht Kenntniss haben, sind z. B. Tetanus,
Chorea, Hysterie, Geisteskrankheiten u. s. w. Im Gebiete der peripherischen Nerven ist z. B. die Neuritis eine anatomische Krankheitseinheit;
dieselbe kann unter Umständen auch das Symptom bewirken, welches
wir als Neuralgie bezeichnen; unter anderen Umständen dagegen macht
die Neuritis keine Neuralgie; und in vielen anderen Fällen haben wir
Neuralgie, während eine Neuritis nicht nachzuweisen ist. Ebenso ist im
Gebiete der motorischen Nerven die Lähmung oft die Folge deutlich er-
kennbarer anatomischer Veränderungen, während in anderen Fällen Lähmungen und namentlich Krämpfe für uns vorläufig nur functionelle Anomalien darstellen. Es ist demnach gegenwärtig bei der Besprechung der
Krankheiten des Nervensystems die Unterscheidung von anatomischen (organischen) und functionellen Krankheiten nicht zu vermeiden. Als das
Ziel, welches die Wissenschaft anzustreben hat, und welchem sie auch
in der That in neuerer Zeit bereits merklich näher gerückt ist, muss die
Aufgabe hingestellt werden, die anatomischen und die functionellen Störungen allmählich zur vollständigen Deckung zu bringen. Vielleicht wird
es dabei allmählich auch gelingen, dem letzten und einzig wissenschaftlichen Eintheilungsprinzip, nämlich dem aetiologischen (vgl. Bd. I. S. 14)
mehr, als es bisher möglich war, gerecht zu werden.

Die Krankheiten des Nervensystems sind für den Arzt von hervorragender Wichtigkeit schon wegen der ausserordentlichen Häufigkeit ihres Vorkommens. Und dabei sind viele dieser Krankheiten
der Therapie zugänglich, und es können durch eine zweckmässige
und sorgfältige Behandlung oft grosse und überraschende Erfolge
erreicht werden. Aber nur derjenige Arzt darf auf solche Resultate
rechnen, der mit seinen theoretischen Kenntnissen auf der Höhe der
Forschung steht, und der alle praktisch brauchbaren Bruchstücke
unserer Erkenntniss sorgfältig gesammelt hat und zu verwenden weiss.

Von den Darstellungen, welche das ganze Gebiet der Krankheiten des
Nervensystems behandeln, sind vorzugsweise zu empfehlen: K. E. Hasse,
Krankheiten des Nervenapparates in Virchow's Handbuch der speciellen Pathologie und Therapie. Erlangen 1855. 2. Aufl. 1868. — Ziemssen's Handbuch der speciellen Pathologie und Therapie. Bd. XI. 1, XI. 2, XII. 1, XII. 2
und Anhang, bearbeitet von H. Nothnagel, F. Obernier, O. Heubner,
G. Huguenin, E. Hitzig, W. Erb, A. Eulenburg, J. Bauer, H.
v. Ziemssen, F. Jolly, A. Kussmaul. — J. M. Charcot, Leçons sur
les maladies du système nerveux. T. I—III. Paris 1572—1583. T. I. 5. éd.
1584. Uebersetzt von B. Fetzer. Stuttgart 1574 bis 1578. — A. Strümpell, Lehrbuch der speciellen Pathologie und Therapie. 2. Bd. 1. Theil.
Leipzig 1584. 3. Aufl. 1586. — Vgl. P. J. Moebius, Allgemeine Diagnostik
der Nervenkrankheiten. Leipzig 1586.

Wir behandeln die Krankheiten des Nervensystems in drei Abschnitten, indem wir der Reihe nach besprechen:

1. die Krankheiten der peripherischen Nerven,
2. die Krankheiten des Rückenmarks,
3. die Krankheiten des Gehirns.

Wir beginnen mit den Krankheiten der peripherischen Nerven,. weil diese die relativ einfacheren Verhältnisse darbieten.

Krankheiten der peripherischen Nerven.

M. H. Romberg, Lehrbuch der Nerven-Krankheiten des Menschen. 1. Bd. 2. Aufl. Berlin 1851. — W. Erb, in Ziemssen's Handbuch. XII, 1. 2. Aufl. Leipzig 1876. — A. Eulenburg, Lehrbuch der functionellen Nervenkrankheiten. Berlin 1871. 2. Aufl. 1878. — A. Seeligmüller, Lehrbuch der Krankheiten der peripheren Nerven und des Sympathicus. Braunschweig 1882.

Die Nervenfasern, aus welchen die peripherischen Nerven zusammengesetzt sind, die sogenannten Primitivnervenfasern, enthalten im Innern den Achsencylinder, der insofern als der wichtigste Theil erscheint, als in ihm hauptsächlich die Nervenerregung weitergeleitet wird, und der nach den neueren Untersuchungen noch eine besondere fibrilläre Structur erkennen lassen soll. Der Achsencylinder ist bei den meisten Nerven umgeben von dem Nervenmark oder der sogenannten Markscheide, welche aus einer während des Lebens homogenen, stark lichtbrechenden Substanz besteht, die kurz nach dem Tode durch eine Art Gerinnung die Entstehung der doppelten Conturen veranlasst, die ferner zu grösseren und kleineren Tropfen zerfällt oder nach dem Austreten aus dem Nerven die mannigfaltigen Myelinformen bildet. Endlich zu äusserst ist die Markscheide umgeben von der Primitivscheide oder Schwann'schen Scheide, einer durchsichtigen, an der Innenseite mit spärlichen Kernen versehenen Membran, die von Stelle zu Stelle Einschnürungen zeigt, welche nahezu oder ganz bis auf den Achsencylinder gehen und somit die Continuität der Markscheide unterbrechen (Schnürringe von Ranvier). Ausserdem wird das Nervenmark noch durch schräge Einkerbungen (Lantermann) in Marksegmente abgetheilt.

In der weissen Substanz der Centralorgane und im Nervus opticus kommen Fasern vor, welche nur aus Achsencylinder und Markscheide bestehen, während die Primitivscheide fehlt. Und endlich gibt es, besonders im Sympathicus, marklose Nervenfasern, welche nur aus Achsencylinder und Primitivscheide, oder sogar nur aus nackten Achsencylindern bestehen.

Die einzelnen peripherischen Nerven stellen Bündel von Nervenfasern dar, welche durch ein gefässhaltiges Bindegewebe (Perineurium) zusammengeheftet und aussen von solchem umgeben sind. Innerhalb dieser Nervenbündel verläuft jede Faser vom Centrum bis zur Peripherie un-

getheilt und ohne Verbindung mit den übrigen Fasern. Bei den Anastomosen und Plexusbildungen tauschen die Nervenbündel vielfach Fasern
unter einander aus; die einzelnen Fasern aber bleiben immer vollständig
isolirt. Nur am peripherischen Ende der Nervenfasern kommen Thei-
lungen der einzelnen Fasern vor.

Durch die peripherischen Nerven sind somit die Centralorgane des
Nervensystems mit den peripherischen Organen, in welchen die Nerven
endigen, in leitende Verbindung gesetzt. Und zwar erfolgt die Leitung
im Bereich der peripherischen Nerven so, dass die Erregung nur in der
erregten Faser sich fortpflanzt, aber nicht von dieser Faser auf eine andere benachbarte übergeht. Das sogenannte Gesetz der isolirten
Leitung wird für die peripherischen Nerven mit Recht allgemein als
feststehend betrachtet.

Nach ihrer Function zerfallen die peripherischen Nerven zunächst
in zwei grosse Gruppen, die wir als Nerven mit centripetaler und
Nerven mit centrifugaler Leitung bezeichnen können. Bei den
ersteren erfolgt die Erregung an der Peripherie und wird fortgeleitet
zum Centralorgan, wie z. B. bei den Sinnesnerven und bei den schmerzempfindenden Nerven; bei den anderen erfolgt die Erregung im Centralorgan und wird fortgeleitet zur Peripherie, wie z. B. in den motorischen
Nerven der Muskeln. In der Hauptsache entspricht deshalb diese Eintheilung der gebräuchlicheren Eintheilung in sensible und motorische
Nerven; doch fallen beide Eintheilungen, wie dies später zu erörtern
sein wird, nicht vollständig zusammen. — Die meisten Nervenbündel enthalten an der Stelle, wo sie aus dem Centralorgan austreten, entweder
nur centripetal oder nur centrifugal leitende Fasern; so z. B. sind die
aus dem Rückenmark austretenden hinteren Wurzeln sensibel, die vorderen motorisch; die meisten Gehirnnerven sind entweder nur sensibel
(Olfactorius, Opticus, Acusticus, grosse Wurzel des Trigeminus) oder nur
motorisch (Oculomotorius, Trochlearis, Abducens, Facialis, Hypoglossus,
die kleinere Wurzel des Trigeminus). Bald nach dem Austritt werden
aber meist sensible und motorische Fasern zu einem gemischten Nerven
vereinigt; so geschieht z. B. bei den Rückenmarksnerven diese Vereinigung
jenseits der Spinalganglien. Die meisten peripherischen Nerven sind somit
gemischte Nerven, enthalten sensible und motorische Fasern; eine Ausnahme davon bilden hauptsächlich manche Nerven der Sinnesorgane.

Sind nun die centripetal leitenden Nerven an sich verschieden von
den centrifugal leitenden? Und ferner: sind Nerven, welche die Lichtempfindung zum Centralorgan leiten, an sich verschieden von denjenigen,
welche die Tastempfindung oder den Schmerz leiten, oder von denjenigen,
welche die Willenserregung auf den Muskel übertragen und Contraction
desselben bewirken? Gibt es eine sogenannte specifische Energie
der Nerven als solcher? Diese Frage ist noch nicht mit voller Sicherheit entschieden. Wir können aber bisher sagen: es sind keine Thatsachen bekannt, welche mit Bestimmtheit fordern, eine specifische Energie
der Nerven an sich anzunehmen. Vielmehr sprechen manche Thatsachen
dafür, alle peripherischen Nerven als im Wesentlichen gleichartig anzusehen. Dass ein motorischer Muskelnerv, wenn er erregt wird, nur Muskelcontraction und nichts Anderes bewirkt, beruht darauf, dass er an der

Peripherie in eigenthümlicher Weise mit Muskelfasern in Verbindung steht; die Erregung kann, wenn sie in seinem peripherischen Verlauf stattfindet, vielleicht auch centripetal fortgeleitet werden; aber es wird dadurch weder Schmerz, noch Lichtempfindung, noch etwas Anderes erregt, weil er im Centralorgan nicht mit Apparaten in Verbindung steht, welche Schmerz oder Lichtempfindung oder eine andere Empfindung auf das Bewusstsein übertragen könnten. Die Erregung des Opticus kann nur Lichtempfindung bewirken, weil er zu einer Stelle des Centralorgans führt, an welcher jede Erregung als Lichtempfindung wahrgenommen wird; darum wird auch die Erregung des Opticus durch Druck oder Schlag als Lichtempfindung wahrgenommen. Irgend ein anderer Nerv kann aber durch Licht überhaupt nicht erregt werden, weil der Endapparat, die Netzhaut, fehlt, in welcher Licht in Nervenerregung übergeführt wird. Auch die Telegraphendrähte sind sämmtlich gleichartig; in welcher Richtung die Leitung erfolgt oder wirksam ist, ob dadurch ein Glockensignal gegeben oder Schriftzeichen übertragen werden, hängt nur von dem Verhalten der Endapparate ab.

Somit steht bis jetzt Nichts im Wege, alle peripherischen Nerven als im Wesentlichen gleichartig zu betrachten, in denselben nichts Anderes zu sehen, als Leitungsapparate, durch welche die Centralorgane des Nervensystems mit den peripherischen Endorganen verbunden werden. Und zwar stellt jede einzelne mikroskopische Nervenfaser eine vollkommen isolirte Leitung dar. In welcher Weise diese Leitung in den Nerven erfolgt, ob dabei die hauptsächlich durch Du bois-Reymond erforschten elektrischen Vorgänge das Wesentliche sind, oder ob die elektrischen Erscheinungen nur ein relativ gleichgültiges Nebenproduct darstellen, ist, so interessant diese Frage auch sein mag, vorläufig für den Pathologen nicht von Belang.

Indem wir alle peripherischen Nerven als gleichartig und nur als Leitungsorgane betrachten, wird die Lehre von den Krankheiten derselben wesentlich vereinfacht, namentlich so weit es sich um die anatomischen (organischen) Erkrankungen handelt. Freilich werden die Symptome der Erkrankungen und die Folgen für den Gesammtorganismus verschieden sein, jenachdem die einen oder die anderen Leitungsbahnen unterbrochen sind: wenn im Opticus die Leitung aufgehoben ist, so ist die Folge natürlich eine andere, als wenn in den Nerven, welche einen Muskel versorgen, die Leitung unterbrochen ist. Daher können wir bei der Besprechung der Krankheiten der peripherischen Nerven es nicht unterlassen, immer zugleich sowohl auf die centralen als die peripherischen Endapparate und somit auf die sogenannte specifische Energie des einzelnen Nerven Rücksicht zu nehmen.

Die functionellen Störungen, welche durch Erkrankungen der peripherischen Nerven bewirkt werden können, lassen sich im Wesentlichen unter zwei Gesichtspunkte unterbringen. Es handelt sich entweder um Abnormitäten der Leitung oder um Abnormitäten der Erregung.

Bei den Abnormitäten der Leitung pflegt man zu unterscheiden: Vermehrung der Leitung oder Verminderung oder endlich qualitative Veränderungen derselben. Eine Vermehrung der Leitungsfähigkeit würde in sensibeln Nerven als Hyperaesthesie ($\alpha\check{\iota}\sigma\vartheta\eta\sigma\iota\varsigma$ = Empfindung, von $\alpha\check{\iota}\sigma\vartheta\acute{\alpha}\nu o\mu\alpha\iota$), in motorischen als Hyperkinese ($\varkappa\acute{\iota}\nu\eta\sigma\iota\varsigma$ = Bewegung, von $\varkappa\iota\nu\acute{\epsilon}\omega$) sich darstellen. Die Verminderung oder Aufhebung der Leitungsfähigkeit macht Anaesthesie und Akinese. Die qualitativen Veränderungen der Leitung würden als Paraesthesie und Parakinese zu bezeichnen sein.

Wir werden diese Begriffe der Hyperaesthesie, Hyperkinese u. s. w. im Folgenden noch häufig zu verwerthen haben. Die Auffassung aber, nach welcher diese Zustände sämmtlich von Veränderungen der leitenden Nervenfasern abhangen oder wenigstens abhangen können, bedarf mehrfacher Modificationen. Zunächst ist das Vorkommen einer pathologischen Vermehrung der Leitungsfähigkeit einer Nervenfaser bisher nicht erwiesen und auch a priori sehr unwahrscheinlich: die Erscheinungen der Hyperaesthesie und Hyperkinese, die zum Theil auf den ersten Blick für eine solche Annahme zu sprechen scheinen, lassen sich sämmtlich, wie dies später noch näher erörtert werden wird, entweder auf Abnormitäten der Erregung oder auf abnormes Verhalten der peripherischen oder centralen Endapparate zurückführen. Und ebenso verhält es sich mit der Paraesthesie und Parakinese. Dagegen kommt eine Verminderung oder Aufhebung der Leitung sehr häufig vor: die Aufhebung der Leitung in einem sensibeln Nerven bewirkt vollständige, die Verminderung der Leitung unvollständige Anaesthesie. Die Aufhebung der Leitung in einem motorischen Nerven hat vollständige Akinese oder Paralyse, die Verminderung der Leitung hat unvollständige Akinese oder Parese zur Folge. Die Symptome der Abnormitäten der Leitung sind demnach sämmtlich negative, indem es sich nur um eine Verminderung oder Aufhebung der Leitung handeln kann.

Abnormitäten der Erregung kommen in verschiedener Weise zu Stande. Sie können beruhen auf Veränderungen der Erregbarkeit in den centralen oder den peripherischen Endapparaten oder auf sonstigem abnormem Verhalten derselben. In anderen Fällen entstehen sie dadurch, dass die Nerven nicht wie gewöhnlich von den Endapparaten aus in Erregung versetzt werden, sondern an irgend einer Stelle ihres Verlaufs. Und dabei kann wieder der Grad der Erregbarkeit der Nervenfasern von Bedeutung sein.

Die peripherischen Nerven können an jeder Stelle ihres Verlaufes erregt werden; sie pflanzen dann die Erregung fort, und zwar in wirksamer Weise nur in der Richtung, in welcher Endapparate vorhanden sind, die auf die Erregung reagiren. Wird ein sensibler Nerv in seinem Verlauf erregt, so entsteht durch Fortpflanzung der Erregung zum Centralorgan die entsprechende Empfindung: so z. B. wird durch Druck auf den Nervus opticus oder durch elektrische Erregung desselben Lichtempfindung bewirkt. Druck auf den Nervus ulnaris hinter dem Condylus internus bewirkt Tastempfindung und, wenn der Druck stark genug ist, Schmerzempfindung. Diese Empfindung wird aber, wenn sie zum Bewusstsein kommt, nicht nur auf die Stelle des Drucks bezogen, sondern sie wird auf die ganze Ausbreitung des Ulnaris localisirt, vom kleinen Finger bis zur Ulnarseite des Mittelfingers. Für das Bewusstsein macht es keinen Unterschied, ob die Erregung, wie gewöhnlich, an den Endausbreitungen des Nerven, oder ob sie an irgend einer Stelle im Verlauf des Nerven erfolgt: die Glocke tönt in gleicher Weise, ob man am eigentlichen Glockenzuge oder an irgend einer Stelle der Leitung zieht. Diese einfache Thatsache, dass die Empfindung, welche durch Erregung des Nerven in seinem Verlauf bewirkt wird, auf die Endausbreitungen der Nerven localisirt oder excentrisch projicirt wird, hat man als das „Gesetz der excentrischen Erscheinung" bezeichnet; sie ist im Wesentlichen selbstverständlich, und nur der mit der Function der peripherischen Nerven Unbekannte wird es wunderbar finden, wenn ein Amputirter Schmerz empfindet in den Zehen eines Fusses, der gar nicht mehr vorhanden ist. Besonders die schmerzempfindenden Nervenfasern sind in ihrem Verlauf leicht erregbar. Einen Schmerz, der nicht durch die Erregung der Endorgane hervorgerufen wird, bezeichnet man als Neuralgie. Neuralgien gehören zu den häufigsten Symptomen bei den Erkrankungen peripherischer Nerven. — Im Gebiete der motorischen Nerven hat die Erregung des Nerven in seinem Verlauf Muskelcontractionen zur Folge. Das bekannteste Beispiel sind die Muskelcontractionen, welche durch Anwendung der Elektricität auf den Verlauf des Nerven erregt werden. Schwerer gelingt es, durch mechanische oder anderweitige Erregung eines motorischen Nerven Muskelcontractionen zu bewirken. In willkürlichen Muskeln pflegt man die Contraction, welche nicht durch den Willen und auch nicht durch eine andere augenfällige Ursache erregt wird, als Krampf, Spasmus, zu bezeichnen. Wie, abgesehen von der elektrischen Erregung, die Erregung motorischer Nerven in ihrem Verlauf schwieriger ist als die der sensibeln und

namentlich der schmerzempfindenden, so sind auch Krämpfe in
Folge von Erkrankung der peripherischen Nerven weit seltener als
Neuralgien.

Anatomische Erkrankungen peripherischer Nerven.

Continuitätstrennung.

Durchschneidung, Zerreissung und Zerquetschung von Nerven
kommt bei allen traumatischen Einwirkungen und namentlich auch
bei chirurgischen Operationen vor. Ausserdem kann Zerstörung eines
Nervenstückes erfolgen durch anhaltenden Druck, durch Entzündung,
Eiterung u. dergl.

Wenn eine einfache Durchtrennung mit glattem Schnitt erfolgt
ist und nachher die Schnittflächen aneinander liegen bleiben, so kann
relativ schnell eine Wiedervereinigung und eine Wiederherstellung
der Leitung stattfinden. Ebenso kann es sich verhalten, wenn durch
einfachen Druck oder Quetschung der Nerv nur unvollständig getrennt wurde. Ist aber ein grösseres Stück des Nerven ausgeschnit-
ten, oder sonst zerstört worden, so erfolgt die Wiedervereinigung entweder gar nicht, oder erst nach Ablauf langer Zeit.

In welcher Weise die Wiedervereinigung von durchgetrennten Nerven stattfinde, darüber sind die Ansichten der Beobachter noch getheilt.
Sicher ist, dass nach jeder Continuitätstrennung in der Regel von dem
centralen Stumpf aus ein Auswachsen der Achsencylinder in peripherischer Richtung stattfindet. Die schnelle Wiederherstellung der Function
nach einfacher Durchschneidung oder unvollständiger Durchtrennung im
Gegensatz zu der langsamen oder auch ganz ausbleibenden Wiederherstellung nach Ausschneiden eines grösseren Stückes schien für die Annahme zu sprechen, dass im ersteren Falle das abgetrennte peripherische
Stück entweder gar nicht degenerire, oder dass wenigstens die Achsencylinder in demselben erhalten bleiben und bei der Wiedervereinigung
sofort wieder leitungsfähig seien; doch war auch bei dieser Ansicht wohl
kaum anzunehmen, dass jeder einzelne Achsencylinder des centralen Stumpfes mit dem entsprechenden des abgetrennten peripherischen Stückes zu-
sammentreffe und sich mit diesem wieder vereinige. In neuerer Zeit scheint
allmählich die Ansicht das Uebergewicht zu bekommen, dass nach jeder
Continuitätstrennung bei einem Nerven das peripherische Stück vollständig degenerirt, oder dass wenigstens ausser den Markscheiden auch die
Achsencylinder zu Grunde gehen. Die Verschiedenheit des Erfolgs einerseits bei einfacher Durchschneidung und anderseits bei Excision oder Zerstörung eines Nervenstückes, und namentlich die verschiedene Zeitdauer,
welche in beiden Fällen zur Wiedervereinigung und zur Herstellung der

Function erforderlich ist, würde dann in der Weise zu erklären sein, dass bei einfacher Durchtrennung die von dem centralen Stück auswachsenden Achsencylinder sofort auf das peripherische abgetrennte Stück stossen und in dessen Perineurium oder vielleicht auch in den noch erhaltenen Primitivscheiden ungehindert bis zur äussersten Peripherie weiter wachsen können, während nach Excision oder Zerstörung eines grösseren Nervenstückes die auswachsenden Achsencylinder zunächst eine grössere Strecke durch Granulations- oder Narbengewebe hindurchwachsen müssen und im günstigen Fall dann in die präformirten Bahnen des peripherischen Stückes gelangen, im ungünstigen Falle aber in dem Narbengewebe sich verlieren und am Weiterwachsen gehindert werden.

Die Folge jeder Continuitätstrennung ist Aufhebung der Leitung im Nerven; die Symptome sind im Wesentlichen einfach negative, insofern nur die normale Verbindung ausfällt: bei sensibeln Nerven entsteht Anaesthesie, bei motorischen Lähmung, die so lange andauern, bis die Wiedervereinigung oder Regeneration erfolgt ist. Zuweilen aber kommen auch in den Enden entzündliche Vorgänge zu Stande, und dann kann abnorme Erregung stattfinden; so führt Neuritis im centralen Stumpf durchschnittener Nerven häufig zur Neuralgie.

Die Therapie bei Continuitätstrennungen in grösseren Nervenstämmen namentlich der Extremitäten besteht in der möglichst frühzeitigen Anlegung der Nervennaht, durch welche. die getrennten Stücke einander nahe gerückt werden und so den auswachsenden Achsencylindern des centralen Stumpfes der Weg gegen die Peripherie erleichtert wird. Dabei kann die Naht durch den Nervenstamm selbst gelegt werden (directe Nervennaht) oder auch nur durch das umgebende Bindegewebe (indirecte Nervennaht). Es ist bisher schon eine grössere Zahl von Fällen bekannt, in welchen die Nervennaht gute Erfolge gehabt hat, und zwar ist häufig auch dann noch, wenn erst längere Zeit nach der Verletzung die Wiedervereinigung vorgenommen wurde (secundäre Nervennaht), ein günstiger Erfolg erreicht worden.

R. Weissenstein, Ueber die secundäre Nervennaht. Mittheilungen aus der chirurgischen Klinik zu Tübingen. Herausgegeben von P. Bruns. Bd. I. Tübingen 1884. S. 310.

Zur Beförderung der Regeneration können ferner dienen diejenigen Massregeln, durch welche der Blutumlauf in dem leidenden Theil befördert wird, so z. B. allgemeine und locale warme Bäder, Kataplasmen, reizende Einreibungen; auch durch vorsichtige Anwendung des constanten Stromes scheint unter Umständen die Regeneration befördert zu werden.

Atrophie und Degeneration.

Atrophie eines Nerven besteht zuweilen in einfachem Schwund seiner Primitivfasern. Häufiger ist dabei auch Degeneration vorhanden, indem in den einzelnen Primitivfasern zunächst Zerfall der Markscheide mit Bildung immer kleinerer Myelintropfen und bei fortschreitender Degeneration auch Zerfall des Achsencylinders erfolgt, während die Primitivscheiden meist erhalten bleiben. Dabei treten Fettkörnchenzellen und zuweilen die sogenannten Corpuscula amylacea auf. Das Bindegewebe des Perineurium bleibt erhalten oder nimmt noch zu.

Als Ursachen der Atrophie und Degeneration wirken in einzelnen Fällen grobe Schädlichkeiten, welche den Nerven treffen, wie z. B. Druck oder Zerrung durch fremde Körper, Geschwülste u. dgl. In anderen Fällen erfolgt Degeneration der Nerven in Folge entzündlicher Processe, wie dies in einem der nächsten Capitel besprochen werden wird. Ferner kann die Atrophie Theilerscheinung anderweitiger Krankheiten sein. So nehmen die Nerven Theil an allgemeinem Marasmus, an seniler Atrophie, an Atrophie der Organe, zu welchen sie gehören. Bei gewissen Krankheiten des Nervensystems kommt Atrophie einzelner Nerven vor, ohne dass eine besondere Ursache für dieselbe nachzuweisen wäre: bei Tabes dorsalis z. B. findet sich zuweilen relativ früh Atrophie des Opticus oder auch anderer Gehirnnerven. In Nerven, welche lange Zeit nicht functioniren, kommt eine langsam und allmählich fortschreitende Atrophie zu Stande: Atrophie durch Nichtgebrauch, Inactivitätsatrophie; so z. B. in den motorischen Nerven von Gliedern, welche in Folge von Erkrankung der Centralorgane gelähmt sind.

Endlich ist hier wieder anzuführen die bereits im vorigen Capitel erwähnte Degeneration, welche nach Continuitätstrennungen regelmässig in dem peripherischen abgetrennten Stück des Nerven eintritt. Von besonderer Wichtigkeit ist dabei die Frage nach der näheren Ursache dieser Degeneration. Bei motorischen Nerven könnte man vielleicht denken, dass der peripherische Theil des Nerven, welcher vom Centralorgan aus nicht mehr erregt werden kann, in Folge von Nichtgebrauch atrophire. Aber die Degeneration nach Continuitätstrennung erfolgt viel schneller, sie ist schon nach wenigen Tagen vollendet; und ausserdem degenerirt in gleicher Weise bei sensibeln Nerven das abgetrennte peripherische Stück, obwohl dasselbe von den peripherischen Endorganen aus noch erregt werden könnte. Es ergibt sich somit, dass für jeden Nerven der Zusammen-

hang mit dem Centralorgan die nothwendige Bedingung für die Fort-
dauer seiner normalen Existenz ist. Und zwar sind es speciell die
Ganglienzellengruppen, aus welchen der Nerv seinen Ursprung nimmt,
die sogenannten Nervenkerne (oder bei den vorderen Rückenmarkswurzeln die Vordersäulen des Rückenmarks), von deren Erhaltung
und Zusammenhang mit dem Nerven das Fortbestehen desselben abhängt. Zerstörungen in den Centralorganen selbst bewirken nur dann
schnelle Degeneration der Nerven, wenn diese letzte Ganglienzellen-
reihe ebenfalls zerstört ist; ist diese noch erhalten, so erfolgt keine
schnelle Degeneration. Es scheint demnach jede Primitivfaser in
ihrem Bestand abhängig zu sein von der Ganglienzelle, aus der sie
hervorgeht. Trennung von der Ganglienzelle oder Zerstörung der letzteren bewirkt schnelle Degeneration
der Nervenfaser. Wir werden später noch oft auf diesen Satz
zu verweisen haben.

Bei Trennung der hinteren Rückenmarkswurzeln centralwärts vom
Ganglion degeneriren die sensibeln Nerven nicht oder nicht voll-
ständig, indem für manche Fasern das Ganglion gewissermassen die
Stelle des Nervenkerns vertritt.

Eine langsame Atrophie erfolgt ferner, wenn der Nerv von seinen peripherischen Endorganen getrennt ist, oder wenn diese zerstört sind. So z. B. atrophirt allmählich der Opticus, wenn das Auge
zerstört oder seine Function gänzlich aufgehoben ist. Es liegt nahe,
dabei, so weit es sich um centripetal leitende Fasern handelt, an
Atrophie durch Nichtgebrauch zu denken. Aber eine gewisse Atrophie pflegt allmählich auch in den Nerven eines Muskels einzutreten,
der zerstört oder functionsunfähig geworden ist. Unter Umständen
können nach Amputation eines Gliedes die entsprechenden Nerven
atrophisch werden und im Verlauf sehr langer Zeit die Atrophie sogar sich auf die Centralorgane fortsetzen.

Die Folgen der Atrophie und Degeneration bestehen in Unterbrechung der Leitung, und zwar ist die Unterbrechung mehr oder
weniger vollständig je nach dem Grade der Störung im Nerven. Die
Symptome sind wesentlich abhängig von der Natur der Organe,
welche durch den betreffenden Nerven in leitende Verbindung gesetzt
wurden; sie sind in der Hauptsache einfach negativ und bestehen
in unvollständiger oder vollständiger Lähmung oder Anaesthesie. Dabei zeigt sich, dass in der Regel, wenn die gleiche Einwirkung auf
motorische und sensible Fasern stattfindet, die Störung der Motilität stärker hervorzutreten pflegt als die Störung der Sensibilität.

Die Diagnose der Atrophie und Degeneration beruht auf dem

Nachweis des Ausfalls der Leitung und den davon abhängigen Folgen. Bei motorischen Nerven ist von besonderer Wichtigkeit das
Verhalten gegen elektrische Erregung. So lange der Nerv selbst noch
erhalten ist, wird durch Anwendung des Inductionsstromes auf denselben Muskelcontraction hervorgerufen. Wo bei Anwendung des Inductionsstromes die Muskelcontraction ausbleibt, da können wir mit
Sicherheit schliessen, dass entweder der Muskel zerstört oder der
Nerv nicht mehr functionsfähig sei. Wir werden dieses Kriterium
später häufig anzuwenden haben, um Lähmungen, die von Erkrankung
der peripherischen Nerven abhangen und mit Degeneration derselben
verbunden sind, von solchen zu unterscheiden, die durch Erkrankung
der Centralorgane entstanden sind.

Die Therapie wird die Beseitigung der zu Grunde liegenden
Störungen erstreben und ausserdem die Regeneration der Fasern zu
befördern suchen durch vorsichtige Anwendung des constanten Stromes, unter Umständen auch durch Bäder, Douchen, Kataplasmen,
reizende Einreibungen.

Hypertrophie und Neubildung. Neurome.

Eine Hypertrophie der Nerven, welche in Vermehrung oder
Verlängerung der vorhandenen Nervenfasern besteht, findet bei mancherlei physiologischen und pathologischen Zuständen statt: so z. B.
im schwangeren Uterus, bei Hypertrophie des Herzens, bei neugebildeten Adhäsionen seröser Häute, in welche die Nerven hinein-
wachsen.

Als wahre Neurome bezeichnet man circumscripte Geschwülste,
welche aus neugebildeten Nervenfasern bestehen. Dieselben stellen
meist nur mässige Verdickungen des betreffenden Nerven dar; sie
können aber auch selbst in kleinen Nerven eine bedeutende Grösse
erreichen, bis zum Umfange einer Faust und darüber. Oft hat neben
den Nervenfasern auch das Bindegewebe des wuchernden Perineurium einen wesentlichen Antheil an der Geschwulst: gemischte
Neurome; und endlich kommen an den Nerven Geschwülste vor,
welche nur aus Bindegewebe bestehen: falsche Neurome oder
Fibrome. In seltenen Fällen können auch anderweitige Neubildungen von den Nerven ausgehen, namentlich Myxome, Sarkome,
Carcinome. Endlich sind noch anzuführen die infectiösen Gra-
nulationsgeschwülste (Bd. I, S. 242), namentlich die Syphilome,
welche zuweilen an den Gehirnnerven an der Schädelbasis, seltener

an anderen peripherischen Nerven vorkommen (vgl. Bd. I. S. 278), sowie die Geschwülste der Nerven, welche bei Lepra auftreten.

Aetiologie. In einzelnen Fällen ist die Entstehung eines Neuroms auf eine Verletzung des Nerven durch Stich oder Quetschung oder auf die reizende Einwirkung eines liegengebliebenen Fremdkörpers zurückzuführen; auch an den Enden durchschnittener Nerven kommt Neurombildung vor, so namentlich an Amputationsstümpfen (Amputationsneurome). Unter Umständen können, namentlich bei den falschen Neuromen, entzündliche Vorgänge im Nerven (Neuritis) als Grundlage angesehen werden. In vielen Fällen entstehen Neurome ohne nachweisbare locale Ursache. Zuweilen scheint dabei erbliche Disposition oder constitutionelle Anlage in Betracht zu kommen. Es können die Neurome in grösserer Zahl bei dem gleichen Individuum auftreten: multiple Neurome. Nach der Exstirpation zeigt sich oft Neigung zu Recidiven; dagegen kommen Metastasen bei den wahren und bindegewebigen Neuromen nicht vor.

Die Symptome der Hypertrophie und Neubildung in Nerven sind davon abhängig, ob und wie weit die Nervenfasern durch den pathologischen Process verändert werden. Wenn dieselben weder Druck noch Zerrung erleiden, so können bei Neuromen ausser dem Vorhandensein der Geschwulst alle Symptome fehlen: es kommt dies gerade bei multiplen Neuromen nicht selten vor. In anderen Fällen haben Neurome in sensibeln Nerven Neuralgien zur Folge (s. u.); und zwar sind oft gerade die kleinsten Geschwülste mit besonders heftigen Schmerzen verbunden; dieselben werden dann als Tubercula dolorosa bezeichnet. Ferner kann in Folge von Atrophie und Degeneration der Nervenfasern Anaesthesie zu Stande kommen. Und endlich kann neben Anaesthesie im Verbreitungsbezirk des gleichen Nerven in Folge der Reizung des centralwärts gelegenen Theiles gleichzeitig Neuralgie vorhanden sein, so dass Anaesthesia dolorosa besteht (s. u.). Neurome in motorischen Nerven können durch Unterbrechung der Leitung zu Lähmungen führen; selten kommt es in Folge von Reizung motorischer Fasern zu Krämpfen.

Therapie. Neurome können nur beseitigt werden durch Exstirpation. Unter Umständen kann wegen der Schmerzen die Behandlung der Neuralgie (s. u.) erforderlich sein.

Neuritis.

Der Ausdruck Neuritis, Nervenentzündung, wird in sehr verschiedenem Sinne gebraucht, und namentlich wird dem Begriff von den einzelnen Autoren eine sehr verschiedene Ausdehnung gegeben. Während die Einen denselben nur auf gewisse bestimmt charakterisirte Veränderungen beschränken, sind die Anderen geneigt, fast alle abnormen Vorgänge in einem Nerven als Neuritis zu bezeichnen und selbst bei functionellen Störungen, für welche eine anatomische Grundlage nicht gefunden wird, eine Neuritis als Ursache vorauszusetzen. Nun ist zwar der Name an sich gleichgültig; aber es entsteht leicht eine verkehrte Auffassung, wenn man einen Vorgang als Neuritis bezeichnet und dann sich berechtigt glaubt, das Schema, welches für gewisse Entzündungen in gewissen anderen Organen gültig ist, ohne Weiteres auf den betreffenden Vorgang im Nerven anzuwenden, ohne zu untersuchen, ob dasselbe auch für diesen Fall wirklich passt.

Die Vorgänge, welche bei der Neuritis hauptsächlich in Betracht kommen, sind die folgenden:

1. Degeneration der Nervenfasern (S. 12) kann unter Umständen als parenchymatöse Neuritis bezeichnet werden. Man rechnet diesen Vorgang um so eher zur Entzündung, je mehr daneben Hyperaemie und Auswanderung von farblosen Blutkörperchen vorhanden ist, ferner je mehr der Process circumscript ist, je rapider er verläuft, und endlich auch wohl, je weniger leicht im speciellen Falle die Degeneration sich auf die gewöhnlichen Ursachen zurückführen lässt.

2. Interstitielle Bindegewebswucherung im Nerven wird häufig als interstitielle Neuritis bezeichnet, namentlich wenn dabei zugleich Hyperaemie und zellige Infiltration nachweisbar ist.

3. Zellige Infiltration durch Auswanderung von farblosen Blutkörperchen hat in der Regel einen wesentlichen Antheil an dem Process. Wo dieselbe fehlt, da ist meist dem Ermessen des Beobachters anheimgegeben, ob er eine circumscripte Degeneration oder eine interstitielle Bindegewebswucherung zur Neuritis rechnen oder als nichtentzündlichen Process bezeichnen will. Nur in seltenen Fällen ist die zellige Infiltration so bedeutend, dass es zu circumscripter Eiteransammlung mit Zerfall der Nervenfasern und des Perineurium und damit zur Bildung eines Abscesses oder einer Neuritis suppurativa kommt.

Man unterscheidet acute und chronische Neuritis. Bei der acuten besteht gewöhnlich beträchtliche Hyperaemie, oft mit Extravasation, ferner Schwellung des Nerven durch oedematöse Durchtränkung, Degeneration der eigentlichen Nervenfasern; selten kommt es zu Eiterbildung. Bei der chronischen Neuritis kann die Hyperaemie fehlen; meist ist der Nerv durch Wucherung des Perineurium verdickt oder auch mit der Nachbarschaft verwachsen; die Verdickung ist entweder eine diffuse, oder sie ist auf einzelne Stellen beschränkt: im letzteren Falle, bei der Neuritis nodosa, kommen Uebergänge zu den falschen Neuromen vor. Früher oder später beginnen auch die Nervenfasern zu degeneriren. — Die acute Neuritis kann zich zurückbilden, und es kann, wenn die Degeneration der Nervenfasern nicht weit vorgeschritten ist, schnelle Restitution stattfinden. In den schwersten Fällen erfolgt durch acute Neuritis eine schnelle Zerstörung der Nerven, und wir haben dann Continuitätstrennung (S. 10) mit ihren Folgen, namentlich auch mit Degeneration des peripherischen Endes; wenn die durch die Zerstörung gesetzte Lücke nicht zu gross ist, so kann später noch Regeneration stattfinden. Endlich geht die acute Neuritis häufig in die chronische über. — Auch die chronische Neuritis kann rückgängig werden, indem langsam unter Rückbildung der Bindegewebswucherung die etwa zerstörten Nervenfasern sich regeneriren. Häufig aber bleibt die Veränderung dauernd auf annähernd gleichem Stand, oder es schreitet die Bindegewebswucherung fort, bis der Nerv endlich in einen bindegewebigen, meist mit der Umgebung verwachsenen Strang umgewandelt ist, der keine oder nur noch wenige Nervenfasern enthält. Auch kann chronische Neuritis zur Bildung von Neuromen führen.

In manchen Fällen von Neuritis zeigt sich eine Tendenz zur Weiterverbreitung des Processes in der Continuität des befallenen Nervenstranges: N e u r i t i s m i g r a n s. Jenachdem diese Weiterverbreitung in centripetaler oder in centrifugaler Richtung geschieht, unterscheidet man N e u r i t i s a s c e n d e n s und d e s c e n d e n s. Oft geschieht die Weiterverbreitung im Nerven sprungweise, indem neuritisch afficirte Strecken durch scheinbar ganz normale getrennt bleiben. Die Neuritis ascendens kann unter Umständen bis in die Centralorgane sich fortsetzen und dort schwere Störungen veranlassen.

Aetiologie.

Als Ursachen der Neuritis sind zunächst anzuführen traumatische Einwirkungen, namentlich Quetschungen, Zerreissungen, Stichwunden, fremde Körper. Durch eine unvollständige Trennung eines Nerven wird häufiger Neuritis bewirkt als durch eine vollständige namentlich glatte Durchschneidung. Doch kommt Neuritis auch bei letzterer vor, und mit einem gewissen Recht kann man die Neurombildungen nach Nervendurchschneidungen (S. 15) als Resultat einer Neuritis ansehen. In manchen Fällen wird die Entzündung von benachbarten

Organen auf den Nerven fortgepflanzt. So betheiligen sich bei Meningitis cerebralis oder spinalis häufig die durchtretenden Nerven an der Entzündung der Häute. Entzündliche Processe in den Knochen können auf die durch die Knochenkanäle verlaufenden Nerven übergreifen. Eiterungen, welche bis an einen Nervenstamm vordringen, können in diesem Eiterung bewirken; doch ist bemerkenswerth, dass zuweilen die Nervenstämme, auch wenn ihre Umgebung vereitert oder selbst nekrotisirt ist, auffallend lange sich relativ intact erhalten. Peritonitische, namentlich pericystitische und perimetritische Entzündungen sowie anderweitige Entzündungsherde im kleinen Becken können auf die Nerven des Plexus lumbalis und sacralis übergreifen, und vielleicht kann auch unter Umständen bei Affectionen der Harn- und Geschlechtsorgane oder des Darms eine Neuritis ascendens zu Stande kommen, welche die sogenannten Reflexlähmungen erklärt (Leyden). Die Intercostalneuralgie, welche bei und nach Pleuritis vorkommt, scheint sich in manchen Fällen auf fortgepflanzte Entzündung zurückführen zu lassen. — Ferner sind unter den Ursachen der Neuritis Erkältungen anzuführen: man redet dabei häufig von einer rheumatischen Neuritis. — Endlich entsteht Neuritis häufig durch Infection. Schon bei der traumatischen Neuritis, die bei aseptischem Wundverlauf nicht leicht vorkommt, sind wahrscheinlich organisirte Entzündungserreger betheiligt. Bei Diphtherie und manchen anderen Infectionskrankheiten können, wenn das inficirende Gift in das Blut gelangt, in den peripherischen Nerven multiple Affectionen entstehen (Bd. I. S. 227). Häufig hat Lepra und in einzelnen Fällen auch Syphilis entzündliche Processe in den Nerven zur Folge. Die unter dem Namen Kakke in Japan und als Beriberi in manchen tropischen und subtropischen Gegenden vorkommende Krankheit ist als eine auf Infection beruhende multiple Neuritis aufzufassen (Panneuritis epidemica, Bälz). Auch bei der in unseren Gegenden zuweilen vorkommenden multiplen Neuritis (Polyneuritis, Neuritis disseminata) liegt der Gedanke an Infection sehr nahe, und ebenso wird man vielleicht bei der Neuritis migrans an die Einwirkung infectiöser Stoffe zu denken haben.

Symptomatologie.

Eine acute Neuritis kann mit mehr oder weniger heftigem Fieber beginnen. Dabei ist, wenn der Nerv oberflächlich liegt, zuweilen die Haut im Verlauf desselben schmerzhaft und geröthet oder auch der Nerv als dickerer Strang durchzufühlen. Die weiteren Symptome sind von der Art des befallenen Nerven abhängig. In sensibeln oder gemischten Nerven äussert sich die Erkrankung durch heftige Schmerzen, die im Wesentlichen wie bei Neuralgie sich verhalten, gewöhnlich aber noch mehr continuirlich sind; durch Druck auf die afficirte Stelle werden dieselben zum Unerträglichen gesteigert; im Uebrigen werden sie excentrisch projicirt (S. 9). Dazu kommt Anaesthesie (S. 26), die anfangs gewöhnlich unvollständig ist, später aber immer vollständiger werden kann. Häufig ist gleichzeitig in Folge von Unterbrechung der Leitung Anaesthesie und in Folge fortdauernder Reizung des centralwärts gelegenen Nervenabschnittes Schmerz vorhanden: Anaesthesia dolorosa. In motorischen Nerven können in Folge abnormer Erregung Krämpfe zu Stande kommen, und zwar sind diese bei Neuritis häufiger als bei anderen Affectionen peripherischer Nerven. Dazu gesellt sich unvollständige und später zuweilen vollständige Lähmung. Die betreffenden Muskeln sind unerregbar für den Inductionsstrom und zeigen Entartungsreaction (s. u.). In seltenen Fällen kommt auch in motorischen Nerven ein der Anaesthesia dolorosa analoger Zustand vor, den wir als Paralysis spastica bezeichnen können: in den Muskeln, welche in Folge der Unterbrechung der Leitung für den Willen gelähmt sind, werden durch Erregung des peripherischen Theiles der Nerven noch ungewollte Muskelcontractionen hervorgerufen. Im Allgemeinen haben in den motorischen Nerven, weil durch Continuitätstrennung schnelle Degeneration des peripherischen Stückes bewirkt wird, die Reizungserscheinungen nur eine kurze Dauer und können selbst vollständig fehlen; in den sensibeln können sie eine unbegrenzte Dauer haben, und manche hartnäckige und schwere Neuralgie beruht auf chronischer Neuritis. — In einzelnen Fällen kommen im Verbreitungsbezirk der afficirten Nerven auch trophische Störungen vor: so kann z. B. der Herpes Zoster, welcher in einer Eruption von Bläschengruppen auf der Haut im Verbreitungsbezirk eines bestimmten Nerven besteht, von Neuritis abhängig sein, und ebenso das Malum perforans pedis, welches eine geschwürige Affection der Fusssohle darstellt. Durch Neuritis ascendens, die bis zu den Centralorganen fortschreitet, können schwere Erkrankungen der letzteren zu Stande kommen: einzelne Fälle von sogenannten Reflexlähmungen oder von Myelitis (s. u.) scheinen in dieser Weise zu entstehen; und vielleicht ist auch in manchen Fällen von Tetanus (s. u.) die Neuritis ascendens von Bedeutung. In seltenen Fällen können epileptische Zustände von der intensiven Nervenreizung abhängig sein.

Die multiple Neuritis, wie sie in unseren Gegenden in vereinzelten Fällen sporadisch vorkommt, beginnt mit Fieber und hef-

tigen Schmerzen, auf welche dann Lähmungserscheinungen zunächst
in den unteren Extremitäten, später häufig auch in den oberen Extremitäten folgen, mit Abnahme der Erregbarkeit der Muskeln für
den Inductionsstrom und Entartungsreaction, während die Schmerzen
bald geringer werden und nur noch Hyperaesthesie oder ein mässiger
Grad von Anaesthesie zurückbleibt. Bei Ausdehnung der Lähmung
auf die Respirationsmuskeln kann schnell der Tod eintreten; in den
meisten Fällen kommt es jedoch zu Stillstand der Lähmung und endlich zu einer langsam fortschreitenden Besserung. Von den centralen
Lähmungen unterscheidet sich die Krankheit durch das Verhalten
der Muskeln gegen Elektricität; von der Poliomyelitis (s. u.), bei
welcher dieses Verhalten das gleiche ist, unterscheidet sie sich hauptsächlich durch die Betheiligung der sensibeln Nerven, namentlich
durch die anfänglich vorhandenen Schmerzen, durch die Hyperaesthesie oder Anaesthesie, sowie ferner in den günstig verlaufenden
Fällen durch die oft noch nach Monaten zu Stande kommende bedeutende Besserung oder Heilung der Lähmung.

Bei der multiplen Neuritis sind gewöhnlich die motorischen Störungen
stärker ausgebildet als die sensibeln, und man hat daraus schon schliessen
wollen, dass die Krankheit die motorischen Fasern stärker zu ergreifen
pflege als die sensibeln. Vielleicht lässt sich die Thatsache einfach unter
die allgemeine Regel bringen, dass bei allen Einwirkungen, welche die
Leitung in einem gemischten Nerven beeinträchtigen, die Motilität gewöhnlich sich stärker herabgesetzt zeigt als die Sensibilität (S. 13).

Bei der epidemischen Panneuritis (Beriberi, Kakke) ist das
Krankheitsbild ein ähnliches. Neben den übrigen Symptomen sind aber
gewöhnlich noch Erscheinungen von Herzschwäche vorhanden. Bei manchen Kranken entwickelt sich in Folge dessen ein allgemeiner Hydrops,
so dass man neben der paralytischen Form noch eine hydropische Form
der Beriberikrankheit unterscheidet. — Vgl. B. Scheube, Die japanische
Kak-ke (Beri-beri). Deutsches Archiv für klin. Med. Bd. XXXI. 1882.
S. 141, 307. Bd. XXXII. S. 83.

Therapie.

Unter Umständen kann man der Indicatio causalis genügen, z. B.
durch Entfernung eines den Nerven irritirenden Fremdkörpers oder
durch andere chirurgische Eingriffe. Die neuere Wundbehandlung
wirkt ausserdem prophylaktisch durch Fernhaltung jeder Möglichkeit
einer Infection. Bei acuter Neuritis können örtliche Blutentziehungen
durch Blutegel oder Schröpfköpfe sowie Eisumschläge zweckmässig
sein. In anderen, namentlich in chronischen Fällen wird durch Ungt.
cinereum oder durch Ableitungen, wie Blasenpflaster, Jodtinctur,
Kauterisation, selbst durch Anwendung drastischer Abführmittel oder

durch energische Diaphorese zuweilen Besserung bewirkt. Zur Beseitigung langdauernder Neuralgien oder zur Wiederherstellung der verlorenen Leitungsfähigkeit kann nach später zu besprechenden Indicationen die Elektricität beitragen. Auch sind warme Allgemein- und Localbäder oder Priessnitz'sche Umschläge zuweilen vortheilhaft. Gegen die neuralgischen Beschwerden ist oft die Anwendung der Narcotica, namentlich in Form der subcutanen Injection erforderlich. Wenn diese Beschwerden sehr heftig und hartnäckig sind, so kann Nervendurchschneidung oder Ausschneidung eines Nervenstückes oder Nervendehnung indicirt sein. Im Uebrigen ist in dieser Beziehung auf die Therapie der Neuralgie und der Lähmungen zu verweisen.

Bei der acut auftretenden multiplen Neuritis hat man von der Anwendung der Salicylsäure (stündlich 0,5 in Saturation) zuweilen günstige Erfolge gesehen.

Functionelle Störungen in peripherischen Nerven.

In dem vorigen Abschnitt haben wir die Erkrankungen der peripherischen Nerven besprochen, insofern dieselben anatomisch erkennbar sind. Wir konnten dabei alle Nervenfasern als im Wesentlichen gleichartig, einfach als Leitungsorgane betrachten. Freilich mussten wir, sobald wir daran gingen, die nächsten functionellen Folgen der anatomischen Störung zu erörtern, auf die Verschiedenheit der durch die einzelnen Fasern verbundenen Endapparate Rücksicht nehmen.

In dem vorliegenden Abschnitt werden wir diese functionellen Störungen genauer darzustellen haben, und zwar werden wir dabei sowohl diejenigen Störungen näher erörtern, welche durch die bereits besprochenen anatomischen Veränderungen bewirkt werden, als auch diejenigen thatsächlich vorkommenden Störungen, für welche bisher eine anatomische Grundlage nicht nachgewiesen wurde. Die Methode dieses Abschnittes muss demnach in der Hauptsache die rein symptomatologische sein. Dabei tritt naturgemäss ganz in den Vordergrund die Verschiedenheit der Endapparate, welche durch die einzelnen Nerven verbunden werden, und die ganze Eintheilung in diesem Abschnitte wird wesentlich die Verschiedenheit der sogenannten specifischen Energie (S. 6) der einzelnen Nerven zur Grundlage haben müssen.

Wir haben zunächst zu unterscheiden zwischen centripetal und centrifugal leitenden Fasern. Die centripetal leitenden Fasern umfassen alle diejenigen, durch deren Erregung eine Einwirkung auf

das Centralorgan ausgeübt wird; wir fassen sie, dem gewöhnlichen
Sprachgebrauch entsprechend, als die sensibeln Nerven zusammen, zunächst ohne Unterscheidung, ob durch die Erregung derselben eigentliche Sinneswahrnehmungen oder sogenannte Gemeingefühle
erregt, oder ob dadurch nur in mehr unbewusster Weise das Gefühlsvermögen beeinflusst wird. Zu den centrifugal leitenden Fasern gehören zunächst diejenigen, durch deren Erregung Muskeln zur Contraction gebracht werden. Es sind dies die motorischen Nerven,
bei deren einem Theil die Erregung durch den bewussten Willen
erfolgen kann, während der andere Theil davon unabhängig ist. Zu
den centrifugal leitenden Fasern gehören aber auch noch manche
andere, z. B. solche, durch deren Erregung eine Muskelcontraction
verhindert oder moderirt wird, die sogenannten Hemmungsnerven
oder moderirenden Nerven, ferner die Nerven, welche die Absonde-
rung in den Drüsen beeinflussen.

Functionelle Störungen in sensibeln Nerven.

Als sensible Nerven im engeren Sinn bezeichnen wir diejenigen
centripetal leitenden Fasern, deren Erregungen deutlich zum Bewusstsein kommen: es sind dies die Nerven, welche die Sinnesempfindungen und die Gemeingefühle leiten.

Auf den Sinneswahrnehmungen, dem Sehen, Hören, Schmecken,
Riechen, der Empfindung des Druckes und der Temperatur, beruht
unsere Kenntniss der Aussenwelt. Die Gemeingefühle beziehen sich
hauptsächlich auf Zustände unseres eigenen Körpers; zu denselben gehört vor Allem der Schmerz, dann aber ferner auch noch Hunger,
Durst, Wollust, Ekel, Dyspnoe und die Muskelgefühle.

Ausser diesen centripetal leitenden Nerven, deren Erregungen
mehr oder weniger directe Einwirkungen auf das Bewusstsein zur
Folge haben, gibt es noch andere, deren Erregungen nicht direct
zum Bewusstsein gelangen. Hierher gehören zunächst diejenigen
Fasern, deren Erregung in den centralen Ganglien nur auf motorische
Fasern übertragen wird, also Reflexbewegung veranlasst, ohne dass
zugleich die Erregung bis zum Bewusstsein fortgepflanzt wird. So
entsteht Husten durch Reizung der Bronchialschleimhaut, Erbrechen
durch Reizung der Magenschleimhaut, aber auch als sogenanntes
sympathisches Erbrechen bei manchen Krankheiten der Milz, der
Nieren, des Uterus, ferner vermehrte Peristaltik bei Reizung der
Darmschleimhaut u. s. w. Auch kann eine sehr heftige Erregung

solcher Nerven auf reflectorischem Wege zu einer bedeutenden Abschwächung der Herzaction führen, wie sie als Shock oder Collapsus bezeichnet zu werden pflegt. Von manchen Organen aus, welche, wie z. B. die Darmschleimhaut und die Schleimhaut des Uterus, keine sensibeln Nerven im engeren Sinne besitzen, d. h. keine Nerven, deren Erregung als Sinnesempfindung oder Schmerz oder dergleichen zum Bewusstsein käme, kann dennoch auf das Centralorgan eine bedeutende Wirkung ausgeübt werden, indem durch Erregung von centripetal leitenden Fasern, welche nicht in bestimmter Weise zum Bewusstsein gelangt, die Gesammtheit der psychischen Thätigkeiten beeinflusst und namentlich die sogenannte psychische Stimmung verändert wird. Wir werden bei der Besprechung mancher psychischer Störungen, namentlich der Hypochondrie und der Hysterie, auf diese Nerven wieder zurückkommen. Vorläufig beschäftigen wir uns nur mit den functionellen Störungen in den eigentlich sensibeln Nerven, den Nerven der Sinnesorgane und des Gemeingefühls.

Die functionellen Störungen in sensibeln Nerven bestehen, so weit sie von Veränderungen der Nervenfasern selbst abhangen, entweder in Abnormitäten der Leitung oder in Abnormitäten der Erregung (S. 8). Es wurde bereits früher angeführt, dass eine abnorme Steigerung der Leitungsfähigkeit oder eine qualitative Veränderung derselben wahrscheinlich nicht vorkommt; unter den Abnormitäten der Leitung ist deshalb nur die Verminderung oder die Aufhebung der Leitungsfähigkeit aufzuführen, die unvollständige oder vollständige Anaesthesie. Dieselbe ist die gewöhnliche Folge der meisten Erkrankungen der sensibeln Fasern; aber es kann Anaesthesie auch ohne Erkrankung der peripherischen Nervenfasern durch Störungen in den peripherischen und den centralen Endapparaten zu Stande kommen. Die Hyperaesthesie und die Paraesthesie sind dagegen nicht als Veränderungen der Leitung anzusehen, sondern sie sind, so weit sie nicht etwa auf Veränderungen der Erregbarkeit zu beziehen sind, abhängig von Anomalien der peripherischen oder centralen Endapparate.

Hyperaesthesie und Paraesthesie.

Als Hyperaesthesie im weiteren Sinne bezeichnen wir alle Zustände, bei welchen der Eindruck, den ein bestimmter Grad der Einwirkung auf einen Nerven im Bewusstsein hervorbringt, stärker ist als gewöhnlich. In diesem weiteren Sinne können wir es zur

Hyperaesthesie rechnen, wenn bei einem Menschen ein Sinn ungewöhnlich scharf ist, wenn er durch eine Einwirkung von so geringer
Intensität, dass sie von der Mehrzahl der Menschen nicht wahrgenommen werden würde, bereits eine deutliche Wahrnehmung erhält,
oder wenn er im Stande ist, qualitative oder quantitative Verschiedenheiten der Erregung genauer zu unterscheiden als andere Menschen.
Hierher gehört es z. B., wenn Jemand mit blossem Auge die Tra-
banten des Jupiter wahrzunehmen im Stande ist, oder wenn er Ton-
intervalle unterscheidet, welche die meisten Menschen nicht zu unterscheiden vermögen, oder wenn er, wie die meisten Blinden, durch
den Tastsinn ungewöhnlich gut die Gegenstände zu erkennen vermag
u. s. w. Die Ursache eines solchen ungewöhnlich scharfen Wahr-
nehmungs- oder Unterscheidungsvermögens beruht entweder in den
peripherischen Endorganen, indem die Sinnesorgane selbst eine ungewöhnlich feine Ausbildung besitzen, oder sie liegt im Centralorgan,
indem durch dasselbe die Minima der Erregung oder der Erregungs-
differenzen, welche überhaupt noch wahrnehmbar sind, noch gewürdigt werden. Wenn wir berücksichtigen, dass wir von der bei weitem
grössten Zahl der im Laufe des Tages stattfindenden Erregungen
keine Notiz nehmen, indem dieselben nicht oder nicht vollständig
zur Apperception gelangen, so ist es einigermassen verständlich, dass
einerseits durch Concentrirung der Aufmerksamkeit und anderseits
durch andauernde Uebung Ungewöhnliches erreicht werden kann.
— In allen solchen Fällen handelt es sich nicht um krankhafte Zustände, und wir können dieselben von unserer weiteren Betrachtung
ausschliessen, indem wir den Ausdruck Hyperaesthesie im engeren
Sinne auf die krankhaften Zustände beschränken.

Als Hyperaesthesie in diesem engeren Sinne pflegt man es zu
bezeichnen, wenn Jemand durch mässig starke Erregungen schon
unangenehm afficirt wird, wenn ihm z. B. mässig starkes Licht oder
mässiges Geräusch oder selbst gute Musik unerträglich ist. Auch
diese Hyperaesthesie im engeren Sinne beruht nur auf Veränderungen
in den peripherischen oder centralen Endapparaten. Zur Hyperaesthesie aus peripherischen Ursachen ist es z. B. zu rechnen, wenn in Folge von entzündlichen Processen am oder im Auge
Lichtscheu besteht, oder wenn an einer entzündeten oder von Epidermis entblössten Hautstelle die blosse Berührung als Schmerz empfunden wird, oder wenn bei Magenkrankheiten durch Aufnahme
von Speisen Schmerz entsteht u. s. w. In solchen Fällen von Hyperaesthesie aus peripherischen Ursachen handelt es sich gewöhnlich
nicht einfach um eine Steigerung der normalen Empfindungsfähig-

keit, sondern es wird die Erregung auch qualitativ abnorm empfunden, indem als Schmerz oder Unannehmlichkeit zum Bewusstsein kommt, was im Normalzustande nicht unangenehm erregen würde. Man könnte deshalb diese Fälle eben so gut zur Paraesthesie rechnen.

Besonders häufig kommt Hyperaesthesie aus centralen Ursachen vor. Viele Schwächezustände sind mit Hyperaesthesie verbunden, indem dabei schon die gewöhnlichen Erregungen ungewöhnlich starken Eindruck im Centralorgan hervorbringen. Bei vielen geschwächten oder kranken Individuen besteht Lichtscheu, Empfindlichkeit gegen Geräusch und andere Sinneswahrnehmungen, gewöhnlich auch Empfindlichkeit gegen psychische Eindrücke, gegen Mittheilungen von Thatsachen oder Gedanken. Man redet unter solchen Umständen ganz bezeichnend von „reizbarer Schwäche"; dieselbe bildet einen Theil dessen, was man neuerlichst als Neurasthenie zu bezeichnen pflegt. Als psychische Hyperaesthesie kann man die Hyperaesthesie bezeichnen, wenn sie die Folge von Abnormitäten der psychischen Functionen ist. Hierher gehört die Hyperaesthesie, wie sie bei einzelnen Krankheiten des Gehirns und seiner Hüllen vorkommt, ferner zum Theil die Hyperaesthesie in den ersten Stadien der febrilen Störungen, endlich die Hyperaesthesie, wie sie bei manchen Geisteskrankheiten und in besonders ausgebildeter Weise bei vielen Fällen von Hypochondrie und Hysterie beobachtet wird. In diesen Fällen beruht die Hyperaesthesie zuweilen auf Concentrirung der Aufmerksamkeit. Wenn z. B. der Hypochonder in dem Körpertheil, auf welchen seine Aufmerksamkeit gerichtet ist, bald diese, bald jene Empfindung wahrnimmt, so sind dies keineswegs immer Hallucinationen; manche dieser Empfindungen würde auch der Gesunde wahrnehmen, wenn er in gleicher Weise die Aufmerksamkeit concentriren würde. — Auch von der Hyperaesthesie aus centralen Ursachen können manche Einzelfälle, insofern die Empfindungen zugleich qualitativ abnorm sind, eben so gut zur Paraesthesie gerechnet werden.

Als Paraesthesie im weiteren Sinne bezeichnen wir es, wenn durch Erregung eines sensibeln Nerven eine Empfindung entsteht, die qualitativ anders ist als beim gesunden Menschen. Da alle Empfindungen subjectiv sind, so fehlen uns im Allgemeinen für die Beurtheilung ihrer Qualität die objectiven Anhaltspunkte. In bestimmter Weise können wir es als Paraesthesie bezeichnen, wenn Einwirkungen, die den meisten Menschen angenehm oder gleichgültig sind, von einem Einzelnen als unangenehm oder schmerzhaft empfunden werden. Hierher gehören viele der schon früher angeführten ge-

wöhnlich zur Hyperaesthesie gerechneten Fälle. Seltener ist der
umgekehrte Fall, dass Einwirkungen, welche der Mehrzahl der Menschen unangenehm sind, als angenehm empfunden werden. Hysterischen Individuen ist zuweilen, während ihnen manche sogenannte
Wohlgerüche widerlich sind, der Geruch von verbrannten Federn
oder Wolle, von Asa foetida und dergleichen angenehm. Bei Geisteskranken und Hysterischen kommt es nicht nur vor, dass ihnen manche
Einwirkungen, die von Gesunden als heftiger Schmerz empfunden
werden, nicht schmerzhaft sind (so würde es sich auch bei Anaesthesie
verhalten), sondern auch, dass dieselben mehr oder weniger ange-
nehme Gefühle hervorrufen. Offenbar beruht die Abnormität auch
in diesen Fällen nicht auf abnormem Verhalten der leitenden Nervenfasern, sondern sie hat ihren Sitz in den Endapparaten und zwar
meist im Centralorgan. — Ferner gibt es qualitativ abnorme Empfindungen, die meist zur Paraesthesie gerechnet werden, die aber
bei genauerer Untersuchung sich als Folgen unvollständiger oder partieller Anaesthesie herausstellen. So werden wir bei der Anaesthesie
der Hautnerven das Gefühl des Taubseins und Pelzigseins zu besprechen haben. Auch wenn der Farbenblinde Roth für Grün oder
umgekehrt erklärt, so ist dies genau genommen keine Paraesthesie,
sondern beruht auf partieller Anaesthesie, auf einem Fehlen der Apparate zur Wahrnehmung einer der Grundfarben. Der sogenannte
fade oder pappige Geschmack reducirt sich meist einfach auf ein
Mangeln der deutlichen Geschmackswahrnehmung. — Endlich können auch manche Fälle auf den ersten Blick als Paraesthesie erscheinen, welche in Wirklichkeit auf die später zu besprechenden Abnormitäten der Erregung zurückzuführen sind: so z. B. manche subjective Sinnesempfindungen, wie Funkensehen, Ohrensausen, manche
Geruchs- oder Geschmacksempfindungen, Hautjucken, Schmerzge-
fühle u. dgl.

----- --- ---

Anaesthesie.

Anaesthesie kommt zu Stande, wenn die Leitung zwischen den
peripherischen Endapparaten und den Organen des Bewusstseins
unterbrochen ist. Diese Unterbrechung der Leitung kann stattfinden
entweder in den peripherischen Nerven oder in den Centralorganen,
und darnach unterscheidet man peripherische und centrale Anaesthesie.
Man rechnet es häufig auch noch zur centralen Anaesthesie, wenn
das Bewusstsein selbst vollständig aufgehoben ist, wie bei schweren

Vergiftungen mit narkotischen Giften, nach starker Einwirkung der Anaesthetica, ferner im epileptischen Anfall, im febrilen Koma u. dgl. In analoger Weise kann man es zur peripherischen Anaesthesie rechnen, wenn die peripherischen Endapparate der sensibeln Nerven ausser Function gesetzt sind; doch pflegt in dieser Beziehung der Sprachgebrauch nicht consequent zu sein, indem z. B. die Aufhebung des Sehvermögens in Folge von Zerstörung des Auges oder von Undurchsichtigkeit der Medien desselben gewöhnlich nicht zur Anaesthesia optica oder Amaurose gerechnet wird.

Peripherische Anaesthesie kann durch die früher besprochenen anatomischen Störungen (S. 10 ff.) zu Stande kommen, wenn dieselben sensible Nerven betreffen, so namentlich durch Continuitätstrennung, Degeneration, Geschwulstbildung, Neuritis und die bei jenen Krankheiten besprochenen Ursachen derselben. Sie ist vollständig oder unvollständig, je nachdem die Leitung vollständig oder unvollständig unterbrochen ist. Einfacher Druck auf den Nerven kann durch Unterbrechung der Leitung Anaesthesie zur Folge haben: bei dem sogenannten Eingeschlafensein der Glieder stellt sich, wenn der Druck aufhört die Sensibilität gewöhnlich bald wieder her, und es können dabei in relativ kurzer Zeit alle Grade von der vollständigen Anaesthesie bis zu den geringsten Graden der unvollständigen nach einander beobachtet werden. Auch Einwirkung der Kälte auf die Nervenstämme oder auf die Nervenendigungen bewirkt Anaesthesie; hierher gehört z. B. die locale Anaesthesie, wie sie durch die Application von zerstäubtem Aether oder anderen leicht verdunstenden Flüssigkeiten auf die Haut bewirkt wird. Auch die Einwirkung von stark reizenden Substanzen auf die Haut kann Anaesthesie bewirken, so die lange dauernde oder häufig wiederholte Einwirkung von Carbolsäure, ferner die Einwirkung von starken Laugen oder Säuren (bei Wäscherinnen, bei Arbeitern in chemischen Fabriken). Auf Schleimhäuten wird durch örtliche Anwendung von Cocain Anaesthesie bewirkt. Zur peripherischen Anaesthesie gehören auch wohl die meisten der durch Erkältung entstandenen Fälle von „rheumatischer" Anaesthesie, ferner die Anaesthesie bei manchen chronischen Vergiftungen (Secale cornutum, Blei, Arsenik). Auch die Anaesthesie bei dem Aussatz, der Lepra anaesthetica, beruht auf Veränderungen in den peripherischen Nerven. Endlich wird durch Aufhebung oder Verminderung der Zufuhr arteriellen Blutes Anaesthesie verschiedenen Grades bewirkt.

Centrale Anaesthesie kommt zu Stande in Folge zahlreicher Erkrankungen des Rückenmarks und des Gehirns, wenn dabei die

Leitungsbahnen der sensibeln Fasern in den Centralorganen zerstört oder ausser Function gesetzt werden. Auch die sogenannten Anaesthetica, wie Aether, Chloroform, Stickoxydulgas u. s. w. bewirken Anaesthesie durch ihre Einwirkung auf das Centralorgan. Bei manchen functionellen Gehirnkrankheiten, namentlich bei Hysterie, kommt Anaesthesie in verschiedener Ausbreitung vor, die ebenfalls auf centrale Ursachen zu beziehen ist.

Wir haben zu unterscheiden die Anaesthesie im Bereich der einzelnen Sinnesorgane und die Anaesthesie im Bereich der Nerven des Gemeingefühls. Die Anaesthesia optica wird, wenn sie vollständig ist, als Amaurose, wenn sie unvollständig ist, als Amblyopie bezeichnet; die Anaesthesia acustica stellt die sogenannte nervöse Taubheit oder Schwerhörigkeit dar; auch die Anaesthesia gustatoria oder Ageusie, die Anaesthesia olfactoria oder Anosmie, endlich die Anaesthesia tactilis kann vollständig oder unvollständig sein. Unter den Nerven des Gemeingefühls tritt die Anaesthesie besonders deutlich hervor bei den schmerzempfindenden Nerven. Man bezeichnet als Analgesie das Fehlen der Schmerzempfindung, wenn in dem betreffenden Gebiet die anderweitigen normalen Empfindungen noch vorhanden sind.

Von hervorragender praktischer Bedeutung ist die Anaesthesie im Bereich des Gesichtssinns, des Gehörsinns und der Hautnerven. Die Erkrankungen des Gesichts- und Gehörsinns haben sich in der Pathologie zum Range von anerkannten Specialfächern erhoben; die Anaesthesie der Nerven der Haut werden wir in einem besonderen Capitel ausführlicher besprechen.

Anaesthesie der Hautnerven.   Anaesthesia cutanea.

Die sensibeln Nerven der Haut haben verschiedene Functionen. Die Haut ist zunächst Sinnesorgan, insofern sie der Sitz des Tastsinns ist. Vermittelst desselben vermögen wir einerseits Berührungen wahrzunehmen und nach ihrer Intensität abzuschätzen, anderseits Temperaturunterschiede zu erkennen. Es besteht demnach der Tastsinn aus zwei verschiedenen Sinnen, erstens dem Tastsinn in engerer Bedeutung oder Drucksinn und zweitens dem Temperatursinn. Ausserdem aber werden durch die Haut auch Gemeingefühle vermittelt. Unter diesen ist das wichtigste das Schmerzgefühl, und wir werden im Folgenden uns vorzugsweise mit diesem beschäftigen, dagegen die anderen durch die Haut vermittelten Gemeingefühle nur gelegentlich berücksichtigen.

Es gibt demnach wenigstens drei qualitativ verschiedene Empfindungen, welche durch die sensibeln Nerven der Haut vermittelt werden:

1. Druckempfindung, 2. Temperaturempfindung, 3. Schmerzempfindung. Bevor wir an die Besprechung der Pathologie dieser Functionen herangehen, müssen wir uns nothwendig über eine Frage verständigen, die nicht nur für dieses Capitel, sondern auch für das Verständniss zahlreicher anderer Abschnitte der Pathologie des Nervensystems von fundamentaler Bedeutung ist: Werden die verschiedenen sensibeln Functionen der Haut durch die gleichen Leitungsbahnen vermittelt, so dass etwa die gleiche Nervenfaser unter Umständen Druckempfindung, unter anderen Umständen Temperaturempfindung oder endlich auch Schmerzgefühl leitet? Oder haben die verschiedenen Empfindungen verschiedene Leitungsbahnen, so dass unter den sensibeln Nerven der Haut die einen Fasern, wenn sie erregt werden, nur Druckempfindung, andere nur Temperaturempfindung und wieder andere nur Schmerzgefühl vermitteln? Die Physiologen sind über diese Frage noch nicht zur Einstimmigkeit gelangt. Und der Umstand, dass manche Pathologen es vermeiden, über diese rein physiologische Frage sich eine bestimmte Meinung zu bilden, hat Vieles von der Unklarheit und Verwirrung verschuldet, welche in manchen Gebieten der Nervenpathologie sich zeigt. Wir haben in der That für pathologische Erörterungen keinen Boden unter den Füssen, bevor wir zu dieser Frage feste Stellung genommen haben.

Einzelne Physiologen sind der Ansicht, dass Druckempfindung und Temperaturempfindung durch die gleichen Nervenbahnen vermittelt werden; und man hat über die peripherischen Endorgane und deren Wirkungsweise sehr künstliche Hypothesen erdacht, um die Temperaturempfindung auf Druckempfindung zurückzuführen. Ferner ist unter Physiologen und Pathologen die Ansicht sehr verbreitet, dass die Schmerzempfindung durch die gleichen Nervenfasern geleitet werde wie die Sinnesempfindung: die mässige Erregung eines Hautnerven soll Sinnesempfindung, die starke Erregung des gleichen Nerven soll Schmerz erzeugen (J. Müller). Auch lässt sich nicht leugnen, dass die alltägliche Beobachtung auf den ersten Blick einer solchen Auffassung günstig zu sein scheint. Wenn wir aber mit dieser Voraussetzung an die Thatsachen der Pathologie herangehen, so stossen wir überall auf unlösbare Widersprüche. Vielmehr sind diese Thatsachen nur dann verständlich, wenn wir annehmen, dass für jede einzelne der sensibeln Functionen der Haut besondere Leitungsbahnen vorhanden sind. Zahlreiche Erfahrungen, welche theils nur unter dieser Annahme, theils unter derselben am leichtesten verständlich sind, begegnen uns in jedem Abschnitt der Pathologie des Nervensystems. Es sei vorläufig nur auf einige derselben hingewiesen. Es kommt vor, dass bei einem Menschen an einer Hautstelle die Tastempfindung aufgehoben ist, während die Schmerzempfindung fortbesteht, oder dass die Schmerzempfindung aufgehoben ist, während die Sinneswahrnehmung in normaler Schärfe vorhanden ist. Wir beobachten ferner Kranke, bei denen an ausgedehnten Stellen der Haut die Temperaturempfindung vollständig fehlt, während sowohl die Druckempfindung als die Schmerzempfindung normal sind. Wir müssen demnach schliessen, dass jede der drei genannten Empfindungen, Drucksinn, Temperatursinn, Schmerzgefühl, zwar in der Haut vereinigt vorhanden sind, dass aber jede derselben durch besondere Nervenbahnen geleitet wird. Die meisten Nervenbündel, welche zur Haut gehen, sind gemischte Nerven, indem sie Fasern von allen drei Arten enthalten.

Die weitere Frage, ob den einzelnen sensibeln Functionen der Haut auch verschiedene peripherische Endapparate entsprechen, und welche diese seien, ob z. B. die Tastkörperchen der einen oder der anderen Sinneswahrnehmung dienen, alle diese Fragen haben für unsere Zwecke vorläufig keine grosse Bedeutung. Von vorn herein ist es wahrscheinlich, und auch die Beobachtung scheint diese Annahme zu unterstützen, dass die peripherischen Endapparate verschieden sind. Jedenfalls sind die peripherischen Enden der das Schmerzgefühl leitenden Nerven viel weniger leicht erregbar als die Enden der Sinnesnerven.

Häufig wird bei der Haut auch noch von einem besonderen Ortssinn geredet, und es fragt sich, ob dieser Ortssinn den beiden anderen Sinnen, welche in der Haut ihren Sitz haben, als ein dritter selbständiger an die Seite zu stellen sei. Wir müssen diese Frage verneinen. Bei dem Orts-sinn handelt es sich nicht um eine besondere Art der Sinneswahrnehmung, sondern um eine Eigenthümlichkeit, welche auch anderen Sinnen zukommt. Bei den Sinnesempfindungen (und dies ist eine wesentliche Eigenthümlichkeit der höheren Sinne im Gegensatz zu den Gemeingefühlen) nimmt das Bewusstsein nicht nur wahr, dass überhaupt eine Erregung von Nerven stattgefunden hat, sondern es wird auch unterschieden, ob die eine oder die andere Nervenfaser oder Fasergruppe erregt worden ist: die Empfindungen, welche durch die Erregung der einzelnen Fasergruppen entstehen, haben ihre „Localzeichen". So wird die Erregung des Opticus unterschieden von der des Acusticus u. s. w., und auch innerhalb des einzelnen Sinnesorgans wird mehr oder weniger genau unterschieden, welche Nervenfasern von der Erregung betroffen wurden. Die Möglichkeit, bei unbewegtem Auge die Richtung anzugeben, in welcher die einzelnen Gegenstände des Gesichtsfeldes liegen, beruht auf dieser Unterscheidung. Beim Gehör besteht die Unterscheidung höherer und tieferer Töne wahrscheinlich nur in der Unterscheidung der Fasern, welche vorzugsweise erregt werden. Einigermassen ist eine Localisation auch vorhanden beim Geschmack und beim Temperatursinn. Sehr genau ist sie beim Muskelsinn, jenen Empfindungen, durch welche wir zu jeder Zeit über den Contractionszustand der einzelnen willkürlichen Muskeln und damit z. B. über die Stellung der Glieder unterrichtet werden; und diese genaue Localisation könnte dafür sprechen, den Muskelsinn als einen wirklichen Sinn aufzufassen und von dem Gemeingefühl der Muskeln (Gefühl der Leistungsfähigkeit, der Ermüdung u. s. w.) zu trennen. Endlich kommt diese Localisation in ausgebildeter Weise auch dem Drucksinn zu, und zwar ist sie an manchen Stellen der Haut mehr, an anderen weniger ausgebildet. Wollte man daraus einen besonderen Ortssinn der Haut machen, so müsste man einen solchen Ortssinn nicht nur beim Drucksinn, sondern auch bei den meisten anderen Sinnen unterscheiden.

Dieser Auffassung entspricht es vollständig, dass der Ortssinn der Haut sich an den Tastsinn gebunden zeigt. Wie mit dem Verlust des Sehvermögens selbstverständlich auch die Unterscheidung der Richtung, aus welcher ein Lichtstrahl ins Auge gelangt, aufhört, so ist mit dem Aufhören des Tastsinns auch die Localisation auf der Haut aufgehoben,

selbst wenn noch die Schmerzempfindung fortbesteht. Dass unter normalen Verhältnissen der Schmerz in der Haut gewöhnlich auch localisirt
wird, beruht darauf, dass neben dem Schmerz gewöhnlich gleichzeitig
eine Sinneswahrnehmung stattfindet (s. u.).

Symptomatologie und Untersuchungsmethoden.

Bei der Prüfung der Sensibilität einer Hautstelle ist es unumgänglich nothwendig, die verschiedenen sensibeln Functionen der
Haut gesondert zu berücksichtigen. Wollte man, wie das in praxi
früher zuweilen geschah, sich darauf beschränken, zu constatiren,
dass Nadelstiche, Kneifen oder Brennen der Haut empfunden wird,
und dann schliessen, die Sensibilität sei normal, so würde man selbst
die wichtigsten Störungen der Sensibilität gewöhnlich übersehen.
Auch jetzt bleibt in praxi noch mancher Fall unklar, weil man es
versäumt, die einzelnen sensibeln Functionen der Haut jede für sich
in ausreichender Weise zu prüfen.

Bei jeder der einzelnen sensibeln Functionen der Haut unterscheiden wir die vollständige Anaesthesie von der unvollständigen, jenachdem die betreffende Function gänzlich aufgehoben oder nur mehr oder weniger vermindert ist. Sind die verschiedenen sensibeln Functionen der Haut gleichmässig aufgehoben,
so reden wir von totaler Anaesthesie, im anderen Falle von
partieller.

1. Mangel des Drucksinns. Anaesthesia tactilis.

Zur Prüfung der Empfindlichkeit des Drucksinns hat man schon
mancherlei mehr oder weniger complicirte Apparate erfunden, welche
zum Theil recht sinnreich und zweckmässig sind. Ich halte dieselben für die Praxis für überflüssig: wer mit der nöthigen Sorgfalt
und Umsicht an die Prüfung herangeht, reicht mit den einfachsten
Hülfsmitteln aus; und wo die Sorgfalt und Umsicht fehlt, ist auch
mit den feinsten Apparaten nichts zu erreichen.

Eine vollständige Aufhebung des Drucksinns an einer Hautstelle
ist sehr leicht zu erkennen: es wird dabei, wenn der Kranke nicht
hinsieht, eine einfache Berührung und selbst ein stärkerer Druck,
so lange er nicht schmerzhaft ist, gar nicht wahrgenommen. Selbstverständlich muss man bei der Untersuchung dafür sorgen, dass nur
die zu untersuchende Stelle dem Druck ausgesetzt und nicht etwa
durch indirectes Drücken oder Bewegen einer anderen weniger oder
nicht anaesthetischen Stelle eine Wahrnehmung ermöglicht werde.
— Schwieriger ist der Nachweis der unvollständigen Anaesthesia

tactilis; und namentlich der Nachweis einer geringen Verminderung
der Druckempfindlichkeit, die unter Umständen für die Diagnose
von entscheidender Bedeutung sein kann, erfordert eine sorgfältige
Untersuchung. In vielen Fällen genügt es, dass man, während der
Kranke die Augen geschlossen hat, mehr oder weniger leise Berührungen der betreffenden Hautstelle mit dem Finger vornimmt,
wobei der Untersuchende durch die eigene Empfindung am berührenden Finger im Stande ist, den Grad des angewendeten Druckes
einigermassen abzuschätzen. Dabei wie auch bei allen folgenden
Verfahrungsweisen ist es zu empfehlen, immer gleichzeitig Controlversuche zu machen, indem man z. B. in Fällen, bei welchen nur
auf der einen Seite eine Störung vorhanden ist, an der betreffenden
Hautstelle der gesunden Seite in genau gleicher Weise Berührungen
vornimmt, oder indem man ein gesundes unter möglichst gleichen
Verhältnissen befindliches Individuum zur Controle verwendet. Indem man eine grosse Zahl von Berührungen annähernd gleicher Intensität vornimmt und sowohl bei der Untersuchung als bei der Controle zählt, wie oft dieselben wahrgenommen, und wie oft sie nicht
wahrgenommen wurden, gelingt es bei genügender Sorgfalt oft durch
diese höchst einfache Untersuchungsmethode, selbst geringe Verschiedenheiten der Druckempfindlichkeit mit Sicherheit nachzuweisen. Für
Stellen mit relativ grosser Druckempfindlichkeit, wie z. B. Fingerspitzen oder Gesicht, ist zum Nachweis sehr geringer Differenzen
die Berührung mit dem Finger schon zu grob. Um sehr leise Berührungen vorzunehmen, bedient man sich zweckmässig eines kleinen
Baumwollenbausches, der vorn durch Drehen in eine feine Spitze
ausgezogen wird. Die Berührung mit der äussersten Spitze ist so
schwach, dass sie vom Gesunden selbst an den empfindlichsten Stellen
nicht wahrgenommen wird; um eine Wahrnehmung zu bewirken,
muss ein gewisser Druck ausgeübt werden, wobei die Spitze sich
umbiegt und durch die grössere oder geringere Umbiegung ein an-
näherndes Mass für die Stärke des angewendeten Druckes abgibt.
Indem man bei den Controlversuchen genau in gleicher Weise ver-
fährt und die Zahl der richtigen und falschen Entscheidungen berücksichtigt, gelingt es bei genügender Sorgfalt und Ausdauer, selbst
die geringsten Differenzen der Druckempfindlichkeit mit Sicherheit
nachzuweisen. Zweckmässig ist es, zunächst an der entsprechenden
gesunden Hautstelle zu bestimmen, wie stark der Druck sein muss,
um in der überwiegenden Mehrzahl der Fälle wahrgenommen zu
werden, und dann die gleiche Intensität des Druckes auf die zu
untersuchende Hautstelle anzuwenden.

Um zu untersuchen, wie gross die Fähigkeit ist, Druckdifferenzen zu unterscheiden, wendet man das Verfahren von E. H. Weber an. Es wird die betreffende Hautstelle nach einander mit verschiedenen Gewichten belastet und bestimmt, wie gross der Unterschied der Gewichte sein muss, um noch als solcher wahrgenommen zu werden. Unter günstigen Verhältnissen können durch die Haut der Fingerspitzen noch sehr geringe Gewichtsdifferenzen unterschieden werden. Dabei ist es wichtig, dass die betreffende Hautstelle, z. B. die Hand, unterstützt sei, weil sonst das Muskelgefühl ebenfalls zur Unterscheidung beiträgt. Auch ist zu berücksichtigen, dass nicht nur die obere belastete, sondern auch die untere unterstützte Fläche an der Beurtheilung der Differenz betheiligt sein kann, sowie endlich, dass das gleiche Gewicht bei verschiedener Grundfläche, verschiedener Temperatur und verschiedener Zeit der Einwirkung als verschieden empfunden werden kann. Um die davon abhängigen Störungen auszuschliessen, genügt es, bei den Versuchen und den Controlversuchen alle anderen Verhältnisse gleich zu machen. Als Gewichte sind Geldstücke gut anwendbar: ein Geldstück wird aufgelegt und bleibt während der ganzen Untersuchung liegen; auf dieses legt man andere Geldstücke bald in geringerer bald in grösserer Zahl und bestimmt das Minimum der Differenz, welches noch wahrgenommen wird.

Auch kann es zweckmässig sein, weiter noch zu prüfen, wie weit der Kranke im Stande ist, die Qualität der berührenden Gegenstände durch den Tastsinn zu erkennen, ob er z. B. eine weiche Oberfläche von einer harten, eine glatte von einer rauhen, eine breite Berührung von einer mit einem spitzen Gegenstand, etwa den Knopf einer Stecknadel von der Spitze zu unterscheiden vermag, u. s. w.

Zur Prüfung des Drucksinns gehört auch noch die Prüfung des Ortssinns. Ueber die Genauigkeit der Localisation erhält man schon ein Urtheil, wenn man bei dem Kranken, während er die Augen geschlossen hält, eine Berührung vornimmt und ihn nachher angeben oder zeigen lässt, welche Stelle der Haut berührt wurde. Da aber der Ortssinn an verschiedenen Stellen der Haut sehr verschieden ausgebildet ist, so sind auch bei diesem Verfahren Controlversuche unumgänglich. — In Zahlen ausdrückbare Werthe für die Feinheit des Ortssinns erhält man, indem man nach der Methode von E. H. Weber untersucht, wie gross die Distanz zweier Berührungen sein muss, damit dieselben noch als zwei verschiedene Eindrücke empfunden werden. Zu dieser Untersuchung bedient man sich am besten eines Zirkels mit etwas abgestumpften elfenbeinernen Spitzen. Es wird dann bestimmt, wie weit die Zirkelspitzen von einander

entfernt sein müssen, damit bei gleichzeitigem Aufsetzen derselben
noch zwei Berührungen empfunden werden. Unter normalen Verhältnissen werden die Zirkelspitzen noch doppelt empfunden an der
Zungenspitze bei einem Abstand von ungefähr 1 Mm., an den Fingerspitzen bei 2 Mm., am Handrücken bei 30 Mm., am Brustbein bei
45 Mm., an der Mitte des Oberarms und Oberschenkels bei etwa
75 Mm. An den Extremitäten macht es einen Unterschied, ob die
Berührungspunkte nach der Länge oder nach der Quere des Gliedes
angeordnet sind. Controlversuche sind bei Anwendung dieser Methode
fast noch nöthiger als bei allen anderen. Zur weiteren Prüfung des
Ortssinns kann es dienen, wenn man untersucht, wie weit der Kranke
im Stande ist, zu unterscheiden, ob man nach einander die gleiche
oder verschiedene Stellen der Haut berührt hat, oder wie weit er
die Richtung, in welcher man mit dem berührenden Gegenstand über
die Haut hinfährt, zu erkennen vermag.

Bei allen diesen Untersuchungen hängt die Leichtigkeit des Ge-
lingens und die Sicherheit des Resultats in bedeutendem Masse ab
von dem Grade der Intelligenz des zu Untersuchenden, und unter
Umständen wird dabei die Geduld des Arztes auf eine schwere
Probe gestellt. Aber selbst in schwierigen Fällen wird durch Umsicht und durch häufige Wiederholung der Versuche oft noch ein
sicheres Resultat erreicht. Nothwendig ist es unter allen Umständen, zwischen den Versuchen sogenannte Vexirversuche einzuschal-
ten, z. B. zu fragen, ob die Berührung wahrgenommen werde, während gar keine Berührung stattgefunden hat, oder Berührungen vorzunehmen, ohne zu fragen, oder bei dem Versuch mit den Zirkelspitzen
zeitweise nur eine oder beide sehr genähert aufzusetzen u. s. w. u. s. w.
Auf diese Weise erhält man einen Massstab für die Zuverlässigkeit
der Angaben des Kranken. Endlich ist zu berücksichtigen, dass
selbst der Gebildete nicht im Stande ist, bei jeder Wahrnehmung
genau zu unterscheiden, auf welchem Wege ihm dieselbe zugekommen ist; deshalb ist es selbstverständlich, dass bei den Versuchen dem Kranken die Augen sorgfältig verschlossen werden müssen, u. dgl.

Bei unvollständiger Druckanaesthesie kommen Empfindungen vor,
die man häufig zur Paraesthesie rechnet. Die Druckempfindung ist
weniger deutlich als normal: die Kranken bezeichnen dies häufig als
„Taubsein". Die Gegenstände werden so gefühlt, wie wenn zwischen
der tastenden Haut und dem berührten Gegenstande noch eine mehr
oder weniger dicke Lage einer nachgiebigen und die Empfindung
abstumpfenden Substanz sich befände: es wird dies von dem Kran-

ken als „Pelzigsein" bezeichnet. Kranke mit unvollständiger Anaesthesie der Fusssohlen geben an, es komme ihnen vor, als sei
der Fussboden mit dicken Teppichen oder mit Kautschuk belegt.

2. Mangel des Temperatursinns. Thermische Anaesthesie.

Vollständiges Fehlen des Temperatursinns ist daran zu erkennen,
dass jede Unterscheidung kälterer und wärmerer Gegenstände, kälteren und wärmeren Wassers u. s. w. fehlt. Kranke mit vollständig
aufgehobenem Temperatursinn bezeichnen sowohl kalte als warme
Gegenstände als „warm"; dieselben werden in Bezug auf Temperatur
als indifferent empfunden, und deshalb legt der Kranke ihnen die
Temperatur seiner Körperoberfläche bei. Sehr warme und excessiv
kalte Gegenstände erregen nicht mehr Temperaturempfindung, sondern Schmerz, und solcher wird von den Kranken angegeben, falls
nicht auch die Schmerzempfindung aufgehoben ist. Eine Verminderung des Temperatursinns lässt sich zuweilen schon nachweisen,
indem man die zu untersuchenden Theile in Wasser von verschiedener Temperatur eintaucht, oder indem man mit Wasser gefüllte
Reagensgläser, die über der Weingeistlampe auf verschiedene Temperatur gebracht werden, und bei denen die Temperatur des Wassers
mit dem Thermometer controlirt wird, mit der Haut in Berührung
bringt. Für genauere Untersuchung bedient man sich der von Nothnagel angegebenen Kupfercylinder, die mit Wasser gefüllt sind,
dessen Temperatur durch ein hineingestecktes heisses Eisen verändert werden kann; noch bequemer sind die von Eulenburg angegebenen Thermometer mit grossen flachen zum directen Aufsetzen
auf die Haut passenden Quecksilberbehältern. Man bestimmt, wie
gross die Temperaturdifferenz sein muss, damit die betreffende Hautstelle noch richtig das wärmere von dem kälteren Gefäss unterscheide. Nach Nothnagel wird am genauesten unterschieden bei
Temperaturen zwischen 33 und 27⁰ C. Das Minimum der noch bemerkbaren Differenz beträgt dabei am Vorder- und Oberarm 0,2⁰,
in der Hohlhand 0,4, am Handrücken 0,3, an Wange und Schläfe
0,2—0,4, an der Brust 0,4, am Rücken 0,9⁰. Bemerkenswerth ist,
dass geübte Kinderwärterinnen zur Beurtheilung der Temperatur des
Badewassers nicht die Hand, sondern die Gegend des Ellenbogens,
und zur Beurtheilung des dem Kinde zu reichenden Saugfläschchens
die Schläfengegend zu verwenden pflegen.

Nothnagel, Beiträge zur Physiologie und Pathologie des Temperatursinns. Deutsches Archiv f. klin. Med. Bd. II. 1867. S. 281.

3. Mangel der Schmerzempfindung. Analgesie.

Zur Prüfung der Schmerzempfindlichkeit bedient man sich gewöhnlich der Nadelstiche, des Kneifens und Brennens, und es lässt
sich auf diese Weise leicht constatiren, ob überhaupt noch Schmerzempfindlichkeit besteht oder nicht. Zur genaueren Unterscheidung
des Grades der Schmerzempfindlichkeit sind aber diese gröberen
Methoden nicht ausreichend. Von Leyden wurde zur Prüfung der
Sensibilität der Haut der Inductionsstrom angewendet in der Weise,
dass man untersucht, welche Stärke des Stromes erforderlich ist,
damit der Kranke denselben noch als Strom empfinde resp. noch
mit Sicherheit unterscheide, ob durch die aufgesetzten Elektroden
ein Strom hindurchgeht oder nicht. Da die Intensität des Stromes
nicht in absoluten Zahlen auszudrücken ist, so sind auch hier nur
die Controlversuche massgebend. Je grösser man den Abstand der
Rollen machen darf, ohne dass die Wahrnehmung des Stromes aufhört, desto grösser ist die Sensibilität. Nicht ganz klar ist vorläufig,
um welche einzelne sensible Function der Haut es sich dabei handelt. Jedenfalls ist die „electrocutane Sensibilität" ein Gemeingefühl;
so weit ich nach einigen Versuchen urtheilen kann, scheint sie mit
der Schmerzempfindlichkeit parallel zu gehen, und ich möchte vorläufig vermuthen, dass sie mit dem Schmerzgefühl identisch sei resp.
durch die gleichen Nervenbahnen wie dieses geleitet werde. Wenn
diese Vermuthung sich als begründet erweisen sollte, so würden wir
in dem Inductionsstrom ein werthvolles Mittel zur Vergleichung der
Schmerzempfindlichkeit besitzen. Doch ist bei der Prüfung immer
zu berücksichtigen, dass auch die unter der Haut gelegenen Muskeln
für den Inductionsstrom empfindlich sind.

Ein besonders auffallendes Symptom, welches zuweilen namentlich bei unvollständiger Anaesthesie angetroffen wird, ist die Verspätung der Wahrnehmung des Schmerzes. Wenn man den zu untersuchenden Menschen instruirt, er solle, sobald er Schmerz verspürt,
dies durch ein einfaches Zeichen ausdrücken, z. B. so schnell als
möglich „Ja" sagen, so erfolgt beim Gesunden und bei den meisten
Kranken, namentlich nach einiger Uebung, dieser Ausdruck der
Wahrnehmung sehr schnell nach der Erregung; so z. B. folgt auf ·
einen Nadelstich in die Fusssohle dieses „Ja" fast augenblicklich,
nämlich nach einer auf gewöhnlichem Wege nicht messbaren Zeit,
einem Bruchtheil einer Secunde. Bei einzelnen Kranken ist aber
diese Zeit bedeutend verlängert. Ich habe selbst schon bis zu 3 Secunden gezählt, und andere Beobachter haben noch bedeutendere

Verspätungen gefunden. Auch kann es vorkommen, dass bei einem Nadelstich die Berührung sofort wahrgenommen wird, die Schmerzempfindung aber sich verspätet, oder dass die Schmerzempfindung selbst mehrfach nach einander auftritt. Diese Verspätung der Schmerzempfindung scheint namentlich vorzukommen bei degenerativen Vorgängen in der grauen Substanz des Rückenmarks, wenn die normalen directen Wege für die Leitung der Schmerzempfindung unterbrochen sind und nun die Leitung auf mannigfachen Umwegen stattfindet.

Die Prüfung der Sensibilität der Haut durch Kitzeln bezieht sich wahrscheinlich auf ein Gemeingefühl besonderer Art; doch liegt vorläufig auch noch die Möglichkeit vor, dass es sich dabei um einen häufigen Wechsel von schwachen Druckempfindungen handle.

Da in den meisten zur Haut gehenden Nervenbündeln die verschiedenen Fasern, welche den einzelnen sensiblen Functionen entsprechen, vereinigt enthalten sind, so ist es leicht verständlich, dass in der Mehrzahl der Fälle von Anaesthesie und namentlich dann, wenn dieselbe auf Erkrankung der leitenden Nerven beruht, alle drei Functionen gleichzeitig gestört sind. In der That kommt die totale Anaesthesie weit häufiger vor als die partielle. Bei der partiellen Anaesthesie kann man wieder verschiedene Arten unterscheiden, indem jede einzelne sensible Function für sich allein oder auch in Combination mit jeder anderen gestört sein kann. Indem nun endlich noch bei jeder einzelnen sensiblen Function die Anaesthesie vollständig oder unvollständig sein und im letzteren Fall sehr verschiedene Grade haben kann, so ergibt sich eine sehr grosse Zahl möglicher Combinationen. Es erscheint überflüssig, alle Arten der Anaesthesie, welche theoretisch möglich sind, einzeln aufzuzählen, um so mehr, da manche derselben bisher noch nicht in praxi genauer beobachtet worden sind. Als Beispiele führe ich nur einige derjenigen Combinationen an, welche thatsächlich vorkommen.

Die totale Anaesthesie, bei welcher alle sensiblen Functionen der Haut annähernd gleichmässig gestört sind, kommt häufig auf einen gewissen Verbreitungsbezirk beschränkt vor, z. B. im Bereich einzelner peripherischer Nerven oder einer oder mehrerer Extremitäten; und je nachdem die Leitung ganz unterbrochen oder nur mehr oder weniger beeinträchtigt ist, kann die Anaesthesie vollständig oder in verschiedenem Grade unvollständig sein.

Wenn die Sensibilität in den Händen beeinträchtigt ist, so sind die meisten Beschäftigungen wesentlich erschwert: der Kranke vermag nur unter stetiger Controle der Augen feinere Gegenstände

zu ergreifen und festzuhalten; manche Arbeiten, wie Nähen u. dgl.,
werden ganz unmöglich; und dabei ist der Kranke immerfort in Gefahr, durch Anstossen, Stechen, Schneiden, Brennen u. dgl. seine
Finger schwer zu verletzen, weil er nicht durch den Schmerz rechtzeitig gewarnt wird.

Wenn Anaesthesie der Fusssohlen vorhanden ist, so vermag der Kranke nur unter Beihülfe des Gesichtsinns zu gehen oder
fest zu stehen. Der Gesunde kann auch bei geschlossenen Augen
noch sicher das Gleichgewicht erhalten, indem er jederzeit vermittelst des Tastsinns der Fusssohlen genau unterrichtet wird über die
Lage seines Schwerpunktes zur Unterstützungsfläche und daher im
Stande ist, seine Stellung jederzeit in passender Weise zu corrigiren;
die Schwankungen des Körpers beim Stehen mit geschlossenen Augen
sind beim Gesunden nur wenig grösser als bei offenen Augen. Der
Kranke mit vollständiger Anaesthesie der Fusssohlen dagegen verliert, wenn er die Augen schliesst, jeden sicheren Anhalt für die
Beurtheilung seiner Stellung zur Bodenfläche und überhaupt seiner
Lage im Raume; denn diejenigen Sensationen, welche etwa noch von
den Bogengängen des Labyrinths vermittelt werden, bringen nur die
gröberen Veränderungen der Stellung des Kopfes zum Bewusstsein
und sind für sich zur Erhaltung des Gleichgewichts beim Stehen bei
weitem nicht ausreichend. Der Kranke geräth daher bei geschlossenen Augen bald in starkes Schwanken und fällt um. Bei unvollständiger Anaesthesie geringen Grades an den Fusssohlen sind die
Schwankungen des Körpers beim Stehen mit geschlossenen Augen
viel stärker als bei offenen; aber die Gefahr des Umfallens ist weniger vorhanden, weil sehr bedeutende Verschiebungen des Schwer-
punkts doch noch wahrgenommen und corrigirt werden können. Wenn
bei einem Menschen beim Stehen mit geschlossenen Augen keine auffallend stärkeren Schwankungen eintreten als bei offenen Augen, so
ist es sicher, dass die Druckempfindlichkeit der Fusssohlen nicht beeinträchtigt ist. Namentlich bei der Diagnose mancher Rückenmarkskrankheiten ist diese einfache Untersuchungsmethode oft von entscheidender Bedeutung. Das Schwanken bei geschlossenen Augen
wird gewöhnlich als das Romberg'sche Symptom bezeichnet.

Bei totaler Anaesthesie im Gebiete des N. trigeminus einer Seite wird in dem ganzen Verbreitungsgebiet bis
zur Mittellinie weder Berührung, noch Temperaturunterschied, noch
Schmerz empfunden. Berührung der Conjunctiva, Kitzeln in der
Nase, Einbringen von scharfem Schnupftabak hat auf der betreffenden Seite keine Wirkung. Ein an die Lippen gesetztes Glas wird

nur halb, wie durchgeschnitten, gefühlt. Das Kauen ist erschwert, da die Speisen zwischen Wange und Zahnreihe gelangen, ohne dass der Kranke es bemerkt. Es kommt häufig vor, dass der Kranke sich in die Zunge beisst oder selbst Stücke von derselben abbeisst. Sehr selten sind Fälle von totaler vollständiger Anaesthesie, welche über den grössten Theil der Körperoberfläche sich erstreckt. Ein Fall der Art, der in der Tübinger Klinik beobachtet wurde, ist von E. Spaeth genauer beschrieben worden.

Es hat dieser Fall, der auch von mir während eines Zeitraums von mehr als 10 Jahren wiederholt genau untersucht und längere Zeit beobachtet wurde, eine besondere Bedeutung erlangt, indem er von Spaeth für die Theorie der Tabes dorsalis verwerthet wurde und für dieselbe geradezu entscheidend geworden ist. Wir werden später auf denselben zu verweisen haben. Ich gebe die folgenden Daten im Wesentlichen nach der Mittheilung von Spaeth, die ich übrigens in allen Punkten aus eigener Anschauung bestätigen kann.

Der Kranke hatte an dem grössten Theil der Körperoberfläche weder Tast- noch Schmerzempfindung. Er hatte im Alter von 20 Jahren einen schweren Typhus durchgemacht, und ein Jahr später hatten die ersten Erscheinungen der Anaesthesie begonnen. Schon damals hatte der Kranke, als wegen spontan eintretender Gangrän der Spitze des rechten Zeigefingers die dritte Phalanx exarticulirt wurde, bei dieser Operation keine Spur von Schmerzen empfunden. Im Laufe der nächsten vier Jahre verbreitete sich bei gutem Allgemeinbefinden die Anaesthesie von den Händen auf die Vorder- und Oberarme. Während dieser Zeit waren zu wiederholten Malen, meist in Folge von Verletzungen, die nicht beachtet wurden, weil sie keinen Schmerz verursachten, erysipelatöse und phlegmonöse Entzündungen im Gebiete der anaesthetischen Theile aufgetreten. Diese zeigten in der Regel einen bösartigen Charakter, hatten theilweise sehr tief gegriffen und Caries verschiedener Knochen veranlasst, wodurch mehrmals operative Eingriffe nöthig gemacht wurden, von denen der Kranke nie etwas empfunden haben will. So erzählt er namentlich mit vielem Vergnügen, wie er sich bei einer dieser Operationen über das Spritzen einer Arterie gefreut habe und beschreibt genau, wie dieselbe unterbunden wurde. Trotz dieser vollständigen Empfindungslosigkeit besorgte doch der Kranke, der nur mit seinem alten, geistesschwachen Vater zusammenwohnte, fast allein nicht blos die ganze Haushaltung, sondern er wurde auch noch häufig bei der Feldarbeit verwendet. Sehr häufig zog er sich bei dieser Beschäftigungsweise Verletzungen zu, auf welche er erst entweder durch Andere oder dadurch, dass er sich selbst durch den Gesichtssinn von dem Vorhandensein derselben überzeugte, aufmerksam gemacht wurde. So schnitt er sich einmal bei der Ernte mit der Sichel die dritte Phalanx des rechten kleinen Fingers ab und wurde erst, als er das Blut hervorquellen sah, diese Verletzung gewahr. Beim Kochen verbrannte er sich fast täglich Finger und Hände. Erst die Röthung der Haut, die sich dann häufig auch in Blasen erhob, schien ihm zu beweisen, „dass er sich wieder einmal gebrannt haben

müsse". Später begannen sich dieselben Symptome auch an den unteren Extremitäten zu entwickeln. Das erste Zeichen, welches den
Kranken auf den Beginn des Uebels an den unteren Gliedmassen aufmerksam machte, war eine vollständige Einbusse des Temperatursinns,
so dass er sich immer, bevor er ein Fussbad nahm, durch Andere über
die Temperatur des Wassers berichten lassen musste, um dabei nicht die
Füsse zu verbrennen. Bald darauf wurden die Füsse oft wie taub und
pelzig; das Gefühl der Unterlage, auf welche der Kranke auftrat, wurde
sehr ungenau. Im Dunkeln oder bei geschlossenen Augen konnte er
nicht mehr stehen und gehen. Beim Gehen ermüdete er nach und nach
früher, konnte aber immer noch ohne Stütze grössere Wegstrecken zurücklegen. Im Laufe der Jahre haben sich die Sensibilitätsstörungen allmählich auch über den Rumpf ausgebreitet, und zwar in der Weise, dass
vollständig anaesthetische Provinzen mit ganz intacten und diese mit
solchen abwechseln, in denen die Sensibilität zwar nicht ganz aufgehoben,
aber doch entschieden vermindert ist. Namentlich wurde die Rückenseite
des Rumpfes bald in grosser Ausdehnung von der Anaesthesie ergriffen.

Am 2. Februar 1862, als er 40 Jahre alt war, wurde der folgende
Status praesens aufgenommen: Der Kranke ist von grosser Statur, gesunder Gesichtsfarbe, nicht abgemagert. Die oberen musculösen Extremitäten sind bis zur Schulter hinauf vollständig anaesthetisch. Berührungen der Haut und tiefe Nadelstiche werden gar nicht empfunden.
Erst von der Gegend des Akromion an beginnen beiderseits stärkere
Reize undeutlich wahrgenommen zu werden. Mit den Händen vermag
der Kranke einen sehr kräftigen Druck auszuüben. Diese selbst sind
in hohem Grade verstümmelt, die Haut derselben durchaus schwielig verdickt; an einzelnen Fingern fehlen die vorderen Phalangen vollständig.
An verschiedenen Stellen der Hände sind die Narben der Incisionen wahrzunehmen, welche zur Entfernung von nekrotischen Knochenstücken gemacht worden waren. Der Tastsinn der Fusssohlenhaut ist vollständig
erloschen. Weiter aufwärts bis zu den Hinterbacken ist derselbe, rechts
noch in höherem Grade als links, sehr erheblich vermindert. Starkes
Pressen einer Hautfalte an den Oberschenkeln zwischen den Fingern ver-
ursacht eine undeutliche Empfindung, aber keinen Schmerz, doch finden
sich auch hier schon abwechselnd einzelne Stellen, an welchen die Sensibilität mehr als an anderen erhalten ist. Beim Stehen mit geschlossenen Augen stürzt der Kranke zu Boden, wenn er nicht gehalten wird.

Die folgenden kleinen Züge mögen dazu beitragen, das Bild der
hochgradigen Anaesthesie und der Folgen derselben zu vervollständigen.
Der Kranke ist genöthigt, beständig den Zipfel seines Taschentuchs aus
seinen Taschen hervorhängen zu lassen, weil er dasselbe in dem Dunkel
der Hosentaschen mit den gefühlslahmen Händen nicht zu finden im Stande
ist; nur aus der Westentasche, in die er hineinsieht, ist er im Stande
Gegenstände hervorzuholen, während Rock- und Hosentaschen, in die er
nicht hineinsehen kann, für ihn ganz unnütz sind. — Häufig soll es vorgekommen sein, dass er in der Nacht, wenn er im Schlafe die Decke
verloren hatte, furchtbar fror, da er in der Finsterniss nicht im Stande
war, dieselbe wieder aufzufinden. — Wenn er im Bett auf dem Rücken
liegt, so hat er, so lange das Nachtlicht brennt, ein ganz normales Be-

wusstsein von seiner Lage. Sobald aber das Licht ausgelöscht ist und vollständige Dunkelheit ihn umgibt, hat er das Gefühl, als ob er vollständig frei in der Luft schwebe und in Gefahr sei immer tiefer zu fallen. Im Laufe der folgenden Jahre hat sich die Anaesthesie noch weiter verbreitet, namentlich der Rumpf ist in grösserer Ausdehnung von derselben ergriffen worden. Im Uebrigen sind sich die Erscheinungen gleich geblieben. Der Kranke konnte immer noch ohne Stütze ziemlich rasch gehen. Am Gang fiel nur eine gewisse Steifigkeit in den Schenkelbeugen auf. Am 1. März 1864 wurde der Status praesens noch durch die folgenden Untersuchungen ergänzt: Werden die Hände auf den Tisch gelegt und mit Gewichten bis zu 25 Pfund und mehr belastet, so wird kein Druckunterschied wahrgenommen. Bei der Aufforderung, Gewichte durch Aufheben zu schätzen, kann er bei verschiedenen Belastungen, die sich zu einander verhalten wie 1 zu 100, keine Differenz bemerken. Die elektrische Contractilität der Muskeln ist vollkommen erhalten. Nachdem durch einen möglichst starken Strom der Biceps brachii in energische Contraction versetzt, der Vorderarm im Ellenbogengelenk möglichst stark gebeugt worden ist, weiss der Kranke, wenn ihm die Augen zugehalten wurden, nicht anzugeben, ob sich sein Vorderarm überhaupt bewegt habe, noch weniger, ob er sich in gebeugter oder in gestreckter Lage befinde. Dasselbe Resultat ergibt sich, wenn diese Bewegungen in passiver Weise vorgenommen werden. Wird der Kranke aufgefordert, einen vorgehaltenen Gegenstand zu ergreifen, so geschieht dies mit einer vollkommen zweckmässigen Bewegung. Während er isst, vermag man an dem Kranken nichts Auffallendes zu bemerken: er führt den Löffel mit einer ganz ruhigen und zweckmässigen Bewegung zum Munde. Er ist im Stande, sich selbst aus- und anzukleiden, und, so weit die Augen reichen, auch selbst die Kleider zuzuknöpfen. Bei dem Bestreben, mit geschlossenen Augen ein zuvor fixirtes Ziel zu erreichen, werden die Arme etwa wie von einem Blinden in weiten und ausgiebigen Kreisen auf und ab und um den betreffenden Punkt herum bewegt. Die Berührung eines unter solchen Umständen vorgehaltenen Gegenstandes nimmt er nur durch das bei der Berührung erfolgte Geräusch wahr. Der Drucksinn des Vorfusses ist sehr bedeutend vermindert. Gewichtsunterschiede werden erst bei einer Mehrbelastung von 8 bis 10 Pfund wahrgenommen. Werden die Flexoren oder Extensoren der einzelnen Zehen durch den Inductionsstrom in Contraction versetzt, so ist der Kranke nicht im Stande anzugeben, ob sich die Zehen und welche sich bewegen, eben so wenig, ob sie in gestreckter oder gebeugter Stellung sich befinden. Auch Unterschiede in der Stärke des Stromes werden nicht deutlich wahrgenommen. Auch am Rücken konnte eine Beeinträchtigung des Drucksinns constatirt werden, insofern der Kranke, wenn er auf dem Bauche lag, erst eine Belastung des Rückens mit vier Pfund wahrnahm. Auch diese Wahrnehmung war vielleicht nur durch die Fortpflanzung des Druckes auf andere noch besser fungirende Provinzen vermittelt. — Der Kranke war um diese Zeit noch im Stande, den Weg von seinem etwa 7 Kilometer entfernten Heimathsorte nach Tübingen und wieder zurück zu gehen.

Im Jahre 1873 starb er im Alter von 52 Jahren, nachdem in den letzten Jahren seines Lebens allmählich zunehmende Störungen der Motilität sich eingestellt hatten. Die von Schüppel vorgenommene Section ergab ausgedehnte Syringomyelie als Folge von Myelitis mit Degeneration der Hinterstränge und fast vollständiger Atrophie der hinteren Wurzeln. — E. Spaeth, Beiträge zur Lehre von der Tabes dorsualis. Tübingen 1864. — Schüppel, Ein Fall von allgemeiner Anaesthesie. Archiv der Heilkunde. XV. 1874. S. 44.

Ein anderer Kranker meiner Beobachtung mit totaler Anaesthesie der Rückenhaut zog sich durch Anlehnen an den Ofen eine tiefe Brandwunde zu und wurde erst durch den Brandgeruch darauf aufmerksam. — Eine Kranke, welche in Folge von Myelitis an Anaesthesie und Lähmung der unteren Körperhälfte litt, wurde von ihren Angehörigen auf Rath eines Quacksalbers zum Zweck eines Dampfbades auf ein grosses mit heissem Wasser gefülltes Gefäss gesetzt und verbrannte sich dabei, ohne es zu bemerken, die Gesäss- und Schenkelgegend in dem Grade, dass die Haut und ein grosser Theil des Unterhautgewebes nekrotisch wurden und die Kranke in der hiesigen Klinik daran zu Grunde ging.

Vollständige Aufhebung des Druck- und Temperatursinns bei erhaltener Schmerzempfindung kommt bei manchen Hemiplegien vor. Dabei ist auch die Localisation der Empfindung mehr oder weniger vollständig aufgehoben. Mehrere derartige Kranke meiner Beobachtung, die Kneifen oder Stechen als Schmerz wahrnahmen, vermochten bei geschlossenen Augen nicht zu unterscheiden, ob am Arm oder am Bein der Schmerz erregt wurde; andere unterschieden die Extremitäten, aber localisirten alle Schmerzen, auch die an Händen und Füssen erregten, in die Hals- resp. die Hüftgegend.

Unvollständige Druck- und Temperaturanaesthesie bei vollständig erhaltener Schmerzempfindlichkeit kommt vor in manchen Fällen von Tabes dorsalis. Dabei findet sich nicht selten Verspätung der Schmerzempfindlichkeit (S. 36).

Halbseitige Aufhebung des Temperatursinns bei erhaltener Druck- und Schmerzempfindung hatte ich Gelegenheit in einem Falle zu beobachten.

Es handelte sich um einen 70jährigen Mann, der, angeblich nach einem Schlaganfall, auf der einen Körperhälfte sowohl am Rumpf als an den Extremitäten selbst die grössten Temperaturdifferenzen nicht mehr unterschied. Alles kam ihm auf dieser Seite „warm" vor (vgl. S. 35). Setzte er sich entblösst auf einen kalten Stein, so empfand er denselben auf der einen Seite als kalt, auf der anderen als warm. Warmes und kaltes Wasser wurde auf der kranken Seite nicht unterschieden; heisses Wasser machte einfach Schmerz. Hielt er die Hand über eine brennende Spiritusflamme, so hatte er bei grösserer Entfernung davon gar keine Empfindung; bei Annäherung der Flamme kam dann ein Moment, wo er plötzlich Schmerz empfand und die Hand wegzog. Dabei war auf der kranken Seite die Druckempfindung sowie auch die Localisation vollkommen normal. Namentlich wurden auch Doppelberührungen in ganz normaler Weise unterschieden.

Zu den nicht ganz selten vorkommenden Fällen gehört endlich noch die Analgesie, d. h. das Fehlen der Schmerzempfindung bei vorhandenem Druck- und Temperatursinn. Anaesthesia dolorosa (S. 19) kommt vor, wenn in dem Nerven die Leitung unterbrochen ist und zugleich eine Reizung in dem centralen Stück desselben stattfindet. In ähnlicher Weise sind manche sogenannte Paraesthesien zu deuten, welche neben vollständiger oder unvollständiger Anaesthesie bestehen können, so namentlich das Gefühl von Ameisenlaufen, Kriebeln u. s. w.; dieselben beruhen auf Erregung der centralen Stücke der Tastnerven, während das Gefühl von Taubsein oder Pelzigsein einfach der Ausdruck der Verminderung der Tastempfindung ist (S. 34).

In den Nervenstämmen, welche die sensiblen Hautnerven abgeben, verlaufen neben denselben gewöhnlich noch mancherlei andere Fasern, und in diesen kann ebenfalls die Leitung unterbrochen sein. So ist es leicht verständlich, dass in vielen Fällen neben Anaesthesie einer Extremität auch motorische Lähmung derselben vorhanden ist, dass ferner häufig auch die Muskelsensibilität aufgehoben ist u. s. w.

Ferner verlaufen in manchen Nervenstämmen auch die auf die Gefässe wirkenden Fasern, und zwar sind, wie manche Physiologen und Pathologen (Schiff, Henle) schon seit langer Zeit angenommen haben, und wie durch die neueren Untersuchungen mit Sicherheit festgestellt ist, zweierlei Gefässnerven zu unterscheiden: erstens die eigentlich vasomotorischen (sympathischen) Fasern, deren Erregung Contraction der Gefässmusculatur, also Verengerung, deren Lähmung Erschlaffung der Musculatur, also Erweiterung bewirkt, und zweitens Antagonisten dieser Fasern, deren Erregung Erweiterung, deren Lähmung Contraction der Gefässe bewirkt. Diese letzteren antagonistischen Fasern scheinen an den meisten Stellen in den Nervenstämmen der cerebrospinalen Fasern zu verlaufen. Bei Erkrankungen der peripherischen Nerven werden deshalb besonders häufig diese antagonistischen Fasern mitgelähmt, und daher finden wir in den betreffenden Gebieten häufig Verengerung der Arterien, Blässe der Haut und Herabsetzung der Temperatur, wie sie in peripherischen Theilen die nothwendige Folge einer Verminderung des arteriellen Blutzuflusses ist. Unter Umständen können aber anderseits die eigentlichen vasomotorischen Fasern an der Lähmung theilnehmen, und in diesen selteneren Fällen entsteht Erweiterung der Ar-

terien, Röthung der Haut und Erhöhung der peripherischen Temperatur. Nach Durchschneidung oder Quetschung eines Nerven beobachtet man zuweilen im Anfang Erweiterung der Arterien und deren
Folgen, und erst später tritt die Verengerung ein. Man wird dabei
gewöhnlich wohl anzunehmen haben, dass die Anfangssymptome einer
Reizung der Antagonisten entsprechen, während die späteren als
Folgen der Lähmung derselben aufzufassen sind.

Endlich kommen zuweilen in anaesthetischen Gebieten auch E r -
n ä h r u n g s s t ö r u n g e n vor; die Haut zeigt eine geringere Wider-
standsfähigkeit gegen schädliche Einwirkungen aller Art; leichte
Verletzungen, Blasenpflaster, Hitze oder Kälte haben schlimmere
Folgen und bewirken oft heftige Entzündungen oder schwer heilende
Geschwüre, durch Druck entsteht leichter als sonst Nekrose der Haut
(Decubitus); Haare, Nägel und Epidermis zeigen abnormes Verhalten,
die Haut kann atrophisch werden, zuweilen kommen Bläscheneurup-
tionen zu Stande oder selbst scheinbar spontane Hautgeschwüre (vgl.
S. 19). In anderen Fällen fehlen diese Ernährungsstörungen. Zuweilen sind solche Ernährungsstörungen nur Folgen der Anaesthesie,
indem Schädlichkeiten, welche einwirken, nicht bemerkt und nicht
beseitigt werden. So z. B. wird bei dem Kranken mit Anaesthesie
des Trigeminus, wenn ein fremder Körper auf die Conjunctiva einwirkt, das Auge weder reflectorisch noch durch Willenseinfluss geschlossen; der Kranke, der seine Haut verbrennt, bemerkt dies erst,
wenn er es sieht oder riecht u. s. w. Der Schmerz, den man schon
mit vollem Recht als den „Wächter der Gesundheit" bezeichnet hat,
würde den Gesunden dazu zwingen, manche Schädlichkeiten zu entfernen, bevor sie bedeutende Störungen bewirkt haben, während sie
beim Anaesthetischen oft lange einwirken können. — Aber nicht
alle Ernährungsstörungen in anaesthetischen Gebieten sind auf diese
Weise zu erklären; sie kommen zuweilen auch vor an Theilen, welche
gegen äussere Schädlichkeiten vollständig geschützt sind. In einzelnen Fällen kann die Ernährungsstörung von Circulationsstörung
abhangen, indem namentlich durch Verminderung des Blutzuflusses
eine vermehrte Vulnerabilität entstehen kann. In manchen Fällen
aber müssen wir an sogenannte trophische Nervenfasern denken,
welche in einer bisher nicht näher anzugebenden Weise bei der Ernährung der Gewebe betheiligt sind, und deren Lähmung Ernährungsstörungen zur Folge hat. — Ob in einem anaesthetischen Gebiete
Ernährungsstörungen eintreten oder nicht, wird demnach nicht nur
davon abhangen, ob äussere Schädlichkeiten einwirken, sondern auch
davon, ob die Gefässnerven und die trophischen Nerven dieses Ge-

bietes an der Lähmung theilnehmen oder nicht. Im Einzelnen sind die Verhältnisse oft sehr complicirt.

Vgl. C. Kopp, Die Trophoneurosen der Haut. Wien 1886.

Zu vielfachen Erörterungen und Versuchen hat namentlich die bei Anaesthesie im Gebiete des Trigeminus vorkommende „neuroparalytische Ophthalmie" Veranlassung gegeben, welche als Degeneration und Verschwärung der Cornea, zuweilen mit Perforation und eiteriger Zerstörung des Auges auftritt. Nach Durchschneidung des Trigeminus sowie bei Anaesthesie im Gebiete desselben stellt sich diese Ernährungsstörung in manchen Fällen ein, in anderen Fällen nicht. Die Meinungen über die Frage, wie dieselbe entstehe, und welche Umstände für ihr Auftreten oder Ausbleiben entscheidend seien, gehen noch weit auseinander. Ich möchte ungeachtet des vielfach dagegen erhobenen Widerspruchs vorläufig noch an der Ansicht festhalten, welche namentlich aus den physiologischen Versuchen von Magendie sich ergibt, und die auch in manchen pathologischen Beobachtungen eine Stütze findet, dass nämlich der Trigeminus einen Theil der für die Ernährung wichtigen Fasern erst im Ganglion Gasseri (vielleicht aus dem Plexus caroticus) erhalte. Wird der Trigeminus zwischen Gehirn und Ganglion zerstört, so können unter Umständen diese Fasern erhalten bleiben und weiter wirken; wird dagegen der Trigeminus peripherisch vom Ganglion zerstört, so werden nothwendig diese Fasern mit zerstört. Im ersteren Falle kann, wenn äussere Schädlichkeiten abgehalten werden, die Ophthalmie ausbleiben, im zweiten wird sie immer eintreten. — Einige Beobachtungen scheinen dafür zu sprechen, dass auch bei den Rückenmarksnerven ein analoges Verhältniss besteht. Die für die Ernährung wichtigen Fasern scheinen erst in den Spinalganglien vom Grenzstrang des Sympathicus aus sich mit den Nervenstämmen zu vereinigen; daher würde nach Durchschneidung der Rückenmarkswurzeln oberhalb der Spinalganglien, wenn die zum Ganglion tretenden Fasern des Sympathicus erhalten bleiben, keine Ernährungsstörung zu erwarten sein; nach Durchschneidung unterhalb der Ganglien würden dagegen die Ernährungsstörungen immer eintreten. Bei Rückenmarkskrankheiten werden häufig die betreffenden sympathischen Fasern ebenfalls zerstört, oder es werden die Stellen des Rückenmarks zerstört, aus welchen die betreffenden Theile des Grenzstranges selbst ihren Ursprung nehmen; und so ist es verständlich, dass bei Rückenmarkskrankheiten, die zu vollständiger Anaesthesie führen, meist die Ernährungsstörungen vorhanden sind.

Die Diagnose der Anaesthesie ergibt sich aus Resultaten der früher angeführten Untersuchungsmethoden. Auch die Unterscheidung der peripherischen von der centralen Anaesthesie hat in der Mehrzahl der Fälle keine grosse Schwierigkeit, und bei der centralen Anaesthesie lässt sich meist auch angeben, ob im Rückenmark oder im Gehirn, und oft auch, in welchem Theile des letzteren die Ursache der Störung zu suchen sei. Für diese Unterscheidung kann man nur wenig allgemeine Regeln aufstellen; vielmehr muss bei je-

dem einzelnen Krankheitsfall unter Berücksichtigung aller Verhältnisse eine besondere Ueberlegung stattfinden. Es seien hier nur einzelne Beispiele angeführt.

Anaesthesie im Verbreitungsbezirk eines einzelnen Nerven einer
Extremität, verbunden mit Lähmung der von dem gleichen Nerven
versorgten Muskeln beruht sicher auf peripherischen Ursachen.

Anaesthesie in einem einzelnen Ast oder Zweig des Trigeminus
ist meist peripherisch. Bei Anaesthesie des ganzen sensiblen Trigeminus ist das Vorhandensein oder Fehlen der Ernährungsstörungen
im Auge von Bedeutung (S. 45). Sind gleichzeitig die Kaumuskeln gelähmt, so ist die Ursache jedenfalls innerhalb des Schädels zu suchen;
ebenso, wenn im Facialis oder in anderen der Schädelbasis nahe liegenden Nerven durch die gleiche Ursache die Leitung unterbrochen ist.

Wenn die Erregung eines sensiblen Nerven nicht zum Bewusstsein kommt, aber dadurch Reflexbewegungen hervorgerufen werden,
so ist es sicher, dass der sensible Nerv bis zu den ersten Ganglienzellen des Centralorgans leitungsfähig ist: die Anaesthesie ist sicher
eine centrale. So kommt es z. B. häufig bei quertrennenden Rückenmarkskrankheiten vor, dass Erregung von sensibeln Nerven an den
unteren Extremitäten keine Empfindung, aber noch Reflexbewegung
bewirkt.

Im Allgemeinen weist hemiplegische Verbreitung der Anaesthesie auf Gehirnerkrankung, paraplegische Verbreitung auf Rücken-
markserkrankung hin, namentlich wenn daneben noch motorische
Lähmungen in entsprechender Verbreitung bestehen.

Die Behandlung der Anaesthesia cutanea wird wesentlich durch
die Ursache resp. durch die zu Grunde liegende Affection in den
Leitungsbahnen bestimmt (S. 27). Unter Umständen ist es möglich
der Indicatio causalis zu entsprechen: so wird man z. B. fremde
Körper oder anderweitigen Druck auf den Nerven beseitigen, eine
Neuritis nach früher besprochenen Grundsätzen behandeln, bei rheumatischer Anaesthesie ein diaphoretisches Verfahren versuchen. Der
Indicatio morbi entspricht die Anwendung von Hautreizen: dahin
gehört der Inductionsstrom namentlich mit metallischem Pinsel als
Elektrode, die Einreibung von Campherspiritus, Senfspiritus, Cantha-
ridentinctur, ferner die kalte Douche u. dgl. Zur Wiederherstellung
der Leitung im Nerven kann unter Umständen der constante Strom
beitragen. Endlich kann durch warme Allgemein- oder Localbäder,
durch Kataplasmen oder Priessnitz'sche Umschläge die Circulation
und damit die Ernährung des Nerven gebessert werden.

Abnormitäten der Erregung in sensiblen Nerven.

Abnormitäten der Erregung in sensiblen Nerven kommen am häufigsten in der Weise zu Stande, dass die Erregung nicht wie gewöhnlich in dem peripherischen Ende des Nerven in den Endapparaten stattfindet, sondern an irgend einer Stelle im Verlauf des Nerven. Unter den Ursachen, durch welche solche abnorme Erregung bewirkt werden kann, sind zunächst aufzuführen gewisse anatomische Störungen in den Nerven, so namentlich Neuritis und manche Neurome. Ferner kann im Verlauf eines Nerven Erregung bewirkt werden durch Elektricität, durch Druck, Zerrung, durch sehr niedrige oder sehr hohe Temperaturgrade, beim blossgelegten Nerven auch durch Austrocknen und durch zahlreiche chemisch reizende Substanzen.

Die Qualität der Empfindung, welche durch Erregung eines sensibeln Nerven in seinem Verlauf hervorgerufen wird, ist ausschliesslich abhängig von den centralen Endapparaten, indem bei jedem Nerven diejenige Empfindung entsteht, welche seiner „specifischen Energie" entspricht. Durch Erregung des Opticus entsteht Lichtempfindung, und zwar, jenachdem die Mehrzahl der Fasern gleichzeitig oder nur einzelne derselben betroffen sind, entweder diffuse Lichtempfindung oder Funkensehen; durch Erregung des Acusticus entsteht Ohrensausen oder die Wahrnehmung einzelner sogenannter subjectiver Töne; ebenso können subjective Geschmacks- und Geruchsempfindungen durch Erregung der betreffenden Nerven in ihrem Verlauf zu Stande kommen. Die Erregung der Sinnesnerven der Haut bewirkt Druck- oder Temperaturempfindungen. Zu den Druckempfindungen gehört z. B. auch das Gefühl des Kriebelns oder Ameisenkriechens, welches bei manchen Erkrankungen der Hautnerven in Folge der Erregung des centralen Stückes zu Stande kommt (S. 43), und welches auch bei dem sogenannten Eingeschlafensein der Glieder in Folge von Druck auf den Nerven während der allmählichen Wiederherstellung der Sensibilität vorhanden zu sein pflegt. Endlich in den Nerven des Gemeingefühls entstehen durch Erregung in ihrem Verlauf die entsprechenden Gefühle, unter denen namentlich der Schmerz von hervorragender praktischer Bedeutung ist. Die Neuralgien gehören sämmtlich zu den Abnormitäten der Erregung der sensiblen Nerven, und dieselben beruhen gewöhnlich auf Erregung der betreffenden schmerzempfindenden Fasern in ihrem Verlauf.

Schmerz.

Schmerz nennen wir eine unangenehme Empfindung eigenthümlicher Art, die Jedem bekannt ist, die sich aber nicht näher beschreiben lässt. Schmerz kommt nach unserer Auffassung nur zu Stande durch die Erregung von besonderen centripetal leitenden Nerven, die wir deshalb als schmerzempfindende Nerven bezeichnen und von den anderen centripetal leitenden Nerven unterscheiden; die Erregung anderer centripetal leitender Nerven, z. B. der Sinnesnerven, hat keine Schmerzempfindnng zur Folge. Wohl aber werden oft gleichzeitig mit den schmerzempfindenden Nerven auch noch andere erregt, und darum können mit dem Schmerz auch noch anderweitige Empfindungen verbunden sein, so namentlich Sinneswahrnehmungen, wie Druck- und Temperaturempfindung, ferner auch Muskelgefühle; diese begleitenden Empfindungen pflegen zwar im Bewusstsein hinter dem Schmerz zurückzutreten, aber sie sind doch von Einfluss auf das Urtheil, indem von denselben einerseits die Localisation des Schmerzes abhängt, und indem dieselben anderseits hauptsächlich die sogenannte Qualität des Schmerzes bestimmen. So redet der Kranke von drückenden, stechenden, bohrenden, ziehenden, reissenden, brennenden, krampfhaften Schmerzen. Zu diesen Unterscheidungen tragen aber auch noch andere Momente bei, wie die Dauer des Schmerzes, die Art seiner Zu- und Abnahme u. s. w. So z. B. wird ein Schmerz von jedesmal sehr kurzer Dauer vorzugsweise als stechend bezeichnet. Häufig entspricht die Qualität des Schmerzes keineswegs den objectiven Ursachen: so z. B. macht gefrorenes Quecksilber, auf die Haut applicirt, den gleichen brennenden Schmerz wie glühende Kohle; Eiswasser bewirkt bei langer Einwirkung brennendes Schmerzgefühl; starke Hautreize oder Aetzmittel machen brennenden Schmerz. Die Qualität des Schmerzes ist verschieden je nach den einzelnen Organen. Die in der Haut erregten Schmerzen haben vermöge der gleichzeitig stattfindenden Sinneswahrnehmungen meist eine bestimmte Qualität und sind ausserdem genau localisirt. Die Schmerzen in inneren Organen sind viel weniger genau localisirt; ihre Qualität ist je nach dem Organ verschieden und im Allgemeinen mehr unbestimmt; mancher Schmerz in einem inneren Organ hat so wenig Aehnlichkeit mit den in der Haut vorkommenden Schmerzen, dass der Kranke oft Anstand nimmt das Gefühl überhaupt als Schmerz zu bezeichnen; dagegen ist mit denselben gewöhnlich ein ausgesprochenes Gefühl von Schwäche und Ohnmacht verbunden, und heftige Schmerzen in inneren Organen haben auch wirkliche Ohnmacht zur Folge. Die Verschiedenheit des Schmerzes in inneren Organen von den Schmerzen in der Haut wird z. B. deutlich, wenn man den durch starke Compression der Hoden erregten Schmerz mit demjenigen vergleicht, der durch Kneipen des Scrotum entsteht. Schmerz in den sensiblen Fasern des Herzens wird hauptsächlich als Gefühl von Beklemmung empfunden (Angina pectoris). In anderen inneren Organen besteht der Schmerz vorherrschend in einem Gefühl von schwerem Druck.

Die Fähigkeit Schmerz zu empfinden kommt den verschiedenen Theilen des Körpers in sehr verschiedenem Grade zu. Einzelne Organe sind an sich der Schmerzempfindung nicht fähig; so selbstverständlich die Organe, welche keine Nerven besitzen, wie die epidermoidalen Gebilde (Epidermis, Haare, Nägel), ferner die Knorpel. Aber auch viele innere Organe, die reichlich mit Nerven versehen sind, entbehren der eigentlich schmerzempfindenden Nerven: dahin gehört wahrscheinlich das Parenchym der Leber, der Milz und anderer Organe, vielleicht auch der Muskeln, ferner die meisten Schleimhäute, wie namentlich die Schleimhaut des Darmkanals, des Uterus, der Bronchien. Dass aber diese Organe nicht etwa der centripetal leitenden Fasern überhaupt entbehren, geht daraus hervor, dass durch Reizung derselben Reflexbewegungen zu Stande kommen, und dass die Zustände derselben Einfluss haben auf die psychischen Functionen, indem sie die Stimmung verändern (S. 22). Auch kann bei Reizung von Organen, die selbst nicht schmerzempfindend sind, durch Irradiation oder Mitempfindung Schmerz in anderen mit schmerzempfindenden Nerven versehenen Organen zu Stande kommen. Unter den inneren Organen zeichnen sich die serösen Häute, namentlich das Peritoneum und die Pleura, unter pathologischen Verhältnissen durch besonders starke Schmerzempfindlichkeit aus. Bei Krankheiten der parenchymatösen Organe kommen heftige Schmerzen zu Stande, wenn der seröse Ueberzug gezerrt oder von entzündlichen Prozessen betroffen wird. Während die schwersten Erkrankungen des Darms ohne Schmerzempfindung verlaufen, so lange nur die Schleimhaut betroffen ist, entstehen heftige Schmerzen, sobald die Serosa direct oder indirect betheiligt ist.

Man nimmt gewöhnlich an, dass der Schmerz ebenso localisirt werde wie die Sinneswahrnehmungen; und es ist ja in der That dem Kranken meist möglich, ziemlich genau die Stelle anzugeben, welche schmerzhaft ist. Aber eine nähere Untersuchung zeigt, dass die Localisation nicht dem Schmerz an sich zukommt, sondern dass sie nur stattfindet durch Vermittelung von gleichzeitigen Sinnes-

wahrnehmungen und unter Umständen sogar nur durch eine Reihe
von mehr oder weniger verwickelten und meist unbewussten Schlüssen. Zahlreiche physiologische und pathologische Thatsachen, welche
zum Theil bereits angeführt wurden zum Theil im folgenden anzuführen sind, werden erst dann verständlich, wenn wir die gewöhnliche Ansicht, nach welcher der Schmerz, ähnlich wie die meisten
Sinneswahrnehmungen, bestimmte Localzeichen besitzen soll, aufgeben und uns klar machen, dass die Schmerzempfindung
an sich gar nicht oder nur in sehr unbestimmter Weise
localisirt wird.

Unter Umständen kann der Gesichtssinn, indem die Stelle der
Einwirkung der Schädlichkeit wahrgenommen wird, zur Localisation
der Schmerzempfindung beitragen. Vorzugsweise aber ist es die
mit dem Schmerz verbundene Druckempfindung, welche die Localisation ermöglicht, und darum erfolgt eine genaue Localisation gewöhnlich nur im Gebiete des Drucksinns, nämlich auf der äusseren
Haut, in der Mundhöhle und den anderen an der äusseren Oberfläche
mündenden Orificien. In den übrigen Organen ist die Localisation
des Schmerzes eine sehr unbestimmte, und der Kranke sucht oft
die Ursache des Schmerzes an der falschen Stelle. Besonders häufig
wird der Schmerz, auch wenn die Erregung an anderen Stellen stattfindet, gerade auf die Orificien localisirt; so z. B. wird Schmerz, der
im hinteren Theil der Harnröhre oder in der Blase entsteht, in der
Gegend des Orificium externum der Urethra empfunden, Schmerz im
Oesophagus wird gewöhnlich in den Anfangstheil oder auch in die
Gegend der Cardia verlegt. Bei Schmerzen in inneren Organen bedient sich der Kranke zum Behuf der Localisation gewöhnlich instinctiv besonderer Hülfsmittel, um die Localität des Schmerzes festzustellen. Ein Schmerz in der Bauchhöhle wird genauer localisirt,
indem der Kranke untersucht, welche Stellen des Bauches es sind,
durch deren Berührung oder Druck der Schmerz hervorgerufen oder
gesteigert wird. Selbst bei Neuritis und bei Neuralgien wird der
Schmerz nicht immer auf das Ausbreitungsgebiet der betreffenden sensiblen Nerven excentrisch projicirt, sondern es wird der Stamm des
Nerven selbst als schmerzhaft angegeben und dabei oft anatomisch
genau der Verlauf desselben bezeichnet, einfach weil der Kranke
durch wiederholtes Tasten herausgebracht hat, welche Stellen bei
Druck schmerzhaft sind. Bei Schmerz in der Pleura trägt es wesentlich zur Localisation bei, wenn der Kranke findet, dass derselbe
durch stärkere Bewegung des einen oder anderen Thoraxtheiles verschlimmert wird; meist aber bleibt die Localisation des pleuritischen

Schmerzes sehr mangelhaft; er wird gewöhnlich in die Seite verlegt, und es kann sogar geschehen, dass der Kranke ihn in die
falsche Seite verlegt, nicht etwa weil, wie man schon gemeint hat,
bei dem betreffenden Individuum abnorme Anastomosen der beider-
seitigen Intercostalnerven beständen oder überhaupt ein abnormer
Verlauf derselben vorhanden wäre, sondern einfach deshalb, weil
der Schmerz keine genauen Localzeichen hat und deshalb die Localisation von anderweitigen relativ zufälligen Umständen abhängt.
Ein Kranker meiner Beobachtung, bei dem in Folge eines Herzleidens
Stauung im grossen Kreislauf und hyperaemische Leberschwellung
vorhanden war, localisirte den von einer frischen Pleuritis abhängigen Schmerz auf den unteren Leberrand, augenscheinlich weil
dort durch Druck Schmerz hervorgerufen wurde. Uebrigens kann
unter Umständen ein pleuritischer Schmerz auffallend genau localisirt werden, z. B. dann, wenn zugleich ein Reibungsgeräusch vorhanden ist, welches eine Erschütterung der Haut des Thorax macht
und dann durch Vermittelung der Haut richtig localisirt wird.

Auch bei Schmerzen in der äusseren Haut wird sich der Kranke
der gleichzeitig auftretenden Sinneswahrnehmung, durch welche die
Localisation erfolgt und die Qualität des Schmerzes mitbestimmt
wird, gewöhnlich nicht klar bewusst; diese Empfindungen treten im
Bewusstsein hinter der Schmerzempfindung so zurück, dass sie nicht
gesondert wahrgenommen werden. Ebenso wird es dem Kranken,
wenn er vermittelst des Gesichtssinns oder anderer Hülfsmittel einen
Schluss auf die Localität des Schmerzes macht, gewöhnlich nicht
deutlich, auf welchem Wege er zu dieser Localisation gelangt. Dass
aber in der That auch die Schmerzen in der äusseren Haut nur durch
Vermittelung der gleichzeitigen Sinneswahrnehmung localisirt werden,
zeigt sich in deutlichster Weise in den Fällen, in welchen der Tastsinn der Haut verloren gegangen ist, während die Schmerzempfindung noch fortbesteht. Dabei ist, wenn die Beihülfe des Gesichtssinns ausgeschlossen wird, so wenig Localisation vorhanden, dass
zuweilen nicht einmal die Extremitäten unterschieden werden (S. 42).

Schmerz gehört zu den häufigsten und wichtigsten Symptomen
der Krankheiten. Aber freilich darf man nicht aus der Intensität
des Schmerzes allein einen Schluss machen auf den Grad oder die
Bedeutung einer Krankheit: ganz ungefährliche Affectionen können
äusserst schmerzhaft sein (Zahnschmerz, Neuralgien), während unter
Umständen manche der schwersten und gefährlichsten Krankheiten
ohne oder fast ohne Schmerzen verlaufen (Apoplexie, Aneurysma,
Morphiumvergiftung).

4*

Dass aber der Schmerz an sich eine pathologische Erscheinung sei, lässt sich für viele Fälle mit Grund bestreiten. Gewöhnlich wird Schmerz erregt durch Einwirkungen, welche die peripherischen Nerven treffen; und dieser Schmerz lässt nicht auf ein abnormes Verhalten der Nerven schliessen: es ist normal, dass ein heftiger Schlag oder eine Verbrennung der Haut Schmerz erregt, und auch, wenn durch Krankheit bedeutende Gewebsveränderungen der Haut hervorgerufen werden, so ist es der Norm entsprechend, dass dabei Schmerz vorkommt; im Gegentheil würde das Fehlen von Schmerz unter solchen Umständen als abnorm zu bezeichnen sein. Wir haben schon früher den Schmerz den Wächter der Gesundheit genannt, und seine Bedeutung für das normale Leben ergibt sich sofort, wenn wir uns die Folgen vergegenwärtigen, welche das Fehlen der Schmerzempfindung haben würde. Der Schmerz zwingt den Menschen sich zu schützen und macht die Erhaltung seiner körperlichen Integrität einigermassen unabhängig von dem bewussten Willen und der verständigen Ueberlegung, welche beide nicht immer als ganz zuverlässig sich erweisen würden. Wenn auch vielleicht die Ueberlegung ihn abhalten würde, seine Extremitäten zu verstümmeln, etwa so wie man Haare und Nägel abschneidet, so ist doch zu erwarten, dass er weniger Eifer und Sorgfalt auf die Vermeidung von mancherlei schädlichen Einwirkungen verwenden würde, wenn dieselben keine unangenehmen Empfindungen verursachten. Das Verhalten der Kranken mit Analgesie führt uns die Folgen des Mangels der Schmerzempfindung in deutlichster Weise vor Augen (S. 39, 42).

In vielen Fällen ist der Schmerz an sich eine pathologische Erscheinung. Wenn Schmerz erregt wird durch Einwirkung auf irgend eine Stelle im Verlauf des Nerven oder durch Einwirkung auf die sensiblen Leitungsbahnen in den Centralorganen, so handelt es sich um eine Abnormität der Erregung, und es liegt ein pathologischer Zustand vor, den wir als Neuralgie bezeichnen.

Neuralgie.

Neuralgie im weiteren Sinne nennen wir einen Schmerz, der durch Erregung des Nerven in seinem Verlauf entsteht. Wenn die Erregung im Verlauf des Nerven durch eine äussere Einwirkung erfolgt, so ist die Thatsache der Erregung des Nerven noch kein Beweis für ein abnormes Verhalten desselben, und man redet in solchen Fällen mit einem gewissen Recht von unechten oder symptomatischen Neuralgien. Wenn dagegen die Erregung nicht auf einer nachweisbaren äusseren Einwirkung beruht, oder wenn sie nach dem Aufhören einer solchen Einwirkung fortbesteht, so muss als Ursache des Schmerzes ein abnormes Verhalten des Nerven selbst angenommen werden; und diese Fälle bezeichnet man als echte, idiopathische oder reine Neuralgien. Die unechten Neuralgien gehen häufig mit der Zeit in echte oder reine Neuralgien über, indem als Folge der äusseren Einwirkungen allmählich Veränderungen der Nervenfasern zu Stande kommen; dann besteht die Neuralgie unabhängig von jenen äusseren Einwirkungen fort, auch nachdem dieselben aufgehört haben.

Welcher Art die anatomischen Veränderungen in den schmerzleitenden Fasern seien, welche der reinen Neuralgie zu Grunde liegen, ist bisher nicht bekannt. Man findet zwar nicht selten bei Neuralgien in den Nervenfasern anatomische Veränderungen; aber es lässt sich behaupten, dass diese nicht die eigentliche anatomische Grundlage der Neuralgie sein können. Die anatomisch nachweisbaren Veränderungen in den Nervenfasern sind fast ohne Ausnahme der Art, dass sie die Leitung im Nerven unterbrechen; von den Veränderungen dagegen, welche abnorme Erregungen bewirken ohne Unterbrechung der Leitung, müssen wir schon von vorn herein voraussetzen, dass sie feinerer Natur und im todten Nerven mit unseren jetzigen Hülfsmitteln nicht nachweisbar oder wenigstens bisher nicht nachgewiesen sind. Es ist möglich, dass es sich um ganz bestimmte und eigenthümliche Veränderungen der schmerzleitenden Fasern handelt, die vielleicht bei allen reinen Neuralgien die gleichen sind (Erb).

Aetiologie.

Zu den äusseren Schädlichkeiten, durch deren Einwirkung auf den Verlauf eines Nerven Neuralgie entstehen kann, gehören zunächst alle diejenigen, welche einen Druck oder eine Reizung auf den Nerven ausüben: in dieser Beziehung sind zu nennen Fremdkörper, z. B. Kugeln oder Knochensplitter, ferner Neubildungen in der Nähe eines Nervenstammes, Aneurysmen, Hernien und anderweitige Anschwellungen oder Lageveränderungen der Organe; ebenso kann wirken Quetschung oder Zerrung eines Nerven durch mechanische Gewalt, Zerrung durch Narben u. s. w., ferner auch Neurome oder andere vom Nerven selbst ausgehende Neubildungen. Für diejenigen Nerven, welche, wie z. B. manche Aeste des Trigeminus, durch enge Knochenkanäle verlaufen, sind besonders wichtig Erkrankungen der Knochen, namentlich Hyperostosen oder Exostosen,

aber auch alle hyperaemischen oder entzündlichen Schwellungen
oder sonstige raumbeschränkende Erkrankungen; die durch Knochenkanäle verlaufenden Nerven sind aus diesem Grunde besonders zu
Neuralgien disponirt. Häufig entstehen Neuralgien nach Verletzung
eines Nerven, sowohl bei vollständiger Durchtrennung desselben, indem Neuritis oder Neurombildung am centralen Stumpf entsteht, als
auch besonders bei unvollständiger Durchtrennung eines Nervenbün-
dels, wie bei manchen Stichwunden oder bei der früher nicht selten
vorkommenden Verletzung eines Nervenastes beim Aderlass. Ueberhaupt ist die Neuritis und Alles, was Neuritis bewirkt, zu den häufigeren Ursachen der Neuralgien zu zählen (S. 17). Zu den von Anfang an reinen Neuralgien gehören diejenigen, welche bei Malaria-
infection in Form der Febres intermittentes larvatae (Band I, S. 76)
auftreten und vorzugsweise die oberen Aeste des Trigeminus befallen,
ferner diejenigen, welche bei manchen anderen Infectionskrankheiten
vorkommen, oder auch bei chronischen Vergiftungen mit Quecksilber,
Kupfer, Blei (Bleikolik), oder endlich bei Gicht, bei Diabetes u. s. w.
Manche Neuralgien stehen mit einer vorausgegangenen Erkältung in
Zusammenhang; man pflegt solche Neuralgien, als deren Ursache
Erkältung vorausgesetzt wird, als rheumatische Neuralgien zu bezeichnen. Die Eruption von Bläschengruppen im Verbreitungsbezirk
eines einzelnen Hautnerven, der sogenannte Herpes Zoster, ist oft
von Neuralgie begleitet, die zuweilen nach Verschwinden des Herpes
noch fortdauert oder erst dann auftritt. Endlich kommen Neuralgien
und neuralgiforme Schmerzen als Theilerscheinungen anderer Krankheiten des Nervensystems vor, namentlich bei manchen Rückenmarkskrankheiten in Folge von Reizung der hinteren Wurzeln, ferner bei
Gehirnkrankheiten, bei Hysterie, Hypochondrie und Geisteskrankheiten. — In vielen Fällen lässt sich die eigentliche Ursache der Neuralgie nicht auffinden, und auch die Annahme einer vorhergegangenen
Erkältung oder einer bestehenden Neuritis ist zuweilen nur ein Noth-
behelf.

Es unterliegt kaum einem Zweifel, dass in manchen Fällen ein geringer Grad von Neuritis, der nicht mit Sicherheit anatomisch nachgewiesen werden kann, die Ursache einer Neuralgie bildet. Wollte man
aber, wie dies schon geschehen ist, für jede Neuralgie, bei welcher die
Ursache nicht aufzufinden ist, ohne Weiteres eine Neuritis als Grundlage
voraussetzen, so würde damit nur der Begriff der Neuritis über die Grenzen des anatomisch Erkennbaren hinaus erweitert, aber das Verständniss
nicht gefördert werden.

Die Disposition zur Entstehung von Neuralgien ist bei einzelnen Individuen eine besonders grosse. In vielen Fällen kann man

von einer neuropathischen Diathese reden, die unter Umständen als
eine hereditäre auftritt, indem in gewissen Familien Neuralgien, daneben aber zuweilen auch andere Krankheiten des Nervensystems,
wie Epilepsie, Hysterie, Geisteskrankheiten, besonders häufig vorkommen. Allgemeine Schwächezustände, Anaemie, Chlorose, Neurasthenie bewirken eine gesteigerte Disposition. Bei Hypochondrie
und Hysterie bilden Neuralgien oft ein hervortretendes Symptom.
Im Ganzen sind Neuralgien bei Weibern häufiger als bei Männern;
doch besteht in Bezug auf die einzelnen Nervengebiete in dieser Beziehung eine Verschiedenheit, die zum Theil auf den Einfluss der
vorwiegenden Beschäftigung zurückzuführen ist. So z. B. kommt
Ischias bei Männern häufiger vor. Bei Weibern wird dagegen durch
Pubertätsentwicklung, Menstruation, Schwangerschaft u. s. w. die
Disposition zu Neuralgien gesteigert. Im Kindesalter sind Neuralgien
selten; etwa mit dem 15. oder 20. Jahre werden sie häufiger.

Symptomatologie.

Die neuralgischen Schmerzen pflegen Anfälle zu machen, die
durch kürzere oder längere Intermissionen oder Remissionen von einander getrennt sind. Auch im Anfalle wechselt meist die Heftigkeit
der Schmerzen, indem sie zeitweise etwas nachlassen und dann wieder
zu grosser Heftigkeit und oft bis zum Unerträglichen sich steigern.
Die Qualität des Schmerzes wird zum Theil nach Massgabe der begleitenden Erregungen der Tastnerven verschieden angegeben, meist
als reissend, bohrend, auch wohl als brennend, zuweilen als zuckend
und plötzlich durchfahrend.

Die Paroxysmen treten oft ohne bekannte Veranlassung auf; in
anderen Fällen werden sie durch äussere Ursachen hervorgerufen.
So z. B. kann durch Druck auf den Nerven, durch Bewegung des
betreffenden Theiles, durch Reibung, Einwirkung der Kälte oder auch
durch geistige Aufregung der Anfall veranlasst werden. Bei manchen
Neuralgien im Gebiete des Trigeminus werden die Anfälle durch
Kauen, Sprechen, Husten, Niesen hervorgerufen; Ischias wird oft
durch Stehen und Gehen gesteigert. Auch kann neben der Neuralgie Hyperaesthesie in dem Verbreitungsbezirk des betreffenden Nerven vorhanden sein, indem jede Erregung der peripherischen Enden
Schmerz hervorruft. Bei den Malarianeuralgien treten die Anfälle
in regelmässigem Rythmus auf; bei den anderen ist die Reihenfolge
der Anfälle meist unregelmässig.

In der Zeit zwischen den Paroxysmen ist in manchen Fällen

der Schmerz gar nicht vorhanden, in anderen besteht er in mässigem
Grade continuirlich fort.

Häufig finden sich während der Paroxysmen und zuweilen auch
während der Remissionen im Verlauf des neuralgisch afficirten Nerven
einzelne Stellen, die auf Druck besonders empfindlich sind: schmerzhafte Punkte, Points douloureux (Valleix 1841). Dieselben
entsprechen besonders häufig den Stellen, wo der Nerv aus einem
Knochenkanal austritt oder eine Fascie oder einen Muskel durch-
bohrt hat. Wo solche charakteristische schmerzhafte Punkte deutlich nachgewiesen werden können, sind sie oft von entscheidender
Bedeutung für die Diagnose und namentlich für die Unterscheidung
einer Neuralgie von rheumatischen oder entzündlichen Schmerzen.
Doch gibt es Fälle, in welchen die gewöhnlichen schmerzhaften Punkte
vermisst werden. Auch kommt es vor, dass der Nerv in seinem
ganzen Verlauf gegen Druck empfindlich ist.

Zuweilen werden die in einem Nerven entstehenden Schmerzen
genau richtig excentrisch projicirt auf die Endausbreitungen desselben, so z. B. bei manchen Neuralgien in einzelnen Zweigen des
Trigeminus; doch ist dies thatsächlich weit weniger häufig, als
man gewöhnlich anzunehmen pflegt. In vielen Fällen ist die peripherische Projection der Schmerzen eine sehr unvollkommene, und
entspricht durchaus nicht der wirklichen peripherischen Ausbreitung
des Nerven. Oft wird der Schmerz nur auf einzelne von einander
getrennte Stellen des Nervenstammes oder selbst nur auf einzelne
schmerzhafte Punkte localisirt. Oder es wird der Stamm des Nerven in seinem ganzen Verlauf und zuweilen auch noch die Haupt-
äste als Sitz des Schmerzes angegeben. So verhält es sich z. B.
häufig bei Ischias. Dabei kann der Schmerz den Eindruck machen,
als ob er an der Peripherie anfinge und schnell gegen das Centrum
fortschreite (Neuralgia ascendens) oder umgekehrt (N. descendens).
Und endlich sind die Fälle sehr häufig, in welchen die Kranken
erklären, sie können den Sitz und die Ausbreitung des Schmerzes
nicht genau angeben; sie versuchen dann durch Druck auf verschiedene Stellen oder durch Bewegungen herauszubringen, wo eigentlich
der Schmerz seinen Sitz habe.

Man hat zur Erklärung der häufig vorkommenden Fälle mit mangelhafter Localisation und Projection mancherlei Hypothesen ersonnen: so
z. B. hat man schon gemeint, bei vielen Neuralgien im Gebiet bestimmter
Nervenstämme sei der Sitz des Schmerzes nicht in den eigentlichen Nervenstämmen, sondern in den Nervi nervorum zu suchen. Alle solche Hypothesen sind für uns unnöthig. Da nach unserer Auffassung der Schmerz
an sich keine oder nur unbestimmte Localzeichen hat, so sind die Fälle

mit fehlender oder mangelhafter Localisation für uns ohne Weiteres verständlich. Dagegen ist einer besonderen Erklärung bedürftig die Thatsache, dass gewöhnlich doch eine gewisse Localisation des Schmerzes und in einzelnen Fällen sogar eine genaue und anatomisch richtige excentrische Projection stattfindet. Es kann dies in verschiedener Weise zu Stande kommen. Wenn in dem Nerven ausser den schmerzempfindenden Fasern auch die dem Tastsinn dienenden Fasern erregt sind, so äussert sich dies durch gleichzeitige Tastempfindungen (Kriebeln, Ameisenkriechen), die unter Umständen neben dem Schmerz unbeachtet bleiben, aber doch eine richtige excentrische Projection ermöglichen können. In anderen Fällen findet eine Localisation des Schmerzes auf directem Wege überhaupt nicht statt, sondern sie erfolgt, ähnlich wie bei pleuritischen oder peritonitischen Schmerzen, in indirecter Weise, indem der Kranke die Punkte und Strecken der Haut sich merkt, durch deren Berührung oder Druck der Schmerz hervorgerufen oder verstärkt wird (S. 50). Es wird dann der Schmerz überhaupt nicht excentrisch projicirt, sondern auf einzelne Punkte oder Strecken im Verlauf des Nerven oder auf den ganzen Verlauf des Stammes localisirt. Und endlich kann, falls gleichzeitig Hyperaesthesie im Gebiete der neuralgisch erregten Fasern besteht, in dieser indirecten Weise sogar eine genaue Projection des Schmerzes auf den ganzen Verbreitungsbezirk des Nerven stattfinden.

Bei heftigen Neuralgien bleibt der Schmerz häufig nicht auf den ursprünglichen Nerven beschränkt, sondern wird auch im Gebiet anderer Nervenäste empfunden. Diese Irradiation des Schmerzes oder Mitempfindung wird verständlich, wenn wir berücksichtigen, dass der Schmerz an sich nach unserer Auffassung keine genauen Localzeichen hat: die Ausdehnung eines schmerzhaften Gebietes wird deshalb vom Bewusstsein zum Theil abgeschätzt nach der Intensität des Schmerzes; und so erklärt es sich, dass ein durch Erregung bestimmter Nervenfasern bewirkter Schmerz, wenn er sehr heftig ist, im Bewusstsein den Eindruck macht, als entspreche er einem viel grösseren peripherischen Gebiet, als in Wirklichkeit der Fall ist. Die Verbreitung des Schmerzes durch Irradiation kann unter Umständen über weite Gebiete sich erstrecken. So ist bei Neuralgie in einem Trigeminusast häufig Mitempfindung in einem anderen vorhanden, oder der Schmerz erstreckt sich über den ganzen Trigeminus oder auch auf die Nerven des Plexus cervicalis oder sogar auf das Gebiet des Plexus brachialis. Bei Trigeminusneuralgie kann auch die andere Gesichtshälfte mitergriffen werden. Bei Neuralgie der Intercostalnerven besteht häufig Mitempfindung im Plexus brachialis. Die Unterscheidung der eigentlich neuralgischen Gebiete von den nur durch Irradiation betroffenen ist von grosser praktischer Wichtigkeit, da die Therapie nur dann Erfolg haben kann, wenn sie auf die ersteren angewendet wird. Es kommt nicht selten vor,

dass ausgedehnter und hartnäckiger Gesichtsschmerz nur von einem
cariösen Zahn abhängt und nach dessen Entfernung vollständig verschwindet.

Von der Ausbreitung der Schmerzen durch Irradiation ist zu unterscheiden die besonders bei lange bestehenden Neuralgien vorkommende Ausbreitung der neuralgischen Erkrankung selbst von einem
Nerven auf andere benachbarte; dabei wird in den secundär befallenen Nerven die Neuralgie selbständig, und sie kann sogar noch
fortbestehen, wenn sie in dem zuerst erkrankten Gebiet bereits aufgehört hat.   Auf welchem Wege diese Ausbreitung der Erkrankung
stattfinde, ist bisher nicht klar; man wird wohl an Uebertragung der
Affection von einer Fasergruppe auf die andere innerhalb des Centralorgans denken müssen.

Analog wie bei der Anaesthesie kommen auch bei der Neuralgie
häufig gewisse begleitende Erscheinungen vor, die sich grossentheils daraus erklären, dass in dem von der Neuralgie befallenen Nervenstamm ausser den schmerzempfindenden Fasern, deren Erregung in
den Vordergrund tritt, auch noch mancherlei andere Fasern verlaufen, die unter Umständen in gleicher Weise von der Erkrankung befallen und ebenfalls in abnorme Erregung versetzt werden.   Durch
eine gleichzeitige Erregung der Fasern für die Leitung der Sinnesempfindungen der Haut wird, wie bereits dargelegt wurde, die directe Localisirung des Schmerzes durch excentrische Projection ermöglicht.   Wenn in dem befallenen Nervenstamm auch motorische
Fasern verlaufen und mitbefallen werden, so können im Anfall krampfhafte Muskelcontractionen zu Stande kommen; doch sind solche nicht
besonders häufig und meist wenig ausgebildet, entsprechend der früher
hervorgehobenen Thatsache, dass bei motorischen Nerven die Erregung der Fasern im Verlauf (abgesehen von der elektrischen Erregung) schwerer zu Stande kommt als bei sensiblen (S. 9).   Von
diesen durch directe Erregung motorischer Fasern erfolgenden Muskelcontractionen sind zu unterscheiden diejenigen, welche als Reflexbewegung auftreten, sowie die bewussten Bewegungen, zu welchen
der Kranke durch den heftigen Schmerz häufig veranlasst wird.   Ferner werden zuweilen auch Gefässnerven, die in dem afficirten Nervenstamm verlaufen, miterregt, und oft kommt es auch zu reflectorischen
Erregungen von Gefässnerven im Gebiete des befallenen Nerven und
in benachbarten Gebieten.   Und zwar sind es besonders häufig die
cerebrospinalen Antagonisten der eigentlich vasomotorischen Nerven,
welche direct oder durch Reflex in Erregung versetzt werden.   Die
Folge davon ist, dass häufig im neuralgisch afficirten Gebiet und

iu dessen Umgebung, namentlich während des Paroxysmus, Erweiterung der Arterien, Röthung und erhöhte Temperatur vorkommt. Die vermehrte Secretion der benachbarten Drüsen ist zum Theil auf diese Hyperaemie, zum Theil aber auch auf Erregung von Drüsennerven, die meist reflectorisch erfolgt, zu beziehen. So wird zuweilen vermehrte Schweisssecretion, namentlich gegen Ende des Anfalls beobachtet; bei Neuralgien im Gebiete des Trigeminus kommt es während des Paroxysmus häufig zu vermehrter Secretion der Nasenschleimhaut, der Thränen- oder Speicheldrüsen. In selteneren Fällen können auch die eigentlichen vasomotorischen (sympathischen) Fasern an der abnormen Erregung theilnehmen, und dann findet man im Gegentheil Verengerung der Arterien, Blässe der Haut, Erniedrigung der Temperatur; diese letzteren Erscheinungen werden zuweilen im Anfange des Anfalls beobachtet. Endlich sind zu erwähnen die bei einzelnen Fällen in dem afficirten Gebiet und in dessen Umgebung auftretenden Ernährungsstörungen. Dieselben beruhen zum Theil auf der durch Erregung der Gefässnerven bewirkten Veränderung der Circulation; doch ist bei manchen Störungen auch an die Betheiligung trophischer Fasern zu denken. Aus der häufig auftretenden Hyperaemie erklärt es sich, wenn namentlich im Gesicht bei Neuralgien in einzelnen Theilen des Trigeminus die Gefässe der Haut dauernde Erweiterungen zeigen. In einzelnen Fällen wird die Haut allmählich verdickt, und selbst die tiefer gelegenen Gewebe der Bindesubstanz, wie das Unterhautfettgewebe oder seltener auch Periost und Knochen zeigen Andeutungen von Hypertrophie, die Papillen und Drüsen der Haut vergrössern sich, die Haare können sich vermehren, dick und borstig werden oder in anderen Fällen ergrauen oder ausfallen. Seltener wird Atrophie der Gewebe in Folge von Neuralgie beobachtet; die an den Extremitäten nicht selten in mässigem Grade vorkommende Atrophie der Muskeln ist wohl zum Theil Folge von Nichtgebrauch. Die zuweilen mit Neuralgie verbundene Eruption von Bläschengruppen, der Herpes Zoster, ist wohl auf Betheiligung der trophischen Nerven zu beziehen, ebenso die seltener vorkommenden Erytheme, Erysipele, Urticaria- und Pemphiguseruptionen.

Es kann nicht auffallen, dass die Erkrankung des Nerven, welche Neuralgie hervorruft, zuweilen auch die Leitung im Nerven beeinträchtigt, so dass ein gewisser Grad von Anaesthesie zu Stande kommt. Die schmerzempfindenden Fasern, die zuweilen im Anfang Hyperaesthesie zeigen, können später in verschiedenem Grade anaesthetisch werden bis zur Anaesthesia dolorosa. Aus der Beein-

trächtigung der Leitung in den druckempfindenden Fasern erklärt
sich das zuweilen vorhandene Gefühl von Taubsein oder Pelzigsein
und die unvollständige Anaesthesie für Druckempfindungen, die bei
genauer Untersuchung sehr häufig im Gebiete des befallenen Nerven
gefunden wird.

Endlich ist noch zu erwähnen, dass einzelne Kranke mit besonders schlimmer Neuralgie durch den häufig wiederkehrenden
Schmerz auch psychisch afficirt werden, indem sie in allmählich zunehmende Verstimmung gerathen, sich von aller Geselligkeit und
zuweilen auch von aller Thätigkeit zurückziehen. Indessen kommt
Geisteskrankheit mit dem Charakter der Melancholie als Folge von
Neuralgie nur selten vor.

Der Verlauf der Neuralgie ist sehr verschieden. Manche Neuralgien verschwinden allmählich nach kurzem Bestehen, andere erst
nach langer Zeit, oft nach Jahren, und in einzelnen Fällen kann die
Neuralgie für das ganze Leben fortbestehen. Besonders hartnäckig
sind namentlich einzelne Neuralgien im Gebiete des Trigeminus, im
Allgemeinen um so mehr, je älter das Individuum ist. Auch Ischias
kann eine sehr lange Dauer haben.

Therapie.

In manchen Fällen kann man der Indicatio causalis genügen,
z. B. durch Entfernung von Geschwülsten, Fremdkörpern u. dgl.
Doch ist zu berücksichtigen, dass in vielen Fällen die durch jene
Ursachen erregten Neuralgien nach längerer Dauer bereits „habituell
geworden", d. h. zu reinen Neuralgien geworden sind und dann nach
der Entfernung der Ursache noch selbständig fortbestehen. Unter
Umständen kann eine Neuralgie in den Alveolarästen, die durch Irradiation eine weite Verbreitung erlangt hat, durch Extraction eines
Zahnes beseitigt werden. In anderen Fällen kann die Excision einer
Narbe oder vielleicht auch die secundäre Nervennaht Hülfe bringen.
Wenn eine Neuritis als Ursache der Neuralgie mit einiger Wahrscheinlichkeit anzunehmen ist, so ist die Behandlung derselben nach
den früher angegebenen Regeln (S. 20) in Angriff zu nehmen; dabei
kommt es vor, dass durch einen oder einige Blutegel die Schmerzen
mehr gelindert werden als durch irgend ein anderes Mittel. Auch
die lange fortgesetzte andauernde Anwendung von Priessnitz'schen
Umschlägen kann sich dabei nützlich erweisen. Bei rheumatischen
Neuralgien ist oft das anhaltende Tragen von Wolle auf der blossen
Haut, die Anwendung von warmen Bädern mit nachfolgendem mehr-
stündigem Bettliegen, oder auch ein diaphoretisches Verfahren, be-

sonders die Anwendung heisser Bäder mit nachfolgendem Schwitzen von Nutzen; zuweilen scheinen auch die sogenannten antirrheumatischen Medicamente, wie Colchicum, Aconit, etwas zu leisten, und neuerlichst hat sich in einzelnen Fällen die Salicylsäure heilsam erwiesen. Gegen Malarianeuralgien ist Chinin anzuwenden, aber im Allgemeinen in grösseren Dosen als gegen eigentliche Wechselfieberanfälle (Band I, S. 76); zuweilen werden auch Neuralgien, die nicht von Malaria abhängig sind, durch grosse Dosen Chinin (1 bis 2 Gm) gebessert.

Der Indicatio morbi entspricht in vielen Fällen die Elektricität, und zwar in manchen Fällen der Inductionsstrom, in anderen der constante Strom. Der Inductionsstrom ist besonders auf die schmerzhaften Punkte und den Verlauf des Nerven anzuwenden, ferner aber auch auf die Stellen der Haut, in welche der Schmerz localisirt wird; an letzteren Stellen ist auch der Metallpinsel als Elektrode zweckmässig. Der Strom wird so stark angewendet, als der Kranke es noch gut erträgt, jedenfalls aber bis zur Bildung von Gänsehaut und deutlicher Röthung der Haut. Falls nach der Anwendung die neuralgischen Schmerzen, wenn auch zunächst nur für kurze Zeit, gebessert erscheinen, so kann man hoffen, mit dem Inductionsstrom auszureichen. Erst wenn nach wiederholter Anwendung der Inductionsstrom sich als nicht genügend wirksam erweist, gehe man zum constanten Strom über. Auch dieser ist im Allgemeinen möglichst stark auf den Verlauf des Nerven zu appliciren, wobei es für den Erfolg von geringer Bedeutung zu sein scheint, ob der Strom in aufsteigender oder in absteigender Richtung durch den Nerven geht (die Elektrotherapeuten pflegen der letzteren Richtung den Vorzug zu geben); auch wiederholter Wechsel der Stromesrichtung ist dabei gestattet, doch vermeide man die starken Schläge durch plötzliche Stromwendung. Der Strom darf so stark sein, dass die Haut an der Applicationsstelle Erytheme, Quaddeln oder bei längerer Application selbst oberflächliche Verschorfung zeigt. Nur am Kopf in der Nähe des Gehirns sind starke Ströme zu vermeiden.

In neuerer Zeit wird auch bei der Behandlung der Neuralgien gewöhnlich dem constanten Strom der Vorzug vor dem Inductionsstrom gegeben. Meine Erfahrungen haben mich dahin geführt, in der Regel zunächst den Inductionsstrom zu versuchen. Derselbe scheint mir, wenn er zweckmässig angewendet wird, mindestens eben so häufig als der constante Strom die Heilung herbeizuführen; auch habe ich Fälle beobachtet, welche, nachdem der constante Strom lange Zeit vergeblich gebraucht worden war, durch Anwendung des Inductionsstroms geheilt wurden. Erst wenn der Inductionsstrom versagt oder die Wirkung nicht ausreichend

ist, pflege ich zum Gebrauch des constanten Stromes überzugehen, der
dann freilich leider auch in manchen Fällen sich ungenügend erweist. —
Vgl. R. Leube, Beiträge zur Behandlung der Neuralgien durch Anwendung des inducirten Stromes. Dissertation. Tübingen 1862.

Die intensive locale Anwendung der Kälte vermittelst der Eisblase oder der localen Anaesthesirung durch Aetherzerstäubung erweist sich zuweilen nützlich. In manchen Fällen sind starke Ableitungen auf die Haut durch Vesicatore, die nach einander auf die
dem Verlauf des Nerven entsprechenden Hautstellen applicirt werden, ferner Moxen und endlich das Glüheisen, besonders in Form
der von Valleix empfohlenen oberflächlichen linearen Cauterisation
im Verlaufe des Nerven von günstiger Wirkung. Die Einreibung
von Veratrinsalbe (0,1—0,3 : 5) oder von Aconitinsalbe (0,1 : 5) kann
vorübergehend den Schmerz mässigen. Als Specifica gelten arsenige
Säure, Bromkalium, Jodkalium, Terpenthinöl, Eisenpräparate, auch
wohl Atropin, Tinctura Gelsemii, Phosphor, Zinkpräparate, Argentum
nitricum u. s. w. Die Narcotica und namentlich das Morphium innerlich und subcutan sind bei der Behandlung heftiger Neuralgien als
symptomatische Mittel oft nicht zu entbehren; unter Umständen kann
durch wiederholte Anwendung des Morphium auch Heilung erzielt
werden; wir können uns dabei vielleicht denken, dass, wie eine
Neuralgie nach längerer Einwirkung der Ursache habituell wird, so
auch gewissermassen der schmerzfreie Zustand, wenn er wiederholt
herbeigeführt wird, habituell werden könne. In dringendster Weise
ist bei dem Gebrauch des Morphium und namentlich der subcutanen
Injection Vorsicht zu empfehlen, damit sich der Kranke nicht an
die Morphiuminjectionen gewöhne; niemals sollte man den Kranken
die Injection selbst machen lassen. Eine schmerzlindernde Wirkung
hat zuweilen auch Chloroform mit Ol. Hyoscyami coct., zu gleichen
Theilen erwärmt eingerieben.

In den schlimmsten Fällen von Neuralgie bleibt zuweilen kein
anderes Mittel übrig als die Durchschneidung des Nerven, oder besser,
um die zu schnelle Wiedervereinigung zu verhüten, die Excision eines
Nervenstückes. Die Resection des Nerven ist am ehesten noch bei
rein sensiblen Nerven, besonders bei Trigeminusästen zulässig. Dieselbe scheint zuweilen selbst dann vorübergehende Besserung zu bewirken, wenn die Neuralgie weiter centralwärts ihren Sitz hat; in
manchen Fällen aber bleibt sie ohne oder ohne dauernden Erfolg.
Auch die in neuester Zeit mehrfach vorgenommene Dehnung des
Nerven hat Erfolge aufzuweisen.

Von grosser Wichtigkeit ist es, bei jedem Kranken mit Neuralgie sorgfältig zu untersuchen, welche anderweitigen Functionsstörungen etwa vorhanden sind. Unter Umständen kann selbst die Beseitigung einer habituellen Stuhlverstopfung für den Erfolg der übrigen Behandlung von Bedeutung sein. Die von Hysterie oder Hypochondrie abhängigen Neuralgien verschwinden meist spontan mit der Besserung der zu Grunde liegenden Krankheit. Vor Allem aber ist die eingehendste Berücksichtigung der Constitution und der Lebensweise des Kranken geboten; dies gilt zunächst von denjenigen Fällen, bei welchen Constitutionsanomalien vorhanden sind, die als prädisponirende Momente wirken können. Die Behandlung vorhandener Anaemie, Chlorose, allgemeiner Schwäche kann Eisenpräparate, Badecuren, Milch- oder Traubencuren, Aufenthalt auf dem Lande oder im Gebirge erfordern. In anderen Fällen kann die zweckmässige Regelung der Lebensweise, die Sorge für ausreichende körperliche und geistige Ruhe, für genügenden Schlaf die wichtigste Indication sein. Aber auch in Fällen, bei welchen kein Grund vorliegt, die Constitution des Kranken als anomal oder als bei der Neuralgie betheiligt anzusehen, kann zuweilen durch eine blosse Aenderung der Constitution vermittelst eines eingreifenden Verfahrens Besserung erreicht oder der Erfolg anderer Mittel befördert werden. So kann es zweckmässig sein, fette Individuen etwa durch Banting-Diät magerer zu machen. Noch häufiger hat es bei mageren Leuten günstigen Einfluss, wenn es gelingt, durch Milch- oder Leberthrancuren das Körpergewicht in beträchtlichem Masse zu steigern. Auch täglich wiederholte warme Bäder mit nachfolgendem Liegen im Bett wirken zuweilen günstig. In einzelnen Fällen kann durch längere Anwendung von Abführmitteln oder durch energische Diaphorese oder durch Ausspülung des Körpers vermittelst ungewöhnlich reichlicher Flüssigkeitszufuhr (Trinkcuren in Wildbad, Ragaz, oder auch destillirtes Wasser mit Milch), oder anderseits durch sogenannte Schroth'sche Curen oder überhaupt durch Durstcuren, endlich in einzelnen Fällen durch Kaltwassercuren, Seebäder, Aufenthalt im Gebirge, eine günstige „Umstimmung" des Organismus erzielt werden. In Folge solcher Verfahrungsweisen, wie sie als alterirende oder metasynkritische Methoden bezeichnet werden, können zuweilen bei Neuralgien, die aller anderen Behandlung Widerstand leisteten, noch Erfolge erreicht werden.

Neuralgien im Gebiete der Hautnerven.

Neuralgie im Gebiete des Trigeminus. Prosopalgie. Tic douloureux. Neuralgia faciei. Gesichtsschmerz.

Der N. trigeminus ist, mit Ausnahme der zum dritten Aste gehörigen Portio minor, ein rein sensibler Nerv; er hat einen sehr ausgedehnten Verbreitungsbezirk und versieht ein Hautgebiet, welches äusseren Schädlichkeiten vielfach ausgesetzt ist; endlich verlaufen viele Zweige des Nerven durch Knochenkanäle, in welchen sie leicht einer Compression unterliegen können. Dem entsprechend sind Neuralgien im Gebiete des Trigeminus besonders häufig. Gewöhnlich sind nur Theile des Nerven befallen, zuweilen nur einzelne Zweige, oft auch mehrere gleichzeitig; durch Irradiation kann das Verbreitungsgebiet des Schmerzes sehr ausgedehnt werden. Meist ist die Neuralgie auf eine Seite beschränkt, seltener doppelseitig. Im Allgemeinen sind die neuralgischen Erkrankungen häufiger in den Zweigen, welche durch Knochenkanäle verlaufen, während die anderen häufig freibleiben.

Im Gebiete des ersten Astes (Ramus ophthalmicus) ist besonders häufig die Supraorbitalneuralgie, bei welcher der Schmerz im Verbreitungsbezirk des N. supraorbitalis, also im oberen Augenlid und der Stirn bis zur Scheitelgegend auftritt und häufig mit Hyperaemie der Conjunctiva und vermehrter Thränensecretion verbunden ist. Als schmerzhafter Punkt ist am häufigsten nachzuweisen der Supraorbitalpunkt an der Stelle, wo der Nerv aus dem Foramen oder der Incisura supraorbitalis austritt. Seltener werden die zum Auge und zur Nase gehenden Zweige des ersten Astes befallen.

Im Gebiete des zweiten Astes (Ramus supramaxillaris) wird hauptsächlich der N. infraorbitalis befallen. Manche Infraorbitalneuralgien gehören zu den quälendsten und hartnäckigsten Formen. Der Sitz des Schmerzes ist dabei die Gegend unterhalb des Auges, die Wange, die Seite der Nase, die Oberlippe und endlich die obere Zahnreihe. Als schmerzhafter Punkt ist in der Regel der Infraorbitalpunkt, die Austrittsstelle des Nerven aus dem langen Canalis infraorbitalis, nachzuweisen. Auch im Gebiete des N. subcutaneus malae kommt daneben oder auch isolirt Neuralgie vor, welche dann die Jochbein- und die vordere Schläfengegend einnimmt.

Der sensible Theil des dritten Astes (Ramus inframaxillaris) verbreitet sich in der ganzen unteren Zahnreihe und dem Unterkiefer (Nervi alveolares), im Kinn und der Unterlippe (N. mentalis), in der Zunge und der Mundhöhlenschleimhaut (N. lingualis), in der Wangen- und Schläfengegend, dem vorderen Theil des äusseren Ohres und dem äusseren Gehörgang (N. auriculo-temporalis). Von den einzelnen Zweigen zeigt sich am häufigsten betroffen der N. alveolaris inferior, weniger häufig der N. auriculo-temporalis, selten der N. lingualis. Als besondere begleitende Erscheinung ist zuweilen vermehrte Speichelsecretion vorhanden; in seltenen Fällen kommen auch gleichzeitige Störungen im Gebiete des motorischen Theiles des dritten Astes vor. Als schmerzhafte Punkte sind anzuführen der Mentalpunkt, wo der Endast des N. alveolaris inferior als N. mentalis aus dem Foramen mentale hervortritt, und der mit dem Supraorbital- und Infraorbitalpunkt nahezu in einer senkrechten Linie liegt, ferner der Temporalpunkt vor dem Ohre, wo der N. auriculo-temporalis über dem Jochbogen verläuft.

Cervico-occipital-Neuralgie. Neuralgie im Gebiete der vier oberen Cervicalnerven.

Der N. occipitalis magnus aus dem hinteren Ast des zweiten Cervicalnerven versorgt die mediale Gegend des Hinterhaupts bis gegen den Scheitel. Der von den vorderen Aesten der vier ersten Cervicalnerven gebildete Plexus cervicalis vermittelt die Sensibilität am seitlichen Theile des Hinterhaupts bis gegen das Ohr hin (N. occipitalis minor), in der Ohrmuschel und der Haut der Parotisgegend (N. auricularis magnus), in der vorderen Halsgegend (N. cervicalis superficialis) und endlich in der Schlüsselbein-, Schulter- und oberen Brustgegend (Nn. supraclaviculares). Neuralgie in diesen Gebieten kann unter Umständen von Erkrankungen der oberen Halswirbel abhängig sein; an eine solche Grundlage ist namentlich dann zu denken, wenn sie beide Seiten betrifft.

Cervicooccipitalneuralgie ist weniger häufig und pflegt weniger hartnäckig zu sein als Neuralgie im Gebiete des Trigeminus. Die sensiblen Zweige beider Gebiete stehen vielfach mit einander in Verbindung, und bei Neuralgien in dem einen Gebiet ist oft auch das andere betheiligt. Häufig findet auch bei Neuralgie im Gebiete der Cervicooccipitalnerven Irradiation des Schmerzes einerseits nach dem Gebiete des Trigeminus und anderseits nach dem des Plexus brachialis und der Intercostalnerven statt.

Als häufiger vorkommende schmerzhafte Punkte sind hauptsächlich zu nennen ein oberflächlicher Cervicalpunkt, entsprechend der Gegend, wo die meisten Nerven des Plexus cervicalis am hinteren Rande des M. sternocleidomastoideus etwa der Mitte

dieses Muskels entsprechend hervortreten, ferner der Occipital-
punkt in der Mitte zwischen dem Processus mastoideus und dem
ersten Halswirbel, wo der N. occipitalis magnus nach Durchbohrung
der Muskeln oberflächlich wird.

Als besondere begleitende Erscheinungen werden zuweilen Krämpfe
im Gebiete der von den befallenen Nerven versorgten Muskeln beobachtet.

Cervico-brachial-Neuralgie. Neuralgie im Gebiete der vier unteren Cervicalnerven.

Die vorderen Aeste der vier unteren Cervicalnerven und des
ersten Dorsalnerven bilden den Plexus brachialis, welcher die sensiblen und motorischen Nerven für den Arm, die Schulter und einen
Theil des Thorax enthält. Neuralgien können den ganzen Plexus
oder einen grossen Theil desselben befallen, z. B. bei Compression des
Plexus durch geschwollene Lymphdrüsen oder andere Geschwülste,
durch Aneurysma der Arteria subclavia, ferner nach Erkältungen oder
übermässigen Anstrengungen des Armes; oder es werden zunächst
nur einzelne Nerven oder Nervenzweige betroffen, z. B. bei Verletzungen, bei Einwirkung von fremden Körpern, bei Neuromen. Durch
Irradiation kann das Gebiet der Schmerzen bedeutend erweitert werden; auch kommen Schmerzen im Gebiete des Plexus brachialis vor
in Folge von Neuralgien in den benachbarten Nervengebieten und
namentlich auch bei Angina pectoris. Selten entspricht die Localisation des Schmerzes genau dem Verbreitungsbezirk eines einzelnen
Nerven, sondern erscheint gewöhnlich über die Bezirke mehrerer
Nerven und oft in sehr unregelmässiger Weise verbreitet. Man kann
am Arm etwa unterscheiden die Schulter- und Oberarmgegend (N.
axillaris und Nn. cutanei brachii), ferner die Vorderarmgegend (Nn.
cutanei und ausserdem an der Volarfläche kleine Zweige der Nn. medianus und ulnaris, an der Dorsalfläche Zweige des N. radialis), endlich an der Hand und den Fingern die Gebiete des Ulnaris, Medianus
und Radialis.

Schmerzhafte Punkte kommen vor im Verlaufe des Plexus
besonders in der Achselhöhle, am N. medianus in der Ellenbeuge,
am N. ulnaris hinter dem Condylus internus und am Handgelenk,
am N. radialis am Oberarm und oberhalb des Handgelenks, an den
Nn. cutanei da, wo sie an die Oberfläche hervortreten.

Als begleitende Erscheinungen werden beobachtet Krämpfe und
Paresen in den von dem befallenen Nerven versorgten Muskeln,
ferner Anaemie und Kälte, selten Röthung des Armes, in einzelnen

Fällen Bläscheneruptionen im Verlaufe des befallenen Nerven (Herpes Zoster), seltener schwerere Ernährungsstörungen.

Intercostalneuralgie.

Im Gebiete der Dorsalnerven kommt Neuralgie häufig vor in den vorderen Aesten, aus welchen die zwölf Intercostalnerven hervorgehen. Gewöhnlich ist nur eine Seite und zwar häufiger die linke betroffen. Meist beschränkt sich die Erkrankung auf einen oder wenige Intercostalnerven: der sechste bis achte Intercostalnerv werden vorzugsweise befallen.

Ausser den gewöhnlichen Ursachen der Neuralgien kommen in diesem Gebiete noch besonders in Betracht Erkrankungen der Pleura und der Lungen, Aortenaneurysmen, Erkrankungen der Wirbel und Rippen und endlich Erkrankungen des Rückenmarks. Die grössere Häufigkeit der linksseitigen Intercostalneuralgie hat man darauf zurückführen wollen, dass auf der linken Seite der Rückfluss des Blutes, so weit er durch die Vena hemiazygos vermittelt wird, leichter gestört werden kann (Henle). Bei Weibern ist Intercostalneuralgie beträchtlich häufiger als bei Männern.

Schmerzhafte Punkte sind oft deutlich und scharf begrenzt nachzuweisen: 1. der Vertebralpunkt neben der Wirbelsäule, wo der Nerv aus dem Wirbelkanal hervorkommt, 2. der Lateralpunkt zwischen Axillar- und Mammillarlinie, wo der Ramus lateralis zur Haut tritt, 3. der Sternal- resp. Epigastralpunkt neben dem Sternum resp. der Linea alba, wo der Endast des Intercostalnerven in die Haut eintritt. Der Nachweis des einen oder anderen dieser schmerzhaften Punkte kann wichtig sein für die Unterscheidung der Intercostalneuralgie von Muskelrheumatismus und von pleuritischen Schmerzen. — Als begleitende Erscheinung kommt besonders Herpes Zoster vor.

Lumbo-abdominal-Neuralgie.

Der Plexus lumbaris wird gebildet von den vier oberen Lendennerven. Aus demselben entspringen: 1. die Lumbo-abdominal-Nerven, 2. der N. cruralis und 3. der N. obturatorius.

Im Gebiete der Lumbo-abdominal-Nerven (N. ilio-hypogastricus, N. ilio-inguinalis, N. genito-cruralis, N. cutaneus femoris externus) ist Neuralgie seltener als im Gebiete der Intercostalnerven, pflegt wie diese vorwiegend die linke Seite zu befallen und häufiger bei Weibern vorzukommen. Der Schmerz wird localisirt auf die Lenden-, Hüft- und Gesässgegend, die Unterbauchgegend, die äusseren Genitalien, die Inguinalgegend und einen Theil des Oberschenkels. Als schmerzhafte Punkte sind zu nennen der Lumbarpunkt nach aussen vom ersten Lendenwirbel, der Hüftpunkt über der Mitte der Crista ossis ileum, der hypogastrische Punkt nach innen von der Spina anterior superior, endlich zuweilen noch einige Punkte oberhalb der Symphyse, am Scrotum oder Labium majus.

Cruralneuralgie.

Neuralgische Schmerzen im Gebiete des N. cruralis und obturatorius beruhen zuweilen auf einem Druck, welchen die Nerven erleiden beim Austritt aus dem Wirbelkanal oder im Becken oder im weiteren Verlauf, so z. B. bei Neubildungen, Wirbelerkrankungen, Psoasabscessen, Erkrankungen der inneren Genitalien, Kothstauungen; der N. cruralis kann auch durch eine Schenkelhernie comprimirt werden, und Neuralgie im N. obturatorius kann für die Diagnose der Hernia obturatoria von Bedeutung sein. Im Uebrigen sind Neuralgien in diesem Gebiete selten.

Der Schmerz verbreitet sich an der inneren Seite des Oberschenkels (N. saphenus minor und N. obturatorius), an der vorderen Fläche des Oberschenkels (N. cutaneus femoris anterior medius), an der inneren Seite des Knies, der Wade und des Fussrückens (N. saphenus major). Schmerzhafte Punkte kommen vor in der Inguinalgegend, wo der N. cruralis durch den Schenkelkanal verläuft, ferner an den Stellen, wo die Hautnerven oberflächlich werden. Unter den begleitenden Erscheinungen sind hauptsächlich Störungen der Beweglichkeit in den von den Nerven versorgten Muskeln anzuführen.

Neuralgie im Gebiete des Plexus ischiadicus. Ischias.

Der Plexus ischiadicus wird gebildet durch die unteren Lenden- und die oberen Sacralnerven. Aus demselben geht der Nervus ischiadicus hervor, der dickste Nerv des Körpers, der sich bei seinem Verlauf an der hinteren Fläche des Oberschenkels in den N. tibialis und den N. peroneus theilt, welche mit ihren Aesten den grössten Theil des Unterschenkels und des Fusses versorgen. Für die Haut der unteren Gesässgegend, des Dammes und der hinteren Fläche des Oberschenkels kommt ausserdem der N. cutaneus femoris posterior in Betracht.

Ischias ist nächst den Neuralgien im Gebiete des Trigeminus die am häufigsten vorkommende Neuralgie. Unter den Ursachen kommen besonders in Betracht Erkrankungen des Rückenmarkes, Caries oder Neubildungen in den Wirbeln, Druck auf den Nerven durch Drüsengeschwülste, Tumoren im kleinen Becken, in seltenen

Fällen Aneurysmen oder eine Hernia ischiadica, vielleicht zuweilen Ansammlung von festen Fäcalmassen in der Flexura iliaca; auch peritonitische Prozesse im kleinen Becken, namentlich aber Schwangerschaft und Geburt mit den dabei oder darnach vorkommenden Anomalien können Druck oder Reizung des Nerven zur Folge haben. Zuweilen entsteht Ischias in Folge von Insultationen oder Verletzungen von Nervenästen an der Peripherie oder in Folge von übermässigen Anstrengungen der unteren Extremitäten. Bei manchen Fällen ist Erkältung betheiligt. Auch Unterdrückung von Fussschweissen oder Ekzemen ist beschuldigt worden. In einzelnen Fällen wird Ischias als Nachkrankheit von Typhus und anderen Krankheiten beobachtet. Bei Männern ist diese Neuralgie häufiger als bei Weibern. Sie wird ferner bei der auf körperliche Arbeit angewiesenen Bevölkerung häufiger angetroffen.

Die Verbreitung der Neuralgie in den einzelnen Theilen und Aesten des Nerven ist verschieden. Häufig wissen die Kranken den Schmerz nicht genau zu localisiren und geben nur ungefähr die Gegend des Gesässes, die hintere Fläche des Oberschenkels oder den Unterschenkel und den Fuss als Sitz desselben an. Zuweilen ist vorzugsweise der Stamm des N. ischiadicus schmerzhaft ohne merkliche excentrische Erscheinung; doch kann dabei der Schmerz auch nach dem Unterschenkel und Fuss oder auch aufwärts in die Kreuzgegend ausstrahlen. In anderen Fällen sind einzelne Aeste gesondert befallen, so z. B. der N. cutaneus femoris posterior, der in der unteren Gesässgegend bis zum Damm und an der hinteren Fläche des Oberschenkels bis zur Kniekehle sich verbreitet, oder der N. cutaneus cruris posterior medius vom N. peroneus, der in der Gegend der Wade sich verzweigt, oder der N. peroneus superficialis, dessen Endäste die Haut des Fussrückens versorgen, oder der N. suralis s. communicans tibialis, der an der äusseren Seite des Fussgelenks und dem äusseren Fussrand sich verbreitet u. s. w.

Häufig sind schmerzhafte Punkte nachzuweisen. Einer derselben findet sich gewöhnlich in der Mitte zwischen Tuber ischii und Trochanter major, oft auch ein zweiter etwas weiter abwärts unter dem Rande des Musculus glutaeus maximus, wo der Stamm des Ischiadicus nicht mehr von diesem Muskel bedeckt ist und auch der N. cutaneus femoris posterior hervortritt; zuweilen ist der ganze Stamm des N. ischiadicus in seinem Verlauf am Oberschenkel gegen Druck empfindlich, und die Kranken, durch die Wirkung des Drucks auf die verschiedenen Stellen belehrt, wissen genau den anatomischen Verlauf des Nerven von der Incisura ischiadica bis zur Kniekehle anzugeben. Am N. peroneus pflegt vorzugsweise die Stelle hinter dem Capitulum fibulae druckempfindlich zu sein. Ausserdem kommen in einzelnen Fällen noch schmerzhafte Punkte hinter den Malleolen oder an anderen Stellen des Fusses oder des Unterschenkels vor.

Der Schmerz macht gewöhnlich mehr oder weniger heftige Paroxysmen, welche zuweilen durch Bewegungen und namentlich durch Auftreten mit dem Fusse veranlasst werden, zuweilen aber auch spontan entstehen. Jenachdem dabei dem Kranken der Schmerz von oben nach unten oder umgekehrt auszustrahlen scheint, hat man Ischias descendens und ascendens unterschieden. In seltenen Fällen kommen während der Schmerzparoxysmen auch Krämpfe in den Wadenmuskeln oder in anderen Muskeln des Unterschenkels vor. Häufig ist ein gewisser Grad von Anaesthesie im Verbreitungsbezirk der afficirten Nervenäste nachzuweisen. Die Gebrauchsfähigkeit der Extremität ist schon durch den Schmerz meist bedeutend beeinträchtigt; zuweilen zeigt sich auch deutliche Parese der vom N. ischiadicus versorgten Muskeln; allmählich stellt sich eine merkliche Abmagerung der Musculatur ein.

In diagnostischer Beziehung kann unter Umständen die Unterscheidung von einer beginnenden Tabes oder von Muskelrheumatismus oder von einer chronisch sich entwickelnden Hüftgelenksentzündung Schwierigkeiten machen.

Die Ischias gehört in manchen Fällen zu den hartnäckigsten Neuralgien. Die Behandlung muss je nach den vorliegenden Indicationen verschieden sein. Vor Allem ist dabei die absolute Ruhe der befallenen Extremität nothwendige Bedingung. Bei frischen Fällen von rheumatischer Ischias wird zuweilen durch ein diaphoretisches Verfahren Heilung erreicht, in anderen Fällen durch anhaltende Anwendung von Kataplasmen oder durch warme Bäder. Ableitungen auf die äussere Haut sind häufig von Nutzen. In vielen Fällen hat die Anwendung des Inductionsstroms guten Erfolg; wo derselbe ausbleibt oder ungenügend ist, kann zuweilen noch durch den constanten Strom Besserung oder Heilung erreicht werden. Wo diese Mittel nicht ausreichen und besondere Indicationen nicht vorliegen, kann vielleicht noch die Nervendehnung Hülfe schaffen; anderenfalls ist man genöthigt ein umstimmendes Verfahren oder auch die sogenannten Specifica zu versuchen (S. 62).

Coccygodynie.

Die Nerven des Plexus coccygeus, welcher aus dem fünften Sacralnerven und dem N. coccygeus entsteht, können der Sitz einer hartnäckigen Neuralgie sein, welche hauptsächlich bei Frauen, am häufigsten in Folge von traumatischen Einwirkungen, besonders nach schweren Geburten, seltener nach Erkältungen vorkommt und sich durch Schmerz in der Gegend des Steissbeins, namentlich beim Sitzen und Gehen sowie bei Druck auf das Steissbein äussert. Die Behandlung mit dem Inductionsstrom hat zuweilen ausreichenden Erfolg. In einzelnen Fällen ist die Durchtrennung der betreffenden Nerven oder selbst die Exstirpation des Steissbeins erforderlich gewesen.

Hautjucken. Pruritus.

An die Besprechung der Neuralgien der Haut schliessen wir anhangsweise die Besprechung eines Zustandes an, der nicht zu den Neuralgien gehört, der aber denselben insofern analog ist, als es bei demselben sich um eine abnorme Erregung von Nerven des Gemeingefühls handelt.

Durch welche Nerven das Gefühl des Juckens vermittelt werde, ist bisher nicht mit Sicherheit festgestellt. Man könnte daran denken, dass es die druckempfindenden Nerven der Haut seien, so dass es sich dabei vielleicht nur um einen häufigen Wechsel von schwachen Druckempfindungen handle (S. 37); für diese Auffassung liesse sich die Thatsache anführen, dass das Gebiet, in welchem Jucken vorkommt, nahezu mit demjenigen zusammenfällt, in welchem Druckempfindung erregt werden kann, insofern dasselbe die äussere Haut und die auf dieselbe mündenden Orificien umfasst. Wahrscheinlicher als diese Annahme erscheint es bei dem gegenwärtigen Stande des Wissens, dass das Gefühl des Kitzels und Juckens zu den Gemeingefühlen gehört, wobei es dann noch zweifelhaft ist, ob dasselbe in den Nerven erregt wird, welche auch die Schmerzempfindung vermitteln, so dass etwa die schwache Erregung als Kitzel und Jucken, die starke als eigentlicher Schmerz zum Bewusstsein kommt, oder ob dieses Gefühl durch besondere Nervenfasern geleitet wird, die sowohl von den Sinnesnerven der Haut, als auch von den schmerzleitenden Fasern verschieden sind. Doch ist die Entscheidung dieser Fragen, so interessant sie in theoretischer Beziehung sein würde, vorläufig nicht von besonderer praktischer Bedeutung.

Jucken wird unter normalen Verhältnissen durch bestimmte Einwirkungen auf die Haut veranlasst, die gewöhnlich eine geringere Intensität haben als diejenigen, welche Schmerzempfindung erregen, so z. B. durch gelinde aber lange einwirkende chemische und mechanische Reize, namentlich durch die verschiedenartigen Parasiten. Jucken ist ferner ein häufig vorkommendes Symptom bei vielen Hautkrankheiten, wie bei der auf der Gegenwart eines Parasiten beruhen-

den Scabies, aber auch bei Urticaria, bei manchen Ekzemen und in
besonders hervorragendem Grade bei Prurigo. Das Jucken erscheint
unter solchen Umständen als eine normale Folge der einwirkenden
Schädlichkeiten oder der krankhaften Zustände und hat nur die Bedeutung eines Symptoms. Dagegen ist als pathologisch und als
Analogon der Neuralgien zu bezeichnen dasjenige Jucken, welches
ohne Irritamenta externa zu Stande kommt, der sogenannte Pruritus nervosus.

Zuweilen hängt der Pruritus von der Einwirkung gewisser abnormer Blutbestandtheile ab: so kommt Hautjucken vor bei Icterus
und bei Granularatrophie der Nieren, aber auch bei der Einwirkung
einzelner Arzneimittel und Gifte (Pruritus toxicus). Ferner kann
es geschehen, dass, ähnlich wie bei Schmerzen, Reizungen von
inneren Schleimhäuten auf die äusseren Orificien localisirt werden;
dahin gehört z. B. das Jucken in der Nase bei Wurmreiz, das
Jucken am Orificium externum urethrae bei Blasensteinen. Endlich kommt Pruritus, meist auf einzelne Localitäten beschränkt, ohne
jede nachweisbare äussere oder innere Ursache vor. Derselbe ist
besonders häufig im Gebiete der Nervi pudendo-haemorrhoidales:
bei Weibern kommt er vor als Pruritus im Introitus vaginae, ist aber
nur dann als Pruritus nervosus zu deuten, wenn die genaue Untersuchung die Abwesenheit äusserer Schädlichkeiten, wie Katarrh oder
Blennorrhoe oder auch Oxyuren, die namentlich bei Kindern sich
zuweilen nach dieser Localität verirren, nachgewiesen hat; Pruritus
podicis kann auch von Haemorrhoidalknoten oder, besonders bei
Kindern, von der Gegenwart des Oxyurus abhangen, aber auch ohne
nachweisbare Ursache auftreten; endlich ist anzuführen der Pruritus
am Scrotum oder in der Umgebung der äusseren Genitalien. Ferner
kommt nicht selten vor Pruritus im Gebiete der Plantaräste des
Nervus tibialis, hauptsächlich zwischen den Zehen und an der Fusssohle, Pruritus der Haut in der unteren Rücken- und Kreuzgegend,
der behaarten Kopfhaut, der Achselhöhle, der Schenkelbeuge u. s. w.
An den zuletzt genannten Stellen kann Pruritus auch von Intertrigo
abhangen. Bei den behaarten Stellen ist besonders auch an die
Möglichkeit der Gegenwart der verschiedenen Arten von Läusen zu
denken; doch ist gerade an diesen Stellen auch Pruritus nervosus
häufig.

Bei sehr alten Leuten tritt nicht selten verbreitetes oder auch
auf einzelne Stellen beschränktes Hautjucken auf als Pruritus senilis,
ohne dass an der Haut ausser der im Greisenalter gewöhnlichen
Trockenheit der Epidermis und der als Pityriasis tabescentium be-

zeichneten trocknen Abschilferung derselben irgend eine Abnormität
zu finden wäre. Auch bei sehr geschwächten Individuen, bei Reconvalescenten und Marantischen, die eine ähnlich trockne Haut
haben, kann Hautjucken auftreten. Endlich ist Pruritus zuweilen
eine Theilerscheinung der Hysterie, und auch bei Geisteskrankheiten
stellt er sich nicht selten ein.

Pruritus ist häufig nur eine Unannehmlichkeit, die leicht zu ertragen ist; in anderen Fällen aber ist er ein äusserst quälendes Leiden, zuweilen fast schlimmer als eine heftige Neuralgie; einzelnen
alten Leuten werden durch Pruritus die letzten Jahre des Lebens
verbittert. Häufig führt das Jucken zu starkem Kratzen der Haut
und dadurch zu oberflächlichen Zerstörungen, zu Pustel- und Ge-
schwürsbildung. Durch Pruritus an den Genitalien kann zu Onanie
Veranlassung gegeben werden. Durch heftigen Pruritus kann bei sehr
langer Dauer endlich eine wesentliche Störung der Stimmung zu
Stande kommen, die unter Umständen an Melancholie angrenzt.

Bevor man an die Behandlung des Pruritus herangeht, hat
man aufs Sorgfältigste zu untersuchen, ob etwa besondere Irritamenta
externa vorhanden sind, welche die einfache Erklärung des Leidens
liefern, und durch deren Entfernung dasselbe beseitigt werden kann.
Der eigentliche Pruritus nervosus ist in manchen Fällen ausserordentlich hartnäckig, und oft muss man sich begnügen, dem Kranken nur
einige Linderung seines quälenden Leidens zu verschaffen. In vielen
Fällen wirken täglich wiederholte langdauernde warme Bäder günstig;
zuweilen ist es zweckmässig, vor dem Bad die Haut mit Schmier-
seife einzureiben, wobei dann eine vollständigere Aufweichung der
Epidermis erfolgt. In anderen Fällen wird durch Mittel, welche
stark reizend auf die Haut einwirken, eine Verminderung des quälenden Juckens bewirkt: dahin gehört die Anwendung der Vlemingkx-
schen Schwefelkalklösung oder selbst der starken Lösungen von
Alkalien. Das schmerzhafte Brennen, welches durch diese Mittel
bewirkt wird, ist für viele Kranke weit erträglicher als das Jucken.
Auch Theerpräparate, Carbolsäurelösung, empyreumatische Oele,
Schwefelsalben, Sublimatlösung werden angewendet. Beim Pruritus
der an die äussere Haut anstossenden Schleimhäute sind oft Ad-
stringentien von Nutzen, so z. B. beim Pruritus vulvae Bleiwasser
oder Bleizuckerlösung in Form von Umschlägen oder Injectionen.

Neuralgien in inneren Organen.

Die Neuralgien in inneren Organen zeigen in ihrem Verhalten mancherlei Abweichungen von dem Verhalten der Neuralgien in der äusseren Haut. Diese Abweichungen sind zum Theil so auffallend, dass man bisher bei manchen dieser Affectionen Anstand genommen hat, sie zu den Neuralgien zu rechnen oder sie nach den gleichen Gesichtspunkten wie andere Neuralgien zu beurtheilen. Ein Theil dieser Eigenthümlichkeiten der Neuralgien in inneren Organen wird aber sofort verständlich, wenn wir die schon früher aufgestellte These berücksichtigen, dass der Schmerz an sich keine bestimmten Local-zeichen hat, und dass die Localisation des Schmerzes nur erfolgt durch Vermittelung von gleichzeitigen Sinneswahrnehmungen oder durch eine Reihe von mehr oder weniger unbewussten Schlüssen (S. 50).

Die inneren Organe besitzen keine Sinnesnerven, und aus diesem Grunde fehlt bei den Neuralgien derselben jede directe genauere Localisation; vielmehr kann die Localisation, so weit sie erfolgt, nur vermittelst der früher besprochenen Hülfsmittel in indirecter Weise stattfinden, namentlich dadurch, dass der Kranke instinctiv festzu-stellen versucht, an welchen Stellen durch Druck oder durch Be-wegung Schmerz hervorgerufen oder derselbe gesteigert wird (S. 50). Es ist dies wohl hauptsächlich die Ursache davon, dass der Schmerz in inneren Organen einen mehr unbestimmten Charakter zu haben pflegt. Ausserdem ist der Schmerz bei Neuralgien in inneren Or-ganen von anderer Qualität als der Schmerz, welcher von den Haut-nerven ausgeht, und in verschiedenen Organen ist auch wieder die Qualität des Schmerzes verschieden. In manchen Organen ist die-selbe so abweichend von der gewöhnlichen Art des durch die Haut-nerven vermittelten Schmerzes, dass der Kranke zwar eine höchst unangenehme Empfindung hat, dass er aber dieselbe mit gewöhn-lichem Schmerz nicht vergleichen und kaum als eigentlichen Schmerz bezeichnen zu dürfen glaubt. Mit dem Schmerz in inneren Organen ist meist ein weit stärkeres Ohnmachtsgefühl verbunden, und ein heftiger Schmerz führt leicht zu den als Shock oder Collapsus be-zeichneten Zuständen, welche wesentlich in einer bedeutenden Ab-schwächung der Herzaction bestehen.

Wir rechnen zu den inneren Organen hier nicht nur diejenigen, welche in den Cavitäten des Körpers eingeschlossen liegen, sondern auch solche, welche relativ äusserlich unter der Haut gelegen sind, wie die Brustdrüse, die Hoden, die Gelenke u. s. w., überhaupt alle

Organe mit Ausnahme der äusseren Haut und der auf diese aus-
mündenden Orificien.

Auch die Neuralgien in inneren Organen sind häufig von vasomotorischen Störungen begleitet, und zwar kann sowohl Verengerung
als Erweiterung der Gefässe vorkommen. Manche Aerzte sind geneigt, solchen vasomotorischen Störungen eine grosse Bedeutung zuzuschreiben, oder dieselben sogar als die eigentliche Ursache der
Affection anzusehen. Aber abgesehen davon, dass dabei die Entstehung des Schmerzes in keiner Weise erklärt wird, liegt auch kein
Grund vor, den vasomotorischen Störungen bei den inneren Neuralgien eine andere Rolle zuzuweisen als bei den Neuralgien der
Hautnerven.

Kopfschmerz. Cephalalgie.

Kopfschmerz ist eines der häufigsten und vieldeutigsten Krankheitssymptome. In manchen Fällen ist eine anatomische Grundlage
vorhanden. So ist Kopfschmerz ein häufiges Symptom bei den verschiedenartigsten Erkrankungen der äusseren Bedeckungen des Schädels, des Periosts, der Schädelknochen, der Stirn- und Keilbeinhöhlen,
der Gehirnhäute, des Gehirns, der Augen, Ohren, Nase u. s. w. (Cephalalgia symptomatica). Namentlich sind alle Krankheiten,
welche Gehirndruck machen, gewöhnlich mit Kopfschmerzen verbunden. — In anderen Fällen besteht eine solche nachweisbare anatomische Grundlage nicht, der Kopfschmerz stellt eine functionelle
Störung dar und wird als Cephalalgia nervosa im weitesten
Sinne bezeichnet. Dahin gehört zunächst der neuralgische Kopfschmerz, wie er bei den Neuralgien im Gebiet des Trigeminus und
der Cervicooccipitalnerven bereits besprochen wurde; dahin gehört
ferner die eigentliche intracranielle Neuralgie, bei der wir wohl hauptsächlich an die in der Dura mater sich verbreitenden Trigeminusfasern zu denken haben. Eine Form der intracraniellen Neuralgie,
die Hemikranie oder Migräne, wird im folgenden Capitel näher besprochen werden. Ausserdem zeigt sich Kopfschmerz noch bei unzähligen anderen Störungen. So entsteht nervöser Kopfschmerz häufig
in Folge übermässiger Anstrengung der Gehirnthätigkeit, wie sie
nicht selten bei Gelehrten und Schriftstellern oder auch bei Examens-
candidaten vorkommt, ferner in Folge heftiger Aufregung, lange
dauernder Schlaflosigkeit, bei hohen Graden von Anaemie und Erschöpfung (Cephalalgia neurasthenica). Er ist eine häufige Erscheinung bei Hysterie, Hypochondrie und anderen functionellen Gehirnkrankheiten. Ferner zeigt sich Kopfschmerz bei jeder bedeutenden

Steigerung der Körpertemperatur, namentlich bei allen fieberhaften
Krankheiten in den früberen Perioden, während bei längerer Dauer
des Fiebers der Kopfschmerz allmählich wieder zu verschwinden pflegt.
Bei manchen Infectionskrankheiten stellt sich Kopfschmerz schon im
Prodromalstadium ein, bevor Fieber vorhanden ist. Zahlreiche Gifte
baben Kopfschmerzen im Gefolge, so namentlich Alkohol, Kohlen-
oxydgas, die meisten Narcotica (Cephalalgia toxica). Stauungen im
grossen Kreislauf und namentlich Behinderung des Blutabflusses, ferner alle Umstände, welche ungenügendes Athmen zur Folge haben,
können Kopfschmerz hervorrufen. Bei manchen Menschen entsteht
er schon beim Aufenthalt in schlecht ventilirten Räumen. Bei chronischen Nierenkrankheiten kommen Kopfschmerzen häufig vor; unter
Umständen sind sie neben Erbrechen eines der ersten Symptome
der Uraemie. — Viele Störungen der Function des Darmtractus haben
Kopfschmerz zur Folge (Cephalalgia gastrica); besonders häufig ist
er vorhanden bei unzureichender Stuhlentleerung, und bei habitueller
Stuhlverstopfung kann er in chronischer Form bestehen; bei Magen-
katarrh, bei schwerer Dyspepsie, bei jeder länger dauernden Ueber-
füllung des Magens pflegt sich Kopfschmerz einzustellen. Manche
Kopfschmerzen werden auf Erkältung zurückgeführt (Cephalalgia
rheumatica). Endlich gibt es viele Fälle von Kopfschmerz, bei denen
eine besondere Ursache nicht nachzuweisen ist.

Der Sitz des Kopfschmerzes ist bald mehr in den vorderen,
bald mehr in den hinteren Theilen des Kopfes, zuweilen auch mehr
auf einer Seite. In manchen Fällen ist der ganze Kopf schmerzhaft.
Viele Kranke wissen überhaupt die Stelle des Schmerzes nicht näher
anzugeben; doch verlegen sie ihn, wenn er nicht auf Neuralgie der
Hautnerven beruht, in der Regel ins Innere des Schädels. In einzelnen Fällen kann der Schmerz auf eine kleine Stelle beschränkt
sein, die dann auch gegen Druck sehr empfindlich ist. Ein solcher
circumscripter Schmerz mit bohrendem Charakter auf dem Scheitel
neben der Mittellinie kommt häufig bei Hysterischen vor (Clavus
hystericus), zuweilen aber auch bei anderen Individuen. — Die Intensität des Kopfschmerzes ist sehr verschieden: manche Kranke
klagen nur über ein kaum als Schmerz zu bezeichnendes Gefühl von
Druck oder Eingenommenheit, von Wüstsein oder Leere im Kopf, von
anderen werden die Schmerzen als äusserst heftig bezeichnet, als
reissend, bohrend, brennend, wie wenn der Kopf zerspringen wollte
u. s. w. Meist kommen Remissionen und Exacerbationen vor; nur selten
besteht der Kopfschmerz anhaltend in gleicher Intensität fort. Während heftiger Kopfschmerzen ist der Kranke gewöhnlich unfähig zu

aller geistigen Thätigkeit; die heftigsten Schmerzen können mit Delirien oder anderen psychischen Störungen einhergehen. Erbrechen kann bei Kopfschmerzen aller Art vorkommen, wenn sie sehr heftig sind. — Der Kopfschmerz ist in manchen Fällen nur ein vorübergehendes Leiden, welches sich verliert, nachdem die Ursachen aufgehört haben. Andere Kranke dagegen leiden an habituellem Kopfschmerz (Cephalaea), der oft mit grosser Hartnäckigkeit Jahre lang oder selbst während des ganzen Lebens andauert, dabei aber gewöhnlich zeitweise Remissionen und Exacerbationen macht. Gesteigert wird der Schmerz gewöhnlich durch Bewegungen des Kopfes, durch Pressen und Drängen, ferner durch Fixiren der Aufmerksamkeit und überhaupt durch jede geistige Thätigkeit.

Die Bedeutung des Kopfschmerzes hängt ab von den zu Grunde liegenden Ursachen. In manchen Fällen ist er einfach eine functionelle Störung, welche zwar sehr unangenehm und lästig ist, aber zu keinen weiteren Besorgnissen Veranlassung gibt; in anderen ist er das erste Zeichen einer schweren intracraniellen Affection, welche die geistige Integrität oder das Leben in Frage stellen kann. Die Entscheidung darüber und damit die nähere Diagnose und die Prognose wird erst gegeben durch die genauere Untersuchung, bei welcher besonders von Bedeutung ist eine sorgfältige Anamnese, ferner die Berücksichtigung der Constitution des Kranken, das Vorhandensein von körperlichen Anomalien namentlich im Gebiete des Darmtractus, der Harnorgane, der Circulationsorgane, die Beobachtung seines psychischen Wesens und Verhaltens, die äussere Untersuchung des Kopfes unter Berücksichtigung der Verbreitung des Schmerzes und der etwa vorhandenen druckempfindlichen Stellen u. s. w. Ein abschliessendes Urtheil ist oft erst nach längerer Beobachtung möglich.

Die Behandlung muss je nach der Bedeutung und den Ursachen eine sehr verschiedene sein. Bei manchen Kranken ist durch sorgfältige Regelung des Stuhlganges eine bedeutende Besserung zu erreichen. Bei der neurasthenischen Form muss oft für lange Zeit jede geistige Anstrengung vermieden werden. In vielen Fällen kann ein umstimmendes Verfahren (S. 63) Erfolg haben, namentlich eine allgemeine Kräftigung des Körpers, oder auch eine Veränderung der Lebensweise, Badecuren, Reisen, Aufenthalt im Hochgebirge oder an der See. Elektricität lässt um so eher Erfolge erwarten, je mehr das Leiden auf äusseren Neuralgien beruht. Als Specifica werden empfohlen Chinin, Bromkalium, Argentum nitricum, Arsenik, Eisenpräparate u. s. w.

Hemikranie. Migräne.

Als Hemikranie oder Migräne bezeichnet man einen gewöhnlich
in periodischen Anfällen auftretenden Kopfschmerz eigenthümlicher
Art, der als intracranielle Neuralgie aufzufassen ist. Von der Neuralgie in den äusseren Trigeminusästen ist er wesentlich verschieden
und erscheint namentlich weniger localisirt.

In welchen Nerven dabei die Neuralgie ihren Sitz habe, ist bisher
nicht hinreichend festgestellt. Schon R o m b e r g rechnete die Hemikranie
zu den Neuralgien in inneren Organen, indem er sie als Neuralgia cerebralis bezeichnete. In neuester Zeit hat man wegen der in manchen
Fällen gleichzeitig bestehenden Veränderungen der Circulation geglaubt,
den Ursprung der Störung in die vasomotorischen Nerven verlegen zu
müssen, wobei dann die Einen eine Reizung, die Anderen eine Lähmung
der eigentlich vasomotorischen Nerven annehmen, Andere endlich zwei
Formen, eine Hemicrania sympathico-tonica und eine H. sympathico-
paralytica unterscheiden. Es scheint mir kein Grund vorzuliegen, diese
Circulationsstörungen, die übrigens bei Weitem nicht in allen Fällen in
auffallender Weise vorhanden sind, für das Wesen der Krankheit zu
halten, um so weniger, da mit einer solchen Hypothese für das Verständniss des Zustandes nichts gewonnen und namentlich der Schmerz selbst
nicht erklärt wird. Ich halte dieselben für relativ nebensächliche begleitende Erscheinungen, wie sie in ganz gleicher Weise auch bei anderen
Neuralgien vorzukommen pflegen (S. 58). Die Krankheit möchte ich für
intracranielle Neuralgie erklären und den Sitz derselben hauptsächlich in
den die Dura mater versorgenden Trigeminusästen suchen, dabei aber
die Möglichkeit nicht ausschliessen, dass es auch noch andere intracraniell
sich verbreitende schmerzleitende Fasern gebe, welche dabei betheiligt
sein können.

Die Hemikranie ist eine bei beiden Geschlechtern häufig vorkommende Affection; sie ist aber bei Weibern noch beträchtlich
häufiger als bei Männern. Manche an Migräne leidende Individuen
stammen aus Familien mit hereditärer neuropathischer Diathese;
manche leiden neben der Migräne noch an anderen Krankheiten des
Nervensystems. Im Kindesalter ist die Krankheit selten; besonders
häufig beginnt sie mit den Jahren der Pubertätsentwickelung und
bleibt dann entweder für das ganze Leben, meist mit einiger Abnahme in der späteren Zeit, oder sie kann auch mit dem höheren
Lebensalter erlöschen. Die Anfälle treten bei Weibern zuweilen
einigermassen regelmässig zur Zeit der Menses oder nach denselben
ein, oft aber auch unabhängig davon. Sonst können sie veranlasst
werden durch körperliche oder geistige Anstrengungen, Gemüthsbewegungen, Diätfehler u. s. w. Häufig ist auch gar keine Veranlassung
nachzuweisen. Meist wiederholen sich die Anfälle etwa alle zwei

bis vier Wochen, gewöhnlich ohne regelmässigen Rhythmus; in einzelnen Fällen kommen sie noch häufiger, in anderen aber auch viel seltener, etwa nur einigemal im Jahre.

Der Anfall beginnt meist am Morgen bald nach dem Erwachen mit einem Gefühl von Mattigkeit, Unlust zur Arbeit, Verstimmung, gesteigerter psychischer Reizbarkeit, zuweilen ist auch Flimmern vor den Augen oder Ohrensausen vorhanden. Dazu kommt Kopfschmerz, der in manchen Fällen auf die eine und zwar häufiger die linke Seite des Kopfes beschränkt, in anderen doppelseitig ist, im Allgemeinen nicht genau localisirt, aber mehr auf die vorderen und mittleren Theile des Kopfes bezogen wird. Derselbe ist in manchen Fällen nur von mässiger Intensität, erreicht aber in anderen eine solche Heftigkeit, dass er von den Kranken als unerträglich bezeichnet wird und dieselben zu aller geistigen Thätigkeit unfähig macht. Dabei ist das Allgemeinbefinden schwer gestört, die Kranken sind äusserst empfindlich gegen Lichteinwirkung, gegen Geräusch, gegen Mittheilungen, sie haben schlechten Geschmack im Munde, Appetitlosigkeit, häufig Uebelkeit und Brechreiz. Zuweilen kommt es zum Erbrechen, und da meist der Magen leer ist, so werden nur schleimige und gallige Massen, letztere aus dem Duodenum regurgitirend, ausgeworfen. Gewöhnlich folgt auf das Erbrechen Erleichterung. Endlich, nachdem der Anfall sechs bis zwölf Stunden, zuweilen aber auch viel länger gedauert hat, lässt derselbe nach; wenn der Kranke zum Einschlafen kommt, pflegt der Anfall zu Ende zu sein.

Während des Anfalls beobachtet man zuweilen Circulationsstörungen, und zwar die beiderlei Arten derselben, wie sie auch bei anderen Neuralgien als Folgen der Erregung entweder der Antagonisten oder der eigentlich vasomotorischen Nerven vorkommen (S. 58). In manchen Fällen findet man auf der Höhe des Anfalls die Arterien am Kopfe, namentlich die A. temporalis, erweitert, klopfend, die Haut geröthet, heiss, die Temperatur im äusseren Gehörgang auf der befallenen Seite thermometrisch höher als auf der freien Seite (Eulenburg), zuweilen auch die Pupille verengert (Hemicrania sympathico-paralytica). In anderen Fällen sind umgekehrt die Arterien eng, das Gesicht blass, zuweilen die Pupillen erweitert (Hemicrania sympathico-tonica). Auch kommt es vor, dass im Beginn des Anfalls Gefässcontraction, später Gefässerweiterung vorhanden ist. Auf Störungen der Circulation in den Gefässen der Retina ist es wohl zu beziehen, wenn bei einzelnen Kranken im Beginn des Anfalls ein starkes Flimmern vor den Augen oder das Auftreten von Skotomen oder Hemiopie oder Amblyopie vorkommt. Die Circulationsstörungen können in einzelnen Fällen durch reflectorische Erregung der Gefässnerven sich über das Gebiet des Kopfes hinaus erstrecken und andeutungsweise auch am Rumpf und den Extremitäten vorkommen. Endlich gibt es Fälle, in denen sie gänzlich vermisst werden.

Die Hemikranie ist eine ungefährliche Krankheit, aber in vielen Fällen sehr hartnäckig und schwer oder gar nicht zu beseitigen. Bei Frauen hört sie zuweilen mit dem Eintritt der klimakterischen Jahre auf, und auch bei Männern können mit dem Eintritt höheren Lebensalters die Anfälle an Häufigkeit und Intensität abnehmen oder endlich ganz ausbleiben.

Die Diagnose ist in den meisten Fällen ohne Schwierigkeit. Doch muss man daran denken, dass auch bei Gehirnkrankheiten anfallsweise sich steigernde Kopfschmerzen vorkommen können. Auch sollte eine sorgfältige Untersuchung des Harns auf Eiweiss in keinem Falle unterlassen werden, da migräneartige Anfälle in einzelnen Fällen bei Nierenkrankheiten, namentlich bei Granularatrophie, eines der ersten oder der auffallendsten Symptome sind.

Behandlung. Während des Anfalls hat der Kranke sich ruhig zu verhalten, jeden Versuch der Beschäftigung und jede äussere Anregung möglichst zu vermeiden. Zur Erleichterung oder Abkürzung des Anfalls können verschiedene Mittel dienen, von denen bei dem einen Kranken das eine, bei dem anderen das andere wirksam ist. Auch kommt es vor, dass ein Mittel, welches bei einem Kranken wiederholt genützt hat, später versagt, während nun vielleicht ein anderes sich wirksam erweist. In vielen Fällen wird wesentliche Erleichterung erreicht durch schwarzen Kaffee oder Thee, der aber beträchtlich stärker sein muss, als die Kranken ihn sonst zu trinken gewöhnt sind. Das Caffeïn in der Dosis von 0,1 bis 0,2 (!) ein- oder mehrmals hat oft einen ähnlichen Erfolg. Ebenso wirkt die Pasta Guarana zu 2,0 bis 3,0, ferner die Folia Coca, die in Pulverform zu 0,5 bis 1,0 oder auch im Infusum oder Decoct genommen werden (10,0 mit Natr. bicarbon. 1,0 auf 180 Colatur, stündlich 1 Esslöffel). Neuerlichst hat das Cocain sich als sehr wirksam erwiesen. Zuweilen haben auch die blausäurehaltigen Mittel eine günstige Wirkung, z. B. die Aq. Amygdal. amar. zu 20 Tropfen, mehrmals wiederholt, oder endlich das Chinin in der Dosis von 0,5 bis 2,0. Opium und Morphium haben nur bei wenigen Kranken eine wesentliche Erleichterung zur Folge. Einathmungen von Amylnitrit (3 bis 4 Tropfen) werden vorzugsweise für die sympathico-tonische Form empfohlen. Das salicylsaure Natron scheint in einzelnen Fäl-

len Erfolg zu haben. Einige Linderung bringt manchen Kranken
die Eisblase oder ein fest um den Kopf gebundenes Tuch. Durch
vorsichtige Anwendung von Elektricität kann zuweilen der Anfall
etwas abgekürzt werden.

Für die Behandlung der Gesammtkrankheit sind gebräuchlich
Bromkalium, Arsenik, Argentum nitricum, Eisenpräparate. Von Wichtigkeit ist die Berücksichtigung der Constitution und des übrigen
Zustandes des Kranken, aus welcher häufig besondere Indicationen
entnommen werden können. Bei manchen Kranken ist eine sorgfältige Regulirung der Ernährungsweise, bei anderen die Sorge
für ausreichenden Stuhlgang von Bedeutung. Häufig ist das Aufgeben der gewohnten Beschäftigung und Landaufenthalt von günstiger Wirkung, oder auch der Gebrauch von eisenhaltigen Quellen
oder Seebäder oder eine Kaltwassercur. Viele Kranke bleiben vollständig frei von Migräne, so lange sie sich im Hochgebirge aufhalten.
Leider pflegen nach der Rückkehr zu den gewöhnlichen Verhältnissen nach einiger Zeit die Anfälle sich wieder einzustellen, wenn
auch oft in verminderter Intensität oder Häufigkeit.

Rückenschmerz. Spinalirritation.

Rückenschmerzen sind in manchen Fällen abhängig von anatomischen Erkrankungen der Wirbel, der Rückenmarkshäute oder
des Rückenmarks. In anderen Fällen beruhen sie auf Erkrankungen
verschiedener innerer Organe, indem der in diesen entstehende
Schmerz in Folge von falscher Localisation oder in Folge von Irradiation auch im Rücken gefühlt wird; so werden Schmerzen in
den mittleren oder den unteren Theilen der Wirbelsäule angegeben
bei Krankheiten der Pleura, des Herzens, des Magens, der Leber,
der Nieren und der Harnwege, der Genitalien, des Mastdarms. Auch
vor und während der Menstruation, bei Schwangerschaft und während der Lactation sind Rückenschmerzen häufig vorhanden. — In
anderen Fällen handelt es sich um eine functionelle Störung. Im
letzteren Falle hat man in früheren Zeiten, namentlich wenn man
bei einzelnen Wirbeln eine besondere Empfindlichkeit gegen Druck
nachweisen konnte, gewöhnlich von Spinalirritation geredet
und mit diesem Ausdruck häufig Missbrauch getrieben, indem man
diesem Symptom eine übertriebene Bedeutung beilegte und dabei
eine functionelle Erkrankung des Rückenmarks selbst voraussetzte,
von der man alle möglichen anderen functionellen oder anatomischen
Störungen glaubte ableiten zu können. Selbst noch in unserer Zeit

sind einzelne Aerzte geneigt, jeder Angabe eines Kranken über
Rückenschmerzen eine grosse Bedeutung beizulegen und mit der Vermuthung einer Hyperaemie oder Reizung der Rückenmarkshäute oder
des Rückenmarks dem Kranken unnöthige Angst zu machen.

Rückenschmerzen können unter Umständen in einer wirklichen
Neuralgie der hinteren Aeste der Dorsalnerven bestehen oder auf
Muskelrheumatismus in den Rückenmuskeln beruhen.   Sie bilden
ferner eines der gewöhnlichsten und oft hartnäckigsten Symptome
bei Hysterie, Hypochondrie, Neurasthenie, und daneben ist dann
häufig eine verbreitete Hyperaesthesie der Haut oder der inneren
Organe vorhanden, oder es bestehen zugleich herumziehende und
wechselnde Schmerzen in verschiedenen Körpertheilen. Namentlich
bei allen Formen der sexuellen Hypochondrie der Männer gehören
Schmerzen im Rücken zu den gebräuchlichen Klagen. — Rückenschmerzen sind häufig vorhanden im Beginn von schweren fieberhaften Krankheiten; sie kommen vor bei den verschiedensten Er-
schöpfungszuständen, ferner bei Gicht und bei manchen chronischen
Intoxicationen (Alkohol, Quecksilber, Blei).

Die Bedeutung der Rückenschmerzen im einzelnen Falle lässt
sich nur beurtheilen auf Grund einer genauen Kenntniss des körperlichen und geistigen Zustandes des Kranken. Wenn dieselben nicht
Symptom einer anatomischen Erkrankung sind, so haben sie gewöhnlich nur untergeordnete Bedeutung und bedürfen meist keiner
besonderen Behandlung. Bei Hysterie und Hypochondrie ist es sogar oft von Wichtigkeit, dass der Arzt wegen dieses Symptoms, über
das er den Kranken vollständig beruhigen kann, eine besondere Behandlung nicht einleite, damit nicht die Aufmerksamkeit noch mehr
auf dasselbe gelenkt werde. Wo die Schmerzen in wirklicher Neuralgie bestehen oder auf Muskelrheumatismus beruhen, ist die Anwendung der Elektricität und namentlich des Inductionsstroms von
Nutzen.

Neuralgia pleuritica

oder nervöses Seitenstechen nennt man einen meist nicht genau localisirten Schmerz auf der einen Seite des Thorax, der weder von
exsudativer oder trockener Pleuritis, noch von Intercostalneuralgie,
noch von Muskelrheumatismus abhängt.

Auch im Nervus phrenicus, der grösstentheils vom vierten Cervicalnerven entspringt und wahrscheinlich sensible Fasern beigemischt enthält,
scheint eine mit Störungen der Respirationsbewegungen verbundene Neuralgie vorzukommen, die als Neuralgia diaphragmatica s. phrenica bezeichnet wird.

Angina pectoris

ist eine Neuralgie des Plexus cardiacus, der aus dem N. vagus und sympathicus gebildet wird. Sie wird bei den Krankheiten des Herzens näher besprochen werden.

Neuralgie der Brustdrüse, Mastodynie

hat ihren Sitz in den die Brustdrüse versorgenden Aesten des vierten bis sechsten Intercostalnerven. Zuweilen sind dabei kleine wahre oder falsche Neurome, sogenannte Tubercula dolorosa, vorhanden.

Neuralgie der Magennerven, Gastralgie, nervöse Cardialgie, Magenkrampf

kommt vorzugsweise vor neben Chlorose, Anaemie, Hysterie, Uterus- und Ovarienkrankheiten, seltener bei Malaria, Gicht, zuweilen auch in Folge heftiger Gemüthsbewegungen, endlich in manchen Fällen ohne bekannte Ursache, häufiger bei Weibern als bei Männern. Die Anfälle bestehen in Schmerz in der Magengegend, der in einzelnen Fällen einen äusserst hohen Grad erreicht und dann mit schwerem Ohnmachtsgefühl verbunden ist; durch Druck wird der Schmerz meist nicht gesteigert. Oft kommen in Folge von reflectorischer Erregung der Vasomotoren oder auch der Vagusfasern des Herzens Circulations-störungen zu Stande; die Arterien sind contrahirt, die Haut blass, die Extremitäten kalt; zuweilen stellt sich vorübergehende Herz-schwäche ein, die zu Collapsus führt. — Schmerzen in der Magengegend sind nur dann auf Cardialgie zu beziehen, wenn die Ent-stehung derselben durch anatomische Veränderungen im Magen (Ulcus, Carcinom) oder durch abnormen Mageninhalt (heisse oder sehr kalte Speisen, Medicamente und Gifte, Säure, Spulwürmer) ausgeschlossen werden kann. — Im Anfall ist Morphium innerlich oder subcutan anzuwenden, und zwar sind oft schon sehr kleine Dosen ausreichend; ausserdem hat die Behandlung der anderweitigen zu Grunde liegen-den Störungen stattzufinden; in vielen Fällen ist die Anwendung von Eisenpräparaten indicirt.

Neuralgia mesenterica, Colica nervosa

entsteht zuweilen nach Erkältungen (Colica rheumatica) oder auch in Folge von heftigen Gemüthsbewegungen, namentlich Schreck oder Angst, ferner ohne nachweisbare Ursache vorzugsweise bei hyste-rischen oder überhaupt neuropathisch disponirten Individuen. Auch die Bleikolik (Colica saturnina), wie sie als erstes auffallendes Symptom der chronischen Bleivergiftung aufzutreten pflegt, ist zur Neuralgia mesenterica zu rechnen. Im Anfall bestehen äusserst heftige Schmerzen im Bauche, die nur ungenau localisirt sind, durch Druck nicht gesteigert werden, zuweilen durch Irradiation sich bis in die Extremitäten verbreiten, oft mit schwerem Ohnmachtsgefühl verbunden sind. Als begleitende Erscheinungen kommen vor Contractionen der Darmmusculatur, in Folge deren der Bauch stark eingezogen ist (so namentlich bei Bleikolik), Contractionen der peripherischen Arterien mit Kälte und Blässe der Haut, zuweilen Ausbruch von Schweiss, Beschleunigung oder Verlangsamung der Herzaction, unter Umständen Herzschwäche bis zu Collapsus. — Eine Kolik ist nur dann als Neuralgia mesenterica anzusehen, wenn die gewöhnlichen Ursachen der Kolik, wie Ausdehnung der Därme durch abgesperrte Darmgase (Colica flatulenta), Ausdehnung durch zu reichlichen oder abnormen Inhalt (Colica stercoralis, C. verminosa), und wenn ferner Reizungen oder Entzündungen des Peritoneum als Ursache der Schmerzen ausgeschlossen werden können. — Im Anfall ist das Hauptmittel das Opium; ausserdem sind häufig Kataplasmen oder auch Abführmittel zweckmässig. Im Uebrigen sind die zu Grunde liegenden Störungen zu behandeln.

Neuralgia spermatica s. testiculi

ist abhängig von den Nerven des Plexus spermaticus, welcher mit dem Plexus renalis und mesentericus superior zusammenhängt, und ist zu unterscheiden von der Neuralgia scroti, die zur Lumboabdominalneuralgie (S. 67) gehört. Die Neuralgia spermatica kommt vorzugsweise bei jugendlichen Individuen vor; sie besteht in mehr oder weniger heftigen, oft anfallsweise auftretenden Schmerzen von eigenthümlichem Charakter, die meist nur auf einer Seite im Hoden und Nebenhoden vorhanden sind und längs des Samenstranges ausstrahlen; die Schmerzen können von Ohnmachtsgefühl, Uebelkeit oder Erbrechen begleitet sein. Hoden, Nebenhoden und Samenstrang sind gegen Druck empfindlich; zuweilen ist auch eine Anschwellung dieser Theile vorhanden, während bei manchen Kranken das Gefühl einer Anschwellung nur subjectiv besteht.

Neuralgien der Gelenke

kommen vorzugsweise vor bei hysterischen, anaemischen und bei anderweitig kranken oder geschwächten Individuen; sie sind bei Weibern beträchtlich häufiger als bei Männern. Als Gelegenheitsursachen können Erkältungen oder Gemüthsbewegungen wirken; auch kommt es nicht selten vor, dass nach traumatischen Störungen, nachdem alle anatomischen Veränderungen wieder ausgeglichen sind, eine Gelenkneuralgie zurückbleibt. In der Mehrzahl der Fälle ist nur ein Gelenk befallen, besonders häufig das Knie- oder das Hüftgelenk, zuweilen aber auch andere Gelenke. Der Schmerz wird als ziehend, reissend, stechend beschrieben, erstreckt sich durch Irradiation aufwärts oder abwärts, macht Exacerbationen und Remissionen, stört nicht den Schlaf, kann durch Ablenkung der Aufmerksamkeit oft vergessen werden. Die Gegend des Gelenks ist gegen Druck empfindlich, oft vorzugsweise an einzelnen Punkten, welche dem Verlauf grösserer Nervenäste entsprechen. Zuweilen besteht Hyperaesthesie der Haut in der Umgebung, so dass mässiger Druck schmerzhaft ist, während starkes Aneinanderdrücken der Gelenkenden oft weniger Schmerz hervorruft. Die Haut kann zeitweise geröthet und leicht geschwollen erscheinen, während sie zu anderen Zeiten wieder blass ist. Durch die Schmerzen ist die Beweglichkeit des Gelenks beeinträchtigt; meist besteht Extensionsstellung; häufig sind Muskelspannungen, in einzelnen Fällen selbst Contracturen vorhanden. Bei passiven Bewegungen nach langer Ruhe können knarrende Geräusche im Gelenk vorkommen. Im Laufe längerer Zeit stellt sich oft Schwäche und merkliche Atrophie der Musculatur ein.

Die Diagnose kann unter Umständen Schwierigkeiten machen. Vor Allem ist es wichtig, etwaige chirurgische Gelenkleiden oder Gelenkentzündungen oder Gelenkrheumatismus auszuschliessen. Ausser der sachgemässen Untersuchung gibt in vielen Fällen das Missverhältniss zwischen der Heftigkeit und Hartnäckigkeit der Schmerzen und der Geringfügigkeit der vorhandenen örtlichen Veränderungen den wichtigsten Anhalt (Esmarch).

Bei der Behandlung ist von besonderer Bedeutung die Berücksichtigung des Gesammtzustandes des Kranken. Unter Umständen kann die Verbesserung der Ernährung, die Anwendung von Eisenpräparaten, der Aufenthalt an bestimmten Curorten indicirt sein. Bei hysterischen Individuen ist meist die psychische Behandlung von entscheidender Wichtigkeit. Im Allgemeinen ist es, sobald mit Sicherheit die Abwesenheit wesentlicher anatomischer Störungen erwiesen ist, zweckmässig, die Kranken dazu zu bringen, dass sie das Gelenk gebrauchen. Endlich kann auch Massage oder die Anwendung der Elektricität zur Heilung beitragen.

In England hatte schon Brodie (1822) das häufige Vorkommen von Gelenkneuralgien, die leicht mit Gelenkentzündungen oder anderen Gelenkaffectionen verwechselt werden können, hervorgehoben. In Deutschland ist hauptsächlich durch **Esmarch** die Aufmerksamkeit wieder auf diese Zustände gelenkt worden. — F. **Esmarch**, Ueber Gelenkneurosen. Kiel und Hadersleben. 1872.

Functionelle Störungen in motorischen Nerven.

Die functionellen Störungen in den motorischen Nerven lassen sich ebenso wie die in den sensiblen zurückführen auf Abnormitäten der Leitung und Abnormitäten der Erregung. Zu den ersteren gehört die **Akinesis** oder Lähmung, soweit sie von Verminderung oder Aufhebung der Leitung in den peripherischen Nerven abhängig ist. Dagegen beruhen die Zustände, welche als **Hyperkinesis** und **Parakinesis** bezeichnet zu werden pflegen, auf Abnormitäten der Erregung. Wir werden im vorliegenden Abschnitt die Grenzen nicht zu eng ziehen und ausser den Lähmungen, welche unzweifelhaft peripherischer Natur sind, auch diejenigen besprechen, bei welchen es bisher zweifelhaft oder streitig ist, ob sie zu den peripherischen oder zu den centralen gehören. Und ebenso werden wir aus praktischen Rücksichten bei den Abnormitäten der Erregung nicht nur diejenigen Hyperkinesen besprechen, welche durch Erregung der Nervenfasern in ihrem peripherischen Verlauf entstehen, sondern auch einen Theil derjenigen, bei welchen die abnorme Erregung von den Central-organen ausgeht.

Lähmung. Akinesis.

Als Lähmung bezeichnen wir im Gebiet der willkürlichen Muskeln den Zustand, bei welchem durch Willenseinfluss nicht die normale Muskelcontraction zu Stande gebracht werden kann. Im Gebiete der unwillkürlichen Muskeln wird es Lähmung genannt, wenn Muskelcon-tractionen, welche unter den gegebenen Verhältnissen normaler Weise eintreten sollten, ausbleiben. Wir werden uns hier hauptsächlich mit den Lähmungen im Gebiete der willkürlichen Muskeln beschäftigen. Eine vollständige Lähmung pflegt man als **Paralysis**, eine unvoll-ständige als **Paresis** zu bezeichnen.

Aetiologie.

Lähmung kommt zu Stande, wenn die Leitung zwischen den Organen des Willens und den Muskeln an irgend einer Stelle unter-brochen ist. Demnach haben wir, analog wie bei der Anaesthesie

(S. 27), so auch bei der Akinesis zu unterscheiden zwischen peripherischen und centralen Lähmungen, jenachdem die Unterbrechung der Leitung in den peripherischen Nervenfasern oder in
den Leitungsbahnen innerhalb der Centralorgane stattfindet. Gewöhnlich rechnet man zu den peripherischen Lähmungen nicht nur diejenigen, welche durch Erkrankung der peripherischen motorischen
Nerven entstehen (neuropathische Lähmungen), sondern auch diejenigen, welche auf Erkrankung der Muskelsubstanz beruhen (myopathische Lähmungen). Und in entsprechender Weise kann man zu
den centralen Lähmungen auch den Fall rechnen, wenn der Wille
selbst aufgehoben ist, wie bei vollständiger Bewusstlosigkeit, z. B.
beim apoplektischen Insult, bei vollständiger Ohnmacht, in der
Narkose u. s. w.

Die Grenze zwischen peripherischen Nerven und Centralorganen,
welche massgebend ist für die Unterscheidung von peripherischen und
centralen Lähmungen, kann verschieden festgestellt werden. Man könnte
z. B. darüber streiten, ob eine Lähmung des Facialis, welche durch Zerstörung des Nerven innerhalb der Schädelhöhle nach seinem Austritt aus
dem verlängerten Mark zu Stande kommt, oder eine Lähmung von Rückenmarksnerven in Folge von Zerstörung vorderer Rückenmarkswurzeln zu
den centralen oder zu den peripherischen Lähmungen zu rechnen sei.
Man ist aber einig darüber, alle Lähmungen, welche durch Unterbrechung
der Leitung im Nerven nach seinem Austritt aus dem Centralorgan entstehen, zu den peripherischen Lähmungen zu rechnen. Aus mehrfachen,
zum Theil erst später zu erörternden Gründen ziehen wir die Grenze
noch etwas weiter gegen die Centralorgane hin. Wir bezeichnen als peripherische Lähmungen alle Fälle, bei welchen der Muskel nicht mehr
durch Vermittelung seiner motorischen Nerven mit normal wirkenden Ganglienzellen in Verbindung steht. Dem entsprechend rechnen wir, abweichend von der gewöhnlichen Annahme, zur peripherischen Lähmung
auch noch den Fall, wenn die Lähmung dadurch entsteht, dass die letzten
Ganglienzellengruppen, aus welchen der motorische Nerv seinen Ursprung
nimmt, die sogenannten Nervenkerne, oder bei den Rückenmarksnerven
die vorderen Hörner der grauen Substanz, zerstört oder ausser Function
gesetzt sind. Es sei hier nur daran erinnert, dass in diesem Falle, ebenso
wie nach Abtrennung des Nerven vom Centralorgan, schnelle Zerstörung
der Nervenfaser durch Degeneration stattfindet (vgl. S. 13).

Bei den centralen Lähmungen findet die Unterbrechung der
Leitung an irgend einer Stelle in den Centralorganen statt; solche
Lähmungen gehören zu den häufigsten Symptomen von Gehirn- und
Rückenmarkserkrankungen und werden bei diesen näher besprochen
werden. Bei der peripherischen Lähmung besteht die Unter-
brechung im Verlauf der peripherischen motorischen Nerven.

Peripherische Lähmung kann zu Stande kommen durch alle die
früher besprochenen anatomischen Störungen, so durch Continuitäts-

trennung, Degeneration, Neubildung, Neuritis. Druck auf die Nerven
bewirkt zuweilen nur vorübergehende Lähmung, wie bei dem sogenannten Eingeschlafensein der Glieder; wenn er intensiv ist oder
länger einwirkt, so kann dauernde Lähmung entstehen. Im Allgemeinen wird durch Druck in motorischen Nerven die Leitung
leichter unterbrochen als in sensiblen (S. 13). Zur peripherischen
Lähmung gehört ferner die grössere Zahl der durch Erkältung entstandenen rheumatischen Lähmungen, ferner die Lähmungen, welche
durch acute Vergiftung mit Curare, Secale cornutum und anderen
Giften oder durch chemische Vergiftung mit Blei und anderen Metallen
zu Stande kommen. Wird die Zufuhr arteriellen Blutes zu einem
motorischen Nerven aufgehoben, entweder durch Verschliessung der
Arterien oder durch vollständige Aufhebung des Rückflusses durch
die Nerven, so entsteht Lähmung, die mehr oder weniger vollständig
sein kann je nach dem Grade und der Dauer der Behinderung der
Blutzufuhr. Die Lähmungen, welche nach acuten fieberhaften Krankheiten beobachtet werden, so wie auch die diphtheritischen Lähmungen
sind zum Theil peripherische durch Affection der Nerven oder der
Muskeln entstehende; doch treten dabei zuweilen auch Lähmungen
aus centraler Ursache auf (vgl. Bd. I. S. 227). Auch bei Syphilis
kommen sowohl peripherische als centrale Lähmungen vor. Zu den
peripherischen Lähmungen rechnet man nach dem oben angeführten
Sprachgebrauch auch die von Atrophie oder Degeneration der Muskeln
abhängigen myopathischen Lähmungen. Und endlich werden wir
zu den peripherischen Lähmungen auch diejenigen rechnen, welche
entstehen durch Zerstörung der letzten Ganglienzellen, aus welchen
die motorischen Nerven ihren Ursprung nehmen.

Symptomatologie.

Das wesentliche Symptom der Lähmung besteht bei willkürlichen
Muskeln darin, dass die Muskeln des betreffenden Gebietes durch
Willenseinfluss nicht zur normalen Contraction gebracht werden
können. Und zwar ist bei vollständiger Lähmung oder Paralyse
gar keine willkürliche Muskelcontraction mehr möglich, bei unvollständiger Lähmung oder Parese erfolgt zwar noch Muskelcontraction,
aber dieselbe ist schwächer als normal. Eine solche Abschwächung
ist zuweilen schon bei einfacher Beobachtung der Muskelthätigkeit
deutlich zu erkennen; in anderen Fällen muss eine besondere Prüfung
vorgenommen werden. So z. B. äussert sich die Parese eines Beines
beim Gehen dadurch, dass der Gang ungleichmässig und hinkend
wird, indem der Kranke sich nur unvollkommen und nur relativ

kurze Zeit auf das betreffende Bein stützt, es weniger vollständig
vom Boden erhebt und es weniger weit vorwärts bringt oder es sogar
merklich nachschleppt. Eine Parese der Flexoren am Vorderarm hat
zur Folge, dass der Druck der Hand weniger kräftig wird. Bei Parese
der Rückenmusculatur ist der Kranke, wenn er sich gebückt hat,
nicht im Stande sich wieder aufzurichten, ohne dass er mit den Armen
nachhilft, namentlich durch Aufstützen der Hände auf benachbarte
Gegenstände oder auf seine eigenen Kniee. In anderen paretischen
Muskelgebieten lässt sich constatiren, dass die Muskeln weniger fähig
sind Widerstände zu überwinden oder ihrerseits den passiven Bewegungen, welche man mit den Gliedern vornimmt, Widerstand zu
leisten. Zur Prüfung der Leistungsfähigkeit einzelner Muskelgruppen
sind auch ganz brauchbar die sogenannten Dynamometer, federnde
Instrumente, welche den Druck oder Zug, den der Kranke durch
Muskelaction auszuüben vermag, in vergleichbaren Zahlen angeben.
Bei allen diesen Untersuchungen ist von Wichtigkeit die Anstellung
von Controlversuchen, indem man bei einseitigen Lähmungen die gesunde Seite vergleicht und in anderen Fällen einen gesunden Menschen
von möglichst gleicher Constitution zum Vergleich benutzt.

In Folge der Lähmung in einzelnen Muskelgebieten wird die
Stellung der Körpertheile verändert, und zwar ist diese Veränderung
oft in hohem Grade charakteristisch. Dabei können je nach den
Verhältnissen verschiedene Umstände massgebend sein. Zunächst
kommt in Betracht das Uebergewicht, welches die Antagonisten über
die gelähmten Muskeln haben; indem die gelähmten Muskeln nicht
im Stande sind, wenn einmal die Antagonisten eine Bewegung bewirkt
haben, die Theile wieder auf den mittleren Stand zurückzuführen, so
bleiben dieselben in der Richtung der Wirkung der Antagonisten verschoben; bei Lähmung der Extensoren besteht Flexion und umgekehrt.
Und da die Wirkung der Contraction der Antagonisten nicht mehr
ausgeglichen wird, so stellt sie sich allmählich dauernd fest, und es
kann eine dauernde Verkürzung der Antagonisten, sogenannte Contractur, zu Stande kommen, die dann auch die passive Aenderung
der Stellung nicht mehr zulässt. — In anderen Fällen ist für die
Stellung der Theile mehr entscheidend der Umstand, dass der Kranke,
um die gelähmten Muskeln entbehren zu können, gewissermassen instinctiv sich bestrebt eine Körperstellung anzunehmen, bei welcher
auch ohne die Wirkung derselben das Gleichgewicht erhalten werden
kann. Dadurch kommt dann eine Stellung zu Stande, welche derjenigen, die durch Contraction der Antagonisten entstehen würde,
gerade entgegengesetzt ist, eine Art von Uebercompensation, welche

auf den ersten Blick sehr auffallend erscheinen und dem Ungeübten
das Erkennen der gelähmten Muskelgruppen erschweren kann. Ein
Kranker mit Lähmung der Streckmuskeln der Wirbelsäule, der nicht
im Stande sein würde, aus gebeugter Stellung sich wieder aufzurichten,
vermeidet die gebeugte Stellung vollständig; er steht und geht mit
anhaltend gestrecktem und sogar nach hinten übergebeugtem Oberkörper, und so ist er auch ohne die Wirkung der Rückenmuskeln
in Folge der Schwere des Oberkörpers im Stande das Gleichgewicht
zu erhalten. Der Kranke mit Lähmung des Quadriceps femoris bestrebt sich so zu stehen, dass die Kniee bis zur Hyperextension durch-
gedrückt sind (Genu recurvatum), so dass der Gleichgewichtszustand
ohne Thätigkeit des Quadriceps erhalten werden kann. — Endlich
ist in manchen Fällen noch von Bedeutung die Wirkung der Schwere.
Bei Lähmungen der unteren Extremitäten nehmen die Füsse, wenn
der Kranke anhaltend auf dem Rücken liegt, allmählich dauernd die
Stellung des Pes equinus an, indem der Fuss durch seine eigene
Schwere herabsinkt und durch die Bettdecke herabgedrückt wird.

Die gelähmten Muskeln sind in der Regel schlaff anzufühlen.
Doch gibt es Ausnahmen, und es kommt vor, dass die gelähmten
Muskeln im Zustande der Spannung oder selbst der Contractur sich
befinden. Man hat deshalb von der gewöhnlichen schlaffen Lähmung
eine Lähmung mit Contractur oder spastische Lähmung unterschieden.
Solche spastische Erscheinungen kommen vorzugsweise vor bei denjenigen centralen Lähmungen, bei welchen die directen Verbindungen
zwischen der Gehirnoberfläche und den Vorderhörnern des Rückenmarks, die sogenannten Pyramidenbahnen betroffen sind. Unter Umständen kann durch solche Contractur in den gelähmten Muskeln das
Erkennen des vorhandenen Lähmungszustandes erschwert werden.

Bei centralen Lähmungen ist die Leitung unterbrochen
an einer Stelle centralwärts von den letzten Ganglienzellenreihen; es
können zwar die Muskeln nicht mehr auf dem gewöhnlichen Wege der
Willensimpulse erregt werden, aber sie hangen doch noch mit Ganglienzellen der Centralorgane zusammen, und damit ist die Möglichkeit
gegeben, dass ihnen noch auf anderen Wegen eine Erregung zuge-
leitet werde; daher sind manche unwillkürliche Bewegungen noch
möglich. Es gilt dies zunächst von den Reflexbewegungen: eine
Erregung sensibler Nerven kann in den Ganglienzellen noch auf die
motorischen Nerven übertragen werden. Wenn z. B. durch eine Quertrennung im oberen Theile des Rückenmarks die Nerven der unteren
Extremitäten gänzlich vom Gehirn abgetrennt sind, so ist willkürliche
Bewegung in denselben nicht möglich; aber die Erregung sensibler

Nerven kann noch im unteren Theil des Rückenmarks auf motorische
Nerven übertragen werden: die Reflexbewegungen kommen ebenso
zu Stande wie unter normalen Verhältnissen oder sind sogar, weil
die Hemmung vom Gehirn aus fehlt, noch stärker als normal, und
bei dem Kranken, welcher willkürlich die unteren Extremitäten nicht
bewegen kann, hat ein Nadelstich in die Fusssohle lebhafte Bewegungen zur Folge. Ferner ist zuweilen bei centralen Lähmungen
das Verhältniss der Art, dass zwar die directen Bahnen für die Wil-
lensleitung unterbrochen sind, aber andere indirecte Bahnen noch
fortbestehen, so dass Muskeln, welche durch Willensimpuls nicht
mehr direct erregt werden können, zur Contraction kommen können,
wenn in gewissen anderen centralen Bahnen ein Willensimpuls oder
eine anderweitige Erregung geleitet wird; es finden dann unwillkürliche Mitbewegungen statt. So kann es geschehen, dass ein ge-
lähmter Arm unwillkürlich gehoben wird, wenn der Kranke den gesunden Arm willkürlich hebt, oder dass er beim Gähnen oder bei
anderen halb willkürlichen Bewegungen sich mitbewegt. Bei centraler
Lähmung des Facialis kann es vorkommen, dass die Musculatur, die
willkürlich nicht mehr zur Contraction gebracht werden kann, bei
Gemüthsbewegungen an der Mimik theilnimmt, oder dass bei willkürlichen Bewegungen in nicht gelähmten Gebieten Contractionen der
gelähmten Muskeln sich anschliessen. Endlich gibt es centrale Lähmungen, welche nur auf bestimmte Functionen der Muskeln sich beziehen, so dass z. B. die Muskeln der unteren Extremitäten zum Stehen und Gehen unbrauchbar sind, sonst aber durch den Willen noch
beliebig zur Contraction gebracht werden können, oder dass die Kehlkopfmusculatur nicht mehr zur Stimmbildung verwendet werden kann,
während alle sonstigen Bewegungen noch möglich sind. Wir werden
bei der Besprechung der functionellen Gehirnkrankheiten noch von
diesen Functionslähmungen zu reden haben.

Bei den peripherischen Lähmungen, bei welchen eine Unterbrechung der Leitung in den peripherischen Nerven besteht, ist
jeder Zusammenhang der Muskelnerven mit den Centralorganen aufgehoben, und die Muskeln können von keiner Seite her Bewegungs-
impulse bekommen; es sind deshalb nicht nur die willkürlichen Bewegungen, sondern auch alle Reflexbewegungen, Mitbewegungen oder
anderweitigen unwillkürlichen Bewegungen unmöglich. Ausserdem
verfallen die Nerven, so weit ihr Zusammenhang mit den Ganglienzellen im Centralorgan aufgehoben ist, der Degeneration (S. 13), und
auch die Muskeln beginnen zu degeneriren und zu atrophiren, so dass
allmählich eine deutliche Abnahme ihres Volumens sich nachweisen

lässt und endlich im Laufe der Jahre die contractile Substanz des
Muskels ganz verschwinden kann. Die Degeneration der Nerven
pflegt schon wenige Tage nach der Unterbrechung des Zusammenhanges vollständig zu sein; die Atrophie und Degeneration der Muskeln geht langsamer vor sich.

Durch die Degeneration der motorischen Nerven wird das Verhalten der Nerven und der Muskeln gegen die Einwirkung der Elektricität wesentlich verändert, und deshalb ist dieses Verhalten das
wichtigste Kriterium, vermittelst dessen sich mit Sicherheit entscheiden lässt, ob ein motorischer Nerv degenerirt oder ob er noch leitungsfähig ist.

Die normalen Nerven werden schon durch sehr geringe Elektricitätsmengen erregt, wenn die Intensität des Stromes schnell grossen
Schwankungen unterliegt oder die Richtung des Stromes schnell wechselt.
Deshalb ist der inducirte Strom, obwohl er in der Stärke, wie er beim
Menschen angewendet wird, nur eine geringe Elektricitätsmenge repräsentirt, ein sehr wirksames Erregungsmittel für den Nerven. Der constante Strom dagegen, welcher eine bedeutend grössere Elektricitätsmenge
darstellt, hat auf den Nerven nur eine geringe erregende Wirkung, und
dieselbe beschränkt sich bei Strömen von mässiger Intensität auf die Zeit
der starken Stromschwankungen bei der Schliessung oder Oeffnung des
Stromes oder bei der Umkehrung desselben. Bei der Einwirkung auf
den normalen mit dem Muskel verbundenen motorischen Nerven erfolgt in
der Regel an dem negativen Pol, der Kathode, hauptsächlich Schliessungs-
zuckung, an dem positiven Pol, der Anode, hauptsächlich Oeffnungszuckung
(KaSZ und AnOZ). Und dabei ist es gleichgültig, ob die Elektroden auf
den Nervenstamm selbst, oder ob sie auf den Muskel oder vielmehr auf
die darin verzweigten Nerven einwirken.

Wesentlich anders verhält sich der Muskel. Derselbe bedarf, um
in directer Weise, d. h. ohne Vermittelung seiner Nerven, zur Contraction gebracht zu werden, relativ grosser Elektricitätsmengen. Der gebräuchliche Inductionsstrom hat deshalb auf den Muskel, wenn die Vermittelung der Nerven ausgeschlossen ist, gar keine Wirkung. Dagegen
kann der constante Strom den Muskel direct erregen, und derselbe wirkt
deshalb auch dann, wenn in dem Muskel keine Nervenzweige mehr enthalten sind. Eine solche idiomusculäre Contraction ist aber im Gegensatz zu der durch den Nerven vermittelten eine träge, langgezogene und
hat mehr Aehnlichkeit mit der Contraction, wie sie die glatten organischen
Muskelfasern gewöhnlich zeigen.

Wenn durch den Inductionsstrom, mag derselbe auf den Nervenstamm oder auf den Muskel angewendet werden, eine Contraction
hervorgerufen wird, so ist damit der Beweis geliefert, dass die motorischen Nervenfasern noch functionsfähig sind. Auch der constante
Strom kann benutzt werden, um die Leitungsfähigkeit eines motorischen Nerven zu prüfen: wenn durch Erregung des Nervenstam-

mes in einiger Entfernung vom Muskel eine Muskelcontraction bewirkt wird, so ist damit die Leitungsfähigkeit des Nerven erwiesen;
aber dabei muss man sicher sein, dass nur der Nervenstamm und
nicht etwa der Muskel direct durch Stromschleifen erregt worden
ist; und da letztere oft schwer zu vermeiden sind, so ist der constante Strom für diese Prüfung weniger geeignet als der Inductionsstrom. Wenn die Nerven degenerirt sind, so wird durch den Inductionsstrom weder vom Nerven aus, noch bei directer Anwendung auf
den Muskel eine Contraction zu Stande gebracht. Auch der constante Strom wirkt nicht mehr vom Nerven aus; dagegen entsteht,
so lange nicht auch der Muskel durch Atrophie und Degeneration
zerstört ist, bei Anwendung des constanten Stroms auf den Muskel
eine Contraction, die sich durch langsameren Ablauf von der durch
den Nerven vermittelten Contraction unterscheidet. Während einer
gewissen Zeit kann es bei Muskeln, deren motorische Nerven degenerirt sind, vorkommen, dass sie durch den constanten Strom leichter erregt werden als Muskeln mit normalen Nerven, so dass die
Contraction schon bei Anwendung von weniger Elementen eintritt
oder bei gleicher Stärke des Stromes eine stärkere ist als unter normalen Verhältnissen. Dabei wird gewöhnlich auch eine Aenderung
des normalen Zuckungsgesetzes beobachtet: die AnSZ nimmt zu
und kann selbst grösser werden als die KaSZ; ebenso wird die
KaOZ stärker im Vergleich mit der AnOZ. Man hat ein solches
Verhalten des Muskels, welches nur beobachtet wird, wenn die motorischen Nerven degenerirt sind, passend als Entartungsreaction bezeichnet (Erb).

Muskeln, deren motorische Nerven degenerirt sind, zeigen sich
häufig auch leichter erregbar für mechanische Reize, so dass ein Stoss
gegen den Muskel, etwa mit der Fingerspitze oder mit dem Percus-
sionshammer, besonders an Stellen, wo unter dem Muskel eine harte
Unterlage sich findet, eine Contraction zur Folge hat; dieselbe nimmt
zunächst nur die direct betroffene Stelle ein und zeigt sich als eine
träge auftretende und langsam verschwindende Verdickung an dieser
Stelle (Myodesma), von der aus dann schwache Contractionswellen
nach beiden Seiten gegen die Enden der betroffenen Fasern hin verlaufen. Solche mechanisch erregte idiomusculäre Contractionen werden aber überhaupt häufig bei einigermassen atrophischen Muskeln
beobachtet, auch ohne dass die Leitung in den Nerven aufgehoben
ist, so z. B. bei Reconvalescenten, bei phthisischen und marantischen
Individuen. Ein kräftiger Schlag mit einem Messerrücken oder mit
der Seite der Hand quer über den Biceps hat das Auftreten eines

dicken Querwulstes zur Folge, dessen Entstehung gewöhnlich mit
Schmerz verbunden ist. Ein geringerer Grad solcher Reaction auf
mechanische Einwirkungen findet sich auch unter normalen Verhältnissen. Wo die Nerven noch leitungsfähig sind, tritt ausser der idio-
musculären Contraction, die auf die betroffenen Muskelfasern beschränkt ist, häufig auch eine reflectorisch erregte Contraction des
ganzen Muskels auf.

Nach sehr langer Dauer einer peripherischen Lähmung mit Degeneration der motorischen Nerven wird der Muskel in Folge von Atrophie und Degeneration immer weniger contractionsfähig, und endlich
kann die contractile Substanz vollständig zerstört werden, so dass
jede Möglichkeit einer Contraction aufhört.

Wenn ein degenerirter motorischer Nerv in Regeneration begriffen
ist, so kann ein Zeitpunkt eintreten, in welchem die neugebildeten Nervenfasern bereits leitungsfähig sind, aber noch nicht durch Elektricität
direct erregt werden können. Es wird dann eine Erregung durch den
Willen oder auch durch einen oberhalb der früheren Unterbrechungsstelle
applicirten elektrischen Strom zum Muskel geleitet und hat Contraction
zur Folge; dagegen ist zu dieser Zeit die Strecke des Nerven unterhalb
der früheren Unterbrechung noch nicht erregbar für Elektricität. Man
hat daran gedacht, dass vielleicht für die directe Aufnahme der elektrischen Erregung die Markscheide von besonderer Bedeutung sei, und
dass der angeführte Zustand dem Stadium der Regeneration entspreche,
wenn zwar die Achsencylinder, aber noch nicht die Markscheiden wiederhergestellt seien.

Wenn eine Lähmung auf der Affection eines Nervenstammes beruht, der ausser den motorischen Fasern auch noch andere Fasern
enthält, so kommen dazu gewöhnlich noch gewisse begleitende Erscheinungen, die von der gleichzeitigen Unterbrechung der Leitung
in diesen Fasern abhangen. So ist bei gemischten Nerven neben der
Lähmung gewöhnlich auch Anaesthesie in dem Verbreitungsbezirke
des betreffenden Nerven vorhanden; da aber, wie bereits früher erwähnt wurde, manche Einwirkungen leichter die Leitung in den motorischen als in den sensiblen Fasern unterbrechen, so kann es vorkommen, dass im Verbreitungsbezirk eines Nerven die Lähmung
relativ stärker ausgebildet ist als die Störung der Sensibilität. Unter
Umständen können in Folge von Reizung der sensiblen Fasern auch
Schmerzen oder Paraesthesien vorhanden sein. Häufig sind ferner
mit der Lähmung auch Circulationsstörungen verbunden, und zwar
sind diese Störungen von gleicher Art wie bei der Anaesthesie (S. 43).
Da in den cerebrospinalen Nervenstämmen vorzugsweise die antagonistischen Gefässnerven verlaufen, so beobachtet man besonders häufig
in Folge von Lähmungen dieser Antagonisten Contraction der Ar-

terien, Blässe der Haut, Herabsetzung der Temperatur an der Peripherie. Nach Durchschneidung, Zerreissung oder Quetschung eines Nerven kann es auch im Anfang durch Reizung der Antagonisten zu Erweiterung der Gefässe kommen, auf welche dann erst allmählich die Verengerung folgt. Seltener kommt als begleitende Erscheinung Lähmung der eigentlichen Vasomotoren vor und damit Erweiterung der Gefässe mit ihren Folgen. Endlich beobachtet man in einzelnen Fällen auch die bei Besprechung der Anaesthesie beschriebenen trophischen Störungen.

Diagnose.

Eine vollständige Lähmung und ebenso ein bedeutender Grad von unvollständiger Lähmung oder Parese ist gewöhnlich leicht zu erkennen; geringere Grade von Parese können oft nur durch eine genaue Untersuchung nachgewiesen werden.

Von besonderer Wichtigkeit ist die Unterscheidung, ob eine Lähmung central oder peripherisch sei, oder mit anderen Worten, ob die Unterbrechung der Leitung centralwärts von den letzten Ganglienzellen oder ob sie in den peripherischen Nerven bestehe. In der Mehrzahl der Fälle hat die Unterscheidung keine wesentliche Schwierigkeit. Zunächst ist dabei von Bedeutung die Ausbreitung der Lähmung: man hat sich die Frage vorzulegen, wo der Krankheitsherd localisirt sein müsste, um die gerade vorhandene Ausbreitung der Lähmung zu erklären. Als Hemiplegie bezeichnet man eine Lähmung, welche nur die eine Seite des Körpers betrifft; es ist dies die häufigste Form bei den von einem Krankheitsherd im Gehirn abhängigen Lähmungen, und zwar sind dabei hauptsächlich die Extremitäten und das Gebiet des N. facialis und hypoglossus der einen Seite befallen. Paraplegie nennt man eine Lähmung, welche beide Seiten des Körpers gleichmässig befällt und von den unteren Extremitäten aufwärts bis zu einer gewissen Höhe sich erstreckt: es ist dies die Ausbreitung der Lähmung, wie sie vorzugsweise bei Rückenmarkskrankheiten vorkommt. Sowohl eine hemiplegische wie eine paraplegische Verbreitung der Lähmung sprechen demnach im Allgemeinen gegen die Annahme einer peripherischen Lähmung. Doch kann es freilich vorkommen, dass nicht nur ein Krankheitsherd vorhanden ist, sondern mehrere, und dann kann ausnahmsweise und gewissermassen durch Zufall auch eine peripherische Lähmung eine mehr oder weniger hemiplegische oder paraplegische Verbreitung haben. Eine Lähmung ist um so eher als eine peripherische anzusehen, je mehr sie auf das Gebiet eines einzelnen Nervenstammes

beschränkt ist, oder je eher man überhaupt durch Annahme eines
einzelnen in dem Bereich der peripherischen Nerven gelegenen Krankheitsherdes im Stande ist, die vorhandene Ausbreitung der Lähmung
zu erklären. Ist neben Lähmung im Gebiet eines gemischten Nervenstammes zugleich Anaesthesie in dessen Verbreitungsbezirk vorhanden, so ist die peripherische Natur der Lähmung sicher festgestellt. In besonderen Fällen können auch noch andere begleitende
Erscheinungen für die Bestimmung der Stelle der Unterbrechung massgebend sein. Mit Sicherheit ist die Lähmung als eine centrale erwiesen, wenn die Muskeln, welche dem Willen nicht mehr gehor-
chen, reflectorisch noch in Contraction versetzt werden können, oder
wenn Mitbewegungen vorkommen.

Von entscheidender Bedeutung für die Unterscheidung von centralen und peripherischen Lähmungen ist das Verhalten der Nerven
und Muskeln gegen Elektricität. Wenn die gelähmten Muskeln noch
vom Nerven aus erregt werden können, oder wenn überhaupt der
Inductionsstrom, mag er auf die Nerven oder auf die Muskeln angewendet werden, noch Muskelcontraction zur Folge hat, so ist damit
erwiesen, dass die motorischen Nerven noch leitungsfähig sind. Wenn
dagegen die Reaction eines Muskels gegen den Inductionsstrom aufgehoben ist, so ist mit Sicherheit zu schliessen, dass die motorischen
Nerven degenerirt sind; das Vorhandensein der Entartungsreaction
bei Anwendung des constanten Stroms auf die Muskeln dient zur Bestätigung dieser Diagnose. Da aber das Ausbleiben oder das Eintreten der Degeneration des Nerven davon abhängig ist, ob er noch
mit normalen Ganglienzellen in Verbindung steht oder nicht (S. 13),
so ist im ersteren Falle die Lähmung als eine centrale, im zweiten
als eine peripherische zu bezeichnen. Es lässt sich demnach die
Regel aufstellen: Eine Lähmung ist eine centrale, wenn in
den gelähmten Muskeln durch den Inductionsstrom noch
Contraction zu Stande gebracht werden kann; sie ist eine
peripherische, wenn die Erregbarkeit für den Inductionsstrom aufgehoben ist.

Diese Regel erleidet einige Ausnahmen. Bei ganz frischen peripherischen Lähmungen kann die Leitungsfähigkeit des Nerven noch
vorhanden sein; erst nach Ablauf einiger Tage ist die Degeneration
vollendet und die Erregbarkeit für den Inductionsstrom erloschen.
Ferner kommen, z. B. in Folge einer mässigen Compression des Nerven, peripherische Lähmungen leichterer Art vor, bei denen die Nervenfasern nicht vollständig degeneriren und deshalb die Erregbarkeit
für den Inductionsstrom nicht vollständig aufgehoben, sondern nur

vermindert ist; dabei ist unter günstigen Verhältnissen eine relativ
schnelle Wiederherstellung möglich. Als eine nur scheinbare Ausnahme ist es zu betrachten, wenn bei gewissen ursprünglich centralen Lähmungen im Laufe der Zeit eine absteigende Degeneration in
den centralen Leitungsbahnen bis auf die Nervenkerne sich fortsetzt
und auch diese ergreift; nach Zerstörung dieser letzteren Ganglienzellenreihen werden dann auch die peripherischen Nerven von der
Degeneration betroffen, und die Erregbarkeit für den Inductionsstrom
geht verloren: in solchen Fällen ist zu der ursprünglich centralen
Lähmung später eine peripherische Lähmung hinzugekommen.

Gewöhnlich pflegt man noch einen anderen Ausnahmefall anzuführen.
Wenn die Lähmung, wie z. B. bei der Poliomyelitis, beruht auf einer
Zerstörung der Nervenkerne oder der letzten Ganglienzellen, aus welchen
die peripherischen motorischen Nerven entspringen, so degeneriren diese
Nerven, und das ganze Verhalten entspricht einer peripherischen Lähmung,
während nach der gewöhnlichen Auffassung diese Lähmung zu den centralen gerechnet wird. Für uns ist dieser Fall keine Ausnahme, weil
wir denselben zu den peripherischen Lähmungen rechnen (S. 87).

Auch das Verhalten der gelähmten Muskeln kann von Bedeutung sein für die Beurtheilung der Lähmung. Bei centralen Lähmungen pflegen dieselben nicht zu degeneriren und atrophisch zu
werden, oder wenigstens nur in dem Grade, welcher der Atrophie
durch Nichtgebrauch entspricht. Bei peripherischen Lähmungen dagegen kommt gewöhnlich ein höherer Grad von Atrophie und Degeneration in den Muskeln zu Stande.

Therapie.

Die Behandlung der peripherischen Lähmungen ist im Wesentlichen analog der der Anaesthesie (S. 46). In dem einen wie in dem
anderen Falle besteht die Aufgabe darin, so viel wie möglich die Wiederherstellung der Leitung in den peripherischen Nerven anzustreben.
Wo es möglich ist, muss zunächst der Indicatio causalis entsprochen
werden; es kann dies zuweilen geschehen durch Entfernung von com-
primirenden Geschwülsten oder von Fremdkörpern, durch Behandlung
einer etwa vorhandenen Neuritis (S. 20), durch Vereinigung von durchgetrennten Nerven mittelst der Nervennaht u. s. w. Warme Bäder,
Kataplasmen, Hautreize sind nicht nur in diesem Sinne bei rheumatischen Lähmungen zu empfehlen, sondern sie entsprechen auch bei
diesen und manchen anderen Lähmungen der Indicatio morbi, insofern dadurch die peripherische Circulation und damit die Ernährung
in gewissen Muskel- und Nervengebieten gefördert wird. Besonders
die Akrotothermen und Thermalsoolen, ferner aber auch Fichtennadel-

bäder, Moorbäder, Schwefelbäder und endlich auch Dampfbäder haben grossen Ruf bei der Behandlung von Lähmungen. Heilgymnastik, Massage, reizende Einreibungen oder stärkere Ableitungen können in besonderen Fällen Anwendung finden. Als innere Mittel werden Strychnin, Brucin, Secale cornutum, Arsenik und viele andere empfohlen. Für zahlreiche Fälle ist das wichtigste Mittel die Elektricität. Dieselbe hat zunächst die Aufgabe, die Erregbarkeit und Leitungsfähigkeit im Nerven und die Contractionsfähigkeit des Muskels, so weit dieselben noch vorhanden sind, zu erhalten und namentlich die Atrophie und Degeneration durch Nichtgebrauch zu verhüten. In diesem Sinn ist der Inductionsstrom überall da zweckmässig, wo er wirksam ist, so namentlich auch bei unvollständigen peripherischen Lähmungen; wo er wegen vollständiger Degeneration der Nerven nicht wirkt, ist zur möglichsten Erhaltung des Muskels der constante Strom anzuwenden. Ferner soll durch Anwendung der Elektricität die Wiederherstellung der Leitungsfähigkeit befördert werden; und dieser Absicht entspricht vorzugsweise der constante Strom, indem er durch den Nerven der Länge nach hindurchgeleitet wird. Es ist dabei darauf zu achten, dass der Strom nicht zu stark angewendet wird, da er sonst möglicherweise die Regeneration des Nerven stören könnte. Selbst in Fällen, in welchen die elektrische Behandlung anfangs unwirksam zu sein scheint, kann zuweilen durch lange fortgesetzte Anwendung derselben doch noch ein Erfolg erreicht werden.

Die Anwendung der Elektricität gegen Lähmungen ist, seitdem man kräftige Apparate zur Entwicklung derselben hatte, versucht worden, indem man einzelne elektrische Schläge, welche ja erfahrungsgemäss bei gesunden Menschen Muskelzuckungen bewirkten, auf gelähmte Theile einwirken liess. Aber es blieb zunächst nur bei vereinzelten Versuchen. Erst in der zweiten Hälfte unseres Jahrhunderts ist die Anwendung der Elektricität bei den Krankheiten des Nervensystems allgemein geworden und damit in diesem Gebiet einer der grössten Fortschritte eingeleitet worden, indem dadurch nicht nur für manche Fälle ein wirksames Heilmittel gewonnen wurde, sondern auch für andere ein werthvolles und oft unersetzliches Hülfsmittel der Diagnose. Dieser Aufschwung der Elektrotherapie hing zusammen mit der Einführung des Inductionsstroms, der es ermöglichte, mit geringen Elektricitätsmengen eine sehr intensive Erregung der Nerven zu bewirken. Duchenne (de Boulogne) wandte denselben in genau localisirender Weise auf einzelne Muskeln und Nerven an (1850—1855). H. Ziemssen lehrte durch sorgfältige Untersuchungen die Stellen kennen, an welchen beim lebenden Menschen die motorischen Nerven der einzelnen Muskeln am leichtesten durch den Inductionsstrom erregt werden können (1857). Seitdem kam der Inductionsstrom bei den Aerzten allgemein in Gebrauch. Der constante Strom galt dagegen lange Zeit als weit weniger wirksam, und auch die begeisterten Empfehlungen desselben durch R. Remak (1858) wurden anfangs mit einer Skepsis aufgenommen, welche sich später nur zum Theil als berechtigt erwies. Nur ganz allmählich hat der constante Strom in der Therapie der Nervenkrankheiten sich Eingang verschaffen können; nachdem aber einmal seine allgemeine Anerkennung erfolgt war, hat er bald, wenigstens in Deutschland, den entschiedenen Sieg über den Inductionsstrom davongetragen, so dass ihm gegenwärtig wohl von der Mehrzahl der Aerzte bei weitem der Vorzug eingeräumt wird. — Nach meiner Ansicht ist man in dieser Richtung in neuerer Zeit zu weit gegangen, und es wird gegenwärtig im Allgemeinen von den Elektrotherapeuten der Inductionsstrom weniger angewendet, als zweckmässig sein würde. Jede der beiden Stromesarten hat sowohl für diagnostische als für therapeutische Zwecke ihr ganz bestimmtes Anwendungsgebiet, und in nicht wenigen Fällen kann die eine nicht durch die andere ersetzt werden. Ich habe mich bemüht im Vorigen, so weit dies bisher möglich und für den praktischen Arzt nothwendig ist, die Indicationen für die Anwendung der beiden Stromesarten möglichst genau anzugeben (S. 61, 92). Im Uebrigen verweise ich auf die zahlreichen vortrefflichen Lehrbücher der Elektrotherapie. W. Erb, Handbuch der Elektrotherapie. III. Band von Ziemssen's Handbuch der allgemeinen Therapie. Leipzig 1882. 2. Aufl. 1886. — H. Ziemssen, Die Elektricität in der Medicin. Berlin 1857. 4. Aufl. 1872—1885.

Das von Pflüger formulirte „Gesetz des Electrotonus", nach welchem bei einem in den Kreis des constanten Stromes eingeschalteten Nervenstück in der Gegend der Kathode und auch ausserhalb derselben die Erregbarkeit erhöht, in der Gegend der Anode und ausserhalb derselben die Erregbarkeit vermindert ist, hat zu dem Gedanken geführt, auch bei Lähmungen, bei welchen die erkrankte Strecke des Nerven zu weit centralwärts liegt, als dass sie durch die Elektroden erreicht werden könnte, den constanten Strom auf den Nerven anzuwenden. Wenn man einen aufsteigenden Strom anwendet, so würde auch die centralwärts von der Kathode gelegene Strecke des Nerven stärker erregbar werden. Praktische Resultate sind durch diese besondere Anordnung des Stromes bisher nicht erreicht worden.

In manchen Fällen von unheilbaren Lähmungen bleibt Nichts übrig, als durch orthopaedische Apparate oder andere mechanische Hülfsmittel die gelähmten Muskeln zu unterstützen oder ihre Wirkung so gut als möglich zu ersetzen.

Lähmungen im Gebiete einzelner Nerven.

Nach Besprechung der peripherischen Lähmungen im Allgemeinen werden wir dazu übergehen, einige der besonders häufig vorkommenden oder besonders wichtigen Lähmungen im Einzelnen eingehender zu besprechen. Die genaue Besprechung der auch für uns sehr wichtigen Augenmuskellähmungen überlassen wir dabei der Ophthalmologie; wo dieselben für die Beurtheilung centraler Affectionen von Bedeutung sind, werden sie später erwähnt werden.

Lähmung des Nervus facialis. Gesichtslähmung.

Aetiologie. Centrale Lähmung des ganzen Facialis oder
eines Theils desselben kommt häufig vor als Theilerscheinung von
anderweitigen centralen Lähmungen, und namentlich bei der gewöhnlichen Form der Hemiplegie in Folge von Herderkrankungen im
Gehirn pflegt der Facialis betheiligt zu sein. Seltener kommt eine
isolirte Lähmung des Facialis oder einzelner Aeste desselben in Folge
von centralen Ursachen vor. — Peripherische Lähmung kann
von Unterbrechung der Leitung an verschiedenen Stellen abhangen:
1. Innerhalb des Schädels kann der Nerv betroffen werden durch
Druck von Tumoren in der hinteren Schädelgrube, durch Exsudate,
Exostosen u. dergl. 2. Auf seinem Verlauf im Canalis Fallopii kann
die Leitung unterbrochen werden durch Fractur des Felsenbeins und
besonders häufig durch Caries desselben. 3. Endlich kann die Unterbrechung der Leitung stattfinden nach dem Austritt des Facialis aus
dem Foramen stylo-mastoideum, wo er bei seiner relativ oberflächlichen Lage häufig mechanischen Insulten ausgesetzt ist, die dann
oft nur einen Theil der Aeste des Nerven betreffen; so kann der
Nerv bei Verwundungen oder Operationen durchschnitten, bei anderen
Einwirkungen gequetscht werden; beim Neugeborenen kommt Facialislähmung als Folge des Drucks der Zange vor; bei eiteriger Parotitis
kann der Nerv durch Eiterung zerstört werden. Auch bei der rheumatischen Facialislähmung, der bei weitem am häufigsten vorkommenden Form derselben, nimmt man gewöhnlich an, dass die
Läsion des Nerven ausserhalb des Foramen stylo-mastoideum oder
wenigstens im untersten Theil des Canalis Fallopii stattgefunden habe.
Zu dieser rheumatischen Lähmung pflegt man nicht nur die Fälle zu
rechnen, welche nachweislich durch Erkältung entstanden sind, sondern
auch alle diejenigen Fälle, bei welchen eine besondere Ursache der
Lähmung nicht nachzuweisen ist und auch kein Grund vorliegt, die
Unterbrechung der Leitung innerhalb des Schädels oder des Felsenbeins zu suchen.

Die Symptomatologie besteht wesentlich in dem Mangel der
Muskelcontraction im Gebiete der Lähmung. Bei vollständiger
Lähmung des ganzen Facialis ist die betreffende Gesichtshälfte unbeweglich: das Auge kann (wegen Lähmung des Musculus orbicularis
palpebrarum) nicht vollständig geschlossen werden: Lagophthalmus;
ein unvollständiger Schluss findet statt durch Erschlaffung des M.
levator palpebrae, und indem der Bulbus nach oben gerollt wird,
kann auch die Einwirkung des Lichtes vom Auge abgehalten werden.
Das äussere Ohr, welches zwar ohnehin bei den meisten Menschen

kaum merkliche Beweglichkeit besitzt, ist unbeweglich. Die Stirn (M. frontalis) und die Augenbrauen (M. corrugator supercilii) können nicht gerunzelt werden, die Nasenflügel, die Lippen, der Mundwinkel, das Kinn sind auf der befallenen Seite unbeweglich, Pfeifen und Blasen ist unmöglich, das Ausspucken erschwert, die Lippenlaute werden undeutlicher ausgesprochen. Beim Essen gelangen wegen Lähmung des M. buccinator die Speisen leicht zwischen Wange und Zahnreihe und können nur schwer zurückgebracht werden. In Folge der Wirkung der Muskeln der gesunden Seite ist das Gesicht schief, und die Entstellung wird um so auffallender, je mehr durch Mimik die Muskeln der gesunden Seite in Anspruch genommen werden, so bei Gemüthsbewegungen, beim Sprechen, besonders beim Lachen. Aber auch bei möglichst ruhiger Haltung des Gesichts steht auf der gelähmten Seite der Mundwinkel tiefer, die Nasolabialfalte ist verstrichen, das Nasenloch ist enger, das Gesicht hat auf dieser Seite einen gänzlich apathischen Ausdruck, so dass man es wohl schon mit einer Maske verglichen hat. In manchen Fällen steht das Gaumensegel auf der gelähmten Seite tiefer und wird namentlich beim Intoniren nicht gehoben, die Uvula (die aber auch bei Gesunden oft schief steht) weicht nach der gesunden Seite ab.

Dieser Tiefstand des Gaumensegels beruht auf Lähmung des M. levator veli palatini, dessen motorische Nerven aus dem Ganglion sphenopalatinum kommen, dem sie durch den Nervus petrosus superficialis major vom Ganglion geniculi des Facialis zugeführt werden. Somit würde die Lähmung des Gaumensegels darauf hindeuten, dass die Läsion des Facialis im Ganglion geniculi oder oberhalb desselben vorhanden sei. — Die Zunge wird meist gerade vorgestreckt oder weicht wegen Schiefstand des Mundes nur scheinbar nach der kranken Seite ab. Eine Abweichung nach der gesunden Seite, die zuweilen vorzukommen scheint, würde auf die mangelnde Wirkung des M. stylo-hyoideus und des hinteren Bauches des M. digastricus zu beziehen sein. — Die Lähmung des zum M. stapedius gehenden Zweiges hat zuweilen wegen Ueberwiegens des M. tensor tympani Empfindlichkeit gegen stärkeren Schall zur Folge oder auch abnorme Feinhörigkeit für musikalische Töne (Hyperaesthesia acustica oder Hyperakusis), zuweilen mit subjectiven Gehörsempfindungen. Wesentliche Beeinträchtigung des Gehörs kommt vor, wenn der N. acusticus oder Theile des Gehörapparats miterkrankt sind.

Die Reflexbewegungen sind bei peripherischer Lähmung aufgehoben: so findet auf der gelähmten Seite kein Augenblinzeln statt, weder wenn ein Gegenstand dem Auge genähert wird, noch bei anderen Veranlassungen; und da die Bewegung der Augenlider für die Beförderung der Thränen in den Thränennasengang von Bedeutung ist, so erklärt dieser Umstand das zuweilen vorkommende

Thränenträufeln (Epiphora). Die Erregbarkeit für den Inductions-strom ist bei vollständigen Lähmungen, die schon eine etwas längere Dauer haben, aufgehoben; bei unvollständigen Lähmungen ist die Reaction dem Grade der Lähmung entsprechend vermindert. Der constante Strom, auf die Muskeln selbst angewendet, bewirkt Con-traction, und zwar zuweilen leichter als auf der gesunden Seite; die Contraction erfolgt aber langsam und dauert länger an. Gerade bei Facialislähmung kommt diese stärkere Reaction auf den constanten Strom häufig vor und wurde auch bei dieser zuerst genauer beobachtet (Baierlacher 1859).

Auch bei Facialislähmung sind zuweilen begleitende Erschei-nungen vorhanden, und dieselben können unter Umständen von Wich-tigkeit sein für die Bestimmung der Stelle, an welcher die Unter-brechung stattgefunden hat. Der N. facialis enthält innerhalb des Schädels wahrscheinlich ausschliesslich centrifugal leitende Fasern; aber schon im oberen Theil des Canalis Fallopii treten (im Ganglion geniculi) anderweitige Fasern hinzu, und bei seiner Ausbreitung im Gesicht findet vielfach Verbindung namentlich mit Trigeminusfasern statt. Gewöhnlich zeigt sich bei Facialislähmung die Sensibilität nicht merklich gestört. Dagegen ist häufig die Geschmacksempfindung im vorderen Theil der Zunge, welche von der Chorda tympani abhängt, aufgehoben.

Die Chorda tympani geht (wir verfolgen die Nerven hier in centri-fugaler Richtung, obwohl ja die Leitung in der Chorda, so weit sie Ge-schmacksnerv ist, centripetal stattfindet) im unteren Theil des Canalis Fallopii vom Facialis ab und zwar in einem nach oben spitzen Winkel, steigt zunächst aufwärts, verläuft durch die Trommelhöhle, gelangt durch die Fissura Glaseri nach aussen und verbindet sich mit dem Ramus lin-gualis trigemini (s. Fig. 1). Es ist als sicher anzusehen, dass die dem Lingualis beigemischten Fasern der Chorda hauptsächlich die Geschmacks-empfindung im vorderen Theil der Zunge vermitteln. Auch wird allge-mein angenommen, dass die Chordafasern nicht ursprünglich vom Facialis abstammen, sondern nur auf einer gewissen Strecke mit demselben ver-laufen. Fraglich aber ist es, von woher die Fasern, welche als Chorda den Facialis verlassen, vorher demselben zugekommen sind. Die ver-breitetste Ansicht ist die, dass dieselben ursprünglich dem zweiten Ast des Trigeminus angehören und vom Ganglion spheno-palatinum her durch den N. petrosus superficialis major dem Ganglion geniculi des Facialis zugeführt werden, um dann auf dem Umwege durch den Facialis schliess-lich als Chorda den N. lingualis vom dritten Aste des Trigeminus zu er-reichen (Schiff, Erb). Wenn diese Ansicht die richtige wäre, so könn-ten Geschmacksstörungen neben Facialislähmung nur vorkommen, wenn die Unterbrechung der Leitung im Facialis zwischen Ganglion geniculi und Abgang der Chorda tympani stattfände, oder wenn durch einen besonderen Krankheitsherd auch in den Chordafasern die Leitung unterbrochen wäre. — Nach einer anderen Ansicht besteht die Chorda hauptsächlich aus Trigeminusfasern, welche ausserhalb des Foramen stylo-mastoideum den Facialisästen sich zugesellen und in diesen rückläufig werden (A. S t i c h 1857). Dass solche rückläufige sensible Fasern im Facialis enthalten sind, ergibt sich aus der Erfahrung, dass nach Durchschneidung des Nerven auch der peripherische Stumpf Sensibilität zeigt. Es könnten aber auch, was physiologisch vielleicht am meisten plausibel erscheinen würde, die Chordafasern ursprünglich aus dem Glosso-pharyngeus stammen (B r ü c k e), der ebenfalls Verbindungen mit dem Facialis eingeht. Wenn die Chorda

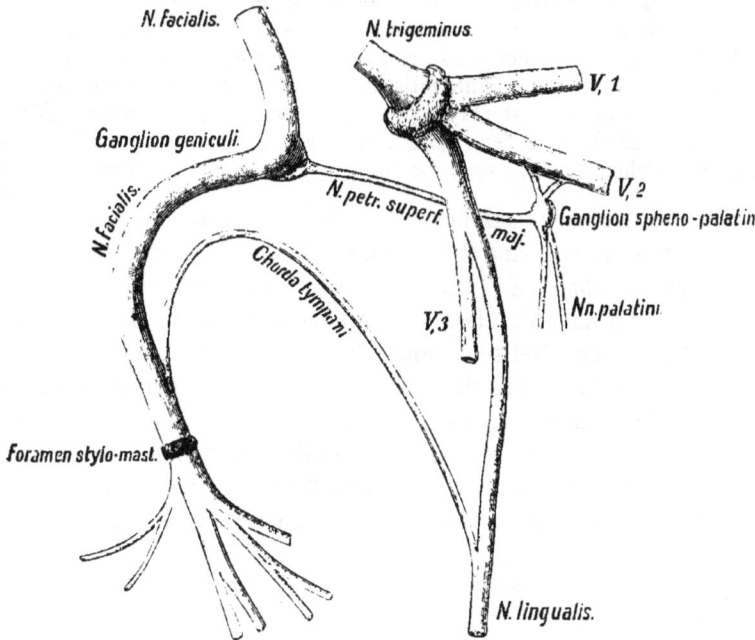

Figur 1.

Schematische Darstellung des Stammes des Facialis und seiner Verbindungen mit dem Trigeminus.

wirklich nur aus rückläufigen Fasern bestände, so müsste eine Zerstörung des Facialis zwischen Ganglion geniculi und der Abgangsstelle der Chorda keine Beeinträchtigung der Geschmacksempfindung zur Folge haben, falls nicht, was freilich bei Erkrankungen des Felsenbeins oft der Fall sein wird, die Chorda nach ihrem Abgang mitverletzt wäre. Dagegen würde, wenn die Unterbrechung der Leitung in den Gesichtsästen stattfindet, Störung des Geschmacks zu Stande kommen können. Ich habe in der That Fälle beobachtet, bei welchen für die Annahme einer Erkrankung des Facialis innerhalb des Felsenbeins durchaus kein Grund vorlag und doch der Geschmack deutlich beeinträchtigt war. — Endlich ist noch eine Annahme zu berücksichtigen, welche ich vorläufig für die wahr-

scheinlichste halte, dass nämlich die Chorda sich zusammensetze aus Fasern, welche auf verschiedenen Wegen und vielleicht sogar aus verschiedenen Quellen zum Facialis gelangt sind, nämlich theilweise, der ersten
Annahme entsprechend, aus dem zweiten Ast des Trigeminus durch den
N. petrosus superficialis major, theilweise in Uebereinstimmung mit der
zweiten Annahme vom dritten Ast des Trigeminus oder vom Glosso-pharyngeus als rückläufige Fasern; und endlich könnte der Glosso-pharyngeus
auch noch auf anderem Wege Fasern zur Chorda liefern. Wenn man
berücksichtigt, wie überaus wichtig dem Thiere für die Auswahl seiner
Nahrung der Geschmack im vorderen Theil der Zunge ist, so könnte
es vom teleologischen Standpunkt·aus wohl annehmbar erscheinen, wenn
durch Zuleitung der Nervenfasern auf mannigfach verschiedenen Wegen
dafür gesorgt wäre, dass eine vollständige Aufhebung der Function durch
pathologische Leitungsunterbrechung nicht leicht möglich wäre. Die pathologischen Beobachtungen beim Menschen scheinen mir vorläufig nur
bei einer solchen Auffassung vollständig unter einander vereinbar zu sein.

Die bei anderen Lähmungen vorkommenden Circulations- und
Ernährungsstörungen sind bei Facialislähmungen selten in ausgebildeter Weise vorhanden. Doch kommt in einzelnen Fällen Verengerung der Arterien und etwas verminderte Blutfülle der gelähmten
Gesichtshälfte vor. Bei sehr lange dauernden Lähmungen werden die
Muskeln atrophisch, und es zeigt sich auch zuweilen Atrophie der
Haut und des Unterhautgewebes, dabei dann auch wohl leichte oedematöse Schwellung und in einzelnen Fällen etwas Abnahme der Sensibilität. Zuweilen wird auch Verminderung der Speichelsecretion
und überhaupt Trockenheit des Mundes auf der gelähmten Seite beobachtet, eine Erscheinung, die theilweise abhängig ist von Betheiligung der Chorda tympani, die aber auch bei intracranieller Lähmung vorkommen soll.

Unter Umständen kann die Lähmung des Facialis doppelseitig
sein. Diese Diplegia facialis entsteht entweder dadurch, dass
die gleiche Ursache beide Nerven trifft, wie dies bei Erkrankungen
an der Schädelbasis vorkommen kann, oder dadurch, dass mehr oder
weniger zufällig beide Nerven durch verschiedene Ursachen gelähmt
werden. Bei der progressiven Bulbärparalyse (s. u.) sind die Facia-
liszweige, welche die Lippenmuskeln versorgen, beiderseits gelähmt.

Bei der Diagnose handelt es sich hauptsächlich um die Bestimmung der Stelle, an welcher die Unterbrechung der Leitung stattfindet.

Für centrale Lähmung spricht das gleichzeitige Vorhandensein
von Hemiplegie auf der gleichen Seite des Körpers. Mit Sicherheit
ist centrale Lähmung anzunehmen, wenn Reflexbewegungen oder Mitbewegungen noch vorhanden sind, oder wenn nach längerem Bestand

einer vollständigen Lähmung die Reaction auf den Inductionsstrom nicht wesentlich beeinträchtigt ist. Gewöhnlich erstreckt sich die centrale Lähmung des Facialis nur auf die Nerven und Muskeln unterhalb des Auges.

Bei den peripherischen Lähmungen ist noch näher zu erforschen die Stelle der Unterbrechung.

1. Intracranielle Einwirkung ist anzunehmen, wenn in anderen benachbarten Gehirnnerven ebenfalls Unterbrechung der Leitung vorhanden ist, so namentlich im N. acusticus, eventuell auch in anderen Nerven der Schädelbasis, oder wenn Erscheinungen von Raumbeschränkung in der hinteren Schädelgrube, die bei den Gehirnkrankheiten näher zu besprechen sein werden, vorhanden sind, oder wenn neben peripherischer Facialislähmung der einen Seite Hemiplegie der andern Seite besteht: gekreuzte oder wechselständige Lähmung. Für eine Unterbrechung centralwärts vom Ganglion geniculi spricht auch das Vorhandensein von Lähmung der Gaumenmuskulatur, während Beeinträchtigung des Geschmacks nicht vorhanden ist.

2. Unterbrechung der Leitung innerhalb des Canalis Fallopii ist anzunehmen, wenn zugleich eine Erkrankung des Felsenbeins besteht, namentlich Caries desselben mit Otorrhoe, Schwerhörigkeit oder Taubheit.

Gewöhnlich nimmt man an, dass auch Beeinträchtigung des Geschmacks im vorderen Theil der Zunge für Unterbrechung der Leitung zwischen dem Ganglion geniculi und dem Abgang der Chorda tympani beweisend sei. Diese Annahme gründet sich auf die Voraussetzung, dass alle Chordafasern durch den N. petrosus superficialis major dem Facialis zugeführt werden. Da aber diese Voraussetzung wahrscheinlich unrichtig ist, so lässt sich vorläufig aus dem Vorhandensein von Geschmacksstörung nur schliessen, dass eine Unterbrechung im Facialis peripherisch vom Ganglion geniculi oder auch in der Chorda selbst bestehe.

3. Bei Lähmungen durch Ursachen, welche auf den Nerven ausserhalb des Felsenbeines eingewirkt haben, sind zuweilen diese Ursachen, wie Verwundungen, Geschwülste u. s. w. deutlich nachweisbar. Ausserdem pflegt man jede Facialislähmung, bei welcher keine Momente vorhanden sind, die auf eine höher gelegene Stelle hinweisen, als extracraniell anzusehen. So wird namentlich die durch Erkältung oder durch unbekannte Ursachen entstandene sogenannte rheumatische Lähmung, bei weitem die häufigste Form, gewöhnlich als extracranielle Lähmung aufgefasst, indem man dieselbe in die peripherischen Ausbreitungen oder in den untersten Abschnitt des Canalis Fallopii unterhalb des Abganges der Chorda tympani localisirt denkt.

Die Prognose und der Verlauf der Facialislähmung ist wesent-

lich von der zu Grunde liegenden Ursache abhängig. Nach Durchschneidung des Nerven und selbst nach Zerstörung desselben durch
Vereiterung der Parotis ist eine Wiederherstellung noch möglich, doch
ist dazu lange Zeit erforderlich. Wenn ein grosses Stück des Nerven
zerstört ist oder die Ursache der Lähmung, z. B. eine Caries des
Felsenbeins, fortdauert, so kommt keine Wiederherstellung zu Stande.
Die sogenannten rheumatischen Paralysen geben im Allgemeinen eine
günstige Prognose. Es gibt unter denselben leichte Fälle, bei welchen
noch am Ende der ersten Woche die Erregbarkeit für den Inductionsstrom normal oder nur wenig vermindert ist, und die in einigen
Wochen zur Heilung kommen; bei den meisten Fällen ist am Ende
der ersten Woche die Erregbarkeit sehr gesunken oder ganz erloschen,
und die Anwendung des constanten Stromes lässt Entartungsreaction
nachweisen; in diesen Fällen ist mindestens eine Dauer von mehreren
Monaten vorauszusetzen.

Therapie. Zunächst ist, wo es geschehen kann, der Indicatio
causalis zu genügen. Im Uebrigen pflegen die überhaupt heilbaren
Fälle von Facialis-Lähmung auch bei einem zweckmässigen exspectativen Verhalten zur Heilung zu kommen. Doch ist es rathsam, in-
zwischen durch Anwendung der Elektricität die Muskeln vor Atrophie
zu schützen; auch wird dadurch die Wiederherstellung der Leitung
wesentlich beschleunigt, wie ich namentlich aus den Beobachtungen
schliessen kann, bei welchen die Kranken abwechselungsweise in klinischer Behandlung und ausser Behandlung waren. Wo auf den Inductionsstrom noch gute Reaction erfolgt, ist dieser anwendbar; in
anderen Fällen ist der constante Strom erforderlich. Auch können
namentlich bei rheumatischer Lähmung Kataplasmen, Hautreize, Bäder in Anwendung gezogen werden.

Lähmung des motorischen Theiles des N. trigeminus, Kaumuskellähmung

ist selten und kommt hauptsächlich vor bei Erkrankungen an der
Schädelbasis, gewöhnlich in Gemeinschaft mit Anaesthesie des dritten
Astes oder des ganzen Trigeminus oder auch mit Störungen in anderen
benachbarten Nerven. Ausserdem kann einseitige oder doppelseitige
Kaumuskellähmung bei centralen Erkrankungen auftreten.

Lähmung des N. hypoglossus

kommt besonders häufig vor aus centraler Ursache bei Hemiplegie,
ferner doppelseitig bei progressiver Bulbärparalyse (s. u.), seltener
bei anderen central begründeten Störungen oder als peripherische

Lähmung in Folge von Erkrankungen an der Gehirnbasis oder von Einwirkungen auf den Nerven in seinem peripherischen Verlauf. Bei einseitiger Lähmung weicht die Zunge beim Vorstrecken ab nach der gelähmten Seite, weil auf dieser Seite die betreffenden Muskeln (hauptsächlich der M. genioglossus) die Zunge nicht oder weniger hervorzuziehen vermögen. Bei doppelseitiger Lähmung kann die Zunge gar nicht vorgestreckt und überhaupt nicht bewegt werden. Ausserdem sind bei Lähmung der Zunge Störungen der Sprache, des Kauens und des Schlingens vorhanden.

Lähmung des Musculus serratus anticus major.

Im Nervus thoracicus longus, welcher hauptsächlich vom sechsten Cervicalnerven entspringt und den M. serratus versorgt, kommen peripherische Lähmungen häufig vor. Dieselben können entstehen durch Verletzungen des Nerven, wie z. B. durch Quetschung desselben beim Tragen auf der Schulter, vielleicht auch bei heftigen Anstrengungen durch Druck von Seiten des M. scalenus medius, durch welchen der Nerv hindurch geht, so beim Mähen, beim Hämmern (bei Schmieden, Schustern etc.). Die Lähmung kommt häufiger bei Männern und vorzugsweise auf der rechten Seite vor. Ausserdem wird Erkältung unter den Ursachen angeführt. Myopathische Lähmung des Muskels ist häufige Theilerscheinung bei progressiver Muskelatrophie.

Die Symptome der Serratus-Lähmung sind sehr charakteristisch und bestehen in dem Ausfall der Muskelaction, durch welche das Schulterblatt nach aussen und vorn gezogen und an den Thorax angedrückt wird. Wegen fehlender Fixation des Schulterblattes kann der Kranke den Arm activ nicht über die Horizontale erheben; bei Erhebung des Armes nach der Seite wird der innere Rand des Schulterblattes nach innen gegen die Wirbelsäule geschoben, bei doppelseitiger Lähmung bis zur Berührung beider Schulterblätter; bei Erhebung des Armes nach vorn entfernt sich das Schulterblatt mit seinem inneren Rande vom Thorax, und es entsteht das sogenannte flügelförmige Abstehen des Schulterblattes. Wenn der Beobachter durch Vorschieben des Schulterblattes die mangelnde Fixation ersetzt, so werden die Bewegungen des Armes wie unter normalen Verhältnissen und namentlich die Erhebung desselben über die Horizontale möglich.

Bei rheumatischer Lähmung erfolgt fast immer Heilung, meist auch, aber gewöhnlich nach längerer Dauer, bei Compressionslähmung; nach schweren Verletzungen ist die Lähmung zuweilen unheilbar. Auch die myopathische Lähmung bei progressiver Muskelatrophie

gibt eine schlechte Prognose. Die Behandlung besteht hauptsächlich in der Anwendung der Elektricität.

Lähmung der Rückenmuskeln.

Die Rückenmuskeln (Mm. sacrolumbaris, longissimus dorsi und die
kleineren Rückenmuskeln) sind die Streckmuskeln für die Wirbelsäule und den Rumpf. Lähmung derselben hat im Allgemeinen Vor-
wärtsbeugung des Körpers, paralytische Kyphose, zur Folge; bei
einseitiger Lähmung kommen zugleich Verkrümmungen der Wirbelsäule nach der Seite zu Stande. Wenn die Muskeln in der Lenden-
gegend gelähmt sind, wie es nicht selten bei der sogenannten Pseudohypertrophie der Muskeln und bei der juvenilen Form der progressiven
Muskelatrophie vorkommt, so kann der Kranke bei aufrechter Körperstellung das Gleichgewicht des Rumpfes nur dann erhalten, wenn
der Oberkörper übermässig weit nach hinten hinübergelehnt ist; er
nimmt daher beim Stehen und Gehen unwillkürlich diese höchst auffallende und charakteristische Stellung an (S. 90); jedes Vorwärts-
beugen des Rumpfes versetzt ihn in die Unmöglichkeit, ohne Anwendung besonderer Hülfsmittel sich wieder aufzurichten.

Lähmung des Zwerchfells.

Lähmung des Nervus phrenicus, welcher hauptsächlich aus dem
Plexus cervicalis vom vierten Cervicalnerven entspringt, kommt vor
und zwar gewöhnlich doppelseitig bei Erkrankungen des Rückenmarks und der Wirbel, wenn dieselben die Gegend des Halsmarks
ergreifen, vielleicht auch in seltenen Fällen nach Erkältungen, ferner
iu Form der psychischen Lähmung bei Hysterie; endlich kann Lähmung und zwar dann meist einseitig entstehen durch Verletzung des
Nerven am Halse. Myopathische Paresen oder Paralysen des Zwerch-
felles entstehen bei Pleuritis und Peritonitis, ferner im letzten Stadium
der progressiven Muskelatrophie. In den schwersten Fällen von
diphtheritischer Lähmung kann auch das Zwerchfell mitbetroffen
werden.

Bei Lähmung des Zwerchfells ist tiefe normale Inspiration unmöglich: die unteren Lungenabschnitte werden nicht ausgedehnt, das
Epigastrium wölbt sich bei der Inspiration nicht vor, sondern wird
durch den äusseren Luftdruck eingezogen; der andauernde Hochstand
des Zwerchfells lässt sich durch Percussion der unteren Lungengrenzen
nachweisen. Bei jedem stärkeren Athembedürfniss, z. B. bei Anstrengung, entsteht grosse Athemnoth. Auch stärkere Exspirations-
stösse, wie Husten, Niesen u. s. w., sind unmöglich, weil die dazu

erforderliche vorherige tiefe Inspiration nicht zu Stande gebracht wird; das vorhandene Bronchialsecret wird nur unvollständig entfernt. Die Bauchpresse kann wegen andauernden Hochstandes des Zwerchfells nur unvollständig wirken. Wenn neben Lähmung des Zwerchfells auch die übrigen Inspirationsmuskeln ungenügend functioniren, so ist schneller Tod die Folge, und namentlich bei Erkrankungen im Halstheile des Rückenmarks kann durch Zwerchfelllähmung das Ende herbeigeführt werden. — Für elektrische Erregung ist der N. phrenicus leicht zugänglich an der Seite des Halses, wo er vor dem M. scalenus anticus herabläuft.

Lähmung des Nervus radialis.

Als Beispiel von Lähmung im Bereich der motorischen Nerven der Extremitäten führen wir speciell an die Lähmung des N. radialis. Dieselbe entsteht besonders häufig in Folge einer Compression, welche der Nerv auf der Strecke erleidet, wo er dicht am Knochen anliegend sich um den Oberarm herumschlägt, so namentlich bei tiefem Schlaf auf harter unebener Unterlage, wenn der Rumpf oder der Kopf auf dem Arm liegt, oder in ungewöhnlicher Stellung, wenn z. B. der Arm über eine Stuhllehne herabhängt, ferner nach Umschnürung oder Fesselung des Oberarms, in Folge der Einwirkung mangelhaft construirter Krücken u. s. w. Auch Erkältung kann Lähmung des N. radialis veranlassen; doch sind gewiss viele sogenannte rheumatische Lähmungen in Wirklichkeit auf Compression zurückzuführen (Panas, Erb). Häufig wird auch der N. radialis von anderweitigen traumatischen Einwirkungen betroffen. — Bei der Bleilähmung pflegt vorzugsweise das Gebiet des N. radialis befallen zu sein.

Die Lähmung betrifft die an der Dorsalseite des Vorderarms gelegenen Muskeln (Extensoren und Supinatoren), so dass anhaltende Beugung im Handgelenk mit Pronationsstellung besteht. Wenn der Radialis hoch oben betroffen ist, wird auch der M. triceps brachii gelähmt. Gewöhnlich ist gleichzeitig Anaesthesie im Verbreitungsbezirk des Nerven vorhanden.

***

In ähnlicher Weise können auch die anderen Nervenstämme der Extremitäten von peripherischer Lähmung befallen werden, wobei aus der Verbreitung der Lähmung und der meist gleichzeitig vorhandenen Anaesthesie gewöhnlich leicht die Nerven, in welchen die Leitung unterbrochen ist, erkannt werden können.

Acute spinale Lähmung. Poliomyelitis anterior acuta.

Mit dem Namen essentielle Kinderlähmung oder spinale Kinderlähmung (J. Heine) hat man eine bei Kindern häufig vorkommende
Lähmung bezeichnet, welche durch manche Eigenthümlichkeiten von
anderen Formen der Lähmung sich unterscheidet. Die gleiche Form
der Lähmung kommt ebenfalls, wenn auch beträchtlich seltener, bei
Erwachsenen vor. Die Lähmung tritt acut auf, macht nachher keine
weiteren Fortschritte, betrifft gewöhnlich mehrere Extremitäten, häufiger die unteren als die oberen. Dabei ist die Sensibilität in den
gelähmten Gebieten vollkommen normal, und dieses Verhalten lässt
den Schluss zu, dass die Ursache der Lähmung nicht in einer Einwirkung auf die peripherischen Nervenstämme, die ja gemischte Nerven sind, zu suchen sei. Anderseits ist aber das Verhalten gegenüber der Einwirkung der Elektricität genau das gleiche wie bei
peripherischen Lähmungen: das Fehlen der Reaction auf den Inductionsstrom und die Entartungsreaction bei Anwendung des constanten Stromes zeigen, dass die motorischen Nerven degenerirt sind;
und daraus lässt sich schliessen, dass sie nicht mehr mit centralen
Ganglienzellen in Verbindung stehen, die Lähmung also keine centrale in der von uns angenommenen Bedeutung des Wortes ist. Durch
diese Eigenthümlichkeiten war schon zu der Zeit, als noch keine
anatomischen Untersuchungen vorlagen, das Gebiet, in welchem die
Ursache der Lähmung gesucht werden konnte, beträchtlich eingeschränkt: es konnten nur in Betracht kommen entweder die motorischen Rückenmarkswurzeln oberhalb ihrer Vereinigung mit sensiblen
Fasern, also oberhalb der Spinalganglien, oder innerhalb des Rückenmarks die letzten Ganglienzellengruppen, aus denen die motorischen
Wurzeln entspringen. Die anatomischen Untersuchungen, welche
von Prévost und Vulpian (1865), Lockhart Clarke (1868),
Charcot und Joffroy (1870) und seitdem von vielen Anderen
ausgeführt worden sind, haben Resultate ergeben, welche dieser Voraussetzung vollständig entsprechen. Man fand in der vorderen grauen
Substanz des Rückenmarks, aus welcher die motorischen vorderen
Wurzeln hervorgehen, eine degenerative Zerstörung der Ganglienzellen; und man hat die Krankheit deshalb neuerlichst als Poliomyelitis anterior (πολιός = grau) bezeichnet.

Die Erkrankungsherde in der vorderen grauen Substanz des
Rückenmarks entsprechen im einzelnen Falle der während des Lebens
beobachteten Ausbreitung der Lähmung. Die Herde sind circumscript, länglich, haben eine Ausdehnung von 1 bis 3 Centimeter;

zuweilen findet sich nur ein Herd, zuweilen sind mehrere vorhanden, entweder nur auf einer oder auch auf beiden Seiten; sie kommen am häufigsten vor in der Lumbaranschwellung des Rückenmarks, aus welcher die Nerven für die unteren, etwas weniger häufig in der Cervicalanschwellung, aus welcher die Nerven für die oberen Extremitäten hervorgehen; daneben können auch an anderen Stellen Herde vorkommen. In diesen Herden sind die Ganglienzellen mehr oder weniger vollständig zerstört, und an Stelle derselben findet sich ein geschrumpftes derbes Bindegewebe. Secundär geht die degenerative Atrophie auf die vorderen Wurzeln und die daraus hervorgehenden motorischen Nerven über, und allmählich werden auch die gelähmten Muskeln von Atrophie und Degeneration befallen.

Aetiologie.

Die eigentlichen Ursachen der Krankheit sind bisher dunkel. Wiederholt ist schon die Vermuthung ausgesprochen worden, dass eine Infection die eigentliche Ursache der circumscripten Entzündungsherde in der grauen Substanz des Rückenmarks sei. Die Krankheit tritt am häufigsten auf bei Kindern von 1 bis 4 Jahren, seltener im späteren Kindesalter oder bei Erwachsenen. In einzelnen Fällen stellt sich die Lähmung ein nach irgend einer schweren acuten Krankheit, in anderen scheint die Zahnentwickelung eine Disposition zur Entstehung der Krankheit zu geben. Als directe Krankheitsursache ist bisher fast nur Erkältung anzuführen: namentlich wird Sitzen auf kalten Steinen u. dgl. beschuldigt.

In der Tübinger medicinischen Klinik kamen in den Jahren 1871 bis 1882 neben 22 Fällen von essentieller Lähmung bei Kindern auch 5 Fälle von Auftreten der Krankheit bei Erwachsenen vor. Unter diesen 27 Fällen hatte die Krankheit begonnen im 1. oder 2. Lebensjahre bei 16 Fällen, im 4. bis 6. Lebensjahre bei 3, im 9. oder 10. Lebensjahre bei 3, im 14. bis 41. Lebensjahre bei 5 Fällen. Unter den Kranken waren 10 männlichen und 17 weiblichen Geschlechts. Vgl. H. K r a u s s, Beitrag zur Kenntniss der Poliomyelitis anterior bei Erwachsenen. Dissertation. Tübingen 1882.

Symptomatologie.

Die Krankheit beginnt gewöhnlich mit Fieber, welches in einzelnen Fällen nur gering ist, in anderen eine bedeutende Heftigkeit erreicht. Dabei kommen zuweilen Gehirnerscheinungen vor, wie psychische Aufregung, Störungen des Bewusstseins, Delirien oder Somnolenz, ferner Zähneknirschen, Muskelzuckungen oder selbst allgemeine Convulsionen. Es sind diese Erscheinungen vielleicht zum Theil ein-

fach als Folgen des Fiebers zu deuten. Nach einem oder wenigen
Tagen hört das Fieber anf, und dann wird gewöhnlich erst die Lähmung bemerkt. Dieselbe betrifft meist mehrere, in einzelnen Fällen
alle vier Extremitäten; besonders häufig sind beide Beine befallen,
aber es kommen auch alle anderen Combinationen vor: so können
die obere und untere Extremität der gleichen Seite, oder auch die
obere auf der einen und die untere auf der anderen gelähmt sein.
Zuweilen ist auch ein Theil der Rumpfmusculatur gelähmt. Niemals sind Blase und Mastdarm dauernd bei der Lähmung betheiligt.
Die Sensibilität der Haut ist im Bereich der Lähmung vollkommen
normal, sowohl in Bezug auf Sinneswahrnehmungen als in Bezug
auf das Gemeingefühl.

In Betreff des Verlaufs der Krankheit sind zunächst zwei extreme
Formen zu unterscheiden. In einzelnen Fällen kommt es vor, dass
die Lähmung im Verlaufe von einigen Wochen oder Monaten wieder
vollständig verschwindet. Man hat diese Fälle als „temporäre Kinderlähmung" bezeichnet. Anderseits gibt es Fälle, in welchen die einmal entstandene Lähmung für die ganze Lebenszeit bestehen bleibt.
Die weit überwiegende Mehrzahl der Fälle setzt sich gewissermassen
aus den beiden extremen Formen zusammen: die Lähmung tritt zuerst in grosser Ausdehnung auf, aber allmählich wird die eine oder
die andere Extremität wieder vollständig oder nahezu vollständig
beweglich, oder in einzelnen Muskeln oder Muskelgruppen stellt sich
die Contractionsfähigkeit vollständig oder theilweise wieder her,
während in den anderen Extremitäten oder Muskelgruppen die Lähmung für immer fortbesteht. Im Allgemeinen kommen die Besserungen
häufiger in den oberen Extremitäten vor. In keinem Falle hat die
Lähmung einen progressiven Charakter; sie geht niemals im späteren
Verlauf über das ursprünglich befallene Gebiet hinaus.

Die gelähmten Muskeln sind für den Willen unerregbar und auch
die Reflexbewegung ist in denselben aufgehoben. In den nur temporär gelähmten ist die Reaction auf den Inductionsstrom gewöhnlich noch vorhanden, wenn auch zuweilen vermindert. In den
dauernd gelähmten Muskeln ist nach wenigen Tagen oder Wochen
jede Reaction auf den Inductionsstrom verschwunden. Diejenigen
Muskeln, welche noch in der zweiten Woche deutliche Contraction
bei Anwendung des Inductionsstromes erkennen lassen, geben Hoffnung auf vollständige Wiederherstellung (Duchenne). Der constante Strom, auf die Muskeln selbst angewendet, hat zunächst noch
idiomusculäre Contraction zur Folge; dabei zeigt sich in den dauernd
gelähmten Muskeln gewöhnlich Entartungsreaction; dieselben sind

oft sowohl für den constanten Strom als für mechanische Reize leichter erregbar als gesunde Muskeln. Nach längerer Dauer der Lähmung, während die Atrophie in den Muskeln fortschreitet, wird die Contractionsfähigkeit auch für den constanten Strom immer geringer und erlischt endlich oft vollständig. Die Atrophie der Muskeln, bei welcher schliesslich an Stelle derselben nur noch Bindegewebe und oft Fettgewebe sich findet, pflegt bei dieser Form der Lähmung weit schneller und vollständiger einzutreten, als es allein in Folge von Nichtgebrauch geschehen würde. Auch die übrigen Gewebe werden durch die Lähmung beeinflusst: so pflegt namentlich das Wachsthum der Knochen an den gelähmten Extremitäten zurückzubleiben.

Allmählich stellen sich weitere Deformitäten ein. An der Entstehung derselben können sich betheiligen Contracturen in den noch erhaltenen Muskeln, ferner mechanische Momente, wie die Wirkung der Schwere und namentlich häufig wiederholter äusserer Druck beim Stehen, Gehen oder bei den verschiedenen ungewöhnlichen Arten der Locomotion, zu welchen die Kranken ihre Zuflucht nehmen. Unter Umständen kann auch relativ willkürliche Uebercompensation (S. 89) von Einfluss sein: so kann z. B. bei Lähmung der Extensoren am Oberschenkel das Kniegelenk dauernd eine überextendirte Stellung einnehmen, weil der Kranke nur bei dieser Stellung die Extremität als Stütze verwerthen kann (Genu recurvatum). Der Fuss nimmt besonders häufig in Folge von Lähmung der Mm. peronei und des M. tibialis anticus und von Contractur der antagonistisch wirkenden Wadenmusculatur die Stellung des Pes equinus und des Pes varus an, das Knie die des Genu valgum; unter Umständen können aber auch die entgegengesetzten Deformitäten vorkommen. Bei Lähmung der Muskeln in der Umgebung der Gelenke entstehen sogenannte Schlottergelenke; es kann der Oberschenkelkopf ganz aus der Pfanne herausfallen u. s. w. Bei Lähmung der Rumpfmuskeln kommen paralytische Verkrümmungen der Wirbelsäule zu Stande.

Häufig sind begleitende Circulationsveränderungen nachzuweisen, und zwar besteht gewöhnlich Contraction der Arterien, die auf Lähmung der antagonistischen Gefässnerven zu beziehen ist: der Puls in der gelähmten Extremität ist klein, die peripherische Temperatur herabgesetzt, die Färbung der Haut ist blass-livid oder auch leicht cyanotisch. Zuweilen ist eine grössere Vulnerabilität bemerkbar, so dass leichter Geschwüre u. dgl. entstehen. Dagegen ist eine besondere Neigung zur Entstehung von Decubitus nicht vorhanden.

Das Allgemeinbefinden der Kranken ist, nachdem die Lähmung eingetreten ist, vollständig normal; die Kinder entwickeln sich im Uebrigen in ganz normaler Weise; viele Individuen mit Kinderlähmung erreichen ein hohes Alter, und selbst schwer gelähmte Kranke lernen in oft staunenerregender Weise die Reste von Muskelaction, welche ihnen geblieben sind, verwerthen. Ein Kranker meiner Beobachtung, bei welchem beide Beine vollständig gelähmt und atrophisch waren, hatte gelernt mit ziemlich grosser Geschwindigkeit vermittelst der Arme unter Nachschieben des Rumpfes sich fortzubewegen.

Die Diagnose bietet in den ausgebildeten Fällen keine Schwierigkeit. Schon das acute Auftreten einer Lähmung, welche weder vollständig hemiplegisch noch paraplegisch ist, ist einigermassen charakteristisch. Von allen centralen Lähmungen unterscheidet sie sich durch die frühzeitige Aufhebung der Reaction gegen den Inductionsstrom, von anderen peripherischen Lähmungen durch das Fehlen jeder Sensibilitätsstörung. In letzterer Beziehung ist zu berücksichtigen, dass auch bei Erkrankung peripherischer gemischter Nerven und namentlich bei Neuritis nicht selten die Motilität sich beträchtlich stärker beeinträchtigt zeigt als die Sensibilität (S. 20); eine gewisse Störung der Sensibilität ist aber dabei, wenn die motorische Lähmung bedeutend ist, bei genauer Untersuchung immer nachzuweisen.

Therapie.

Für den Beginn der Erkrankung hat man örtliche Blutentziehungen, graue Salbe, die innerliche Anwendung von Jodkalium, ferner Ableitungen durch Vesicatore, Jodtinctur, starke Abführmittel empfohlen. Wenn die Lähmungen ausgebildet sind, so ist das wichtigste Mittel die Elektricität und namentlich der constante Strom. Derselbe kann vielleicht in der ersten Zeit, wenn er mit Vorsicht auf das Rückenmark angewendet wird, die Wiederherstellung der Function befördern; und die Anwendung auf die gelähmten Muskeln hat, wenn sie mit der nöthigen Ausdauer geschieht, häufig noch spät verhältnissmässig gute Erfolge aufzuweisen. Zur Unterstützung der Behandlung ist oft die Anwendung von Thermalbädern und besonders von Soolbädern nützlich, sowie ferner eine passende diätetische Behandlung. Zur Vermeidung der Contracturen in den Antagonisten dienen passive Bewegungen. Auch Heilgymnastik und Massage können in einzelnen Fällen zweckmässig sein. Endlich in den veralteten Fällen kann durch orthopaedische Behandlung die Stellung der Glieder verbessert werden, wobei unter Umständen auch Sehnendurchschneidungen erforderlich sein können. Durch elastische Apparate und Stütz-apparate kann die Wirkung der gelähmten Muskeln einigermassen ersetzt und die Gebrauchsfähigkeit der Extremitäten erhöht werden. Je mehr einzelne Muskeln noch contractionsfähig sind, desto mehr lässt sich auf diesem Wege erreichen; aber selbst bei ausgedehnten Lähmungen können die etwa vorhandenen Reste von Contractions-fähigkeit oft noch vortheilhaft verwerthet werden.

In seltenen Fällen kommt es vor, dass die Erscheinungen einer essentiellen Lähmung, welche auf Erkrankung der Vorderhörner der grauen Substanz des Rückenmarks beruht, nicht plötzlich auftreten, sondern all-mählich sich entwickeln. Man hat solche Fälle als Poliomyelitis anterior subacuta oder chronica bezeichnet. Dabei werden meist zuerst die unteren Extremitäten von einer allmählich vollständiger wer-denden Lähmung befallen, später gewöhnlich auch die oberen Extremi-täten. Nach längerem Stillstand kann langsam eine wesentliche Besse-rung der Lähmungen eintreten selbst bis zur vollständigen Wiederher-stellung der normalen Motilität. In anderen Fällen bleibt ein Theil der Muskeln dauernd gelähmt. Endlich sind Fälle beobachtet worden, bei denen die Lähmung weiter schritt und schliesslich durch Lähmung der Respirationsmusculatur, der Zunge und des Schlundes der Tod eintrat. — In diagnostischer Beziehung kann die Unterscheidung von der mul-tiplen Neuritis (S. 19) schwierig sein, um so mehr, als bei der Polio-myelitis chronica auch ein mässiger Grad von Sensibilitätsstörung vor-kommen kann.

In neuerer Zeit hat man gewisse vom Gehirn ausgehende hemiple-gische Lähmungen, die bei Kindern plötzlich auftreten, als Analoga der Poliomyelitis angesehen und als cerebrale Kinderlähmung oder Polio-encephalitis bezeichnet (Strümpell). Als Sitz der Erkrankung hat man dabei die graue Substanz der Gehirnrinde im Gebiete der Central-windungen angenommen, wo in einzelnen Fällen später narbige Atrophie und Defecte, wie sie als Porencephalie bezeichnet zu werden pflegen (s. u.), gefunden wurden. Dabei würde dann freilich die Analogie mit der Poliomyelitis nicht ganz vollständig sein, indem die graue Substanz der Gehirnwindungen nicht als Analogon der grauen Substanz des Rücken-marks angesehen werden kann. In einigen mir vorgekommenen Fällen, die ich geneigt bin hierher zu rechnen, schienen die Erscheinungen mehr für eine Herderkrankung in der Gegend der Grosshirnganglien zu sprechen.

Progressive Muskelatrophie.

Zu den peripherischen Lähmungen und zwar zu den myopathi-schen (S. 87) rechnen wir auch die progressive Muskelatrophie, diese eigenthümliche Krankheit, bei welcher einzelne Muskeln und Mus-kelgruppen in allmählich zunehmender Zahl einer stetig fortschrei-

tenden Atrophie verfallen, während die Muskeln, soweit sie noch
nicht zerstört sind, sowohl für den Willen als für den Inductionsstrom normal erregbar bleiben. Je nach den befallenen Muskelgruppen und der Reihenfolge, in welcher sie befallen werden, unterscheiden wir zwei Formen der Krankheit: Bei der einen, welche
wir als die typische Form bezeichnen, beginnt die Atrophie in
der Regel an den Muskeln der Hände, greift dann über entweder
auf die Arme oder auf die Schultern und endlich auf die Muskeln
des Rumpfes; erst spät und meist nur in untergeordnetem Grade
werden die Muskeln der Beine ergriffen. Bei der anderen Form,
welche als die juvenile Form der progressiven Muskelatrophie
bezeichnet wird (Erb), werden vorzugsweise die Muskeln des Schulter-
gürtels und der Oberarme, des Rückens, des Beckengürtels und der
Oberschenkel befallen; dagegen bleiben die Muskeln der Hand, an
welchen bei der typischen Form die Atrophie zu beginnen pflegt,
bei der juvenilen Form für immer oder wenigstens für lange Zeit
vollständig frei. Störungen der Sensibilität sind bei beiden Formen,
sofern nicht Complicationen bestehen, nicht vorhanden.

Zur progressiven Muskelatrophie rechnen wir nur die Krankheitsfälle, welche der im Obigen gegebenen Definition entsprechen. Wir
schliessen deshalb aus alle Fälle von Atrophie der Muskeln, welche von
besonderen Ursachen abhängig sind oder ein anderes Verhalten zeigen,
so z. B. die Atrophie, welche als directe Folge eines Trauma entsteht,
ferner die neurotischen Muskelatrophien, welche zu Stande kommen in
Folge von Krankheiten der peripherischen motorischen Nerven (Neuritis
u. dgl.) oder der Ganglienzellen, aus denen sie entspringen (Poliomyelitis),
endlich die allgemeine Atrophie der Muskeln bei Marasmus, Phthisis und
kachektischen Zuständen.

Die Krankheit wurde, nachdem schon früher einzelne Fälle beschrieben worden waren und Duchenne (1849) das anatomische Verhalten
der Muskeln untersucht hatte, zuerst von Aran (1850) als eine besondere
und selbständige Affection des Muskelsystems dargestellt und als „Atrophie musculaire progressive“ bezeichnet. Auf Grund eines pathologisch-
anatomischen Befundes glaubte Cruveilhier (1853) das Wesen der
Krankheit in einer Atrophie der vorderen Rückenmarkswurzeln suchen
zu müssen. Die späteren Autoren haben zum Theil die Krankheit mit
Aran als myopathische Affection gedeutet, zum Theil im Anschluss an
die Auffassung von Cruveilhier als neuropathische Affection angesehen
und als den ursprünglichen Krankheitsherd eine Affection der Vorderhörner der grauen Substanz des Rückenmarks angenommen. Unter den
neueren Vertretern der ersteren Auffassung nennen wir Friedreich,
unter denen der letzteren Charcot. Erb hält für die typische Form,
welche häufig auch als die Duchenne-Aran'sche Form bezeichnet wird,
es für sichergestellt, dass die anatomische Grundlage in einer langsam
und in disseminirter Weise vorschreitenden Degeneration der grauen

Vordersäulen des Rückenmarks bestehe, er bezeichnet sie deshalb als die spinale Form; für die von ihm zuerst als juvenile Form unterschiedene Affection hält er die Frage, ob sie myopathischer oder neuropathischer Natur sei, vorläufig für eine offene. — F. A. Aran, Recherches sur une maladie non encore décrite du système musculaire (atrophie musculaire progressive). Archives génér. de méd. 4. Sér. Tome XXIV. 1850. pag. 5, 172. — Cruveilhier, Sur la paralysie musculaire atrophique. Ibid. 1853. Vol. I. pag. 561. — N. Friedreich, Ueber progressive Muskelatrophie, über wahre und falsche Muskelhypertrophie. Berlin 1873. — W. Erb, Ueber die „juvenile Form" der progressiven Muskelatrophie etc. Deutsches Archiv f. klin. Med. Bd. XXXIV. 1884. S. 467.

Anatomische Veränderungen.

Die Atrophie der Muskeln ist vorherrschend eine einfache Atrophie; doch kommt auch degenerative Atrophie vor in Form der gewöhnlichen fettigen Degeneration und der wachsartigen Degeneration oder Coagulationsnekrose. Gewöhnlich nimmt dabei das Volumen der Muskeln in einem dem Grade der Atrophie annähernd entsprechenden Masse ab, indem die Muskelsubstanz schwindet und nur das interstitielle Bindegewebe übrig bleibt; bei einzelnen Muskeln und zwar vorzugsweise bei der juvenilen Form wird aber auch das atrophische Muskelgewebe theilweise durch Bindegewebe oder durch Fettgewebe ersetzt, und es kann sogar durch grosse Menge des letzteren eine Volumenzunahme erfolgen. Bei der typischen Form zeigen sich in den weit vorgeschrittenen Fällen häufig auch die motorischen Nerven, soweit die Fasern zu vollständig degenerirten Muskelabschnitten gehören, an der Degeneration betheiligt; dagegen sind alle diejenigen Nervenfasern, welche den noch nicht zerstörten Muskelbündeln entsprechen, unversehrt und leitungsfähig sowohl für den Willensimpuls als für die elektrische Erregung, und ebenso sind in den gemischten Nerven die sensiblen Fasern von normalem Verhalten. Auch die vorderen Rückenmarkswurzeln zeigen, so weit sie zu degenerirten Muskelgruppen gehören, häufig einen gewissen Grad von Atrophie und eine merkliche Verdünnung. Aehnlich wie die motorischen Nerven verhalten sich die Ganglienzellen in den Vorderhörnern der grauen Substanz des Rückenmarks, aus welchen dieselben ihren Ursprung nehmen. Diese Ganglienzellen sind bei den vorgeschrittenen Fällen theilweise degenerirt, und zwar scheint die Ausbildung dieser diffusen Degeneration annähernd der Ausdehnung zu entsprechen, in welcher die zugehörigen Muskelfasern zerstört sind. Bei der juvenilen Form der progressiven Muskelatrophie sind bisher anatomische Veränderungen in den motorischen Nerven und in den Centralorganen nicht nachgewiesen worden.

Es gibt eine Form der Hypertrophie der Muskeln, welche später zuweilen in Atrophie übergeht; und ausser der wahren Hypertrophie kommt auch eine Pseudohypertrophie vor, bei welcher die Verdickung der Muskeln nicht durch Vermehrung der wirklichen Muskelsubstanz, sondern durch reichliche Entwickelung von interstitiellem Fettgewebe bewirkt wird, und die man deshalb auch wohl als Lipomatosis musculorum progressiva bezeichnet hat. Sowohl die wahre Hypertrophie als die Pseudohypertrophie kommen häufig neben progressiver Atrophie und namentlich neben der juvenilen Form derselben vor, z. B. in der Weise, dass in der oberen Körperhälfte mehr die Atrophie, in der unteren mehr die Hypertrophie oder Pseudohypertrophie vorherrscht. Die Ansicht, dass die Hypertrophie und Pseudohypertrophie der Muskeln mit der progressiven Atrophie und namentlich mit der juvenilen Form derselben nahe verwandt oder vielleicht im wesentlichen identisch sei, hat in neuerer Zeit Vertreter gefunden (Friedreich, Erb).

Die Angabe von Erb (l. c.), dass ich mich gegen diese Ansicht ausgesprochen hätte, beruhte auf einem Irrthum; ich habe vielmehr diese Vermuthung immer als berechtigt anerkannt. Auch habe ich selbst wiederholt Fälle beobachtet, welche der juvenilen Form von Erb entsprechen, und bei denen neben Atrophie in einzelnen Muskelgebieten Hypertrophie oder Pseudohypertrophie in anderen vorhanden war.

Aetiologie.

Die eigentliche Ursache der Krankheit ist unbekannt. In manchen Fällen scheint übermässige Anstrengung der Muskeln als Ursache oder Veranlassung mitzuwirken, und es zeigt sich nicht selten, dass die Muskelgruppe oder die Extremität zuerst befallen wird, welche vorzugsweise angestrengt worden ist. Auch traumatische Ursachen, wie Quetschung oder Verletzung einzelner Muskeln, können die Krankheit zum Ausbruch bringen; doch sind nur solche Fälle hierher zu rechnen, bei welchen das Trauma zu einer auch auf andere Muskeln sich fortsetzenden Atrophie Veranlassung gegeben hat. In einzelnen Fällen sind starke oder häufig wiederholte Erkältungen vorhergegangen. Zuweilen tritt die Krankheit auf nach schweren acuten Krankheiten, wie Typhus, Cholera, Gelenkrheumatismus, oder auch nach dem Puerperium. In den meisten Fällen ist eine deutliche Ursache oder Veranlassung nicht nachzuweisen.

Die Krankheit ist bei Männern beträchtlich häufiger als bei Weibern. Die typische Form tritt vorzugsweise auf im mittleren Lebensalter, etwa zwischen dem 30. und 50. Jahre, die juvenile Form vorzugsweise im Kindes- und Jünglingsalter, vor dem 20. Lebensjahre.

Die Disposition zur Erkrankung scheint vererbt werden zu können, indem zuweilen die Krankheit bei mehreren Gliedern einer Familie vorkommt; es wird dies namentlich häufig bei der juvenilen Form beobachtet, und man hat auch eine besondere hereditäre Form unterscheiden wollen.

Symptomatologie.

Bei der typischen Form beginnt die Atrophie in der Regel an der Hand, und zwar werden hauptsächlich die Muskeln am Ballen des Daumens und des kleinen Fingers und die Mm. interossei befallen. Gewöhnlich tritt die Krankheit auf beiden Seiten des Körpers in annähernd symmetrischer Weise auf, wenn auch nicht immer genau gleichzeitig und in gleicher Intensität; besonders häufig wird die rechte Seite früher und stärker befallen; bei linkshändigen Arbeitern habe ich auch die Krankheit auf der linken Seite stärker entwickelt gesehen. Auch das weitere Fortschreiten der Krankheit auf andere Muskelgruppen erfolgt meist annähernd gleichmässig auf beiden Seiten. In manchen Fällen schreitet die Atrophie zunächst auf den Vorderarm fort, wo besonders die Extensoren befallen werden; häufig aber auch geschieht das Fortschreiten sprungweise, so dass nach den Muskeln der Hand zunächst die der Schultern oder des Oberarms ergriffen werden. Weiter kann die Atrophie auf die Rückenmuskeln und andere Muskeln des Rumpfes übergehen und in einzelnen Fällen endlich auch auf das Zwerchfell und die Bauchmuskeln. Die unteren Extremitäten sind gewöhnlich in weit geringerem Grade betheiligt als die oberen. Die Muskeln des Halses und des Kopfes bleiben in der Regel frei. Blase und Mastdarm und andere unwillkürliche Muskeln nehmen nicht an der Lähmung theil.

Bei der juvenilen Form (Erb) werden an der oberen Körperhälfte häufig befallen der Pectoralis major und minor, der Cucullaris, Latissimus dorsi, Serratus anticus magnus, die Rhomboidei, der Biceps brachii, Brachialis internus, Supinator longus, später oft auch der Triceps. Die Vorderarmmuskeln ausser dem Supinator werden gar nicht oder erst spät befallen, die Muskeln der Hand bleiben gewöhnlich frei. Am Rücken tritt die Atrophie auf im Sacrolumbaris und Longissimus dorsi, an der unteren Körperhälfte in den Mm. glutaei, im Quadriceps, Tensor fasciae latae, zuweilen in den Adductoren, am Unterschenkel, an den Muskeln im Gebiet des Nervus peroneus, während die Wadenmuskeln oft lange frei bleiben oder hypertrophisch werden.

Die Atrophie äussert sich zunächst durch die Verminderung des

Volumens der Muskeln. Schon im Beginn der Krankheit ist bei der typischen Form auffallend und einigermassen charakteristisch die Abflachung des Daumenballens und das Einsinken der Räume zwischen den Metacarpalknochen auf dem Rücken der Hand; auch zwischen Metacarpus des Zeigefingers und dem Daumen ist wegen Atrophie des M. interosseus primus und der kleinen Daumenmuskeln nur noch eine schlaffe Hautfalte vorhanden. Am Vorderarm ist bei bedeutender Atrophie der Muskeln das Spatium interosseum deutlich zu sehen oder zu fühlen. Der Oberarm erhält bei starker Atrophie des Biceps und Triceps eine eigenthümliche Form, indem der Knochen fast nur von der Haut bedeckt ist und nur noch Reste von Muskelbäuchen sich finden. In Folge der Atrophie des M. deltoideus tritt der Kopf des Oberarmknochens und das Acromialende des Schulterblattes auffallend hervor. Durch Atrophie des M. pectoralis major wird die Unterschlüsselbeingegend abgeflacht, die oberen Rippen treten deutlicher hervor, und beim Husten und Pressen sieht man die Vortreibung der Intercostalräume.

In Folge der Lähmung der Muskeln ist die Function derselben gestört, und es können dadurch und namentlich durch etwaige Contractionen oder Contracturen der noch wirksamen Antagonisten auffallende Veränderungen in der Stellung der Körpertheile zu Stande kommen. Wegen Atrophie der Muskeln des Daumenballens kann der Daumen weder kräftig gegen die Hohlhand bewegt noch auch abducirt werden; die Atrophie der Mm. interossei hat Beschränkung der seitlichen Fingerbewegung zur Folge, und wenn neben Atrophie der Interossei externi und interni die Muskeln am Vorderarm noch contractionsfähig sind, so entsteht die sogenannte Klauenhand, wobei Extension oder Hyperextension im Metacarpo-phalangeal-Gelenk neben Flexion in den beiden letzten Fingergelenken besteht. Die Atrophie des M. serratus anticus magnus hat Abstehen der Schulterblätter zur Folge (S. 107). Bei Atrophie sämmtlicher das Schultergelenk umgebender Muskeln wird die Verbindung des Gelenkkopfes mit der Pfanne gelockert, und es kann Luxation oder Subluxation entstehen. Atrophie der oberen Rückenmuskeln führt zu paralytischer Kyphose, Atrophie der unteren Rückenmuskeln zu übercompensirender Rückwärtsbeugung des Oberkörpers (S. 108). Bei weiterem Fortschreiten der Atrophie wird der Kranke immer hülfloser und immer weniger fähig die oberen Extremitäten zu gebrauchen. Dagegen bleibt in den typischen Fällen das Stehen und Gehen noch lange Zeit möglich. Wenn es zu bedeutender Atrophie des Zwerchfells oder der Bauchmuskeln kommt, so entsteht wesentliche Gefahr

durch Störung der Inspiration oder der Exspiration; aber auch schon
durch die gewöhnlich vorkommende Atrophie der accessorischen Inspirationsmuskeln (Serratus, Pectoralis u. s. w.) können etwaige
Krankheiten der Respirationsorgane bedeutend erschwert und in
ihrer Gefahr gesteigert werden.

An den in Atrophie begriffenen Muskeln sieht man häufig fibrilläre Zuckungen, die oft ohne bekannte Veranlassung auftreten, zuweilen auch in Folge mechanischer Erregung oder von Einwirkung
der Kälte auf die Haut; durch Anblasen können sie oft hervorgerufen oder gesteigert werden. Auffallender Weise kommen diese
fibrillären Zuckungen fast ausschliesslich bei der typischen Form vor.
Seltener sind spontane tonische Contractionen ganzer Muskeln, sogenannte Crampi.

Das Verhalten gegen Elektricität zeigt, dass die motorischen
Nerven, wenigstens so weit sie noch mit functionsfähiger Muskelsubstanz in Verbindung stehen, vollkommen leitungsfähig sind (vgl.
S. 92). Vom Nerven aus werden die Muskeln, so weit sie noch erhalten sind, sowohl durch den Inductionsstrom als durch den constanten Strom in ganz normaler Weise zur Contraction gebracht, und
der Inductionsstrom wirkt auch, wenn er auf die Muskeln angewendet
wird. Nur sind alle Muskelcontractionen in dem Grade schwächer,
als die Muskelsubstanz zerstört ist, und wenn endlich ein Muskel
vollständig in ein fibröses Bündel umgewandelt ist, welches keine
Muskelfasern mehr enthält, so hört natürlich die Contraction vollständig auf. Bei Anwendung des constanten Stromes auf den Muskel
wird bei der typischen Form häufig in einzelnen atrophischen Muskeln
eine sogenannte partielle oder auch eine complete Entartungsreaction
gefunden, während solche bei der juvenilen Form constant zu fehlen
scheint (Erb).

Der Verlauf der Krankheit ist in der Regel ein sehr langsamer. Ein Rückgängigwerden der Atrophie ist bei den typischen
Fällen niemals mit Sicherheit constatirt worden; wohl aber kann es
geschehen, dass ein lange dauernder Stillstand eintritt oder wenigstens die Fortschritte der Krankheit für längere Zeit unmerklich
werden; auch kann bei zweckmässiger Pflege des Kranken sein Allgemeinbefinden und seine Leistungsfähigkeit sich wesentlich bessern.
Bei der juvenilen Form kann ein Jahre oder Jahrzehnte dauernder
Stillstand vorkommen. Auch bei der typischen Form zieht sich die
Krankheit über Decennien hin. Die Kranken gehen endlich zu
Grunde an fortschreitender Lähmung, namentlich wenn die Krankheit
auf das Zwerchfell übergreift, oder häufiger an intercurrenten Krank-

heiten, wie Pneumonie oder Tuberculose, oder auch wohl an schwerem
Decubitus, dessen Entstehung durch das Fehlen der Muskelschichten
zwischen Haut und Knochen begünstigt werden kann.

Als Complicationen können sehr verschiedene Krankheiten
vorkommen und namentlich auch mancherlei Erkrankungen des centralen und peripherischen Nervensystems. Die in einzelnen Fällen
vorkommenden Störungen der Sensibilität, ferner die zuweilen sich
zeigenden vasomotorischen und trophischen Störungen gehören nicht
der Krankheit als solcher an, sondern sind von Complicationen abzuleiten. In einzelnen Fällen kann im späteren Verlauf der Krankheit Bulbärparalyse sich entwickeln, und es kommt auch umgekehrt
vor, dass zu einer bestehenden Bulbärparalyse die Anfänge der progressiven Muskelatrophie hinzutreten.

Theorie der Krankheit. Ueber den ursprünglichen Sitz der
Krankheit sind die Meinungen noch getheilt. Vielleicht ist gegenwärtig
am meisten verbreitet die Ansicht, dass wenigstens bei der typischen
Form der Ausgangspunkt der Krankheit in den Vorderhörnern der grauen
Substanz des Rückenmarks zu suchen sei. Schon Cruveilhier (1853)
hatte eine Atrophie der vorderen Rückenmarkswurzeln nachgewiesen;
und als später bei der anatomischen Untersuchung in zahlreichen Fällen
eine Degeneration der Ganglienzellen der Vorderhörner, aus welchen die
entsprechenden motorischen Nerven entspringen, gefunden wurde, schien
es vom pathologisch-anatomischen Standpunkte nicht mehr zweifelhaft zu
sein, dass hier wirklich der Ausgangspunkt der Krankheit gefunden sei,
und es wurde die typische Form geradezu als die spinale Form der
progressiven Muskelatrophie bezeichnet. — Aber gegen diese Auffassung
erheben sich mancherlei Bedenken. Zunächst ist zu berücksichtigen, dass
Degeneration und atrophische Prozesse in den Vordersäulen des Rückenmarks und in den vorderen Wurzeln zwar häufig, aber doch selbst bei
der Aran-Duchenne'schen Form keineswegs constant gefunden werden.
Und zwar war der Befund zuweilen negativ in Fällen, bei welchen die
Beschreibung den Beweis liefert, dass eine sorgfältige Untersuchung stattgefunden hat, und dass ein Uebersehen dieser sonst so deutlichen Veränderungen unmöglich angenommen werden kann. Dabei ist bemerkenswerth, dass im Durchschnitt um so weniger Veränderungen im Rückenmark gefunden werden, je schneller der Krankheitsprozess verlaufen
ist, während man unter Voraussetzung der spinalen Natur des Leidens
eher gerade das entgegengesetzte Verhältniss erwarten sollte. — Noch
wichtigere Gründe gegen die Annahme der spinalen Natur der Krankheit ergeben sich aus dem klinischen Verhalten der betreffenden Fälle.
Wir kennen eine Krankheit, bei welcher in Wirklichkeit eine primäre
Erkrankung in den Vorderhörnern des Rückenmarks stattfindet, nämlich
die Poliomyelitis anterior acuta. Wenn bei der progressiven Muskelatrophie die Atrophie der Ganglienzellen im Rückenmark das Primäre
sein würde, so wäre die Krankheit vollständig analog dieser Poliomyelitis, und sie würde sich von derselben nur etwa dadurch unter-

scheiden, dass die Degeneration der Ganglienzellen nicht plötzlich und in circumscripten Herden, sondern schleichend und diffus einträte; man würde sie etwa als eine chronische diffuse Poliomyelitis bezeichnen müssen. Aber eine solche Auffassung stimmt nicht mit den Erscheinungen der Krankheit überein. Einigermassen auffallend würde es schon sein, dass die progressive Muskelatrophie annähernd symmetrisch auf beiden Körperhälften sich ausbreitet, während bei der Poliomyelitis die Verbreitung der Lähmung gänzlich asymmetrisch ist und höchstens einmal durch Zufall beide Körperhälften gleichmässig betroffen werden. Entscheidend aber ist das Verhalten der motorischen Nerven und der Muskeln gegen Elektricität. Während wir bei der Poliomyelitis, wie es wegen der Zerstörung der Nervenkerne nothwendig erwartet werden muss, eine Degeneration der motorischen Nerven eintreten sehen, so dass dieselben für den Inductionsstrom nicht mehr erregbar sind, bleiben bei der progressiven Muskelatrophie die motorischen Nerven vollkommen erregbar für Elektricität; so lange noch Muskelfasern vorhanden sind, können sie durch den Inductionsstrom zur Contraction gebracht werden; und daraus ergibt sich mit Sicherheit, dass eine Degeneration der motorischen Nerven der Atrophie der Muskeln nicht vorhergeht. Es kann demnach die Atrophie der Muskeln nicht von einer primären Erkrankung der Ganglienzellen der Vorderhörner abgeleitet werden.

Weit besser entspricht den Erscheinungen der Krankheit die Ansicht, welche ursprünglich von Aran (1850) aufgestellt und später hauptsächlich von Friedreich (1873) vertreten wurde, dass nämlich die Krankheit eine primäre Degeneration der Muskeln darstelle, auf welche erst secundär, und zwar nur in den Fasern, deren zugehörige Muskelfibrillen bereits degenerirt sind, die Degeneration der motorischen Nerven und weiter die Degeneration der Ganglienzellen, aus welchen dieselben entspringen, folge. Das Verhalten der Nerven und Muskeln lässt in der That keinen Zweifel darüber, dass es sich um eine myopathische Lähmung handelt, und namentlich das Verhalten gegenüber dem Inductionsstrom ist in dieser Beziehung entscheidend.

Wenn wir aber dieser Ansicht, dass die Atrophie der Muskeln im Vergleich zu der Degeneration der Nerven und der Ganglienzellen das Primäre sei, uns anschliessen, so ist damit noch nicht alle Schwierigkeit für das Verständniss beseitigt. Vielmehr müssen wir uns dann die schwierige Frage vorlegen, wie es möglich sei, dass eine locale Krankheit mit Auswahl und einigermassen unabhängig von der räumlichen Aneinanderlagerung der verschiedenen Muskeln gewisse Muskelgruppen ergreife und zwar annähernd symmetrisch auf beiden Körperseiten. Die Annahme, dass es sich bei der Krankheit um eine Entzündung der Muskeln (Myositis, Polymyositis) handle, wie sie von Friedreich u. A. gemacht wurde, gibt nur einen Namen, macht aber den Vorgang nicht verständlicher. Auch die Hypothese einer infectiösen Ursache einer Muskeldegeneration oder Muskelentzündung würde mit jenem auffallenden Verhalten eben so wenig in Uebereinstimmung zu bringen sein, wie irgend eine andere Annahme über eine local auf die Muskeln einwirkende Ursache.

Zahlreiche pathologische Thatsachen zwingen uns zu der Annahme, dass die Ernährung mancher Gewebe nicht allein von der Thätigkeit der

eigenen Zellen und der Zufuhr des Ernährungsmaterials durch das Blut
abhängig sei, sondern dass es in den Centralorganen des Nervensystems
trophische Centren und in den Geweben trophische Nervenfasern gebe,
welche in einer bisher nicht näher bekannten Weise die Ernährung der
Gewebe reguliren, deren abnorme Functionirung oder Ausfall die Integrität der Gewebe in Frage stellen (S. 19, 44). Die progressive Muskelatrophie in ihrem eigenthümlichen Verhalten und ihrer eigenthümlichen
Ausbreitung wird dem Verständniss einigermassen zugänglicher, wenn wir
die Hypothese aufstellen, dass es sich dabei primär um die Erkrankung von Centren handle, von welchen die Ernährung
der Muskeln abhängig sei. Unter dieser Voraussetzung, die in
ähnlicher Weise auch schon von anderen Autoren gemacht worden ist
(Bergmann 1865), wird das symmetrische Auftreten der Atrophie und
das Befallenwerden der einzelnen Muskelgruppen mit einer gewissen Auswahl, wenn auch nicht erklärt, so doch unserem Verständniss insofern
etwas näher gerückt, als sich die progressive Muskelatrophie in diesem
eigenthümlichen Verhalten den übrigen Trophoneurosen anschliesst. Auch
erscheint es dabei weniger unbegreiflich, dass die Hypertrophie und die
Pseudohypertrophie der Muskeln mit der progressiven Atrophie derselben
in einem gewissen Zusammenhange steht, und dass unter Umständen die
ersteren Erkrankungsformen in die letzteren übergehen.

Es ist demnach die progressive Muskelatrophie nach unserer Auffassung auch in den typischen Fällen, welche als die spinale Form bezeichnet werden, eine myopathische Affection, insofern die Muskelatrophie
primär ist in Bezug auf die Degeneration der motorischen Nerven und
der Ganglienzellen in den Vordersäulen des Rückenmarks. Aber die
Muskelatrophie ist wieder abhängig von einer ursprünglichen Störung in
den trophischen Centren, über deren Sitz und Functionirung wir bisher
nichts Näheres anzugeben wissen. Vielleicht sind die nahen Beziehungen,
welche in manchen Fällen zwischen progressiver Muskelatrophie und
Bulbärparalyse bestehen, ein Fingerzeig, welcher uns veranlassen kann,
die betreffenden Centren in der Medulla oblongata zu suchen. — Vgl.
G. Frohmaier, Ueber progressive Muskelatrophie. Tübinger Dissertation. 1866. Abgedruckt in der Deutschen med. Wochenschr. 1886.

Diagnose.

Bei den ausgebildeten Fällen hat die Diagnose gewöhnlich keine
Schwierigkeit. Bei der typischen Form ist der Anfang an den
Muskeln der Hand so charakteristisch, dass die Krankheit schon
früh erkannt werden kann. Für die Unterscheidung von anderen
Arten der Lähmung und namentlich von der Poliomyelitis ist von
einiger Bedeutung das annähernd symmetrische Auftreten, und entscheidend ist das Verhalten der Nerven und Muskeln gegen den Inductionsstrom. Gegenüber den Lähmungen, welche von Neuritis
oder anderen Affectionen peripherischer Nerven abhängig sind, ist
ebenfalls das Verhalten gegen den Inductionsstrom und ferner das

Fehlen der Sensibilitätsstörungen von Wichtigkeit, gegenüber manchen traumatischen oder rheumatischen Lähmungen das allmähliche Fortschreiten auf weitere Muskelgruppen. Die Unterscheidung von der myatrophischen Lateralsklerose und anderweitigen Rückenmarkskrankheiten wird später erwähnt werden.

Therapie.

Der Schwund der Muskeln kann vielleicht einigermassen aufgehalten werden durch Anwendung der Elektricität in Form des Inductionsstromes und des constanten Stromes, ferner durch vorsichtige locale Gymnastik und Massage. Bei Individuen mit hereditärer Anlage kann auch die prophylaktische Anwendung dieser Heilmittel von Bedeutung sein. In vielen Fällen hat die Sorge für Verbesserung des Gesammternährungszustandes relativ gute Erfolge; es kann dadurch die Ernährung der noch vorhandenen Muskelsubstanz und die Leistungsfähigkeit der Muskeln gebessert werden. In diesem Sinn können unter Umständen Eisen- oder Chinapräparate am Platze sein. Im Uebrigen scheinen Arzneimittel (Arsenik, Jodkalium, Argentum nitricum u. s. w.) eine wesentliche Wirkung nicht zu haben.

Progressive Bulbärparalyse. Paralysis glosso-pharyngo-labialis.

Bei der progressiven Bulbärparalyse handelt es sich um eine stetig bis zum Tode des Kranken fortschreitende Lähmung derjenigen Muskeln, welche der Articulation der Sprache und dem Schlingen dienen, also hauptsächlich der Muskeln der Lippen, der Zunge, des Gaumensegels und des Schlundes.

Als der eigentliche Sitz der Krankheit wird allgemein das verlängerte Mark angesehen. Iu den anatomisch genau untersuchten Fällen hat man Atrophie und Degeneration der Ganglienzellen in den Nervenkernen am Boden des vierten Ventrikel gefunden. Namentlich der Kern des Hypoglossus ist gewöhnlich in bedeutendem Maasse degenerirt; daneben betrifft die Degeneration häufig auch die Kerne des Vagus und Accessorius, des Facialis und des Glossopharyngeus. Die aus den Kernen entspringenden Nervenwurzeln zeigen Atrophie und Degeneration und ebenso die Nerven bis zu den Verzweigungen in den Muskeln. Auch die entsprechenden Muskeln, besonders die der Zunge, ferner die der Lippen, des Gaumens und des Schlundes nehmen an der Degeneration theil.

Diese eigenthümliche Lähmung in Muskelgebieten, welche functionell
zusammengehören, wurde zuerst von Duchenne (1860) als eine besondere Krankheit beschrieben. Er bezeichnete sie als progressive Muskellähmung der Zunge, des Gaumensegels und der Lippen. Der Name
Bulbärparalyse, welcher auf das verlängerte Mark, den Bulbus medullae,
als den Sitz der Krankheit hindeutet, wurde von Wachsmuth (1864)
eingeführt und ist wegen seiner Kürze jetzt allgemein angenommen. Die
ersten Sectionsbefunde, bei welchen die Degeneration der Nervenkerne
am Boden des vierten Ventrikels nachgewiesen wurde, sind von Charcot und von Leyden geliefert worden (1870). — Vgl. Duchenne (de
Boulogne), Paralysie musculaire progressive de la langue, du voile du
palais et des lèvres; affection non encore décrite comme espèce morbide
distincte. Archives génér. de méd. 1860. Vol. II. pag. 283, 431. —
Wachsmuth, Ueber progressive Bulbärparalyse und Diplegia facialis.
Dorpat 1864. — A. Kussmaul, Ueber die fortschreitende Bulbärparalyse und ihr Verhältniss zur progressiven Muskelatrophie. Samml. klin.
Vorträge. Nr. 54. Leipzig 1871.

Aetiologie.

Die eigentlichen Ursachen der Krankheit sind unbekannt. Erkältungen scheinen in einzelnen Fällen betheiligt zu sein. Auch Ge-
müthsbewegungnn, Ueberanstrengungen, traumatische Einwirkungen,
ungünstige Lebensverhältnisse, fieberhafte Krankheiten, Syphilis, über-
mässiges Tabakrauchen sind schon als begünstigende Umstände für
die Entstehung der Krankheit angeführt worden. Die Krankheit
kommt vorzugsweise bei Leuten vor, welche das 40. Lebensjahr über-
schritten haben, bei Männern häufiger als bei Weibern.

Symptomatologie.

Die Krankheit beginnt allmählich und schleichend mit Erschwerung der Articulation, und dazu kommen später Störungen des
Schlingens; diese Beschwerden erscheinen im Anfang unbedeutend,
aber sie nehmen langsam und stetig zu. In der Mehrzahl der Fälle
zeigt zuerst die Zunge eine deutliche Bewegungsstörung; sie wird
schwerer beweglich und kann nicht mehr in genügender Weise dem
Gaumen und den oberen Schneidezähnen genähert werden. Alle
Laute, bei welchen die Zunge betheiligt ist, werden nur mit Schwierigkeit und undeutlich ausgesprochen, so namentlich die Consonanten
R, S, L, K, G, T, D, N und der Vocal I. Die besondere Art der
Sprache, welche dadurch entsteht, kann nachgeahmt werden, indem
man beim Sprechen die Zunge auf dem Boden der Mundhöhle fest-
hält. Auch das Kauen und Schlucken ist durch die Schwerbeweg-
lichkeit der Zunge beeinträchtigt. Um die Speisen zwischen die
Zahnreihen zu bringen oder den Bissen nach hinten zu schieben,

muss der Kranke sich der Finger bedienen. Der Speichel, der nicht mehr in ausreichender Weise niedergeschluckt wird, häuft sich im Munde an und wird ausgeworfen oder fliesst aus dem Munde ab; in einzelnen Fällen ist vielleicht auch die Speichelabsonderung abnorm gesteigert. Die Zunge kann nur mit Mühe und ungenügend vorgestreckt werden; sie zeigt dabei fibrilläre Zuckungen; später liegt sie träge und fast unbeweglich auf dem Boden der Mundhöhle. — Allmählich kommt dazu eine Lähmung des Gaumensegels. Die Nasenhöhle kann nicht mehr abgeschlossen werden; dadurch erhält die Sprache den näselnden Ton, und wegen Entweichens der Luft durch die Nase fehlt beim Aussprechen der Lippenlaute der genügende Luftdruck; durch Zuhalten der Nase kann in dieser Beziehung die Sprache verbessert werden. Beim Schlingen von Flüssigkeit wird, so lange die Schlundmusculatur noch kräftig ist, ein Theil durch die Nase ausgeworfen. — Später werden auch die Muskeln der Lippen gelähmt; die Kranken können nicht mehr den Mund spitzen, pfeifen, ein Licht ausblasen. Die Vocale O und U, später auch E werden unmöglich, während A, bei dem die Lippen sich passiv verhalten, keine Schwierigkeit macht; auch die Aussprache der Lippenlaute P, B, F, W, M wird undeutlich und endlich ganz unmöglich. Wegen der Lähmung des M. orbicularis oris steht die Mundspalte anhaltend etwas offen und ist auch seitlich erweitert, so dass das Gesicht eine Art weinerlichen und stupiden Ausdrucks erhält. — Endlich wird durch Lähmung der Schlundmusculatur das Schlingen noch mehr erschwert; Speisereste bleiben in den Schlundtaschen liegen, und es können selbst ganze Bissen im Halse stecken bleiben, oder es können auch wegen mangelhaften Abschlusses des Kehlkopfs Speisen in die Luftwege gelangen, so dass heftiger Husten mit Erstickungsanfällen auftritt oder durch Aspiration in die Bronchien Fremdkörperpneumonie zu Stande kommt. — Während des Verlaufs der Krankheit ist kein Fieber und keine sonstige Störung des Allgemeinbefindens vorhanden; die Functionen der Sinnesorgane und die geistigen Functionen bleiben bis zum Ende normal; auch die Sprachstörung besteht nur in paralytischer Alalie, nicht in Aphasie oder in Störung der Coordination. Der Appetit ist gut und kann nur wegen der Erschwerung des Kauens und des Schlingens nicht genügend befriedigt werden; in Folge dessen kommt allmählich merkliche Abmagerung und Entkräftung zu Stande. Endlich wird das Schlingen so erschwert, dass beim Versuch dazu oder selbst beim Leerschlucken heftige Erstickungsanfälle sich einstellen, in welchen plötzlich der Tod erfolgen kann.

Die Erregbarkeit der gelähmten Muskeln für den Inductionsstrom ist bei noch nicht sehr weit fortgeschrittenen Fällen vollständig
erhalten; erst im späteren Verlauf der Krankheit kann sie sich vermindern oder vielleicht auch ganz erlöschen. Zuweilen zeigen sich
in der späteren Zeit Andeutungen von Entartungsreaction; auch kann
in den gelähmten Muskeln Steigerung der Erregbarkeit für mechanische Reize sich einstellen. Die Reflexbewegungen, z. B. die Bewegungen des Gaumensegels bei Berührung oder Kitzeln desselben,
sind im Anfang der Krankheit und auch noch zu einer Zeit, wenn
die spontanen Bewegungen oder die Bewegungen beim Intoniren
nicht mehr zu Stande kommen, noch vollständig erhalten; erst in
der letzten Zeit der Krankheit werden dieselben schwächer oder
hören selbst ganz auf. Im späteren Verlauf werden gewöhnlich die
gelähmten Muskeln atrophisch; die Zunge nimmt an Volumen ab,
wird flach und runzelig, die Lippen werden merklich dünner. Die
Sensibilität lässt während des ganzen Verlaufs der Krankheit keine
Störung erkennen; auch der Geschmacksinn ist nicht beeinträchtigt.

Während in der Regel zuerst die Zunge, dann das Gaumensegel
und endlich die Lippen von der Lähmung betroffen werden, kann
es in einzelnen Fällen vorkommen, dass die Reihenfolge eine andere
ist, indem z. B. das Gaumensegel oder die Lippen schon Anfänge
der Lähmung zeigen, während die Zunge noch frei ist. In der späteren
Zeit kann zu der Lähmung in den Muskeln, welche der Articulation,
der Sprache und dem Schlingen dienen, noch eine vollständige oder
unvollständige Lähmung der Kehlkopfmusculatur hinzutreten, so dass
die Stimme schwach wird oder vollständige Aphonie entsteht; zuweilen werden auch die Kaumuskeln von der Lähmung betroffen,
in seltenen Fällen auch der Abducens oder andere Augenmuskeln.
Wiederholt ist schon beobachtet worden, dass Bulbärparalyse und
progressive Muskelatrophie neben einander vorkommen; und zwar
kann sowohl zu einer progressiven Muskelatrophie später Bulbärparalyse sich hinzugesellen als auch umgekehrt bei Bulbärparalyse
im späteren Verlauf progressive Muskelatrophie auftreten; in einem
meiner Fälle von Bulbärparalyse war schon ziemlich früh auf der
rechten Seite die Atrophie des Daumenballens und der Interossei
weit vorgeschritten, und auch die Muskeln des Armes zeigten bereits
die Anfänge der Atrophie. Endlich können durch weitere Betheiligung der Medulla oblongata noch besondere Störungen der Respiration und der Circulation entstehen.

Der Verlauf der Krankheit ist gewöhnlich ein stetig fortschreitender; wesentliche Besserung oder auch länger dauernder

Stillstand kommt nur selten vor; Heilung ist bei unzweifelhaften Fällen bisher noch nicht beobachtet worden. Die Krankheit erreicht gewöhnlich ziemlich schnell ihr tödtliches Ende; vom ersten Auftreten deutlicher Erscheinungen bis zum Tode vergehen nicht leicht mehr als drei Jahre, und in einzelnen Fällen erfolgt das Ende schon innerhalb des ersten Jahres. Der Tod wird herbeigeführt durch Erstickungsanfälle oder durch Fremdkörperpneumonie in Folge von Verschlucken oder durch Complicationen und intercurrente Krankheiten oder endlich durch allmähliche Erschöpfung und Entkräftung in Folge von Inanition.

Die Diagnose hat bei den idiopathischen und typischen Fällen von progressiver Bulbärparalyse keine Schwierigkeit, da die Lähmungen in ihrer bestimmten Begrenzung durchaus charakteristisch sind. Es können aber auch die wesentlichen Symptome der Bulbärparalyse vorkommen als Folge anderweitiger Erkrankungen, durch welche das verlängerte Mark mitergriffen wird. In acuter Weise können bulbärparalytische Symptome auftreten bei einzelnen acuten Erkrankungen der Medulla oblongata, z. B. bei Haemorrhagien und Embolien; in chronischer und dann unter Umständen auch in progressiver Weise kommen sie zuweilen vor bei Tumoren in der hinteren Schädelgrube, ferner bei multipler Sklerose, bei Dementia paralytica, bei myatrophischer Lateralsklerose. Wir werden später bei den Krankheiten des Gehirns und der Medulla oblongata noch häufig acute oder chronische bulbärparalytische Symptome anzuführen haben. Die Unterscheidung solcher Krankheiten von der idiopathischen progressiven Bulbärparalyse ergibt sich aus der Beachtung der anderweitigen von den betreffenden Krankheiten abhängigen Symptome, und es können in dieser Beziehung nur dann Schwierigkeiten vorhanden sein, wenn, wie es in einzelnen Fällen vorkommt, jene anderweitigen Symptome wenig augenfällig sind, während die bulbärparalytischen Erscheinungen in besonders auffallender Weise in den Vordergrund treten.

Theorie der Krankheit. Schon von den ersten Beobachtern wurde als besonders auffallend hervorgehoben, dass die Lähmung eine eigenthümliche Verbreitung und Begrenzung hat, indem sie Muskeln ergreift, welche ihre motorischen Nerven von verschiedenen Nervenstämmen erhalten, und welche nur insofern zusammengehören, als sie den gleichen Functionen dienen. Es sind in der That bei den typischen Fällen zunächst nur diejenigen Muskeln befallen, welche der Articulation der Sprache und dem Schlingen dienen; und wenn die Krankheit später sich weiter ausbreitet, so werden in der Regel zunächst wieder Muskeln befallen, welche verwandten Functionen dienen, nämlich einerseits der Stimmbildung und anderseits dem Kauen. Die zu den gelähmten Muskeln ge-

hörigen Nerven sind der Hypoglossus, Theile des Facialis, des Glosso-
pharyngeus, des Vagus und Accessorius, und später kann noch die motorische Wurzel des Trigeminus betheiligt sein. Wenn man sich fragte,
wo ein Krankheitsherd seinen Sitz haben müsse, um gleichzeitig alle
diese Nerven zu betreffen, so lag es am nächsten, an den Boden der
Rautengrube im verlängerten Mark zu denken, wo die Kerne dieser Nerven verhältnissmässig nahe bei einander liegen.   Und so entstand die
heutigen Tages nahezu allgemein angenommene Theorie der Krankheit,
welche durch den Namen Bulbärparalyse angedeutet wird, und welche
in der That in den bisherigen Sectionsbefunden eine wesentliche Stütze
findet.   In analoger Weise, wie die spinale Theorie der progressiven
Muskelatrophie diese Krankheit von einer primären Degeneration der
motorischen Ganglienzellen in den Vorderhörnern des Rückenmarks ableiten will, sucht man die Bulbärparalyse zurückzuführen auf eine primäre Degeneration der motorischen Ganglienzellen, welche zu den betreffenden Nerven und Muskeln gehören.

Aber es lässt sich nicht verkennen, dass eine solche Auffassung
mancherlei gewichtige Bedenken zulässt.   Zunächst ist die Analogie mit
der progressiven Muskelatrophie doch nicht so vollständig, als man neuerlichst und wohl zum Theil unter dem Einfluss dieser Theorie hat annehmen wollen.   Wenn wir auch die Definition von D u c h e n n e, dass
es bei der progressiven Muskelatrophie sich um Atrophie ohne Lähmung,
bei der Bulbärparalyse dagegen um Lähmung ohne Atrophie handle,
nicht mehr für ganz zutreffend halten können, so müssen wir doch zugestehen, dass diese Aufstellung eine gewisse Berechtigung hat, indem
bei der Bulbärparalyse wenigstens in der früheren Zeit der Krankheit
die Atrophie viel weniger ausgesprochen ist, dagegen die Lähmung viel
mehr in den Vordergrund tritt als bei der progressiven Muskelatrophie.
Ausserdem aber gelten für diese Theorie die gleichen Bedenken, welche
der Auffassung der progressiven Muskelatrophie als einer primär in den
motorischen Ganglienzellen auftretenden Degeneration im Wege stehen.
Wenn die Ganglienzellen primär degenerirt wären, wie es ja bei der
Poliomyelitis thatsächlich der Fall ist, so müssten auch die von denselben
entspringenden Nerven einer schnellen Degeneration verfallen.   Nun aber
bleibt bei der Bulbärparalyse, wie ich mich in zahlreichen Fällen selbst
überzeugt habe, in den gelähmten Muskeln die Erregbarkeit für den Inductionsstrom lange Zeit erhalten, und damit ist der Beweis geliefert,
dass die motorischen Nerven noch erregbar und leitungsfähig sind. Wir
müssen deshalb annehmen, dass während dieser Zeit auch die Ganglienzellen, aus welchen sie entspringen, noch functionsfähig sind.   Dass dieselben bei der Section degenerirt gefunden werden, ist ebensowenig wie
bei der progressiven Muskelatrophie ein Beweis dafür, dass diese Degeneration der Anfang der ganzen Krankheit sei.   Dieselbe gehört der
letzten Zeit des Lebens an, und zu dieser Zeit wird auch oft die Erregbarkeit der Muskeln für den Inductionsstrom vermindert gefunden oder
selbst ganz vermisst.   Die Degeneration der Ganglienzellen ist demnach
als secundär anzusehen.

Ein weiteres eben so gewichtiges Bedenken ergibt sich aus der eigenthümlichen Verbreitung und Begrenzung der Lähmung. Wenn ein Krank-

heitsherd am Boden der Rautengrube die Ursache und das Wesen der Krankheit darstellte, so wäre nicht zu verstehen, weshalb die Lähmung immer annähernd symmetrisch auf beiden Seiten auftritt, und namentlich weshalb zunächst nur diejenigen Ganglienzellen befallen werden, die zu den Muskeln in Beziehung stehen, welche der Articulation der Sprache und dem Schlingen dienen, während alle anderen Gebiete des Facialis, Glossopharyngeus, Vagus und Accessorius zunächst von Lähmungserscheinungen frei bleiben. Ein einzelner Krankheitsherd kann nur dann die Erscheinungen erklären, wenn er eine Stelle einnimmt, an welcher die Nerven auch anatomisch nach Functionen zusammengeordnet sind. Es ist dies bei den Nervenkernen am Boden der Rautengrube noch nicht der Fall; und deshalb muss der ursprüngliche Krankheitsherd weiter centralwärts gesucht werden. Die ersten Schriftsteller, welche eine ähnliche Ueberlegung anstellten (Bärwinkel, Wachsmuth), waren geneigt, die Oliven als das Centrum für die Articulation der Sprache und das Schlingen und damit als den ursprünglichen Sitz der Krankheit anzusehen; aber die bisherigen pathologisch-anatomischen Untersuchungen sowie auch anderweitige anatomische und physiologische Ueberlegungen scheinen dieser Vermuthung nicht zu entsprechen. Wir sind deshalb bisher nicht im Stande den ursprünglichen Sitz der Krankheit anzugeben, sondern müssen uns beschränken auf die Erkenntniss, dass derselbe irgendwo centralwärts von den Nervenkernen gelegen sein muss. Damit würde dann erklärt sein, dass im Anfang der Krankheit, so lange die Nervenkerne selbst noch nicht ergriffen sind, auch die zu den gelähmten Muskeln gehörigen motorischen Nerven nicht degenerirt sind; wenn aber später etwa eine absteigende Degeneration auch die Nervenkerne ergreift, so müssen auch die Nerven selbst bald von der Degeneration befallen werden; und dieser Voraussetzung entspricht in der That das Verhalten in der letzten Zeit des Lebens und der anatomische Befund nach dem Tode.

Therapie.

Für die erste Zeit der Krankheit hat man die Anwendung von Ableitungen auf den Nacken durch trockene Schröpfköpfe, Vesicatore, Haarseil empfohlen, sowie auch vorsichtige Kaltwasserbehandlung oder andere umstimmende Methoden. Ausserdem ist mit Vorsicht die Anwendung des constanten Stromes auf die Gegend der Medulla oblongata zu versuchen. Auch Argentum nitricum, Jodkalium und andere Arzneimittel sind schon angewendet worden. In der späteren Zeit kann die Behandlung nur noch eine symptomatische sein. Die Anwendung der Elektricität und namentlich des Inductionsstromes auf die gelähmten Muskeln scheint die Fortschritte der Lähmung und die spätere Atrophie der Muskeln etwas verlangsamen zu können. Wegen der Schlingbeschwerden sind weiche oder halbflüssige Nahrungsmittel zweckmässiger als Flüssigkeiten oder eigentlich feste Speisen. Dabei kann die nöthige Zufuhr von Flüssigkeit leicht durch häufig wiederholte kleine Klystiere vermittelt werden. In der späteren Zeit bleibt nur die Ernährung durch die Schlundsonde übrig, und wenn diese wegen heftiger Anfälle von Würgen und Erstickungsnoth nicht mehr ertragen wird, ist nur noch die Ernährung durch Klystiere möglich. Morphium und andere Narcotica sind oft in der letzten Zeit unentbehrlich.

Abnormitäten der Erregung in motorischen Nerven.

Hyperkinesis. Krampf. Spasmus.

Als Krampf, Spasmus, bezeichnen wir jede Muskelcontraction, die in Folge von abnormer Erregung stattfindet. Für die willkürlichen Muskeln kann man als Krampf jede Contraction bezeichnen, welche auf andere Anlässe als den Einfluss des Willens erfolgt (Galen) und die nicht normale Reflexbewegung oder Mitbewegung ist. Bei den unwillkürlichen Muskeln nennt man Krampf jede Contraction von abnorm grosser Intensität oder Dauer.

Dass eine Hyperkinesis in Folge abnorm vermehrter oder verstärkter Leitung in den peripherischen Nerven vorkomme, halten wir für unerwiesen (S. 8); wir leiten demnach alle Hyperkinesen, soweit sie die peripherischen Nerven angehen, von Abnormitäten der Erregung ab, wobei dann eine gesteigerte Erregbarkeit der Nerven begünstigend mitwirken kann. Die abnorme Erregung, welche zu Krampf führt, kann entweder durch directe Einwirkung auf die peripherischen Nerven in ihrem Verlauf erfolgen, oder sie kann von den Centralorganen aus auf die Nerven übertragen werden; und dementsprechend unterscheiden wir periferische und centrale Krämpfe. Zu den ersteren rechnen wir es auch, wenn die abnorme Erregung den Muskel selbst trifft. Die central begründeten Krämpfe werden später bei den Krankheiten der Centralorgane häufig anzuführen sein, und manche Krampfzustände werden als besondere functionelle Krankheiten der Centralorgane besprochen werden; hier werden wir nur die allgemeinen Verhältnisse erörtern.

Die meisten Einwirkungen auf motorische Nerven in ihrem Verlauf haben, wenn wir von der Elektricität absehen, nur dann Erregung zur Folge, wenn sie den Nerven in seinem Bestand und in seiner Function beeinträchtigen (S. 137); und dieser Umstand macht es verständlich, dass eigentlich periferische Krämpfe nur selten vorkommen und meist nur eine kurze Dauer haben. Auch bei denjenigen Krämpfen, welche man gewöhnlich geneigt ist auf periferische Ursachen zu beziehen, weil sie in einzelnen Nerven- oder Muskelgebieten localisirt sind, ist der periferische Ursprung gewöhnlich

nicht mit Sicherheit zu erweisen, und in den meisten Fällen hat die
Annahme einer Erregung derselben von den Centralorganen aus die überwiegende Wahrscheinlichkeit. Wir werden aber, dem gewöhnlichen Gebrauch folgend, diese localisirten Krämpfe schon in diesem Abschnitt
näher besprechen.

Symptomatologie.

Die Muskelcontractionen, welche wir als Krämpfe bezeichnen,
können in mancherlei verschiedenen Formen auftreten. Zunächst
pflegt man zu unterscheiden tonische Krämpfe, bei denen es sich
um eine während einer gewissen Zeit andauernde gleichmässige Contraction der Muskeln handelt, und klonische Krämpfe, welche
aus wiederholten, schnell vorübergehenden, mit Erschlaffung ab-
wechselnden oder auch in verschiedenen Muskelgebieten wechselnd
auftretenden Contractionen bestehen. Die tonischen Krämpfe hat man
auch wohl als Starrkrämpfe, die klonischen als Zuckkrämpfe oder
Wechselkrämpfe bezeichnet. Ferner werden unterschieden allgemeine oder diffuse Krämpfe, welche über die ganze Musculatur oder einen grossen Theil derselben verbreitet sind, und localisirte Krämpfe, welche auf einzelne Muskelgebiete beschränkt sind.

Tonische Krämpfe.

Tetanus (s. u.) oder tetanische Krämpfe sind tonische
Krämpfe von grosser Intensität und Ausbreitung, welche hauptsächlich die Muskeln des Rumpfes (Tetanus) und die Kaumuskeln (Trismus) befallen. Durch die tonische Contraction der Muskeln des
Rumpfes, unter denen die Rückenmuskeln das Uebergewicht haben,
entsteht am häufigsten eine Beugung des Rumpfes mit der Concavi-
tät nach hinten, die als Opisthŏtŏnus ($\ddot{o}\pi\iota\sigma\vartheta\varepsilon\nu$ = nach hinten, $\tau\varepsilon\acute{\iota}\nu\varepsilon\iota\nu$
= spannen) bezeichnet wird; seltener kommt vor Emprosthŏtŏnus
($\ddot{\varepsilon}\mu\pi\varrho\sigma\vartheta\varepsilon\nu$ = nach vorn) oder Pleurothŏtŏnus ($\pi\lambda\varepsilon\nu\varrho\acute{o}\vartheta\varepsilon\nu$ = nach
der Seite) oder Orthŏtŏnus ($\acute{o}\varrho\vartheta\acute{o}\varsigma$ = gerade).

Als Tetanie bezeichnet man eine meist bei jugendlichen Individuen und besonders häufig bei stillenden Frauen vorkommende,
gewöhnlich in einigen Wochen oder Monaten zur Heilung gelangende
Krankheit, bei welcher anfallsweise tonische mit Schmerzen verbundene Krämpfe in den Extremitäten und zwar vorzugsweise in den
Flexoren auftreten, und bei welcher die motorischen Nerven eine
übermässige Erregbarkeit für mechanische und elektrische Reize zeigen.

Katalepsie (s. u.) oder Starrsucht nennt man einen Zustand,
bei welchem sämmtliche willkürliche Muskeln in mässiger tonischer
Contraction sich befinden, so dass der ganze Körper starr und ohne

willkürliche Bewegung ist, während die gespannten Muskeln den passiven Bewegungen nur geringen Widerstand entgegensetzen und die Glieder jede Stellung, in welche sie passiv gebracht worden sind, festhalten.

Crampus wird ein schmerzhafter auf einzelne Muskeln oder Muskelgruppen beschränkter tonischer Krampf genannt, wie er besonders häufig in der Wadenmusculatur als Wadenkrampf, zuweilen aber auch in anderen Muskelgebieten vorkommt.

Als Contractur bezeichnet man die dauernde Verkürzung eines Muskels mit Verlust seiner Ausdehnungsfähigkeit.

Als Myotonie oder Thomsen'sche Krankheit bezeichnet man eine zuerst von Thomsen (1876) beschriebene angeborene und oft erbliche individuelle Eigenthümlichkeit der willkürlichen Musculatur, welche die Muskelaction wesentlich erschwert und darin besteht, dass ein Muskel, wenn er contrahirt wurde, nicht sofort wieder in Erschlaffungszustand übergehen kann, sondern immer noch einige Zeit in tonischer Contraction verbleibt.

Klonische Krämpfe.

Convulsionen werden alle klonischen Krämpfe genannt, welche über einen grossen Theil der Musculatur verbreitet sind.

Epileptische Krämpfe sind Convulsionen, welche über den grössten Theil der Muskeln sich verbreiten, und bei denen das Bewusstsein vollständig aufgehoben ist. Als Epilepsie (s. u.) bezeichnet man den Zustand, wenn während längerer Zeit Anfälle von epileptischen Krämpfen in unregelmässigen Perioden sich wiederholen; als Eklampsie (s. u.) bezeichnet man die Anfälle, wenn sie nur ein Mal oder wenige Male oder überhaupt nur während eines begrenzten Zeitraumes auftreten.

Bei der Chorea (s. u.) oder dem Veitstanz handelt es sich um unzweckmässige und ungewollte Bewegungen, welche sich zu den gewollten Bewegungen hinzugesellen und dieselben erschweren oder unmöglich machen.

Die Beschäftigungskrämpfe (s. u.) sind eine Art von localer Chorea, indem das Hinzutreten ungewollter und unzweckmässiger Bewegungen nur in einzelnen Muskelgebieten und bei gewissen eine besondere Fertigkeit erfordernden Beschäftigungen stattfindet. Die bekannteste Form dieser Krämpfe ist der Schreibekrampf (s. u.).

Zittern, Tremor kann in Beschränkung auf einzelne Muskelgruppen, namentlich an den Händen und Fingern, bei sonst gesunden Menschen vorkommen und hat dann keine weitere Bedeutung. In

anderen Fällen ist das Zittern der Ausdruck ungenügender Muskelaction, indem die beabsichtigten tonischen Muskelcontractionen in
Folge verminderter Leistungsfähigkeit oder ungleichmässiger Erregung der Muskeln discontinuirlich werden; hierher gehört das Zittern,
welches bei allen Schwächezuständen vorkommt, namentlich nach er-
schöpfenden Krankheiten oder schweren Excessen oder im höchsten
Greisenalter als Tremor senilis, vielleicht auch das Zittern auf der
Höhe fieberhafter Krankheiten, nach heftigen körperlichen oder geistigen Anstrengungen und Aufregungen, bei manchen acuten und
chronischen Vergiftungen. Höhere Grade des Zitterns oder Schüttelns
bis zu eigentlichen Schüttelkrämpfen entstehen durch schnellen
Wechsel von klonischen Muskelcontractionen in antagonistisch wirkenden Muskelgruppen; dahin gehört z. B. der Schüttelfrost bei schnell
erfolgender febriler Temperatursteigerung (Bd. I, S. 67). Als Intentionszittern, wie es namentlich als charakteristisches Symptom
bei der multiplen Sklerose (s. u.) vorkommt, bezeichnet man das
Zittern und Schütteln, welches nur dann eintritt, wenn Muskelbewegungen intendirt werden, während es nicht vorhanden ist, so lange
die Kranken keine willkürlichen Bewegungen ausführen. Bei Paralysis agitans (s. u.) besteht die auffallendste Erscheinung der
Krankheit in einem Zittern, von dem hauptsächlich die Extremitäten
befallen sind.

Coordinirte Krämpfe (Romberg) oder Zwangsbewegungen
nennt man complicirte Bewegungen von der Art der gewöhnlichen
zweckmässig coordinirten Bewegungen, die aber ohne den Willen
oder sogar gegen den Willen zu Stande kommen, und die dadurch
besonders auffallen, dass sie in übertriebener Weise entweder mit
grosser Heftigkeit oder mit sehr langer Dauer ausgeführt werden und
gewöhnlich auch nach Ort und Gelegenheit unpassend sind. Die Bewegungen entsprechen zuweilen den gewöhnlichen coordinirten Reflexbewegungen, oder sie beziehen sich auf Mimik und Gesticulation oder auf
Ortsbewegung. So können vorkommen Niesekrämpfe, Hustenkrämpfe,
Gähnkrämpfe, Lachkrämpfe, Weinkrämpfe, krampfhaftes Singen, Recitiren, Reden, Gesticuliren, Springen, Tanzen, Klettern, zwangsweise
eintretendes Vorwärts- oder Rückwärtslaufen, Gehen im Kreise, Rollen
um die eigene Körperachse u. s. w. Die coordinirten Krämpfe kommen
vorzugsweise bei Hysterischen und Geisteskranken vor als sogenannte
Chorea major (s. u.); aber auch bei einzelnen organischen Gehirnkrankheiten sind gewisse Zwangsbewegungen und Zwangslagen häufig.

Als hysterische Krämpfe können alle Formen der Krämpfe
auftreten. Charakteristisch ist für dieselben, dass sie aus psychischen

Ursachen entstehen, und dass dabei das Bewusstsein niemals vollständig aufgehoben ist.

Als Athetose ($\check{\alpha}\vartheta\epsilon\tau o\varsigma$ = nicht fest) bezeichnet man seit Ham-
mond (1871) einen Zustand von Muskelunruhe mit anhaltend wechseln-
den Bewegungen, der besonders an den Fingern und Zehen ausgebildet
zu sein pflegt, aber auch auf andere Muskelgebiete sich erstrecken kann.
Die Affection kann selbständig bestehen und dann von früher Kindheit
an während des ganzen Lebens fortdauern; häufiger wird sie neben anderen schweren Krankheiten des Nervensystems, z. B. neben Epilepsie
und Geistesstörungen beobachtet. Nach Hemiplegie kommen zuweilen
auf der paretischen Seite athetotische Bewegungen vor, die dann als
Hemichorea posthemiplegica bezeichnet werden.

Als saltatorische Krämpfe hat man klonische Krämpfe der
unteren Extremitäten beschrieben, die bei den betreffenden Individuen
jedesmal mit grosser Heftigkeit eintreten, sobald sie sich auf die Füsse
stellen.

Wie bei anderen functionellen Störungen, so kommen auch bei
Krämpfen zuweilen begleitende Erscheinungen vor. Bei peripherischen Krämpfen im Gebiete gemischter Nerven würden zunächst
Neuralgien im Verbreitungsbezirk derselben zu erwarten sein; doch
sind solche thatsächlich selten, und wir werden aus diesem Umstand
eine weitere Bestätigung der Auffassung entnehmen können, dass
auch bei solchen Krämpfen, welche auf das Gebiet einzelner Nerven
beschränkt sind, die Erregung nur selten die Nervenstämme selbst
betrifft, sondern meist von den Centralorganen ausgeht. Von heftigen
Schmerzen in den betreffenden Muskeln pflegen die Crampi und die
tetanischen Krämpfe begleitet zu sein.

In einzelnen Fällen zeigt sich in den vom Krampf befallenen
Muskelgebieten der Willenseinfluss vermindert oder aufgehoben; wenn
dies nicht nur zur Zeit des bestehenden Krampfes, sondern auch
ausserhalb desselben der Fall ist, wie es z. B. bei Neuritis vorkommen
kann, so haben wir eine Paralysis spastica, welche der Anaesthesia
dolorosa analog ist und auf Unterbrechung der Leitung oberhalb der
Stelle der Erregung zu beziehen ist (S. 19); dieselbe hat in der Regel
keine lange Dauer, weil auf Unterbrechung der Leitung bald die
Degeneration des peripherischen Stückes des Nerven und damit der
Uebergang in einfache Lähmung zu erfolgen pflegt (S. 13).

Circulations- und Ernährungsstörungen kommen als begleitende
Erscheinungen bei Krämpfen seltener vor als bei Neuralgien. Doch
sind z. B. bei der·Epilepsie gewöhnlich ausgebreitete vasomotorische
Störungen vorhanden.

Bei einzelnen Formen der Krämpfe hat man gewisse Druckpunkte aufgefunden, welche einen Einfluss auf den Krampf ausüben,

und zwar in manchen Fällen so, dass der Druck den Krampf zum
Aufhören bringt, in anderen so, dass durch Druck der Krampf hervorgerufen wird. Solche Druckpunkte, welche z. B. bei Krämpfen
im Gebiete des Facialis wirksam sind, entsprechen gewöhnlich bestimmten Stellen im Verlaufe von Trigeminusästen oder von anderen
sensiblen Nerven. Man wird bei diesen Wirkungen des Druckes zum
Theil vielleicht auch an reflectorische Uebertragung zu denken haben.
Bei Tetanie gelingt es in manchen Fällen, durch Druck auf die grossen Nerven- oder Arterienstämme des Armes einen Anfall hervorzurufen, der so lange anhält, als der Druck einwirkt (Trousseau).

Aetiologie.

Peripherische Krämpfe entstehen durch Erregung der motorischen Nerven in ihrem Verlauf oder durch directe Erregung der
Muskeln. Am leichtesten werden die motorischen Nerven in ihrem
Verlauf erregt durch Elektricität; doch nimmt man gewöhnlich Anstand, die dadurch bewirkten Muskelcontractionen zu den Krämpfen
zu rechnen, indem dabei ein abnormes Verhalten der Nerven oder
Muskeln nicht vorausgesetzt zu werden braucht. Die mechanischen,
thermischen oder chemischen Reize haben bei den motorischen Nerven weniger leicht eine wirksame Erregung zur Folge als bei den
sensiblen und namentlich den schmerzempfindenden Nerven, und in
der Regel erfolgt eine Erregung nur dann, wenn die Intensität des
Reizes so gross ist, dass dadurch die Integrität des Nerven in Frage
gestellt wird (S. 132), so z. B. durch einen starken Druck bis zur
Quetschung, durch starke Zerrung bis zur Zerreissung u. s. w. In
dieser Weise können durch traumatische Einwirkungen, durch Druck
von Geschwülsten, durch Neuritis Krämpfe erregt werden; doch
haben dieselben, weil dadurch die Erregbarkeit des Nerven gewöhnlich bald vernichtet wird, meist nur eine kurze Dauer. Auch die
bei Affectionen der Gehirn- und Rückenmarkshäute vorkommenden
Krämpfe gehören, soweit sie durch Einwirkung auf die austretenden Nervenwurzeln entstehen, zu den peripherischen.

Bei den centralen Krämpfen geht die abnorme Erregung
der motorischen Nerven von den Centralorganen aus. Dieselben
kommen bei zahlreichen organischen und functionellen Erkrankungen
des Gehirns und des Rückenmarks vor. Sie können ferner entstehen
durch heftige psychische Einwirkungen, namentlich durch plötzlichen
Schreck, heftigen Zorn, grosse Angst. Im Fieber geht ein sehr
schnelles Steigen der Körpertemperatur gewöhnlich mit Schüttel-

krämpfen einher, die als Schüttelfrost bezeichnet werden, und bei
Kindern treten dabei häufig an Stelle des gewöhnlichen Schüttel-
frostes allgemeine Convulsionen auf. Auch durch plötzlichen Blutverlust, der zu Gehirnanaemie führt (Marshall Hall), und bei
Thieren durch plötzliche Unterbindung der Gehirnarterien (Kussmaul und Tenner) können allgemeine Convulsionen entstehen.
Zahlreiche Vergiftungen haben Krämpfe zur Folge. Durch starken
Kaffee oder Thee kann Zittern entstehen. Bei chronischer Bleivergiftung kommt Tremor saturninus oder Eclampsia saturnina vor, bei
chronischer Quecksilbervergiftung Tremor mercurialis, bei chronischem
Alkoholismus Tremor potatorum, bei anhaltendem Gebrauch von
Opiumpräparaten Tremor opiophagorum. Durch chronische Vergiftung mit Secale cornutum kann die spasmodische Form des Ergotismus entstehen. Retention von Excretionsstoffen kann krampfhafte
Erscheinungen zur Folge haben: so entstehen bei Uraemie schwere
eklamptische Anfälle, und auch Cholaemie ist häufig mit Convulsionen verbunden.

Zu den centralen Krämpfen im weiteren Sinne gehören auch die
Reflexkrämpfe, die man übrigens eben so gut als eine dritte besondere Gruppe aufstellen kann. Bei denselben findet die abnorme
Erregung ursprünglich im Gebiete der centripetal leitenden Fasern
statt und wird in den Centralorganen auf die motorischen Fasern
übertragen. Solche Reflexkrämpfe können entstehen in Folge ungewöhnlich starker oder andauernder Erregung der eigentlichen sensiblen Nerven, und sie unterscheiden sich dann von den normalen
Reflexbewegungen nur durch die Intensität oder die Dauer der aus-
gelösten Muskelcontractionen: hierher gehören manche der bei Neuritis und bei Neuralgien vorkommenden Krämpfe. Besonders häufig
werden Reflexkrämpfe ausgelöst durch die Erregung von Nerven,
welche zwar centripetal leiten, deren Erregung aber nicht oder nur
in unbestimmter Weise zum Bewusstsein kommt: so entstehen manche
Krämpfe durch Erregung der Schleimhäute der Respirationsorgane,
des Darmkanals, des Uterus (S. 22). Andere Reflexkrämpfe kommen dadurch zu Stande, dass die reflectorische Uebertragung in den Centralorganen in abnormer Weise erleichtert oder verstärkt ist, so dass
selbst geringfügige oder normale sensible Erregungen sehr heftige
motorische Reflexe bewirken; dahin gehören die Reflexkrämpfe, wie
sie bei Tetanus, Hydrophobie (s. Bd. I. S. 248), bei Vergiftung mit
Strychnin und anderen Giften zu Stande kommen. Eine Steigerung
der Reflexe und dadurch eine grössere Möglichkeit zur Entstehung
von Reflexkrämpfen ist schon gegeben, wenn die höheren Central-

organe mit ihrer reflexhemmenden Wirkung ausgeschaltet sind, oder wenn der Wille aufgehoben oder geschwächt ist.

Bei der Entstehung mancher Krampfformen können noch besondere Ursachen oder Veranlassungen mitwirken. Die als Crampi bezeichneten schmerzhaften Krämpfe kommen nicht selten in einzelnen Muskelgruppen nach Ueberanstrengung derselben vor; sie bilden ferner eines der gewöhnlichsten Symptome des schweren Choleraanfalls (Bd. I. S. 98), kommen aber auch bei manchen anderen Zuständen vor, bei welchen dem Blut und damit den Nerven und Muskeln Wasser entzogen wird. Die Chorea steht zuweilen im Zusammenhang mit acutem Gelenkrheumatismus. Tetanus entsteht vorzugsweise im Anschluss an Verwundungen. Contracturen sind häufig die Folge von Lähmungen der Antagonisten. In vielen Fällen wird auch Erkältungen eine Mitwirkung bei der Entstehung von Krämpfen zugeschrieben.

Die Disposition zu Krämpfen wird gesteigert durch Anaemie und durch Schwächezustände aller Art, besonders aber durch eine neuropathische Anlage, die angeboren und in vielen Fällen ererbt ist. In den verschiedenen Lebensaltern sind verschiedene Arten von Krämpfen vorherrschend. Bei kleinen Kindern kommen leicht allgemeine Convulsionen zu Stande; sie können schon durch eine schnell erfolgende febrile Temperatursteigerung entstehen; Reflexkrämpfe können in Folge von Zahnreiz oder Wurmreiz sich einstellen, bei Neugeborenen tritt Trismus und Tetanus relativ häufig auf, eklamptische Anfälle aus unbekannten Ursachen sind bei Kindern nicht selten. Im späteren Kindesalter und mit der Pubertätzeit können Chorea und später Hysterie und Epilepsie zur Entwickelung kommen. Die Beschäftigungskrämpfe gehören mehr dem reiferen Alter, das einfache Zittern und die Paralysis agitans vorzugsweise dem Greisenalter an. Das weibliche Geschlecht ist im Allgemeinen den Krampfkrankheiten mehr unterworfen als das männliche, und namentlich wird durch Menstruation, Schwangerschaft, Wochenbett, Lactation die Disposition für manche Krämpfe gesteigert. Dagegen werden aus naheliegenden Gründen Beschäftigsungskrämpfe und Tetanus bei Männern weit häufiger beobachtet.

Therapie.

Bei den Krämpfen, welche nur als Symptome anderweitiger Erkrankungen, namentlich der Centralorgane auftreten, besteht die Therapie wesentlich in der Behandlung dieser Krankheiten. Bei den hysterischen Krampfformen ist die psychische Behandlung (s. u.)

die einzige Methode, welche dauernden Erfolg verspricht. Im Uebrigen kann nur in wenigen Fällen der Indicatio causalis genügt werden, so z. B. bei einzelnen Fällen von Reflexkrämpfen, bei welchen es gelingt, den abnormen auf die sensiblen Nerven einwirkenden Reiz zu entfernen. — Unter den Mitteln welche mehr direct gegen die Krämpfe anzuwenden sind, können zuweilen starke Hautreize oder Ableitungen durch Senfteige, Vesicatore, Moxen und selbst das Ferrum candens in Betracht kommen. Das wichtigste Mittel ist auch hier die Elektricität; doch sind in dieser Beziehung die Indicationen noch weniger festgestellt, und der Erfolg ist noch weniger sicher als bei den Neuralgien. Es bleibt kaum etwas Anderes übrig, als im einzelnen Falle sowohl den Inductionsstrom als den constanten Strom in verschiedener Anwendung auf die betreffenden Nervenstämme oder eventuell auch auf die Centralorgane zu versuchen. Wo deutliche Druckpunkte vorhanden sind, kann es zweckmässig sein, vorzugsweise diese der elektrischen Behandlung zu unterziehen.

Man könnte auch bei der Behandlung der Krämpfe daran denken, das Pflüger'sche „Gesetz des Elektrotonus" zu verwerthen (S. 99). Der Umstand, dass ein Nerv, welcher von einem einigermassen starken Strom durchflossen wird, auf dem grösseren Theil dieser Strecke weniger erregbar ist, und dass namentlich an der Anode und auch ausserhalb derselben die Erregbarkeit vermindert ist, legt den Versuch nahe, durch entsprechende Anordnung der Stromesrichtung die Strecke des Nerven, auf welcher man den Angriffspunkt des abnormen Reizes voraussetzt, in den Bereich der verminderten Erregbarkeit zu bringen. Die bisherigen Versuche in dieser Richtung haben keine deutlichen Resultate geliefert; vielmehr scheinen unabhängig von diesem Gesetz bald der absteigende, bald der aufsteigende Strom, bald beide wirksam oder unwirksam zu sein.

Von anderen gebräuchlichen Mitteln sind zu erwähnen Argentum nitricum, Zinkpräparate, Eisenpräparate, Arsenik, welches in subcutaner Injection namentlich bei Zitter- und Schüttelkrämpfen zuweilen eine deutliche Wirkung hat, ferner Bromkalium, Jodkalium. Während der Anfälle sind als sogenannte krampfstillende Mittel im Gebrauch Valeriana, Asa foetida, Castoreum u. s. w. Auch die Narcotica sind als symptomatische Mittel häufig unentbehrlich, namentlich das Morphium; doch ist die Wirkung weit weniger sicher als bei Neuralgien. In einzelnen Fällen hat man von der Durchschneidung sensibler Nerven, an welchen Druckpunkte vorhanden waren, oder zu deren Erregung die Krämpfe in irgend einer Weise in reflectorischer Beziehung zu stehen schienen, günstige Erfolge gesehen. Auch die Dehnung des Nerven, in dessen Gebiet die Krämpfe auftreten, ist schon mit Erfolg ausgeführt worden. Contracturen können in einzelnen Fällen die Durchschneidung des Muskels oder der Sehne fordern. — Endlich ist von grosser Bedeutung die Berücksichtigung der Constitution und aller übrigen Verhältnisse des Kranken, die Beseitigung aller etwa vorhandenen anderweitigen allgemeinen oder localen Störungen, soweit dieselben der Therapie zugänglich sind. Unter Umständen kann ein mit Umsicht eingeleitetes und mit Consequenz durchgeführtes metasynkritisches Verfahren, wie es bei der Therapie der Neuralgien dargelegt wurde (S. 63), von günstiger Wirkung sein. In diesem Sinne können zuweilen durch diätetische Anordnungen, Aenderungen der Lebensweise, Wechsel des Aufenthaltes und des Klimas, Badecuren, Heilgymnastik u. dgl. Erfolge erreicht werden.

Localisirte Krämpfe.

Als localisirte Krämpfe bezeichnen wir diejenigen, welche während längerer Zeit andauernd in Beschränkung auf einzelne Muskelgebiete oder den Verbreitungsbezirk bestimmter Nerven oder Nervenäste vorkommen. Dadurch sind die eigentlichen Crampi (S. 134), welche nur zeitweise in gewissen Gebieten auftreten, ausgeschlossen. Die localisirten Krämpfe treten besonders häufig auf im Gebiete der motorischen Gehirnnerven und der aus dem Cervicalmark entspringenden Rückenmarksnerven. Es kommen tonische und klonische Krämpfe vor. Gewöhnlich sind sie nicht mit Schmerzen verbunden, pflegen auch keine auffallenden Functionsstörungen zu bewirken und noch weniger den Fortbestand des Lebens zu gefährden; nichtsdestoweniger gehören sie in manchen Fällen zu den quälendsten Leiden, indem sie den Kranken nicht zur Ruhe kommen lassen und ihm oft auch wegen des Auffallenden ihrer Erscheinung den Verkehr mit anderen Menschen in unangenehmster Weise beeinträchtigen. Dabei zeichnen sie sich häufig durch grosse Hartnäckigkeit aus und bleiben nicht selten während des ganzen Lebens bestehen.

Die Beschränkung der Krämpfe auf bestimmte Muskel- und Nervengebiete kann zunächst zu der Vermuthung führen, dass dieselben peripherisch begründet seien. Aber gerade der Umstand, dass sie während langer Zeit andauernd in dem gleichen Gebiet fortbestehen, macht diese Annahme für viele Fälle unwahrscheinlich (S. 137) und deutet darauf hin, dass sie in der Regel einen centralen Ursprung haben. In der That sind die Fälle selten, in welchen eine Verletzung, ein Druck oder eine anderweitige Einwirkung auf den peripherischen

Verlauf des motorischen Nerven als Ursache eines localisirten Krampfes angenommen werden kann, und höchstens bei Erkältungen, welche in einzelnen Fällen unzweifelhaft betheiligt sind, ist vielleicht ein peripherischer Angriffspunkt vorauszusetzen. Weit häufiger ist Grund vorhanden für die Annahme einer reflectorischen Entstehung, indem im Gebiete benachbarter oder auch entfernter sensibler Nerven heftige Erregungen stattfinden oder Neuralgien bestehen, mit denen die Krämpfe zusammenhangen, und nach deren Beseitigung sie verschwinden. So entsteht Krampf des M. orbicularis palpebrarum durch Reize oder Entzündungen, welche die Augenlider oder das Auge treffen; eine schmerzhafte Erkrankung der Zähne oder eine Neuralgie im Gebiete des Trigeminus kann die Ursache eines Krampfes im Gebiete des Facialis sein; es kann aber ein solcher Krampf auch vom Darmkanal aus reflectorisch erregt werden, z. B. bei Kindern durch Eingeweidewürmer, oder auch, namentlich bei Frauen, von den Genitalien aus. In vielen Fällen ist der Ausgangspunkt der Erregung augenscheinlich in den Centralorganen zu suchen. So können Krämpfe in den einzelnen Nervengebieten auftreten bei organischen Krankheiten des Gehirns oder als Theilerscheinung anderweitiger schwerer Krampfkrankheiten, wie Epilepsie, Chorea, Tetanus. Hysterie und neuropathische Anlage sind häufig betheiligt; anaemische Individuen und Reconvalescenten von schweren Krankheiten werden leichter befallen; auch Gemüthsbewegungen können einen gewissen Einfluss haben. Contracturen im Gebiete einzelner Nerven treten zuweilen nach vorhergegangenen Lähmungen auf. — In einzelnen Fällen kann der Krampf auf üble Angewöhnung oder auf Nachahmung zurückgeführt werden; doch ist es rathsam, mit einer solchen zuweilen für eine oberflächliche Beobachtung sehr nahe liegenden Annahme vorsichtig zu sein, da nur selten damit die Erscheinung ausreichend erklärt wird.

In Betreff der Therapie gilt das von den Krämpfen im Allgemeinen Angeführte (S. 139). Sie vermag am meisten in den Fällen, in welchen sie der Indicatio causalis genügen kann, so namentlich bei den nachweislich in reflectorischer Weise entstandenen Krämpfen, wenn es gelingt die abnorme Erregung von Seiten der sensiblen Nerven aufzuheben. Unter Umständen kann bei Krämpfen im Gebiete des Facialis die Extraction eines Zahnes oder die Durchschneidung eines Zweiges des Trigeminus den Krampf beseitigen; seltener gelingt dies durch ein rechtzeitig angewendetes Abführmittel oder bei Kindern durch ein Anthelminthicum oder in Fällen, in welchen Erkältung als Ursache vorausgesetzt wird, durch ein antirrheuma-

tisches Verfahren. Die vorsichtige Anwendung der Elektricität in
verschiedener Form und namentlich auch auf etwaige Druckpunkte
oder Stellen, von denen sensible Erregungen ausgehen, gibt in einzelnen Fällen gute Resultate. Im Uebrigen ist hauptsächlich die sorgfältige Untersuchung des Kranken in körperlicher und geistiger Beziehung zu empfehlen und die Berücksichtiguug aller Indicationen,
welche sich dabei ergeben können.

Krampf im Bereiche des Facialis. Mimischer Ge-
sichtskrampf. Tic convulsif.

Meist ist nur eine Gesichtshälfte befallen und auf dieser entweder der grösste Theil der vom Facialis versorgten Muskeln (diffuser Facialiskrampf) oder auch nur einzelne beschränkte Gebiete
(partieller Facialiskrampf); zuweilen erstreckt sich auch der Krampf
auf die gleichnamigen Muskeln beider Seiten. Es kommen vor klonische Krämpfe in den Muskeln der Stirn und der Augenbrauen,
klonischer Krampf in beiden Mm. orbiculares palpebrarum (krampfhaftes Blinzeln, Nictitatio), oder auch tonischer Krampf in den letzteren Muskeln (Blepharospasmus), oder zuckende Krämpfe in einem
Nasenflügel, in der Wange, Zucken des Mundwinkels nach oben oder
unten u. s. w.; selbst die gewöhnlich für den Willen nicht erregbaren
Muskeln des äusseren Ohres können von dem Krampf befallen werden. Die krampfhaften Muskelcontractionen sind in manchen Fällen
nahezu anhaltend vorhanden, so dass der Kranke immerfort in auf-
fälligster Weise Gesichter schneidet; in anderen Fällen treten sie
nur zeitweise auf, entweder spontan oder als Mitbewegungen im Anschluss an gewollte Bewegungen. Der Wille ist unfähig die krampfhaften Bewegungen zu beschränken, während er im Uebrigen die
Herrschaft über die Muskeln behält. Gleichzeitig können auch Krämpfe
in benachbarten Gebieten vorkommen. Zuweilen finden sich Druckpunkte im Bereich sensibler Nerven, von denen aus der Krampf erregt oder auch unterdrückt werden kann. In manchen Fällen verliert sich das Leiden nach kürzerem oder längerem Bestehen, in
anderen dauert es während des ganzen Lebens fort.

Krampf im motorischen Theil des Trigeminus.
Kaumuskelkrampf.

Es kommt vor tonischer Krampf der Kaumuskeln als Trismus
oder Mundklemme, ferner klonischer Krampf derselben als Zähneklappern oder als Kaubewegungen, endlich klonischer Krampf der
Pterygoidei neben gleichzeitiger tonischer Contraction des Masseter

und Temporalis als Zähneknirschen. Diese Krämpfe sind zuweilen Theilerscheinung von Tetanus und Epilepsie oder Symptome von Meningitis, schweren Gehirnkrankheiten oder Hysterie; sie können reflectorisch entstehen bei erschwerter Dentition, bei Krankheiten der Zähne oder der Kiefer und selbst bei Affectionen entfernterer Körpertheile. Die klonischen Kaubewegungen, die als masticatorischer Krampf bezeichnet werden, können unter ähnlichen Verhältnissen wie die klonischen Krämpfe im Bereiche des Facialis und neben solchen vorkommen. Bei andauernder Mundklemme kann die Ernährung mittelst einer durch eine Zahnlücke oder durch die Nase eingeführten Röhre erforderlich sein.

Krampf im Gebiet des Accessorius.

Der M. sternocleidomastoideus und der M. cucullaris, deren motorische Nerven vom Accessorius stammen, können gleichzeitig oder vereinzelt von tonischen oder klonischen Krämpfen befallen werden. Durch tonischen Krampf in einem M. sternocleidomastoideus entsteht Schiefstellung des Kopfes, wobei der Kopf nach der Seite des Krampfes geneigt, das Kinn nach der entgegengesetzten Seite gedreht und etwas gehoben ist (Caput obstipum, Torticollis). Durch tonischen Krampf im Cucullaris wird der Kopf nach der Seite und rückwärts gezogen. Klonischer Krampf in einem Sternocleidomastoideus, durch welchen der Kopf ruckweise in schiefe Stellung gebracht wird, kann in ähnlicher Weise wie die Facialiskrämpfe und auch neben solchen vorkommen; in einzelnen Fällen hat dieser Krampf, zu dem sich oft noch Krämpfe in anderen Muskelgebieten gesellen, eine bedeutende Heftigkeit und stellt ein äusserst hartnäckiges und sehr quälendes Leiden dar. Durch doppelseitigen klonischen Krampf in den Sternocleidomastoidei, wobei aber gewöhnlich auch noch andere Muskeln betheiligt sind, entstehen die sogenannten Nickkrämpfe, Salaam- oder Grüsskrämpfe der Kinder, welche zuweilen zur Zeit der Dentition vorkommen und nach dem Durchbruch der Zähne sich wieder verlieren können, welche aber in anderen Fällen Symptom eines Gehirnleidens sind.

Krampf des Zwerchfells.

Tonischer Krampf des Zwerchfells, durch welchen die Respiration schwer gehemmt wird, kann bei Tetanus das Ende herbeiführen; er kommt ferner zuweilen vor bei Hysterie und in sehr seltenen Fällen als idiopathische Affection. Auf klonischem Krampf des Zwerchfells beruht der gewöhnliche·Singultus, der häufig als eine gleichgültige oder höchstens unbequeme Erscheinung auftritt, in anderen Fällen aber ein Symptom schwerer Erkrankung der Centralorgane darstellen kann.

In ähnlicher Weise kommen localisirte Krämpfe vor in den Augenmuskeln, der Zunge, in anderen Muskeln des Kopfes, in den Hals- und Nackenmuskeln, in verschiedenen Muskeln des Rumpfes und der Extremitäten.

Functionelle Krämpfe. Schreibekrampf und andere Beschäftigungskrämpfe.

Als functionelle Krämpfe bezeichnen wir diejenigen Krämpfe, welche regelmässig zu bestimmten coordinirten Bewegungen sich hinzugesellen. Als der Typus dieser Krämpfe ist der häufigste derselben, der Schreibekrampf zu bezeichnen. Dabei ist charakteristisch, dass der Krampf nur dann eintritt, wenn der Kranke die betreffende coordinirte Bewegung, also in diesem Falle das Schreiben, auszuüben beabsichtigt. Alle anderen Bewegungen der Hand gehen ungestört vor sich, und die Hand ist auch zu anderen complicirten und selbst schwierigen Verrichtungen tauglich. Der Kranke kann auch, wenn er nicht zu schreiben beabsichtigt, die Feder oder einen anderen länglichen Gegenstand fassen und halten in der Stellung wie sie zum Schreiben erforderlich ist; erst wenn er die Absicht hat zu schreiben, stellt sich der störende Krampf ein, bei den ausgebildeten Fällen sofort, bei den leichteren erst, nachdem der Kranke einige Zeit geschrieben hat. In manchen Fällen sind nur einzelne Muskeln vom Krampf befallen, wie die Flexoren oder Extensoren eines der drei ersten Finger, in anderen Fällen werden zahlreiche von diesen Muskeln ergriffen, oder es nehmen auch noch andere Muskeln des Vorderarms oder selbst des Oberarms oder anderer Extremitäten oder des Gesichts an dem Krampfe Theil. In den leichteren Fällen ist das Schreiben nur erschwert oder die Schrift mehr oder weniger entstellt, bei den schwereren ist das Schreiben ganz unmöglich.

In ähnlicher Weise wie zum Schreiben kann auch zu anderen und namentlich zu feineren coordinirten Bewegungen Krampf sich hinzugesellen. So kommen vor Nähkrämpfe, Strickkrämpfe, Schusterkrampf, Weberkrampf, Melkkrampf, Schmiedekrampf, Krämpfe beim Schriftsetzen, Telegraphiren, beim Clavierspielen, Violinspielen u. s. w.

Wenn wir nach der Pathogenese und dem Wesen dieser Krämpfe fragen, so ergibt sich leicht aus den Thatsachen, dass die Theorien,

welche dieselben als Reflexkrämpfe ansehen, die entstehen sollen
durch Erregung der beim Halten der Feder u. s. w. von dem Druck
betroffenen Hautnerven oder auch der sensiblen Muskelnerven, nicht
haltbar sind. Die einzige Deutung, welche mit der Erfahrung übereinstimmt, ist die, dass es sich handelt um eine Störung der Coordination, so weit dieselbe die betreffende Beschäftigung angeht. Man
kann diese Krämpfe deshalb passend als coordinatorische Beschäf-
tigungsneurosen (B e n e d i c t) bezeichnen.

    C o o r d i n a t i o n. Ueber das Wesen und die Bedeutung der Coordi-
nation der Bewegungen gehen die Ansichten der Aerzte noch weit auseinander, und die Vorstellungen, welche man sich darüber zu bilden
pflegt, leiden nicht selten an einer gewissen Unklarheit. Das Wesen
der Coordination ergibt sich schon aus der Betrachtung der alltäglichsten
Erfahrungen. Wenn wir z. B. die Absicht haben, mit einem Ball ein
bestimmtes Ziel zu treffen, so ist zur Ausführung dieser Absicht erforderlich, dass eine grosse Zahl von Muskeln theils nach einander, theils gleichzeitig in Contraction versetzt werden, und zwar muss bei jedem Muskel
die Contraction genau zur richtigen Zeit und in der richtigen Stärke erfolgen. Wenn wir genöthigt wären, für jeden einzelnen Muskel genau
zu berechnen, wann und wie stark er contrahirt werden müsse, und wenn
wir dann jedem Muskel genau zur richtigen Zeit und in der richtigen
Stärke den Willensimpuls durch die motorischen Nerven zusenden müssten,
so würden wir nicht im Stande sein auch nur annähernd unsere Absicht
zu erreichen. In Wirklichkeit ist aber, falls uns die nöthige, durch
Uebung erworbene Geschicklichkeit zu Gebote steht, ein relativ einfacher
Willensimpuls ausreichend, und dass derselbe in die zweckentsprechenden
Muskelerregungen umgesetzt wird, geschieht nicht durch directen Einfluss
des Willens, sondern es geschieht unwillkürlich und sogar unbewusst;
nur der Anatom und Physiologe wüsste ja anzugeben, welche Muskeln
bei dem Wurf in Contraction versetzt werden müssten. Coordination
nennen wir die unbewusste Thätigkeit, durch welche ein relativ einfacher Willensimpuls zerlegt wird in die einzelnen zweckmässig combinirten Muskelerregungen. Für einzelne coordinirte Bewegungen ist die
Coordination angeboren; dahin gehört z. B. das Saugen, das Schlucken,
das Schreien u. s. w. Die meisten coordinirten Bewegungen müssen,
wenigstens vom Menschen, erst erlernt werden; die Coordination wird
erst durch Uebung und Gewöhnung hergestellt, zunächst unter Controle
des Bewusstseins und unter Nachhülfe des Willens; je weiter die Uebung
fortschreitet, um so sicherer werden endlich, sobald der relativ einfache
Willensimpuls erfolgt ist, unwillkürlich und unbewusst die einzelnen
Muskelbewegungen in zweckmässiger Weise coordinirt. So wird die
Möglichkeit zu stehen und zu gehen erst durch Uebung erworben. Ebenso
entsteht erst durch lange fortgesetzte Uebung die Coordination für Sprechen, Schreiben und für unzählige einzelne Fertigkeiten, die eben des-
wegen nur Derjenige erlernt, welcher den nöthigen Fleiss darauf verwendet. Wenn man durch etwas eingehendere Ueberlegung sich klar
macht, welche Unzahl von verschiedenen Muskelbewegungen, von denen

jede zur rechten Zeit und in richtiger Stärke eintreffen muss, dazu gehört, damit Sprechen, Schreiben, Clavierspielen, oder irgend eine andere complicirtere Muskelleistung möglich sei, so kann man nicht mehr sich darüber wundern, dass die Erwerbung der Coordination für alle diese und andere Fertigkeiten so unsägliche Mühe und Arbeit erfordert.

Wo erfolgt nun diese Coordination der Bewegungen, die Umsetzung des relativ einfachen Willensimpulses in die zweckmässig combinirten einzelnen Muskelerregungen? Offenbar kann sie nur an einer Stelle geschehen, wo die Möglichkeit der Uebertragung der Erregung von einer Nervenfaser auf eine oder mehrere andere gegeben ist. Demnach erfolgt sie sicher nicht in den peripherischen Nerven und auch nicht in den weissen Strängen des Rückenmarks, denn in diesen verlaufen die Nervenfasern isolirt neben einander. Wenn einzelne Autoren von besonderen, der Coordination vorstehenden Fasern reden und dieselben in dem einen oder anderen Strang des Rückenmarks verlaufen lassen, so ist es schwer zu verstehen, was dieselben sich unter Coordination vorstellen. Die Coordination kann nur stattfinden in der grauen Substanz der Centralorgane, denn nur in dieser ist die Möglichkeit gegeben, dass eine relativ einfache Erregung in zahlreichere complicirte Erregungen umgesetzt werde. Welche Theile der grauen Substanz dabei in Betracht kommen, und in welcher Weise man sich den Vorgang der Coordination und ihre Entstehung durch Uebung und Gewöhnung vorstellen kann, davon wird erst bei Besprechung der Krankheiten der Centralorgane die Rede sein. Es sei hier nur erwähnt, dass die Annahme, es bestehe für die Coordination der Bewegungen ein einzelnes Centrum, etwa im Kleinhirn oder an einer anderen Stelle, den Thatsachen gegenüber nicht haltbar ist. Auch die graue Substanz des Rückenmarks dient der Coordination, wie dies die zweckmässigen Reflexbewegungen beim decapitirten Frosch zeigen, sowie die wohlcoordinirten Reflexbewegungen, die auch beim Menschen bei Quertrennung des Rückenmarks unterhalb der Stelle der Quertrennung vorkommen. Aber auch im Gehirn findet Coordination statt, namentlich für die motorischen Gehirnnerven. So wissen wir z. B., dass die Coordination der Augenbewegungen ihr Centrum in den Vierhügeln hat; für die Coordination der Sprache und des Schlingens haben wir wahrscheinlich das Centrum im verlängerten Mark oder im Pons zu suchen; die Coordination der für die Erhaltung des Gleichgewichts so wichtigen Rumpfmusculatur ist zum Theil in das Kleinhirn zu verlegen. Auch im Gehirn werden wir das Substrat für die Coordination in der grauen Substanz zu suchen haben; doch dürfte dabei zunächst weniger die graue Substanz an der Oberfläche der Grosshirnhemisphären in Betracht zu ziehen sein, als vielmehr die centrale graue Substanz im Hirnstamm und in der Umgebung der Gehirnventrikel. Wahrscheinlich sind höhere und niedere Centren der Coordination zu unterscheiden, so dass den höheren Centren die erste Zerlegung des Willensimpulses, den niederen die weitere Ausführung dieser Zerlegung bis zur Abmessung der den einzelnen motorischen Nervenfasern zuzuweisenden Erregungen obliegt. Zu den höheren Centren sind wohl die Grosshirnganglien zu rechnen; doch mögen sich dieselben weiter aufwärts ohne scharfe physiologische Grenze an die Centralapparate des Willens in der grauen Sub-

stanz der Gehirnoberfläche anschliessen, während die niederen Centren
ihre letzte Instanz in den Nervenkernen haben.

Wenn wir in dieser Weise die functionellen Krämpfe als Störung
oder Coordination in Bezug auf eine bestimmte Fertigkeit bezeichnen,
so besteht noch eine Schwierigkeit. Es wird nämlich augenscheinlich die coordinirte Bewegung nicht nur mangelhaft ausgeführt, sondern es treten auch noch besondere unzweckmässige Bewegungen
hinzu, durch welche die Absicht der Bewegungen erst recht gestört
wird; gerade diese unzweckmässigen Bewegungen stellen das dar,
was man in diesen Fällen Krampf nennt, und dieselben sind gewöhnlich um so heftiger, je mehr sich der Kranke anstrengt die beabsichtigte Bewegung auszuführen. Woher kommen diese Krämpfe?
Nach unserer Auffassung ergeben sie sich einfach aus der Störung
der Coordination. Der Kranke sucht seine Absicht zu erreichen, indem er den Willensimpuls verstärkt; da aber dieser Willensimpuls
nicht mehr in zweckmässigsr Weise in die Muskelbewegungen umgesetzt wird, so müssen durch diese Verstärkung nothwendig unzweckmässige Bewegungen entstehen. Man könnte darüber streiten,
ob man solche unzweckmässige Bewegungen als Krampf bezeichnen
soll; sie entstehen ja nur durch den Einfluss des Willens; aber freilich hat der verstärkte Willensimpuls andere Folgen, als beabsichtigt
werden.

Das bisher Angeführte bezieht sich auf die reinen Formen der
coordinatorischen Beschäftigungskrämpfe. Unter Umständen können
Complicationen vorkommen. Bei der sogenannten paralytischen Form
des Schreibekrampfes z. B. handelt es sich um eine Combination von
functioneller Lähmung mit Coordinationsstörung. In anderen Fällen
können auch wirkliche Krämpfe mit der Coordinationsstörung verbunden sein.

Zu den functionellen Krämpfen in diesem Sinne gehört auch das
Stottern, bei dem eine mangelhafte Coordination der der Sprache dienenden Bewegungen vorhanden ist, und bei dem eigentliche „Stotterkrämpfe"
entstehen, wenn das betreffende Individuum versucht, durch Verstärkung
des Willensimpulses den Mangel der Coordination zu ersetzen. Hierher
gehören auch einzelne der spastischen Symptome, welche bei Rücken-
marksstrankheiten mit Störung der Coordination beobachtet werden, und
auf die wir später zurückkommen werden. Endlich gehört zu den Störungen der Coordination die Chorea minor im engeren Sinne, die später
besonders besprochen werden wird.

Aetiologie.

Wir beschränken uns im Folgenden auf die Besprechung des
Schreibekrampfes; die Verhältnisse bei den anderen auf angelernte

Fertigkeiten sich beziehenden functionellen Krämpfen sind denen beim Schreibekrampf im Wesentlichen analog. Der Schreibekrampf kommt vorzugsweise vor bei Individuen, welche schon viel geschrieben haben und noch viel schreiben, daher besonders häufig bei Männern im Alter von 30—50 Jahren. Man hat dabei vielleicht an eine Abnutzung oder Zerstörung des Coordinationsmechanismus durch übermässigen Gebrauch zu denken. So erklärt es sich auch wohl, dass der Schreibekrampf weniger bei eigentlichen Kalligraphen und Abschreibern vorkommt, als besonders bei solchen, welche die Coordination in noch weiterem Sinne in Anspruch nehmen, indem sie beim Schreiben nur auf den Inhalt des Geschriebenen, aber nicht auf die deutliche Ausmalung der einzelnen Buchstaben Gewicht legen, oder auch bei solchen, welche besonders viel, wie man zu sagen pflegt, „mechanisch" schreiben, indem sie z. B. sehr häufig ihren Namen als Unterschrift zu vervielfältigen haben. Dem entsprechend beobachtet man den Schreibekrampf besonders häufig bei viel schreibenden Gelehrten, Beamten und Kaufleuten. Als begünstigend für die Entstehung der Störung gelten alle Momente, welche die beim Schreiben erforderliche Muskelaction erschweren und damit zu Anwendung stärkerer Willensanstrengung zwingen: so enge Aermel, harte Federn (Stahlfedern), unpassende Stellung der Hand oder des Arms, schlechte Haltung der Feder u. s. w. Eine allgemein neuropathische Diathese scheint die Disposition zur Entstehung functioneller Krämpfe zu steigern.

Symptomatologie.

Anfangs wird nur ein Gefühl der Unsicherheit oder leichtere Ermüdung bemerkt; später wird namentlich nach längerem Schreiben die Schrift unregelmässig oder durch einzelne unpassende Schriftzüge entstellt, oder es wird durch starkes Zittern der Hand die Schrift unleserlich; endlich wird das Schreiben ganz unmöglich, indem sofort beim Beginn unpassende und störende Contractionen in den betheiligten Muskeln auftreten. In einigen Fällen pflegen sich mehr die Extensoren, in anderen mehr die Flexoren zu contrahiren, so dass entweder die Feder den Fingern entfällt oder krampfhaft festgehalten und an der Weiterbewegung gehindert wird. Endlich kommen auch mehr klonische·Contractionen vor. Je mehr Aufmerksamkeit und Willensanstrengung aufgewendet wird, desto heftiger pflegen die störenden Muskelcontractionen einzutreten. In den reinen Fällen von Schreibekrampf sind alle anderen und selbst complicirte

Hantirungen vollkommen ungestört. Auch das Verhalten der Muskeln und Nerven gegen Elektricität lässt keine Abweichung von
der Norm erkennen. In manchen Fällen kommt aber zu dem functionellen Krampf noch functionelle Lähmung (paralytische Form),
und dann kann auch der Gebrauch der betreffenden Muskeln für
andere Beschäftigungen beeinträchtigt sein.

Therapie.

Die höheren Grade des Schreibekrampfes und der übrigen functionellen Krämpfe sind gewöhnlich unheilbar. Bei den niederen
Graden scheint die Anwendung der Elektricität und namentlich des
constanten Stromes auf die Halswirbelsäule und die befallenen Muskelgebiete zuweilen von günstiger Wirkung zu sein. Auch Hautreize,
Douchen und Medicamente, namentlich Tonica und Nervina werden
empfohlen. In manchen Fällen wird Besserung oder selbst Heilung
erreicht, wenn die Kranken während langer Zeit die gestörte Beschäftigung vollständig unterlassen. Daneben können unter Umständen passende metasynkritische Verfahren, wie z. B. Kaltwassercuren,
Brunnencuren, Seebäder nützlich sein. Auch die Anwendung der
Massage und Heilgymnastik, wie sie neuerlichst von einzelnen Specialisten ausgeübt wird, hat gute Erfolge aufzuweisen. Manche Kranke
mit Schreibekrampf können noch schreiben, wenn sie die Feder nicht
mit den drei ersten Fingern, sondern etwa mit Hülfe eines Kautschuk-
ringes oder anderer Vorrichtungen zwischen dem 3. und 4. oder dem
4. und 5. Finger halten oder auch sie in die volle Faust nehmen und
gewissermassen mit dem Arm schreiben. Anderen bleibt Nichts übrig
als die linke Hand zum Schreiben zu benutzen; doch giebt es Fälle,
bei welchen endlich auch diese Hand von dem Krampf befallen
wurde. Durch chirurgische Eingriffe, wie Nerven- und Muskeldurch-
schneidungen, die auch schon empfohlen und ausgeführt worden sind,
wird keine Besserung erreicht.

Krankheiten des Rückenmarks.

E r b in Ziemssen's Handbuch. Bd. XI, 2. — E. L e y d e n, Klinik der Rückenmarks-Krankheiten. 2 Bde. Berlin 1874—76. — J. M. C h a r c o t, Leçons sur les localisations dans les maladies du cerveau et de la moelle épinière. Paris 1876—1880. Uebersetzt von R. F e t z e r, Stuttgart 1878—1881. — S c h u s t e r, Diagnostik der Rückenmarks-Krankheiten. 2. Aufl. Berlin 1884.

Der anatomische Bau des Rückenmarks ist ein höchst verwickelter, und wir sind von einer vollständigen Einsicht in die Verhältnisse desselben noch sehr weit entfernt. Ebenso ist die Lehre von den Functionen des Rückenmarks bisher erst in wenigen Grundzügen festgestellt, während die meisten Einzelheiten noch zweifelhaft oder bestritten sind. Für das Verständniss der Krankheiten des Rückenmarks sind aber schon die als feststehend zu betrachtenden Grundzüge von grösster Bedeutung.

Auf dem Querschnitt besteht das Rückenmark aus der mehr gegen die Mitte gelegenen grauen und der mehr gegen die Oberfläche gelegenen weissen Substanz. Die graue Substanz enthält zahlreiche Ganglienzellen, die weisse Substanz besteht in der Hauptsache aus Nervenfasern, die grösstentheils nach der Längsrichtung des Rückenmarks angeordnet sind, und zwar so, dass die einzelnen Nervenfasern wie in den peripherischen Nerven isolirt neben einander verlaufen, ohne mit einander in Verbindung zu treten. Bei der grauen Substanz unterscheidet man die Vorderhörner und die Hinterhörner, die man, indem man nicht nur den Querschnitt, sondern das ganze Rückenmark ins Auge fasste, zweckmässig auch als Vordersäulen und Hintersäulen bezeichnet hat. Durch diese Vorder- und Hintersäulen, sowie durch die Furchen, welche dem Abgang der vorderen motorischen und der hinteren sensiblen Rückenmarkswurzeln entsprechen, zerfällt auf jeder Seite die weisse Substanz in drei verschiedene Stränge, die als Vorderstränge, Seitenstränge und Hinterstränge bezeichnet werden. — An der Constitution des Rückenmarks nimmt endlich noch Theil die aus feinen Fasern mit eingelagerten Kernen bestehende Bindesubstanz oder Neuroglia, welche von der Pia mater aus mit zahlreichen Verästelungen in das Rückenmark eindringt, die einzelnen Abtheilungen der Nervenfasern und Nervenzellen einhüllt und auch die Gefässe enthält.

Das Rückenmark ist sowohl Leitungsorgan als Centralorgan. Es functionirt als L e i t u n g s o r g a n, indem es einerseits sensible Erregungen, welche die Nerven des Rumpfes und der Extremitäten treffen, zum Gehirn und zu den Organen des Bewusstseins hinleitet und anderseits die Willensimpulse, welche von den Organen des Bewusstseins ausgehen, auf die motorischen Nerven des Rumpfes und der Extremitäten überträgt. Es functionirt als C e n t r a l o r g a n, indem es Erregungen sensibler Nerven auf motorische überträgt und dadurch Reflexbewegung vermittelt, und indem es ferner die vom Centralorgan ankommenden, relativ einfachen

Willensimpulse in einzelne nach Ausbreitung und Intensität zweckmässig coordinirte Bewegungen umsetzt. Die Leitung erfolgt hauptsächlich in den Strängen, und zwar dienen die Vorder- und Seitenstränge grossentheils der motorischen, die Hinterstränge der sensiblen Leitung. Die Function des Rückenmarks als Centralorgan kann dagegen nicht in den Strängen gesucht werden, da in diesen keine Verbindungen von Nervenfasern unter einander vorhanden sind: wir müssen sie nothwendig in die graue Substanz verlegen; denn nur da, wo Verbindungen unter den Nervenfasern anzunehmen sind, kann Uebertragung von sensiblen auf motorische Fasern, nämlich Reflexbewegung, oder Umsetzung einfacher Erregung in complicirtere, nämlich Coordination, stattfinden.

Versuchen wir nun auf Grund der anatomischen und physiologischen Fundamentalthatsachen uns ein möglichst einfaches Schema des Rückenmarks zu construiren, so erhalten wir eine Vorstellung über den Bau desselben, welche in der Hauptsache vielfach zusammentrifft mit den Vorstellungen, wie sie schon in früheren Decennien einzelne Forscher auf

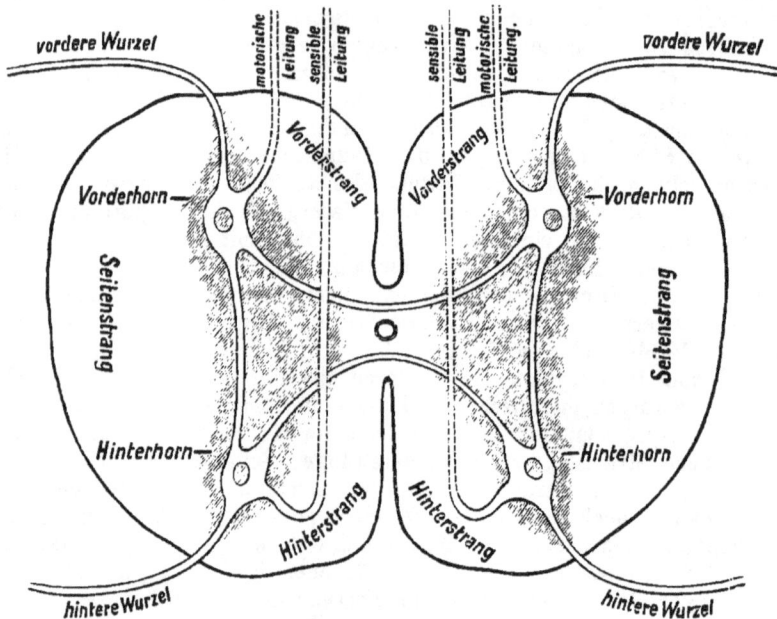

Figur 2.
Schema der Faserverbindungen im Rückenmark.

Grund der physiologischen Thatsachen angenommen, und wie sie Andere auf Grund anatomisch-histologischer Untersuchungen des Rückenmarks namentlich der niederen Wirbelthiere sich gebildet hatten. Dieses Schema entspricht nicht der Wirklichkeit, insofern der wirkliche Bau des Rückenmarks namentlich in der grauen Substanz weit complicirter ist; aber es gibt einen werthvollen ersten Anhalt für das Verständniss des wirklichen Baues.

Wir zeichnen in jedes der Hörner der grauen Substanz eine Ganglienzelle, die wir als Repräsentanten zahlreicher ähnlicher Zellen ansehen, und wir construiren nun die Verbindungen, welche nach den physiologischen Fundamentalthatsachen als unbedingt nothwendige Postulate erscheinen. Zunächst lassen wir aus den Ganglienzellen der Vorderhörner die peripherischen motorischen Nerven entspringen (vordere Wurzeln) und ebenso in die Ganglienzellen der Hinterhörner die sensiblen Nerven (hintere Wurzeln) eintreten. Die Verbindung mit dem Gehirn wird hergestellt durch Fasern, welche in den Vorderseitensträngen und den Hintersträngen verlaufen und als motorische und sensible Leitung bezeichnet sind. Die Uebertragung von sensiblen Nerven auf motorische bei der Reflexbewegung erfolgt dadurch, dass die Ganglienzellen der Hinterhörner mit denen der Vorderhörner in Verbindung stehen; und endlich, da auch von der einen Seite auf die andere eine reflectorische Uebertragung stattfinden kann, so haben wir noch je eine Zelle der einen Seite mit je einer der anderen in Verbindung zu denken.

Es entspricht dieses vorläufige Schema in der That den meisten physiologischen Postulaten. Die an der Peripherie stattfindende sensible Erregung kann sowohl zum Bewusstsein gelangen, als auch direct durch Reflex motorische Erregung bewirken. Die vom Willen ausgehende motorische Erregung würde durch Vermittelung der Zellen der Vorderhörner auf die motorischen Nerven übertragen werden. Ein Postulat freilich bleibt unbefriedigt: Die Coordination der Bewegungen, die jedenfalls zum Theil im Rückenmark erfolgt, würde in unserem Schema keinen Platz finden. Aber auch die anatomische Untersuchung hat bereits den Beweis geliefert, dass der Bau des Rückenmarks viel complicirter ist, als es diesem Schema entspricht. Zunächst würde nach unserem Schema jede Ganglienzelle vier besondere Ausläufer haben, die gewissermassen mit Nervenfasern gleichwerthig sein würden. Wir kennen aber bisher mit Sicherheit an den Ganglienzellen immer nur einen Fortsatz, welcher in eine wirkliche Nervenfaser übergeht, den Nervenfortsatz oder Axencylinderfortsatz; ausserdem besitzen dieselben zwar noch andere Ausläufer, die sogenannten Protoplasmafortsätze, die sich vielfach verzweigen; dieselben gehen aber nicht in eigentliche Nervenfasern und auch nicht direct in andere Ganglienzellen über. Namentlich durch die Untersuchungen von Deiters ist das Vorkommen einer directen Verbindung von zwei Ganglienzellen durch eine einfache Faser zweifelhaft geworden. Wir werden demnach unser Schema zunächst so modificiren müssen, dass wir für jede Ganglienzelle nur einen Nervenfortsatz annehmen, der in die Rückenmarkswurzeln übergeht, ausserdem aber zahlreiche Protoplasmafortsätze, deren Endverästelungen übergehen in ein dichtes Gewirre von feinen und feinsten Fasern, die vielfach sich theilen und mit einander communiciren, und die ausser den Ganglienzellen den Hauptbestandtheil der grauen Substanz ausmachen. Durch dieses Netzfaserwerk sind alle die Verbindungen gegeben, welche wir als physiologisches Postulat voraussetzen müssen; aber es ist damit noch mehr gegeben, als unser Schema fordert. Es scheint in der That, dass durch die Vermittelung desselben nicht nur überhaupt Verbindungen zwischen Ganglienzellen hergestellt werden, sondern dass dadurch geradezu jede einzelne Ganglienzelle mit

sämmtlichen anderen Ganglienzellen des ganzen Rückenmarks in directe
oder indirecte Verbindung gesetzt ist.

Unter solchen Umständen ist es verständlich, dass innerhalb der
grauen Substanz des Rückenmarks in mannigfaltigster Weise die Uebertragung der Erregung von einer Nervenfasergruppe auf mehrere andere
stattfinden kann, wie dies bei den complicirteren Reflexbewegungen und
bei der Coordination vorausgesetzt werden muss. Wir können auch verstehen, dass unter Umständen, wenn pathologischer Weise oder bei Thieren
experimentell gewisse Leitungsbahnen in der grauen Substanz unterbrochen sind, deshalb noch keineswegs die Leitung überhaupt aufhört, sondern dass sie, so lange noch irgend ein Zusammenhang durch Vermittelung von grauer Substanz besteht, dennoch auf mancherlei oft sehr verwickelten Umwegen und deshalb unter Umständen merklich verlangsamt
stattfinden kann. Aber es erhebt sich eine andere Schwierigkeit. Wie
kommt es, dass die Erregung einer gewissen Zahl von Nervenfasern nicht
durch die Ganglienzellen, die ja mit allen anderen Zellen und Fasern
direct oder indirect in Verbindung stehen, überhaupt auf alle Zellen und
Fasern übertragen wird? Wie ist es zu verstehen, dass die Erregung
immer doch noch bestimmten Bahnen folgt? Wir müssen, um dafür eine
Erklärung zu haben, eine Hypothese aufstellen, die übrigens sehr nahe
liegt, nämlich die, dass in dem Netzfaserwerk gewisse Wege für die Erregung leichter, andere Wege schwerer passirbar seien. Solche leichter
durchgängige Wege sind theils präformirt und angeboren vorhanden,
theils und wohl zum grösseren Theile werden sie erst dadurch, dass die
Erregung besonders häufig gerade in diesen Bahnen verläuft, leichter
durchgängig. Wir erlangen durch diese Hypothese einigermassen eine
Vorstellung dafür, wie es möglich ist, dass durch Uebung und Gewöhnung Fertigkeiten in Bezug auf zweckmässige Muskelaction erworben
werden können. Ueberhaupt wird damit für das Wesen der Coordination
der Bewegungen, von der wir ja wissen, dass sie zum grossen Theil
erst durch häufige Uebung erlangt wird, eine Art mechanischer Vorstellung gewonnen. Und auch die wohlcoordinirten und zweckmässigen
Reflexbewegungen beim decapitirten Frosche, welche Pflüger dazu
führten, dem Rückenmark Bewusstsein und Ueberlegung zuzuschreiben,
erklären sich dabei sehr einfach: nach der Entfernung des Gehirns bleiben die Bahnen im Rückenmark vorläufig in dem gleichen Zustande wie
vorher, und das Rückenmark behält daher auch nach Beseitigung des
Bewusstseins die Fertigkeiten, welche es ursprünglich nur unter der
Direction des Bewusstseins hatte erwerben können.

Nachdem wir so im Gröberen unser Schema der Structur des Rückenmarks aufgebaut haben, können wir leicht noch einige Ausbesserungen an-
bringen, durch welche dasselbe der Wirklichkeit noch etwas genähert wird.

a) Zunächst ist zu bemerken, dass die Leitungsbahnen des Rückenmarks, bevor sie in das Gehirn eintreten, grösstentheils auf die andere
Körperseite hinübergehen, dass eine Kreuzung stattfindet. Dieselbe
erfolgt für den grössten Theil der sensiblen Fasern schon im Rückenmark selbst und zwar bei den meisten bald nach dem Eintritt der Fasern,
so dass im Hals- und Brusttheil des Rückenmarks die meisten unterhalb
eingetretenen sensiblen Fasern schon auf der anderen Seite liegen. Da-

gegen findet die Kreuzung der motorischen Fasern grösstentheils erst im verlängerten Mark und zwar hauptsächlich in der Pyramidenkreuzung statt, so dass die motorischen Fasern im ganzen Verlaufe des Rückenmarks anf der Seite liegen, auf welcher die vorderen Wurzeln austreten.

b) Schon bei der Besprechung der functionellen Störungen in sensiblen Nerven haben wir die Ansicht durchgeführt, dass die verschiedenen sensiblen Functionen durch verschiedene Nervenbahnen geleitet werden; die weitere Consequenz dieser Ansicht würde sein, dass auch im Rückenmark für die verschiedenen sensiblen Functionen verschiedene Leitungsbahnen vorhanden sein müssen. Dieser Ansicht entsprechen die Thatsachen insofern, als wenigstens die Leitung für die Schmerzempfindung im Rückenmark in anderen Bahnen zu erfolgen scheint wie die Leitung für die Tastempfindung. Schon die älteren Versuche von S c h i f f haben zu dem Resultat geführt, dass die Leitung der Schmerzempfindung vorzugsweise in der grauen Substanz, die Leitung der Tastempfindung dagegen vorzugsweise in den Hintersträngen stattfinde. Auch die motorische Leitung geschieht nicht ausschliesslich durch die Vorder- und Seitenstränge; sie kann auch durch die graue Substanz erfolgen.

c) Geringere Bedeutung für das Verständniss der pathologischen Verhältnisse hat die Frage, ob die eintretenden Nervenfasern der hinteren Wurzeln unserem Schema entsprechend zunächst in Ganglienzellen der Hinterhörner übergehen, oder ob einige derselben direct in den Hintersträngen zum Gehirn aufwärts verlaufen, andere oder vielleicht alle (G e r - l a c h), die in die graue Substanz eintreten, dort zunächst sich verästeln und ohne vorherige Verbindung mit Ganglienzellen direct in das Netzfaserwerk übergehen. Auch sind vielleicht manche dieser Fasern schon in dem Spinalganglion mit Ganglienzellen in Verbindung getreten.

Endlich ist noch anzuführen, dass im Rückenmark auch Leitungsbahnen für die Nerven der Gefässe sowie für die der Secretion und wahrscheinlich auch für die der Ernährung vorstehenden Nerven vorhanden sind, und dass ein Theil dieser Bahnen seine Centren im Rückenmark zu haben scheint. Die betreffenden Gefässnerven sind zum Theil eigentliche Vasomotoren, zum Theil Antagonisten, und aus Reizung oder Lähmung der einen oder der anderen ist das verschiedene und zuweilen wechselnde Verhalten der Gefässe bei Rückenmarkserkrankungen abzuleiten. Die Betheiligung der secretorischen und trophischen Leitungsbahnen und Centren muss zur Erklärung der bei Rückenmarkskrankheiten häufig vorkommenden Secretions- und Ernährungsstörungen herangezogen werden. Doch sind in allen diesen Beziehungen die Einzelheiten noch vielfach undeutlich und der Discussion unterliegend.

Auf einige hierher gehörige Fragen werden wir im Folgenden einzugehen haben.

Anatomische Erkrankungen des Rückenmarks.

Wir theilen die anatomischen Erkrankungen des Rückenmarks in Herderkrankungen und diffuse Erkrankungen.

Bei den Herderkrankungen ist eine umschriebene Stelle des Rückenmarks afficirt oder zerstört, ohne dass die Krankheit eine besondere Tendenz hat, bei ihrer Weiterverbreitung mehr die eine als die andere Richtung einzuhalten. Wenn aber eine Zerstörung eben so gut in der Quer- wie in der Längsrichtung sich ausbreitet, so wird nach einiger Zeit eine mehr oder weniger vollständige Quertrennung des Rückenmarks die Folge sein. Man kann daher die Herderkrankungen auch als querverlaufende oder quertrennende Erkrankungen bezeichnen. Zu den Herderkrankungen gehören zunächst die traumatischen Verletzungen des Rückenmarks, ferner alle Krankheiten, welche Compression des Rückenmarks an circumscripter Stelle bewirken, und unter diesen auch die Tumoren des Rückenmarks, ferner die Haemorrhagien in der Substanz des Rückenmarks und endlich ein grosser Theil der Prozesse, welche als Myelitis oder als Erweichung des Rückenmarks bezeichnet werden. Die Poliomyelitis, die wir schon im Früheren besprochen haben, gehört ebenfalls zu den Herderkrankungen, wenn auch nicht zu den quertrennenden, weil die Herde überhaupt keine Tendenz zu weiterer Ausdehnung haben. Ebenso verhält sich die multiple Sklerose des Rückenmarks, neben der gewöhnlich die gleiche Affection im Gehirn vorhanden ist, und die wir deshalb mit der multiplen Sklerose des Gehirns gemeinschaftlich abhandeln werden.

Von den diffusen Erkrankungen haben die meisten die ausgesprochene Tendenz, sich in der Richtung der Faserzüge weiter auszubreiten, und zwar meist von unten nach oben. Man kann dieselben als progressive und als längsverlaufende Krankheiten charakterisiren. Und da sie bei ihrem Fortschreiten in der Richtung der Faserzüge vorzugsweise auf einzelne Fasersysteme beschränkt bleiben, so kann man sie auch als Systemerkrankungen (Flechsig) bezeichnen. Die längsverlaufenden progressiven Erkrankungen umfassen das Gebiet derjenigen Krankheiten, welche die ältere Pathologie unter dem Namen der Tabes dorsalis zusammenzufassen pflegte, und die wir, soweit es bei dem heutigen Stande des Wissens zweckmässig erscheint, versuchen werden, nach anatomischen Gesichtspunkten in Systemerkrankungen aufzulösen.

Die Krankheiten der Rückenmarkshäute und die congenitalen Affectionen werden in besonderen Kapiteln behandelt werden.

Die Herderkrankungen des Rückenmarks.

Alle Herderkrankungen des Rückenmarks stimmen darin überein, dass im Bereiche des Krankheitsherdes die Function des Rückenmarks zeitweise oder in vielen Fällen dauernd gestört oder aufgehoben ist. Die Symptome der Herderkrankungen sind demnach zum grossen Theil einfach negativ: sie bestehen, entsprechend der zwiefachen Function des Rückenmarks, in Unterbrechung der Leitung und in Aufhebung der centralen Functionen. Daneben können unter Umständen noch positive Symptome zu Stande kommen in Folge von Reizung des Rückenmarks oder der Rückenmarkswurzeln, und diese positiven Symptome, welche auf den Bereich der auf der Höhe des Krankheitsherdes entspringenden Nervenwurzeln beschränkt sind und gewöhnlich als „Gürtelerscheinungen" bezeichnet werden, können nach der Art der Erkrankung verschieden sein. Dagegen ist die Art und die Ausdehnung der negativen Symptome nur abhängig von der Stelle und der Ausdehnung der Erkrankung; die Art derselben kommt dabei nicht in Betracht; der Ausfall der Function zeigt sich in gleicher Weise, mag die herdweise Zerstörung des Rückenmarks erfolgt sein durch Durchschneidung oder Compression oder Zerquetschung oder durch Haemorrhagie, Erweichung oder Vereiterung. Bei der Besprechung der verschiedenen Arten der Herderkrankungen würden immer die gleichen negativen Symptome aufgeführt werden müssen. Um solche Wiederholungen zu vermeiden, behandeln wir zunächst die Herdsymptome der Rückenmarkserkrankungen für sich und nehmen dabei nur Rücksicht auf die Stelle und die Ausdehnung des Krankheitsherdes, nicht aber auf die Art der Erkrankung. Später werden dann noch die einzelnen Herderkrankungen nach ihrer verschiedenen Art und Entstehungsweise zu besprechen sein, und dabei werden wir zugleich die bei den einzelnen Erkrankungen etwa vorkommenden positiven Symptome berücksichtigen.

Die häufigen Wiederholungen, wie sie bei der gebräuchlichen Art der Darstellung der Herderkrankungen unvermeidlich sind, würden zwar lästig, aber doch sonst nicht nachtheilig sein, wenn nicht zuweilen, um die unschöne Wiederholung zu verdecken, die Worte und Redewendungen variirt würden; dadurch kann derjenige, welcher mit der Sache nicht vollständig vertraut ist, zu der Meinung verleitet werden, als beständen thatsächliche Verschiedenheiten, wo sie in Wirklichkeit nicht vorhanden sind und naturgemäss nicht vorhanden sein können.

1. Totale vollständige Quertrennung.

Vollständige Unterbrechung der Continuität des Rückenmarks kommt am häufigsten zu Stande in Folge von traumatischen Einwirkungen, bei denen entweder, wie bei Stich- und Schusswunden, das Rückenmark durch die directe Einwirkung der mechanischen Gewalt durchgetrennt, oder, wie bei Fracturen und Luxationen der Wirbel, durch die Knochen comprimirt oder zerquetscht werden kann. Auch circumscripte Blutergüsse oder myelitische Prozesse können zu vollständiger Quertrennung führen. Endlich kommt nicht selten eine vollständige Quertrennung zu Stande durch die Compression, welche von Tumoren des Rückenmarks oder der Rückenmarkshäute oder der Wirbel ausgeübt wird.

Bei vollständiger Quertrennung ist an der betreffenden Stelle die Leitung vollständig aufgehoben; der unterhalb gelegene Theil des Rückenmarks und sämmtliche unterhalb der Stelle abgebenden Nerven sind ausser Verbindung mit dem Gehirn. Daher besteht vollständige Anaesthesie und vollständige Lähmung im ganzen Gebiete dieser Nerven. Von dieser sensiblen und motorischen Paraplegie ist immer der untere Körperabschnitt betroffen; wie weit sie sich nach oben erstreckt, hängt ab von der Stelle der Quertrennung, und die Ausdehnung der Lähmung und Anaesthesie lässt deshalb leicht erkennen, in welcher Höhe der Krankheitsherd seinen Sitz hat. Bei Quertrennung im unteren Theil des Brustmarks sind nur die unteren Extremitäten, bei Quertrennung im oberen Halsmark ausserdem auch die oberen Extremitäten und der Rumpf von der Verbindung mit dem Gehirn abgeschnitten. Die centralen Functionen des Rückenmarks dagegen sind nur so weit aufgehoben, als das Rückenmark zerstört ist; in dem ganzen unterhalb der Zerstörung liegenden Abschnitte sind sie, falls dieser Abschnitt unverletzt geblieben ist, vollständig normal vorhanden. Die Reflexbewegungen kommen in normaler Weise zu Stande oder sind sogar, weil der vom Gehirn ausgehende moderirende Einfluss aufgehoben ist, merklich gesteigert. Die Sehnenreflexe und namentlich die von der Patellarsehne aus hervorzurufenden sind stärker als normal; bei Dorsalflexionen des Fusses kommt oft ausgebildeter Reflexklonus zu Stande. Auch die Hautreflexe sind vorhanden und zeigen oft noch deutliche Coordination. Wenn bei einem solchen Kranken, der unterhalb einer gewissen Stelle für Berührung und für schmerzerregende Einflüsse ganz unempfindlich ist, und bei dem jede Spur von willkürlicher Bewegung aufgehört hat, die Fusssohle oder eine andere Hautstelle gekitzelt oder mit einer Nadel wiederholt gestochen wird, so treten lebhafte Reflexbewegungen ein, welche in der Weise zweckmässig coordinirt sind, dass dadurch die gereizte Stelle aus dem Bereich des Reizes entfernt wird. So weit bei Paraplegischen diese

Reflexbewegungen noch vorhanden sind, so weit ist das Rückenmark noch functionsfähig als Centralorgan. Dagegen haben im Bereich der Stelle des Rückenmarks, welche durch den Krankheitsherd zerstört ist, auch die centralen Functionen desselben aufgehört, und deshalb besteht im Bereich derjenigen Nerven, welche auf der Höhe des Krankheitsherdes aus dem Rückenmark entspringen, neben Anaesthesie und Lähmung auch vollständige Aufhebung der Reflexbewegungen.

Etwas verwickelter ist das Verhalten in Betreff solcher Bewegungen, welche beim Gesunden zum Theil der Willkür unterworfen sind, zum Theil unwillkürlich erfolgen. Der Gesunde kann die Blase willkürlich zu jeder Zeit entleeren, indem er durch Contraction der Bauchmuskeln und Erschlaffung des Sphincter vesicae die Entleerung einleitet, die dann unwillkürlich durch den Detrusor fortgesetzt wird; er kann aber auch, wenn bei gefüllter Blase der Detrusor reflectorisch erregt wird, durch willkürliche Contraction des Sphincter die Entleerung hemmen. Alle diese willkürlichen Einwirkungen sind bei Quertrennung des Rückenmarks vollständig aufgehoben. Dagegen kann, wenn das Lendenmark, in welchem das Centrum für die reflectorische Entleerung der Blase sich befindet, unverletzt ist, bei Füllung der Blase die Entleerung derselben unwillkürlich und von dem Kranken unbemerkt erfolgen. In der Regel kommt es freilich auf die Dauer zu Harnretention mit Ausdehnung der Blase und anhaltendem Harnträufeln, und es kann Zersetzung des Harns, katarrhalische oder jauchige Cystitis, Pyelitis, disseminirte eiterige Nephritis u. s. w. die weitere Folge sein. — Ebenso ist bei Quertrennung des Rückenmarks sowohl die willkürliche Anregung als die Verhinderung der Stuhlentleerung aufgehoben; es kann aber, falls die im Lendenmark befindlichen reflectorischen Centren noch erhalten sind, die Stuhlentleerung in unwillkürlicher und unbewusster Weise erfolgen. In der Regel stellt sich jedoch auch bei Quertrennung in höheren Abschnitten schon wegen des Fehlens der Bauchpresse allmählich hartnäckige Stuhlverstopfung ein. — Anders verhält es sich mit der Respiration, die auch unwillkürlich erfolgt und zugleich dem Willen unterworfen ist. Da die Centren für die unwillkürlichen Athembewegungen im verlängerten Mark liegen, die motorischen Nerven für die Respirationsbewegungen vom Cervical- und Brustmark abgehen, so ist bei Quertrennung in den untersten Bezirken des Rückenmarks gar keine Störung der Respiration vorhanden. Bei Quertrennung im Brustmark kann die willkürliche und forcirte Exspiration aufgehoben sein wegen Lähmung der

Bauchmuskeln, während im Uebrigen die Respiration nicht wesentlich gestört ist. Bei Quertrennung im oberen Brust- oder im Halsmark ist die Inspiration umsomehr beeinträchtigt, je höher die Stelle der Unterbrechung ist, und wenn dieselbe oberhalb des Abgangs der Wurzeln für den Nervus phrenicus sich findet, so hat die Lähmung des Zwerchfells gewöhnlich bald den Tod zur Folge.

Häufig kommt es vor, dass bei den unterhalb der Quertrennung gelegenen Theilen des Rückenmarks auch die centralen Functionen mehr oder weniger gestört sind. So können unmittelbar nach einem schweren Trauma in Folge der Commotion (s. u.) die Reflexbewegungen und die unwillkürlichen Bewegungen der Blase und des Mastdarms fehlen, sich aber später wiederherstellen. In anderen Fällen können diese Bewegungen aufgehoben sein in Folge einer begleitenden diffusen Meningitis. Aber auch wenn unterhalb der Quertrennung keine grob-anatomischen Veränderungen nachzuweisen sind, zeigen doch auf die Dauer die centralen Functionen des abgetrennten unteren Theiles gewöhnlich eine allmähliche Abnahme, die im Laufe sehr langer Zeit selbst bis zu vollständigem Erlöschen fortschreiten kann.

In vielen Fällen sind deutliche Circulationsstörungen in den unterhalb der Quertrennung liegenden Körpertheilen vorhanden, und zwar zuweilen Erweiterung, zuweilen Verengerung der Gefässe. Besonders häufig beobachtet man im Anfang Erweiterung, nach längerer Dauer Verengerung; die erstere ist entweder auf Lähmung der Vasomotoren oder vielleicht wahrscheinlicher auf Reizung der Antagonisten, die zweite wohl meist auf Lähmung der Antagonisten zu beziehen. Auch der namentlich bei Quertrennung im Halsmark in einzelnen Fällen vorkommende Priapismus ist von Lähmung der Vasomotoren oder von Reizung der Antagonisten abzuleiten.

Besonders häufig kommen im Bereich des gelähmten unteren Körperabschnitts schwere Ernährungsstörungen vor, unter denen der acute Decubitus mit schnellem Uebergang in Gangrän von besonderer Wichtigkeit ist. Derselbe wird augenscheinlich veranlasst durch den Druck der Unterlage; er wird befördert durch das Vorhandensein der Anaesthesie und Lähmung, indem eine ungünstige Lagerung der Theile nicht wahrgenommen wird und auch nicht willkürlich geändert werden kann; unter Umständen können vielleicht auch die Circulationsstörungen und jedenfalls der unbewusste Abgang von Urin und Koth wesentlich zur Entstehung der Gangrän beitragen. Aber alle diese Momente würden nicht ausreichen, um das acute Auftreten und schnelle Fortschreiten des Decubitus zu erklären. Wir werden wohl annehmen müssen, dass die Unterbrechung der Leitung in gewissen trophischen Fasern das wesentliche Moment bei der Entstehung desselben sei. Der Decubitus trägt in vielen Fällen hauptsächlich zum schnellen Eintritt des Todes bei. Von anderweitigen Ernährungsstörungen kommt vor ein gewisser Grad von Atrophie der Haut mit Trockenheit und Sprödigkeit derselben oder auch mit Glätte und Glanz der Epidermis (Glossy skin der englischen Autoren), ferner leichte Oedeme, Eruption von Erythem, Herpes oder Urticaria, Neigung zu Ulcerationen, endlich zuweilen auch eine merkliche Atrophie der Muskeln und der übrigen Gewebe.

Störungen im Verhalten der Körpertemperatur sind um so eher zu erwarten, je höher oben die Quertrennung besteht. Die von dem nervösen Zusammenhange mit dem verlängerten Mark und dem Gehirn abgetrennten Theile besitzen keine Wärmeregulirung mehr, und daher kann je nach den Umständen die Körpertemperatur sowohl unter als über der Norm sein. Man hat in der That bei hoher Quertrennung in einzelnen Fällen die Körpertemperatur bis unter 32 º C. sinken sehen, in anderen Fällen dagegen kurz vor dem Tode excessive Steigerungen bis zu 43 º C. und darüber beobachtet.

Da unterhalb der Quertrennung die Regulirung sowohl der Wärmeproduction als des Wärmeverlustes aufgehoben ist, so ist dabei die Körpertemperatur in beträchtlichem Masse abhängig von den Aussenverhältnissen. Kleine Thiere, wie Kaninchen und kleine Hunde, die im Verhältniss zum Körpervolumen eine grosse Oberfläche darbieten, zeigen nach Durchschneidung des Halsmarks bei gewöhnlicher Aussentemperatur meist eine Erniedrigung, bei höherer Lufttemperatur eine Steigerung der Körpertemperatur. Menschen und grössere Thiere, die im Vergleich zum Volumen weniger Oberfläche haben, können auch bei gewöhnlicher Lufttemperatur eine Steigerung der Körpertemperatur erleiden. In diesen letzteren Fällen ist aber auch an die Möglichkeit zu denken, dass die Aufhebung der Einwirkung eines die Wärmeproduction moderirenden Centrums bei der Temperatursteigerung betheiligt sein könne. — Vgl. Liebermeister, Pathologie und Therapie des Fiebers. Leipzig 1875. S. 262 ff.

Die motorischen und sensiblen Nerven, welche in dem durch die Herderkrankung zerstörten Theil des Rückenmarks ihren Ursprung haben, gehen, da sie nicht mehr mit normalen Ganglienzellen in Zusammenhang stehen, schnell in Degeneration über; dagegen werden die unterhalb der Quertrennung aus dem noch erhaltenen unteren Theil des Rückenmarks entspringenden Nerven zunächst nicht von Degeneration befallen; nur nach längerem Bestehen der Lähmung kann durch Nichtgebrauch allmählich eine gewisse Atrophie der Nerven und Muskeln zu Stande kommen, oder es kann die später

eintretende Störung der centralen Functionen unterhalb der Quertrennung eine Degeneration derselben zur Folge haben. ¯So lange
die motorischen Nerven nicht degenerirt sind, bleiben die für den
Willen gelähmten Muskeln normal erregbar für den Inductionsstrom.

    Im weiteren Verlauf stellt sich häufig im Bereich der paraplegisch
gelähmten Muskeln ein Zustand von Spannung oder Rigidität ein,
der später in wirkliche Contractur übergeht, so dass die Beine anhaltend gestreckt (Streckcontractur) oder auch in späterer Zeit im
Hüft- und Kniegelenk gebeugt sind (Beugecontractur) und nur schwer
oder gar nicht in eine andere Stellung gebracht werden können.
Diese Contracturen werden wahrscheinlich mit Recht mit der absteigenden Degeneration der Pyramidenbahnen in Zusammenhang
gebracht.

    Bei jeder Quertrennung im Rückenmark kommt es zu secun-
därer Degeneration bestimmter Faserzüge in den unterhalb und
oberhalb gelegenen Theilen des Rückenmarks.

    Die absteigende Degeneration betrifft hauptsächlich die
sogenannten Pyramidenbahnen, nämlich einen bestimmten nach hinten
gelegenen Theil der Seitenstränge (Pyramidenseitenstrangbahnen,
Flechsig) und den inneren Rand der Vorderstränge (Pyramidenvorderstrangbahnen, Flechsig). Es sind dies motorische Fasern,
welche direct von den Centralwindungen der Gehirnoberfläche durch
Stabkranz, Capsula interna, Pedunculus, Pons, Pyramiden in das
Rückenmark verlaufen. Diese Fasern zeigen eine im Rückenmark
nach abwärts bis in das Lendenmark sich erstreckende, aber allmählich auf immer kleinere Bezirke sich beschränkende Degeneration, sobald der Zusammenhang derselben mit den Ganglienzellen
der Centralwindungen aufgehoben ist, nämlich bei Zerstörung der
Centralwindungen selbst oder bei Unterbrechung der Leitung an irgend einer Stelle des Faserverlaufs. Zu einem meist grösseren Theile
gehen diese Fasern in der Pyramidenkreuzung auf die andere Seite
hinüber (Pyramidenseitenstrangbahnen), zum kleineren Theil bleiben
sie auf der gleichen Seite (Pyramidenvorderstrangbahnen). Bei Gehirnkrankheiten, welche nur auf einer Seite oberhalb der Pyramiden
eine Unterbrechung dieses Fasersystems bewirken, verläuft deshalb
die absteigende Degeneration in den Seitensträngen des Rückenmarks
auf der der Erkrankung entgegengesetzten Seite, in den Vordersträngen auf der gleichen Seite. Bei halbseitiger Quertrennung des
Rückenmarks verläuft die absteigende Degeneration sowohl in den
Seiten- als in den Vordersträngen auf der Seite der Erkrankung;
bei totaler Quertrennung stellt sie sich auf beiden Seiten ein. —

Durch die absteigende Degeneration wird an dem Symptomencomplex der Quertrennung in Betreff der Lähmungen nichts geändert; sie ist aber wahrscheinlich bei der Entstehung der später auftretenden Muskelspannungen und Contracturen betheiligt.

Von der aufsteigenden Degeneration werden bei Quertrennung regelmässig betroffen die inneren Abschnitte der Hinterstränge (Funiculi graciles oder Goll'sche Stränge) und häufig auch die äussere Schicht der Seitenstränge (Kleinhirnseitenstrangbahnen, Flechsig).. Die Degeneration lässt sich in den Goll'schen Strängen bis in die Corpora restiformia verfolgen, in den Kleinhirnseitenstrangbahnen bis in das kleine Gehirn. Die aufsteigende Degeneration macht für sich keine besonderen Symptome.

Die secundären Degenerationen sind zunächst von L. Türck (1850) genauer erkannt und beschrieben worden. — Vgl. P. Flechsig, Die Leitungsbahnen im Gehirn und Rückenmark des Menschen. Leipzig 1876. — Derselbe, Ueber „Systemerkrankungen" im Rückenmark. Archiv der Heilkunde. Bd. XVIII. 1877. S. 101, 289, 461; Bd. XIX. 1878. S. 53, 441. — Charcot, Leçons sur les localisations etc. p. 210 sq.

Der tödtliche Ausgang erfolgt in den Fällen, in welchen die Quertrennung andauernd besteht, im Allgemeinen um so früher, je höher oben dieselbe vorhanden ist. Bei Quertrennung im oberen Halsmark gehen die Kranken gewöhnlich schon nach wenigen Tagen in Folge der Respirationsstörung zu Grunde; auch bei Quertrennung im Brustmark kann die Unmöglichkeit der willkürlichen und forcirten Exspiration dazu beitragen, dass intercurrente Erkrankungen der Respirationsorgane, z. B. ein schwerer Bronchialkatarrh oder eine Pneumonie, besonders lebensgefährlich werden. Bei Quertrennung an tiefer gelegenen Stellen kann der Kranke, wenn nicht durch Zerstörung der Centren im Lendenmark früh Cystitis mit ihren Folgen zu Stande kommt und auch nicht Decubitus sich einstellt, noch Jahre lang mit Lähmung der unteren Extremitäten am Leben bleiben. Endlich erfolgt der Tod an intercurrenten Krankheiten oder an Decubitus und Cystitis mit Fieber, Septichaemie, Marasmus und weiteren Folgen.

2. Unvollständige Quertrennung.

Als unvollständige Quertrennung bezeichnen wir es, wenn der Krankheitsherd in seinem Bereich nur eine annähernd gleichmässige Verminderung, aber keine vollständige Aufhebung der Function des Rückenmarks bewirkt. So kann z. B. die Function auf dem ganzen Querschnitt in unvollständiger Weise aufgehoben sein bei einer Compression, welche nur in mässigem Grade den ganzen Querschnitt

gleichmässig betrifft, oder auch bei myelitischen Prozessen, die bei
Ausbreitung über den ganzen Querschnitt doch nur eine theilweise Zerstörung der Bestandtheile desselben bewirken. Die Störungen, welche
bei unvollständiger Quertrennung auftreten, sind die gleichen wie
bei vollständiger Quertrennung, nur haben sie eine unvollständige
Ausbildung. Statt der vollständigen Paraplegie besteht nur paraplegische Parese in den Gebieten unterhalb der Quertrennung: dabei
ist eine Schwäche in der Musculatur vorhanden, das Gehen ist mehr
oder weniger erschwert, erfolgt mit Anstrengung und unbeholfen,
die Füsse werden zu hoch erhoben, fallen schnell nieder, treffen oft
nicht die richtige Stelle; in Folge absteigender Degeneration können
spastische Erscheinungen dazu kommen; Blase und Mastdarm können
Functionsstörungen zeigen. Statt vollständiger Anaesthesie ist nur
unvollständige vorhanden: es besteht das Gefühl von Pelzigsein,
Kriebeln, Ameisenkriechen, die Kranken schwanken bei geschlossenen
Augen u. s. w. (S. 38). Dabei ist jedoch zu bemerken, dass bei
gleichmässiger Compression des ganzen Querschnitts in der Regel
die motorische Leitungshemmung bedeutender zu sein pflegt als die
sensible, so dass annähernd vollständige motorische Paraplegie neben
unvollständiger Anaesthesie vorkommen kann.

Die Prognose ist bei unvollständiger Quertrennung weniger ungünstig als bei vollständiger; sie hängt im Wesentlichen davon ab,
ob nach der Art des zu Grunde liegenden Prozesses im weiteren
Verlauf eine Besserung oder eine Verschlimmerung der Functionsstörung zu erwarten ist.

3. Partielle Quertrennung.

Wenn ein Krankheitsherd nur einen Theil des Querschnitts zerstört oder ausser Function setzt, so reden wir von einer partiellen
Quertrennung. Dieselbe kommt besonders häufig vor, sowohl in
Folge von traumatischen Einwirkungen, als auch von Haemorrhagien
oder myelitischen Prozessen. Die Symptome sind ganz davon abhängig, welche Theile des Querschnittes durchgetrennt sind, und in
welcher Höhe; und wir können diese Symptome in der Hauptsache
a priori construiren. So z. B. wird bei Trennung beider Hinterstränge unterhalb der betreffenden Stelle die Tastempfindung aufgehoben sein, während die Schmerzempfindung noch fortbesteht; Trennung eines Hinterstranges wird Aufhebung der Tastempfindung auf
der entgegengesetzten Seite bewirken. Vollständige totale Anaesthesie kommt nur zu Stande, wenn ausser den Hintersträngen auch
der grösste Theil der grauen Substanz auf dem betreffenden Quer-

schnitt zerstört ist. Trennung der Vorderseitenstränge einer Seite hat Beeinträchtigung der Motilität auf der gleichen Seite zur Folge, Trennung beider Vorderseitenstränge Beeinträchtigung der Motilität auf beiden Seiten. Ganz aufgehoben ist die willkürliche Bewegung erst dann, wenn ausser den Vorder- und Seitensträngen auch der grösste Theil der grauen Substanz durchgetrennt ist. Wenn die Quertrennung die Pyramidenseitenstrangbahnen betrifft, so sind neben der Lähmung gewöhnlich Contracturen vorhanden. Krankheitsherde, die nur Theile der grauen Substanz betreffen, werden die Function des Rückenmarks als Leitungsorgan nicht merklich stören; sie werden aber Aufhebung der Function und Degeneration in denjenigen Nervenwurzeln bewirken, welche mit den der Zerstörung anheimgefallenen Ganglienzellen in Zusammenhang standen. So entsteht durch Krankheitsherde in den Vordersäulen der grauen Substanz (Poliomyelitis anterior) der Symptomencomplex der essentiellen Lähmung, welche auf der Seite des Krankheitsherdes die untere oder obere Extremität befällt, je nachdem der Krankheitsherd in der Lenden- oder in der Cervicalanschwellung sich findet (S. 110). Aehnliche Krankheitsherde in den Hintersäulen der grauen Substanz mögen vielleicht einzelnen Fällen von partieller Anaesthesie zu Grunde liegen.

Auch die partielle Quertrennung kann im Bereich des Krankheitsherdes eine vollständige oder unvollständige sein, und es werden in dieser Beziehung die mannigfachsten verschiedenen Combinationen beobachtet. Es ist die Aufgabe der Diagnose, in dem einzelnen Falle aus der genauen Beobachtung der Symptome auf die Lage und Ausdehnung des Krankheitsherdes einen Schluss zu machen; und diese Aufgabe kann bei genügender Sorgfalt und Ueberlegung in der That in manchen Fällen in einem befriedigenden Masse gelöst werden.

Von besonderem Interesse ist diejenige partielle Quertrennung, welche eine Seite des Rückenmarks betrifft.

4. Halbseitige Quertrennung.

Durch traumatische Einwirkungen, namentlich durch Stichwunden, welche zwischen den Wirbelbögen eindringen, kann es in einzelnen Fällen geschehen, dass annähernd genau eine Hälfte des Rückenmarks durchgetrennt wird, während die andere unversehrt bleibt. Seltener und meist in unvollkommener Ausbildung kann die halbseitige Quertrennung auch vorkommen in Folge von Compression, Haemorrhagie, Neubildung, Myelitis u. s. w.

Auf der Seite der Quertrennung ist im Gebiete aller unterhalb derselben abgehender Nerven motorische Lähmung vorhanden; auf der entgegengesetzten unverletzten Seite ist die Motilität vollkommen ungestört, aber die Sensibilität unterhalb der Höhe des Krankheits-herdes vollständig aufgehoben. Man pflegt diesen Symptomencomplex, der in motorischer Lähmung der einen und Anaesthesie der anderen Seite besteht, nach dem Forscher, der am meisten zur Kenntniss des-selben beigetragen hat, als Brown-Sequard'sche Spinal-lähmung zu bezeichnen. Es wird durch das Vorkommen desselben bei halbseitiger Quertrennung der Beweis geliefert, dass die sensiblen Fasern im Rückenmark bald nach ihrem Eintritt zum grössten Theil auf die entgegengesetzte Seite hinübergehen, während die motorischen grösstentheils bis zum verlängerten Mark auf der gleichen Seite bleiben (S. 154). Auf der Seite der Quertrennung ist nicht nur die Sensibilität noch vorhanden, sondern es besteht auch eine gewisse Hyperaesthesie, so dass schon leichte Berührungen oder Temperatur-eindrücke schmerzhaft empfunden werden. Nur im Gebiete der-jenigen Nerven, deren eintretende Wurzeln durch den Krankheits-herd zerstört sind, findet sich eine der Ausdehnung des Krankheits-herdes entsprechende anaesthetische Zone. Auf der der Quertrennung entgegengesetzten Seite wird zwar eine Erregung der sensiblen Nerven unterhalb derselben nicht mehr zum Bewusstsein gebracht; aber es werden dadurch Reflexbewegungen in ganz normaler Weise ausgelöst. Die Muskelsensibilität macht jedoch eine Ausnahme von dem Verhalten der übrigen Sensibilität; sie ist auf der Seite der Quertrennung, also im Bereich der motorischen Lähmung, aufgehoben, auf der unversehrten Seite, also im Bereich der Anaesthesie, er-halten. Die Temperatur der peripherischen Theile zeigt sich häufig auf beiden Seiten verschieden: meist scheint sie auf der Seite der Quertrennung wenigstens im Anfang erhöht zu sein (Lähmung der Vasomotoren); auch kann bei halbseitiger Quertrennung im Cervical-theile auf der der Verletzung entsprechenden Seite des Kopfes Ge-fässerweiterung nebst anderen Folgen von Lähmung des Sympathicus sich zeigen. Die trophischen Fasern scheinen mehr den sensiblen Bahnen zu folgen; wenigstens hat man in einzelnen Fällen auf der der Quertrennung entgegengesetzten Seite schweren brandigen Decu-bitus beobachtet. Die Ausdehnung und die Bedeutung der vorhan-denen Symptome ist natürlich wesentlich abhängig von der Stelle des Rückenmarks, an welcher die halbseitige Quertrennung besteht; befindet sich der Krankheitsherd im Brusttheil, so ist nur die untere Körperhälfte, besteht er im Cervicalmark, so sind auch die oberen

Extremitäten und eventuell die Respirationsmuskeln einer Seite betheiligt.

Vgl. Hugo Köbner, Die Lehre von der spinalen Hemiplegie. Deutsches Arch. f. klin. Med. Bd. 19. 1877. S. 169.

Die verschiedenen Arten der Herderkrankungen.

Nachdem wir bisher die Herderkrankungen des Rückenmarks in Bezug auf die dadurch bewirkten Functionsstörungen besprochen haben, ohne dabei auf die Art der Erkrankung Rücksicht zu nehmen, werden wir im Folgenden die verschiedenen Arten der Herderkrankungen aufzuführen und nach ihrer Entstehungsweise und ihrem Verlauf zu erörtern haben.

I. Traumatische Einwirkungen.

Verletzungen des Rückenmarks können totale und partielle Quertrennungen zur Folge haben: so Stich- oder Schusswunden, bei Fracturen die Dislocation der Bruchstücke, bei Luxationen die Dislocation der Wirbel. Unter Umständen ist dabei das Rückenmark an der betreffenden Stelle ganz oder theilweise zerstört, in anderen Fällen nur bis zu mehr oder weniger vollständiger Aufhebung der Function comprimirt.

Eine ungewöhnlich heftige Erschütterung, welche den ganzen Körper oder einen Theil der Wirbelsäule trifft, kann unter Umständen auch ohne Fractur oder Luxation der Wirbel die Function des Rückenmarks aufheben. Wenn dies nur vorübergehend stattfindet, so redet man von Commotion des Rückenmarks und schliesst aus der späteren Wiederherstellung der Function, dass keine bedeutenderen Zerstörungen stattgefunden haben. In einzelnen Fällen wird aber auch durch solche Einwirkungen die Substanz des Rückenmarks zertrümmert, und dann ist eine Restitution unmöglich. — Bei quertrennenden Verletzungen des Rückenmarks kommt es vor, dass unmittelbar nach der Verletzung die Reflexbewegungen unterhalb der Trennungsstelle aufgehoben sind, und ebenso die unwillkürlichen Bewegungen der Blase und des Mastdarms, dass dieselben aber später wiederkehren; auch dies pflegt man auf Commotion in dem unteren Abschnitt zu beziehen.

Die Folgen einer Verletzung des Rückenmarks sind zunächst abhängig von der Stelle und der Ausdehnung der Verletzung: sie bestehen in den früher besprochenen Erscheinungen der totalen oder partiellen Quertrennung. In vielen Fällen aber gibt das Trauma Veranlassung zur Entstehung von Myelitis, welche gewöhnlich auf die nächste Umgebung der Verletzung sich beschränkt, namentlich nicht merklich in der Längsrichtung sich fortsetzt, dagegen meist die Quertrennung vervollständigt. Dabei kommen die der Myelitis (s. u.) eigenthümlichen Reizungserscheinungen vor, nämlich Schmerzen und Krämpfe, hauptsächlich im Bereiche der an der betreffenden Stelle abgehenden sensiblen und motorischen Nerven (Gürtelerscheinungen). Zuweilen kommt auch Meningitis (s. u.) zu Stande, die dann mehr diffus verbreitete Reizungs- und Lähmungserscheinungen zur Folge hat. Diese entzündlichen Prozesse sind häufig mit Fieber verbunden, welches aber bei einigermassen hoher und vollständiger Quertrennung hinter den früher besprochenen Störungen der Wärmeregulirung (S. 161) in den Hintergrund treten kann.

Je höher oben und je vollständiger die Quertrennung erfolgt, um so früher tritt der Tod ein. Vollständige Heilung ist nur möglich in den Fällen, in welchen die Aufhebung der Function nicht auf Zerstörung des Rückenmarks, sondern nur auf einer vorübergehenden Compression oder auf Commotion beruht. Partielle Wiederherstellung der Function kann, wenn nicht die hinzutretende Myelitis die Quertrennung vervollständigt, erfolgen in Fällen, in welchen das Rückenmark nur auf einem Theil des Querschnittes wirklich durchgetrennt, im Uebrigen aber nur durch Compression oder Commotion oder durch Oedem in der Umgebung des Trauma functionsunfähig geworden war. Doch ist selbst das Vorkommen einer partiellen Regeneration der Nervenelemente für einzelne Fälle bisher nicht mit Sicherheit auszuschliessen.

Die Behandlung der traumatischen Verletzungen ist zunächst eine chirurgische. Später ist eventuell die Myelitis oder Meningitis zu behandeln. Besondere Sorgfalt ist zu verwenden auf Verhütung oder Beschränkung des Decubitus, Behandlung der Lähmung von Blase und Mastdarm u. s. w.

II. Tumoren.

Wir fassen hier alle Tumoren zusammen, welche den Raum im Wirbelkanal wesentlich beschränken, mögen dieselben vom Rückenmark selbst oder von den Rückenmarkshäuten oder von den Wirbeln oder von anderen umgebenden Theilen ausgehen. Es kommen hauptsächlich in Betracht Carcinome, Sarkome, Myxome, Gliome, Lipome, Fibrome, Osteome mit Einschluss der umfangreicheren Exostosen der Wirbel, Syphilome, grössere Tuberkel. In klinischer Beziehung können denselben angereiht werden die Parasiten, nämlich Echinokocken und Cysticerken, die übrigens selten vorkommen, und endlich auch die Aneurysmen.

Die Tumoren im Rückenmarkskanal haben unter Umständen Auftreibung der Wirbel an der betreffenden Stelle zur Folge, und in einzelnen Fällen können sie selbst nach aussen hervorwuchern. Die Erscheinungen sind nur zum kleinen Theil von der Natur des Tumors abhängig; soweit das Rückenmark betheiligt ist, sind sie bei allen Tumoren im Wesentlichen die gleichen: es sind die Erscheinungen der totalen oder partiellen Quertrennung, welche durch directe Zerstörung des Rückenmarks oder durch Myelitis oder durch Compression zu Stande kommt.

III. Compression.

Schon im Früheren wurde die Compression des Rückenmarks erwähnt, welche durch Tumoren des Wirbelkanals oder durch traumatische Dislocationen der Wirbel bewirkt wird. Von anderweitigen Prozessen, welche comprimirend wirken, nennen wir zunächst die Meningitis. Dieselbe ist gewöhnlich diffus verbreitet und bewirkt dann eine diffuse Compression des Rückenmarks mit den später zu besprechenden Erscheinungen (s. u.); in seltenen Fällen kommt sie auch auf eine einzelne Stelle beschränkt vor, und eine solche circumscripte Meningitis kann, namentlich wenn sie mit beträchtlicher Bindegewebsneubildung einhergeht, Compression einer einzelnen Stelle des Rückenmarks bis zu vollständiger Unterbrechung der Leitung bewirken.

Die Verkrümmungen der Wirbelsäule, wie sie besonders häufig als Kyphose (mit der Convexität nach hinten) und Skoliose (seitliche Verkrümmung), seltener als Lordose (mit der Convexität nach vorn) vorkommen, können unter Umständen an der Stelle der stärksten Knickung den Wirbelkanal verengern. Im Ganzen aber ist Compression des Rückenmarks in Folge von Wirbelverkrümmung auffallend selten; selbst bei spitzwinkeligen Krümmungen bietet gewöhnlich der Wirbelkanal noch Raum genug für das Rückenmark. Und wenn, was freilich häufig vorkommt, neben Verkrümmungen der Wirbelsäule zugleich Erscheinungen von Quertrennung des Rückenmarks auftreten, so beruhen dieselben gewöhnlich nicht auf der Deformität der Wirbelsäule an sich, sondern auf den derselben zu Grunde liegenden oder dieselben begleitenden Prozessen, namentlich auf Caries der Wirbelsäule und ihren Folgen.

Die Caries der Wirbelsäule (Spondylarthrocace, Malum Pottii), mag sie mit Verkrümmung einhergehen oder nur zu Prominenz eines oder mehrerer Dornfortsätze führen oder endlich ohne äusserlich bemerkbare Deformität verlaufen, kann Compression des Rückenmarks

zur Folge haben, indem die zwischen den Wirbelknochen und der
Dura mater sich anhäufenden Entzündungsproducte und namentlich
die Eitermassen den Wirbelkanal verengern, oder indem abgelöste
Knochenstücke oder dislocirte Zwischenwirbelknorpel nach innen
sich vordrängen. Besonders häufig entstehen dabei die Erscheinungen von Quertrennung dadurch, dass der entzündliche Prozess
auf das Rückenmark übergreift und Myelitis (s. u.) zur Folge hat.
Die Caries der Wirbelknochen beruht besonders häufig auf Tuberculose; seltener entsteht sie durch Verletzungen der Wirbel.

Die Compression hat zunächst eine Unterbrechung der Leitung
in dem betroffenen Theile des Rückenmarks zur Folge. Im Laufe
der Zeit, früher oder später je nach dem Grade der Compression,
beginnt in der Ausdehnung der comprimirten Stelle eine Degeneration
des Marks, die meist in der weissen Substanz deutlicher hervortritt
als in der grauen, und durch welche die Stelle in Erweichung übergeführt wird. Diese in Folge von Compression entstehende Degeneration pflegt man als Compressions-Myelitis zu bezeichnen. Es kann
dann weiter absteigende und aufsteigende Degeneration (S. 162) sich
anschliessen.

Die Symptome der Compression sind die der unvollständigen
oder vollständigen, der partiellen oder totalen Quertrennung (S. 157 ff.).
Bei unvollständiger Unterbrechung der Leitung ist häufig zu beobachten, dass in Folge einer gleichmässigen Compression die motorischen
Functionen beträchtlich schwerere Störungen erleiden als die sensiblen (S. 164). Wenn die Compression des Rückenmarks langsam zu
Stande kommt, so stellen sich gewöhnlich vor dem Auftreten der
Paraplegie Erscheinungen ein, welche von Reizung und später von
Lähmung der an der betreffenden Stelle abgehenden Nervenwurzeln
herrühren („Gürtelerscheinungen"), so namentlich im Bereiche der
sensiblen Wurzeln Schmerzen und später Anaesthesie, im Gebiete
der austretenden motorischen Wurzeln hauptsächlich Lähmungen,
denen zuweilen Krämpfe vorhergehen. Wenn die Krankheit in der
Gegend der unteren Halswirbel sich findet, so kann es vorkommen,
dass zunächst in Folge der Compression der Wurzeln des Plexus
brachialis, nach vorhergegangenen Reizungserscheinungen, Lähmung
und Anaesthesie in den Armen sich einstellt und erst später in Folge
der Compression des Rückenmarks auch in den unteren Extremitäten.

Der Verlauf ist in der Mehrzahl der Fälle ein ungünstiger. Nur
dann, wenn die Ursache der Compression gehoben wird, bevor es
durch Compressionsmyelitis zu Zerstörung des betreffenden Rücken-
marksstückes gekommen ist, kann vollständige oder unvollständige

Heilung eintreten. Dieselbe kommt namentlich in manchen Fällen von Paraplegie in Folge von Caries der Wirbelsäule zu Stande; dabei können die Störungen der Function des Rückenmarks sich vollständig verlieren, während die Deformitäten der Wirbelsäule, Vorstehen eines oder mehrerer Dornfortsätze, geringere oder bedeutendere Grade von Kyphose oder Kyphoskoliose fortbestehen.

Die **Behandlung** richtet sich nach den der Compression zu Grunde liegenden Zuständen. Bei Caries der Wirbelsäule wird gewöhnlich am meisten erreicht durch sehr lange fortgesetztes ruhiges Liegen neben guter Ernährung, Anwendung von Milch und Leberthran, eventuell von Eisen- und Jodpräparaten. Auch Ableitungen durch Vesicatore, Haarseil, Moxen, Glüheisen können gegen das Knochenleiden wirksam sein. Dagegen sind, so lange die Caries nicht vollständig und dauernd geheilt ist, alle orthopaedischen Versuche zur Beseitigung der etwa vorhandenen Verkrümmungen gefährlich.

IV. Haemorrhagie. Spinalapoplexie.

Grössere Blutungen, wie sie im Gehirn häufig vorkommen, sind im Rückenmark selten. Sie können entstehen in Folge von traumatischen Veranlassungen, so bei heftigen Stössen oder Erschütterungen, welche das Rückenmark treffen; sie treten zuweilen ein bei Erweichung des Rückenmarks oder Myelitis (Myelitis haemorrhagica), endlich in seltenen Fällen auch ohne nachweisbare Veranlassung. Eine Disposition zu Blutungen kann durch Degeneration der Gefässe gegeben sein. — Fast immer ist die graue Substanz der Sitz der Blutung; sie kann auf einzelne Hörner beschränkt sein oder den ganzen Querschnitt derselben einnehmen; zuweilen hat sie in der Längsrichtung eine grössere Ausdehnung und kann selbst über den grössten Theil der Länge des Rückenmarks sich erstrecken. Die graue Substanz ist im Bereiche der Blutung in einen blutigen Brei verwandelt. In einzelnen Fällen nimmt die weisse Substanz an der Zerstörung theil, und es kann selbst die Pia mater durchbrochen werden und das Blut sich frei in den Arachnoidealsack ergiessen (Haematorrhachis, s. u.). Die Haemorrhagie kommt häufiger vor im Cervicalmark und im oberen Dorsalmark als in tiefer gelegenen Theilen.

Kleine Blutungen, sogenannte capilläre Haemorrhagien, welche keine deutlichen Symptome machen, kommen häufig vor, so namentlich neben Myelitis, ferner bei Diphtherie und bei anderen schweren Krankheiten.

Die Symptome einer grösseren Haemorrhagie bestehen in den Erscheinungen der Quertrennung, und zwar ist charakteristisch das plötzliche Auftreten der Paraplegie. Doch können, wenn die Haemorrhagie zu einer Myelitis hinzutritt, die Erscheinungen der letzteren als sogenannte Vorboten vorhergehen. Die Erscheinungen sind abhängig von dem Sitz und der Ausdehnung des haemorrhagischen Herdes. Zuweilen ist die Quertrennung nur partiell; sie kann dann noch später in Folge der Degeneration in der Umgebung des Herdes eine totale werden. Es kann aber auch geschehen, dass im Anfang, obwohl die Zerstörung nur einen Theil des Querschnittes betrifft, in Folge des Drucks die Symptome einer totalen Quertrennung zu Stande kommen, während später nach Abnahme des Drucks die Leitung zum Theil wiederhergestellt wird. Die Reflexbewegungen sowie die unwillkürlichen Bewegungen der Blase und des Mastdarms sind, falls die Haemorrhagie nicht bis zum unteren Ende des Rückenmarks sich erstreckt, erhalten; nur unmittelbar nach dem Eintritt der Blutung können sie in Folge der Commotion (S. 167) vorübergehend aufgehoben sein.

Wenn die Haemorrhagie die oberen Theile des Rückenmarks betrifft, so erfolgt gewöhnlich bald der Tod. Bei tieferem Sitz des Herdes kann das Leben länger und zuweilen selbst Jahre lang erhalten bleiben, und es geht dann der haemorrhagische Herd ähnliche Umwandlungen ein wie die Herde im Gehirn (s. u.); endlich aber führt, wenn die Quertrennung einigermassen vollständig ist, der eintretende Decubitus nebst den anderen Folgen der Quertrennung zum Tode. Nur bei wenig ausgedehnten Herden ist eine relative Heilung mit Zurückbleiben der Symptome einer partiellen Quertrennung möglich.

Therapie. Beim Beginn einer Haemorrhagie würden, wenn man schon die Diagnose stellen könnte, reichliche Blutentziehungen indicirt sein. Später hat die Behandlung der Myelitis einzutreten.

V. Myelitis.

Mit dem Namen Myelitis bezeichnen wir alle Degenerationsprozesse, durch welche eine herdweise beschränkte Zerstörung des Rückenmarks bewirkt wird. Diejenigen Degenerationen, welche den Fasersystemen folgend sich diffus ausbreiten, werden von uns nicht zur Myelitis gerechnet, sondern als diffuse Erkrankungen oder Systemerkrankungen unterschieden (S. 178). Zur Myelitis in unserem Sinne rechnen wir alle circumscripten parenchymatösen Degenerationen des

Rückenmarks, sowohl diejenigen, welche man als entzündliche Prozesse auffassen kann, als auch die einfachen nicht-entzündlichen Degenerationen. Eine scharfe Grenze zwischen entzündlichen und nichtentzündlichen Prozessen zu ziehen ist anatomisch unmöglich und würde klinisch keine Bedeutung haben.

Die durch Degeneration zerstörte Stelle des Rückenmarks zeigt in manchen Fällen makroskopisch keine auffallende Veränderung, während mikroskopisch schon am frischen Präparat durch das reichliche Vorhandensein von Körnchenkugeln und von fettigem Detritus, zuweilen auch durch die Gegenwart der Corpuscula amylacea das Bestehen der Degeneration sich kundgibt; die genauere Feststellung der Ausdehnung derselben ist freilich erst nach passender Erhärtung des Präparats möglich. In anderen Fällen ist die Degeneration auch schon makroskopisch deutlich erkennbar an der Veränderung der Consistenz und der Farbe. Gewöhnlich ist die degenerirte Stelle im Zustande der Erweichung: es besteht Myelomalacie. Dieselbe kann als einfache weisse oder graue Erweichung auftreten oder, wenn in den Producten Fettkörnchen vorherrschen und namentlich, wenn etwas Blutfarbstoff beigemischt ist, als gelbe Erweichung, oder endlich, wenn grössere Mengen von Blutfarbstoffen vorhanden sind, als rothe Erweichung. Selten kommt es im Rückenmark zu eiteriger Erweichung oder Abscessbildung. Auch gehört es, wenn wir von der multiplen Sklerose (s. u.) absehen, zu den Seltenheiten, dass der Degenerationsherd schon im Anfang in Folge von Bindegewebswucherung eine festere Consistenz annimmt und zu circumscripter Sklerose führt. — Bei längerem Bestehen des Herdes kann eine Resorption der Degenerationsproducte erfolgen und an die Stelle des Erweichungsherdes eine mit seröser Flüssigkeit gefüllte und zuweilen mit feinen Bindegewebszügen durchzogenen Lücke entstehen oder endlich eine bindegewebige Narbe sich bilden. Gewöhnlich ist nur ein myelitischer Herd vorhanden; in seltenen Fällen kommen mehrere oder selbst zahlreiche zerstreute kleine Herde vor: Myelitis disseminata. Der myelitische Herd ist zuweilen auf einen Theil des Querschnittes beschränkt: Myelitis circumscripta; nicht selten ist nur die graue Substanz betroffen: Myelitis centralis; in anderen Fällen erstreckt sich der Herd durch die ganze Dicke des Marks: Myelitis transversa. Die Längenausdehnung des Herdes ist gewöhnlich nur eine geringe; doch kommt es ausnahmsweise vor, dass eine auf die graue Substanz beschränkte Erweichung eine bedeutendere Längenausdehnung hat und sich selbst über den grössten Theil der Länge des Rückenmarks fortsetzt: Myelitis centralis diffusa.

Dabei ist nicht selten die erweichte Masse reichlich mit Extravasat durchsetzt: Myelitis centralis haemorrhagica.

Auch die anatomische Grundlage der essentiellen Lähmung, die Poliomyelitis acuta anterior, kann als eine circumscripte Myelitis in der grauen Substanz der Vorderhörner bezeichnet werden. Dieselbe zeigt manche Eigenthümlichkeiten, so das acute Auftreten, und namentlich das Fehlen jeder Tendenz zur Ausbreitung, so dass sie niemals zur Quertrennung führt. Auch ihre Aetiologie, die freilich noch nicht hinreichend bekannt ist, scheint eine ganz besondere und eigenthümliche zu sein. Sie wird deshalb zweckmässig als eine besondere Krankheit von den anderen Formen der Myelitis getrennt (S. 110).

Aetiologie. Myelitis ist eine häufige Folge von anderen Rückenmarkskrankheiten: wir haben sie bereits aufgeführt als Folge von traumatischen Verletzungen, von Tumoren im Wirbelkanal, von Compression, von Haemorrhagie (S. 167 ff.). Sie entsteht ferner häufig in Folge von entzündlichen Erkrankungen der umgebenden Theile, so namentlich bei Wirbelcaries und bei Meningitis. Zuweilen hat man Paraplegie auftreten sehen im Gefolge von schweren entzündlichen Erkrankungen des Darms, der Blase, der Nieren, des Uterus, nach schweren Verletzungen peripherischer Nerven; und in einzelnen Fällen von derartigen sogenannten Reflexlähmungen wurde als anatomische Grundlage der Paraplegie eine Myelitis nachgewiesen, die möglicherweise durch die Annahme einer Neuritis ascendens mit der ursprünglichen peripherischen Affection in Zusammenhang zu bringen ist (Leyden). Myelitis kann ferner auftreten als Nachkrankheit schwerer acuter Krankheiten, ferner im Gefolge der Syphilis. Dass Erkältungen bei der Entstehung der Krankheit von Bedeutung sein können, ergibt sich aus einzelnen Beobachtungen, bei welchen unmittelbar nach einer schweren Erkältung die Erscheinungen der Myelitis folgten. Auch übermässige körperliche Anstrengungen, heftige Gemüthsbewegungen, sexuelle Excesse, Unterdrückung von Fussschweissen, von Menstrual- und Haemorrhoidalblutungen hat man schon als Ursachen angeführt. In manchen Fällen endlich bleibt die Ursache unbekannt.

Symptomatologie. Die charakteristischen Erscheinungen der Krankheit setzen sich zusammen aus den Symptomen, welche entstehen durch die Läsion der Nervenwurzeln, die an der erkrankten Stelle vom Rückenmark abgehen, und aus den Symptomen, welche von der Quertrennung des Rückenmarks abhangen.

Die Symptome der ersten Reihe, welche auf die in der Höhe des Krankheitsherdes abgehenden Nervenwurzeln beschränkt sind, haben bei Erkrankungen im Bereiche des Dorsalmarks eine gürtel-

förmige Verbreitung und werden deshalb als Gürtelerscheinungen
bezeichnet, und dieser Name wird auch angewendet, wenn bei Erkrankung in der Cervicalanschwellung die oberen oder bei Erkrankung
in der Lendenanschwellung die unteren Extremitäten der Sitz dieser
Erscheinungen sind. Bei den Gürtelsymptomen sind im Anfange gewöhnlich Reizungserscheinungen, später Lähmungserscheinungen vorherrschend. In den auf der Höhe des Krankheitsherdes eintretenden
sensiblen Wurzeln bestehen Schmerzen, welche dem Verbreitungsbezirk
der Nerven entsprechend excentrisch projicirt werden; damit sind gewöhnlich Paraesthesien verbunden, wie das Gefühl von gürtelförmiger
Einschnürung, von Spannung, von Hitze oder Kälte, von Ameisenkriechen. Später entwickelt sich im Bereich dieser Nerven unvollständige und vollständige Anaesthesie. Gewöhnlich wird auch Druck
auf die der Stelle der Erkrankung entsprechenden Dornfortsätze
schmerzhaft empfunden und ebenso das Ueberfahren mit einem heissen
oder kalten Schwamm. In den Muskeln, deren motorische Nerven
in der Höhe des Krankheitsherdes ihren Ursprung haben, können
anfangs klonische und tonische Krämpfe sich zeigen; meist kommt
es aber schon früh zur Lähmung. Im Bereich dieser gürtelförmigen
Lähmungen sind auch die Reflexbewegungen aufgehoben, und es
stellt sich frühzeitige Degeneration der Nerven und Muskeln ein.

Die Erscheinungen der zweiten Reihe, welche von der durch
den Krankheitsherd bewirkten Unterbrechung der Leitung im Rückenmark abhangen, bestehen in motorischer und sensibler Paraplegie;
dieselbe erstreckt sich von der dem Sitze des Krankheitsherdes entsprechenden Höhe über den ganzen unteren Theil des Körpers und
ist je nach der Ausdehnung des Krankheitsherdes und der grösseren
oder geringeren Vollständigkeit der Quertrennung total oder partiell,
vollständig oder unvollständig (S. 157 ff.). Häufig ist im Anfange
die Quertrennung und dem entsprechend auch die Paraplegie unvollständig und partiell, kann aber im weiteren Verlaufe schnell vollständig werden. Die Reflexbewegungen bleiben unterhalb der Stelle
der Quertrennung zunächst ungestört oder sind gesteigert; ebenso
sind, wenn das Lendenmark frei ist, die unwillkürlichen Bewegungen
der Blase und des Mastdarms noch vorhanden; die Nerven und
Muskeln sind für den Inductionsstrom erregbar. Erst im Verlaufe
längerer Zeit pflegen allmählich die Functionen des unterhalb gelegenen Theiles des Rückenmarks schwächer zu werden. In Folge
der absteigenden Degeneration stellen sich auch häufig Contracturen
in den gelähmten Muskeln ein. Bei der Myelitis centralis diffusa
sind, so weit die Zerstörung der grauen Substanz reicht, die Reflex-

bewegungen aufgehoben; auch zeigt sich bald Degeneration der diesem Bezirk entsprechenden Nerven und Muskeln.

Die von der Läsion der Nervenwurzeln abhängigen Gürtelerscheinungen und die von der Quertrennung abhängigen paraplegischen Erscheinungen können sich in mannigfacher Weise combiniren, und dadurch entsteht in den einzelnen Fällen eine grosse Verschiedenheit der Krankheitsbilder. In der Regel treten die Gürtelerscheinungen früher ein als die Erscheinungen der Quertrennung. So kann es z. B. bei Myelitis im Cervicalmark vorkommen, dass eine oder beide obere Extremitäten bereits gelähmt sind, während die unteren Extremitäten noch frei sind oder erst unbedeutende Anfänge der Paraplegie zeigen.

Im Beginn der Krankheit ist namentlich bei den acut auftretenden Fällen häufig Fieber vorhanden. Dasselbe erreicht meist keine hohen Grade und nimmt einen unregelmässigen Verlauf. Später pflegt das Fieber aufzuhören; aber dann können die von der Quertrennung herrührenden Störungen der Wärmeregulirung sich geltend machen (S. 161).

In manchen Fällen von Myelitis ist gleichzeitig Meningitis vorhanden (s. u.), und dadurch werden die Erscheinungen mannigfach modificirt. Namentlich können, wenn die Meningitis sich diffus abwärts erstreckt, auch im Bereiche der unterhalb des myelitischen Herdes abgehenden Nerven Reizungserscheinungen auftreten und die Reflexbewegungen aufgehoben sein. Soweit die Erscheinungen von Meningitis abhängig sind, ist eine Besserung und selbst vollständiges Zurückgehen derselben möglich.

Die Prognose ist um so ungünstiger, je vollständiger die Quertrennung und je weiter oben der Sitz derselben ist. Bei Myelitis transversa im oberen Cervicalmark erfolgt gewöhnlich bald der Tod in Folge der Störung der Respiration. Aber auch der Sitz im Lendenmark ist ungünstig wegen der Zerstörung der Centren für Blase und Mastdarm. Im Uebrigen kann, namentlich bei unvollständiger oder partieller Quertrennung, das Leben lange Zeit fortbestehen, wenn nicht Decubitus und schwere Störungen der Harn- und Stuhlentleerung sich einstellen. Wenn der Prozess im Rückenmark zum Stillstand kommt, so kann in manchen Fällen eine relative Genesung eintreten, indem die paraplegischen Erscheinungen zurückgehen bis auf einen Rest, der nicht mehr verkürzend auf die Lebensdauer einwirkt. Die Besserung der Erscheinungen ist in solchen Fällen zu beziehen entweder auf Zurückgehen einer begleitenden Meningitis oder auf Wiederherstellung der Leitung innerhalb des Krankheitsherdes an Stellen, welche nicht vollständig zerstört, sondern nur in Folge von Oedem oder anderen Ernährungsstörungen oder Compression functionsunfähig waren; auch erscheint es nicht unmöglich, dass ausserdem in besonderen Fällen eine wenn auch beschränkte Regeneration von Nervenfasern stattfinden könne. Besonders ungünstig ist die Prognose bei der Myelitis centralis diffusa, namentlich wenn dieselbe allmählich weiter aufwärts fortschreitet.

Therapie: Die Indicatio causalis kann die Behandlung einer vorhandenen Wirbelcaries oder auch die chirurgische Behandlung von Wirbelverletzungen oder Tumoren erfordern. — Bei acuter Myelitis wird die Anwendung der Antiphlogose durch Blutentziehungen, Eisumschläge, Einreibung von Quecksilbersalbe empfohlen. Ferner gelten als wirksam Ableitungen durch Vesicatore, Moxen, Ferrum candens; dieselben erscheinen vorzugsweise dann indicirt, wenn Wirbelcaries oder acute Meningitis zu Grunde liegt; doch ist wegen der Neigung zu schweren Ernährungsstörungen und namentlich zu Decubitus grosse Vorsicht erforderlich. — Wenn der Prozess im Rückenmark abgelaufen ist, so kann durch laue oder warme Bäder (Wildbad, Ragaz, Gastein, Teplitz), oder durch Soolbäder, vielleicht auch unter Umständen durch eine gelinde Kaltwassercur, namentlich aber durch die vorsichtige Anwendung des constanten Stromes auf die Wirbelsäule die Wiederherstellung der Leitung begünstigt werden. Auch die Anwendung des Inductionsstromes auf die durch die Quertrennung gelähmten Gebiete ist zweckmässig, um Nerven und Muskeln vor Atrophie durch Nichtgebrauch zu schützen. In manchen Fällen ist am meisten zu erreichen durch Behandlung der begleitenden chronischen Meningitis (s. u.), namentlich durch Anwendung der grauen Salbe. Von inneren Mitteln werden empfohlen Jodpräparate, Argentum nitricum, Auro-Natrium chloratum, Arsenik. Von besonderer Wichtigkeit ist die Sorge für Ruhe, für gute und passende Ernährung, für Verhütung und Behandlung des Decubitus, für ausreichende Entleerung der Blase und des Mastdarms. Bei sehr ausgedehntem Decubitus habe ich wiederholt prolongirte Warmwasserbäder, meist unter Zusatz von Eichenrindendecoct, angewendet, in denen der Kranke anhaltend 8 bis 16 Stunden verweilt; der Erfolg entspricht auch dabei keineswegs immer den Erwartungen.

Diffuse Erkrankungen des Rückenmarks.

Systemerkrankungen.   Tabes dorsalis im weiteren Sinn.

Mit dem Namen Tabes dorsalis bezeichneten die älteren Aerzte alle diejenigen Erkrankungen des Rückenmarks, bei denen eine langsam von unten nach oben fortschreitende und dabei allmählich zunehmende Störung der Functionen des Rückenmarks stattfindet. Das auf den ersten Blick am meisten auffallende Symptom dieser Krankheiten besteht darin, dass der Gebrauch der unteren Extremitäten mehr und mehr gestört und endlich das Stehen und Gehen unmöglich wird, und dass allmählich auch analoge Functionsstörungen in den oberen Extremitäten zu Stande kommen. So erklärt es sich, dass ursprünglich auf die Störung der Motilität das Hauptgewicht gelegt und die Krankheit im Wesentlichen als eine von Erkrankung des Rückenmarks abhängige Lähmung, als progressive Spinalparalyse angesehen wurde. — Die genauere Untersuchung liess aber bald erkennen, dass in der weitaus grösseren Mehrzahl der Fälle wenigstens im Anfange nicht eine eigentliche Lähmung vorhanden ist, dass vielmehr die grobe Kraft der Muskeln meist lange erhalten und auch dem Willen unterworfen bleibt, und dass die Störung im Gebrauche der unteren Extremitäten zum grossen Theil auf Störung der Coordination beruht. Diese Erkenntniss war schon wiederholt mehr oder weniger deutlich ausgesprochen worden, als Duchenne im Jahre 1858 die Krankheit als eine, wie er glaubte, neue Krankheit beschrieb und sie wegen des besonders hervortretenden Symptoms der fortschreitenden Coordinationsstörung, welches er unter dem Namen Ataxie ($\dot{\alpha}\tau\alpha\xi\dot{\iota}\alpha$ = Unordnung, von $\tau\dot{\alpha}\sigma\sigma\varepsilon\iota\nu$ = ordnen) zuerst eingehender würdigte, als Ataxie locomotrice progressive bezeichnete. Dabei glaubte er, indem er mit manchen Physiologen (Flourens) annahm, dass die Coordination der Bewegungen eine Function des Kleinhirns sei, in dieses den anatomischen Sitz der Krankheit verlegen zu müssen. Aber die anatomischen Untersuchungen hatten bereits ergeben, dass es sich um eine Krankheit des Rückenmarks handelte, und durch alle späteren Untersuchungen wurde dies bestätigt, indem man in der Mehrzahl der Fälle einzelne Stränge des Rückenmarks und besonders häufig die Hinterstränge im Zustande der sogenannten grauen Degeneration fand. So wurde die Krankheit von Leyden im Jahre 1863 als graue Degeneration der Hinterstränge beschrieben. Da nun die Hinterstränge im Wesentlichen der Leitung der Sensibilität dienen, so wurden auch die bei der Krankheit vorhandenen Störungen der Sensibilität, welche man bisher zu wenig beachtet hatte, in den Vordergrund gestellt. Leyden war namentlich glücklich darin, dass er manche Störungen, die man bisher als Folgen der Coordinationsstörung aufgefasst hatte, so z. B. das Schwanken und Umfallen der Kranken bei geschlossenen Augen, einfach als Folgen der Sensibilitätsstörung demonstrirte (S. 38). Er glaubte in ähnlicher Weise auch alle anderen Störungen auf Sensibilitätsstörungen zurückführen zu können. Und obwohl die Zulässigkeit der letzteren Annahme von Seiten der meisten Aerzte entschieden in Abrede gestellt wird, so hat man sich doch allmählich daran gewöhnt, die Tabes dorsalis als graue Degeneration der Hinterstränge des Rückenmarks aufzufassen.

So gibt es im Wesentlichen drei verschiedene Ansichten über die Natur der Krankheit: die ältere Ansicht, nach welcher es sich um progressive Spinalparalyse handelt, und die in neuester Zeit wenigstens insofern wieder Vertretung gefunden hat, als wiederholt hervorgehoben worden ist, dass die Behauptung, es sei die grobe Kraft der Muskeln bei der Tabes ungeschwächt, wenigstens für manche Fälle nicht zutrifft, ferner die Ansicht von Duchenne, nach welcher die Tabes ausschliesslich in Störungen der Coordination bestehen soll, und endlich die Ansicht von Leyden, nach welcher es sich ausschliesslich um eine von Degeneration der Hinterstränge abhängige Störung der Sensibilität handeln soll. Jede dieser Ansichten ist für gewisse Einzelfälle berechtigt; aber jede derselben ist einseitig, insofern sie exclusiv auftritt. Es kommen thatsächlich alle drei Arten von Störungen vor, und nicht selten kann man sogar alle drei bei dem gleichen Kranken demonstriren. Wenn man nur eine dieser Gruppen von Störungen als dem Begriff der Tabes entsprechend ansehen will, so ist dies vollkommen willkürlich und entspricht weder den thatsächlich vorkommenden Verhältnissen, noch auch der Auffassung derjenigen Aerzte, welche den Begriff der Tabes dorsalis in die Pathologie eingeführt haben.

Wir wenden den Namen Tabes dorsalis im weiteren Sinne auf alle progressiven Systemerkrankungen des Rückenmarks an; im engeren Sinne bezeichnen wir damit, entsprechend der in neuester Zeit herrschend gewordenen Terminologie, die besonders häufig vorkommenden Fälle von Erkrankung der Hinterstränge mit Betheiligung der grauen Substanz.

M. H. Romberg, Lehrbuch der Nervenkrankheiten des Menschen. Bd. I. 2. Aufl. 1851. — C. A. Wunderlich, Handbuch der Pathologie und Therapie. Bd. III, 1. 2. Aufl. 1854. S. 52 ff. — Duchenne (de

Boulogne), De l'ataxie locomotrice progressive. Arch. génér. de méd. 1858, 1859. — E. Leyden, Die graue Degeneration der Hinterstränge des Rückenmarks. Berlin 1863; Klinik der Rückenmarkskrankheiten. Bd. II, 2. Berlin 1876. — P. Flechsig, Ueber „Systemerkrankungen" im Rückenmark. Archiv der Heilkunde. Jahrg. 18 und 19. 1877. 1878. — Erb, in Ziemssen's Handbuch. Bd. XI, 2. 2. Aufl. 1878.

Die anatomischen Veränderungen, welche die Grundlage der Systemerkrankungen des Rückenmarks bilden, lassen sich im Wesentlichen auf drei Prozesse zurückführen, die in mannigfacher Mischung vorkommen.

Atrophie einzelner Stränge des Rückenmarks kann vom Lumbaltheil ausgehend sich aufwärts erstrecken und strichweise selbst das Gehirn erreichen. Nicht selten wird auch relativ früh Atrophie in einzelnen Faserzügen oder Nerven des Gehirns beobachtet, ohne dass dabei eine Continuität mit der Atrophie im Rückenmark nachzuweisen wäre; so kommt namentlich in einzelnen Fällen schon früh Atrophie des N. opticus vor. Die Atrophie ist selten einfach, sondern meist mit einer der folgenden Veränderungen gemischt.

Degeneration tritt besonders als fettige Degeneration auf mit Bildung von Körnchenkugeln und fettigem Detritus, der zur Resorption gelangen kann. Daneben kommen auch häufig Corpuscula amylacea vor.

Bindegewebswucherung von diffuser Ausbreitung, durch welche zuweilen im Anfang Anschwellung von weicher Consistenz zu Stande kommt, hat später Volumsverminderung und Verhärtung zur Folge, und es entsteht die diffuse, im Verlauf der Faserzüge fortschreitende Sklerose. Dabei ist gewöhnlich gleichzeitig Atrophie und Degeneration vorhanden.

Durch diese drei in verschiedener Combination vorkommenden Prozesse wird in den einzelnen Fasersystemen zuweilen Erweichung, weit häufiger dagegen Verhärtung oder Sklerose herbeigeführt. Die sogenannte graue Degeneration stellt eine annähernd gleichmässige Mischung dieser Prozesse dar. Je mehr die Bindegewebswucherung vorherrschend ist und als die primäre Veränderung angesehen werden kann, desto eher ist man berechtigt den Prozess als chronische Entzündung aufzufassen. Doch ist die Frage, ob man diese Prozesse als Entzündung bezeichnen solle oder nicht, in klinischer Beziehung von untergeordneter Bedeutung. Von der chronischen Myelitis, wie wir dieselbe definirt haben (S. 172), unterscheiden sich die hier besprochenen Prozesse hauptsächlich durch die eigenthümliche Art der Ausbreitung und des Fortschreitens der anatomischen Veränderungen.

Besonders häufig kommt die diffuse Sklerose oder graue Degeneration in den Hintersträngen vor, in welchen sie oft anfangs vorzugsweise die äusseren Abschnitte befällt, welche durch die eintretenden hinteren Wurzeln durchsetzt werden, und erst später auf die inneren Abschnitte, die Goll'schen Stränge übergeht; zuletzt können auch mehr oder weniger ausgedehnte Gebiete der Seitenstränge und selbst der Vorderstränge befallen werden. In anderen Fällen kann die Degeneration in den Seitensträngen und namentlich in den Pyramidenbahnen beginnen und erst spät auf andere Fasersysteme übergreifen. Auch die graue Substanz des Rückenmarks ist oft bei der Degeneration betheiligt. Es ist dies namentlich häufig der Fall bei der Degeneration der Hinterstränge; aber auch bei gewissen Formen der Degeneration der Seitenstränge (myatrophische Lateralsklerose) ist gleichzeitige Degeneration in den Vorderhörnern der grauen Substanz vorhanden. Im Allgemeinen ist die Beurtheilung des feineren Verhaltens bei der grauen Substanz schwieriger als bei der weissen. Ob die Leitungsbahnen in dem feinen Netzfaserwerk, in welches die Protoplasmafortsätze der Ganglienzellen auslaufen, abgenommen haben, lässt sich nicht wohl beurtheilen, und auch eine mässige Abnahme der Zahl der Ganglienzellen entzieht sich der Schätzung. Daher ist der Nachweis der Degeneration nur dann leicht zu führen, wenn es sich um einigermassen bedeutende Zerstörungen handelt; für die feineren Veränderungen ist man darauf beschränkt, die Producte des Zerfalls nachzuweisen oder die Anfänge der Atrophie und Degeneration in den Ganglienzellen (körnige Trübung, abnorm starke Pigmentirung) zu erkennen. Jedenfalls können wir uns nicht darüber wundern, wenn nicht in allen Fällen, in welchen aus den functionellen Störungen auf Degeneration der grauen Substanz zu schliessen war, auch der anatomische Nachweis derselben gelungen ist. — Endlich ist zu erwähnen, dass in einzelnen Fällen neben den Systemerkrankungen auch ein gewisser Grad von chronischer Meningitis vorhanden ist.

Aetiologie.

Die Aetiologie der Tabes ist nur sehr ungenügend bekannt; was darüber zu sagen ist, gilt in gleichmässiger Weise für alle Systemerkrankungen.

Aus alter Zeit ist die Ansicht überliefert, dass Tabes dorsalis hauptsächlich oder ausschliesslich entstehe als Folge von sexuellen Excessen. In neuerer Zeit hat man sich überzeugt, dass in der Mehr-

zahl der Fälle dieses aetiologische Moment sicher nicht in Betracht
kommt; doch ist wohl nicht in Abrede zu stellen, dass durch sexuelle Excesse ebenso wie durch andere schwächende oder das Nervensystem übermässig erregende Einwirkungen die Entstehung der Krankheit begünstigt werden könne. Neuerlichst ist behauptet worden,
dass die Krankheit überwiegend häufig bei Individuen vorkomme,
welche früher syphilitisch waren oder noch an Syphilis leiden (Four-
nier, Erb). In der That zeigt die von Erb beigebrachte Statistik
ein so auffallend häufiges Zusammentreffen beider Krankheiten, dass
dabei der Zufall ausgeschlossen erscheint. Aber andere Beobachter
haben dieses Zusammentreffen weniger häufig gefunden. Ich selbst
kann anführen, dass unter den zahlreichen Fällen von Tabes, welche
in der Tübinger Klinik zur Beobachtung kommen, nur äusserst selten
solche sich finden, bei welchen frühere Syphilis nachgewiesen oder
auch nur als möglich angenommen werden kann. Es ist daher auch
der Syphilis nur die Bedeutung eines Moments zuzugestehen, welches
unter Umständen das Auftreten der Tabes begünstigen kann. Das
Gleiche gilt aber ebenso von vielen anderen acuten und chronischen
Krankheiten, durch welche die Constitution und der Ernährungszustand beeinträchtigt wird. Mit einiger Bestimmtheit lässt sich behaupten, dass durch übermässige körperliche Anstrengungen, besonders durch angestrengte Märsche, ferner durch heftige oder häufig
wiederholte Erschütterungen des Körpers und endlich vor Allem durch
Erkältungen, namentlich durch dauernde oder häufig wiederholte Einwirkung von Kälte und Nässe, die Entstehung der Krankheit veranlasst werden könne; es wird in dieser Beziehung auf die Erfahrung hingewiesen, dass bei Jägern, Fischern, Eisenbahnconducteuren,
ferner nach beschwerlichen Feldzügen bei den dabei Betheiligten die
Krankheit häufiger auftrete. Auch übermässige geistige Anstrengungen,
heftige Gemüthsbewegungen, ferner Unterdrückung von Fussschweissen, von Haemorrhoidal- und Menstrualblutungen werden als Ursachen
angeführt. In zahlreichen Fällen endlich ist keinerlei Ursache oder
Veranlassung nachzuweisen.

In Betreff der Disposition zur Erkrankung erscheint wichtig eine
neuropathische Belastung, die auch ererbt sein kann; man hat zuweilen die Krankheit bei mehreren Gliedern der gleichen Familie
auftreten sehen, und zwar waren dies vorzugsweise Fälle mit vorherrschender Coordinationsstörung (hereditäre Ataxie, Friedreich).
Männer werden weit häufiger befallen als Weiber. Am häufigsten
beginnt die Krankheit im früheren und mittleren Lebensalter, etwa
zwischen dem 20. und 50. Lebensjahre.

Die Symptome der Systemerkrankungen des Rückenmarks sind im einzelnen Falle davon abhängig, welches Fasersystem erkrankt ist. Nicht selten sind auch mehrere Fasersysteme gleichzeitig befallen (combinirte Systemerkrankungen), und besonders häufig kommt es vor, dass eine Erkrankung, die ursprünglich auf ein Fasersystem beschränkt war, im Laufe längerer Zeit allmählich auch auf andere Fasersysteme übergreift. Wir werden, soweit dies bisher möglich ist, die einzelnen Symptomengruppen auf die Erkrankung der betreffenden Fasersysteme beziehen. Als besonders abgegrenzte Symptomengruppen, die von Erkrankung verschiedener Fasersysteme abhängig sind, unterscheiden wir die Störungen der Sensibilität, der Coordination und der Motilität.

Sensibilitätsstörungen. Die Leitung der Tastempfindungen im Rückenmark findet vorzugsweise in den Hintersträngen statt, die Leitung der Schmerzempfindung erfolgt vorzugsweise durch die graue Substanz. Sklerose der Hinterstränge mit Betheiligung der grauen Substanz gehört zu den am häufigsten vorkommenden Systemerkrankungen, und aus diesem Grunde kommen Sensibilitätsstörungen bei Tabes besonders häufig vor. Im Anfange treten meist, und zwar zunächst im Bereiche der unteren Extremitäten, Reizungserscheinungen auf; dieselben sind hauptsächlich auf die eintretenden hinteren Rückenmarkswurzeln zu beziehen, in welchen sowohl sensorische als auch schmerzleitende Fasern vorhanden sind. Die Reizungserscheinungen im Bereich der die Tastempfindung leitenden Fasern bestehen in der Empfindung von Kribbeln, Prickeln, Ameisenkriechen, im Bereich der schmerzleitenden Fasern in „lancinirenden" Schmerzen, die mehr oder weniger heftig sind, oft in plötzlichen Anfällen auftreten, zuweilen für rheumatisch gehalten oder als Neuralgien gedeutet werden. Allmählich entwickeln sich daneben die Erscheinungen der Anaesthesie. Die Kranken klagen über Pelzigsein, sie haben das Gefühl, als gingen sie auf Pelzen, auf Teppichen oder auf Kautschuk. Bei geschlossenen Augen ist das Stehen und Gehen unsicher: die Kranken schwanken oder sind in Gefahr umzufallen; sie sind etwas weniger unsicher, wenn sie zur Orientirung den Tastsinn der oberen Extremitäten mitbenutzen, indem sie irgend einen Gegenstand berühren oder sich eines Stockes bedienen, der dann weniger zur Stütze als zur Beurtheilung der Lage des Schwerpunktes gebraucht wird. Die genauere Untersuchung nach den früher angegebenen Methoden (S. 31) zeigt zuweilen, dass die verschiedenen

Empfindungsqualitäten in verschiedenem Grade beeinträchtigt sind,
z. B. die Druckempfindung mehr als die Temperaturempfindung oder
umgekehrt. Auch die Schmerzempfindung kann vermindert sein,
selbst bis zur Analgesie, entweder in Folge von Unterbrechung der
Leitung in den eintretenden sensiblen Wurzeln oder durch Betheiligung der grauen Substanz. Im letzteren Falle wird auch zuweilen
eine auffallende Verlangsamung der Leitung beobachtet, so dass von
der schmerzhaften Einwirkung bis zur Perception der Empfindung
mehrere Secunden vergehen können. Eine solche verspätet ankom-
mende Schmerzempfindung hat dann zuweilen eine merklich längere
Dauer als unter normalen Verhältnissen. Die Verlangsamung der
Leitung ist wohl so zu deuten, dass in dem Netzfaserwerk der
grauen Substanz viele Leitungsbahnen unterbrochen sind, und dass
nun die Erregung nicht mehr auf dem nächsten Wege, sondern auf
vielfachen Umwegen zum Gehirn geleitet wird. Wenn daneben die
Tastempfindung noch erhalten ist, so kann es geschehen, dass eine
schmerzhafte Einwirkung, z. B. ein Nadelstich, doppelt empfunden
wird, zuerst als Tastempfindung und dann verspätet als Schmerzempfindung. Auch der Muskelsinn kann beeinträchtigt sein, so dass
die Kranken ohne Beihülfe des Gesichtssinns weder die Lage ihrer
unteren Extremitäten zu beurtheilen, noch den Bewegungen die gewollte Grösse und Richtung zu geben vermögen. Die Sehnenreflexe
sind meist schon früh beträchtlich vermindert oder ganz aufgehoben;
doch habe ich wiederholt selbst bei vorgeschrittener Anaesthesie und
zwar auch in typischen Fällen von Tabes im engeren Sinne dieselben noch normal gefunden.

Mit dem Fortschreiten der Krankheit nach oben geht die Sensibilitätsstörung allmählich weiter, und endlich können auch die
oberen Extremitäten von derselben betroffen werden, während zugleich an den unteren Extremitäten die Anaesthesie immer höhere
Grade erreicht; doch pflegt selbst bei der intensivsten Degeneration
der Hinterstränge immer noch ein Rest von Sensibilität übrig zu
bleiben.

Reine Fälle von Tabes sensibilis ohne jede Störung der Coordination der Bewegungen sind selten; dass sie wirklich vorkommen,
kann ich aus eigener Erfahrung bestätigen. Gewöhnlich aber bleibt
es nicht lange bei der rein sensiblen Störung, indem im weiteren
Verlauf meist die Degeneration von den ursprünglich ergriffenen
Hintersträngen auch auf die graue Substanz übergreift und dann Coordinationsstörungen dazu kommen.

Coordinationsstörungen. Die Störungen der Coordination

pflegen ebenfalls von unten nach oben fortzuschreiten und allmählich zuzunehmen. Sie zeigen sich in den unteren Extremitäten zunächst darin, dass die Bewegungen derselben beim Gehen unsicher und ungenau sind: der Gang wird ungeschickt, die Kranken heben die Füsse höher als nöthig ist (Hahnentritt), machen dabei oft seitliche Bewegungen, setzen sie stampfend auf den Boden oder lassen sie plump fallen. Gibt man ihnen auf, auf einem Strich zu gehen, so gelingt dies nur unvollkommen oder gar nicht; ebenso ist es ihnen schwer, auf Commando plötzlich stillzustehen oder Kehrt zu machen. Stellt man ihnen die Aufgabe, mit der Spitze des einen Fusses einen bestimmten Punkt auf dem Fussboden zu berühren oder noch besser etwa drei auf den Boden mit Kreide gezeichnete Kreuze schnell nach einander mit der Fussspitze zu treffen, so gelingt ihnen dies gar nicht oder erst nach mehrfachen Zickzackbewegungen und jedenfalls weniger gut als dem Gesunden, der zum Vergleich denselben Versuch macht. Ebenso sind die Kranken unfähig mit der Fussspitze annähernd eine Kreislinie zu beschreiben; es entsteht vielmehr eine sehr unregelmässige Zickzackbewegung. Stehen auf einem Fuss ist meist schon früh unmöglich. Bei den höheren Graden der Coordinationsstörung wird das Gehen immer mehr erschwert, indem die Beine schleudernde Bewegungen machen, die Füsse falsch aufgesetzt werden; das Gehen wird eher möglich mit Hülfe von einem oder zwei Stöcken, die dann nicht, wie bei der Sensibilitätsstörung, zur Orientirung, sondern als wirkliche Stützen zur Sicherung des Gleichgewichts gebraucht werden. Endlich bei den höchsten Graden der Coordinationsstörung ist der Kranke auch nicht mehr im Stande zu stehen; statt der dabei erforderlichen Muskelcontractionen stellen sich unzweckmässige zappelnde und schlotternde Bewegungen ein oder auch starre Contracturen in fast sämmtlichen Muskeln der unteren Extremität oder heftige Zitter- und Schüttelkrämpfe, welche aber das Einknicken in den Knien oder das Umfallen nicht verhindern. Dergleichen heftige auf den ersten Blick als Krämpfe sich darstellende Erscheinungen können einfach dadurch zu Stande kommen, dass der Kranke, bei dem die Coordination der Bewegungen gestört ist, durch Verstärkung des Willensimpulses die qualitative Mangelhaftigkeit der Bewegungen zu ersetzen sucht, dass aber dann dieser übermässig starke Willensimpuls zum grössten Theil dennoch in unzweckmässige Bewegungen umgesetzt wird. So erklärt sich auch, dass die meisten Bewegungen etwas Hastiges haben und grösser sind, als dem Zweck entsprechen würde. Uebrigens kann es in einzelnen Fällen schwer sein festzustellen, wie weit die hastigen unzweckmässigen Bewegungen

nur auf Störung der Coordination, und wie weit sie auf wirklichen
krampfhaften Muskelcontractionen beruhen (vgl. S. 148).

Wenn die Störung sich auch auf die oberen Extremitäten fortsetzt, so werden zunächst alle feineren Bewegungen derselben, namentlich das Schreiben oder selbst das richtige Erfassen der Feder, erschwert oder unmöglich und endlich auch die gröberen Bewegungen,
so dass der Kranke dann nicht mehr im Stande ist Löffel oder Gabel
zum Munde zu führen. In einzelnen seltenen Fällen kann die Störung noch weiter aufwärts gehen, so dass auch die von Gehirnnerven beherrschten Muskelbewegungen in ihrer Coordination mangelhaft werden: so kommt in den vorgeschrittenen Fällen zuweilen
eine ataktische Störung der Sprache vor oder auch mangelhafte Coordination der Bewegungen der Augenmuskeln bis zu ausgebildetem
Nystagmus beim Fixiren oder Verfolgen eines Objects.

Bei den Fällen mit reiner Coordinationsstörung ist die grobe
Kraft der Muskeln, wie sie sich namentlich in dem Widerstand gegen
passive Beugung oder Streckung äussert, vollständig erhalten. Ebenso kann auch der Tastsinn der unteren Extremitäten normal sein;
und in solchen Fällen hat es in Betreff der Unsicherheit der Bewegungen keinen Einfluss, ob die Kranken dabei den Gesichtssinn
zu Hülfe nehmen oder die Augen schliessen. Fälle von reiner Tabes
coordinatoria oder Ataxie kommen vor und sind schon wiederholt
genau untersucht worden (Friedreich, Erb); sie sind aber als
selten zu bezeichnen. In der Regel gesellen sich, bevor ein höherer
Grad von Coordinationsstörung zu Stande kommt, auch schon die
Anfänge von Sensibilitätsstörung hinzu.

Schon im Früheren wurde angeführt, dass über die Coordination der
Bewegungen und die Art ihres Zustandekommens und ebenso über die
Störungen der Coordination und ihre anatomische Grundlage die Meinungen
vielfach auseinandergehen. Leyden hat versucht, die Coordination einfach auf Sensibilität zurückzuführen und die Coordinationsstörungen als
blosse Sensibilitätsstörungen darzustellen; und es lässt sich nicht leugnen,
dass ihm das Letztere in Betreff mancher Erscheinungen, welche man
früher zuweilen zu den Störungen der Coordination rechnete, wirklich
gelungen ist. So erklärt sich aus dem Mangel der Sensibilität der Fusssohlen, dass die Kranken bei geschlossenen Augen schwanken und umfallen, aus dem Fehlen des Muskelsinns, dass bei Ausschluss des Gesichtssinns die Bewegungen in Richtung und Grösse unsicher werden; auch
ist leicht verständlich, dass ein Kranker, welcher etwaige Unebenheiten
des Fussbodens nicht fühlt und sich nur auf den Gesichtssinn verlassen
muss, etwas vorsichtiger gehen und unter Umständen die Füsse etwas
höher heben wird, als sonst nöthig wäre. Aber die eigentlichen Störungen
der Coordination lassen sich nicht aus Störungen der Sensibilität ableiten.
Abgesehen von theoretischen Erwägungen ergibt sich dies sofort, wenn

man Gelegenheit hat, Kranke zu beobachten, welche wirklich an reiner
Sensibilitätsstörung leiden. Entscheidend für diese Frage ist der schon
früher erwähnte Kranke der Tübinger Klinik geworden (S. 39), den
ich lange zu beobachten Gelegenheit hatte, und den S p a e t h beschrieben
und für die Theorie der Ataxie verwerthet hat. Bei demselben bestand
Anaesthesie der Extremitäten sowohl in Bezug auf Druck- und Temperatursinn als auf Schmerzempfindung; auch der Muskelsinn war vollständig erloschen. Dabei war aber keine Spur von Coordinationsstörung
oder Ataxie vorhanden, und der Kranke war im Stande, ohne Stock und
ohne sonstige Unterstützung einen Weg von einer Meile hin und zurück
zu gehen.

Da die Coordination der Bewegungen in der Zerlegung des relativ
einfachen Willensimpulses in zahlreiche, dem Zwecke entsprechende Einzel-
erregungen besteht, so kann das materielle Substrat für diese Zerlegungen
unmöglich gesucht werden in der weissen Substanz, in welcher die Fasern
isolirt neben einander verlaufen, sondern nur in der grauen Substanz,
wo sehr zahlreiche Verbindungen stattfinden. Daher haben wir die Vorstellung, als ob es ein besonderes, der Coordination dienendes oder dieselbe leitendes Fasersystem in der weissen Substanz des Rückenmarks
gebe, schon früher abweisen müssen (S. 147). Bei der Coordination der
Bewegungen ist sowohl das Gehirn als das Rückenmark betheiligt. Die
erste Zerlegung des Willensimpulses geschieht wohl schon im Gehirn,
und zwar ist dabei weniger an die graue Substanz der Gehirnoberfläche,
als vielmehr an die Grosshirnganglien und zum Theil auch an die graue
Substanz des Kleinhirns zu denken; die weitere Vertheilung erfolgt dann
in den niederen Centren bis zu den Ganglienzellengruppen, von welchen
die peripherischen motorischen Nerven ausgehen. Dass auch die graue
Substanz des Rückenmarks an der Coordination einen Antheil habe, ergibt sich aus der Thatsache, dass nach Abtrennung des Rückenmarks
vom Gehirn unterhalb der Stelle der Quertrennung noch coordinirte
Reflexbewegungen zu Stande kommen. Demnach ist bei den diffusen
Erkrankungen des Rückenmarks das Vorhandensein von Coordinationsstörungen immer ein Beweis dafür, dass die graue Substanz von der Erkrankung mitergriffen ist.

Da die Leitung der Schmerzempfindung im Rückenmark vorzugsweise durch die graue Substanz geschieht, so ist es leicht verständlich,
dass neben Störungen der Coordination besonders häufig Verminderung
der Schmerzempfindung, unter Umständen bis zur Analgesie vorkommt,
und dass auch die Verlangsamung der Schmerzleitung (S. 36) vorzugsweise in solchen Fällen beobachtet wird. Und da endlich die graue
Substanz des Rückenmarks das vermittelnde Glied für die reflectorische
Uebertragung der Erregung von den sensiblen Nerven auf die motorischen
ist, so erklärt sich ebenfalls, dass neben Störungen der Coordination auch
Verminderung der Reflexbewegungen und namentlich der Schnenreflexe
gefunden werden kann.

Motilitätsstörungen. Wenn die von unten nach oben fortschreitende Degeneration die motorischen Fasersysteme in den Vor-
der- und Seitensträngen betrifft, so ist a priori zu erwarten, dass

dabei eine von unten nach oben fortschreitende und allmählich zunehmende Störung der Motilität sich einstellen werde. Und wenn zugleich die Vorderhörner oder die vorderen Rückenmarkswurzeln an der Degeneration theilnehmen, so muss progressive Atrophie und Degeneration der motorischen Nerven und der Muskeln stattfinden. Diesen a priori zu erwartenden Symptomencomplex sehen wir am häufigsten eintreten, wenn in den späteren Stadien der Tabes die früher auf andere Fasersysteme beschränkte Degeneration endlich auch auf die Vorder- und Seitenstränge übergreift. Seltener kommt diese auf Degeneration der Vorder- und Seitenstränge beruhende Tabes motoria als primäre und isolirte Affection vor. Doch habe ich Fälle beobachtet, bei welchen der Verlauf diesem Schema entsprach; und in einem solchen Falle, der zur Obduction kam, wurde die Degeneration in den Vorder- und Seitensträngen beträchtlich weiter vorgeschritten gefunden als in den anderen Fasersystemen. In neuerer Zeit werden solche Fälle gewöhnlich in anderen Kategorien untergebracht, so namentlich als diffuse Myelitis bezeichnet. Vielleicht gehören hierher auch einzelne zur progressiven Muskelatrophie gerechnete Fälle, namentlich von denjenigen, bei welchen die Motilitätsstörung an den unteren Extremitäten begonnen hat und allmählich aufwärts fortgeschritten ist.

Wesentlich anders gestaltet sich der Symptomencomplex, wenn vorzugsweise derjenige Theil der Seitenstränge, welcher die Pyramidenbahnen enthält, von der Degeneration befallen wird. Es treten dann die sogenannten spastischen Symptome in den Vordergrund, nämlich Muskelspannungen und Contracturen, Steigerung der Reflexbewegungen und namentlich auch der Sehnenreflexe, während die Lähmungserscheinungen zunächst weniger auffallend sind. Wir bezeichnen diesen Symptomencomplex nach dem Vorgange von Charcot als Tabes spastica oder nach Erb als spastische Spinalparalyse. Wenn die Hinterstränge vollständig von Degeneration frei bleiben, so kann dabei die Sensibilität sich normal verhalten. Auch kann jede Störung der Coordination fehlen. Durch Uebergreifen der Degeneration auf andere Fasersysteme kommen aber auch oft Complicationen zu Stande.

Es wurde bereits wiederholt hervorgehoben, dass die diffusen Erkrankungen mit den davon abhängigen Symptomen nur selten auf ein einzelnes Fasersystem beschränkt bleiben. Zuweilen tritt die Degeneration von Anfang an in mehreren Systemen gleichzeitig auf, und besonders häufig erfolgt, auch wenn im Anfang die Erkrankung eines Systems vorherrschend war, im Laufe der Zeit ein Uebergreifen der Degeneration auf andere Fasersysteme. Durch solche Combinationen der Systemerkrankungen entstehen zahlreiche verschiedene Symptomencomplexe. Die Diagnose wird sich denselben gegenüber nicht darauf beschränken, das Vorhandensein einer diffusen Erkrankung des Rückenmarks, einer Tabes im weiteren Sinne, festzustellen, sondern sie wird sich auch die Aufgabe stellen, durch sorgfältige Analyse der Symptome zu erkennen, welche Fasersysteme im einzelnen Falle ergriffen sind. Die Anhaltspunkte dafür, so weit sie bei dem gegenwärtigen Stande unserer Kenntnisse gegeben werden können, sind in dem bisher Besprochenen enthalten. Im Folgenden gehen wir noch näher ein auf diejenigen Systemerkrankungen, welche besonders häufig vorkommen und einigermassen typische Krankheitsbilder liefern: es ist dies zunächst derjenige Symptomencomplex, welcher in neuester Zeit als Tabes dorsalis im engeren Sinne bezeichnet zu werden pflegt, ferner die Tabes spastica und endlich die myatrophische Lateralsklerose. Voraussichtlich werden sich in Zukunft aus der Mannigfaltigkeit der vorkommenden Fälle noch weitere Typen ausscheiden lassen.

Tabes dorsalis im engeren Sinne. Sklerose der Hinterstränge mit Betheiligung der grauen Substanz. Tabes sensibilis et coordinatoria.

Die Sklerose oder graue Degeneration der Hinterstränge mit Betheiligung der grauen Substanz ist die bei Weitem häufigste Form der Tabes und wird von manchen neueren Autoren ausschliesslich mit diesem Namen bezeichnet. Die charakteristischen Symptome der Krankheit, welche von unten nach oben fortschreiten und progressiv zunehmen, bestehen einerseits in Störungen der Sensibilität, anderseits in Störungen der Coordination. In manchen Fällen sind beiderlei Störungen schon früh gleichzeitig vorhanden; doch gibt es auch Fälle, in welchen anfangs entweder die Sensibilitätsstörungen oder die Coordinationsstörungen ausschliesslich sich zeigen und erst im späteren Verlauf die anderen Störungen hinzutreten. Man kann den Verlauf der Krankheit in mehrere Stadien eintheilen.

Das erste Stadium, welches wir als Tabes incipiens bezeichnen, wird häufig auch als Prodromalstadium beschrieben. Dabei sind gewöhnlich vorherrschend die Reizungserscheinungen im Gebiete der hinteren Wurzeln, namentlich die lancinirenden, rheumatoiden und neuralgischen Schmerzen. Bei vielen Kranken stellt sich beim Gehen auffallend schnell Ermüdungsgefühl ein, und auch diese Erscheinung ist vielleicht zu den sensiblen Störungen zu rechnen

(Spaeth). Dazu gesellen sich oft schon früh die ersten Andeutungen der Verminderung der Sensibilität; die Kranken bemerken selbst, dass sie im Dunkeln oder bei geschlossenen Augen unsicher auf den Füssen sind. Häufig zeigt auch der Gang der Kranken die ersten Anfänge der Coordinationsstörung. In manchen Fällen ist schon in diesem Stadium Verminderung oder Aufhebung der Sehnenreflexe zu constatiren, und dieser Umstand ist dann von besonderer Wichtigkeit für eine frühzeitige Diagnose; in anderen Fällen können sich dieselben noch normal verhalten.

Im zweiten Stadium, welches wir als das der Tabes confirmata bezeichnen, treten die charakteristischen Erscheinungen deutlich hervor, welche der Störung der Sensibilität und der Coordination entsprechen, und zwar in manchen Fällen die einen, in manchen die anderen vorherrschend oder auch wohl ausschliesslich. Im Dunkeln oder bei geschlossenen Augen sind die Kranken in Gefahr umzufallen. Zugleich zeigen sich in allmählicher Zunahme die anderweitigen Erscheinungen der unvollständigen Anaesthesie, so das Gefühl von Taubsein, Pelzigsein u. s. w. Auch die Schmerzempfindung ist zuweilen abgeschwächt oder die Leitung verlangsamt. Daneben können die lancinirenden Schmerzen fortbestehen oder auch Gürtelgefühle vorhanden sein. Die Störungen der Coordination treten deutlicher hervor, so dass das Gehen immer mehr erschwert wird. Die Sehnenreflexe sind meist vermindert oder ganz aufgehoben; doch gibt es einzelne Fälle, bei denen sie noch erhalten sind. Dabei ist die grobe Kraft der Muskeln, wie sie sich bei einfacher Beugung und Streckung oder beim Widerstand gegen passive Bewegungen äussert, vollständig oder nahezu vollständig erhalten. Allmählich beginnen auch in den oberen Extremitäten die Anfänge der Störung der Sensibilität und der Coordination sich zu zeigen. Die Harn- und Stuhlentleerung ist häufig schon gestört. Im Gebiete der geschlechtlichen Functionen zeigen sich bei Männern die Erscheinungen der reizbaren Schwäche.

Im dritten Stadium, welches wir als Tabes consummata bezeichnen können, ist die Störung der Sensibilität bis zu einem hohen Grade von Anaesthesie vorgeschritten, und die Störung der Coordination ist so bedeutend, dass Stehen und Gehen nur mit Unterstützung möglich ist. Auch an den oberen Extremitäten werden die Störungen der Sensibilität und der Coordination immer deutlicher. Die Blasen- und Mastdarmmusculatur ist geschwächt, zuweilen bis zu einem hohen Grade von Parese; die willkürliche Entleerung des Harns ist erschwert oder unmöglich, und daneben besteht oft Incontinenz, so dass der Harn unwillkürlich abgeht. Später entsteht gewöhnlich Blasenkatarrh mit seinen weiteren Folgen. Bei Männern ist gewöhnlich Impotenz vorhanden. — Meist greift die im Anfang auf die Hinterstränge und die graue Substanz beschränkte Degeneration allmählich auch auf die Seiten- und Vorderstränge über, und dann kann auch die grobe Kraft der Muskeln, die bisher noch erhalten war, eine von unten nach oben fortschreitende Abnahme zeigen. Dabei werden die Muskeln atrophisch, und es können Muskelsteifigkeit und Contracturen sich ausbilden.

Zu diesen regelmässig auftretenden Erscheinungen gesellen sich in einzelnen Fällen noch andere Erscheinungen, welche auf strichweise Degeneration in anderen Theilen des Nervensystems zu beziehen sind. Dahin gehört die Amblyopie und Amaurose, welche auf Atrophie und grauer Degeneration des N. opticus beruht und in einzelnen Fällen schon im Beginn der Krankheit und selbst vor dem Auftreten anderweitiger charakteristischer Erscheinungen sich einstellen kann, ferner Ataxie der Augenmuskeln oder Lähmung einzelner derselben, die zuweilen nur vorübergehend auftritt, ferner die Verengerung der Pupille, welche als Myosis spinalis bezeichnet wird und dadurch charakterisirt ist, dass die Pupille auf Lichteinfluss nicht, dagegen bei Accomodationsanstrengung noch merklich reagirt, endlich die seltener vorkommende Erweiterung der Pupillen mit mangelhafter Reaction auf Licht. In seltenen Fällen kommt auch Atrophie des N. acusticus vor, Lähmung oder Ataxie der Zunge, Anaesthesie im Gebiete des N. trigeminus, Atrophie und Degeneration einzelner Nerven und Muskeln des Rumpfes und der Extremitäten. Die psychischen Functionen zeigen meist keine auffallende Störung; doch ist zuweilen in den weit vorgeschrittenen Fällen einige Abnahme des Gedächtnisses oder der geistigen Fähigkeiten überhaupt zu bemerken.

Unter den Ernährungsstörungen, welche bei Tabes vorkommen, ist besonders wichtig der Decubitus, der gewöhnlich im letzten Stadium eintritt und das Ende beschleunigt. Selten sind anderweitige Ulcerationen der Haut, wie z. B. das Malum perforans pedis (S. 19) oder sonstige Ernährungsstörungen in derselben. In einzelnen Fällen werden an den Kniegelenken oder auch an anderen Gelenken Anschwellungen in Folge von Flüssigkeitsansammlung beobachtet, gewöhnlich weder von Schmerz noch von anderen entzündlichen Erscheinungen begleitet; diese „Arthropathien", die zuweilen schon in einem frühen Stadium der Krankheit auftreten, können später wieder zurückgehen; sie können aber auch zu Arthritis deformans führen

mit Usur der Gelenkenden, Subluxationen u. s. w. Auch eine abnorme Brüchigkeit der Knochen hat man zuweilen bei Tabeskranken
gefunden. Als „Crises gastriques" werden von den französischen
Autoren zeitweise auftretende cardialgische Anfälle mit Würgen und
Erbrechen beschrieben, als „Crises néphrétiques" Anfälle, welche mit
Nierensteinkolik Aehnlichkeit haben, als „Crises bronchiques" Anfälle von heftigem Husten mit Dyspnoe. Alle diese Erscheinungen
sind vielleicht mehr Complicationen als Theilerscheinungen der Krankheit. — Zu erwähnen ist noch das Vorkommen der Complication mit
Dementia paralytica (s. u.).

Der Verlauf der Krankheit ist in der Regel ein langsamer,
so dass vom Beginn des Leidens bis zum Ausgange viele Jahre und
oft Decennien vergehen. Ein Stillstand der Krankheit von längerer
Dauer und selbst zeitweise Besserungen werden häufig beobachtet.
Es kommt aber auch vor, dass die Kranken, die im Allgemeinen
zu optimistischer Auffassung ihres Zustandes geneigt sind, eine Besserung zu bemerken glauben, während sie in Wirklichkeit vielleicht
nur deshalb besser gehen, weil sie sich mehr an die Umgebung,
den Fussboden u. s. w. gewöhnt haben. Viele Kranke befinden
sich während des Sommers besser als während des Winters. Eine
vollständige Heilung gehört wenigstens in Fällen, welche so weit
ausgebildet sind, dass die Diagnose mit Sicherheit gestellt werden
kann, zu den grössten Seltenheiten. Die Kranken gehen, wenn nicht
intercurrente Krankheiten das Ende herbeiführen oder ein Fortschreiten der Krankheit bis zur Medulla oblongata den Tod unter
bulbärparalytischen Symptomen zur Folge hat, nach langen Leiden
an stetig zunehmender Kachexie oder an Decubitus, Cystitis und
deren Folgen zu Grunde.

Tabes spastica.

Als Tabes spastica bezeichnen wir den Symptomencomplex,
welcher von Erb als spastische Spinalparalyse, von Charcot als
Tabes dorsal spasmodique beschrieben worden ist, und bei dem
neben einer von unten nach oben fortschreitenden motorischen Parese zugleich spastische Symptome in auffallender Weise hervortreten,
namentlich Steigerungen der Sehnenreflexe, Muskelspannungen und
Contracturen. Als die anatomische Grundlage desselben ist mit Wahrscheinlichkeit eine primäre Degeneration der im Rückenmark verlaufenden Pyramidenbahnen, welche die directe Verbindung zwischen
der grauen Substanz des Gehirns in der Gegend der Centralwindungen
mit den Ganglienzellen der Vorderhörner des Rückenmarks darstellen,

anzunehmen; dieselbe scheint vorzugsweise die Pyramidenseitenstrangbahnen zu betreffen, und aus diesem Grunde hat man die
Krankheit auch als Sklerose der Seitenstränge beschrieben.

Der Symptomencomplex der Tabes spastica ist so wohl charakterisirt und kommt so häufig vor, dass er als eine besondere Krankheitsform aufgestellt werden kann, obwohl bisher der anatomische Nachweis,
dass es sich dabei wirklich nur um Seitenstrangsklerose handelt, noch
nicht mit voller Sicherheit geführt werden konnte. Auch bei der secundären absteigenden Degeneration der Pyramidenbahnen pflegen Muskelspannungen und Contracturen sich zu entwickeln (S. 163), freilich erst,
nachdem vorher in Folge der Unterbrechung der Leitung Paralyse eingetreten war. Bei der primären Degeneration gehen die spastischen Erscheinungen den paralytischen voraus oder kommen gleichzeitig mit denselben zu Stande. Das Auftreten der spastischen Erscheinungen bei
Degeneration der Pyramidenbahnen scheint darauf hinzudeuten, dass in
denselben ausser den eigentlich motorischen Fasern auch noch Fasern
verlaufen, welche unter normalen Verhältnissen eine die Reflexbewegung
hemmende oder überhaupt die Muskelcontraction moderirende Wirkung
ausüben.

Die Symptome der Tabes spastica, welche besonders auffallend
und charakteristisch sind, lassen sich zum grossen Theil zurückführen auf die Steigerung der Sehnenreflexe, welche neben der Parese vorhanden ist. Indem jede stärkere Berührung einer Sehne,
jede active oder passive Spannung oder plötzliche Dehnung derselben sofort eine Contraction der betreffenden Muskeln zur Folge
hat, entstehen die spastischen Erscheinungen, durch welche alle coordinirten Bewegungen in hohem Grade beeinträchtigt werden. Es
ist dann oft schwer zu entscheiden, wie viel von der Motilitätsstörung
auf die spastischen Erscheinungen, und wie viel auf wirkliche Parese
zu beziehen ist, und es scheint Fälle zu geben, bei welchen während
langer Zeit die grobe Kraft der Muskeln nicht wesentlich verändert
ist, während die Leistungsfähigkeit derselben durch die spastischen
Störungen bereits stark beeinträchtigt ist. Die Störung beginnt in
der Regel an den unteren Extremitäten. Der Gang der Kranken
ist besonders charakteristisch in Folge der Muskelspannungen und
Reflexcontractionen neben gleichzeitiger Parese: „Die Beine werden
etwas nachgeschleppt, die Füsse scheinen am Boden zu kleben, die
Fussspitzen finden an jeder Unebenheit des Bodens ein Hinderniss;
jeder Schritt ist von einer eigenthümlichen hüpfenden Hebung des
ganzen Körpers begleitet, welche auf einer reflectorischen Contraction
der Wade beruht; die Kranken gerathen alsbald auf die Zehen und
schleifen auf denselben vorwärts, eine Neigung zum Vornüberfallen
zeigend. Die Beine werden eng geschlossen, steif gehalten, die

Knie etwas nach vorn gesenkt, der Oberkörper leicht nach vorn gebeugt." (Erb). Auch in der Ruhe können einzelne Zuckungen auftreten, und später kommt es zu andauernden Muskelspannungen und
Contracturen, und zwar hauptsächlich in den Extensoren. Es kann
endlich das Gehen ganz unmöglich werden, so dass die Kranken
anhaltend im Bett liegen müssen. Schon im Beginn der Krankheit
sind die Sehnenreflexe ungewöhnlich stark, sowohl der von der Patellarsehne zu erhaltende, als auch die vieler anderer Sehnen. Gewöhnlich kann auch das sogenannte Fussphänomen oder der Reflexklonus hervorgerufen werden: wenn der Fuss plötzlich passiv in
Dorsalflexion gebracht und darin erhalten wird, so entsteht ein Zittern,
welches sich oft über die ganze Extremität und zuweilen noch über
andere Muskelgruppen erstreckt, und welches anhält, bis der Fuss
wieder losgelassen wird. Dagegen findet sich in den reinen Fällen
keine Sensibilitätsstörung; die Kranken stehen und gehen mit geschlossenen Augen nicht schlechter als bei Zuhülfenahme des Gesichtssinns; ebenso ist keine eigentliche Coordinationsstörung vorhanden. Die paretischen Muskeln werden nicht von Atrophie befallen. Auch fehlt in der Regel die Parese der Blasen- und Mastdarmmusculatur, der Decubitus u. s. w. Doch ist zu berücksichtigen,
dass nicht selten Combinationen mit anderen Systemerkrankungen
vorkommen, und dass dann entsprechende Symptome auftreten können. Nachdem die Krankheitserscheinungen längere Zeit in den unteren Extremitäten bestanden haben, schreiten sie allmählich nach
oben weiter und erreichen endlich auch die oberen Extremitäten.
In einzelnen Krankheitsfällen kommt es vor, dass eine Seite des
Körpers vorzugsweise oder früher als die andere befallen wird.

Die Krankheit nimmt in der Regel einen sehr protrahirten Verlauf. Es kann geschehen, dass sie während Jahren stationär bleibt
oder kaum merkliche Fortschritte macht. Die Lebensdauer wird
durch dieselbe in manchen Fällen kaum verkürzt. In anderen Fällen freilich entstehen durch Weiterschreiten der Degeneration bulbärparalytische Symptome, oder das Uebergreifen auf andere Systeme
hat schwere Erscheinungen von Paralyse und Muskelatrophie oder
auch von Tabes im engeren Sinne mit Decubitus, Cystitis u. s. w.
im Gefolge. Auch durch intercurrente Krankheiten sind die Kranken
mehr gefährdet.

Myatrophische Lateralsklerose.

Bei der von Charcot als Sclérose latérale amyatrophique beschriebenen Krankheit besteht eine Degeneration der Pyramiden-

seitenstrangbahnen, die sich aufwärts bis in die Pyramiden und oft noch weiter durch den Pons in den Fuss des Pedunculus cerebri verfolgen lässt. Dazu kommt in der Regel noch eine Degeneration der Ganglienzellen in den Vorderhörnern des Rückenmarks und in den Nervenkernen des verlängerten Marks. Die Krankheit beginnt gewöhnlich in dem Cervicalmark. Es werden zunächst die Muskeln der oberen Extremitäten in ihrer Gesammtheit annähernd gleichmässig von Parese und Atrophie befallen; dabei bleiben die Muskeln, soweit sie noch erhalten sind, erregbar für den Inductionsstrom. Später entstehen Contracturen, in Folge deren die Arme an den Rumpf angezogen sind, im Ellenbogen- und Handgelenk halb gebeugt, in Pronationsstellung, die Finger in starker Flexion. Die Sehnenreflexe zeigen sich gesteigert. Nach einiger Zeit geht die Störung auf die Muskeln der unteren Extremitäten über; doch kommt es in diesen gewöhnlich nicht oder nur in geringerem Grade zu Atrophie, während die Parese und die spastischen Erscheinungen deutlich hervortreten. Die Sehnenreflexe sind erhöht, und am Fusse lässt sich meist Reflexklonus hervorrufen. Die Beine sind steif und meist in Extensions- und Adductionsstellung. Die Sensibilität zeigt weder an den oberen noch an den unteren Extremitäten eine Störung; doch können Schmerzen und Paraesthesien der Lähmung vorhergehen oder dieselbe begleiten. Blase und Mastdarm bleiben frei; auch besteht keine Neigung zu Decubitus. Später können auch die Muskeln des Halses und des Kopfes befallen werden. Endlich kommt es durch Fortschreiten der Degeneration auf die Medulla oblongata zu bulbärparalytischen Symptomen, welche zum Tode führen: es entsteht Lähmung der Zunge, der Lippen und des Gaumens, durch welche das Sprechen und Schlingen immer mehr erschwert wird, und endlich können auch schwere Störungen der Respiration und der Circulation auftreten. — Der Verlauf der Krankheit ist ein verhältnissmässig schneller: die Gesammtdauer beträgt etwa 2 bis 3 Jahre.

Die Aufstellung der myatrophischen Lateralsklerose als einer besonderen Krankheitsform wird sowohl durch den typischen Symptomencomplex als auch durch den regelmässigen anatomischen Befund gerechtfertigt; doch ist zuzugeben, dass vorläufig das Verhältniss einerseits zur Tabes spastica und anderseits zur progressiven Muskelatrophie und Bulbärparalyse noch in mancher Beziehung weitere Klärung wünschen lässt. Behufs der Unterscheidung von der progressiven Muskelatrophie ist von Bedeutung der durchschnittlich weit schnellere Verlauf der Krankheit, das nahezu gleichzeitige Befallenwerden der Muskeln an der ganzen oberen Extremität, das Vorkommen von Contracturen und anderen spastischen Erscheinungen, namentlich die Steigerung der Sehnenreflexe. — Vgl.

J. M. Charcot, Leçons sur les maladies du système nerveux. T. II. 4. éd.
Paris 1885. pag. 234 sq.

Therapie.

Die Behandlung ist bei allen Formen der Systemerkrankungen
im Wesentlichen die gleiche.

Unter Umständen kann die Berücksichtigung der Indicatio prophylactica und causalis, wie sie sich aus der Aetiologie ergibt, von
Bedeutung sein, so namentlich die Vermeidung von körperlicher oder
geistiger Ueberanstrengung, von Erkältungen, sexuellen Excessen,
die Behandlung etwa vorhandener Syphilis. Die früher oft angewendeten Blutentziehungen und die anderweitigen antiphlogistischen
Mittel haben sich als unwirksam erwiesen; nur in den Fällen, in
welchen eine chronische Meningitis als Complication vorauszusetzen
ist, lässt sich von der Anwendung der grauen Quecksilbersalbe Erfolg erwarten. Auch Ableitungen auf die Haut des Rückens sind
ohne wesentliche Wirkung. Früher waren sehr gebräuchlich warme
Bäder und namentlich die natürlichen Thermalbäder (Wildbad, Ragaz, Gastein, Teplitz); neuerlichst werden dieselben von den meisten
Aerzten für unwirksam, von einzelnen sogar für schädlich erklärt.
Eher werden laue Bäder (22° bis 26° R.) von kurzer Dauer und nur
alle 2—3 Tage, ferner Soolbäder (Rehme, Nauheim) empfohlen, und
ebenso die früher für nachtheilig gehaltenen Kaltwassercuren, vorausgesetzt, dass sie in sehr gelinder Form und mit grosser Vorsicht
angewendet werden. Tragen von Flanell, Aufenthalt in gleichmässiger Temperatur, Winteraufenthalt im Süden wirken günstig.
Als das wichtigste Heilmittel wird allgemein die Elektricität anerkannt, namentlich der constante Strom, der auf die Wirbelsäule angewendet wird in mässiger Intensität und in kurzen Sitzungen. Auch
der Inductionsstrom, in den erkrankten Nervengebieten über grosse
Flächen als Hautreiz angewendet, scheint namentlich gegen die neuralgischen Beschwerden von Nutzen zu sein. Die in neuester Zeit
wiederholt ausgeführte Dehnung der Nn. ischiadici ist in ihrer Wirkung bisher noch höchst zweifelhaft.

Unter den Arzneimitteln ist das Argentum nitricum hervorzuheben, welches von Wunderlich (1861) empfohlen wurde und in
einzelnen Fällen eine unzweifelhaft günstige Wirkung hat: Rp. Argent. nitric. 1,0; Argillae 10,0; Aq. destill. q. s. ut f. pil. 100. Consp.
Bol. alb. DS. Täglich 3 bis 10 Pillen. Von den zahlreichen anderen
Mitteln, welche gegen die Krankheit empfohlen worden sind, seien
erwähnt Auro-Natrium chloratum, Arsenik, Kalium jodatum, Phosphor, Secale cornutum, Strychnin.

Von besonderer Wichtigkeit ist es, bei jedem einzelnen Kranken den Ernährungszustand und die Constitution zu berücksichtigen und den daraus sich ergebenden Indicationen zu entsprechen. Die Behandlung der etwa vorhandenen Anaemie und Abmagerung ist in vielen Fällen von Vortheil; in dieser Beziehung können unter Umständen Milch- oder Leberthrancuren empfohlen werden oder auch die Anwendung von Eisen- und Chinapräparaten. Alle Anstrengungen sind zu vermeiden; namentlich ist der Kranke darauf aufmerksam zu machen, dass durch Uebungen im Gehen, wenn sie bis zur Ermüdung getrieben werden, eher geschadet als genützt wird.

Hyperaemie und Anaemie des Rückenmarks.

Für die Functionen des Rückenmarks ist ohne Zweifel die Regelung der Blutzufuhr von grosser Bedeutung. Der sogenannte Stenon'sche Versuch zeigt, dass durch Compression der Aorta abdominalis bei Thieren eine mehr oder weniger vollständige Paraplegie quoad motum et sensum erzeugt werden kann, die zwar zum Theil auf die Anaemie der Nerven der unteren Extremitäten, zum grösseren Theil aber und namentlich im Anfang auf die Anaemie des unteren Rückenmarksabschnittes zu beziehen ist. Auch beim Menschen hat man in seltenen Fällen bei Verschluss der Aorta abdominalis durch Compression, Embolie oder Thrombose eine solche Paraplegie beobachtet.

Im Uebrigen sind deutliche Erscheinungen, welche von Hyperaemie oder Anaemie des Rückenmarks abzuleiten wären, nicht bekannt, und die Symptomatologie, welche gewöhnlich gegeben wird, ist mehr a priori construirt als auf Beobachtungen gegründet. Gegen die Auffassung, als ob jede sogenannte Spinalirritation auf Hyperaemie oder sogar auf leichte Entzündungen des Rückenmarks oder seiner Häute zurückzuführen sei, haben wir uns schon früher ausgesprochen (S. 82).

Meningitis spinalis. Acute Leptomeningitis.

Die Entzündung der Dura mater des Rückenmarks wird als Pachymeningitis spinalis ($\pi\alpha\chi\dot{\nu}\varsigma$ = dick) bezeichnet, die Entzündung der Arachnoidea und Pia mater als Leptomeningitis ($\lambda\varepsilon\pi\tau\dot{o}\varsigma$ = dünn, zart). In vielen Fällen sind alle drei Häute bei der Entzündung betheiligt, und besonders häufig geht die Entzündung von einer Haut auf die anderen über. Wenn von Meningitis spinalis ohne weiteren Zusatz die Rede ist, so versteht man darunter die acute Entzündung der weichen Häute oder die Leptomeningitis spinalis acuta.

Die acute Leptomeningitis hat gewöhnlich eine diffuse Verbreitung, erstreckt sich oft über die ganze Länge des Wirbelkanals, zeigt aber meist an den verschiedenen Stellen einen verschiedenen Grad der Intensität. Es besteht starke Injection der Arachnoidea und Pia mater; die weichen Häute und das subarachnoideale Gewebe sind verdickt und getrübt, oedematös oder eiterig infiltrirt, im Subarachnoidealraum finden sich eiterige Exsudatmassen oder fibrinöseiterige Auflagerungen. Diese Veränderungen sind meist auf der hinteren Fläche stärker ausgebildet als auf der vorderen. Das Rückenmark ist in Folge der Compression blutleer; nach längerer Dauer der Meningitis wird das Rückenmark atrophisch, oder es stellt sich diffuse Degeneration desselben ein; zuweilen kommt es auch zu stärkerer Degeneration an circumscripten Stellen, die dann als Myelitis bezeichnet werden kann, oder selbst zu eiteriger Infiltration. Die in die Exsudatmassen eingebetteten Nervenwurzeln zeigen mehr oder weniger fortgeschrittene Degeneration.

Aetiologie.

Meningitis spinalis ist häufig mit Meningitis cerebralis verbunden. Die Meningitis tuberculosa, welche vorzugsweise die Gehirnhäute an der Basis befällt, erstreckt sich in vielen Fällen auch auf die Rückenmarkshäute. Die von einer specifischen Infection abhängige Meningitis epidemica ist gewöhnlich eine Meningitis cerebro-spinalis. Seltener werden bei anderen Formen der Meningitis cerebralis die Rückenmarkshäute mitbetroffen. — Eine Entzündung der Rückenmarkshäute ohne gleichzeitige Betheiligung der Gehirnhäute, eine Meningitis spinalis simplex, kann entstehen in Folge von traumatischen Einwirkungen, vorzugsweise dann, wenn dabei Verletzung der Wirbel oder der Rückenmarkshäute stattgefunden hat, in einzelnen Fällen auch nach heftiger Erschütterung ohne Verletzung. Bei Entzündungen der Wirbel, namentlich bei Caries derselben, erfolgt häufig ein Uebergreifen des entzündlichen Prozesses auf die Rückenmarkshäute; ferner können schwere Erkrankungen in der Umgebung der Wirbelsäule, z. B. Abscesse oder tiefgreifender Decubitus, zu Meningitis führen; und auch bei Erkrankungen des Rückenmarks können die Rückenmarkshäute sich betheiligen, so besonders bei Myelitis, zuweilen aber auch bei anderen Affectionen. Die Pachymeningitis (s. u.) greift häufig auf die weichen Rückenmarkshäute über und hat Leptomeningitis zur Folge. Nicht selten kann eine vorhergegangene starke Erkältung als Ursache angesehen werden (Meningitis rheumatica); zuweilen schliesst sich die Meningitis an eine anderweitige schwere Krankheit an. Oft entsteht die Krankheit, ohne dass eine augenfällige Ursache vorhanden wäre. — Meningitis spinalis kommt vorzugsweise vor im jugendlichen Alter; sie ist beim männlichen Geschlecht häufiger.

Symptomatologie.

Die acute Leptomeningitis ist im Anfang gewöhnlich von Fieber begleitet, welches zuweilen heftig beginnt und plötzlich mit Frostanfall auftritt, nachher einen unregelmässigen Verlauf nimmt, in der Regel mit nur mässiger Temperatursteigerung. Die wesentlichen Erscheinungen der Meningitis beruhen hauptsächlich auf der Affection der Nervenwurzeln, welche durch das entzündliche Exsudat comprimirt und zur Degeneration gebracht werden; ausserdem kann an den Lähmungserscheinungen auch die Compression des Rückenmarks durch das Exsudat einen Antheil haben. Im Anfang sind gewöhnlich Reizungserscheinungen, später Lähmungserscheinungen vorherrschend. Als Folge der Reizung der hinteren Wurzeln treten heftige Schmerzen auf, welche theils auf die Gegend der Wirbelsäule localisirt, theils excentrisch projicirt werden und je nach Ausbreitung und Intensität der Meningitis in den einzelnen Abschnitten des Wirbelkanals bald mehr in den unteren Extremitäten, bald mehr im Rumpf, bald mehr im Nacken und den oberen Extremitäten gefühlt werden. Häufig ist in dem Verbreitungsbezirk der betreffenden Nerven eine ungewöhnliche Hyperaesthesie vorhanden, so dass jede stärkere Berührung und Bewegung schmerzhaft empfunden wird. Die Schmerzen werden gesteigert durch Bewegungen der Wirbelsäule und meist auch durch Druck auf die Wirbel. Daneben erscheinen als Folge der Reizung der vorderen Rückenmarkswurzeln Krämpfe: es kommen tonische Krämpfe vor in der Nackenmusculatur als Nackenstarre oder „Genickkrampf", ferner in den Extremitäten als starre Spannung der Extensoren oder auch der Flexoren, endlich am Rumpf als Steifigkeit der Wirbelsäule, selbst bis zu Opisthotonus; dieselben nehmen ab und zu, werden zuweilen durch Bewegungen der Wirbelsäule hervorgerufen oder gesteigert; dazwischen treten klonische Krämpfe auf in verschiedenen Muskelgebieten, zuweilen als plötzliche heftige Contractionen mit intensiven Schmerzen. — Im weiteren Verlauf werden die Lähmungserscheinungen deutlicher und endlich vor-

herrschend. Im Allgemeinen pflegt die motorische Lähmung stärker
ausgebildet zu sein als die Anaesthesie. Die Ausbreitung und Intensität der Lähmungserscheinungen ist abhängig von dem Verhalten
des entzündlichen Prozesses in den Rückenmarkshäuten. Häufig besteht vollständige Paraplegie der unteren Extremitäten, zuweilen
auch des Rumpfes und der oberen Extremitäten. Wenn auch die
Respirationsmuskeln von Lähmung befallen werden, oder wenn durch
Betheiligung der Medulla oblongata bulbärparalytische Erscheinungen
zu Stande kommen, namentlich Störung des Sprechens und Schlingens
und intermittirende Respiration, so erfolgt gewöhnlich bald der Tod. —
Die Reflexbewegungen können im Reizungsstadium für einige Zeit erhöht sein; später sind sie, so weit die Lähmung sich erstreckt, vollständig aufgehoben; die gelähmten Muskeln verlieren die Reaction auf
den Inductionsstrom. Die Blase kann im Anfang Krampf des Detrusor
und des Sphincter zeigen; später nimmt sie ebenso wie der Mastdarm an der Lähmung theil. Auch besteht Neigung zu Decubitus. —
In denjenigen Fällen, in welchen gleichzeitig Meningitis cerebralis
besteht, sind zugleich die entsprechenden Gehirnerscheinungen vorhanden.

Der Verlauf der Krankheit ist verschieden. Sie kann schnell
zum Tode führen, zuweilen durch Respirationslähmung oder unter
bulbärparalytischen Erscheinungen oder unter hyperpyretischer Steigerung der Temperatur; es kann aber auch nach langem Krankenlager
durch Decubitus, Cystitis u. s. w. der Tod erfolgen. In anderen Fällen
nimmt die Krankheit einen günstigen Verlauf; die Erscheinungen
gehen allmählich zurück, zuweilen schon nach wenigen Tagen, zuweilen
erst nach Wochen und Monaten. Je länger die Krankheit gedauert
hat, desto eher sind Nachkrankheiten zu befürchten, die auf diffuser
Atrophie und Degeneration des Rückenmarks, auf circumscripter Myelitis oder auf chronischer Meningitis beruhen. Aber auch bei Fällen
mit unvollständiger Heilung kann im Verlaufe längerer Zeit noch
wesentliche Besserung der Functionen des Rückenmarks zu Stande
kommen.

Diagnose.

Die Symptome der Meningitis sind denen der Myelitis ähnlich,
insofern bei beiden Erkrankungen gewöhnlich eine vollständige oder
unvollständige motorische und sensible Paraplegie zu Stande kommt.
Die Unterscheidung beruht im Wesentlichen darauf, dass bei der
Myelitis und anderen quertrennenden Erkrankungen das Rückenmark nur an einer circumscripten Stelle zerstört, dagegen unterhalb

dieser Stelle noch erhalten ist, während bei der Meningitis sowohl das Rückenmark als auch die Nervenwurzeln in diffuser Weise ergriffen sind. Deshalb treten die Reizungserscheinungen bei der Myelitis nur als Gürtelerscheinungen im Gebiete derjenigen Wurzeln auf, welche im Niveau des Krankheitsherdes entspringen; bei Meningitis dagegen verbreiten sich die Schmerzen und die Krämpfe über einen grösseren Bezirk, und namentlich sind in der Regel auch die unteren Extremitäten davon betroffen. Aus demselben Grunde sind bei Myelitis und anderen Herderkrankungen, bei denen das Rückenmark unterhalb der Quertrennung noch erhalten ist, im Gebiete der Lähmung die Reflexbewegungen vorhanden; bei Meningitis dagegen fehlen sie, soweit die Lähmung sich erstreckt. Unter Umständen kann auch der Krankheitsverlauf für die Unterscheidung massgebend sein: eine bedeutende Besserung oder vollständige Heilung kommt bei Meningitis nicht selten vor und würde deshalb im Zweifelsfalle für Meningitis und gegen Myelitis sprechen. — Die Unterscheidung der Meningitis von den Systemerkrankungen des Rückenmarks wird hauptsächlich durch den Verlauf gegeben und namentlich durch den allmählichen Anfang und das meist von unten nach oben stattfindende Fortschreiten der letzteren. Doch ist zu berücksichtigen, dass Myelitis häufig und die Systemerkrankungen wenigstens in einzelnen Fällen sich mit Meningitis compliciren.

Therapie.

Im Beginn einer acut auftretenden Meningitis sind örtliche Blutentziehungen längs der Wirbelsäule indicirt und ebenso die Anwendung der Kälte in Form von Eisbeuteln. Zugleich sind als Ableitung auf den Darmkanal starke Abführmittel anzuwenden. Später sind fliegende Vesicatore und andere Ableitungen auf die Haut in der Gegend der Wirbelsäule zweckmässig. Je mehr die Krankheit den chronischen Charakter annimmt, umsomehr sind Einreibungen von grauer Quecksilbersalbe längs der Wirbelsäule zu empfehlen, von denen ich in manchen Fällen einen augenscheinlichen bedeutenden Erfolg gesehen habe. Auch Jodpräparate äusserlich und innerlich werden vielfach empfohlen. Bei chronischem Verlauf können warme oder laue Bäder, eventuell mit kalten Douchen entlang der Wirbelsäule von Nutzen sein. Die natürlichen Thermen (Wildbad, Ragaz, Teplitz u. s. w.) sind gerade in diesen Fällen oft wirksam. Endlich ist bei Fällen, welche sich in die Länge ziehen, die Anwendung der Elektricität auf die gelähmten Muskeln zweckmässig, und zwar kann der Inductionsstrom oder, wo dieser nicht mehr wirkt, der constante Strom angewendet

werden. Die Anwendung des constanten Stromes auf die Wirbelsäule kann namentlich in chronischen Fällen nützlich sein. Als
symptomatisches Mittel ist besonders im Anfang, wenn die Schmerzen
sehr heftig sind, die Anwendung der Narcotica, namentlich des Morphium unentbehrlich.

Chronische Leptomeningitis.

Die chronische Leptomeningitis ist in manchen Fällen ein
Ausgang der acuten; in anderen Fällen tritt die Krankheit von vorn
herein mit chronischem Charakter auf. Sie kommt häufig vor als
begleitende Erkrankung bei chronischen Krankheiten der Wirbel
und des Rückenmarks. Als weitere Ursachen oder disponirende
Momente sind zu nennen chronischer Alcoholismus, Syphilis, Lepra.

Bei der chronischen Meningitis besteht hauptsächlich eine
Wucherung des Bindegewebes, durch welche beträchtliche Verdickung der Rückenmarkshäute zu Stande kommt, oft mit stellen-
weiser Pigmentirung oder mit Bildung von dicken fibrösen Platten
oder auch von kleinen Kalkplättchen, zuweilen mit Verwachsung
der Häute untereinander. Die Spinalflüssigkeit ist meist vermehrt,
zuweilen flockig getrübt. Das Rückenmark und die Nervenwurzeln
können dabei von Atrophie und Degeneration befallen werden. Auch
kann die chronische Meningitis, wenn sie circumscript auftritt, starke
Compression des Rückenmarks an einer einzelnen Stelle zur Folge
haben.

Die Symptome der chronischen Meningitis sind im Wesentlichen
die gleichen wie die der acuten, nur gewöhnlich weniger heftig und
mit langsamerer Entwickelung. Wenn chronische Meningitis zu anderen Erkrankungen der Wirbel oder des Rückenmarks hinzutritt,
so werden dadurch die vorhandenen Symptome oft kaum merklich
modificirt. In manchen Fällen wird die Ausbreitung der Störung
in den Nervenwurzeln über ein grösseres Gebiet derselben an das
gleichzeitige Vorhandensein einer chronischen Meningitis denken
lassen. Wenn die chronische Meningitis als circumscripte Erkrankung mit starker Compression des Rückenmarks an einer einzelnen
Stelle auftritt, so kann die Unterscheidung derselben von Myelitis
oder anderen quertrennenden Herderkrankungen schwer oder unmöglich werden.

Vom pathologisch-anatomischen Standpunkte sind zur chronischen
Meningitis auch die leichteren Verdickungen und Trübungen der Rücken-

markshäute zu rechnen, welche keine Störung der Function zur Folge haben und keine Symptome machen; dieselben haben keine klinische Bedeutung. In praxi kommt es zuweilen vor, dass der Arzt, wenn hysterische oder hypochondrische Kranke über Rückenschmerzen oder andere abnorme Sensationen klagen, die wohlfeile Vermuthung ausspricht, es könne möglicherweise eine derartige chronische Meningitis vorhanden sein; es pflegt dies dann dem Kranken nicht zum Vortheil zu gereichen.

Pachymeningitis spinalis.

Die Pachymeningitis ist in der Regel auf eine circumscripte Stelle der Dura mater beschränkt. Sie entsteht am häufigsten in Folge von Verletzungen oder von Caries der Wirbel oder von Eiterungsprozessen in der nächsten Umgebung der Wirbelsäule. Es besteht Injection der Dura mater, und daneben finden sich fibrinöse oder fibrinös-eiterige oder auch rein eiterige Auflagerungen, oder bei den mehr chronischen Formen Bindegewebswucherungen, entweder mehr auf der äusseren Fläche der Dura mater (Pachymeningitis externa) oder auf der inneren Fläche derselben (Pachymeningitis interna). Bei reichlichem Exsudat führt sie zu Crompressionsmyelitis (S. 170). Häufig kommt es durch Fortpflanzung des entzündlichen Prozesses auf die weichen Rückenmarkshäute zu Leptomeningitis. Bei eiteriger Pachymeningitis kann auch Durchbruch des Eiters in den subduralen Raum oder in die subarachnoidealen Räume erfolgen mit nachfolgender Leptomeningitis, und Myelitis oder anderseits auch Durchbruch des Eiters nach aussen in die Rückenmusculatur, das Mediastinum oder das retroperitonaeale Gewebe.

Die Pachymeningitis hat, da sie gewöhnlich circumscript ist, hauptsächlich Gürtelerscheinungen zur Folge und ausserdem, wenn das Exsudat comprimirend wirkt, die Erscheinungen einer mehr oder weniger vollständigen Quertrennung. Wo daneben Wirbelcaries oder Myelitis besteht, sind die den verschiedenen Affectionen zukommenden Erscheinungen nicht von einander zu trennen.

Als Pachymeningitis cervicalis hypertrophica wurde von Charcot (1871) eine Krankheitsform beschrieben, die in einzelnen seltenen Fällen beobachtet wurde und dabei ein gewissermassen typisches Verhalten zeigte. Es handelt sich dabei um circumscripte Bindegewebswucherungen auf der inneren Fläche der Dura mater, die am häufigsten in der Gegend des Halsmarkes vorkommen. Dadurch entstehen in Folge der Affection der zum Plexus brachialis gehörigen Rückenmarkswurzeln zunächst Gürtelerscheinungen im Bereich der oberen Extremitäten, na-

mentlich heftige Schmerzen und später Anaesthesie und Lähmungen. Zuweilen werden hauptsächlich der N. medianus und ulnaris von der Lähmung befallen, während der N. radialis frei bleibt, und dann besteht
eine Hyperextension im Handgelenk; doch können die einzelnen Nerven
sich auch anders verhalten. Endlich können durch Compression des
Rückenmarks die Erscheinungen der Quertrennung zu Stande kommen.

Blutungen in die Rückenmarkshäute.

Blutungen in die Rückenmarkshäute kommen selten vor; sie
können erfolgen in das lockere Bindegewebe zwischen den Wirbeln
und der Dura mater oder in den subduralen Raum oder in das subarachnoideale Gewebe. Die häufigste Ursache besteht in traumatischen
Einwirkungen; seltener entstehen sie in Folge von haemorrhagischer
Diathese oder bei Krankheiten der Wirbel, der Rückenmarkshäute
oder des Rückenmarks; auch können Blutergüsse in die Schädelhöhle sich in den Wirbelkanal erstrecken. — Die Symptome sind
verschieden je nach der Stelle und der Ausdehnung der Blutung.
Während kleine Blutungen gar keine Symptome hervorrufen, können
durch bedeutende Blutergüsse schwere Compressionserscheinungen zu
Stande kommen. Ausserdem sind im Anfange gewöhnlich Reizungserscheinungen vorherrschend, welche in Folge der Einwirkung des
Extravasats auf die Nervenwurzeln entstehen; dieselben treten bei
circumscripter Haemorrhagie mehr als Gürtelerscheinungen auf, bei
ausgebreiteter dagegen sind sie diffus in ähnlicher Weise wie bei
Meningitis. Einigermassen charakteristisch ist das plötzliche Auftreten der Erscheinungen und die allmähliche Abnahme derselben.
Wenn nicht durch Compression der oberen Theile des Rückenmarks
der Tod eintritt oder eine excessive Compression zu dauernder Paraplegie führt, so ist der Verlauf meist ein günstiger und kann in
einigen Wochen oder Monaten zur Genesung führen. — Die Behandlung ist, wenn die Blutung aufgehört hat, im Wesentlichen die gleiche
wie bei einer protrahirten Meningitis.

Congenitale Anomalien des Rückenmarks.

Vollständiger Mangel des Rückenmarks (Amyelie) oder theilweises
Fehlen desselben (Atelomyelie) kommt vor bei nicht lebensfähigen Missgeburten. — Zu den Missbildungen ohne wesentliche Bedeutung gehört es,
wenn das Rückenmark, welches normalerweise bis zum ersten oder zweiten Lendenwirbel sich erstreckt, im einzelnen Falle etwas länger oder

kürzer ist, oder wenn die beiden Seiten des Markes asymmetrisch sind, ohne dass eine anderweitige Anomalie damit verbunden ist. Eine Asymmetrie kann z. B. dadurch entstehen, dass die Pyramidenbahnen, deren gekreuzte Fasern in den Seitensträngen verlaufen, während die ungekreuzten den Vordersträngen angehören, in Betreff der Ausdehnung der Kreuzung sich auf beiden Seiten verschieden verhalten.

Von grösserem klinischen Interesse sind die folgenden Bildungsanomalien.

Hydrorrhachis interna.

Bei der angeborenen Hydrorrhachis interna oder dem Hydromyelus congenitus handelt es sich um Flüssigkeitsansammlung im Centralkanal des Rückenmarks, der dadurch in seiner ganzen Länge oder auch nur zum Theil erweitert wird. Bei geringen Graden des angeborenen Hydromyelus kann die Function normal sein, indem die Theile des Rückenmarks nur verschoben oder gedehnt, aber sonst normal entwickelt sind. Die höheren Grade bewirken Atrophie des Rückenmarks mit entsprechender Mangelhaftigkeit der Function, und es können alle Grade der Atrophie bis zu vollständigem Fehlen (Amyelie) vorkommen.

Von dem Hydromyelus congenitus ist zu unterscheiden die Höhlenbildung im Innern des Rückenmarks mit Flüssigkeitsansammlung, welche in seltenen Fällen durch Zerfall und Resorption von haemorrhagischen Herden, Entzündungsherden, Neubildungen u. s. w. zu Stande kommt, und die, wenn sie eine grosse Längenausdehnung hat, als Syringomyelie bezeichnet wird.

Spina bifida.

Bei der Spina bifida besteht eine partielle cystische Erweiterung der Rückenmarkshäute durch Flüssigkeitsansammlung, wobei gewöhnlich ein oder mehrere Wirbelbögen gespalten sind oder ganz fehlen und die ausgebuchteten und mit Flüssigkeit gefüllten Rückenmarkshäute durch die Lücke nach Art einer Hernie sich hervorstülpen und unter der Haut eine fluctuirende Geschwulst bilden. Die Flüssigkeitsansammlung geht aus entweder von den subarachnoidealen Räumen (Hydromeningocele) oder vom Centralkanal (Hydromyelocele). Die Spina bifida kommt am häufigsten vor im Lenden- und Sacraltheil, seltener an höheren Stellen der Wirbelsäule, und bildet eine Geschwulst von der Grösse einer Wallnuss bis zu der einer Faust und darüber. Die äussere Haut, welche die Geschwulst überzieht, ist zuweilen verdünnt oder ulcerirt oder narbig verändert. Bei manchen Kindern ist bei der Geburt ausser der Geschwulst keine Anomalie im Verhalten zu entdecken; und in den seltenen Fällen,

in welchen die Cyste von dem Wirbelkanal abgeschnürt ist, kann
dieser günstige Zustand andauern. Meist aber besteht eine weitere
oder engere Communication mit dem Wirbelkanal, und dann nimmt
häufig im weiteren Verlauf die Geschwulst allmählich an Grösse zu,
während zugleich in Folge von Druck auf das Rückenmark paraplegische Erscheinungen mit Lähmung von Blase und Mastdarm,
Decubitus u. s. w. sich einstellen, an denen die Kranken allmählich
zu Grunde gehen. Oder es kommt durch Ulceration oder durch
mechanische Einwirkungen zu einer Ruptur des Sackes: wenn dabei
die Flüssigkeit sich plötzlich entleert, so erfolgt gewöhnlich schnell
der Tod unter allgemeinen Convulsionen; in anderen Fällen entsteht
eine eitrige Meningitis, die meist ebenfalls tödtlich verläuft, in einzelnen seltenen Fällen aber auch zur Heilung des Zustandes führen kann.

Die Behandlung der Spina bifida ist im Wesentlichen eine chirurgische. Methodische Compression durch Heftpflasterverband oder
durch Collodium hat sich in einzelnen Fällen zweckmässig erwiesen;
doch muss die Compression ausgesetzt werden, sobald in Folge der
Drucksteigerung paraplegische Erscheinungen oder Gehirnerscheinungen sich einstellen. Auch die Punction und vorsichtige Entleerung eines Theils der Flüssigkeit mit nachfolgender Einspritzung
von Jodlösungen hat in einzelnen Fällen Heilung durch Entzündung
zur Folge gehabt.

Functionelle Krankheiten des Rückenmarks.

Die bisher besprochenen Krankheiten des Rückenmarks konnten
wir nach ihrem pathologisch-anatomischen Verhalten eintheilen und
abgrenzen, und es war einigermassen möglich, die beobachteten Symptome von den vorhandenen anatomischen Veränderungen abzuleiten.
Es bleiben noch einige Krankheiten zu besprechen, welche ebenfalls
auf abnormer Function des Rückenmarks beruhen, bei welchen es
aber bisher nicht möglich ist, constante pathologisch-anatomische
Veränderungen, welche als Grundlage der Krankheit anerkannt werden könnten, im Rückenmark nachzuweisen. Wir bezeichnen diese
Krankheiten, zu denen namentlich der Tetanus und die acute aufsteigende Paralyse gehören, als functionelle Krankheiten des
Rückenmarks.

Tetanus. Starrkrampf.

Der Tetanus ist eine schwere und meist tödtlich endende Krankheit, welche sich durch verbreitete und heftige tonische Krämpfe äussert. Die tonischen Muskelcontractionen kommen zum Theil ohne äusseren Anlass zu Stande; zugleich aber besteht eine excessiv erhöhte Reflexerregbarkeit, so dass durch jede Erregung von sensiblen Nerven heftige tonische Muskelcontractionen veranlasst oder die schon vorhandenen gesteigert werden. — Eine constante anatomische Veränderung, welche als Grundlage der Functionsstörung anzusehen wäre, ist bisher nicht bekannt. In den Leichen wird häufig Hyperaemie des Rückenmarks und seiner Häute gefunden. Von einzelnen Forschern (Rokitansky, H. Demme u. A.) wurde frische Bindegewebswucherung in der weissen Substanz als constanter Befund angegeben. In einzelnen Fällen hat man herdweise Degenerationen gefunden. Anderseits wurde in manchen genau untersuchten Fällen ausser stärkerer Füllung der Gefässe jede nachweisbare anatomische Veränderung vermisst. Die etwa vorhandenen Veränderungen sind daher nicht als die Ursache der Krankheitssymptome, sondern wenigstens zum Theil als Folgezustände oder als zufällige Complicationen aufzufassen. Wir müssen vorläufig den Tetanus als eine functionelle Erkrankung der Centralorgane bezeichnen, bei welcher vorzugsweise das Rückenmark, ausserdem aber auch die hinteren Abschnitte des Gehirns, namentlich die Medulla oblongata und der Pons betheiligt sind.

Die Steigerung der Reflexerregbarkeit würde zunächst an eine Veränderung in der grauen Substanz denken lassen; doch ist nicht wohl eine Degeneration oder Zerstörung derselben oder eine anderweitige grobe Veränderung vorauszusetzen, da in solchem Falle eher eine Verminderung oder Aufhebung, nicht aber eine Steigerung der Function zu erwarten wäre. Vielleicht ist an die Möglichkeit zu denken, dass beim Tetanus gewisse Hemmungsvorrichtungen, welche unter normalen Verhältnissen die Reflexbewegungen und die Muskelaction überhaupt beschränken, ausser Function gesetzt seien.

Aetiologie.

Nach Verletzungen kommt die Krankheit vor als Tetanus traumaticus oder Wundstarrkrampf. Die Krankheit beginnt am häufigsten etwa 5 bis 10 Tage nach der Verwundung. Es scheinen vorzugsweise solche Wunden zu Tetanus zu disponiren, bei welchen peripherische Nerven gezerrt oder gequetscht oder unvollständig getrennt sind oder nachträglich noch gereizt werden. Am häufigsten handelt es sich um Wunden an den Extremitäten; und zwar sind es zuweilen unbedeutende Verletzungen, wie sie durch Nägel, Nadeln, Holzsplitter entstehen, in anderen Fällen aber auch bedeutendere namentlich gerissene oder gequetschte Wunden oder solche, bei denen fremde Körper zurückgeblieben sind; auch nach Verbrennungen und nach Contusionen ohne offene Wunde, seltener nach inneren Krankheiten hat man Tetanus auftreten sehen. Eine unpassende und namentlich eine reizende Behandlung der Wunden scheint die Disposition zu erhöhen, während bei antiseptischer Wundbehandlung die Krankheit seltener vorzukommen scheint. Starke Erkältungen können zur Entstehung der Krankheit beitragen. — Relativ häufig kommt Tetanus bei Neugeborenen vor, am häufigsten zwischen dem 4. und 10. Tage nach der Geburt, selten später; man pflegt diesen Tetanus neonatorum in Beziehung zu setzen zu der Ablösung der Nabelschnur, die gewissermassen auch eine Verwundung darstellt. Ebenso deutet man auch den selten vorkommenden Tetanus bei Wöchnerinnen als Wundstarrkrampf. — Als Tetanus rheumaticus bezeichnet man die Krankheit, wenn sie ohne vorausgegangene Verletzung nach einer Erkältung aufgetreten ist. — In einzelnen Fällen ist gar keine Ursache nachzuweisen. — Vergiftung mit Strychnin und mit einigen anderen Alkaloiden hat Symptome zur Folge, welche denen des Tetanus ähnlich sind: Tetanus toxicus.

Die Krankheit kommt, auch wenn man vom Tetanus neonatorum absieht, vorzugsweise vor bei jugendlichen Individuen, etwa bis zum 30. Jahre. Bei Männern wird sie, hauptsächlich wohl wegen des häufigeren Vorkommens von Verwundungen, weit häufiger als bei Weibern beobachtet. In tropischen Gegenden ist sie häufiger als in unserem Klima; die farbigen Rassen sind dem Tetanus mehr ausgesetzt als die weissen. Wahrscheinlich sind in früheren Zeiten namentlich auch bei Feldzügen die Fälle beträchtlich zahlreicher gewesen als in unserer Zeit.

Die Pathogenese des nach Verletzungen auftretenden Tetanus ist bisher noch unklar. Manche Umstände scheinen dafür zu sprechen, dass es sich zunächst um eine Neuritis handle, die in einem verletzten Nerven entsteht und in der Continuität desselben oder auch sprungweise als Neuritis ascendens bis zum Rückenmark sich fortsetzt und weitere Veränderungen im Rückenmark zur Folge hat (vgl. S. 17). In der That hat man wiederholt an den betreffenden Nerven geröthete Stellen und Anschwellungen beobachtet, die bis zum Rückenmark sich erstreckten. Solche Beobachtungen in Verbindung mit dem Umstand, dass die Krankheit in gewissen Gegenden und zu gewissen Zeiten häufiger vorkommt, legen die Hypothese nahe, dass es sich um eine besondere specifische Infection der Wunden handle, bei welcher das inficirende Agens im Verlaufe der Nervenstämme bis zum Rückenmark sich fortpflanze.

Symptomatologie.

Nachdem als Vorboten schmerzhafte Spannung und Steifigkeit im Nacken und in den Unterkiefermuskeln vorhergegangen sind, beginnt die Krankheit mit tonischen Krämpfen, die zunächst in den Kaumuskeln auftreten (Trismus, Mundklemme), dann auch in den Nacken- und Rückenmuskeln, in den übrigen Muskeln des Rumpfes und des Gesichts und meist auch in den grösseren Muskeln der Extremitäten. Die Krämpfe sind mit mehr oder weniger heftigen Schmerzen verbunden; die gespannten Muskeln zeigen eine brettartige Härte. Bei der starren Spannung des Rumpfes überwiegt gewöhnlich die Wirkung der Rücken- und Nackenmusculatur, und so entsteht ·Opisthotonus; nur selten kommt Emprosthotonus oder Pleurothotonus, etwas häufiger Orthotonus vor (S. 133). Die Muskelspannung besteht meist continuirlich; dabei erfolgen aber anfallsweise heftige, den ganzen Körper erschütternde Contractionen, die entweder nur in Form einzelner Stösse auftreten oder auch bis zur Dauer von einer oder mehreren Minuten anhalten. Diese Paroxysmen werden zum Theil durch sensible Erregungen reflectorisch hervorgerufen, und zwar genügen zur Auslösung derselben oft schon die geringfügigsten sensiblen Erregungen, z. B. eine leise Berührung, eine leichte Erschütterung des Bettes, ein Luftzug, ein Schall. Oft hat jede von dem Kranken willkürlich ausgeführte Bewegung einen Krampfanfall zur Folge. Es können aber auch die Paroxysmen ohne jede bemerkbare Veranlassung entstehen. Während der stärkeren Anfälle sind die Muskelschmerzen gesteigert; die Respiration, welche schon durch die Muskelstarre beträchtlich erschwert ist, kann während der Dauer heftiger Krampfanfälle vollständig aufgehoben sein, so dass Erstickungsgefahr eintritt. Durch den Trismus ist die Nahrungszufuhr behindert, und wenn auch etwas in die Mundhöhle gebracht wird, ist das Schlingen oft nicht möglich, weil durch die Schlingbewegungen ein heftiger Paroxysmus ausgelöst wird. Es besteht meist anhaltende Schlaflosigkeit. Das Bewusstsein ist gewöhnlich bis gegen das Ende der Krankheit ungestört; doch kann nach besonders heftigen Paroxysmen vorübergehend ein komatöser Zustand eintreten, der dem Koma nach epileptischen Anfällen ähnlich ist. Die Körpertemperatur ist in der Regel normal oder nur wenig über die Norm gesteigert, die Haut meist mit Schweiss bedeckt; gegen das Ende pflegt die Temperatur zu steigen; man hat zuweilen excessive Steigerung der Körpertemperatur bis 42 ^{0} und darüber beobachtet; auch kann noch eine postmortale Steigerung der Temperatur stattfinden.

Die höchste Temperatur, welche überhaupt jemals mit Sicherheit beim Menschen beobachtet wurde, betrug 44,7° in einem von Wunderlich beobachteten Fall von Tetanus; bei demselben stieg postmortal die Temperatur bis 45,4°. Bei diesen Temperatursteigerungen ist ohne Zweifel betheiligt die Vermehrung der Wärmeproduction durch die excessiv gesteigerte Muskelaction; dieselbe kann aber nur dann zu andauernd hohen Temperaturen führen, wenn zugleich die Centra für die Wärmeregulirung in ihrer Function schwer gestört sind.

Die Krankheit endigt in der überwiegenden Mehrzahl der Fälle mit dem Tode, meist innerhalb 3 bis 5 Tagen, zuweilen auch nach längerer Dauer. Der Tod erfolgt gewöhnlich durch Herzlähmung, zuweilen plötzlich während eines Anfalls, in anderen Fällen allmählich in Folge von Erschöpfung oder von excessiver Temperatursteigerung. Auch durch Erstickung während eines Paroxysmus kann der Tod eintreten. Je weniger die andauernden tonischen Krämpfe ausgebildet und je weniger häufig und heftig die Paroxysmen sind, endlich, je länger die Krankheit bereits sich hingezogen hat, desto eher kann Genesung erhofft werden. Doch kommt es auch vor, dass auf eine Remission der schweren Erscheinungen wieder Verschlimmerung mit tödtlichem Ausgange folgt. Genesung kommt häufiger vor bei dem rheumatischen oder ohne bekannte Ursache entstandenen als bei dem traumatischen Tetanus.

Die Diagnose ist in den ausgebildeten Fällen meist ohne Schwierigkeit. Im Anfange kann vielleicht eine Mundklemme, welche durch andere Ursachen entsteht, z. B. durch Geschwülste oder andere mechanische Hindernisse oder durch tonischen Krampf im Gebiete der motorischen Portion des Nervus trigeminus (S. 143), einige Aehnlichkeit mit Trismus haben. Ferner können einzelne Fälle von Meningitis spinalis oder cerebrospinalis, wenn dieselben mit heftigen tonischen Krämpfen einhergehen, dem wirklichen Tetanus sehr ähnlich sein, und es kommt in der That in praxi vor, dass dergleichen Fälle für rheumatischen Tetanus erklärt werden. Gewöhnlich wird die Meningitis bald durch Vorhandensein von Sensibilitätsstörungen und eventuell von Gehirnerscheinungen, meist auch durch das Fehlen von Trismus und von reflectorisch hervorzurufenden Paroxysmen zu unterscheiden sein. Die bei Hysterischen vorkommenden tetanischen Krämpfe, die nur in Anfällen auftreten und ganz freie Zwischenräume haben, können nicht mit Tetanus verwechselt werden. In einzelnen Fällen von Tetanus können die heftigen Paroxysmen, welche beim Versuch zu schlucken eintreten, an Hundswuth erinnern: Tetanus hydrophobicus; ein derartiger Fall, bei dem der Kranke in dem durch Schlucken hervorgerufenen Krampfanfall an Erstickung starb, kam in der hiesigen Klinik vor. Die Ansicht einzelner Autoren, als ob die Hundswuth überhaupt nur auf einem traumatischen Tetanus beruhe, ist ohne jegliche Begründung (Bd. I. S. 249).

Therapie.

In prophylaktischer Beziehung ist von grösster Wichtigkeit eine zweckmässige Wundbehandlung, die auch auf kleine Verletzungen anzuwenden ist. Bei beginnendem traumatischem Tetanus hat man zuweilen gehofft durch Durchschneidung oder Dehnung der betreffenden Nervenstämme oder selbst durch Amputation der verletzten Extremität der Krankheit Einhalt thun zu können; meist waren solche Versuche erfolglos, weil beim Ausbruch der Krankheit das Rückenmark bereits von der schädigenden Einwirkung ergriffen ist. Die Anwendung der Antiphlogose durch Blutentziehungen, Ableitungen, Calomel und andere Quecksilberpräparate hat keine günstigen Resultate geliefert, ebensowenig die Einleitung einer starken Diaphorese durch Dampfbäder oder heisse Bäder mit nachfolgenden Einwickelungen, oder endlich die Anwendung von kalten Uebergiessungen oder kalten Bädern, welch letztere höchstens bei excessiver Steigerung der Körpertemperatur einer symptomatischen Indication entsprechen könnten. Dagegen haben einfache warme Bäder gewöhnlich einige Erleichterung der Anfälle zur Folge. Durch tiefes Chloroformiren des Kranken können die Anfälle vollständig unterdrückt werden, und dies kann von vorübergehendem Vortheil sein. Mehr zu empfehlen ist die Anwendung des Chloralhydrat in ausreichender Dosis (3 bis 5 Grm.), die eventuell in der Chloroformnarkose in Form von Klystieren einzuverleiben ist; es können dadurch die Anfälle für längere Zeit unterdrückt werden, und gewöhlich wird auch Schlaf herbeigeführt. Auch die eigentlichen Narcotica, namentlich Morphium und andere Opiumpräparate, Cannabis indica, Belladonna, Tabak, Calabarextract, Blausäure, haben, wenn sie in grossen Dosen angewendet werden, eine Verminderung der Krämpfe zur Folge; doch ist ihre Wirkung weniger sicher und die Anwendung sehr grosser Dosen nicht ohne Bedenken. Auf das Curare, welches die letzten Endigungen der motorischen Nerven in den willkürlichen Muskeln lähmt, während die Herzaction nicht aufgehoben wird, hat man Hoffnungen gesetzt: wenn es angewendet würde bis zur Lähmung der willkürlichen Muskeln, während zugleich nach Ausführung der Tracheotomie die künstliche Respiration unterhalten würde, so könnte man vielleicht hoffen, den Kranken bis zum Ablauf der Störung im Rückenmark am Leben zu erhalten. Die grosse Schwierigkeit und Gefahr eines solchen Vorgehens hat bisher, obwohl ältere Versuche an grösseren Thieren mit Strychnin-Tetanus günstig abgelaufen waren, von der Anwendung beim Menschen abgeschreckt; man hat sich meist auf die Anwendung kleiner Dosen beschränkt, welche keine Respirationslähmung zur Folge haben, und auch solche scheinen in einzelnen Fällen von Nutzen gewesen zu sein; doch ist die Schwierigkeit der richtigen Dosirung des Mittels ein wesentliches Hinderniss. Auch Bromkalium in grossen Dosen wird vielfach empfohlen. — Bisher erscheint es am zweckmässigsten, dass man durch zeitweilige Anwendung eines warmen Bades, ferner durch Chloroform und Chloralhydrat bei sonst vollständiger Ruhe und sorgfältiger Fernhaltung aller sensiblen Erregungen, vielleicht auch durch vorsichtige Anwendung von Curare die Krämpfe zu mildern und zugleich durch möglichst gute Ernährung, Anwendung von Wein, eventuell in Klystieren, die Kräfte des Kranken möglichst lange zu erhalten sucht.

E. Rose in Pitha und Billroth's Handbuch der Chirurgie. I, 2, A. — J. Bauer in Ziemssen's Handbuch. XII, 2.

Paralysis ascendens acuta.

Zu den functionellen Rückenmarkskrankheiten müssen wir auch die selten vorkommenden Fälle rechnen, wie sie zuerst von Landry (1859) und von Kussmaul (1859) genauer beschrieben worden sind, bei welchen eine motorische Lähmung ziemlich schnell von unten nach oben fortschreitet und den Tod herbeiführt, während die anatomische Untersuchung des Rückenmarks keinerlei Abnormität erkennen lässt. Die Krankheit kommt häufiger bei Männern vor, meist zwischen dem 20. und 40. Jahre, zuweilen ohne jede bekannte Ursache, in anderen Fällen nach Erkältung oder nach vorhergegangenen schweren acuten Krankheiten oder auch nach Syphilis. Sie beginnt mit Parese der unteren Extremitäten, die allmählich in vollständige Paralyse übergeht. Im weiteren Verlauf werden die Muskeln des Rumpfes, namentlich die Rückenmuskeln und Bauchmuskeln befallen, ferner in stetigem Fortschreiten die oberen Extremitäten, die Inspirationsmuskeln, die Nackenmuskeln und endlich auch das Gebiet der von der Medulla oblongata abgehenden motorischen Gehirnnerven. Dabei bleibt die Reaction der gelähmten

Muskeln auf den Inductionstrom meist erhalten, die Muskeln zeigen keine Krämpfe, keine Contracturen, werden nicht atrophisch. Die Sensibilität ist gar nicht oder nur wenig beeinträchtigt. Die Reflexbewegungen sind im Anfange noch erhalten, nehmen aber später ab und können endlich ganz aufhören. Blase und Mastdarm werden nicht gelähmt, es besteht keine Neigung zu Decubitus. Fieber scheint in einzelnen Fällen vorhanden zu sein, in anderen zu fehlen. Der Tod tritt ein in Folge der Störung der Respiration und unter bulbär-paralytischen Erscheinungen, meist innerhalb der ersten Wochen nach Beginn der Krankheit. Uebrigens kommen Fälle vor, bei denen die Erscheinungen genau die gleichen sind, aber in irgend einem Stadium der Krankheit, ausnahmsweise selbst nachdem schon die Anfänge von Respirationsstörungen oder von bulbär-paralytischen Erscheinungen sich eingestellt haben, das Fortschreiten der Lähmung aufhört und dann Rückgang der Erscheinungen und allmähliche Genesung folgt. Eine wirksame Behandlung ist bisher nicht bekannt. Man wird Ableitungen auf den Rücken und eventuell auch auf den Darm anwenden, ferner etwa Jodkalium geben und die Anwendung des constanten Stromes auf die Wirbelsäule versuchen. Auch eine energische Schmiercur mit grauer Quecksilbersalbe ist schon empfohlen worden.

Krankheiten des Gehirns.

Ziemssen's Handbuch. Bd. XI, 1. — C. Wernicke, Lehrbuch der Gehirnkrankheiten. 3 Bde. Kassel u. Berlin 1881—1883. — Uebersichtliche Darstellungen der Anatomie des Gehirns liefern: G. Huguenin, Allgemeine Pathologie der Krankheiten des Nervensystems. 1. Theil. Zürich 1873. — P. Flechsig, Plan des menschlichen Gehirns. Leipzig 1883. — L. Edinger, Zehn Vorlesungen über den Bau der nervösen Centralorgane. Leipzig, Vogel. 1885.

Anatomische Erkrankungen des Gehirns.

Bei den anatomischen oder organischen Krankheiten des Gehirns unterscheiden wir, wie dies zuerst in consequenter Weise von Griesinger (1860) geschehen ist, Herderkrankungen und diffuse Erkrankungen. Bei den Herderkrankungen handelt es sich um krankhafte Veränderungen an einer einzelnen circumscripten Stelle des Gehirns: die erkrankte Stelle kann kleiner oder grösser sein; im Allgemeinen bleibt aber die Erkrankung auf die einmal ergriffene

Stelle beschränkt. Zu den Herderkrankungen gehören zunächst die circumscripten traumatischen Affectionen, ferner die Zerstörungen der Gehirnsubstanz durch Bluterguss (haemorrhagische Herde), die Gehirnabscesse (Eiterherde), die circumscripte Anaemie des Gehirns bei Thrombose oder Embolie von Gehirnarterien nebst ihren Folgen (Erweichungsherde), endlich die Tumoren des Gehirns.

Bei den diffusen Erkrankungen ist die Krankheit über einen grossen Theil des Gehirns verbreitet, und oft besteht eine Tendenz zu allmählich immer weiterer Ausbreitung. Als diffuse Erkrankungen sind hauptsächlich aufzuführen die Hyperaemie und Anaemie des Gehirns, die diffuse Hypertrophie und Atrophie, das Gehirnoedem und der Hydrocephalus, die diffuse parenchymatöse Degeneration der Gehirnrinde und endlich auch noch die diffuse Meningitis.

In analoger Weise unterscheiden wir bei den Symptomen der Gehirnkrankheiten Herdsymptome und diffuse Symptome. Die ersteren sind abhängig von der Functionsstörung in einer circumscripten Stelle des Gehirns, die letzteren von einer diffusen Störung in ausgedehnteren Gehirnabschnitten. Manche Herderkrankungen bewirken ausser den Herdsymptomen auch noch diffuse Symptome, am häufigsten dadurch, dass sie einen Druck ausüben, der sich in diffuser Weise über das Gehirn ausbreitet.

— — —

Herderkrankungen.

H. Nothnagel, Topische Diagnostik der Gehirnkrankheiten. Berlin 1879. — J. M. Charcot, Leçons sur les localisations dans les maladies du cerveau et de la moelle épinière. Paris 1876—1880. Uebersetzt von B. Fetzer. Stuttgart 1878—1881.

Die Symptome der Herderkrankungen sind zum grossen Theil einfach negativer Art. An der Stelle des Krankheitsherdes fehlt die normale Gehirnsubstanz, und in Folge dessen fällt die Function dieser Stelle des Gehirns aus. Man hat daher auch ganz passend die Herdsymptome als „Ausfallserscheinungen" bezeichnet (Goltz). Diese negativen Herdsymptome sind gänzlich unabhängig von der Art der Erkrankung. Ob an Stelle der normal-functionirenden Gehirnsubstanz ein Bluterguss sich befindet oder ein Erweichungsherd oder ein Abscess oder ein Tumor oder eine Narbe, oder ob die Gehirnsubstanz an der betreffenden Stelle nur in Folge von Aufhebung des Blutzuflusses functionsunfähig ist, — die Herdsymptome sind, so weit sie in dem Ausfall der Function der betreffenden Stelle bestehen, in allen Fällen die gleichen. Wenn wir eine vollständige Physiologie des Gehirns besässen, welche über die Function jedes einzelnen Theiles genau Rechenschaft gäbe, so würde die Darstellung sich einfach darauf beschränken können, dass wir erklären: die Herdsymptome bestehen in dem Ausfall der Function desjenigen Gehirntheiles, der durch den Krankheitsherd ersetzt ist —, gerade so, wie die Symptomatologie einer Muskellähmung damit erledigt ist, dass wir sagen: die Function des gelähmten Muskels fällt aus. Eine solche Physiologie der einzelnen Gehirntheile, welche direct auf die Pathologie übertragen werden könnte, ist aber nicht vorhanden. Zwar hat in neuester Zeit die Physiologie des Gehirns gerade in Bezug auf die Localisirung der Functionen Fortschritte gemacht, die im Vergleich mit dem, was bisher bekannt war, als sehr grosse bezeichnet werden müssen, und die für die Zukunft eine erfreuliche Aussicht auf weitere wichtige Entdeckungen bieten. Aber dessenungeachtet bilden unsere bisherigen Kenntnisse über die Function der einzelnen Gehirntheile nur minimale Bruchstücke einer Physiologie, und ausserdem beruhen dieselben zum grössten Theile gerade auf den Beobachtungen von Herderkrankungen, wie sie beim Menschen zufällig zu Stande kommen oder bei Thieren experimentell herbeigeführt werden. Wir werden im Folgenden die bisher vorhandenen Bruchstücke, so weit sie für die Pathologie und Therapie verwerthbar erscheinen, möglichst sorgfältig zu sammeln und zu einer kurzen Darstellung zu vereinigen suchen.

Bei der Verwerthung der Beobachtungen über Herderkrankungen zu Schlüssen auf die Function der einzelnen Gehirntheile ist grosse Vorsicht geboten. Es gilt dies zunächst für die Uebertragung der an Thieren gewonnenen Resultate auf den Menschen. Wir werden zwar a priori annehmen dürfen, dass im Allgemeinen die Functionen des Gehirns und zwar mit Einschluss der psychischen Functionen beim Menschen in analoger Weise zu Stande kommen wie bei den Thieren und besonders bei den höheren Säugethieren. Aber auf der anderen Seite dürfen wir nicht vergessen, dass der Bau des Gehirns und auch seine Function beim Menschen ausserordentlich viel complicirter ist als selbst bei den ihm am nächsten stehenden Thieren, und dass im Einzelnen sowohl im Bau als in der Function mancherlei Verschiedenheiten nicht nur möglich, sondern zum Theil als wirklich bestehend nachgewiesen sind. Wir werden daher bei der Uebertragung der Thierbeobachtungen auf den Menschen uns zunächst auf die allgemeinsten Verhältnisse beschränken und bei allen Einzelheiten das Resultat nur dann als für den Menschen gültig anerkennen, wenn es durch directe Beobachtungen am Menschen bestätigt wird. Auch in dieser Beschränkung sind uns die Resultate der Thierversuche wichtige Fingerzeige, die oft allein es ermöglichen, die complicirten beim Menschen zu beobachtenden Thatsachen in übersichtlicher Weise zu ordnen.

Besonders schwierig ist es in vielen Fällen, zu beurtheilen, wie weit die beobachteten Symptome von dem vorhandenen Krankheitsherd in directer Weise abhängig sind. Viele Krankheitsherde können in ihrer nächsten Umgebung Circulationsstörungen, Oedem und selbst Atrophie und Degeneration herbeiführen; manche Erkrankungen üben einen Druck auf die Umgebung aus. In vielen Fällen, wie z. B. bei raumbeschränkenden Tumoren oder bei einigermassen umfangreichen Haemorrhagien, wird der Druck mehr oder weniger stark über das ganze Gehirn verbreitet: es entstehen diffuse Symptome oder auch sogenannte Fernwirkungen, welche unter Umständen in recht complicirter Weise zu Stande kommen. In solchen Fällen kann es schwierig sein, die von dem ursprünglichen Krankheitsherd abhängigen Symptome von denen zu unterscheiden, welche durch seine Wirkung auf die nähere oder entferntere Umgebung entstehen. Für die Feststellung der eigentlichen Herdsymptome sind daher besonders solche Herderkrankungen geeignet, welche keinen wesentlichen Druck und keine sonstige Wirkung auf die Umgebung ausüben, so namentlich Erweichungsherde und alte haemorrhagische Herde.

Endlich muss man bei der Beurtheilung der Herderkrankungen daran denken, dass nicht selten mehrfache Herde vorhanden sind. Grobe Irrthümer sind zuweilen dadurch veranlasst worden, dass man auf einen recht augenfälligen Herd, der bei der Section gefunden wurde, sämmtliche während des Lebens beobachtete Symptome bezog, während vielleicht in Wirklichkeit dieser Herd gar keine auffallenden Symptome gemacht hatte, dieselben vielmehr abhängig waren von Störungen in der näheren oder entfernteren Umgebung oder vielleicht sogar von einem an ganz anderer Stelle gelegenen Krankheitsherd, der bei der Untersuchung übersehen wurde. Wenn man z. B. bei einem Abscess in einer Grosshirnhemisphäre eine Facialislähmung auf der gleichen Seite beobachtet hat, so soll man sich nicht dabei beruhigen, dass in diesem Falle „das Gesetz der Kreuzung nicht beobachtet wurde"; sondern man soll sich klar machen, dass die Facialislähmung unmöglich direct von dem Abscess abhängig sein kann, und dass man deshalb nach einer anderen Ursache derselben zu suchen habe.

Ausser den Ausfallsymptomen kommen bei Herderkrankungen unter Umständen auch Symptome vor, welche als Reizungserscheinungen zu bezeichnen sind, und die dadurch entstehen, dass durch den Erkrankungsherd zunächst die unmittelbar benachbarte Gehirnsubstanz, zuweilen aber auch weiter entfernte Gebiete in Erregung versetzt werden. Solche Reizungserscheinungen sind bei Erkrankungen gewisser Bezirke des Gehirns besonders häufig. Sie kommen vorzugsweise vor bei Tumoren und ausserdem bei anderweitigen frischen Herderkrankungen, können aber in besonderen Fällen auch bei stationären Erkrankungen fortdauern oder nachträglich auftreten. Wir werden auch diese Reizungserscheinungen unter den Herdsymptomen aufzuführen haben.

Im Folgenden sollen zunächst die einzelnen Localitäten des Gehirns der Reihe nach aufgeführt und dabei die Herdsymptome besprochen werden, welche bei den Herderkrankungen derselben thatsächlich beobachtet werden. Wir beginnen mit den Grosshirnhemisphären und gehen dann weiter dem Verlauf der Faserzüge folgend über zu der Gegend der Grosshirnganglien, den Pedunculi, dem Pons bis zur Medulla oblongata. Es sollen dann die von den Herderkrankungen abhängigen Druckerscheinungen erörtert werden, und endlich wird die zusammenhängende Darstellung der einzelnen Herderkrankungen folgen. Wir werden bei dieser Art der Anordnung im Stande sein, mancherlei Wiederholungen zu vermeiden und die Gesammtdarstellung einfacher und übersichtlicher zu machen.

Herderkrankungen in der Grosshirnrinde.

Die Grosshirnhemisphären, deren Masse beim Menschen etwas mehr als drei Viertel der gesammten Gehirnmasse ausmacht, besitzen gegenüber den übrigen Gebilden, die als Hirnstock (Reichert) oder Hirnstamm zusammengefasst werden, sowohl anatomisch als physiologisch eine gewisse Selbständigkeit. Wie sie in der Entwickelung erst secundär aus dem Vorderhirnbläschen entstehen, so stellen sie sich auch physiologisch dar als der Sitz von Functionen, welche nicht wie die übrigen animalen Functionen zur Erhaltung des Leibes unmittelbar nothwendig sind, sondern gewissermassen eine höhere Zugabe zu der einfachen leiblichen Existenz bilden.

In der grauen Substanz, welche als Grosshirnrinde die Oberfläche der Hemisphären bildet, finden sich, eingebettet in eine Grundsubstanz (Bindesubstanz, Neuroglia), Nervenzellen, grossentheils von pyramidenähnlicher Form, mit der Spitze gegen die Oberfläche gerichtet, welche sowohl an der Spitze als an den Seiten Fortsätze abgeben, die sich verästeln und als Protoplasmafortsätze anzusehen sind, während ein an der Basis abgehender unverästelter Fortsatz sich als Axencylinderfortsatz darstellt. Ausser den kleineren und grösseren Pyramidenzellen sind auch noch in geringerer Masse, namentlich in den inneren Schichten, spindelförmige Zellen und kleine rundliche Gebilde (Körner) vorhanden. Die Protoplasmafortsätze der Zellen gehen mit ihren Verästelungen über in ein feines aus marklosen Fasern bestehendes Netzwerk, während der unverästelte Basalfortsatz der Pyramidenzellen bald zu einer markhaltigen Nervenfaser wird, die in die weisse Substanz eintritt.

Die Grosshirnhemisphären werden allgemein als der Hauptsitz der psychischen Functionen anerkannt. Die ungeheuren Massen von Nervenzellen, welche in der grauen Rinde angehäuft sind, die mannigfaltigen Verbindungen derselben, deren Entstehung und Veränderung möglicherweise als das materielle Substrat aller psychischen Thätigkeit anzusehen ist, lassen im Allgemeinen wohl verstehen, dass hier besonders complicirte Functionen ablaufen können. Im Uebrigen aber sind wir ausser Stande, über die Art und Weise, wie die psychischen Vorgänge stattfinden, irgend etwas Wesentliches anzugeben, und alle Versuche, welche in dieser Beziehung bisher gemacht worden sind, haben uns im günstigsten Falle ein passendes Bild oder einen Vergleich gegeben, nicht aber eine Erklärung. Ob die Wissenschaft in Zukunft jemals über die eigentliche Mechanik der psychischen Vorgänge werde Rechenschaft geben können, lässt sich mit Grund bezweifeln, da wir nicht leicht annehmen werden, dass ein Mechanismus jemals dahin kommen könne, sich selbst zu begreifen. Doch kann man über diese Frage verschiedener Ansicht sein: es gibt auch in der Wissenschaft bescheidene Gemüther, deren Anforderungen an eine Erkenntniss der Dinge nicht sehr weit gehen, und die schon glauben einen Vorgang hinreichend verstanden zu haben, wenn sie sehen, wie er verläuft. In einfach empirischer Weise können wir in der That schon jetzt in Bezug auf manche Verhältnisse und namentlich über die Abhängigkeit der verschiedenen Functionen von ihrem Substrat Einiges mit mehr oder weniger Bestimmtheit aussagen, Anderes wenigstens vermuthen.

Eine der wichtigsten Fragen für die Pathologie der Herderkrankungen in der grauen Substanz ist die, ob in derselben eine Localisation der psychischen Functionen stattfinde, so dass jede einzelne Art der psychischen Thätigkeit an eine bestimmte Localität gebunden sei, oder ob bei allen einzelnen Functionen die ganze graue Substanz mehr oder weniger betheiligt sei.

Die Phrenologen (Gall seit 1796) hatten die Behauptung aufgestellt, es habe jede einzelne psychische Function im Gehirn eine besondere Localität, und der Grad ihrer Ausbildung hange wesentlich ab von der Ausbildung und namentlich von der Grösse des betreffenden Gehirntheiles. Schon Gall unterschied 27 innere Sinne, und seine Nachfolger erhöhten diese Zahl noch bedeutend. Alle diese Organe sollten relativ selbständig sein; sie wurden möglichst nahe an die Oberfläche des Gehirns localisirt, und indem man annahm, dass die äussere Schädelfläche einen getreuen Abdruck des darunter liegenden Gehirns darstelle, glaubte man aus der Untersuchung der äusseren Configuration des Schädels, aus der Kranioskopie, ein Urtheil über die geistigen Fähigkeiten und Eigenthümlichkeiten eines jeden Menschen gewinnen zu können. In die Umgebung der Augenhöhle localisirte man den Sachsinn, Ortssinn, Farbensinn, Musiksinn, Zahlensinn, Kunstsinn, Sprachsinn, Personensinn, weiter am Stirnbein suchte man Scharfsinn, Tiefsinn, Witz, dichterisches Talent, Darstellungsvermögen, Inductionsvermögen, Gutmüthigkeit, am Seitenwandbein in der Scheitelgegend religiösen Sinn, Beharrlichkeit, Hochsinn und weiter seitlich Eitelkeit und Ruhmsucht, Umsicht und Bedächtigkeit, Schlauheit, Diebsinn, Lebenserhaltungstrieb, Freundschaft, am Schläfenbein Mordlust, am Hinterhauptsbein Kindesliebe und Geschlechtstrieb.

Diese Lehre hat ausserhalb der wissenschaftlichen Kreise vielfachen Anklang gefunden. Es war so bequem, die äusserst complicirte und dem Verständniss unzugängliche geistige Thätigkeit in eine Reihe von „individuellen Intelligenzen" aufzulösen und im Uebrigen zu übersehen, dass man damit dem Verständniss der geistigen Thätigkeit um keinen Schritt näher rückte. In wissenschaftlichen Kreisen dagegen, sowohl unter den Physiologen als den Psychologen, fand die Lehre allgemeinen

Widerspruch. Und derselbe war vollkommen berechtigt. Zwar sind die Voraussetzungen, von denen die Begründer der Lehre, G a l l und S p u r z - h e i m, ausgingen, auch jetzt noch aller Beachtung werth, und es gilt dies namentlich von manchen psychologischen Erörterungen von S p u r z - h e i m, auch da, wo dieselben den herkömmlichen Auffassungen der Psychologen nicht entsprechen. Auch wird kein Unbefangener leugnen, dass die Configuration des Schädels eines Menschen eben so wie seine Physiognomie unter Umständen allgemeine Vermuthungen über sein geistiges Verhalten zulässt. Möglicherweise wird man dereinst noch weiter gehen und mit mehr oder weniger Wahrscheinlichkeit auch auf specielle Eigenthümlichkeiten schliessen lernen. Dazu aber wird es erst einer ausgedehnten objectiven Feststellung von Thatsachen, einer sorgfältigen und unbefangenen Vergleichung, überhaupt einer Arbeit nach wissenschaftlicher Methode bedürfen. An alledem hat es die Phrenologie von Anfang an durchaus fehlen lassen. Ueber die Tragweite der Voraussetzungen gab man sich Illusionen hin; vieldeutige Erfahrungen wurden zu bestimmten Schlüssen verwerthet, vereinzelte Thatsachen in unvorsichtiger Weise verallgemeinert und Alles in ein voreilig construirtes System zusammengefasst. Eine Disciplin, welche kaum im Entstehen begriffen war, wurde sofort zu einem systematischen Abschluss gebracht und als vollkommen fertiges Dogma dem Publicum dargeboten. So konnte es nicht ausbleiben, dass diese Lehre sich bei näherer Betrachtung als eine zu einer Art System zusammengefügte Mengung von Missverstand und Willkür erwies.

Vor Allem aber war es ein Punkt, welcher die Psychologen und Physiologen zu principiellem Widerspruch veranlasste. Das unmittelbare Bewusstsein der eigenen geistigen Individualität und der Einheit aller geistigen Thätigkeit schien aufs lebhafteste jedem Versuch einer Zerlegung der geistigen Thätigkeit zu widersprechen. Man konnte nicht, wie die Phrenologen es wollten, die Einheit des Selbstbewusstseins aufgeben und das Individuum in eine Mehrzahl räumlich gesonderter Functionen zertheilen lassen. Auch schienen die experimentellen Untersuchungen an Thieren, wie sie namentlich von F l o u r e n s gemacht worden waren, gegen jede Localisation der einzelnen Functionen zu sprechen. — Aber gerade in Bezug auf diese principielle Frage haben die Phrenologen wenigstens zum Theil Recht behalten. Die Forschungen der neueren Zeit haben als unzweifelhaftes Resultat ergeben, dass die verschiedenen Gebiete der Grosshirnrinde nicht functionell gleichwerthig sind, dass vielmehr eine gewisse Localisation der einzelnen psychischen Functionen wirklich besteht. Freilich ist die Art dieser Localisation eine ganz andere, als die Phrenologen sie sich vorgestellt hatten.

Der erste gewichtige Beweis für das Vorhandensein einer Localisation in der Gehirnrinde wurde erbracht durch den Nachweis, dass bei Zerstörung einer gewissen Stelle des Gehirns constant Störung der Sprache, Aphasie sich einstelle. Später folgten dann die Untersuchungen von H i t z i g und F r i t s c h (1870), welche zeigten, dass gewisse willkürliche Muskelbewegungen von bestimmten und ziemlich eng umschriebenen Stellen der Gehirnrinde abhängig sind, so wie die daran sich anschliessenden Untersuchungen, aus welchen sich ergab, dass die höheren Sinne, der

Gesichts- und Gehörsinn, zu gewissen Bezirken der Gehirnrinde in Beziehung stehen.

Alle diese Erfahrungen haben wesentlich dazu beigetragen, in Betreff der Gehirnrinde diejenigen Annahmen zur Anerkennung zu bringen, welche hauptsächlich von Meynert genauer formulirt worden sind, und welche mit dem Namen der Projectionstheorie bezeichnet werden können. Nach dieser Auffassung sind in der Gehirnrinde die peripherischen Nervenbahnen, so weit sie bewusste Empfindungen oder willkürliche Bewegungen vermitteln, local gesondert vertreten, und zwar so, dass zwischen den peripherischen Nerven und ihrer Projection im Centralorgan eine Verbindung besteht, die freilich gewöhnlich nur eine indirecte ist, insofern sie durch Stationen grauer Substanz unterbrochen wird, in welche die Nervenfasern auf der einen Seite eintreten und in Ganglienzellen übergehen, während auf der anderen Seite und zwar bald in vermehrter bald in verminderter Anzahl neue Fasern austreten. Die räumliche Anordnung der Projectionsgebiete im Gehirn werden wir uns dabei als wesentlich verschieden von der Anordnung an der Peripherie zu denken haben. Im Allgemeinen wird weniger eine Anordnung nach der anatomischen Lagerung an der Peripherie, als vielmehr nach der functionellen Zusammengehörigkeit anzunehmen sein, und auch dabei wohl weniger in der Weise, dass für die räumliche Trennung hauptsächlich die Verschiedenheit der peripherischen Function, wie z. B. die Unterscheidung in centripetal und centrifugal leitende Nerven und deren verschiedene Unterabtheilungen massgebend wäre, als vielmehr so, dass für die in psychologischer Beziehung zusammengehörigen Functionen dieser Zusammenhang in der räumlichen Anordnung seinen Ausdruck findet. Manche ausgedehnte peripherische Nervengebiete werden vielleicht in der Rinde eine relativ wenig ausgedehnte Vertretung haben; andere peripherische Nerven, welche bei zahlreichen verschiedenen Functionen betheiligt sind, werden wohl im Centralorgan mehrfach vertreten sein: so z. B. der Hypoglossus nicht nur als der Nerv, welcher willkürlich und ohne besonderen Zweck die Zungenmusculatur bewegen kann, sondern auch in Bezug auf seine Mitwirkung beim Sprechen, ferner beim Kauen, Schlucken u. s. w., und ebenso die Facialisfasern, welche den Orbicularis oris versorgen, in ihrer Beziehung sowohl zur Mimik (Lachen, Weinen u. s. w.), als auch zum Sprechen, Pfeifen, Blasen, Saugen u. s. w.

Vielleicht aber ist — und dafür scheinen manche Erfahrungen zu sprechen — alle diese Localisation nur eine relative, so dass, wenn an einer Stelle der Gehirnrinde die Function gestört ist, unter Umständen eine andere Stelle diese Function übernehmen kann. Wir werden ja auch für das Gehirn die gleiche Annahme zu machen haben, welche für die graue Substanz des Rückenmarks aufgestellt wurde (S. 154), dass nämlich jede einzelne Ganglienzelle desselben mit jeder anderen indirect in Zusammenhang stehe, und dass eine Leitung der Erregung nach jeder Richtung möglich sei, freilich je nach der augenblicklichen Beschaffenheit der Verbindungen in der einen Richtung leicht und vollständig, in der anderen Richtung schwer und unvollständig.

E. Hitzig, Untersuchungen über das Gehirn. Berlin 1874. —
H. Munk, Ueber die Functionen der Grosshirnrinde. Berlin 1881. —

S. Exner, Untersuchungen über die Localisation der Functionen in der Grosshirnrinde des Menschen. Wien 1881.

Zur topographischen Orientirung an der Oberfläche der Grosshirn-hemisphären (s. Fig. 3) mit ihren mannigfaltigen und variablen Windungen ist von besonderer Bedeutung die Centralfurche (Sulcus centralis s. Fissura Rolandi), welche an der Convexität der Hemisphären etwas hinter der Mitte derselben beginnt und auf der äusseren Fläche nach unten und vorn verläuft. Dieselbe ist an jedem menschlichen Gehirn aus-gebildet und leicht aufzufinden. Mit Benutzung derselben so wie der übrigen Furchen lassen sich zunächst die folgenden Abtheilungen unter-scheiden:

1. die vordere Centralwindung (Gyrus centralis anterior) ver-läuft vor und

2. die hintere Centralwindung (Gyrus centralis posterior) ver-läuft hinter der Centralfurche und parallel mit derselben.

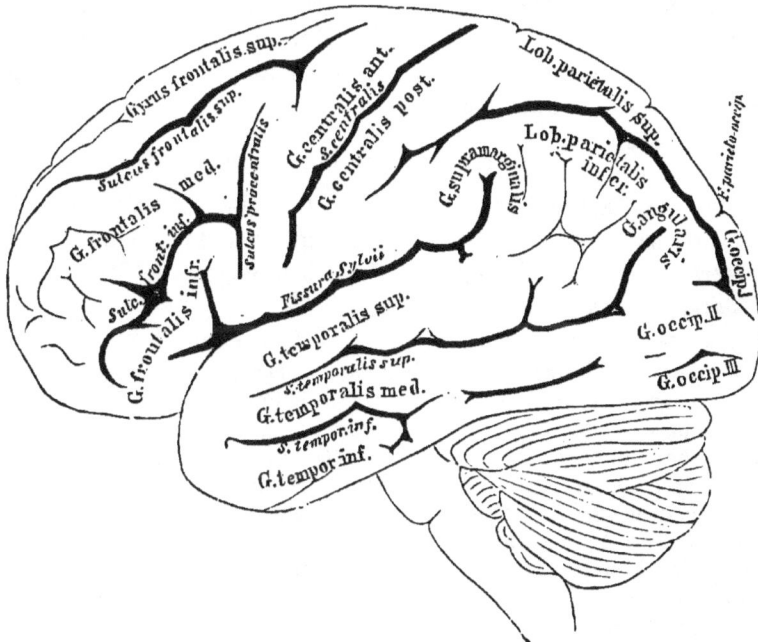

Figur 3.
Die linke Seite des Gehirns nach Ecker.

3. Der Stirnlappen (Lobus frontalis) besteht aus dem vorderen Theil der Hemisphäre und reicht bis zur vorderen Centralwindung; die letztere, welche von manchen Anatomen noch zum Stirnlappen gerechnet wird, betrachten wir als besonderen Abschnitt.

4. Der Scheitellappen (Lobus parietalis) reicht von der hinteren Centralwindung bis zur 'Fissura occipitalis s. parieto-occipitalis. Die hintere Centralwindung rechnen wir nicht zum Scheitellappen.

5. Der **Hinterhauptslappen** (Lobus occipitalis) liegt hinter und unter der Fissura occipitalis.

6. Der **Schläfenlappen** (Lobus temporalis) liegt hinter und unter der Fossa Sylvii.

Die einzelnen Lappen bestehen aus verschiedenen Windungen, deren Zahl und Form mannigfach variirt. Zur weiteren Orientirung unterscheidet man in jedem Lappen drei Hauptwindungen oder gewissermassen drei Stockwerke, die von oben angefangen als erste, zweite und dritte oder auch als obere, mittlere und untere bezeichnet werden. Die letztere Bezeichnung hat den Vorzug, weil manche Anatomen bei der Numerirung immer von der Fossa Sylvii ausgehen und daher z. B. beim Stirnlappen die Zahlen gerade in umgekehrter Reihenfolge anwenden.

Ecker, Die Hirnwindungen des Menschen. Braunschweig 1869.

Herderkrankungen in der grauen Substanz der Grosshirnhemisphären können unter Umständen ganz latent bleiben oder wenigstens ohne merkliche Herderscheinungen verlaufen. Es kann dies vorkommen bei Herden im Stirnlappen, Hinterhauptslappen, Schläfenlappen, dagegen nicht leicht bei Herden in den Centralwindungen und ihrer näheren Umgebung.

Störungen der Motilität

in Folge von Erkrankung der Hirnrinde kommen beim Menschen vorzugsweise vor bei Herden in den Centralwindungen und in dem die Verbindung und Fortsetzung derselben gegen die Medianspalte hin darstellenden Lobulus paracentralis.

Bei Thieren können durch elektrische Erregung der Theile, welche der grauen Rinde der Centralwindungen beim Menschen entsprechen, auf der entgegengesetzten Körperseite Bewegungen in den Extremitäten, im Gesicht u. s. w. hervorgerufen werden, welche den gewöhnlichen willkürlichen Bewegungen ähnlich sind (**Hitzig** und **Fritsch**). Durch circumscripte Zerstörung der betreffenden Stellen entstehen Lähmungen in den entsprechenden Gebieten, die im Wesentlichen den Charakter der **psychischen Lähmungen** zeigen. Ist z. B. beim Hunde durch Zerstörung der betreffenden Stelle in der Hirnrinde die rechte Vorderpfote gelähmt, so kann das Thier sie noch benutzen bei coordinirten Bewegungen, namentlich beim Laufen. Aber alle selbständige willkürliche Bewegung der Pfote ist aufgehoben: der Hund kann nicht mehr, wie er früher gewöhnt war, auf Befehl die Pfote herreichen; er kann ein Hinderniss, welches durch eine besondere Bewegung dieser Pfote überwunden werden müsste, nicht mehr überschreiten, sondern stösst mit der Pfote an; er setzt sie unter Umständen ungeschickt auf, mit dem Fussrücken statt mit der Sohle, ohne diese Stellung nachträglich zu corrigiren; wenn er auf dem Rande des Tisches läuft, kann es geschehen, dass er mit der gelähmten Pfote neben den Rand tritt u. s. w. Wenn die Zerstörung in der Gehirnrinde nicht zu ausgedehnt war, so pflegt nach einiger Zeit die willkürliche Bewegung des betreffenden Gliedes wiederhergestellt zu werden, so dass nach etwa 6 Wochen die Lähmung vollständig verschwunden sein kann.

Beim Menschen beobachtet man bei Herderkrankungen in der grauen Substanz der Centralwindungen Lähmungen auf der entgegengesetzten Körperhälfte (andersseitige oder contralaterale Lähmungen). Bei sehr ausgedehnten Zerstörungen kann vollständige Hemiplegie zu Stande kommen; bei beschränkteren Herden ist die Lähmung weniger ausgedehnt: es bestehen sogenannte Monoplegien (Charcot) oder stückweise Hemiplegien (Nothnagel), z. B. isolirte Lähmung des Facialis oder des Hypoglossus oder nur Lähmung der oberen, selten allein der unteren Extremität. Auch kommt zuweilen Lähmung des den Levator palpebrae versorgenden Astes des Oculomotorius (Ptosis) vor. Lähmung des Facialis und Hypoglossus deutet erfahrungsgemäss auf Herderkrankung im unteren Drittel der Centralwindungen, Lähmung des Armes auf Herderkrankung im mittleren Drittel besonders der vorderen Centralwindung, Lähmung des Beines oder des Beines und Armes auf Erkrankung im oberen Drittel. Diese Lähmungen sind, abweichend von dem Verhalten bei Thieren, gewöhnlich dauernd. Neben den Lähmungen kommen zuweilen vor anfallsweise auftretende motorische Reizungserscheinungen, tonische und klonische Muskelcontractionen, zuweilen auf die gelähmten Theile beschränkt, zuweilen auch weiter verbreitet (partielle Epilepsie, Jackson'sche Epilepsie), in einzelnen Fällen die ganze Körperhälfte betreffend (unilaterale Epilepsie) oder endlich auf beide Seiten sich erstreckend und das Bild der vollständigen Epilepsie darstellend. Bei den ausgedehnteren Krämpfen ist auch das Bewusstsein gestört und bei den allgemeinen meist vollständig aufgehoben. Als einigermassen charakteristisch für solche „Rindenepilepsie" gilt der Umstand, dass bei den Anfällen die Muskelzuckungen immer in den gleichen Muskelgruppen beginnen. — Für die Unterscheidung der von Erkrankung der Gehirnrinde abhängigen Lähmungen von anderweitigen Gehirn- oder Rückenmarkslähmungen ist wichtig, dass dieselben in den meisten Fällen nur partielle Hemiplegien darstellen, und dass sie häufig von Reizungserscheinungen begleitet sind. Die Reizungserscheinungen sind besonders charakteristisch, wenn sie erst nach dem Auftreten der Lähmung sich einstellen oder während des Fortbestehens der Lähmung längere Zeit andauern. Das anfallsweise Auftreten unterscheidet sie von der Athetose.

Bei Zerstörungen in den Centralwindungen erfolgt secundär eine absteigende Degeneration in den von den betreffenden Stellen ausgehenden Pyramidenbahnen, welche sich durch Stabkranz, Capsula

interna, Pons, Medulla oblongata und Rückenmark bis zum Eintritt
der Fasern in die graue Substanz der Vorderhörner erstreckt.

Störungen der Sensibilität

kommen hauptsächlich vor im Bereiche der höheren Sinne.

Bei Hunden hat Zerstörung einer bestimmten Stelle der grauen Substanz des Occipitallappens Sehstörung am Auge der entgegengesetzten
Seite zur Folge, und zwar zeigt sich die Störung in Form der psychischen Amaurose (Seelenblindheit, H. Munk). Die Thiere erkennen mit
dem betreffenden Auge keinen Gegenstand mehr, weder Speise noch Trank,
weder ihren Herrn noch ihresgleichen; aber sie sehen mit diesem Auge
noch ganz gut, wie sich unter Anderem daraus ergibt, dass sie jedem
Gegenstand, der als Hinderniss ihnen entgegentritt, geschickt ausweichen.
Wenn die zerstörte Stelle nicht zu ausgedehnt war, so kehrt allmählich
das Sehvermögen wieder. Man erklärt diese psychische Amaurose gewöhnlich durch die Annahme, es seien die Erinnerungsbilder im Gedächtniss, welche zum vergleichenden Erkennen der Gegenstände nothwendig
sind, zerstört worden; die Wiederherstellung des Sehvermögens nach Ablauf einiger Zeit wird meist entweder von einem allmählich sich her-
stellenden Vicariiren benachbarter Theile der grauen Substanz oder von
einer Ansammlung neuer Erinnerungsbilder abgeleitet. — Beim Affen
und ähnlich wohl bei allen Thieren mit vorwärts gerichteten Augen betrifft nach Zerstörung in einem Occipitallappen die Seelenblindheit hauptsächlich die gleichseitigen Hälften der Retina auf beiden Augen.

Bei Menschen ist wiederholt in Folge von Zerstörungen im
Occipitallappen Sehstörung beobachtet worden, und zwar
scheint in der Regel Aufhebung der Gesichtswahrnehmung in der
der Seite der Erkrankung entsprechenden Hälfte der Retina auf beiden Augen vorhanden zu sein (laterale homonyme Hemianopsie).

Nach Versuchen an Thieren scheint die graue Substanz des Schläfenlappens für die Apperception der Gehörswahrnehmungen von Bedeutung
zu sein, indem nach Zerstörung derselben ein Zustand entsteht, der als
„Seelentaubheit" bezeichnet werden kann. Die Thiere nehmen augenscheinlich Töne und Geräusche noch deutlich wahr, sind aber nicht mehr
im Stande, sie zu unterscheiden und zu deuten.

Beim Menschen hat man bei Zerstörung der ersten Tempo-
ralwindung (und zwar scheint dies vorzugsweise bei Herderkrankungen auf der linken Seite vorzukommen) einen Zustand beobachtet, der als psychische Taubheit (Worttaubheit, Kussmaul)
bezeichnet werden kann. Die Kranken hören noch, aber sie verstehen die Worte nicht mehr. Damit ist zuweilen ein gewisser Grad
der Sprachstörung (Aphasie) verbunden, zuweilen so, dass die Kranken
beim Sprechen häufig die Worte verwechseln (Paraphasie), möglicherweise wegen der mangelnden Controle durch das eigene Gehör;

zuweilen aber sind auch, namentlich wenn weiter nach vorn liegende
Gebilde gleichzeitig in ihrer Function gestört sind, daneben bedeutendere Störungen der Sprache vorhanden.

In ähnlicher Weise ist man geneigt, auch die übrigen Sinne zu localisiren: so hat man beim Geruchs- und Geschmackssinn an Theile des
Schläfenlappens, bei den Sinneswahrnehmungen der Haut an den Scheitellappen gedacht; doch sind die bisherigen Beobachtungen beim Menschen
in ihrer Deutung noch unsicher.

Störung des Sprachvermögens, Aphasie

kommt zu Stande bei Herderkrankungen in dem hinteren Theil der
dritten (unteren) Stirnwindung und in der dieser Stelle benachbarten
Insula Reilii auf der linken Seite.

Schon Gall und Spurzheim und später Bouillaud (1825) hatten die Ansicht vertreten, dass das Sprachvermögen in den Stirnlappen
localisirt sei. Im Jahre 1836 hatte Marc Dax in einer der Versamm-
lung der Aerzte zu Montpellier überreichten Abhandlung die Behauptung
aufgestellt und durch Beobachtungen gestützt, dass nur bei den Erkrankungen der linken Gehirnhälfte Verlust des Sprachvermögens vorkomme.
Da man es bisher allgemein als selbstverständliches Axiom angesehen
hatte, dass die beiden Seiten des Gehirns anatomisch und functionell gleichwerthig seien, so wurde diese Behauptung nicht berücksichtigt. Erst
durch Broca (1861), der das Sprachvermögen genauer in den hinteren
Theil der dritten Stirnwindung („Broca'sche Windung") verlegte, wurde
die allgemeine Aufmerksamkeit auf diese Frage gelenkt, und seitdem ist
durch unzählige pathologische Beobachtungen mit Sicherheit festgestellt
worden, dass in der That bei der weitaus grösseren Mehrzahl der Menschen die linke Seite des Gehirns ausschliesslich oder wenigstens vorzugsweise beim Sprechen betheiligt ist, wie ja auch bei der anderen Art
des Gedankenausdrucks, beim Schreiben, nur die rechte Hand, welche
der linken Gehirnhälfte entspricht, functionirt. Auch die wiederholt ausgesprochene Vermuthung, dass linksseitige Herderkrankungen vielleicht
nur deshalb häufiger als rechtsseitige mit Sprachstörungen zusammentreffen, weil dieselben an der betreffenden Stelle auf der linken Seite
häufiger vorkommen wegen der grösseren Häufigkeit der Embolie der
linken Arteria fossae Sylvii, hat sich als nicht ausreichend erwiesen, indem wiederholt bei Herderkrankungen an der entsprechenden Stelle der
rechten Seite jede Sprachstörung vermisst wurde. Einzelne Ausnahmen
kommen vor, die aber zum Theil die Regel bestätigen: man hat Herderkrankungen in der dritten Stirnwindung oder der Insel der rechten
Seite mit Sprachstörungen beobachtet bei linkshändigen Menschen, bei
denen also auch andere Functionen, die gewöhnlich mit der linken Gehirnhälfte ausgeübt werden, ausnahmsweise von der rechten Gehirnhälfte
beherrscht werden. Wenn die dritte Stirnwindung der linken Seite fehlt
oder zerstört ist, scheint die der rechten die Function übernehmen zu
können: so erklärt es sich, dass Menschen mit angeborenem Mangel der

linken dritten Stirnwindung gewöhnlich doch sprechen können, und ebenso ist es in einzelnen Fällen zu deuten, wenn nach Aphasie in Folge von dauernder Herderkrankung auf der linken Seite allmählich das Sprechen, wenn auch meist mangelhaft, wiedererlernt wird; solche Individuen verlieren die Sprache für immer, wenn etwa nachträglich noch eine Herderkrankung in der dritten Stirnwindung der rechten Seite dazu kommt.

Neben der Störung der Sprache im engeren Sinne (Aphasie) stehen manchen Kranken die übrigen Hülfsmittel für den Ausdruck der Gedanken noch zu Gebote, bei anderen sind sie mehr oder weniger gestört. Manche Kranke können (eventuell bei rechtsseitiger Lähmung mit der linken Hand) noch schreiben, andere nicht (Agraphie); einzelne vermögen auch nicht mehr durch Zeichensprache sich verständlich zu machen (Asymbolie, Amimie). Einzelne Kranke verstehen noch, was sie lesen; bei anderen ist auch das Lesen unmöglich (Alexie). Die Aphasie im engeren Sinne zeigt dem Grade nach grosse Verschiedenheiten. Einzelne Kranke können zwar nicht selbständig sprechen, aber doch Worte, die ihnen vorgesagt werden, nachsprechen; anderen ist auch dies unmöglich. In manchen Fällen ist von dem ganzen Wortschatz nur der eine oder der andere Ausdruck, zuweilen nur aus bedeutungslosen Silben bestehend, übrig geblieben, der dann immer angewendet wird, zur Bejahung und Verneinung, so wie auch zu jedem Ausdruck einer ·Willensintention (Monophasie). Andere Kranke haben noch einen grösseren Vorrath von Worten, aber viele Worte fehlen, und zwar besonders häufig die wichtigsten, die Eigennamen oder die Substantiva überhaupt. Und so gibt es alle Uebergänge bis zu den blossen Andeutungen von Aphasie, bei welchen die Kranken noch leidlich gut sprechen, aber häufiger stocken, weil ihnen im Augenblick ein wichtiges Wort, ein Name oder dergl., nicht einfällt. Nach diesen graduellen Verschiedenheiten unterscheidet man die vollständige Aphasie und die verschiedenen Grade der unvollständigen Aphasie oder Dysphasie. Endlich kommt es vor, dass die Kranken besonders häufig die Worte verwechseln, die Gegenstände falsch benennen (Paraphasie). Durch die verschiedenartige Combination der angeführten Störungen in ihren verschiedenen Graden entsteht bei den Einzelfällen die grösste Mannigfaltigkeit. Im Allgemeinen aber lassen sich die Fälle je nach der Richtung, in welcher die Störung vorzugsweise ausgebildet ist, in zwei Gruppen theilen.

Zur amnestischen Form der Aphasie ($\dot{\alpha}\mu\nu\eta\sigma\tau\iota\varkappa\acute{o}\varsigma$ = vergesslich, von $\mu\iota\mu\nu\acute{\eta}\sigma\varkappa\omega$) gehören diejenigen Krankheitsfälle, bei welchen der Mangel hauptsächlich darin besteht, dass die Kranken die Erinnerungsbilder für die Worte verloren haben. Das Aussprechen der Worte würde nicht behindert sein; aber dem Kranken fehlen die Worte. Häufig können derartige Kranke vorgesprochene Worte nachsprechen; einzelne sind sogar im Stande laut vorzulesen. Bei manchen Kranken ist zugleich „Worttaubheit" und „Wortblindheit" vorhanden, so dass sie die Worte, welche sie hören oder lesen, nicht verstehen. Die unvollständige amnestische Aphasie äussert sich zuweilen besonders durch häufiges Verwechseln der Worte (Paraphasie).

Bei der zweiten Form, der ataktischen Aphasie, kennt der Kranke die Worte und versteht ihre Bedeutung, aber er ist nicht im Stande, den Willenimpuls auszuüben, welcher zum Aussprechen der Worte erforderlich ist. Er versteht, was ihm gesagt wird, eventuell auch, was er liest; manche Kranke können noch durch Schreiben ihre Gedanken ausdrücken, während bei anderen zugleich Agraphie besteht. Wenn dem Kranken ein Wort vorgesprochen wird, gibt er durch Zeichen zu erkennen, ob es das richtige ist oder nicht; aber er kann auch ein vorgesprochenes Wort nicht nachsprechen.

Der Ausdruck „ataktische Aphasie" ist nicht ganz glücklich gewählt. Das Aussprechen der Worte ist nicht verhindert durch Ataxie oder Coordinationsstörung; vielmehr fehlt nur der Willensimpuls, welcher erforderlich wäre, um die coordinirten Bewegungen anzuregen. Die ataktische Aphasie wird deshalb vielleicht besser als motorische Aphasie (Wernicke) bezeichnet. Sie ist zu unterscheiden von derjenigen Sprachstörung, welche auf blosser Störung der Articulation beruht, der sogenannten Alalie oder Anarthrie. Bei der letzteren hat der Kranke nicht nur die Worte richtig im Sinn, sondern gibt auch den richtigen Willensimpuls; aber die coordinirten Muskelbewegungen, welche zum Aussprechen erforderlich sind, kommen nicht zu Stande oder kommen nur unvollkommen zu Stande (Dyslalie, Dysarthrie). Wir werden dieser Form der Sprachstörung wieder begegnen bei der Besprechung der Herderkrankungen im Pons und der Medulla oblongata. Auch die Sprachstörungen bei progressiver Bulbärparalyse, bei Lähmung der Zunge u. s. w. sind von der eigentlichen Aphasie zu trennen.

Die beiden Formen der Aphasie, die amnestische und die ataktische Form, kommen in einzelnen Fällen isolirt zur Beobachtung. In vielen Fällen sind sie mit einander verbunden, so dass nur etwa die eine oder die andere Form vorherrscht. Es liegt nahe zu vermuthen, dass die rein ataktische Form mehr den auf den hinteren Theil der dritten Stirnwindung beschränkten Herden entspreche, während die amnestische Form um so deutlicher hervortrete werde, je mehr der Herd die Insula Reilii betrifft und dabei noch etwa die benachbarte erste Schläfenwindung, deren isolirte Zerstörung Worttaubheit zur Folge haben würde (S. 224), in Mitleidenschaft zieht.

Mit der Aphasie ist häufig rechtsseitige Hemiplegie verbunden. Dieselbe beruht auf gleichzeitiger Erkrankung benachbarter Gebilde: in einzelnen Fällen der Centralwindungen, die ebenfalls von Aesten der Arteria fossae Sylvii versorgt werden, in der Mehrzahl der Fälle wohl des Linsenkerns und der Capsula interna, die namentlich von der Insula Reilii räumlich nur wenig entfernt sind.

In Bezug auf das sonstige psychische Verhalten des Kranken lässt sich, obwohl gerade durch die Aphasie die Beurtheilung desselben erschwert ist, doch für die meisten Fälle constatiren, dass neben der Aphasie auch noch weitere psychische Störungen vorhanden sind, und zwar meist eine einfache Abnahme der psychischen Functionen. Der Grad dieser Abnahme, der wohl von dem Verhalten der übrigen grauen Substanz abhängt, ist sehr verschieden: bei einzelnen Kranken besteht ein Zustand, der an Blödsinn grenzt, bei anderen ist die Störung geringer; und endlich gibt es Fälle, bei welchen eine Störung wenigstens nicht deutlich nachzuweisen ist. Ob wirklich bei ganz circumscripter Erkrankung reine Aphasie ohne jede anderweitige psychische Störung vorkommen kann, lässt sich nicht mit Sicherheit entscheiden, da geringe Grade der Abnahme der psychischen Functionen schwer zu erkennen sind und auch die nachträglichen Angaben von Kranken, welche später die Sprache wieder erlangt haben, nicht ganz entscheidend sind, indem man bezweifeln kann, ob sie während des Bestehens der Aphasie im Stande waren, ihren psychischen Zustand objectiv richtig zu beurtheilen.

Der Verlauf der Aphasie hängt hauptsächlich von der Art und dem Verlaufe der zu Grunde liegenden Herderkrankung ab. Es gibt Fälle, bei welchen die Aphasie nur ganz kurze Zeit, Stunden oder Tage lang, besteht und dann vollständig normale Sprache zurückkehrt, so bei Embolie mit baldiger Herstellung des Collateralkreislaufs, oder wenn das Sprachcentrum nur durch Druck oder anderweitige Fernwirkung vorübergehend in seiner Function gestört war. In anderen Fällen kommt langsam eine vollständige oder unvollständige Wiederherstellung der Sprache zu Stande. In vielen Fällen endlich bleibt die Aphasie für die ganze übrige Lebenszeit bestehen, zuweilen mit noch spät auftretender Besserung, zuweilen auch ohne solche oder selbst mit progressiver Verschlimmerung.

A. Kussmaul, Die Störungen der Sprache in Ziemssen's Handbuch. Bd. XII. Anhang. Leipzig 1877. 3. Aufl. 1885. — L. Lichtheim, Ueber Aphasie. Deutsches Archiv für klin. Med. Bd. XXXVI. 1885. S. 204.

Die höheren psychischen Functionen

zeigen bei Herderkrankungen in der grauen Substanz häufig keine auffallenden Störungen. Es gilt dies besonders von den wenig umfangreichen Herden. Aber es gibt auch einzelne Beispiele von ausgedehnten Zerstörungen in der Substanz der Grosshirnhemisphären, oder von angeborenem Mangel einzelner Theile oder selbst des grössten Theils einer Hemisphäre, bei denen angegeben wird, es sei die Intelligenz nicht beeinträchtigt gewesen. Wir werden dabei freilich berücksichtigen müssen, dass viele Beobachter bei ihren Kranken merkwürdig geringe Anforderungen an die Intelligenz stellen. Für die Bedürfnisse des täglichen Lebens wird augenscheinlich auch vom gesunden Menschen von der vorhandenen grauen Substanz nur ein sehr kleiner Theil wirklich in Thätigkeit gesetzt. Im Allgemeinen ist, je grössere Mengen grauer Substanz zerstört oder in ihrer Function gehemmt sind, um so mehr psychische Störung zu erwarten. Dabei handelt es sich gewöhnlich um eine einfache Abnahme der Functionen, um eine geistige Schwäche, die in manchen Fällen, wenn sie gering ist und keine sorgfältige Prüfung stattfindet, wohl übersehen werden kann, während sie in anderen Fällen sehr deutlich hervortritt und selbst bis zu ausgebildetem Blödsinn gesteigert sein kann. Seltener kommen bei den Herderkrankungen in der grauen Substanz die auffallenderen qualitativen Veränderungen vor, wie Hallucinationen, Delirien, Wahnvorstellungen, und auch die Geisteskrankheiten im engeren Sinne sind dabei nicht häufig, wie denn überhaupt bei den Kranken der Irrenhäuser Herderkrankungen relativ selten gefunden werden. Eine diffuse Erkrankung der grauen Substanz werden wir später bei der Dementia paralytica oder progressiven Paralyse besprechen.

Thiere, denen die Grosshirnhemisphären exstirpirt worden sind, besitzen im Wesentlichen noch alle Functionen, welche zur Fortsetzung des Lebens unmittelbar nöthig sind; sie können, wenn sie nicht an dem operativen Eingriff und der damit verbundenen Blutung zu Grunde gehen, lange am Leben erhalten werden, so namentlich Hühner, Tauben und andere Vögel. Die Bewegungen sind noch wohl coordinirt und zweckmässig; aber sie erfolgen nicht mehr aus innerem Antrieb, sondern nur auf äussere Anregung. Ein solches Thier folgt dem vorgehaltenen Licht mit den Augen und dem Kopfe, bei einem plötzlichen Geräusch fährt es zusammen; wenn es gekneipt oder gestochen wird, macht es zweckmässige Bewegungen, um sich diesen Einwirkungen zu entziehen, es kann möglicherweise sogar schreien; wenn es erschreckt oder vorwärts gestossen wird, läuft es; die Taube, die in die Luft geworfen wird, fliegt; die Ente, die man aufs Wasser setzt, macht Schwimmbewegungen; die

Thiere fressen, wenn man ihnen das Futter in den Mund bringt. So lange aber ein unmittelbarer äusserer Anstoss nicht einwirkt, sitzt das Thier in vollständiger Ruhe und in schlafsüchtigem Zustand. Es fehlt Alles, was auf individuelles Bewusstsein, auf Willen uud überhaupt auf Initiative hindeuten würde. Die Thiere sind Automaten geworden. — Beim Menschen kommen, obwohl vollständige Aufhebung der Function der Grosshirnhemisphären bei Krankheiten des Gehirns häufig ist, ähnliche Beispiele nicht leicht rein zur Beobachtung, da bei Aufhebung der Function der Hemisphären gewöhnlich auch die Function der Grosshirnganglien mehr oder weniger gestört ist. Doch kann man aus manchen Beobachtungen schliessen, dass auch beim Menschen die Grosshirnhemisphären zur Fortsetzung des körperlichen Lebens nicht unmittelbar nothwendig sind. Da aber der Mensch im normalen Zustande weit mehr als die Thiere auf Verwendung der Grosshirnhemisphären angewiesen ist, so müssen bei Ausschaltung derselben nothwendig die Störungen viel bedeutender und auffallender sein; so z. B. würde eine auch nur annähernd normale Locomotion gänzlich unmöglich sein.

Herderkrankungen im Centrum ovale.

Die weit überwiegende Masse der Grosshirnhemisphären besteht aus der weissen Substanz, die als Centrum semiovale Vieussenii oder auch einfach als Centrum ovale bezeichnet wird. Den wesentlichen Bestandtheil der weissen Substanz bilden Nervenfasern, deren Anordnung sehr complicirt und im Einzelnen bisher nur wenig erkannt ist. Im Allgemeinen kann als festgestellt gelten, dass ein Theil dieser Fasern dazu dient, die graue Substanz der Hemisphären mit dem Gehirnstamm und weiter mit dem Rückenmark und den peripherischen Nerven in Verbindung zu setzen, während ein anderer Theil der Fasern die Verbindung der verschiedenen Gebiete der grauen Substanz unter einander herstellt. Die ersteren Fasern bilden das Projectionssystem, die letzteren das Associationssystem.

Die Fasern des Projectionssystems verlaufen von allen Theilen der grauen Hemisphärenoberfläche convergirend gegen den Hirnstamm hin. Ein Theil derselben stellt die Verbindung her zwischen der Hemisphärenoberfläche und den Grosshirnganglien: Streifenhügel, Linsenkern, Sehhügel, Vierhügel. Ein anderer Theil der Fasern geht, ohne mit den Grosshirnganglien in Verbindung zu treten, direct von der Hemisphärenoberfläche zur Capsula interna und durch diese, den Pedunculus, Pons und die Pyramiden in das Rückenmark: es sind dies die Pyramidenbahnen (S. 162). Wenn man die Faserung in umgekehrter Richtung betrachtet, indem man sie vom Hirnstamm aus gegen die Oberfläche der Hemisphären verfolgt, so bilden die Fasern des Projectionssystems gleichsam eine Ausstrahlung des Hirnstammes in die Hemisphären: sie werden als Stammstrahlung oder Corona radiata oder als Stabkranz bezeichnet. Sie bilden ein Fasersystem, dessen Querschnitt in der Gegend der Grosshirnganglien und der Capsula interna relativ eng ist, in der Richtung gegen die Gehirnoberfläche durch fächerförmiges Auseinanderweichen der Fasern sich immer mehr ausdehnt.

Die Fasern des Associationssystems vermitteln die Verbindung der verschiedenen Theile der grauen Gehirnoberfläche unter einander. Dabei kommen zunächst in Betracht diejenigen Fasern, welche die beiden Grosshirnhemisphären unter einander verbinden, die Commissurenfasern, vor Allem die grösste Commissur, das Corpus callosum mit seinen mächtigen Ausstrahlungen in die beiden Hemisphären, deren Bündel mit denen der Stammstrahlung sich vielfach durchkreuzen und verflechten. Ausserdem gehören hierher die Fasern, welche die der gleichen Seite angehörigen Abschnitte der grauen Substanz unter einander verbinden, die Bogenfasern. Dieselben verbinden sowohl benachbarte Windungen (Windungsfasern), als auch weiter auseinander gelegene Gebiete (Associationsfasern im engeren Sinne).

Um bei Herderkrankungen im Centrum ovale genauer die Lage des Herdes angeben zu können, ist es zweckmässig, mit Pitres und Nothnagel die Hemisphären durch Schnitte, welche von oben nach unten parallel der Fissura Rolandi geführt werden, in einzelne Segmente zerlegt zu denken. Je nach den Theilen der Oberfläche, welchen diese Segmente entsprechen, kann man dann etwa unterscheiden eine Pars frontalis (anterior, media, posterior), ferner eine Pars centralis anterior, Pars centralis posterior, Pars parietalis und Pars occipitalis; endlich noch eine durch die Fossa Sylvii theilweise abgetrennte Pars temporalis (sive sphenoidalis).

Bei Herderkrankungen im Centrum ovale fehlen oft alle auffallenden Erscheinungen. In anderen Fällen zeigen sich namentlich bei raumbeschränkenden Erkrankungen zwar deutliche diffuse Erscheinungen, aber keinerlei Ausfallsymptome, die auf Herderkrankung bezogen werden könnten. Selbst bei ausgedehnten Herderkrankungen in der Pars frontalis anterior und media, ferner in der Pars occipitalis und temporalis werden oft Herderscheinungen und unter Umständen sogar alle Krankheitserscheinungen vollständig vermisst, und auch in den anderen Theilen können wenig umfangreiche Herderkrankungen ohne merkliche Symptome bestehen. Es erklärt sich dies wohl theils daraus, dass ein nicht allzu bedeutender Ausfall in der Association der psychischen Functionen überhaupt schwer zu erkennen ist, und anderentheils daraus, dass die durch die Fasern der weissen Substanz hergestellten Verbindungen sehr mannigfaltig sind, und dass daher auch bei Unterbrechung einzelner derselben häufig noch ausreichende indirecte Leitungen vorhanden sein mögen.

In anderen Fällen endlich sind deutliche Ausfallsymptome vorhanden. Dieselben sind je nach dem Sitz des Herdes verschieden. Im Allgemeinen aber stimmen sie, jenachdem der Herd mehr in der Nähe der grauen Oberfläche oder mehr in der Nähe des Hirnstammes sich befindet, überein mit den Herdsymptomen, welche bei

den Erkrankungen der entsprechenden Stellen entweder der Oberfläche oder des Hirnstammes beobachtet werden. So kommt z. B.
bei Erkrankung der weissen Substanz in der Nähe des hinteren
Theiles der dritten Stirnwindung Aphasie vor; bei Erkrankung der
den Centralwindungen entsprechenden weissen Substanz beobachtet
man motorische Lähmungen von gleichem Charakter wie die Rindenlähmungen; auch partielle oder allgemeine epileptiforme Convulsionen scheinen von Herden in dieser Gegend ausgehen zu können;
bei Krankheitsherden in der weissen Substanz des Occipitallappens
kann Hemiopie vorkommen u. s. w.   Und anderseits treten bei Her-
den·in der Nähe der Grosshirnganglien und der Capsula interna die
gleichen Erscheinungen wie bei Herden in den letzteren auf, und
zwar gewöhnlich contralaterale Hemiplegie (s. u.).

Bei Thieren werden durch elektrische Reizung der weissen Substanz
der Centralwindungen Bewegungen ähnlicher Art wie bei Reizung der
entsprechenden grauen Substanz erregt, und ebenso hat Exstirpation der
weissen Substanz die gleichen Ausfallsymptome zur Folge.

Herderkrankungen in den Grosshirnganglien und der Capsula interna.

Zu den Grosshirnganglien gehören 1. der Streifenhügel, Corpus striatum, 2. der Linsenkern, Nucleus lentiformis, 3. der Sehhügel, Thalamus
opticus, 4. die Vierhügel, Corpora quadrigemina, zu welchen wir auch
die Corpora geniculata (internum und externum) rechnen.   Häufig wird
auch der Streifenhügel mit dem Linsenkern zusammen als Corpus striatum im weiteren Sinne bezeichnet und dann der Streifenhügel im engeren
Sinne als Nucleus caudatus oder Schweifkern vom Nucleus lentiformis
unterschieden.   Ausser den Grosshirnganglien berücksichtigen wir hier
auch die Capsula interna, diese mächtigen Faserzüge, welche zwischen
Corpus striatum und Thalamus opticus einerseits und dem Linsenkern
anderseits verlaufen.   Die Grosshirnganglien stehen auf der einen Seite
in leitender Verbindung mit der Gehirnrinde, und namentlich in den Thalamus opticus strahlen zahlreiche Faserbündel aus dem Centrum ovale
ein.   Auf der anderen Seite stehen sie in Verbindung mit dem Pedunculus cerebri, und zwar der Streifenhügel und Linsenkern mit dem unteren Theile desselben, der als Pes pedunculi bezeichnet wird, der Thalamus opticus hauptsächlich mit der darüber liegenden Haubenregion.
Neben der indirecten Verbindung, welche auf diese Weise zwischen den
Grosshirnhemisphären und dem Pedunculus und damit auch mit dem verlängerten Mark und Rückenmark hergestellt ist, besteht noch eine directe
Verbindung durch die schon wiederholt erwähnten Pyramidenbahnen,
welche die motorischen Regionen der Centralwindungen auf dem Wege

durch Capsula interna, Pedunculus, Pons und Pyramiden mit dem Rückenmark in Verbindung setzen.

Ueber die Function der Grosshirnganglien lässt sich bisher nur wenig Sicheres angeben. Sie sind zunächst als Centralorgane anzusehen, zum Theil als Analoga der Grosshirnhemisphären, aber von niederer Ordnung. Der Umstand, dass bei Thieren, welchen die Grosshirnhemisphären fehlen, wenn die Grosshirnganglien noch erhalten sind, alle animalischen Functionen mit Ausnahme der psychischen noch in annähernd normaler Weise von Statten gehen (S. 229), lässt den Schluss zu, dass die Grosshirnganglien Centralorgane für die meisten dieser Functionen darstellen. Bei solchen Thieren bestehen nicht nur die einfachen Reflexbewegungen noch fort, sondern es erfolgen auf die entsprechende sensible Anregung auch noch die complicirteren coordinirten Bewegungen, wie Laufen, Fliegen, Fressen, die coordinirte Bewegung der Augen u. s. w. Insofern dabei diese Bewegungen ohne Intervention von Ueberlegung und Willen nur durch äusseren Antrieb veranlasst werden, können sie gewissermassen als Reflexbewegungen höherer Art aufgefasst werden. Man hat sie auch schon als psychische Reflexbewegungen bezeichnet, und dieser Ausdruck ist bei dem unverletzten Thiere, bei welchem auf die gleichen Anregungen gewöhnlich diese Bewegungen in gleicher Weise zu Stande kommen, insofern passend, als die Bewegungen ebenso wie die veranlassenden sensiblen Erregungen zugleich zum Bewusstsein gebracht werden, von dem aus die Bewegungen eventuell auch verstärkt oder gehemmt oder überhaupt nach bestimmten Willensintentionen modificirt werden können. In diesem Sinne ist es gerechtfertigt, wenn man die Grosshirnganglien als psycho-reflectorische Centren bezeichnet. In denselben wird wahrscheinlich nicht nur die sensible Erregung in motorische umgesetzt, sondern es wird auch für die complicirteren Bewegungen die Coordination derselben im Allgemeinen eingeleitet; und endlich wird beim unversehrten Thiere von den sich abspielenden Vorgängen auch dem Bewusstsein Mittheilung gemacht. — Die Corpora quadrigemina stehen in naher Beziehung zum Gesichtssinn, und zwar die vorderen vorzugsweise zur eigentlichen Gesichtswahrnehmung, während die hinteren das Centralorgan für die coordinirten Bewegungen beider Augen darstellen. In ähnlicher Weise hat vielleicht der Geruchssinn ein Centralorgan im Kopfe des Streifenhügels. Beim Thalamus opticus spricht Manches dafür, eine ähnliche Beziehung zu den durch die Haut vermittelten Sinneswahrnehmungen anzunehmen. Streifenhügel und Linsenkern stehen möglicherweise in besonderer Beziehung zu den coordinirten Bewegungen der Extremitäten.

Ausserdem sind die Grosshirnganglien auch Leitungsorgane. In Gemeinschaft mit der Capsula interna stellen sie, wenn wir von etwaigen Nebenleitungen durch das kleine Gehirn absehen, die einzige Verbindung her zwischen den Grosshirnhemisphären und dem übrigen Körper. Alle sensiblen Erregungen, welche zum Bewusstsein kommen, müssen diesen Weg passiren, und ebenso alle Willensimpulse, welche Muskelaction hervorrufen. Von der Capsula interna scheinen die beiden vorderen Drittel (zwischen Streifenhügel und Linsenkern) vorzugsweise centrifugal verlaufende, motorische Fasern zu führen, während im hinteren Drittel (zwi-

schen Sehhügel und Linsenkern) vorzugsweise die centripetale Leitung
der sensiblen und sensorischen Erregungen stattfindet.

Eine vollständige Zerstörung der Grosshirnganglien und der Capsula
interna würde die Verbindung zwischen den Grosshirnhemisphären und
dem übrigen Körper aufheben. Das betreffende Individuum könnte noch
Bewusstsein, Intelligenz, Willen haben; aber es würde keine sensible
Erregung zum Bewusstsein gelangen, und der Wille würde keinen Einfluss mehr auf die Körpermusculatur ausüben; auch würden alle sogenannten psychischen Reflexbewegungen aufhören und nur die einfachen
Reflexbewegungen noch fortbestehen.

Bei Herderkrankungen in den Vierhügeln hat man
beim Menschen Störungen des Sehvermögens beobachtet, und zwar
scheint bei Erkrankung der vorderen Vierhügel hauptsächlich Amblyopie und Amaurose mit Aufhebung der Reaction der Pupillen,
bei Erkrankung der hinteren hauptsächlich Störung der Augenbewegungen aufzutreten. Im Allgemeinen wird man bei Amblyopie
oder Amaurose in Folge intracranieller Erkrankung zunächst nicht
an die Vierhügel zu denken haben: dieselbe kommt bei Weitem
häufiger vor in Folge von Unterbrechung der Leitung im Nervus
opticus, im Chiasma oder im Tractus opticus (s. u.), ferner bei Stauungspapille (s. u.) u. s. w.; eine Erkrankung der vorderen Vierhügel
kann höchstens dann in Frage kommen, wenn der opthalmoskopische
Befund negativ ist, und wenn anderweitige Symptome auf eine Herderkrankung in dieser Gegend hindeuten. Bei Augenmuskelstörungen
kann man unter Umständen vielleicht an Erkrankungen der Vierhügel
denken, wenn es sich um sogenannte conjugirte Muskellähmungen
handelt, d. h. wenn auf beiden Seiten gleichzeitig diejenigen Muskeln gelähmt sind, welche die Augen nach gleicher Richtung bewegen. Doch wird conjugirte Lähmung des Rectus externus der
einen und des Rectus internus der anderen Seite häufiger bei Herderkrankungen an anderen Stellen ohne jede Betheiligung der Vierhügel beobachtet (s. u.). Endlich scheinen bei Erkrankungen der
hinteren Vierhügel zuweilen auch Gleichgewichts- und Coordinationsstörungen vorzukommen, welche denen bei Kleinhirnerkrankungen
ähnlich sind (cerebellare Ataxie, s. u.).

Herderkrankungen im Thalamus opticus können, namentlich wenn die Herde wenig umfangreich sind, bestehen, ohne
dass während des Lebens irgend welche davon abzuleitende Symptome sich bemerklich machen. Eine Beziehung zum Gesichtssinn,
auf welche der Name des Organs hindeutet, besitzt dasselbe in seiner
Hauptmasse nicht; nur bei Läsionen in seinem hinteren Drittel scheinen, weil die Ursprünge des Tractus opticus zum Theil aus dem

Pulvinar hervorgehen, Sehstörungen vorzukommen. Häufig hat man bei Sehhügelerkrankung contralaterale Lähmungen oder Anaesthesien beobachtet; wahrscheinlich aber sind diese Störungen nicht von der Erkrankung des Sehhügels an sich, sondern von gleichzeitiger Störung in anderen benachbarten Gebilden, namentlich in der Capsula interna abzuleiten. Dagegen scheinen die psychisch-reflectorischen Vorgänge zum Theil vom Thalamus abhängig zu sein: so z. B. kann, wenn bei einer Hemiplegie der Facialis für willkürliche Erregung gelähmt ist, unter Umständen ein Mitwirken desselben bei der Mimik (bei Weinen, Lachen u. s. w.) noch stattfinden, falls der Sehhügel intact ist (Nothnagel). Endlich scheinen die Beobachtungen dafür zu sprechen, dass die halbseitige Athetose oder Hemichorea (S. 136), sowie überhaupt halbseitiges Zittern und vielleicht auch Störungen des Muskelsinns in einzelnen Fällen von Herderkrankung im Sehhügel abhängig sind.

Bei Herderkrankungen im Corpus striatum und im Linsenkern ist oft die Capsula interna gleichzeitig in directer oder indirecter Weise mitbetroffen. Besonders häufig kommen in dieser Gegend Gehirnblutungen vor, demnächst am häufigsten Embolien mit nachfolgenden Erweichungsherden, seltener Tumoren oder Abscesse. Bei einigermassen ausgedehnten Herderkrankungen in diesem Gebiet ist regelmässig contralaterale Hemiplegie vorhanden. Die Lähmung betrifft dabei die Extremitäten und das Gesicht. Vom Facialis sind gewöhnlich ausschliesslich oder vorzugsweise die unteren Aeste bis zur Gegend des Auges gelähmt: auf der gelähmten Seite hängt der Mundwinkel herab, das Nasenloch ist eng, beim Lachen oder bei anderweitiger Mimik wird der Mund nach der nicht-gelähmten Seite verzogen, der Kranke kann nicht mehr pfeifen; dagegen kann er das Auge schliessen, Augenbrauen und Stirne runzeln. In Folge der einseitigen Lähmung des Hypoglossus weicht die Zunge beim Vorstrecken nach der gelähmten Seite ab (S. 107); auch kann dadurch das Kauen und Schlingen und die Articulation der Sprache behindert sein; dagegen ist gewöhnlich die motorische Portion des Trigeminus, welche die Kaumuskeln versorgt, bei der Lähmung unbetheiligt. Die Rumpfmusculatur der betreffenden Seite zeigt in den meisten Fällen einen gewissen Grad von Parese (Nothnagel); doch bleiben die Respirationsbewegungen ungestört. Die Lähmung ist je nach der Ausdehnung der Zerstörung vollständig oder unvollständig: bei den geringsten Graden derselben besteht nur eine gewisse Schwäche der Extremitäten, welche sich in Nachschleppen des Fusses, mangelnder Energie der Bewegungen des Armes, ge-

ringer Schiefheit des Gesichts äussert; bei dem höchsten Grade sind
die Extremitäten und die betreffenden Theile des Gesichts vollständig
unbeweglich; der Arm fällt schlaff herab, das Bein kann keinerlei
Beugung oder Streckung ausführen. Augenscheinlich handelt es sich
bei diesen Lähmungen nur um Unterbrechung der Leitung zwischen
den Organen des Willens und der Peripherie, nicht um Beeinträchtigung des Willens selbst: der Kranke will unter Umständen den
gelähmten Arm bewegen und führt dies dadurch aus, dass er den
gesunden Arm zu Hülfe nimmt. Auf Anwendung des Inductionsstroms wie des constanten Stroms zeigen die gelähmten Muskeln
durchaus normale Reaction; doch wird zuweilen nach längerem Bestehen der Lähmung die Muskelcontraction bei Anwendung des Inductionsstroms etwas schwächer, wohl hauptsächlich in Folge von
Atrophie durch Nichtgebrauch.

In einzelnen Fällen kann die Lähmung schnell wieder verschwinden: so z. B. bei Embolien, wenn bald der Collateralkreislauf hergestellt wird. In vielen Fällen wird eine allmähliche Besserung der Lähmung beobachtet, so z. B. bei Haemorrhagien, wenn
die betreffenden Theile nicht vollständig zerstört, sondern nur durch
den Druck des Extravasats, durch Imbibition oder Oedem ausser Function gesetzt waren. Manche Besserungen kommen vielleicht auch
dadurch zu Stande, dass allmählich vicariirende Leitungen sich ausbilden. Nach den Beobachtungen von Charcot kommt Wiederherstellung der willkürlichen Bewegung nicht vor, wenn die Capsula
interna zerstört ist; sie kann dagegen stattfinden, wenn die Capsula
interna erhalten ist und die Herderkrankung nur den Streifenhügel
oder den Linsenkern betrifft. In einzelnen Fällen treten in den gelähmten Muskeln später Contracturen auf; dadurch kann das Gesicht
nach der gelähmten Seite hinübergezogen werden; am Arm ist meist
Flexion und Pronation vorherrschend, am Bein kommt sowohl Beugung als Streckung vor. Solche Contracturen sind besonders häufig
bei Herden, welche die Capsula interna betreffen (Charcot). Seltener stellen sich später in den gelähmten Bezirken klonische Krämpfe,
Hemichorea oder Athetose ein, die dann an Betheiligung des hinteren Theiles der Capsula interna (Charcot) oder unter Umständen
des Sehhügels (Nothnagel) denken lassen. Die Sehnenreflexe sind
gewöhnlich auf der gelähmten Seite verstärkt, die Hautreflexe eher
vermindert. Im Gebiete der Muskeln, welche willkürlich nicht mehr
contrahirt werden können, kommen zuweilen noch Mitbewegungen
vor, so z. B. mimische Bewegungen im Facialisgebiet beim Lachen
oder Weinen, Bewegungen des gelähmten Armes bei willkürlichen

Bewegungen der anderen Seite, aber auch beim Gähnen oder bei anderen halb willkürlichen Bewegungen. — Bei unvollständiger Lähmung ist meist das Bein weniger gelähmt als der Arm; auch stellt sich bei Besserung der Lähmung die willkürliche Beweglichkeit des Beines gewöhnlich früher wieder ein als die des Armes; das ausnahmsweise vorkommende entgegengesetzte Verhalten soll eine ungünstige prognostische Bedeutung haben (Trousseau).

Zuweilen wird neben der Hemiplegie auch Hemianaesthesie beobachtet, und in seltenen Fällen scheint die letztere auch ohne gleichzeitige Lähmung vorkommen oder nach Wiederherstellung der Motilität zurückbleiben zu können. Die Anaesthesie betrifft meist nur die Hautnerven und zuweilen nur die Sinnesnerven der Haut ohne Betheiligung der schmerzempfindenden Fasern; in einzelnen seltenen Fällen war damit auch Störung der Function der anderen Sinnesorgane verbunden, so namentlich Hemiopie, contralaterale Schwerhörigkeit, selbst halbseitige Störung des Geschmack- und Geruchsinns. Das Vorhandensein von Hemianaesthesie lässt auf Betheiligung des hinteren Drittels der Capsula interna oder des angrenzenden Theiles vom Fuss des Stabkranzes schliessen; wenn von der Capsula interna nur die beiden vorderen Drittel zerstört sind, so ist neben der Hemiplegie keine Hemianaesthesie vorhanden (Charcot, Nothnagel).

Totale Hemianaesthesie, bei welcher auch die Schmerzempfindung aufgehoben ist, scheint neben Hemiplegie selten vorzukommen. Häufiger habe ich Aufhebung der Sinneswahrnehmungen der Haut auf der gelähmten Seite neben erhaltener Schmerzempfindung gefunden. Wo die Prüfung der Sensibilität nur so ausgeführt wird, dass man untersucht, ob der Kranke noch auf Stechen, Kneifen u. dgl. Schmerz empfindet, kann die Aufhebung der Sinneswahrnehmungen der Haut übersehen werden. Ich habe eine Anzahl von Fällen beobachtet, bei welchen auf der gelähmten Seite die Druckempfindung gänzlich aufgehoben war, während die Schmerzempfindung vollständig normal erschien. Besonders merkwürdig und mit unserer früher dargelegten Theorie (S. 50) in gutem Einklang war, dass in allen solchen Fällen mit Aufhebung der Sinnesempfindungen der Haut die Localisation der Schmerzempfindung in hohem Grade beeinträchtigt war. Manche Kranke, die Kneipen und Stechen auf der gelähmten Seite ebenso deutlich und schmerzhaft empfanden wie auf der gesunden, konnten bei geschlossenen Augen nicht unterscheiden, ob der Schmerz an der Hand oder am Oberarm, ob er am Fusse oder am Oberschenkel erregt wurde. Sie verlegten alle an der oberen Extremität erregten Schmerzen mit Vorliebe in die Schulter- oder Halsgegend, die an der unteren Extremität erregten in die Hüftgegend. Einzelne Kranke waren sogar unsicher bei der Entscheidung darüber, ob der Arm oder das Bein der Sitz des Schmerzes sei. Uebrigens sind Störungen des Ortssinns der Haut bei unvollständiger centraler Anaesthesie auch schon von anderen Beobachtern bemerkt, wenn auch meist anders gedeutet worden (Charcot, Vulpian, Rendu, Nothnagel).

Zuweilen werden auch vasomotorische und trophische Störungen auf der gelähmten Seite beobachtet: im Anfang kommt vor Erweiterung der Arterien mit Erhöhung der Temperatur in den peripherisch gelegenen Theilen, später Verengerung der Arterien und Herabsetzung der Temperatur; in manchen Fällen tritt Hautoedem auf oder auch schwerere Ernährungsstörungen der Haut, selbst Decubitus acutus unilateralis (Charcot). Auch Gelenkentzündungen, die auf die gelähmte Seite beschränkt waren, wurden schon beobachtet. In anderen Fällen findet man nur unbedeutende Anomalien der Ernährung, wie Hypertrophie der Haut, Störungen im Wachsthum der Haare und der Nägel und dergl.

Wie weit neben den angegebenen Herdsymptomen noch anderweitige Störungen vorhanden sind, hängt davon ab, ob noch andere Theile des Gehirns durch die gleichen oder durch andere Krankheitsherde in ihrer Function gestört sind. Häufig kommt neben rechtsseitiger Hemiplegie unvollständige oder vollständige Aphasie vor (S. 288). In vielen Fällen sind auch die psychischen Functionen durch Gehirndruck gestört: so besteht bei einigermassen umfangreichen Haemorrhagien im Anfang gewöhnlich Bewusstlosigkeit, die erst mit der Abnahme des Gehirndrucks wieder verschwindet. Wo dagegen die Störung nur auf die Grosshirnganglien und die innere Kapsel beschränkt ist und keinerlei Fernwirkung oder secundäre Gehirnatrophie stattfindet, können die psychischen Functionen vollständig normal sein.

Herderkrankungen im Pedunculus cerebri.

Die Pedunculi cerebri oder Grosshirnschenkel im weitesten Sinne verbinden die Grosshirnganglien und die innere Kapsel mit den weiter rückwärts gelegenen Theilen, dem Pons und der Medulla oblongata. An dem Pedunculus im weiteren Sinne werden zwei Abtheilungen unterschieden: 1. der Fuss, Pes, der Pedunculus im engeren Sinne, der nach vorn hauptsächlich mit dem Streifenhügel und dem Linsenkern in Verbindung steht und in seinem mittleren Theile die Pyramidenbahnen, die directe Verbindung zwischen der grauen Substanz der Centralwindungen und den Ganglienzellen der Vorderhörner des Rückenmarks enthält; 2. die Haube, Tegmentum (mit Einschluss der Schleife), welche hauptsächlich der Fortsetzung des Sehhügels und der Vierhügel entspricht. Die Verbindung zwischen Grosshirn und Kleinhirn, die gewissermassen eine Nebenleitung darstellt, wird später noch erwähnt werden.

Im Hirnschenkel finden sich ausserdem Anhäufungen von grauer Substanz, welche für einen Theil der Faserzüge unterbrechende Stationen zu bilden scheinen: im Fusse des Hirnschenkels an der Grenze gegen die Haube die Substantia nigra und im Innern der Haube der rothe Kern.

Herderkrankungen im Fusse des Pedunculus bewirken je nach ihrer Ausdehnung mehr oder weniger vollständige Unterbrechung der Leitung, die sich als contralaterale Hemiplegie äussert. Die Lähmung hat dabei meist die gleiche Ausdehnung wie die bei Herden in der Gegend der Grosshirnganglien auftretende Hemiplegie und ist an sich von dieser letzteren nicht zu unterscheiden. Auch kommt neben der Hemiplegie zuweilen Hemianaesthesie vor, wie es scheint, in den Fällen, bei welchen auch die äusseren sensiblen Faserbündel des Hirnschenkelfusses betroffen sind. Häufig wird bei Hemiplegie in Folge von Hirnschenkelerkrankung der Nervus oculomotorius, der nach seinem Austritt an der unteren Fläche des inneren Abschnittes verläuft, von der Herderkrankung mitbetroffen, und es zeigt sich dann auf der Seite des Krankheitsherdes, also auf der nicht von Hemiplegie befallenen Seite, Lähmung des Oculomotorius: dieselbe kann unvollständig oder vollständig sein und äussert sich durch Ptosis, Auswärtsstellung des Auges, Unmöglichkeit dasselbe nach innen zu bewegen und Erweiterung der Pupille. Eine solche sogenannte gekreuzte (alternirende oder wechselständige) Lähmung, bei welcher Hemiplegie auf der einen und Oculomotoriuslähmung auf der anderen Seite vorhanden ist, spricht, namentlich wenn beiderlei Lähmungen gleichzeitig aufgetreten sind, mit Bestimmtheit für Herderkrankung im Fusse des Pedunculus.

Herderkrankungen im Pons Varolii.

Durch den Pons wird die Verbindung hergestellt zwischen den Grosshirnschenkeln und dem verlängerten Mark. Ausserdem bilden die zahlreichen Querfasern eine Commissur, die für die functionelle Verbindung der beiden Seiten überhaupt, namentlich aber für die beiden Hemisphären des Kleinhirns, welche durch die Crura cerebelli ad pontem mit der Brücke in Verbindung stehen, von Bedeutung zu sein scheint. Im Pons finden sich zahlreiche Herde von grauer Substanz. Einige derselben sind vielleicht vorläufige Endstationen für manche durch die Capsula interna zugeführte Fasern; doch ziehen die Pyramidenbahnen ohne Unterbrechung durch graue Substanz durch den Pons hindurch. Ein anderer Theil der grauen Substanz, der hauptsächlich in der Nähe der oberen hinteren Fläche des Pons und der Medulla oblongata am Boden des Aquaeductus Sylvii und des vierten Ventrikels gelegen ist, entspricht der grauen Sub-

stanz des Rückenmarks (dem centralen Höhlengrau, Meynert) und besteht aus den Ursprungskernen der Gehirnnerven vom Oculomotorius bis
zum Hypoglossus. Endlich ist von manchen anderen grauen Herden anzunehmen, dass sie centrale Functionen vertreten. Unter Anderem scheint
eine Beziehung zur Articulation der Sprache zu bestehen; für die conjugirte Seitwärtsbewegung beider Augen scheinen Centra im Pons vorhanden zu sein; Beobachtungen an Thieren haben Veranlassung gegeben,
im Pons und der Medulla oblongata ein besonderes reflectorisches Krampfcentrum (Nothnagel) anzunehmen, dessen Reizung allgemeine epileptiforme Convulsionen veranlasst.

Herderkrankungen auf einer Seite des Pons haben in der Regel
contralaterale Hemiplegie zur Folge, bei der zuweilen nur die Extremitäten, zuweilen auch der Hypoglossus und der Facialis betheiligt
sind. Dabei ist nicht selten zugleich Hemianaesthesie auf der Seite
der Lähmung vorhanden. Bei umfangreichen Herden, welche in
ihrer Wirkung über die Mittellinie nach der anderen Seite hinüber-
greifen, oder bei Herden auf beiden Seiten können beide Körperhälften betroffen sein, so dass vollständige oder unvollständige
Paraplegie zu Stande kommt. In diagnostischer Beziehung ist besonders wichtig, dass zuweilen, namentlich wenn der Herd im unteren
Theile des Pons in der Nähe der Medulla oblongata sitzt, die in
dieser Gegend austretenden Gehirnnerven peripherisch vor oder nach
ihrem Austritt aus der Gehirnsubstanz mitgegriffen werden, wobei
dann Lähmung dieser Nerven auf der Seite des Krankheitsherdes
entsteht. Am häufigsten wird in dieser Weise der Facialis betroffen,
und zwar sind dabei die Augen- und Stirnäste mitgelähmt; dabei
wird, wie dies bei der peripherischen Natur der Lähmung zu erwarten war, die Erregbarkeit für den Inductionsstrom frühzeitig
herabgesetzt oder aufgehoben gefunden, während auf der hemiplegischen Körperhälfte die gelähmten Muskeln auf den Inductionsstrom
reagiren. Zuweilen wird auch der N. abducens, ferner der Trigeminus, und zwar sowohl die sensible als die motorische Portion,
ferner der Hypoglossus, in seltenen Fällen der Acusticus in ähnlicher
Weise ergriffen. Eine gekreuzte (alternirende, wechselständige) Lähmung, bei welcher Hemiplegie auf der einen Seite und daneben
Lähmung der genannten Gehirnnerven auf der anderen Seite besteht,
spricht mit grosser Bestimmtheit für eine den Pons betreffende Herderkrankung. Unter Umständen kann man sogar aus der peripherischen Betheiligung des einen oder des anderen Nerven eine Vermuthung über den speciellen Sitz des Herdes und seine Ausdehnung
ableiten.

Im Allgemeinen führen umfangreiche Herderkrankungen im Pons

schneller zum Tode als solche in den meisten anderen Gehirnabschnitten: die Apoplexia fulminans kommt vorzugsweise bei Brückenhaemorrhagien vor, hauptsächlich wegen der starken Wirkung auf die benachbarten für das Leben unentbehrlichen Centren in der Medulla oblongata.

Bei den Herderkrankungen der Brücke kommen noch gewisse andere Erscheinungen vor, die zwar nur in einzelnen Fällen beobachtet werden, die aber da, wo sie vorhanden sind, eine gewisse Bedeutung für die Diagnose haben können. Hierher gehören die Störungen der Articulation der Sprache (Dysarthrie, Anarthrie), wenn sie bedeutender sind, als dass man sie einfach aus der etwa vorhandenen Lähmung des Facialis oder Hypoglossus ableiten könnte. In seltenen Fällen kommen partielle oder allgemeine epileptiforme Convulsionen vor; dieselben werden fast nur bei acut auftretenden Herderkrankungen (Haemorrhagien, Embolien) beobachtet, während sie bei stationären Herden meist fehlen. — In manchen Fällen hat man bei Herden im Pons, namentlich bei frischen Haemorrhagien, starke Verengerung der Pupillen beobachtet. — Von besonderem Interesse ist die zuweilen vorkommende Seitwärtsrichtung beider Augen, die gewöhnlich mit Drehung des Kopfes nach der gleichen Seite verbunden ist. Solche conjugirte Seitwärtswendung der Augen hat an sich keine Bedeutung für die Localdiagnose, indem sie auch bei Herderkrankungen an anderen Stellen sowohl in den Hemisphären als im Hirnstamm nicht selten vorkommt. Sie wird aber wichtig durch Beachtung der Seite, nach welcher die Augen gerichtet sind. Es gilt in dieser Beziehung die folgende zuerst von Prevost (1868) formulirte Regel: Bei Herden in den Grosshirnhemisphären oder den Grosshirnganglien sind die Augen nach der Seite des Herdes gerichtet („le malade regarde sa lésion"); bei Erkrankung der weiter hinten gelegenen Theile und namentlich des Pons sind die Augen nach der dem Herde entgegengesetzten Seite gerichtet („le malade regarde ses membres paralysés"). Auch in Fällen von Hemiplegie, in welchen eine auffallende Seitwärtswendung der Augen nicht vorhanden ist, lässt sich zuweilen constatiren, dass eine gewisse Parese besteht, welche die Bewegung der Augen nach der entgegengesetzten Seite nur mangelhaft zu Stande kommen lässt (Leichtenstern). Die Prevost'sche Regel gilt aber nur, sofern die abnorme Seitwärtswendung der Augen als Ausfallsymptom auftritt, auf Lähmung beruht; wo Reizungserscheinungen vorhanden sind, pflegt während der Dauer derselben die Blickrichtung die entgegengesetzte zu sein.

Es führt diese Prevost'sche Regel zu der Annahme, dass die Bahnen für die willkürliche conjugirte Seitwärtswendung der Augen im Pons auf der Seite, nach welcher die Augen gerichtet werden, im Grosshirn auf der entgegengesetzten Seite liegen, dass also etwa im vorderen Theile des Pons die Kreuzung derselben stattfinde. — Vgl. H. Hunnius, Zur Symptomatologie der Brückenerkrankungen und über die conjugirte Deviation der Augen bei Hirnkrankheiten (aus der Abtheilung von Leichtenstern). Bonn 1881.

Endlich sind hier noch anzuführen die Zwangsbewegungen oder Zwangsstellungen, welche in einzelnen Fällen bei Herderkrankungen im Pons beobachtet werden. Die Drehung des Kopfes nach der Seite der Lähmung wurde bereits erwähnt; ausserdem hat man auch schon Drehung des ganzen Körpers nach einer Seite, ferner unwillkürliches Rückwärtsgehen oder Neigung rückwärts zu fallen, pendelndes Schwingen der Extremitäten u. dgl. beobachtet. Häufiger als bei Herden im Körper der Brücke kommen Zwangsbewegungen vor bei Herderkrankungen der Crura cerebelli ad pontem, so namentlich Seitenzwangslage mit Drehung des Kopfes nach der gleichen Seite, ferner Rollbewegungen um die Längsachse des Körpers, sowohl bei aufrechter Stellung als beim Liegen, Neigung nach der Seite zu fallen und dadurch Gehen in gebogener Linie; auch wurde in einem Falle bei Erkrankung eines Kleinhirnschenkels eine auffallende Augenstellung beobachtet, indem das Auge auf der Seite der Erkrankung nach unten und aussen, das andere nach oben und innen gerichtet war (Nonat). Diese Augenstellung, sowie die Umdrehungen um die Längsachse werden bei Thieren nach Verletzung eines Crus ad pontem in der gleichen Weise beobachtet und können auch für den Menschen als charakteristisch für Herderkrankung im mittleren Kleinhirnschenkel gelten. Im Uebrigen haben für Erkrankungen im Gebiete des Pons die Zwangsbewegungen nur untergeordnete diagnostische Bedeutung, indem sie auch bei Herderkrankungen an anderen Stellen in einzelnen Fällen beobachtet werden. Diejenigen Bewegungen, welche durch unrichtiges Gleichgewichtsgefühl und durch das Bestreben der Correction des Gleichgewichts hervorgerufen werden, kommen namentlich auch bei Kleinhirnerkrankungen vor.

Bei Thieren kommen Zwangsbewegungen auch bei Verletzung anderer Gehirntheile häufig vor: Verletzung einer bestimmten Stelle des Streifenhügels, die deshalb von Nothnagel als Nodus cursorius bezeichnet wird, bewirkt Vorwärtslaufen; Verletzung eines Sehhügels oder Grosshirnschenkels hat Reitbahnbewegung zur Folge u. s. w. — Die Deutung dieser Zwangsbewegungen bei Thieren und bei Menschen ist im Einzelnen noch vielfach unklar: Lähmungen von Muskeln und vielleicht auch Aufhebung von Hemmungsvorrichtungen werden in manchen Fällen in Betracht kommen; daneben aber scheinen häufig auch mitzuwirken Vorstellungen von Bewegungen, welche nicht der Wirklichkeit entsprechen (Schwindelgefühle im weiteren Sinne), und namentlich falsche Beurtheilung der eigenen Gleichgewichtslage. Der Mensch, der nach hinten überzufallen glaubt, wird durch Rückwärtsschreiten das Gleichgewicht wiederherzustellen suchen u. s. w. So kommen auch, wenn durch Verletzung der Bogengänge des Labyrinths das Gleichgewichtsgefühl gestört ist, Schwindelgefühle und Zwangsbewegungen zu Stande (Menière'sche Krankheit).

Herderkrankungen in der Medulla oblongata.

Durch das verlängerte Mark wird das Rückenmark mit dem Gehirn in Verbindung gesetzt. Ein grosser Theil der motorischen Fasern (die Pyramidenseitenstrangbahnen), die im Rückenmark auf der Seite des Austritts der dazu gehörigen vorderen Wurzeln verlaufen, geht in der Pyramidenkreuzung auf die andere Seite hinüber. Ausserdem enthält das verlängerte Mark viel graue Substanz, zunächst die Ursprungskerne der Gehirnnerven am Boden des vierten Ventrikels, ferner aber auch zahlreiche graue Herde, welche zum Theil die Function von Centralorganen ausüben. Einzelne dieser Functionen sind schon beim Pons, der in mancher Beziehung physiologisch nicht von der Medulla oblongata getrennt werden kann, angeführt worden.

Im verlängerten Mark findet sich das Centrum für die Regulirung der Athembewegungen, welches vom Blut aus sowohl durch Sauerstoffmangel als durch Kohlensäureüberschuss erregt wird, aber auch durch Erregung von sensiblen Nerven in Thätigkeit versetzt werden kann. Dasselbe liegt in der Gegend der Spitze des Calamus scriptorius an einer Stelle, welche Flourens als Noeud vital bezeichnete, weil ihre Verletzung den Tod durch Respirationslähmung herbeiführt. Ferner ist das verlängerte Mark Centralorgan für die Regulirung der Herzbewegung, von dem aus sowohl die accelerirenden als auch die hemmenden Fasern beeinflusst werden. Auch die vasomotorischen Nerven haben ein Centrum im verlängerten Mark, von dem aus die Innervation der Gefässmusculatur regulirt wird: dasselbe ist unter Anderem von besonderer Bedeutung für die Regulirung des Wärmeverlustes; aber auch die Regulirung der Wärmeproduction scheint vorzugsweise, wenn auch nicht ausschliesslich, vom verlängerten Mark und der Brücke aus stattzufinden. Viele Secretionen werden vom verlängerten Mark aus beeinflusst, zum Theil wohl durch die vasomotorischen Nerven, zum Theil vielleicht auch noch auf andere Weise. Am bekanntesten ist der Einfluss von Verletzungen des verlängerten Marks auf die Harnsecretion, welche durch Claude Bernard nachgewiesen wurde: Verletzung einer bestimmten Stelle am Boden des vierten Ventrikels (Diabetesstich) bewirkt Uebergang von Zucker in den Harn, Verletzung einer benachbarten Stelle macht Vermehrung der Harnsecretion ohne Zuckerausscheidung, Verletzung einer anderen Stelle kann Uebergang von Eiweiss in den Harn bewirken. Auch bei der Articulation der Sprache, bei der Tonbildung im Kehlkopf, bei den Schlingbewegungen ist das verlängerte Mark betheiligt. Endlich findet im verlängerten Mark auch Vermittelung von Reflexbewegungen statt, sowohl einfacher Reflexe, z. B. vom Trigeminus auf den Facialis, als auch die Auslösung allgemeiner Reflexkrämpfe (Krampfcentrum).

Bei vollständiger Aufhebung der Function des verlängerten Marks erfolgt schneller Tod in Folge von Aufhebung der Respiration und Circulation. Es kommt dies vor bei traumatischer Zerstörung der Medulla oblongata, ferner bei Einwirkung sehr starken Drucks auf dieselbe, namentlich bei umfangreichen Haemorrhagien; auch Aufhebung der Blutzufuhr, z. B. durch thrombotischen Verschluss der Arteria basilaris (wobei freilich die Blutzufuhr nicht vollständig aufgehoben ist) oder namentlich durch gleichzeitigen Verschluss beider Arteriae vertebrales würde in gleicher Weise wirken. Bei den gleichen Ursachen ist, wenn die Function nur unvollständig aufgehoben ist, zu erwarten eine unvollständige Lähmung der Extremitäten und des Gesichts mit unvollständiger Anaesthesie, Störung der Respiration und Circulation und dazu noch manche der später zu erwähnenden Symptome; doch scheint bei einigermassen bedeutender allgemeiner Beeinträchtigung der Function gewöhnlich bald der tödtliche Ausgang einzutreten.

Bei beschränkter Herderkrankung, welche nur eine Seite betrifft, würde, wenn dieselbe in der Nähe des Pons, oberhalb der Pyramidenkreuzung, ihren Sitz hat, contralaterale Hemiplegie, wenn sie mehr nach dem Rückenmark hin, unterhalb der Pyramidenkreuzung sich findet, laterale Hemiplegie zu erwarten sein; gewöhnlich ist auch die Kreuzungsstelle selbst betroffen, und so kommt es, dass in der Mehrzahl der Fälle von beschränkter Herderkrankung der Medulla eine unvollständige Paraplegie beobachtet wird, sowohl bei einseitigen Herden, als bei über die Mittelebene hinübergreifenden, als endlich auch bei doppelseitigen. Dabei können zugleich, je nach dem besonderen Sitz des Herdes, Störungen der Articulation der Sprache (Anarthrie) oder der Tonbildung (Aphonie), Störungen des Schlingens (Dysphagie), ferner Störungen der Respiration und Circulation vorhanden sein. Auch Singultus, Erbrechen, Hustenanfälle sind beobachtet worden. Die Störung der Sprache und des Schlingens kann Aehnlichkeit mit den Symptomen der progressiven Bulbärparalyse (S. 125) haben und wird dann, wenn sie plötzlich aufgetreten ist, als acute oder apoplektiforme Bulbärparalyse bezeichnet; doch ist an der Lähmung häufig der Facialis nicht betheiligt, während anderseits daneben gewöhnlich die Extremitäten mehr oder weniger gelähmt sind. Solche Störungen kommen acut zur Entwickelung bei Verschluss einer Vertebralarterie oder eines kleineren Arterienastes oder auch bei beschränkten Haemorrhagien; langsamer entwickeln sie sich bei Tumoren. Endlich können bei Herderkrankungen im verlängerten Mark je nach ihrem Sitz die Nervenkerne am Boden der Rautengrube oder die an der unteren Fläche des Marks zu Tage tretenden Gehirnnerven auch noch in anderer Combination mitbetroffen sein.

In einzelnen Fällen beobachtet man bei Herderkrankungen und namentlich bei Tumoren, welche in der Rautengrube sich entwickeln oder auf den Boden derselben einwirken, diabetische Symptome, und zwar Diabetes mellitus oder insipidus.

Herderkrankungen im Kleinhirn.

Ausser der directen Leitung, welche das grosse Gehirn durch Pons und Medulla oblongata mit dem Rückenmark in Verbindung setzt, besteht noch eine Nebenleitung, in welche das Kleinhirn eingeschaltet ist. Mit dem Grosshirn steht dasselbe in Verbindung durch die vorderen Kleinhirnschenkel (Bindearme, Crura cerebelli ad corpora quadrigemina) und ausserdem indirect durch die mittleren Kleinhirnschenkel, die Crura cerebelli ad pontem. Die Verbindung mit dem verlängerten Mark und Rückenmark ist hergestellt durch die Pedunculi cerebelli (Crura cerebelli ad medullam oblongatam), welche continuirlich in die Corpora restiformia und dann weiter theils in die Hinterstränge des Rückenmarks, theils in die Seitenstränge (Kleinhirnseitenstrangbahnen, Flechsig) übergehen. — Die Masse des Kleinhirns besteht zum Theil aus weisser Substanz, welche unter anderen zahlreiche Commissurenfasern enthält, zum Theil aus grauer Substanz, welche theils der Rinde angehört, theils grössere Kerne im Innern bildet.

Die Functionen des Kleinhirns sind nur höchst mangelhaft bekannt. Sicher ist, dass dasselbe zu der Coordination der Bewegungen und namentlich der Rumpfbewegungen in Beziehung steht; doch kann man aus wiederholt angeführten Gründen nicht etwa, wie Flourens und später Duchenne annahmen, dem Kleinhirn die ganze Function der Coordination der Muskelbewegungen zuschreiben. Im Uebrigen hat vielleicht die Vermuthung etwas für sich, dass das kleine Gehirn sowohl bei den complicirteren Muskelbewegungen als bei manchen psychischen Vorgängen die Function eines höheren Moderationscentrums ausübe.

Herderkrankungen im Kleinhirn machen in zahlreichen Fällen gar keine bemerkbaren Symptome. Es ist dies in der Regel der Fall, wenn ein Herd auf eine Kleinhirnhemisphäre beschränkt ist und auch indirect weder auf das Mittelstück des Kleinhirns noch auf andere Gehirntheile einwirkt. Namentlich sind motorische Störungen, wenn sie bei Kleinhirnerkrankungen vorkommen, z. B. contralaterale Hemiplegie, wahrscheinlich immer auf Betheiligung anderer Gebilde, z. B. des Pons, zurückzuführen. Häufig kommt bei Herderkrankungen im Kleinhirn Störung der Coordination besonders der Rumpfbewegungen vor: cerebelläre Ataxie. Dieselbe ist in der Regel vorhanden, wenn die Erkrankung im Mittelstück, dem Wurm, ihren Sitz hat oder auf diesen Theil einwirkt (Nothnagel); sie äussert sich durch Unsicherheit beim Stehen und namentlich durch starkes Schwanken oder Taumeln beim Gehen, wodurch die Richtung des Ganges vielfach von der geraden Linie abgelenkt wird. Daneben besteht in den meisten Fällen auch Schwindelgefühl. Dasselbe scheint zuweilen einfach die Folge der mangelhaften Coordination der Rumpfbewegungen zu sein: dann ist dafür einigermassen charakteristisch, dass es nicht bei ruhigem Liegen, auch nicht bei längerem ruhigen Stehen vorhanden ist, sondern nur bei bestimmten Bewegungen des Körpers, namentlich beim Gehen, Sichaufrichten u. s. w. (Immermann). In anderen Fällen ist der Schwindel ein relativ primäres Symptom und kann seinerseits wieder Schwankungen bei den Bewegungen des Rumpfes oder in Folge unvollkommener oder falscher Vorstellung über die Gleichgewichtslage mehr oder weniger deutliche Zwangsbewegungen hervorrufen: so kann unwillkürliches Vorwärts- oder Rückwärtsgehen zu Stande kommen dadurch, dass der Kranke aus seiner Gleichgewichtslage nach vorwärts oder nach rückwärts abweicht oder abzuweichen glaubt und nun durch entsprechende Bewegungen der unteren Extremitäten versucht das Fallen zu verhüten. Andere Zwangsbewegungen, die vorzugsweise bei Betheiligung der Crura cerebelli ad pontem vorkommen, wurden früher erwähnt (S. 242). — Erbrechen kommt bei frischen Erkrankungen im Kleinhirn häufiger vor und ist oft auch hartnäckiger als bei anderer Localisation. Endlich ist noch zu erwähnen, dass die an der Basis aus der Medulla oblongata austretenden Nerven in directer Weise von der Herderkrankung mitbetroffen werden können. — Manche andere Erscheinungen, die zuweilen bei Kleinhirnerkrankungen beobachtet werden, sind nicht als Herderscheinungen anzusehen, sondern von der Betheiligung anderer Organe abzuleiten oder bei den raumbeschränkenden Erkrankungen als Druckerscheinungen aufzufassen: so z. B. Kopfschmerz, bedeutendere psychische Störungen, Sehstörungen (Stauungspapille), Lähmungen und Convulsionen u. s. w.

Herderkrankungen an der Basis des Gehirns.

Herderkrankungen an der Basis des Gehirns können ausgehen von der Basis cranii, namentlich von den Knochen derselben, ferner von den Gehirnhäuten, von der Hypophysis, von den Blutgefässen und Nerven an der Basis; sie können aber auch ihren Ausgang von der Gehirnsubstanz nehmen, so dass sie nur secundär die Basis betreffen. Als Herderkrankungen kommen vor entzündliche Prozesse (circumscripte Meningitis), Blutergüsse, Aneurysmen von Arterien, Erweiterungen der Venen oder venösen Sinus, besonders häufig Tumoren aller Art. Die meisten basalen Erkrankungen üben auf die Gehirnsubstanz einen Druck aus: derselbe beeinträchtigt häufig nur die zunächst benachbarte Substanz; in anderen Fällen, bei stark raumbeschränkenden Erkrankungen, kann er sich weiter und selbst über das ganze Gehirn ausbreiten. Die Wirkungen des weiter verbreiteten Drucks haben wir hier zunächst noch nicht zu besprechen; der local begrenzte Druck dagegen kann Herderscheinungen bewirken, umsomehr, als durch den Krankheitsherd die unmittelbar benachbarte Hirnsubstanz zur Atrophie, Degeneration oder Erweichung gebracht wird.

Endlich werden durch basale Erkrankungen besonders häufig die an der Basis zu Tage tretenden Gehirnnerven mitbetroffen und in ihrer Function beeinträchtigt. Die genaue Untersuchung des Verhaltens der einzelnen Gehirnnerven im speciellen Falle ist von entscheidender Bedeutung für die Diagnose der basalen Erkrankungen; unter Umständen kann dadurch der Sitz und selbst die Ausdehnung der Erkrankung ziemlich genau bestimmt werden.

Die Affection der Gehirnnerven an der Basis zeigt mancherlei Eigenthümlichkeiten, welche zum Theil dazu dienen können,·sie von centralen Affectionen der gleichen Nerven zu unterscheiden. Zunächst erweisen sich die betreffenden Lähmungen in jeder Beziehung als peripherische Lähmungen, unter Anderem auch dadurch, dass die Reaction auf den Inductionsstrom frühzeitig verloren geht und eventuell Entartungsreaction zu beobachten ist. Von besonderer Wichtigkeit ist die Art der Combination der Lähmungen: im Allgemeinen kann man sagen, dass dieselbe bei den basalen Erkrankungen der anatomischen Lagerung der Nerven an der Basis entspricht, die in vielen Fällen eine wesentlich andere ist als die anatomische Lagerung der Fortsetzung der Nervenbahnen in den Centralorganen. Zunächst wird bei basalen Erkrankungen in der Regel der ganze Stamm eines Nerven annähernd gleichmässig betroffen: wenn der Facialis vollständig oder unvollständig gelähmt ist, so sind mit seltenen Ausnahmen alle Aeste ohne Unterschied ergriffen, während bei vielen centralen Erkrankungen Lähmung der unteren Aeste neben Freibleiben der oberen vorkommt; und ähnlich verhält sich auch der Oculomotorius. Ferner werden von einem basalen Krankheitsherd oft mehrere Nerven gleichzeitig oder nach einander betroffen und dann immer in der Weise, wie es der anatomischen Lagerung der Nerven an der Basis entspricht: zuweilen mehrere benachbarte Nerven der gleichen Seite, z. B. Facialis und Acusticus, eventuell dazu auch Glossopharyngeus, Vagus und Hypoglossus, nicht selten aber auch, was bei eigentlich centralen Herderkrankungen nicht vorkommt, Nerven beider Seiten, z. B. beide Oculomotorii, beide Faciales, eventuell noch in Gemeinschaft mit irgend welchen anderen benachbarten Nerven. Welche Nerven überhaupt durch einen Krankheitsherd an der Basis gemeinschaftlich betroffen werden können, ergibt sich einfach aus der topographisch-anatomischen Betrachtung. Bei einem Krankheitsherd in der vorderen Schädelgrube können betroffen werden die Olfactorii und Optici; bei einem Herde in der mittleren Schädelgrube der Opticus, Oculomotorius, Trochlearis, Abducens, die einzelnen Aeste des Trigeminus; bei einem Krankheitsherd in der hinteren Schädelgrube der Oculomotorius, Trochlearis, Abducens, Trigeminus, Facialis, Acusticus, Glossopharyngeus, Vagus, Accessorius, Hypoglossus. Es kann auch vorkommen, dass ein Krankheitsherd von einer Schädelgrube in die andere sich fortsetzt. — Auch wo bei basalen Erkrankungen Affection von Gehirnnerven mit cerebralen Herdsymptomen combinirt ist, zeigt sich die Art der Combination den topographisch-anatomischen Verhältnissen an der Basis entsprechend. Wenn z. B. neben einer hemiplegischen Lähmung der Extremitäten der Facialis oder Hypoglossus der gleichen Seite gelähmt wäre, so läge darin kein Grund an eine Affection an der Basis zu denken; wenn dagegen bei einer Hemiplegie der einen Seite zugleich der Facialis der anderen Seite gelähmt ist, so werden wir den Krankheitsherd an der Basis in der hinteren Brückengegend zu suchen haben (240). Aus ähnlichen topographischen Gründen verlegen wir bei Hemiplegie auf der einen und Oculomotoriuslähmung auf der anderen Seite den Herd an die Basis des Pedunculus (S. 239). Ueberhaupt lassen die gekreuzten (alternirenden oder wechselständigen) Lähmungen, falls sie auf einen Krankheitsherd zu beziehen sind, nur die Annahme eines Herdes an der Basis zu. Die Frage, ob dabei der Herd ursprünglich von der Gehirnsubstanz an der Basis ausgegangen sei oder von der Basis cranii selbst, muss, wenn sie überhaupt von praktischer Bedeutung ist, durch andere Erwägungen entschieden werden. Im Allgemeinen wird man in solchen Fällen, wenn die peripherischen Nervenlähmungen früher aufgetreten oder stärker ausgebildet sind als die Extremitätenlähmungen, eher an einen basalen Krankheitsherd im engeren Sinne zu denken haben, während man im entgegengesetzten Falle eher den Ausgang des Herdes von der Gehirnsubstanz vermuthen kann.

Einer besonderen Erörterung bedarf noch das Verhalten des Nervus opticus bei basaler Erkrankung. Die Symptome sind dabei wesentlich verschieden, jenachdem der eigentliche Nervus opticus oder das Chiasma oder ein Tractus opticus befallen wird. Im Chiasma findet beim Menschen nach der heutigen Tages wohl von allen Ophthalmologen wieder angenommenen Newtonschen Lehre eine halbe Kreuzung der Tractus optici statt, so dass der rechte Tractus opticus die Fasern für die rechte Hälfte beider Retinae

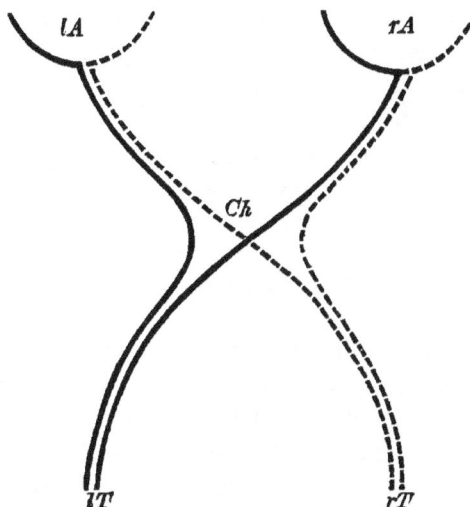

Figur 4.

Schematische Darstellung der Sehnervenkreuzung im Chiasma. *lA* linkes Auge, *rA* rechtes Auge, *Ch* Chiasma, *lT* linker Tractus, *rT* rechter Tractus.

liefert, der linke die Fasern für die linke Hälfte beider Retinae (s. Fig. 4). Mit dieser Auffassung stimmen die pathologischen Beobachtungen sehr gut überein. Erkrankung eines Nervus opticus hat Amblyopie oder Amaurose auf dem entsprechenden Auge zur Folge. Aufhebung der Leitung in einem Tractus opticus bewirkt Aufhebung des Sehvermögens auf der entsprechenden Seite beider Retinae: laterale (homonyme) Hemiopie oder Hemianopsie. So besteht z. B. bei Zerstörung des rechten Tractus opticus Aufhebung des Sehvermögens in der rechten Hälfte beider Retinae: der Kranke sieht keinen Gegenstand, der links von der Mittelebene liegt, während er Alles, was rechts von der Mittelebene liegt, in normaler Weise erkennt. Nur durch entsprechende Bewegungen der Augen oder des Kopfes kann er auch von den links gelegenen Objecten Gesichtswahrnehmungen erhalten. Es lässt diese Art der Hemiopie mit Wahrscheinlichkeit auf eine locale Unterbrechung im Tractus opticus schliessen; doch

ist zu berücksichtigen, dass auch Krankheitsherde an den Ursprungs-
stellen des Tractus (Pulvinar Thalami, Corpus geniculatum externum,
vorderer Vierhügel) oder im weiteren centralen Verlauf der Fasern
und namentlich auch in der grauen Substanz des Hinterhauptlappens
ähnliche Störungen bewirken können (S. 224). Man wird daher im
einzelnen Falle immer zugleich die übrigen Symptome in Betracht
zu ziehen haben. — Wenn das Chiasma nervorum opticorum durch
einen Krankheitsherd in seiner ganzen Ausdehnung ausser Function
gesetzt wird, so entsteht Amaurose auf beiden Augen. Dieselbe Folge
tritt auch ein, wenn beide Nervi optici vor dem Chiasma oder beide
Tractus optici hinter demselben vollständig leitungsunfähig werden.
Wenn nur einzelne Theile des Chiasma zerstört werden, so können
verschiedenartige Gesichtsfelddefecte entstehen. Unter denselben ist
besonders zu erwähnen die mediale Hemianopsie, welche bei Krankheitsherden im mittleren Theile des Chiasma zu Stande kommt in
Folge von Unterbrechung der Leitung in den sich kreuzenden Theilen
der beiden Sehnerven. Dabei fällt die Function der nach Innen gelegenen Hälften beider Retinae aus, so dass der Kranke mit dem
rechten Auge nicht nach rechts, mit dem linken nicht nach links
sehen kann. Uebrigens ist dabei gewöhnlich keine ganz genaue Abgrenzung der beiden Gesichtsfeldhälften vorhanden: in manchen Fällen
besteht anfangs nur ein kleiner Ausfall in den inneren Hälften beider
Retinae, der erst allmählich grösser wird und später auch auf die
äusseren Hälften der Retinae übergreifen kann.

Raumbeschränkende Wirkungen bei Herderkrankungen. Gehirndruck.

Bei der bisherigen Besprechung der Herderkrankungen haben
wir die Symptome genauer erörtert, welche entstehen durch den
Ausfall der Function derjenigen Gehirntheile, an deren Stelle der
Krankheitsherd getreten ist, die negativen Symptome oder Ausfallsymptome. Ausserdem wurden auch die etwa vorkommenden Reizungserscheinungen aufgeführt. Dagegen haben wir bisher nur gelegentlich die diffusen Erscheinungen erwähnt, welche bei manchen Krankheitsherden dadurch zu Stande kommen, dass sie einen Druck auf
die nähere oder entferntere Umgebung ausüben.

Druckerscheinungen entstehen in allen Fällen, wenn der
Krankheitsherd einen grösseren Raum einnimmt als die Gehirnsub-

stanz, an deren Stelle er getreten ist. So z. B. wird ein frischer
Bluterguss in das Gehirn immer neben den etwaigen Ausfallsymptomen,
welche durch Zerstörung eines Theils der Gehirnsubstanz entstehen,
auch Druckerscheinungen veranlassen, da zu der bisher im Schädelraum vorhandenen Masse noch die des ergossenen Blutes hinzugekommen ist. Auch ein Tumor, wenn er nicht etwa eine seinem
Volumen gleiche Masse des Gehirns aufzehrt, wird Druckerscheinungen
machen, und ebenso ein Abscess, wenn sein Volumen grösser ist als
das Volumen der zerstörten Gehirnsubstanz. Dagegen werden bei
Gefässverschliessungen und dadurch entstehenden Erweichungen gewöhnlich die Druckerscheinungen fehlen.

Zunächst ist es von Wichtigkeit sich klar zu machen, in welcher
Weise der Druck im Gehirn sich vertheilt. Wäre das Gehirn eine
starre Masse, so würde ein auf eine Stelle ausgeübter Druck nur
auf diese Stelle eine Wirkung ausüben. Wäre dagegen das Gehirn
flüssig, so würde der Druck nach hydrostatischen Gesetzen sich gleichmässig über die ganze Masse des in der geschlossenen Schädelkapsel
vorhandenen Inhalts verbreiten, und alle Theile würden genau dem
gleichen Druck ausgesetzt sein. In Wirklichkeit besteht ein mittlerer
Aggregatzustand. Das Gehirn, obwohl zum bei weitem grössten
Theil aus Wasser bestehend, hat doch als Gewebe eine gewisse Consistenz, welche der gleichmässigen Ausbreitung des Drucks einen
gewissen Widerstand entgegensetzt. Ausserdem ist der Schädelraum
durch relativ feste Septa, die Falx und das Tentorium, einigermassen
abgetheilt, und dadurch ist die gleichmässige Ausbreitung des Drucks
von einer Abtheilung auf die andere erschwert; wir werden diese
Septa und deren Einfluss später besonders besprechen und vorläufig
nur die gewebliche Consistenz des Gehirns berücksichtigen.

Wenn an einer Stelle des Gehirns, z. B. durch Haemorrhagie
oder Tumor, eine Drucksteigerung entsteht, so ist die Entfernung, bis
zu welcher die Wirkung des Druckes sich geltend macht, abhängig
von der Stärke desselben. Ist die Drucksteigerung nur gering, so
kann die Consistenz des Gewebes Widerstand leisten: in der nächsten
Umgebung wird das Gewebe gezerrt und vielleicht zerrissen, in einer
gewissen Entfernung hört aber wegen des Widerstandes der Gewebs-
schicht die Wirkung des Drucks auf, und die übrigen Theile des
Gehirns bleiben von derselben frei. Ist der Druck dagegen stärker,
so pflanzt sich seine Wirkung durch grössere Gewebsschichten auf
eine weitere Entfernung fort, und ein sehr bedeutender Druck übt
seine Wirkung auf die ganze Gehirnsubstanz aus; doch sind auch
dabei die entfernteren Theile etwa um so viel weniger betroffen,

als die Wirkung durch den Widerstand der dazwischen liegenden Gewebsschichten abgeschwächt wird.

Mit diesen Voraussetzungen sind die klinischen Erfahrungen in guter Uebereinstimmung. Ein kleiner Bluterguss, der nur geringe Drucksteigerung veranlasst, wirkt nur auf die nächste Umgebung ein und beeinträchtigt deren Function; ein grosser Bluterguss, der plötzlich eine starke Drucksteigerung zur Folge hat, beeinträchtigt die Functionen des ganzen Gehirns. Aber auch dabei ist oft zu bemerken, dass die Function eines Theils umsoweniger gestört wird, je weiter derselbe von dem Druckherd entfernt ist. So bleibt z. B. bei Blutergüssen in den vorderen Gehirntheilen, welche vollständige Aufhebung der Function der Grosshirnhemisphären zur Folge haben, die Function der Medulla oblongata gewöhnlich noch erhalten, und nur bei den allergrössten Blutergüssen in den vorderen Theilen erfolgt schneller Tod durch Aufhebung der Function der Medulla. Dagegen haben Blutergüsse im Pons oder überhaupt in der Nähe der Medulla oblongata schon bei viel mässigerem Umfang häufig schnellen Tod durch Aufhebung der Respiration und der Circulation zur Folge (S. 241). Ebenso verhält es sich bei Tumoren, nur mit dem Unterschied, dass bei denselben die Raumbeschränkung langsam erfolgt und deshalb das Gehirn sich einigermassen accommodiren kann: es wird für den Tumor Raum geschafft durch Verminderung der Cerebrospinalflüssigkeit, der Flüssigkeit in den perivasculären Räumen und hauptsächlich der Parenchymflüssigkeit, und endlich auch durch Atrophie der umgebenden Gehirnsubstanz. Im Uebrigen sehen wir bei kleinen Tumoren nur Wirkung auf die nächste Umgebung; je grösser der Tumor wird, und je mehr er raumbeschränkend wirkt, auf um so entferntere Bezirke dehnt sich die Wirkung des Drucks aus.

Die Wirkung des Drucks auf einen Abschnitt des Gehirns äussert sich erfahrungsgemäss hauptsächlich durch Abschwächung der Function bis zu vollständiger Aufhebung derselben. Wenn z. B. die Grosshirnhemisphären von einer mässigen Drucksteigerung betroffen werden, so beobachtet man Abnahme der geistigen Functionen, Benommenheit; bei höheren Graden tritt ein schlafsüchtiger Zustand ein, aus dem der Kranke noch erweckt werden kann; bei den höchsten Graden sind die psychischen Functionen gänzlich aufgehoben, es besteht Bewusstlosigkeit, und der Kranke kann aus dem Koma auch nicht mehr vorübergehend erweckt werden. Diese Erscheinungen kommen regelmässig zu Stande bei frischen Haemorrhagien, wenn dieselben einigermassen umfangreich sind. Sie entstehen aber ebenso in allen anderen Fällen, wenn die Grosshirnhemisphären einem stärkeren Druck ausgesetzt sind. Wenn der Druck vorzugsweise andere Gehirnabschnitte betrifft, während die Hemisphären relativ frei bleiben, so können die psychischen Functionen erhalten sein, während anderweitige Functionsstörungen zu Stande kommen. Ein Druck z. B., der vorzugsweise den Pons trifft, kann paraplegische Parese oder Paralyse bewirken, während dabei das Bewusstsein erhalten bleibt. Bei einem Druck, der vorzugsweise die Medulla oblongata trifft, kann der Kranke bei annähernd vollständig erhaltenem Bewusstsein an Respirations- und Circulationsstörung zu Grunde gehen. Auch bei allgemeinem Gehirndruck kommt es häufig vor, dass einige Abschnitte mehr, andere weniger dem Druck ausgesetzt sind, und dann ist in entsprechender Weise die Störung der Function in den verschiedenen Abschnitten dem Grade nach oft merklich verschieden.

Ausser diesen negativen Erscheinungen, welche regelmässig als Folgen des Gehirndrucks auftreten, kommen in selteneren Fällen auch Reizungserscheinungen vor. So wurden dieselben schon früher wiederholt als Wirkung frischer Haemorrhagien erwähnt. Die local beschränkten Reizungserscheinungen sind wohl von der Wirkung des Drucks auf die nächste Umgebung abzuleiten und namentlich von der Zerrung, welche dieselbe erleidet. Aber auch bei allgemeinem Hirndruck werden in seltenen Fällen Reizungserscheinungen beobachtet, die sich als allgemeine Convulsionen oder epileptiforme Anfälle äussern können. Von denselben wird bei Besprechung der Epilepsie noch die Rede sein.

Von besonderem Interesse ist die theoretische Frage, in welcher Weise die Functionsstörung durch den Gehirndruck zu Stande kommt. Die Erklärung der Störung in der nächsten Umgebung einer raumbeschränkenden Herderkrankung bietet keine besonderen Schwierigkeiten: das Gewebe wird daselbst gezerrt und unter Umständen zerrissen. Wie aber kommt es, dass auch in entfernteren Theilen, sobald die Drucksteigerung auf dieselben sich erstreckt, die Function abgeschwächt oder selbst vollständig aufgehoben wird? Eine Zerreissung oder Zerrung findet daselbst, da der Druck von allen Seiten annähernd gleichmässig wirkt, nicht statt. Und wir sehen doch sonst, dass ein von allen Seiten gleichmässig wirkender Druck keine Functionsstörung zur Folge hat: wir können in der Taucherglocke oder im pneumatischen Apparat den Druck der Luft auf den ganzen Körper und auch auf das Gehirn um eine oder mehrere Atmosphären steigern, ohne dass irgend welche Erscheinungen aufträten, welche den Erscheinungen des „Gehirndrucks" an die Seite zu stellen wären. Die Drucksteigerung an sich wird vom Gehirn wie von jedem anderen Organ ohne jede Störung der Function ertragen. — Die Lösung des Räthsels ergibt sich, wie zuerst F. Niemeyer (1861) gezeigt hat, sehr einfach durch Berücksichtigung der Circulationsverhält-

nisse. Denken wir uns, es sei in dem ringsum nahezu geschlossenen
Schädel der Druck so bedeutend gesteigert, dass er dem Blutdruck in
den Carotiden und den Vertebralarterien das Gleichgewicht halte: dann
würde aus diesen Arterien kein Blut mehr in den Schädel einfliessen
können: es würde arterielle Anaemie und vollständige Aufhebung aller
Functionen die Folge sein. Bei einer weniger bedeutenden Drucksteigerung wird das Einströmen d s Blutes nicht ganz aufgehoben, sondern nur
mehr oder weniger vermindert. In der That sind die Erscheinungen
des allgemeinen Gehirndrucks in allen Beziehungen identisch mit den Erscheinungen, welche als Folgen der arteriellen Gehirnanaemie beobachtet
werden (s. u.). So erklärt sich die Bewusstlosigkeit, welche bei jeder
plötzlichen bedeutenden Drucksteigerung innerhalb des Schädels eintritt.
Ebenso erklärt sich aber auch die allmähliche Abnahme der Functionen
bei langsam zunehmender Drucksteigerung; doch ist in letzterem Falle
noch zu berücksichtigen, dass dabei allmählich auch die Parenchymflüssigkeit abnimmt und dadurch so wie durch die Anaemie die normale Ernährung der Theile beeinträchtigt wird. Auch bei partiellem Gehirndruck werden die Theile, welche der Druck trifft, weniger Blut erhalten,
und dieser Umstand hat ebenfalls einen gewissen Antheil an der Functionsstörung.

Bei allgemeinem Gehirndruck und gewöhnlich schon bei mässigen Graden desselben entwickelt sich constant eine Veränderung
im Augenhintergund, die als eine durch Stauung in der Vena ophthalmica entstehende Veränderung der Retina anzusehen ist, und
die als eine Form der Neuroretinitis oder gewöhnlich als Stauungspapille bezeichnet wird. Es ist dies ein überaus wichtiges Symptom, durch welches das Vorhandensein von Gehirndruck oft deutlich ad oculos demonstrirt werden kann.

Zur Erklärung der Stauung in den Venen der Retina bei Gehirndruck braucht man nach meiner Ansicht weder mit Gräfe anzunehmen,
dass der Sinus cavernosus besonders stark comprimirt und dadurch der
Abfluss des Blutes aus der Vena ophthalmica besonders erschwert werde,
noch bedarf es der Verwerthung der Entdeckung von Schwalbe, dass
der subvaginale Raum um den Nervus opticus von den subduralen Räumen aus injicirt werden kann. Auch bei im Einzelnen ganz anderer
anatomischer Anordnung muss nothwendig die gleiche Erscheinung in
jeder Vene sich zeigen, welche ihren Inhalt von aussen her in den
Schädelraum ergiesst. Sobald im Schädelraum der Druck eben so gross
oder grösser ist als der Blutdruck in der Vene, so wird das venöse Blut
nicht mehr in den Schädel hineinfliessen können. Erst wenn in Folge
der Stauung der Blutdruck in der Vene gestiegen und wieder grösser
geworden ist als der Druck im Innern des Schädels, kann wieder ein
Einfliessen des Blutes in den Schädelraum stattfinden. Demnach wird
die Stauung in der Vene um so bedeutender sein, je mehr der Druck
innerhalb des Schädels gesteigert ist.

Durch die Falx und das Tentorium wird der Schädelraum in
drei Abtheilungen zerlegt, welche in Bezug auf Gehirndruck eine

gewisse wenn auch beschränkte Selbständigkeit besitzen, insofern durch diese resistenten Septa die Fortpflanzung des Drucks erschwert wird. Eine raumbeschränkende Herderkrankung, die in einer Hemisphäre ihren Sitz hat, kann deshalb auf diese Hemisphäre einen stärkeren Druck ausüben und in derselben bedeutendere Functionsstörung bewirken als in der anderen. So kann ein Bluterguss in einer Hemisphäre hemiplegische Erscheinungen veranlassen, auch wenn keine der Stellen direct zerstört ist, deren Ausfall sonst Hemiplegie zur Folge zu haben pflegt. Besonders deutlich macht sich die Abschliessung bemerklich, welche durch das Tentorium bewirkt wird. Raumbeschränkende Herde im grossen Gehirn wirken auf dieses stärker ein als auf die unterhalb des Tentorium gelegenen Theile, und umgekehrt pflegt bei raumbeschränkenden Erkrankungen unterhalb des Tentorium das grosse Gehirn zunächst vor dem Druck geschützt zu bleiben.

Die raumbeschränkenden Erkrankungen unterhalb des Tentorium zeigen in der Regel eine Reihe von Symptomen, welche von der Wirkung des Drucks auf die in der hinteren Schädelgrube gelegenen Gehirntheile abhangen, und die, wie hauptsächlich von F. Niemeyer (1865) hervorgehoben wurde, in ihrer Gesammtheit einigermassen charakteristisch sind. Gewöhnlich ist Kopfschmerz vorhanden, der meist auf die Hinterhauptsgegend localisirt ist. Häufig kommt Erbrechen vor. In vielen Fällen zeigen sich die Erscheinungen der cerebellaren Ataxie, namentlich Schwindelgefühl und mangelhafte Coordination der Rumpfbewegungen. Durch den auf Pons und Medulla oblongata wirkenden Druck können, indem die Leitung beeinträchtigt wird, auch Störungen der Motilität und der Sensibilität in den Extremitäten in paraplegischer Ausbreitung zu Stande kommen: so beobachtet man häufig eine gewisse Unsicherheit aller Bewegungen oder selbst diffuse paretische Erscheinungen, unter Umständen auch Schmerzen, Gefühl von Ameisenkriechen, unvollständige Anaesthesie. Ebenso können durch den Druck Andeutungen von bulbärparalytischen Symptomen entstehen, namentlich Erschwerung des Sprechens und des Schlingens. Auch Erschwerung der Harnentleerung wird häufig beobachtet. Endlich bei zunehmendem Druck kommen schwere Störungen der Respiration und der Circulation zu Stande. — Dabei können während einer gewissen Zeit die Functionen der Theile oberhalb des Tentorium vollständig normal sein. Auf die Dauer aber bleibt auch das grosse Gehirn nicht von dem Druck verschont. Einerseits wird bei zunehmender Raumbeschränkung in der hinteren Schädelgrube allmählich das Tentorium einigermassen aufwärts gedrängt. Und anderseits kommt bei starker Raumbeschränkung unterhalb des Tentorium, wenn dieselbe eine längere Dauer hat, regelmässig ein Flüssigkeitserguss in die Grosshirnventrikel, Hydrops ventriculorum, zu Stande, und dieser hat allgemeinen Gehirndruck zur Folge mit Abnahme der psychischen Functionen, Stauungspapille u. s. w.

Der Hydrops ventriculorum bei raumbeschränkenden Erkrankungen in der hinteren Schädelgrube wurde von F. N i e m e y e r erklärt aus einer Compression oder Knickung der Vena magna Galeni, die bei der Aufwärtsdrängung der in dem Ausschnitt des Tentorium liegenden Theile stattfinde. Es ist aber die Stauung im Gebiete der Gehirnventrikel auch ohne die Annahme einer besonderen Knickung oder Verengerung der Vena magna erklärlich: wenn in dem Raume unterhalb des Tentorium der Druck beträchtlich grösser ist als der Blutdruck in der Vena magna, so kann aus dieser kein Blut mehr in die Sinus unterhalb des Tentorium abfliessen; der Abfluss kann erst wieder erfolgen, wenn in Folge der Stauung der Blutdruck in der Vene in hinreichendem Masse zugenommen hat. — Vgl. H. I m m e r m a n n , Mittheilungen aus der Niemeyerschen Klinik. Berliner klin. Wochenschr. 1865.

Die verschiedenen Arten der Herderkrankungen.

Nachdem wir bisher die Herdsymptome, welche den Erkrankungen der einzelnen Localitäten des Gehirns entsprechen, ohne Rücksicht auf die besondere Art der Erkrankung besprochen haben, bleibt uns jetzt noch übrig, die verschiedenen Arten der Herderkrankungen einzeln aufzuführen. Wir haben im Früheren hervorgehoben, dass die Herdsymptome in der Hauptsache nur Ausfallsymptome sind, und dass man daher aus denselben im Wesentlichen nur auf die Localität und etwa noch auf die Ausdehnung, nicht auf die Art der Herderkrankung schliessen kann. Um über die Art der Herderkrankung ein Urtheil zu gewinnen, müssen andere Momente in Rechnung gezogen werden, vor allem einerseits die aetiologischen Verhältnisse, anderseits die Art des Auftretens und der Verlauf der Krankheit. Auf einen eben zur Beobachtung kommenden Krankheitsfall angewendet kann dies auch so ausgedrückt werden, dass wir sagen: Bei Herderkrankungen gibt der Status praesens, soweit er sich auf die Gehirnaffection bezieht, im Wesentlichen nur Aufschluss über die Localität des Krankheitsherdes; die Art desselben kann nur aus der Anamnese, aus den übrigen Verhältnissen des Kranken und dem weiteren Verlauf der Krankheit erschlossen werden.

Gehirnhaemorrhagie. Apoplexia sanguinea.

Der Ausdruck Schlaganfall oder Apoplexie ($\dot{\alpha}\pi o\pi\lambda\eta\xi\iota\alpha$ von $\dot{\alpha}\pi o$-$\pi\lambda\dot{\eta}\langle\tau\tau\varepsilon\iota\nu$ = zu Boden schlagen) bezeichnet ursprünglich jede plötzlich auftretende Bewusstlosigkeit oder ausgedehnte Lähmung. Man unterschied früher je nach dem Befund im Gehirn Apoplexia sanguinea, A. serosa, A. nervosa, und in populärer Redeweise sind bei plötzlichen Todesfällen auch noch die Ausdrücke Hirnschlag, Herzschlag, Lungenschlag gebräuchlich. Da Schlaganfälle besonders häufig auf Gehirnblutung beruhen, so hat in manchen medicinischen Kreisen das Wort Apoplexie allmählich vollständig die Bedeutung von Haemorrhagie bekommen, so dass man in diesem Sinne, ganz abweichend von dem ursprünglichen Begriff, von Lungen-, Milz-, Nieren-, Hautapoplexie redet.

Aetiologie.

Gehirnblutungen beruhen zuweilen auf traumatischen Ge-fässzerreissungen, wie sie bei penetrirenden Schädelwunden oder neben Schädel-Fracturen oder -Fissuren zu Stande kommen, aber auch in Folge heftiger Erschütterung des Schädels ohne Verletzung der Knochen entstehen können. In Folge von traumatischen Ver-anlassungen kommen besonders häufig Blutungen aus den Ge-hirnhäuten zu Stande, welche wir, weil bei denselben die Druck-erscheinungen vollständig mit denen bei intracerebralen Blutungen identisch sind, hier ebenfalls berücksichtigen.

Bei weitem häufiger sind die sogenannten spontanen Ge-hirnhaemorrhagien. Dieselben sind im Allgemeinen darauf zu-rückzuführen, dass der Blutdruck in den Gehirngefässen und zwar hauptsächlich in den kleinen und kleinsten Arterien temporär grösser wird als die Resistenz der Gefässwandungen. Es wird demnach Gehirnblutung entstehen können einerseits durch relative Steigerung des Blutdrucks und anderseits durch Erkrankung der Gefässwan-dungen, durch welche ihre Widerstandsfähigkeit herabgesetzt wird. Dabei lehrt die Erfahrung, dass Steigerung des Blutdrucks allein nur selten Zerreissung von Gehirngefässen zur Folge hat, so lange diese Gefässe von normaler Beschaffenheit sind. Die Steigerung des Blutdrucks wirkt daher in der Regel entweder als disponirendes Moment oder auch als Gelegenheitsursache, während in den meisten Fällen die wesentliche Ursache in der verminderten Festigkeit der Gefässwandungen zu suchen ist.

Unter den Umständen, welche eine Steigerung des Blut-drucks bewirken und dadurch Disposition oder Veranlassung zu Gehirnhaemorrhagien geben können, ist zunächst anzuführen die Ple-thora universalis, ferner die Hypertrophie des linken Ventrikels, und

zwar sowohl die einfache, als auch die bei Aortenklappeninsufficienz,
bei Granularatrophie der Nieren, bei Atherom der grossen Arterien
vorkommende, ferner das Atherom der grossen Arterien auch aus
dem Grunde, weil dabei in Folge des Elasticitätsverlustes die Pulswelle sich stärker bis in die kleineren Arterien fortpflanzt. Auf
collaterale Fluxion sind vielleicht zum Theil, soweit nämlich dabei
nicht Gefässdegeneration in Betracht kommt, die in der Umgebung
von Abscessen, Tumoren, Erweichungsherden zuweilen vorkommenden
Blutungen zurückzuführen. Eine Veranlassung zu Gehirnhaemorrhagie
kann gegeben werden durch alle Momente, welche vorübergehend
die Herzarbeit über das normale Mass steigern: so entstehen Apo-
plexien zuweilen bei heftigen körperlichen Anstrengungen oder psychischen Aufregungen, nach reichlichen Mahlzeiten und besonders
nach reichlichem Genuss von Spirituosen. Auf vermehrtem Blutdruck kann es auch beruhen, wenn in einzelnen Fällen während
eines kalten Bades, wobei die peripherischen Arterien sich stark
contrahiren, eine Gehirnhaemorrhagie zu Stande kommt, oder wenn
sie eintritt bei starkem Drängen oder Pressen, bei heftigem Husten,
Lachen, Erbrechen u. s. w.

Die wesentliche Ursache der Gehirnhaemorrhagien besteht meist
in Veränderungen der Gehirngefässe, durch welche ihre
Festigkeit vermindert wird. Dahin gehören alle Degenerationen der
kleineren Gehirnarterien und besonders die Arteriosklerose oder das
Atherom derselben. Dabei ist zu berücksichtigen, dass die vorher
angeführten Momente, durch welche dauernd der Blutdruck erhöht
oder die Pulswelle verstärkt wird, dieser Veränderung der Gefässe
Vorschub leisten können. Gewöhnlich entstehen, wie hauptsächlich
von Charcot und Bouchard (1868) nachgewiesen wurde, zunächst
circumscripte Erweiterungen der kleinsten Arterien, sogenannte milia-
are Aneurysmen, die dann in Folge einer besonderen Veranlassung, zuweilen aber auch, ohne dass eine solche nachweisbar wäre,
zum Bersten kommen. Bei Individuen, welche an Gehirnhaemorrhagie zu Grunde gegangen sind, finden sich häufig solche steck-
nadelknopfgrosse oder kleinere Aneurysmen auch noch an anderen
kleinen Gehirnarterienästen, zuweilen in grösserer Anzahl, besonders
häufig in der Gegend der Grosshirnganglien, unter Umständen auch
über andere Theile des Gehirns zerstreut. In seltenen Fällen können
Blutungen auch durch Bersten von Aneurysmen der grösseren Gehirnarterien zu Stande kommen. Endlich kommen, wenn auch selten,
bei allgemeiner haemorrhagischer Diathese intracranielle Blutungen
und zwar hauptsächlich Meningealextravasate vor.

Da die atheromatöse Degeneration der Gefässe sich hauptsächlich im höheren Lebensalter ausbildet, so ist erklärlich, dass Gehirnhaemorrhagien vorzugsweise bei alten Leuten eintreten, und zwar scheint etwa vom 40. Jahre an die Disposition zu Gehirnhaemorrhagien stetig zuzunehmen. Uebrigens kommen auch im frühesten Kindesalter besonders Meningealblutungen vor, nicht selten in Folge von traumatischen Gefässzerreissungen während des Geburtsactes. Bei Männern ist Gehirnhaemorrhagie häufiger als bei Weibern. Missbrauch der Spirituosen steigert die Disposition, wohl hauptsächlich durch Beförderung der Gefässdegeneration. — Die grosse Bedeutung erblicher Verhältnisse ergibt sich aus der Thatsache, dass in manchen Familien Gehirnhaemorrhagie ungewöhnlich häufig vorkommt. Man pflegt auch von einem Habitus apoplecticus zu reden, indem man, und zwar wohl nicht ganz mit Unrecht, untersetzten Individuen mit kurzem dickem Halse, geröthetem und gedunsenem Gesicht eine grössere Disposition zu Apoplexie zuschreibt. Wer einmal eine Gehirnhaemorrhagie erlitten hat, namentlich wenn dieselbe nicht auf zufällige momentane Einwirkungen, sondern auf Gefässveränderungen zurückzuführen ist, hat mit Wahrscheinlichkeit eine Wiederholung derselben zu erwarten.

Häufig hat man früher auch noch eine Apoplexia ex vacuo unterschieden, indem man annahm, dass bei Atrophie des Gehirns die Schädelhöhle unvollständig ausgefüllt sei und so ein negativer Druck ausserhalb der Gefässe entstehe, der zu Gefässzerreissung führe. Es ist nicht zu leugnen, dass ein solcher negativer Druck die Gefässzerreissung begünstigen muss; derselbe hat aber wohl nur selten eine wesentliche Bedeutung. Thatsächlich wird bei Atrophie der Raum sofort und zwar hauptsächlich durch vermehrte Transsudation ausgefüllt. Auch die Wiederholung der Haemorrhagie, nachdem sie einmal eingetreten war, ist weniger auf die secundäre Atrophie des Gehirns und auf negativen Druck, als vielmehr auf die gewöhnlich vorhandene ausgebreitete Gefässdegeneration zurückzuführen.

Anatomisches Verhalten.

Gehirnhaemorrhagie kommt zuweilen vor in Form sehr kleiner Blutergüsse, die dann meist in grösserer Zahl vorhanden sind: capilläre Haemorrhagien. In den meisten Fällen dagegen handelt es sich um einen einzelnen grösseren Bluterguss, einen haemorrhagischen Herd. Nur ausnahmsweise entstehen gleichzeitig mehrere haemorrhagische Herde. Die Grösse des Herdes kann sehr verschieden sein: die meisten haben etwa die Grösse einer Haselnuss bis zu der einer Wallnuss oder darüber; doch gibt es auch kleinere Herde, und anderseits kommen in seltenen Fällen sehr grosse Blutergüsse vor, bis zur Grösse einer Mannsfaust und bis zu mehreren hundert Gramm Gewicht, durch welche der grösste Theil einer Hemisphäre zerstört werden kann. In der Ausdehnung des Blutherdes findet man die Gehirnsubstanz zerrissen und zertrümmert, mit dem Extravasat zu einem blutigen Brei vermischt; die angrenzende Gehirnsubstanz zeigt sich fetzig zerrissen, häufig in der unmittelbar anliegenden Schicht blutig oder serös infiltrirt oder durch Imbibition gelblich gefärbt.

Blutergüsse kommen erfahrungsgemäss am häufigsten vor in den Grosshirnganglien und deren Umgebung, namentlich auch im Centrum ovale oberhalb der Ventrikel; es können aber auch alle anderen Theile des Gehirns betroffen werden, so z. B. mit abnehmender Häufigkeit die Grosshirnwindungen, das Kleinhirn, der Pons, die Pedunculi, die Medulla oblongata, die Gehirnhäute. Blutergüsse in der Nähe der Ventrikel brechen nicht selten in den Hohlraum derselben durch und pflegen dann besonders umfangreich zu sein.

Bei grösseren Haemorrhagien im Innern des Gehirns äussert sich die raumbeschränkende Wirkung anatomisch dadurch, dass die Dura mater prall gespannt ist, die Gehirnwindungen an der Oberfläche auffallend abgeplattet, die Furchen zwischen den Windungen sehr schmal und eng sind, die ganze Oberfläche mehr eben erscheint. Dabei ist häufig der hemmende Einfluss der Falx und des Tentorium auf die Ausbreitung des Gehirndrucks (S. 255) deutlich bemerkbar, indem z. B. bei einem Bluterguss in der einen Hemisphäre, selbst wenn die Falx sich nach der anderen Seite verdrängt zeigt, doch die Oberfläche des Gehirns auf der Seite des Blutherdes beträchtlich stärker abgeflacht ist als auf der anderen, während bei Ergüssen unterhalb des Tentorium die Abflachung an der Oberfläche der Grosshirnhemisphären oft ganz vermisst wird oder nur unbedeutend erscheint.

Wenn nach erfolgtem Bluterguss das Leben noch längere Zeit erhalten bleibt, so geht der Erguss gewisse Umwandlungen ein. Zunächst wird der flüssige Antheil resorbirt; später zerfällt auch der feste Antheil des blutigen Breis und gelangt zur Resorption, während gleichzeitig in der Umgebung Bindegewebe sich bildet, welches pigmentirt ist und oft Haematoidinkrystalle enthält. So können kleinere Blutergüsse vollständig verschwinden, so dass nur eine pigmentirte bindegewebige Schwiele zurückbleibt: „apoplektische Narbe"; nach grösseren Ergüssen wird der freigewordene Raum durch seröse Flüssigkeit ausgefüllt, die von einer bindegewebigen gelbroth bis braun gefärbten Kapsel umgeben ist: „apoplektische Cyste"; diese Cyste

zeigt sich zuweilen von lockeren bindegewebigen Fäden oder ver-
ästelten Lamellen durchzogen, in deren Maschen die Flüssigkeit sich
befindet, ein Zustand, welcher der „Infiltration celluleuse" von Du-
rand-Fardel entspricht. Flache Blutergüsse an der äusseren Oberfläche des Gehirns hinterlassen meist eine schwielige, pigmentirte, mit
der Pia mater verwachsene Platte, unter welcher die Gehirnsubstanz
atrophisch und gelbroth gefärbt ist; zuweilen findet sich auch Flüssigkeit zwischen den Lamellen der Platte.

Zu den selteneren Ausgängen gehört die käsige Umwandlung
(„Tuberculisirung") des Extravasats und der zerstörten Gehirnsubstanz, ferner die Umwandlung zu kalkigen Concrementen, endlich
die Abscedirung oder Erweichung in der Umgebung des Blutherdes.

In der nächsten Umgebung eines Blutherdes pflegt später die
Gehirnsubstanz einigermassen atrophisch zu werden, und diese Atrophie kann sich auf weitere Strecken oder selbst auf das ganze Gehirn fortsetzen. Wenn die Pyramidenbahnen an irgend einer Stelle
ihres Verlaufs zerstört sind, so wird auch, von dem Krankheitsherd
ausgehend und in der Richtung der Faserzüge fortschreitend, eine
secundäre absteigende Degeneration beobachtet, die durch Pedunculus, Pons und Medulla oblongata bis in das Rückenmark sich erstreckt (Türck).

Symptomatologie.

Die Symptome der Gehirnhaemorrhagie sind theils Herderscheinungen, theils diffuse Erscheinungen. Die Herderscheinungen sind
ausschliesslich abhängig von dem Sitz und der Ausdehnung des
Herdes und wurden schon im Früheren besprochen. Die diffusen
Erscheinungen bestehen in Beeinträchtigung oder vollständiger Aufhebung des Bewusstseins; sie sind um so stärker ausgebildet, je
schneller der Bluterguss erfolgt, und je umfangreicher er ist; kleine
haemorrhagische Herde und namentlich die capillären Haemorrhagien
machen oft keine diffusen Erscheinungen.

Die Symptome beginnen gewöhnlich plötzlich mit dem apoplektischen Insult. In den ausgebildeten Fällen verliert der
Kranke das Bewusstsein, zuweilen im Verlauf von wenigen Secunden,
so dass er plötzlich zu Boden fällt, zuweilen im Verlauf von Minuten,
so dass er langsam hinsinkt oder noch Zeit hat sich hinzulegen. Bei
einem schweren apoplektischen Insult ist nicht nur alle Empfindung
und alle willkürliche Bewegung aufgehoben, sondern es fehlen im
Anfang auch alle Reflexbewegungen. Nur die Respiration und die
Circulation dauern fort. Das Athmen ist meist schnarchend, „ster-

torös", weil das Gaumensegel schlaff herabhängt. Der Mund ist meist halb geschlossen, und dann werden bei der Exspiration die Wangen aufgebläht. Der Puls ist gewöhnlich wenig frequent; oft schlagen die Carotiden auffallend stark, weil der Abfluss des Blutes in den Schädel behindert ist. Die Sphinkteren sind gelähmt, Harn und Koth können unwillkürlich abfliessen; doch kommt auch Lähmung des Detrusor vesicae und Harnverhaltung vor. Oft ist schon während des bewusstlosen Zustandes eine halbseitige Lähmung zu erkennen, indem die Extremitäten auf einer Seite schlaffer sind oder das Gesicht etwas nach der anderen Seite verzogen ist oder bei stärkeren sensiblen Reizen auf einer Seite noch Abwehrbewegungen, stattfinden, auf der anderen nicht. In einzelnen Fällen kommen während des Insults Convulsionen oder auch tonische Muskelcontractionen vor, und zwar treten solche vorzugsweise auf bei sehr ausgedehnten Ergüssen, ferner bei Meningealblutungen und bei Blutergüssen, welche in die Ventrikel durchbrechen.

Die Ansichten darüber, in welcher Weise der apoplektische Insult zu Stande komme, sind noch getheilt. Ohne Zweifel ist, wie dies zuerst von F. Niemeyer gezeigt wurde, die Gehirnanaemie, wie sie bei einem stark raumbeschränkenden Bluterguss eintreten muss, vollkommen ausreichend, um das Aufhören der Gehirnfunctionen, die Bewusstlosigkeit, zu erklären. Aber unmittelbar nach einem bedeutenden und schnell erfolgenden Bluterguss sind die Störungen schwerer, als es bei einfacher Aufhebung der Gehirnfunctionen zu erwarten wäre; die Bewusstlosigkeit entspricht nicht einer einfachen Ohnmacht, sondern mehr derjenigen, wie sie im epileptischen Anfalle vorhanden ist; so sind z. B. auch die Reflexbewegungen aufgehoben in ähnlicher Weise, wie dies auch im Gebiete des Rückenmarks als Folge plötzlicher schwerer traumatischer Eingriffe vorkommt (S. 167). Wir müssen deshalb annehmen, dass bei solchen schweren Haemorrhagien zunächst noch eine besondere über das ganze Centralnervensystem ausgebreitete Störung der Functionen stattfinde, welche wir einigermassen der Commotio cerebri (Étonnement cérébral der Franzosen) an die Seite stellen können. Wie diese plötzliche ausgedehnte Aufhebung der centralen Functionen des Nervensystems zu Stande komme, lässt sich bisher noch nicht in genügender Weise physiologisch erklären; doch ist es unter Berücksichtigung des Umstandes, dass die Nervenzellen innerhalb der Centralorgane unter einander sämmtlich in directer oder indirecter Verbindung stehen, vielleicht einigermassen verständlich, dass die plötzliche Störung des Gleichgewichts, welche durch die mechanische Zerstörung eines Theils des Gehirns und durch die plötzliche Drucksteigerung im Schädel zu Stande kommt, auch auf die übrigen Theile der Centralorgane vorübergehend einen functionshemmenden Einfluss haben könne. Nach Ablauf kürzerer oder längerer Zeit erholt sich das Gehirn von den Wirkungen der Commotion; aber wenn die Haemorrhagie eine grosse Ausdehnung hat, so hört die Bewusstlosigkeit noch nicht auf; denn in Folge der Raumbeschränkung im Schädel besteht der

Gehirndruck und die davon abhängige Anaemie des Gehirns noch fort. Das Bewusstsein beginnt erst allmählich wiederzukehren, wenn durch Resorption des flüssigen Antheils des Extravasats, durch Ausweichen und Resorption der Cerebrospinalflüssigkeit und endlich durch Resorption der Parenchymflüssigkeit der Gehirndruck vermindert und für das Zuströmen von arteriellem Blut Raum geschafft ist.

Wir haben demnach bei der Entstehung des apoplektischen Insults zwei Factoren zu unterscheiden, nämlich einerseits die Commotion, welche durch die plötzliche Zerstörung eines Gehirntheils bewirkt wird, und anderseits die Drucksteigerung im Schädel. Im Allgemeinen wird die Commotion um so stärker sein, je plötzlicher der Blutaustritt erfolgt; dagegen wird der Gehirndruck hauptsächlich abhängig sein von der Menge des ergossenen Blutes. Wenn der Blutaustritt sehr langsam erfolgt, so kann es geschehen, dass die Wirkungen des Gehirndrucks ausgebildet sind und namentlich eine vollständige und lange dauernde Bewusstlosigkeit eintritt, während eine eigentliche Commotion gar nicht zu Stande kommt. Und anderseits kann vielleicht bei einem nicht umfangreichen Bluterguss, der sehr schnell erfolgt, eine deutliche Commotion eintreten, während der Gehirndruck nur gering ist.

In manchen Fällen tritt während des apoplektischen Insults der Tod ein, zuweilen fast unmittelbar nach Beginn des Anfalls (Apoplexia fulminans), in anderen Fällen nach längerer Zeit, selbst erst nach mehreren Tagen, während deren das Bewusstsein gar nicht oder nur unvollständig wiederkehrt, die Respiration unregelmässig und intermittirend wird (Cheyne-Stokes'sches Phänomen), der Puls schwach und aussetzend. Der Tod im Anfall kommt bei Haemorrhagien oberhalb des Tentorium namentlich dann vor, wenn sie ungewöhnlich umfangreich sind und in Folge dessen der Gehirndruck in bedeutender Stärke sich auf die Medulla oblongata fortpflanzt, oder auch, wenn das Blut in die Ventrikel durchgebrochen ist. Auch Meningealextravasate, wenn sie einigermassen ausgedehnt sind, haben häufig den Tod im Anfall zur Folge. Haemorrhagien unterhalb des Tentorium können wegen des Drucks auf die Medulla oblongata auch bei geringerem Umfange schnell tödten (S. 241); im Allgemeinen machen sie weniger Erscheinungen von allgemeinem Gehirndruck, und namentlich fehlt bei denselben häufig die Bewusstlosigkeit oder hat nur eine kurze Dauer. — In anderen Fällen erholt sich der Kranke nach Stunden oder selbst noch nach Tagen von dem apoplektischen Insult, indem mit der Abnahme des Gehirndrucks allmählich das Bewusstsein wiederkehrt.

Bei weniger umfangreichen Blutergüssen sind die Erscheinungen des Gehirndrucks weniger ausgebildet: das Bewusstsein erleidet gar keine oder nur eine unvollständige Unterbrechung, oder die Bewusstlosigkeit hat nur eine geringe Dauer. Auch kommt es vor, dass

der Anfall sehr langsam sich entwickelt, indem zuerst nur Gefühl
von Schwindel, Flimmern vor den Augen, Erschwerung der Sprache,
Schwäche und Gefühl von Eingeschlafensein in den Extremitäten
einer Seite, vielleicht auch Erbrechen auftritt und erst allmählich,
im Laufe von Stunden oder Tagen, die vollständige Bewusstlosigkeit sich ausbildet. Es kann dieser Verlauf darauf beruhen, dass
der Blutaustritt ungewöhnlich langsam erfolgt, indem er anfangs nur
unbedeutend ist, allmählich aber, vielleicht weil durch den Bluterguss neue Gefässzerreissungen erfolgen, grösser wird. Zuweilen
liegt zwischen jenen ersten Erscheinungen und dem vollständigen
Anfall eine längere freie Zeit von vielen Tagen oder selbst Monaten;
und dann wird man anzunehmen haben, dass die ersten Erscheinungen schon von kleinen Haemorrhagien abhängig waren, auf welche
erst später ein grösserer Bluterguss gefolgt ist. Die ersten unvollständigen Erscheinungen pflegt man als Vorboten zu bezeichnen,
während man anderseits unter diesem Namen auch wohl die Erscheinungen von Plethora oder von gesteigerter Herzaction versteht,
aus denen man glaubt auf das Bevorstehen eines apoplektischen Anfalls schliessen zu können.

Mit der Wiederkehr des Bewusstseins treten die Herderscheinungen deutlicher hervor. In der weit überwiegenden Mehrzahl
der Fälle zeigt sich Lähmung der entgegengesetzten Körperhälfte,
sogenannte contralaterale Hemiplegie, an welcher gewöhnlich die
Extremitäten, der Facialis und der Hypoglossus betheiligt sind; daneben können je nach dem Sitz und der Ausdehnung der Gehirn-
läsion auch noch andere Erscheinungen vorhanden sein, wie z. B.
mehr oder minder vollständige Aphasie (S. 225). Hemiplegie ist
namentlich vorhanden bei Haemorrhagien in der Gegend der Grosshirnganglien, wo dieselben am häufigsten vorkommen (S. 235), ferner
aber auch bei Herden an manchen anderen Stellen, z. B. in einem
Pedunculus (S. 239), im Pons (S. 240), in gewissen Bezirken der Grosshirnrinde (S. 223). In seltenen Fällen kann bei ungewöhnlichem Sitz
des Herdes die Hemiplegie und können selbst alle Herderscheinungen fehlen. In Betreff der Verschiedenheiten, welche von der Localität des Herdes abhangen, ist auf die frühere Besprechung der
Herdsymptome zu verweisen (S. 214 ff.).

Nachdem der Kranke von dem Insult sich erholt hat, treten zuweilen sogenannte Reactionserscheinungen auf: mässiges Fieber, Kopfschmerz, zuweilen Delirien, in seltenen Fällen beschränkte
oder verbreitete Convulsionen.

Im weiteren Verlauf können die Herderscheinungen sich bessern oder unter Umständen vollständig wieder verschwinden. Eine schnelle Besserung kann eintreten, wenn die vorhandenen Ausfallerscheinungen im Wesentlichen nicht auf Zerstörung der betreffenden Stelle, sondern etwa auf der durch den Druck des Extravasats entstandenen Zerrung oder localen Anaemie, auf Oedem, entzündlicher Schwellung oder dgl. beruhen. In anderen Fällen erfolgt die Besserung der Lähmungen langsam im Verlaufe von Wochen oder Monaten und beruht möglicherweise zum Theil auf Herstellung neuer Leitungsbahnen. Wenn im Verlaufe mehrerer Monate keine wesentliche Besserung eingetreten ist, so wird die Hoffnung auf eine solche immer geringer; dagegen kann, wo bereits eine bedeutende Besserung besteht, dieselbe noch während langer Zeit kleine Fortschritte machen; doch muss man immer an die Möglichkeit der Wiederholung des Anfalls denken. Die Verschiedenheit, welche in prognostischer Beziehung zwischen Herden in den Grosshirnganglien und solchen in der inneren Kapsel besteht, wurde bereits im Früheren angeführt (S. 236). Auch die zuweilen nachfolgenden Contracturen, die Hemichorea u. s. w. wurden bereits besprochen.

Das Verhalten der psychischen Functionen in der späteren Zeit ist sehr verschieden und hängt im Wesentlichen davon ab, ob und wie weit die graue Substanz der Grosshirnhemisphären durch die Herderkrankung in directer Weise oder durch Fernwirkung oder namentlich durch secundäre Gehirnatrophie in Mitleidenschaft gezogen ist. In einzelnen Fällen zeigen die psychischen Functionen keine merkliche Einbusse, in anderen bleiben gewisse Störungen zurück, z. B. mehr oder weniger ausgebildete Aphasie oder eine gewisse Schwäche des Gedächtnisses oder reizbare Gemüthsstimmung; zuweilen stellt sich auch nach Ueberstehen eines apoplektischen Insults eine fortschreitende Abnahme der psychischen Functionen ein, die auf Atrophie des Gehirns beruht und unter Umständen bis zum Blödsinn führen kann.

Therapie.

In früherer Zeit war der A d e r l a s s das selbstverständliche Mittel nicht nur beim apoplektischen Insult, sondern auch bei den Vorboten desselben und überhaupt unter allen Umständen, welche eine Apoplexie fürchten liessen, z. B. bei jeder ungewöhnlichen Herzaufregung älterer Leute. Vielleicht kann wirklich in Fällen, in welchen einigermassen deutliche Vorboten auftreten, durch eine momentane Herabsetzung des Blutdrucks zuweilen eine Haemorrhagie wenigstens für den Augenblick verhütet oder der Umfang derselben eingeschränkt werden, und deshalb besteht auch jetzt noch diese

Indication vollkommen zu Recht. Vor Allem aber ist unter solchen
Umständen Gewicht zu legen auf körperliche und geistige Ruhe und
überhaupt auf Vermeidung aller Momente, welche Herzaufregung bewirken oder unterhalten können. — Auch nach Eintreten des apoplektischen Insults kann ein Aderlass zweckmässig sein, indem dadurch, und zwar nicht nur, wenn er an der Vena jugularis, sondern
auch, wenn er an irgend einer anderen zum Stromgebiete der Vena
cava superior gehörigen Vene ausgeführt wird, der Abfluss des venösen Blutes vom Gehirn gegen die Vena cava superior erleichtert
und dadurch der Gehirndruck vermindert und das Einfliessen arteriellen Blutes in das Gehirn gefördert werden kann. In der That
sieht man in einzelnen Fällen unmittelbar nach dem Aderlass die
ersten Zeichen von Wiederkehr des Bewusstseins eintreten. Ein
Aderlass ist um so mehr gerechtfertigt, wenn die Herzaction ener-
gisch, der Radialpuls voll und kräftig ist, die Carotiden stark pul-
siren, das Gesicht stark geröthet ist. Dagegen ist er nicht am Platze,
so lange noch die Wirkungen der Commotion fortbestehen, und auch
bei Gehirndruck ist er contraindicirt in Fällen, in welchen bedeutende Herzschwäche vorhanden ist, Herzstoss und Puls schwach sind,
der Kranke anaemisch erscheint; unter solchen Umständen kann
sogar Anregung der Herzaction durch Wein, Campher, Moschus geboten sein.

Von manchen Aerzten wird der Aderlass hauptsächlich dann für ge-
boten erklärt, wenn neben bedeutender Steigerung des intracraniellen
Druckes gleichzeitig starke Gehirnhyperaemie vorhanden sei. Als ob ein
Gehirn, welches unter bedeutendem Druck steht, hyperaemisch sein könnte!

Auch örtliche Blutentziehungen durch Blutegel, namentlich in
der Umgebung des Ohres, wo Emissaria vorhanden sind, welche eine
Communication der äusseren mit den intracraniellen Venen herstellen,
können den Abfluss des venösen und damit den Zufluss des arteriellen Blutes erleichtern. Die Wiederkehr des Bewusstseins kann
gefördert werden durch Reizung der Hautnerven, so durch Sinapis-
men auf die Brust und die Extremitäten, durch Bürsten oder starkes
Frottiren der Haut; diese Massregeln haben zugleich als Ableitungen
Bedeutung und können endlich auch zur Anregung des Athmungs-
centrums beitragen.

Wenn nach Wiederkehr des Bewusstseins starke Reactionserscheinungen eintreten, so ist die Eisblase auf den Kopf anzuwenden und
durch ein Abführmittel eine Ableitung auf den Darm herzustellen.
Nachdem der Kranke vom apoplektischen Insult sich erholt hat, ist
noch längere Zeit hindurch absolute körperliche und geistige Ruhe

und restringirte Diät einzuhalten. Bei den gelähmten Theilen ist, um Atrophie der Muskeln durch Nichtgebrauch zu verhüten, die zeitweise Anwendung des Inductionsstroms zweckmässig. Bei den persistenten Lähmungen und namentlich bei Contracturen ist dagegen der constante Strom vorzuziehen, und zwar hauptsächlich die Anwendung desselben auf Nerven und Muskeln der gelähmten Theile. Die Ausführung von passiven Bewegungen und die Anwendung der Massage kann zur Verhütung der Contracturen beitragen. Unter Umständen kann auch die vorsichtige Durchleitung sehr schwacher Ströme durch den Schädel unter Berücksichtigung der Stelle des Krankheitsherdes versucht werden.

Verschliessung von Gehirnarterien. Gehirnerweichung.

Der Ausdruck Gehirnerweichung, Encephalomalacie, bildet einen Sammelnamen für alle Nekrosen oder Nekrobiosen der Gehirnsubstanz. In früherer Zeit wurden dieselben häufig von entzündlichen Prozessen abgeleitet und namentlich die rothe Erweichung als entzündliche Erweichung oder Encephalitis bezeichnet. In neuerer Zeit ist allgemein anerkannt, dass die Erweichungsprozesse zum grössten Theil auf Verschliessung von Gehirnarterien beruhen. Ausserdem gibt es noch eine sogenannte hydrocephalische Erweichung, welche bei acut-entzündlicher Exsudation in die Gehirnventrikel, bei sogenanntem Hydrocephalus acutus, in der Umgebung der Ventrikel zu entstehen pflegt (s. u.). Ferner kann in der Umgebung von primären Erweichungsherden, von Haemorrhagien, von Abscessen und Tumoren eine secundäre Erweichung zu Stande kommen. Wir handeln hier nur von den durch Gefässverschliessung entstandenen Erweichungsprozessen.

Verschliessung von Gehirnarterien kann zu Stande kommen durch Embolie oder durch Thrombose. Die Embolie betrifft besonders häufig die Arteria fossae Sylvii oder deren Aeste, welche nach den Untersuchungen von Heubner und von Duret den Linsenkern, einen Theil des Streifenhügels, die äussere Kapsel, den vorderen Schenkel der inneren Kapsel, die Insel, die zweite und dritte Stirnwindung, die der Convexität zugewendeten Theile der Centralwindungen, die Parietalwindungen und einen Theil des Schläfenlappens mit Blut versorgen. Die linke Arteria fossae Sylvii wird erfahrungsgemäss häufiger als die rechte von Embolie betroffen. Weniger häufig werden andere Arterienäste durch einen Embolus verschlossen. In seltenen Fällen können auch die grossen Arterienstämme, eine Carotis oder eine Vertebralarterie embolisch verstopft werden. Thrombotische Verschliessung kommt in den ver-

schiedenen Gefässgebieten des Gehirns in annähernd gleicher Häufigkeit vor, ist aber im Ganzen seltener als Embolie.

Die Folgen der Verschliessung einer Gehirnarterie sind verschieden, jenachdem collaterale Verbindungen vorhanden sind oder
nicht. So macht z. B. Verschluss einer Carotis gewöhnlich keine
schweren Erscheinungen oder wenigstens keine dauernden Störungen,
indem durch den Circulus arteriosus Willisii dem Verbreitungsbezirk
noch genügende Mengen von Blut zugeführt werden. Anders ist das
Verhalten, wenn ein Arterienast jenseits des Circulus arteriosus verschlossen wird. Dann wird die Zufuhr arteriellen Blutes zu dem
Verbreitungsbezirk unterbrochen und die Function dieses Bezirks
fällt aus. Wird früh genug ein Collateralkreislauf hergestellt, so
kann die Störung vollständig wieder ausgeglichen werden. Es scheint
dies vorzugsweise möglich zu sein in den Bezirken der Grosshirnrinde, wo vielfache Anastomosen bestehen, weniger dagegen im Gehirnstamm, wo diese Anastomosen fehlen. Wenn die arterielle Anaemie
und die damit verbundene Aufhebung der Ernährung des betreffenden Gehirnabschnittes längere Zeit (wenigstens 1 bis 2 Tage) andauert, so erfolgt allmähliches Absterben der Gehirnsubstanz, und
dieselbe geht in Erweichung über. Die Grösse des so entstandenen
Erweichungsherdes hängt von der Grösse und dem Verbreitungsbezirk des verschlossenen Gefässes ab. Bei Verschliessung kleinster
Arterien können die Herde sehr klein sein; bei Verschliessung des
Stammes der Arteria fossae Sylvii kann das ganze umfangreiche
Gebiet derselben von der Erweichung betroffen werden. Endlich
kann der primäre Herd noch durch secundäre Erweichung in der
Umgebung sich vergrössern. Der Erweichungsherd ist zuweilen von
weisslicher oder grauer Farbe: einfache weisse oder graue
Erweichung; zuweilen ist er gelblich gefärbt, theils durch fettige
Degeneration mit Bildung von Körnchenkugeln und fettigem Detritus, theils durch geringe Mengen von Blutfarbstoff: gelbe Erweichung; in anderen Fällen kommt es, indem von den Venen
aus das der arteriellen Zufuhr beraubte Gefässgebiet sich wieder
füllt, zu reichlichem Blutaustritt, und die erweichte Stelle entspricht
dann einem haemorrhagischen Infarct: rothe Erweichung. Unter
besonderen Verhältnissen, namentlich wenn der Embolus aus einem
gangränösen Herde stammt, kann in dem nekrotischen Herd auch
wirkliche Fäulniss stattfinden: gangränöse Erweichung; oder es
kann durch den Embolus, wenn derselbe aus einem Eiterherd stammt
oder infectiöses Material enthält, Eiterung und Abscessbildung hervorgerufen werden: eiterige Erweichung, metastatischer Abscess.

Die Erweichungsherde erleiden bei längerem Bestehen weitere
Umwandlungen. Die rothe Erweichung geht gewöhnlich in Folge
theilweiser Resorption des Blutfarbstoffes in gelbe Erweichung über.
Im Uebrigen sind die Umwandlungen analog denen der haemorrhagischen Herde (S. 260). Unter allmählicher Verflüssigung der Substanz können sehr kleine Herde mit Hinterlassung einer Narbe vollständig resorbirt werden; grössere hinterlassen eine Cyste, die
zuweilen mit lockerem Bindegewebe durchzogen ist. Später kann,
ähnlich wie nach Haemorrhagien, secundäre Degeneration und Atrophie in der Umgebung zu Stande kommen.

Aetiologie.

Der Embolus, welcher eine Gehirnarterie verschliesst, kommt
am häufigsten vom linken Herzen her und besteht meist aus Fibringerinnseln, die in Folge von Endocarditis oder von Herzschwäche
sich gebildet haben und losgerissen werden. In seltenen Fällen
können auch bei Endocarditis ulcerosa oder bei nach Innen perfori-
renden myocarditischen Herden abgetrennte Gewebsstücke das Material für die Embolie liefern. Auch in der Aorta oder den Carotiden kann, wenn daselbst ein Aneurysma oder ein hoher Grad von
atheromatöser Degeneration namentlich mit Ulceration besteht, Los-
trennung von Fibringerinnseln oder selbst von verkalkten Stücken
der Arterienwand stattfinden. Selten stammt der Embolus aus einem
eiterigen oder gangränösen Herd in den Lungen oder aus thrombotischen Venen in der Umgebung derselben, und in diesen Fällen
kann eiterige oder gangränöse Erweichung die Folge der Embolie sein.
Thrombose der Gehirnarterien ist weniger häufig als Embolie
und entsteht in Folge von entzündlichen oder atheromatösen Veränderungen in der Arterienwand, durch welche in kleinen Arterien
gewöhnlich Verengerung zu Stande kommt. An solchen verengten
Stellen, besonders wenn die Innenwand noch Rauhigkeiten zeigt,
kann Blutgerinnung und dadurch Verschluss der Arterie stattfinden.
Auch die syphilitischen Erkrankungen der Gehirnarterien können
Thrombosen zur Folge haben (Bd. I, S. 277). Die Entstehung von
Thromben wird begünstigt durch alle Momente, welche die Blutbewegung in den Gehirnarterien verlangsamen, so durch Hindernisse
für die Blutbewegung in den grossen zuführenden Arterien und durch
Verminderung der Herzaction. Thrombose von Gehirnarterien kommt
fast nur im höheren Lebensalter vor; sie ist die gewöhnliche Ursache der im Greisenalter auftretenden Gehirnerweichung; Embolie
ist dagegen weniger an das Lebensalter gebunden.

Symptomatologie.

Die Embolie äussert sich in manchen Fällen durch einen apoplektischen Insult, der plötzlich und ohne jede Andeutung von Vorboten eintritt und im Uebrigen dem bei Haemorrhagie vorkommenden ähnlich sein kann. Zuweilen treten mit dem Anfall auch Convulsionen auf, entweder nur einseitige in den später gelähmten Körpertheilen oder auch allgemeine in Form eines epileptischen Anfalls. In einzelnen Fällen, namentlich bei embolischer Verschliessung grösserer Arterienbezirke, tritt im Anfall der Tod ein. In anderen Fällen kehrt das Bewusstsein wieder, und zwar im Durchschnitt nach beträchtlich kürzerer Zeit als bei der haemorrhagischen Apoplexie. Nachher können Reactionserscheinungen mit Temperatursteigerung zu Stande kommen. In manchen Fällen ist der apoplektische Insult weniger ausgebildet, oder es sind nur leichte Andeutungen desselben vorhanden, Schwindel, vorübergehende Abnahme der psychichen Functionen, Delirien, Erbrechen. Endlich gibt es Fälle, bei denen alle diffusen Erscheinungen fehlen und die plötzlich auftretenden Herderscheinungen die ersten Krankheitssymptome bilden.

Während die Herderscheinungen bei der Embolie einfach abzuleiten sind aus der Aufhebung der Function in den Gehirntheilen, welche kein arterielles Blut mehr erhalten, ist der apoplektische Insult, der in einzelnen Fällen vorkommt, schwieriger zu erklären. Für die Annahme einer bedeutenden Steigerung des Drucks im Schädel ist bei der Embolie kein Grund vorhanden. Wir werden die Bewusstlosigkeit zu deuten haben als eine Commotionserscheinung und dabei denken müssen an die Störung des Gleichgewichts, welche durch die plötzliche Aufhebung des Blutzuflusses zu einem Abschnitt des Gehirns, vielleicht in Gemeinschaft mit collateraler Fluxion zu den benachbarten Gebieten entsteht. Dass bei der Haemorrhagie die Bewusstlosigkeit in der Regel länger anhält, ist auf den dabei meist gleichzeitig vorhandenen Gehirndruck zu beziehen.

Die Art der Herderscheinungen ist abhängig von der Stelle der Verschliessung. Besonders häufig bestehen sie (bei Embolie in der linken Arteria fossae Sylvii oder in deren Aesten) in Hemiplegie der rechten Seite mit Aphasie. Auch kann je nach den betroffenen Aesten sowohl Hemiplegie als Aphasie isolirt auftreten, und beide können mehr oder weniger vollständig sein. Etwas weniger häufig ist linksseitige Hemiplegie, dann gewöhnlich ohne Aphasie. Bei anderweitiger Localisirung treten andere Herderscheinungen auf, in Betreff deren wir auf die Darstellung der Herdsymptome verweisen. In seltenen Fällen hat man bei Embolie der Arteria ophthalmica oder der Arteria centralis retinae plötzliche Amaurose auftreten sehen.

Die Herderscheinungen können unter Umständen relativ schnell, nach Stunden oder wenigen Tagen, vollständig wieder verschwinden. Es ist dann anzunehmen, dass der Collateralkreislauf in genügender Weise sich hergestellt habe; doch ist auch in solchen Fällen an die Möglichkeit der Ablösung weiteren embolischen Materials und der Wiederholung des Anfalls zu denken. In anderen Fällen gehen die Herderscheinungen nur theilweise wieder zurück oder bleiben auch zunächst vollständig bestehen; in solchen Fällen ist die Annahme begründet, dass ein Erweichungsherd sich gebildet habe. In Bezug auf den weiteren Verlauf bestehen dann die gleichen Möglichkeiten wie bei haemorrhagischen Herden (S. 265) oder bei stationären Herderkrankungen überhaupt.

Bei Thrombose können die Erscheinungen, namentlich wenn es sich um Verschluss von grösseren Arterien handelt, die gleichen sein wie bei Embolie; doch ist im Allgemeinen eine langsamere Entwickelung die Regel; dem etwa auftretenden apoplektischen Anfall gehen häufig leichtere Erscheinungen voraus, welche auf die zunehmende Verengerung der Arterien zu beziehen sind; bei Thrombose in kleinen Arterien fehlt gewöhnlich der apoplektische Insult. Da die Thrombose häufig in mehreren Arteriengebieten nach einander zu Stande kommt, so ist die Entwickelung der Erscheinungen oft eine schubweise. Nur selten kommt es zu der ausgebildeten Form der Hemiplegie; häufiger zeigt sich Schwindel und Benommenheit, Parese einzelner Extremitäten oder Muskelgruppen, Abnahme des Gedächtnisses und andere Ausfälle in der psychischen Thätigkeit. Diese Erscheinungen können, wenn Collateralkreislauf sich herstellt, theilweise wieder rückgängig werden, aber auch dauernd sein oder sich wiederholen, anfallsweise zunehmen und endlich zu vollständiger Lähmung und zu blödsinnigem Zustand führen.

Diagnose.

Es gibt Fälle, bei welchen es unmöglich ist zu unterscheiden, ob Haemorrhagie oder Embolie den apoplektischen Erscheinungen zu Grunde liege. In anderen Fällen kann die Unterscheidung mit Wahrscheinlichkeit oder auch annähernd mit Sicherheit gemacht werden. Zunächst ist von Wichtigkeit die Berücksichtigung der übrigen Verhältnisse des Kranken, das Alter, das Vorhandensein oder Fehlen einer Herzaffection oder einer anderen Quelle für einen Embolus, das etwaige Vorkommen von Embolien in anderen Organen (Milz, Nieren, Extremitäten). Ausserdem können in den einzelnen Fällen noch mancherlei besondere Umstände von Bedeutung sein.

So wird man eine Apoplexie, welche langsam, im Verlaufe von vielen Minuten oder selbst von Stunden zu Stande kommt, nicht auf Embolie beziehen. Je länger die Bewusstlosigkeit dauert, und je mehr überhaupt die Erscheinungen auf Gehirndruck hinweisen, desto bestimmter ist der Insult auf Haemorrhagie zurückzuführen. Ein schnelles Verschwinden der Erscheinungen und namentlich auch der Lähmungen spricht für embolische Entstehung. Eine linksseitige Hemiplegie wird man eher geneigt sein von Haemorrhagie als von Embolie abzuleiten.

Die Thrombose der Gehirnarterien lässt sich nicht mit Sicherheit von Haemorrhagie unterscheiden: auch die schubweise Zunahme der Symptome mit dazwischen liegenden Besserungen kann in gleicher Weise bei wiederholten kleinen Haemorrhagien vorkommen. Zu berücksichtigen ist noch, dass der Zustand, welcher als senile Gehirnerweichung bezeichnet wird, häufig auf einfacher Atrophie des Gehirns beruht.

Therapie.

Während des apoplektischen Insults kann man, wenn die Diagnose sicher ist, möglicherweise durch Anregung der Herzthätigkeit die Ausbildung des Collateralkreislaufs fördern; doch denke man je nach den Umständen an die Möglichkeit, dass durch die entsprechenden Massregeln vielleicht auch die Wiederholung der Embolie begünstigt werden könnte. Die Behandlung der dauernden Störungen ist die gleiche wie bei der Haemorrhagie.

Gehirnabscess. Encephalitis suppurativa.

Mit dem Namen der Gehirnentzündung oder Encephalitis hat man zu verschiedenen Zeiten sehr verschiedene Prozesse bezeichnet. Namentlich wurden häufig auch die Erweichungsprozesse als Entzündungen betrachtet, und noch jetzt wird von einzelnen Autoren die rothe Erweichung zur Encephalitis gerechnet. Wir geben ihr diese Bezeichnung nicht und rechnen die Folgen der Embolie nur dann hierher, wenn es sich um eiterige Erweichung handelt (S. 268) oder um secundäre Eiterung in der Umgebung von anderweitigen Erweichungsherden. Ueberhaupt besprechen wir hier nur die eiterige Entzündung, die Encephalitis suppurativa.

Aetiologie.

Gehirnabscesse haben fast immer grobe, deutlich nachweisbare Ursachen. Sie sind häufig die Folge von traumatischen Einwirkungen. Namentlich kommen Gehirnabscesse vor nach Schädelfracturen und -Fissuren mit äusserer Verletzung, welche ein Ein-

dringen von Entzündungserregern von aussen her möglich erscheinen
lassen, ferner nach Verwundungen, bei welchen Fremdkörper, wie
Messerklingen, Kugeln, Knochenfragmente im Gehirn stecken bleiben.
Es kann aber Abscessbildung auch stattfinden ohne äussere Verletzung, nach heftigen Erschütterungen des Schädels, durch welche
Gehirntheile zertrümmert oder Knochenstücke abgesprengt wurden. —
Eine eben so grosse Zahl von Gehirnabscessen entsteht in Folge
von Caries der Schädelknochen, namentlich von Caries des
Felsenbeins oder des Processus mastoideus, wie sie besonders häufig
aus entzündlichen Affectionen des mittleren und inneren Ohres oder
auch des äusseren Gehörganges sich entwickelt; diese Krankheiten
des Ohres oder der Knochen können ihrerseits wieder von Schar-
lach, Typhus, Variola und anderen acuten Krankheiten oder von
Scrofulose und Tuberculose abhängig sein. Seltener entsteht Gehirnabscess von anderen Knochen des Schädels oder des Gesichts
aus bei Caries derselben, so z. B. bei Caries des Stirnbeins oder des
Keilbeins, wie sie in seltenen Fällen in Folge eines intensiven von
der Nasenhöhle fortgepflanzten Katarrhs der Stirn- oder Keilbeinhöhlen entstehen kann, namentlich wenn damit polypöse Wucherungen der Schleimhaut verbunden sind. Ferner kommen vor metastatische Gehirnabscesse in Folge von eiteriger Embolie, so
vor Allem bei Pyaemie, aber auch bei anderen Eiterungen, z. B. bei
Osteomyelitis, in seltenen Fällen auch bei Empyem, Peritonitis, etwas
häufiger bei eiterigen Lungenaffectionen, besonders bei Bronchiek-
tasie, Lungenabscess, Lungengangrän, relativ selten bei Tuberkulose,
zuweilen auch bei ulceröser Endocarditis. — In vielen Fällen stellt
sich in der Umgebung von Erweichungsherden, von Haemorrhagien,
seltener in der Umgebung von Tumoren sogenannte entzündliche
Reaction ein; aber nur selten kommt dabei Eiterung, secundärer
Gehirnabscess, zu Stande. — Gehirnabscesse, welche nicht auf
eine der angegebenen Ursachen zurückgeführt werden könnten, gehören zu den Seltenheiten; sie werden gewöhnlich als spontane
oder idiopathische Gehirnabscesse, besser wohl als Abscesse aus
unbekannter Ursache bezeichnet.

Bei Männern sind Gehirnabscesse häufiger als bei Weibern; sie
kommen vorzugsweise im mittleren Lebensalter vor.

Anatomisches Verhalten.

Abscesse können an jeder Stelle des Gehirns vorkommen; vorwiegend häufig finden sie sich in der weissen Markmasse. Manche

sind sehr klein, so namentlich viele metastatische Abscesse; die letzteren sind oft mehrfach vorhanden und können unter Umständen durch Confluiren zu grösseren Abscessen werden. Andere Abscesse haben eine bedeutende Grösse: man hat schon Vereiterung eines ganzen Gehirnlappens oder selbst nahezu einer ganzen Grossbirnhemisphäre beobachtet. Der Eiter ist gewöhnlich von grüngelber Farbe, schmieriger Consistenz, meist von saurer Reaction; in einzelnen Fällen zeigt der Eiter fötiden Geruch, so namentlich wenn eine directe oder indirecte Verbindung nach aussen besteht (Schädelfractur, Caries des Felsenbeins mit Otorrhoen), oder wenn es sich um Metastase von einem jauchigen Herd aus handelt. Frische Abscesse zeigen sich von unregelmässigen Wandungen begrenzt, die aus fetziger, in Zerfall begriffener Gehirnsubstanz bestehen; unter fortschreitender Zerstörung der Gehirnsubstanz können sie an Grösse zunehmen. Aeltere Abscesse sind gewöhnlich von einer glatten bindegewebigen Membran ausgekleidet, durch welche der Eiter abgekapselt und von der umgebenden Gehirnsubstanz geschieden wird. Solche Abscesse verharren oft sehr lange Zeit in dem gleichen Zustande, ohne weiter um sich zu greifen. Später kann dann wieder ein stärkeres Wachsen des Abscesses eintreten, und so können Perioden des Stillstandes oder langsamer Zunahme mit Perioden schnelleren Wachsthums abwechseln. Bei weiterem Umsichgreifen kann der Abscess unter Umständen in die Ventrikel durchbrechen und dadurch schnell den Tod herbeiführen, oder er kann die Oberfläche des Gehirns erreichen und tödtliche Meningitis zur Folge haben. Heilung von Gehirnabscessen ist sehr selten; doch können vielleicht kleine Abscesse in ähnlicher Weise wie haemorrhagische Herde resorbirt werden oder auch verkalken, und bei grösseren hat man, freilich nur in sehr seltenen Fällen, nach spontanem Durchbruch durch das Ohr, durch die Nase, durch die Convexität des Schädels, durch eine Knochenlücke bei einer Schädelverletzung, oder nach operativer Eröffnung der Schädelknochen Heilung beobachtet.

Symptomatologie.

Die Symptome des Gehirnabscesses zeigen nicht nur in den verschiedenen Fällen, sondern auch bei dem gleichen Falle zu verschiedenen Zeiten sehr grosse Verschiedenheiten. So lange der Abscess in Vergrösserung begriffen ist, pflegen die Druckerscheinungen vorherrschend zu sein, da der Eiter grösseren Raum einnimmt als durch die Zerstörung der Gehirnsubstanz frei geworden ist, und

ausserdem die Umgebung des Abscesses durch entzündliches Oedem
geschwellt ist. Wenn dagegen der Abscess stationär geworden ist,
nimmt die Schwellung in der Umgebung ab und das Gehirn accom-
modirt sich: die Druckerscheinungen treten mehr zurück oder hören
vollständig auf, und es bestehen nur noch Herderscheinungen.

Die Krankheit beginnt meist mit D r u c k e r s c h e i n u n g e n: gewöhnlich ist Kopfschmerz vorhanden von zunehmender Intensität,
dessen Localisation, wenigstens so weit es sich um die Unterscheidung von Stirn und Hinterhaupt, von rechter und linker Seite handelt, meist der Stelle des Herdes einigermassen entspricht, häufig
auch im Anfang Erbrechen, ferner Schwindel, Unsicherheit und
Schwäche der Bewegungen, erschwerte Sprache, Gedächtnissschwäche,
Unbesinnlichkeit, überhaupt Abnahme der psychischen Functionen,
die bis zu Somnolenz oder selbst bis zu vollständiger Bewusstlosigkeit gehen kann, dazwischen zuweilen epileptiforme Anfälle, seltener
Delirien. Häufig ist unregelmässiges Fieber vorhanden, zuweilen
mit Frostanfällen, die bis zu Schüttelfrost sich steigern können. Der
Kranke kann unter den Druckerscheinungen im komatösen Zustande
zu Grunde gehen; in anderen Fällen gehen die Erscheinungen allmählich wieder zurück, und es tritt eine Periode ein, während welcher dieselben vollständig fehlen oder nur andeutungsweise vorhanden sind, dagegen die etwaigen Herderscheinungen vorherrschen.

Die H e r d e r s c h e i n u n g e n sind ausschliesslich abhängig von
dem Sitz und der Ausdehnung des Eiterherdes. Je nach der Stelle
des Gehirns, deren Function ausfällt, können Lähmungen verschiedener Art, namentlich Monoplegien, Hemiplegien oder Hemiparesen
vorkommen, mit oder ohne Sensibilitätsstörungen, oder auch Reizungserscheinungen, namentlich zeitweise auftretende Convulsionen, einseitige oder doppelseitige epileptiforme Anfälle, oder auch Aphasie,
oder andere Störungen der psychischen Functionen u. s. w. Wir
können in Betreff der Herderscheinungen auf die frühere Darstellung
derselben verweisen, aus welcher sich auch ergibt, wie weit aus den
Symptomen auf die Localität und eventuell auf die Ausdehnung des
Abscesses geschlossen werden kann. In manchen Fällen werden
keine Herderscheinungen bemerkt, nämlich dann, wenn der Herd in
einem Theile des Gehirns seinen Sitz hat, dessen Ausfall keine besonders deutlichen Störungen macht. So ist es verständlich, dass
Gehirnabscesse, namentlich im Centrum ovale, in einer Kleinhirnhemisphäre, unter Umständen lange Zeit, zuweilen während vieler
Jahre, vollkommen latent bestehen können. In anderen Fällen, in
welchen deutliche Herderscheinungen fehlen, ist anhaltender oder

nur zeitweise auftretender Kopfschmerz das einzige vieldeutige Symptom, oder es wird das normale Befinden zeitweise durch Schwindelanfälle oder auch durch epileptiforme Anfälle unterbrochen.

Früher oder später pflegt auf diese Periode der vollständigen oder relativen Latenz wieder eine Zeit zu folgen, während welcher in Folge fortschreitenden Wachsthums des Abscesses wieder von Neuem Druckerscheinungen ähnlich wie im Anfang auftreten, die zuweilen auch nochmals wieder rückgängig werden, denen aber häufiger der Kranke erliegt. Die Perforation in die Ventrikel äussert sich meist durch einen apoplektiformen Anfall und führt gewöhnlich schnell zum Tode.

In manchen Fällen ist neben Gehirnabscess zugleich eine diffuse eiterige Meningitis vorhanden, entweder schon im Anfang, namentlich nach traumatischer Einwirkung und bei Caries der Schädelknochen, oder erst später, wenn der Abscess bis an die Gehirnoberfläche vorgedrungen ist. In solchen Fällen treten gewöhnlich die Erscheinungen der Meningitis in den Vordergrund, und der Kranke geht meist in Folge derselben zu Grunde.

Für die Diagnose des Gehirnabscesses ist zunächst erforderlich der Nachweis eines aetiologischen Moments: es muss entweder ein Trauma vorhergegangen sein, auf welches unmittelbar oder auch erst nach Verlauf einiger Zeit die schweren Erscheinungen gefolgt sind, oder es muss eine Otorrhoe bestehen oder irgend ein anderer Umstand, welcher auf Caries des Felsenbeins oder eines anderen Kopfknochens schliessen lässt, oder es müssen die Verhältnisse der Art sein, dass die Möglichkeit einer metastatischen oder secundären Abscessbildung gegeben ist. Von grosser Bedeutung für die Unterscheidung eines Abscesses namentlich von einem Tumor, bei dem eine mehr stetig fortschreitende Vergrösserung stattzufinden pflegt, ist es, wenn nach einiger Zeit die Druckerscheinungen bedeutend abnehmen oder sogar eine längere Periode vollständiger oder relativer Latenz zu Stande kommt, welche dann freilich später wieder durch neu auftretende Druckerscheinungen unterbrochen werden kann. Ausgebildete Stauungspapille kommt bei Abscessen weit seltener vor als bei Tumoren. Fiebererscheinungen sprechen entschieden für Abscess und gegen Tumor. — Von Meningitis ist der Abscess zur Zeit der schweren Erscheinungen oft nicht zu unterscheiden; auch ist häufig Meningitis als Complication vorhanden. Im Allgemeinen wird man um so mehr an Meningitis zu denken haben, je heftiger und stürmischer die Erscheinungen eintreten und verlaufen.

Therapie.

Bei oberflächlich gelegenen Abscessen, deren Sitz mit hinreichender Sicherheit erkannt werden konnte, hat man schon, und zwar in einzelnen Fällen mit günstigem, in anderen freilich mit ungünstigem Erfolg, die Eröffnung des Schädels durch Trepanation vorgenommen. Wo nach einem Trauma eine Lücke im Schädel zurückgeblieben ist, kann zuweilen durch diese der Eiter entleert werden, eventuell unter Anwendung von Aspiration (Th. Renz). Im Allgemeinen, wenn man von solchen sehr seltenen Fällen absieht, hat die Therapie nur eine geringe Wirksamkeit. Eine Ableitung durch Erregung starker Eiterung im Nacken kann zuweilen nützlich sein, vielleicht auch die Einreibung von grauer Salbe und die innerliche Anwendung von Jod. Im Uebrigen ist namentlich im Stadium der Latenz auf Vermeidung von Schädlichkeiten, wie körperliche oder geistige Anstrengung oder Aufregung, Gewicht zu legen, sowie auf eine symptomatische Behandlung, welche den im einzelnen Falle vorkommenden besonderen Zufällen entspricht. Bei meningitischen Erscheinungen können Blutegel, Eisblase, starke Ableitungen auf den Nacken und den Darmkanal indicirt sein.

Tumoren des Gehirns.

Unter dem Namen Gehirntumoren pflegt man manche sehr heterogene Gebilde zusammenzufassen, die aber das Gemeinsame haben, dass sie in ihrem Bereich die Gehirnsubstanz verdrängen oder zerstören und ausserdem, da sie gewöhnlich mehr Raum einnehmen als die zerstörte Gehirnsubstanz, einen diffusen Druck auf das Gehirn ausüben. Es werden dahin gerechnet zunächst alle Neubildungen von bedeutenderem Umfange, ferner alle Gefässerweiterungen, die so umfangreich sind, dass sie eine wesentliche Druckwirkung ausüben, und endlich auch noch die Parasiten, so weit sie Druckwirkungen auszuüben vermögen. Die Berechtigung, alle diese verschiedenartigen Gebilde zusammenzufassen, ist nur in klinischer Beziehung vorhanden und beruht in der Hauptsache darauf, dass die Symptome, welche während des Lebens bestehen, gewöhnlich unabhängig sind von der besonderen Natur des Tumors, und dass wir deshalb meistens auch nicht im Stande sind, aus den Symptomen die specielle Art des Tumors zu diagnosticiren. Es müssen ja in der That die Wirkungen auf das Gehirn die gleichen sein, mag eine maligne Neu-

bildung, etwa ein Carcinom oder Sarkom vorhanden sein, oder mag
eine sogenannte gutartige Neubildung von gleicher Grösse, etwa ein
Fibrom oder Lipom, oder endlich ein Echinokockenbalg an der gleichen Stelle sitzen. Dass in einzelnen Fällen eine genauere Diagnose
der Natur des Tumors möglich ist, beruht nicht auf einer wesentlichen Besonderheit der Symptome, sondern auf der Berücksichtigung
der Aetiologie, der übrigen Verhältnisse des Kranken, des Verlaufs
der Krankheit u. s. w. Man würde unbedenklich auch den chronischen Gehirnabscess zu den Tumoren rechnen, wenn nicht gerade
in der Aetiologie und in dem Verlauf desselben in der Mehrzahl der
Fälle Momente gegeben wären, welche eine Unterscheidung ermöglichen (S. 276).

Anatomisches Verhalten.

Als Gehirntumoren kommen vor zunächst diejenigen Neubildungen, welche vorzugsweise als bösartige bezeichnet zu werden pflegen.
Es sind dies die Carcinome und die Sarkome. Das Carcinom kann
sowohl primär als secundär auftreten; es kommt vor als feste Geschwulst oder Skirrhus, häufiger als weicher und zellenreicher Markschwamm und auch als die melanotische und die teleangiektatische
Form des letzteren. Seitdem die Gliome und Sarkome als besondere Geschwulstformen genau unterschieden worden sind, hat man
erkannt, dass Carcinome im Gehirn weniger häufiger sind, als man
früher anzunehmen pflegte. Das primäre Carcinom findet sich vorzugsweise in den Gehirnventrikeln, zuweilen von den Plexus chorioidei
ausgehend und Hydrops ventriculorum veranlassend nebst Verdrängung der Umgebung; secundäre Carcinome kommen auch im Innern
der Gehirnsubstanz vor. — Die Sarkome bilden theils feste Geschwülste, theils sind sie von markiger Beschaffenheit. Sie treten
meist primär auf, seltener metastatisch. In den Gehirnhemisphären
kommen sie vor als Tumoren von Haselnuss- bis zu Hühnereigrösse,
gewöhnlich von der Umgebung scharf abgegrenzt und von annähernd kugeliger Form, oft mit höckeriger Oberfläche; zuweilen finden
sie sich mehrfach in verschiedenen Theilen des Gehirns. Von der
Dura mater sowohl an der Basis als an der Convexität können Sarkome und seltener auch Carcinome ausgehen, welche, wenn sie nach
innen sich entwickeln, einen Druck auf das Gehirn ausüben und
Atrophie mit Vertiefungen in der Gehirnsubstanz bewirken, die aber
oft auch nach aussen auf die Schädelknochen übergreifen, in die
Augen-, Nasen-, Rachenhöhle vordringen oder an der Convexität
das Schädeldach perforiren (Fungus durae matris).

Die Gliome, welche aus der Neuroglia sich entwickeln, sind dem Centralnervensystem ausschliesslich eigenthümlich. Sie kommen besonders in den Grosshirnhemisphären vor, können aber auch an jeder anderen Stelle auftreten. Dabei ist oft die allgemeine Configuration des Gehirntheils erhalten, und der Tumor, der ohne scharfe Grenze in das umgebende Gewebe übergeht, macht sich oft nur bemerklich durch die Massenzunahme, die Veränderung der Consistenz und durch die graue oder grau-röthliche Färbung.

Von den Tuberkeln rechnen wir die Miliartuberkel, welche bei allgemeiner Miliartuberculose häufig in den weichen Gehirnhäuten besonders an der Basis vorkommen, nicht zu den Gehirntumoren; sie werden bei der Meningitis tuberculosa besprochen werden (s. u.). Ausserdem gibt es Gehirntuberkel in Form von käsigen Geschwülsten von Haselnuss- bis Hühnereigrösse, die vereinzelt oder auch mehrfach vorkommen, besonders häufig im Kleinhirn, nicht selten aber auch an anderen Stellen, bei Kindern häufiger als bei Erwachsenen. Ausser den eigentlichen Tuberkeln finden sich zuweilen käsige Herde, welche einen anderen Ursprung haben, indem sie durch Verkäsung von Entzündungsherden, haemorrhagischen Herden oder von Neubildungen (Sarkomen, Syphilomen) entstanden sind, und bei denen die sichere Unterscheidung oft nur durch die Untersuchung auf Tuberkelbacillen möglich ist.

Zu den selteneren Geschwülsten, die in der Gehirnsubstanz oder in der Dura mater sich entwickeln können, gehören die Cholesteatome, Myxome, Fibroide, Lipome, Angiome, Osteome, die einfache Hypertrophie der Zirbeldrüse, der Hypophysis oder einzelner Theile der Gehirnsubstanz. Auch Exostosen der Schädelknochen, Verknöcherungen oder Knochenneubildungen in der Dura mater und vielleicht sogar übermässige Anhäufungen von Gehirnsand, sogenannte Psammome, können ausnahmsweise, wenn sie einen ungewöhnlichen Umfang erreichen, wie Gehirntumoren wirken. Endlich kann in seltenen Fällen auch eine circumscripte chronische Meningitis, wenn dabei eine ungewöhnlich umfangreiche entzündliche Neubildung und Exsudation erfolgt, die Erscheinungen eines Gehirntumors machen.

Einfache seröse Cysten finden sich sehr häufig in den Plexus chorioidei oder auch in den Gehirnhäuten und haben gewöhnlich keine pathologische Bedeutung. In seltenen Fällen hat man seröse Cysten in der Gehirnsubstanz gefunden oder auch eigentliche Dermoidcysten in der Gehirnsubstanz oder in der Dura mater. Echinokocken sind ebenfalls nur selten in der Substanz der Grosshirnhemisphären gefunden worden. Cysticerken haben, wenn sie vereinzelt sich finden, wegen ihrer geringen Grösse meist keine raumbeschränkende Wirkung; in einzelnen Fällen sind sie sehr zahlreich vorhanden und zwar hauptsächlich an der Convexität des Gehirns in der Pia mater und der grauen Substanz und haben dann gewöhnlich sehr auffallende Krankheitserscheinungen zur Folge (s. u.).

Auch Syphilome des Gehirns können, wenn sie eine ungewöhnliche Grösse erreichen, raumbeschränkend wirken und Druckerscheinungen zur Folge haben, ebenso manche syphilitische Erkrankungen der Knochen und der Gehirnhäute (vgl. Bd. I, S. 277).

Endlich sind zu den Gehirntumoren im weiteren Sinne auch die Gefässerweiterungen zu rechnen, welche eine solche Grösse haben, dass sie Druckerscheinungen bewirken. Hierher gehören zunächst die umfangreichen Aneurysmen der grösseren Gehirnarterien an der Basis, ferner aber auch die selten vorkommenden bedeutenden Ektasien der Gehirnsinus.

In einem von mir beobachteten Falle wurde durch eine Ektasie des Sinus cavernosus, welche nahezu die Grösse einer Faust erreichte, unter den Erscheinungen eines Hirntumors der Tod herbeigeführt.

Die Wirkungen der Tumoren auf das Gehirn beruhen zum grossen Theil darauf, dass der normale Schädelinhalt noch um das Volumen des Tumors vermehrt worden ist; sie sind daher zunächst und hauptsächlich abhängig von der Grösse des Tumors. Doch verhalten sich die einzelnen Tumoren in dieser Hinsicht verschieden. Bei manchen Tumoren, welche nicht auf Kosten der Gehirnsubstanz, sondern aus einem relativ kleinen Keimgewebe zu bedeutendem Umfange sich entwickeln, kommt zu dem normalen Schädelinhalt das ganze Volumen des Tumors hinzu: so verhält es sich z. B. bei Echinokocken, Cysticerken, Dermoidcysten, Aneurysmen, Ektasien der Sinus; auch die Sarkome pflegen bei ihrem Wachsthum die Gehirnsubstanz nur wenig in Anspruch zu nehmen. In solchen Fällen wird der Raum für den Tumor nur durch Verdrängung anderweitigen Schädelinhalts gewonnen, und die Tumoren müssen einen im Verhältniss zu ihrer Grösse bedeutenden Druck ausüben. Andere Tumoren entwickeln sich mehr oder weniger auf Kosten der Gehirnsubstanz, indem sie dieselbe gewissermassen aufzehren: ebenso wie manche Gehirnabscesse zeitweise nicht mehr Raum einnehmen als die durch die Eiterung zerstörte Gehirnsubstanz vorher eingenommen hatte, und deshalb gar keine Druckwirkungen ausüben, so kann es auch bei Tuberkeln geschehen, dass sie keine oder nur eine unbedeutende raumbeschränkende Wirkung haben; und selbst bei Gliomen und

Carcinomen ist gewöhnlich die Raumbeschränkung geringer, als es dem Volumen des Tumors entsprechen würde.

Durch Tumoren, welche mehr Raum einnehmen als die etwa verschwundene Gehirnsubstanz, wird die Umgebung mehr oder weniger verdrängt: bei umfangreichen Tumoren kommen sehr auffallende Dislocationen vor, indem z. B. die Theile des Gehirns über die Mittellinie hinüber nach der gesunden Seite verdrängt und dabei mannigfach verschoben und verzerrt werden. Die Gehirnsubstanz in der nächsten Umgebung des Tumors ist gewöhnlich von vermindertem Volumen, blass, trocken, blutleer, zuweilen aber auch von kleinen Blutergüssen durchsetzt, in manchen Fällen von vermehrter Consistenz, in anderen mehr oder weniger erweicht. Die genauere Untersuchung lässt einen höheren oder geringeren Grad von Atrophie und Degeneration erkennen. Aber auch in Theilen des Gehirns, welche von dem Tumor weit entfernt liegen, kann durch sogenannte Fernwirkung in einer bisher nicht immer genügend verständlichen Weise Atrophie und Degeneration zu Stande kommen. Je umfangreicher der Tumor ist, desto mehr ist das ganze Gehirn trocken, blutleer; an der Oberfläche sind die Gyri abgeflacht, die Sulci schmal, wobei in der Ausbildung dieser Erscheinungen häufig ein gewisser die Ausbreitung des Drucks beschränkender Einfluss der Falx und des Tentorium bemerkbar ist. Die Schädelknochen zeigen sich oft verdünnt durch Resorption von der Innenfläche aus, die Gehirnhäute entzündlich verdickt. Wie bei allen Drucksteigerungen innerhalb des Schädels kommt Stauungspapille zu Stande (S. 254). Raumbeschränkende Tumoren in der hinteren Schädelgrube führen regelmässig zu Hydrops ventriculorum (S. 256). Auch Tumoren, welche sich in den Ventrikeln entwickeln, haben gewöhnlich Flüssigkeitserguss zur Folge.

Symptomatologie.

Die Symptome der Gehirntumoren setzen sich zusammen aus Herderscheinungen und Druckerscheinungen.

Die Herderscheinungen sind Ausfallsymptome und beruhen auf dem Fehlen der Function derjenigen Gehirntheile, welche durch den Tumor zerstört oder durch seine unmittelbare Wirkung zur Atrophie oder Degeneration gebracht worden sind. Die Art der Herderscheinungen hängt allein ab von der Localität, an welcher der Tumor sich findet, und von der Ausdehnung, in welcher durch die unmittelbaren Wirkungen desselben die Gehirnsubstanz functionsunfähig geworden ist. Daher lässt sich aus der Art der beobach-

teten Herderscheinungen ein Schluss machen auf den Sitz und die
Ausdehnung des Tumors. Es ist aber auch verständlich, dass es
Tumoren gibt, welche keine bemerkbaren Herderscheinungen machen:
es sind dies entweder solche, welche nur mässige Verdrängung der
Gehirnsubstanz ohne bedeutende Zerrung und Atrophie bewirken,
oder solche, bei welchen die Zerstörung der Gehirnsubstanz relativ
indifferente Theile, wie z. B. das Centrum ovale oder die Kleinhirnhemisphären betrifft.

Die Druckerscheinungen entstehen dadurch, dass zu dem
normalen Schädelinhalt noch das Volumen des Tumors hinzugekommen ist. Der Grad ihrer Ausbildung hängt zunächst ab von der
Grösse des Tumors: kleine Tumoren machen gewöhnlich keine oder
nur unbedeutende Druckerscheinungen, bei grossen Tumoren sind
dieselben sehr ausgebildet. Ausserdem kommt die Schnelligkeit des
Wachsthums in Betracht: wenn ein Tumor langsam wächst, so hat
das Gehirn Zeit sich einigermassen zu accommodiren, indem durch
Abnahme der Cerebrospinal- und Parenchymflüssigkeit so wie auch
durch allmähliche Atrophie der Gehirnsubstanz Raum geschafft wird;
bei schnell wachsenden Tumoren müssen dagegen die Druckerscheinungen bedeutender sein. Endlich ist für die Druckerscheinungen
von Wichtigkeit, wie viel Gehirnsubstanz in Folge der Entwickelung
des Tumors zu Grunde gegangen ist: bei Tuberkeln kommt es vor,
dass sie kaum mehr Raum einnehmen, als vorher von der durch
sie zerstörten Gehirnsubstanz eingenommen wurde, und ähnlich verhält es sich in einzelnen Fällen bei Gliomen und bei Carcinomen
(S. 280). In solchen Fällen können die Druckerscheinungen vollständig fehlen. Und wenn dann ausserdem der Tumor an einer
relativ indifferenten Stelle sitzt, so können überhaupt alle merklichen
Erscheinungen fehlen: latente Tumoren.

Aus diesen Erörterungen ergibt sich, dass die Symptomatologie
der Gehirntumoren äusserst mannigfaltig sein muss: in der That
kommen von den latenten Tumoren bis zu denen, welche die schwersten
Erscheinungen machen, alle Zwischenstufen vor, und die vorhandenen Symptome zeigen alle möglichen Mischungen von Herd- und
Druckerscheinungen. Wenn es aber auch unmöglich ist, ein für alle
Fälle oder auch nur für die Mehrzahl derselben zutreffendes Symptomenbild anzugeben, so erscheint es doch zweckmässig, wenigstens
die häufiger vorkommenden Symptome kurz zusammenzustellen.

Eines der häufigsten und frühesten Symptome ist Kopfschmerz;
der Sitz desselben entspricht keineswegs immer der Localität des
Tumors; doch deutet ausgesprochener Stirnkopfschmerz auf Sitz in

den vorderen Theilen, ausgesprochener Hinterhauptschmerz auf Sitz
in der hinteren Schädelgrube; und auch ein auf eine Seite beschränkter
Schmerz entspricht gewöhnlich der Seite, auf welcher der Tumor
sich findet. Uebrigens wird man aus Kopfschmerz allein bei der
Vieldeutigkeit dieses Symptoms (S. 75) niemals auf einen Gehirn-
tumor schliessen; dagegen würde Fehlen allen Kopfschmerzes ein
Moment sein, welches einigermassen gegen die Diagnose eines Gehirntumors spräche. Auch Schwindelgefühle in verschiedenen
Formen kommen sehr häufig vor, in besonders ausgeprägter Weise
bei Tumoren in der hinteren Schädelgrube (S. 255). Seltener sind
ausgebildete Zwangsbewegungen verschiedener Art. Mit dem Kopfschmerz und Schwindel ist häufig Erbrechen verbunden. In
manchen Fällen zeigen sich Anfälle von Verminderung des Bewusstseins oder von vollständiger Aufhebung desselben: es können apoplektiforme Anfälle auftreten, die von plötzlicher hyperaemi-
scher Schwellung des Tumors oder von Blutergüssen in denselben
oder in seine Umgebung abhangen können; ferner kommen epileptiforme oder eigentliche epileptische Anfälle vor, besonders
häufig bei Tumoren in der Nähe der grauen Gehirnrinde. Auch
unilaterale oder auf einzelne Muskelgruppen des Gesichts oder der
Extremitäten beschränkte Convulsionen können als Herderscheinungen
auftreten (S. 223). Häufig sind psychische Störungen vorhanden: im Anfange besteht oft Gereiztheit oder auch melancholische
Verstimmung und Mangel an Energie; mit zunehmendem Druck
wird immer deutlicher eine allgemeine Abnahme der psychischen
Functionen, Mangel an Gedächtniss, erschwerte Sprache, Apathie,
Somnolenz, zum Schluss zuweilen ein blödsinniger Zustand oder
auch schweres Koma; seltener sind intercurrente Zustände von Aufregung, maniakalische Anfälle u. dgl. Als Herderscheinungen können
je nach dem Sitz des Tumors auftreten unvollständige oder vollständige Aphasie, Anarthrie, Worttaubheit und andere Störungen.
Motilitätsstörungen zeigen sich entweder nur als allgemeine
Muskelschwäche und Unsicherheit der Bewegungen oder als Herderscheinungen je nach dem Sitz des Tumors in Form von Lähmung
einzelner Gehirnnerven (Augenmuskelnerven, Facialis, Hypoglossus),
von Hemiplegien oder Hemiparesen, von gekreuzten (alternirenden,
wechselständigen) Lähmungen (S. 240), seltener von Paraplegien oder
Paraparesen. Sensibilitätsstörungen sind oft nur vom Gehirndruck abhängig, wie Flimmern vor den Augen, Ohrensausen, Ameisenkriechen und andere verbreitete Paraesthesien oder unvollständige
Anaesthesien; andere sind Herderscheinungen, wie Neuralgie oder

Anaesthesie des Trigeminus, Amaurose, Hemiopie, Schwerhörigkeit oder Taubheit, Geruchs- und Geschmacksstörungen, halbseitige Hyperaesthesie oder Anaesthesie. Die Pupillen sind häufig erweitert, zuweilen auf beiden Seiten ungleich, reagiren wenig auf Lichteinwirkung. Stuhl- und Harnentleerung sind oft gestört. Zuweilen besteht auffallend geringe Frequenz der Herzaction, verminderte Frequenz oder Unregelmässigkeit der Respiration. In einzelnen Fällen ist die Gesammternährung gestört, und es kommt zu Marasmus, in anderen ist keine Störung der Ernährung bemerkbar, oder es entwickelt sich sogar eine zunehmende Körperfülle. — Endlich können noch mancherlei „Fernwirkungen" sich einstellen: die gewöhnlichste ist die vom Gehirndruck abhängige Stauungspapille; weniger leicht zu erklären sind manche andere Fernwirkungen, z. B. Degeneration des Tractus olfactorius, wie ich sie bei einem Tumor der hinteren Schädelgrube constatirte, Degeneration des N. opticus, circumscripte Degeneration einzelner entfernt liegender Gehirnabschnitte u. s. w.

Die Diagnose der Gehirntumoren beruht im Wesentlichen auf der richtigen Würdigung der vorhandenen Herd- und Druckerscheinungen neben gleichzeitiger Berücksichtigung der übrigen Verhältnisse und der Anamnese. Es gibt Fälle, bei welchen die Diagnose unmöglich ist oder nur bis zu einer Vermuthung gelangen kann; in anderen Fällen kann die Diagnose gestellt werden, und es lässt sich zuweilen nicht nur der Sitz, sondern auch die Ausdehnung und selbst die Art des Tumors mit mehr oder weniger Bestimmtheit angeben.

Es ist im einzelnen Falle Aufgabe des Arztes, sich klar zu machen, wie weit er mit der Diagnose gehen kann, und wie gross dabei der Grad der Wahrscheinlichkeit ist. Wer mit der bestimmten Diagnose weiter geht, als die thatsächlichen Grundlagen erlauben, wird gewöhnlich fehlgehen; und selbst im günstigsten Falle hat er nur glücklich gerathen, aber nicht diagnosticirt. Auch wird man keine hohe Meinung von der wissenschaftlichen Methode eines Autors haben, der kühne und durch die Section bestätigte Diagnosen veröffentlicht, während im einzelnen Fall zuweilen die mitgetheilte Krankengeschichte zu einer Begründung der angegebenen Diagnose nicht ausreicht. Nachträgliche Selbsttäuschungen über das, was man vorher gedacht und gewusst hat, sind nur bei objectiver Selbstkritik sicher zu vermeiden. In der hiesigen Klinik gilt die Diagnose nur, so weit sie vor der Section aufgeschrieben worden ist.

Wenn die Symptome eines schweren organischen Gehirnleidens langsam und allmählich sich entwickeln, ohne dass ein Trauma oder Caries der Schädelknochen oder überhaupt ein aetiologisches Moment nachzuweisen ist, wenn ferner das Vorhandensein von Druckerschei-

nungen, unter anderem auch der Nachweis von Stauungspapille auf
eine raumbeschränkende Erkrankung schliessen lässt, so ist die Annahme eines Gehirntumors in hohem Grade wahrscheinlich. Von besonderer Wichtigkeit für die Diagnose ist der Verlauf der Krankheit,
welcher im Allgemeinen eine stetige Zunahme der Krankheitserscheinungen zeigt; es kann zwar dieser stetige Verlauf unterbrochen werden durch vorübergehende Verschlimmerungen, wie apoplektiforme
oder epileptiforme Anfälle, mehrtägige Schlafsucht, auffallende psychische Störungen; aber auch wenn diese intercurrenten Verschlimmerungen sich wieder verlieren, kommt es niemals, wie es beim Gehirnabscess häufig geschieht, zu einem Rückgängigwerden der übrigen
Erscheinungen oder selbst zu einer Periode mehr oder weniger vollständiger Latenz, sondern die Erscheinungen nehmen im Uebrigen
stetig zu. Beim Abscess ist ferner seltener ein anhaltender Gehirndruck vorhanden, der zu ausgebildeter Stauungspapille führt; meist
ist eine ausreichende Aetiologie nachzuweisen, und zeitweise pflegt
Fieber aufzutreten.

Die Localität des Tumors wird im Wesentlichen erschlossen
aus den vorhandenen Herderscheinungen; doch können auch die
Druckerscheinungen je nach dem Sitz des Tumors einige Differenzen
darbieten, da, wie früher besprochen wurde (S. 251), der Druck nicht
ganz gleichmässig im Schädel sich verbreitet, sondern theils wegen
der Consistenz der Gehirnsubstanz, theils wegen des Widerstandes
der Falx und des Tentorium in seiner Ausbreitung gehemmt und
dadurch einigermassen localisirt wird.

Im Allgemeinen ist in Betreff der Localisirung des Krankheitsherdes auf die im Früheren gegebene Darstellung der Herderscheinungen zu verweisen (S. 214 ff.); doch seien hier noch einige besondere Andeutungen hinzugefügt.

Bei Tumoren in der Nähe der Convexität des Gehirns
treten oft epileptische oder epileptiforme Anfälle auf. Unter anderem sind solche Anfälle häufig bei Cysticerken, wenn sie in
grosser Zahl und, wie es dann gewöhnlich der Fall ist, an der Convexität sich finden. An Cysticerken müssen epileptiforme Anfälle
erinnern, wenn sie bei vorher Gesunden im vorgerückten Lebensalter, bei welchen keine erbliche Disposition und auch keine andere
Aetiologie vorhanden ist, auftreten, sich rasch häufen und bald unter
steter Vermehrung der Zahl und Intensität der Anfälle das allgemeine Bild eines schweren Gehirnleidens herbeiführen; auch Geistesstörung mit dem Charakter der Depression und Verworrenheit, mit
zunehmender geistiger Schwäche, Schwindel und anderen Gehirn-

erscheinungen kann, wenn der Fall aus anderen Gründen nicht als
Dementia paralytica aufzufassen ist, den Verdacht auf Cysticerken
begründen; dagegen ist ein Gehirnleiden mit frühzeitig auftretender
Lähmung fast mit Sicherheit als nicht von Cysticerken abhängig zu
betrachten (Griesinger 1862). Der Nachweis von Cysticerken in
peripherischen Theilen, namentlich unter der Haut, kann unter solchen
Umständen die Diagnose befestigen. — Tumoren, welche Theile der
Centralwindungen ausser Function setzen, haben stückweise
Hemiplegien zur Folge, zuweilen mit unilateralen oder partiellen
epileptiformen Convulsionen (S. 223). Bei Tumoren in der Gegend
der dritten Stirnwindung oder der Insel linkerseits kommt Aphasie
zu Stande (S. 225). Tumoren im Schläfenlappen können Gehörstörungen, im Occipitallappen Sehstörungen bewirken (S. 224).
Wenn ein Tumor in der Gegend der Grosshirnganglien und
der Capsula interna seinen Sitz hat, so kommt es zu mehr oder
weniger vollständiger andersseitiger Hemiplegie. Aber auch bei
einem Tumor an einer anderen Stelle der Grosshirnhemisphäre kann,
wenn er raumbeschränkend wirkt, neben den allgemeinen Druckerscheinungen Hemiplegie oder Hemiparese der entgegengesetzten
Körperhälfte auftreten, indem der Druck auf die gleiche Seite stärker
einwirkt. Tumoren der Vierhügel haben Sehstörungen und Störungen der Augenbewegungen zur Folge.

Bei Tumoren an der Basis in der Gegend des Chiasma
nervorum opticorum, z. B. bei solchen, welche von der Hypophysis ausgehen, besteht in vielen Fällen die erste auffallende Herd-
erscheinung in Amblyopie, die häufig schnell bis zu vollständiger
Amaurose fortschreitet. Seltener beobachtet man Amaurose nur des
einen Auges in Folge von Einwirkung auf den einen Nervus opticus vor dem Chiasma oder Hemiopie bei Einwirkung auf den einen
Tractus opticus, oder bei einem von vorn oder von hinten gegen
das Chiasma vordringenden Tumor mediale Hemiopie oder endlich
bei anderweitiger partieller Zerstörung des Chiasma Gesichtsfeldbeschränkungen von entsprechender Form. Uebrigens ist dabei zu
berücksichtigen, dass raumbeschränkende Tumoren, auch wenn sie
an anderen entfernten Stellen sitzen, Sehstörungen bewirken können
entweder durch Stauungspapille oder durch anderweitige Fernwirkung. — Tumoren in einem Pedunculus oder auf einer Seite des
Pons haben oft charakteristische gekreuzte oder wechselständige
Lähmungen zur Folge (S. 240), daneben unter Umständen Neuralgie
oder Anaesthesie des Trigeminus. Bei Tumoren, welche die Medulla oblongata beeinträchtigen, kann der Symptomencomplex

der Bulbärparalyse (S. 244) zu Stande kommen; ausserdem treten dabei oft noch verbreitete Paresen und Sensibilitätsstörungen auf, unter Umständen auch Störungen der Respiration und Circulation, der Harnsecretion u. s. w. — Bei Tumoren im Kleinhirn sind oft Störungen der Coordination der Rumpfbewegungen, Schwindelgefühle von besonderer Art (S. 246) oder selbst Zwangsbewegungen vorhanden. — Bei allen raumbeschränkenden Tumoren unterhalb des Tentorium wird die Ausbreitung des Druckes durch das Tentorium einigermassen beschränkt; derselbe wirkt daher zunächst besonders stark auf das Kleinhirn und die Medulla oblongata ein, und aus diesem Grunde zeigen sich Functionsstörungen in diesen Theilen, auch wenn sie nicht direct durch den Tumor beeinträchtigt werden. Im Laufe der Zeit gesellt sich zu raumbeschränkenden Tumoren der hinteren Schädelgrube constant Hydrops ventriculorum; dadurch wird der Druck auf das Grosshirn verbreitet, es entstehen allgemeine Druckerscheinungen mit Stauungspapille u. s. w. (S. 255).

Für die Diagnose der Art des Tumors, die nur in besonderen Fällen genau gemacht werden kann, sind mancherlei Umstände massgebend. Auf Syphilome würden vorhergegangene oder gleichzeitige sonstige syphilitische Erscheinungen hindeuten, auf Carcinome oder Tuberkel der Nachweis von Carcinomen oder Tuberkeln in anderen Organen, auf Cysticerken das Auffinden von Cysticerken unter der Haut, das Vorhandensein einer Taenia solium u. s. w. Ein vorhergegangenes Trauma spricht im Allgemeinen nicht für die Annahme eines Tumor; wenn aber Abscess oder Meningitis ausgeschlossen ist, so wird man eher an eine entzündliche Neubildung oder an ein Gliom denken, welches erfahrungsgemäss zuweilen nach traumatischen Veranlassungen sich entwickelt, oder etwa auch an Aneurysmen. Bei Tumoren in den Grosshirnhemisphären ist die Annahme von Gliomen, bei Tumoren an der Basis die Annahme von Sarkomen näher liegend. Im höheren Lebensalter wird man eher Aneurysmen oder Carcinome, bei jugendlichen Individuen eher Tuberkel oder Gliome oder etwa auch Sarkome voraussetzen. Auch etwaige hereditäre Anlagen können von Bedeutung sein. Schnelle Zunahme der Erscheinungen, welche auf schnelles Wachsthum des Tumors hindeutet, kommt häufiger vor bei malignen als bei anderen Neubildungen. Die Raumbeschränkung und damit der Hirndruck pflegt bei gleicher Grösse des Tumors stärker zu sein bei Sarkomen als bei Tuberkeln und durchschnittlich auch wohl grösser als bei Gliomen. Gewisse Arten von Tumoren haben gewisse Prädilectionsstellen: so kommen Tuberkel besonders häufig vor im Kleinhirn, Cysticerken an der Convexität u. s. w.

Therapie.

Eine wirksame Behandlung ist nur selten möglich. In den meisten Fällen ist man auf diätetische und symptomatische Massregeln unter Vermeidung aller gewaltsamen Eingriffe beschränkt. Genuss von Spirituosen, Anstrengungen und Aufregungen sind zu vermeiden. Wichtig ist die Sorge für regelmässigen Stuhlgang; auch kann es erleichternd wirken, wenn während längerer Zeit durch salinische Abführmittel reichliche Entleerungen unterhalten werden. Beim Eintreten heftigerer Kopfschmerzen oder anderweitiger Verschlimmerungen der Erscheinungen kann die Anwendung der Eisblase auf den Kopf, die Application einiger Blutegel in die Schläfengegend oder hinter das Ohr, eines Vesicators in den Nacken, eventuell auch die Anwendung stärkerer Abführmittel von Nutzen sein. Wo es sich um Syphilis handelt, ist die energische Behandlung mit Mercurialien oder unter Umständen auch mit Jodpräparaten indicirt und hat zuweilen wesentlichen Erfolg; und da solche Fälle fast die einzigen sind, welche der Therapie noch eine wesentliche Chance bieten, so ist es gerechtfertigt, in allen Fällen, bei welchen auch nur der geringste Verdacht auf Syphilis vorliegt oder auch nur die Möglichkeit derselben angenommen werden kann, mit Vorsicht eine entsprechende Behandlung zu versuchen. Auch in Fällen, bei welchen keine Syphilis vorhanden ist, kann das Einreiben von grauer Salbe in den Nacken oder die innerliche Anwendung von Jodkalium vielleicht zuweilen von einigem Nutzen sein.

P. Ladame, Symptomatologie und Diagnostik der Hirngeschwülste. Berner Dissertation. Würzburg 1865. — M. Bernhardt, Beiträge zur Symptomatologie und Diagnostik der Hirngeschwülste. Berlin 1881.

Diffuse Gehirnkrankheiten.

Als diffuse Gehirnkrankheiten bezeichnen wir diejenigen, bei welchen verbreitete anatomische Veränderungen vorhanden sind, welche Functionsstörungen im ganzen Gehirn oder in grösseren Abschnitten desselben zur Folge haben. Wir rechnen zu den diffusen Gehirnkrankheiten nicht nur die verbreiteten Erkrankungen der Gehirnsubstanz selbst, sondern auch die der Gehirnhäute. Ferner rechnen wir zu den diffusen Erkrankungen auch diejenigen anatomischen Veränderungen, welche zwar in Form einzelner Krankheitsherde auftreten, bei welchen aber in der Regel diese Herde in so grosser Zahl vorhanden und so weit über das Gehirn verbreitet sind, dass die dadurch entstehenden functionellen Störungen einen diffusen Charakter erhalten (multiple Sklerose).

Die diagnostische Unterscheidung der diffusen Gehirnkrankheiten von den Herderkrankungen kann unter Umständen schwierig sein. Sie beruht im Wesentlichen darauf, dass bei den diffusen Erkrankungen die Erscheinungen nicht auf einen einzelnen Krankheitsherd sich zurückführen lassen, sondern zur Annahme einer verbreiteten anatomischen Läsion nöthigen. Doch ist dabei zu berücksichtigen, dass einerseits auch bei diffusen Gehirnkrankheiten zuweilen einzelne Localitäten besonders stark ergriffen werden und dadurch Herderscheinungen entstehen können, und dass anderseits die Herderkrankungen, soweit sie raumbeschränkend wirken, zu allgemeinem Gehirndruck und damit zu diffusen Krankheitserscheinungen führen. Aus dem letzteren Grunde sind beweisend für das Bestehen einer diffusen Erkrankung nur solche diffuse Erscheinungen, welche nicht einfach von Gehirndruck abgeleitet werden können. Endlich ist noch zu berücksichtigen, dass auch Combinationen von diffusen Erkrankungen mit Herderkrankungen vorkommen.

Acute Meningitis.

Bei den Gehirnhäuten ist ebenso wie bei den Rückenmarkshäuten zu unterscheiden die Entzündung der Dura mater als Pachymeningitis und die Entzündung der Arachnoidea und der Pia mater als Leptomeningitis. In vielen Fällen sind alle Gehirnhäute gleichzeitig ergriffen, und besonders häufig geht die Entzündung von der einen Haut auf die andere über. Daher ist eine genaue Trennung der Entzündungen der verschiedenen Häute nur pathologisch-anatomisch ausführbar.

Ausser der acuten Meningitis, welche klinisch besonders wichtig ist, und welche immer gemeint ist, wenn man von Meningitis ohne weiteren Zusatz redet, gibt es auch eine chronische Form; dieselbe ist in ihrer Aetiologie und Symptomatologie so verschieden von der acuten, dass wir sie in einem besondern Capitel behandeln. Dagegen sind die Meningitis cerebro-spinalis epidemica und die Meningitis tuberculosa, welche gewöhnlich von der sogenannten Meningitis simplex getrennt abgehandelt werden, nur aetiologisch gesonderte Formen, während die Symptomatologie in allen wesentlichen Punkten übereinstimmt. Wir glauben deshalb die Uebersichtlichkeit zu fördern, wenn wir diese Formen gemeinschaftlich besprechen.

Anatomisches Verhalten.

Die acute Pachymeningitis ist gewöhnlich auf eine circumscripte Stelle der harten Hirnhaut beschränkt. An der äusseren Lamelle derselben, welche dem Periost der inneren Fläche der

Schädelknochen entspricht, zeigt sich zunächst starke Gefässinjection, oft mit Ekchymosirung; später kommt es zu fibrinösen Auflagerungen oder zu Eiterbildung auf der äusseren Fläche der Dura mater (Pachymeningitis externa) oder auch zu eiteriger Infiltration der Dura mit Auflockerung und Erweichung derselben, zuweilen mit Eiterbildung auf ihrer inneren Fläche (Pachymeningitis interna). Durch die Eiterung kann sowohl die Dura als der Knochen arrodirt oder stellenweise zerstört werden. Auch kann in besonderen Fällen der Eiter nach aussen sich entleeren, indem an den präformirten Oeffnungen oder an traumatisch oder cariös zerstörten Stellen die Schädelknochen durchbrochen werden; so kann z. B. der Eiter in das innere und mittlere Ohr und nach Perforation des Trommelfells nach aussen durchbrechen. In anderen Fällen kommt es zu Heilung mit fester Verwachsung der Dura mater mit dem Knochen. Häufig greift die Pachymeningitis auf die weichen Gehirnhäute über und bewirkt Leptomeningitis. In anderen Fällen führt sie zu Abscessbildung im Gehirn. Bei etwaiger Pachymeningitis in der Nähe der venösen Sinus der Dura mater kann Thrombose derselben entstehen (s. u.).

Die acute Leptomeningitis hat in der Regel eine diffuse Verbreitung und kann die ganze Oberfläche des Gehirns einnehmen oder sich sogar noch auf die weichen Rückenmarkshäute erstrecken; in der Mehrzahl der Fälle ist aber vorherrschend entweder die Convexität oder die Basis des Gehirns betroffen. Die tuberculöse Meningitis pflegt vorzugsweise an der Basis ausgebildet zu sein, erstreckt sich aber auch nicht selten gegen die Convexität und auf die weichen Rückenmarkshäute. Die epidemische Meningitis kann die ganze Ausdehnung der Gehirn- und Rückenmarkshäute befallen, pflegt aber ebenfalls an der Basis die stärkste Ausbildung zu erreichen. Bei den anderen Formen von Meningitis ist dagegen meist vorzugsweise die Convexität des Gehirns befallen. — Die Pia mater ist injicirt, getrübt, durch Infiltration verdickt. Zwischen Pia und Arachnoidea, in den sogenannten Subarachnoidealräumen, bilden sich weissgelbe oder grüngelbe, bald mehr fibrinöse, bald mehr serös-eiterige oder rein eiterige Exsudatmassen, welche besonders da sich anhäufen, wo grössere Zwischenräume zwischen Arachnoidea und Pia mater bestehen, an der Convexität haupstächlich zwischen den Gehirnwindungen, an der Basis zwischen den Pedunculi und dem Chiasma, in der Umgebung der Medulla oblongata, in der Fossa Sylvii und den übrigen grösseren Gehirnspalten. Die aus dem Gehirn austretenden Nerven, soweit sie von dem Exsudat umschlossen werden, sind zuweilen in eiteriger Erweichung begriffen; auch die Oberfläche des Gehirns kann an Stellen, wo die Entzündung besonders intensiv ist, Andeutungen von eiteriger Infiltration und Erweichung zeigen. Bei Meningitis an der Basis kommt es in Folge von Fortsetzung des entzündlichen Prozesses auf das Ependym der Ventrikel und die Plexus chorioidei in der Regel zu einem entzündlichen Flüssigkeitserguss in die Ventrikel (Hydrocephalus acutus), der serös, serös-eiterig oder rein eiterig sein kann; die Gehirnsubstanz in der Umgebung der Ventrikel ist dabei gewöhnlich in hydrocephalischer Erweichung begriffen.

Miliartuberkel in den weichen Gehirnhäuten können in einzelnen Fällen ohne oder fast ohne Entzündung in der Umgebung vorkommen; in der Regel aber führt die Entwickelung derselben zu mehr oder weniger ausgebildeten entzündlichen Veränderungen in den Gehirnhäuten, zu Meningitis tuberculosa. Die Miliartuberkel in den weichen Gehirnhäuten sind gewöhnlich kleiner als in den meisten anderen Organen: sie können die Grösse von feinen Sandkörnern haben, erreichen zum Theil auch die Grösse eines Mohnkornes, seltener die eines Hirsekornes oder mehr. Gewöhnlich sind sie am reichlichsten vorhanden an der Basis im Verlauf der arteriellen Gefässe, so namentlich in der Fossa Sylvii, in der Umgebung des Chiasma, in der Gegend der Medulla oblongata, nicht selten auch in der Pia mater des Rückenmarks. An diesen Stellen pflegt auch die Meningitis am meisten ausgebildet zu sein; sie ist gewöhnlich vorzugsweise eine Meningitis basilaris und führt deshalb auch zu entzündlichem Flüssigkeitserguss in die Ventrikel.

Der Hydrocephalus acutus der Kinder wurde von der älteren Pathologie als eine selbständige Krankheit angesehen; später lernte man die tuberculöse Basilarmeningitis als die gewöhnliche Grundlage derselben kennen. Uebrigens kommt bei Kindern in selteneren Fällen auch eine nicht auf Tuberkelentwickelung beruhende Meningitis aus unbekannter Ursache (Meningitis simplex) vor, die, wenn sie an der Basis sich entwickelt, ebenfalls acuten Hydrocephalus zur Folge hat.

Aetiologie.

Die Aetiologie der Menigitis ist in manchen Beziehungen übereinstimmend mit der des Gehirnabscesses.

Meningitis simplex

entsteht in der Mehrzahl der Fälle in Folge von deutlich erkennbaren Ursachen, und oft ist auch mehr oder weniger deutlich der Weg zu verfolgen, auf welchem der Entzündungserreger zu den weichen Gehirnhäuten gelangt sein kann. Die Krankheit ist häufig die

Folge eines Trauma, welches den Schädel betroffen hat, besonders
wenn dabei ein Schädelknochen verletzt wurde, eine Fractur oder
Fissur entstanden ist, ein Fremdkörper im Knochen stecken blieb,
zuweilen aber auch, ohne dass eine Knochenverletzung äusserlich
nachweisbar ist. Nicht immer schliessen die schweren Erscheinungen der Meningitis sich unmittelbar an die Verletzung oder an ihre
nächsten Folgen an; es kommt vor, dass die Meningitis erst Wochen
oder Monate nach dem Trauma sich zeigt. — Viele Fälle von Meningitis entstehen in Folge von Eiterung in der Umgebung der
Gehirnhäute: besonders häufig folgt sie auf Caries der Felsenbeins,
seltener des Siebbeins oder anderer Schädelknochen oder auch der
oberen Halswirbel. Auch Periostitis der äusseren Fläche der Schädelknochen und selbst Eiterungen in der Kopfhaut können zu Meningitis führen. In allen diesen Fällen pflegt zunächst Pachymeningitis
zu entstehen, die aber meist schnell mit Leptomeningitis sich verbindet. Auch Gehirnabscess kann Meningitis bewirken; seltener ist
sie die Folge von Tumoren, haemorrhagischen Herden, Erweichungsherden und dgl. — Eiterige Meningitis kommt ferner vor bei Pyaemie und Puerperalfieber, bei brandigem Decubitus oder anderweitiger Gangrän, in selteneren Fällen auch bei einfachen Eiterungen
in den verschiedensten Organen. Es liegt dabei nahe, an Verschleppung der Entzündungserreger durch die Blutcirculation zu denken
und die Affection als metastatische Meningitis zu bezeichnen.
In ähnlicher Weise ist vielleicht zu deuten die secundäre Meningitis, die zuweilen bei Erysipelas, Endocarditis, Pneumonie, Pleuritis, acutem Gelenkrheumatismus, Abdominaltyphus, Diphtherie, acuten
Exanthemen und anderen schweren Krankheiten vorkommt; in manchen dieser Fälle ist vielleicht die Annahme berechtigt, dass es sich
dabei um eine directe Einwirkung der specifischen Mikrobien der
betreffenden Krankheiten auf die Gehirnhäute handle; doch sieht
man zuweilen auch secundäre Meningitis zur Zeit des Vorkommens
epidemischer Meningitis ungewöhnlich häufig auftreten. Bei kachektischen Individuen, nach langwierigen schwächenden Diarrhöen, bei
Morbus Brightii kann Meningitis ohne anderweitige nachweisbare
Ursache vorkommen. — In seltenen Fällen hat man nach der Einwirkung strahlender Hitze auf den Kopf, namentlich nach intensiver
Bestrahlung durch die Sonne, eiterige Meningitis beobachtet. Nur
ausnahmsweise entsteht bei bisher gesunden Individuen, bei Kindern
häufiger als bei Erwachsenen, eine Meningitis, deren Ursachen gänzlich unbekannt sind, oder für die man höchstens eine Erkältung als
Ursache anführen kann: sogenannte spontane Meningitis.

Meningitis cerebrospinalis epidemica

kommt in ausgebildeten Epidemien vor; ausserdem aber tritt sie auch in verzettelten Fällen scheinbar sporadisch auf, so dass nur die Zusammenfassung grösserer Localitäten und Zeiträume den epidemischen Charakter erkennen oder vermuthen lässt. Die meisten Epidemien fallen auf den Winter und den Frühling. Gewöhnlich werden jüngere Individuen etwa bis zum 20. oder 30. Lebensjahre in relativ grösserer Zahl betroffen. Die Krankheit befällt meist vorzugsweise die ärmeren Klassen und kommt besonders häufig vor in Casernen, Arbeitshäusern, Gefängnissen und anderen Anstalten, in welchen viele Menschen zusammenleben; manche Epidemien sind ausschliesslich auf das Militär beschränkt. Beispiele von Verschleppung durch Truppendislocationen oder auch durch einzelne Individuen werden häufig beobachtet. Die Krankheit scheint nicht direct contagiös zu sein; eher dürfte sie zu den contagiös-miasmatischen Krankheiten gehören (vgl. Bd. I. S. 83). Die Träger des Giftes und die Wege der Infection sind bisher vollständig unbekannt.

Die Meningitis epidemica hat, nachdem schon vorher einzelne Epidemien vorgekommen waren (Genf 1805, Grenoble 1814, Vesoul 1822), zum ersten Male im Jahre 1837 eine grössere Verbreitung erlangt, und zwar zunächst im südlichen Frankreich. Später breitete sie sich weiter in Frankreich aus und zwar vorzugsweise auf die Garnisonen beschränkt und mit diesen bei Garnisonswechsel weiter ziehend, kam auch nach Algier, Italien, Nordamerika, Dänemark, Grossbritannien. Seit 1850 hatte während einiger Jahre in Europa die epidemische Verbreitung ganz aufgehört, trat aber später wieder in Schweden und Norwegen auf. In Deutschland, wo früher nur einzelne unbedeutende Epidemien vorgekommen waren (Dorsten an der Lippe 1823, Würzburg 1851) hat die Krankheit seit den Jahren 1863 und 1864 eine grosse Verbreitung erlangt.

Die Krankheit wurde anfangs gewöhnlich zu den typhösen Krankheiten gerechnet und als Cerebraltyphus von anderen Formen des Typhus unterschieden. Auch jetzt noch sind manche Aerzte der Ansicht, die Krankheit müsse, weil sie eine Infectionskrankheit ist, zu den Allgemeinkrankheiten gerechnet werden. Dagegen hat F. Niemeyer schon im Jahre 1865 den Nachweis geliefert, dass es sich um eine locale Infectionskrankheit handelt, bei welcher der Krankheitserreger in der Regel nur auf die Gehirn- und Rückenmarkshäute einwirkt. In der That erklären sich aus der Affection der Gehirn- und Rückenmarkshäute in genügender Weise alle Erscheinungen der Krankheit, und es liegt kein Grund vor, eine Einwirkung der Mikrobien auf andere Organe anzunehmen (vgl. Bd I. S. 21).

Ich selbst hatte Gelegenheit im Jahre 1871 die Krankheit in Basel und Umgegend in mässiger epidemischer Ausbreitung zu beobachten. In Tübingen und in weiterem Umkreise kommt sie seit 1874 in häufigeren sporadischen Fällen vor.

Meningitis tuberculosa

kommt sowohl bei Erwachsenen als bei Kindern häufig vor als Theilerscheinung einer über zahlreiche Organe verbreiteten Eruption von Miliartuberkeln, der allgemeinen acuten Miliartuberculose. Zuweilen aber, und zwar bei Kindern häufiger als bei Erwachsenen, tritt auch tuberculöse Meningitis auf, ohne dass gleichzeitig in anderen Organen eine Entwickelung von Miliartuberkeln stattfindet. In den meisten Fällen ist die Krankheit secundär und abzuleiten von älteren tuberculösen Affectionen in den Lungen, dem Urogenitalapparat, den Lymphdrüsen; in einzelnen Fällen aber tritt sie primär auf bei Individuen, bei welchen ausser der frischen Miliartuberculose der Gehirnhäute keinerlei ältere oder frische tuberculöse Affection nachgewiesen werden kann. Das letztere kommt vorzugsweise vor bei Kindern, deren Eltern an Lungenphthisis oder anderen tuberculösen Affectionen litten oder von den Voreltern her hereditär mit Tuberculose behaftet waren; und es spricht dieses Vorkommen in deutlichster Weise für die auch aus anderen Erfahrungen sich ergebende Anschauung, nach welcher bei der hereditären Uebertragung der Tuberculose nicht nur, wie man gewöhnlich meint, eine gewisse constitutionelle Schwäche, eine Disposition zu tuberculösen Erkrankungen übertragen wird, sondern vielmehr, ähnlich wie bei der Syphilis, das specifische Gift der Krankheit selbst von den Eltern auf die Kinder übergehen, bei diesen unter Umständen lange Zeit oder für immer latent bleiben, aber auch früher oder später plötzlich zur Entwickelung kommen kann (vgl. Bd. I. S. 34). Die tuberculöse Meningitis ist im ersten Lebensjahre selten; am häufigsten kommt sie vor zwischen dem 2. und 6. Jahre; nach dem 10. Lebensjahre ist sie wieder seltener. Für besonders disponirt gelten Kinder von zartem Körperbau, mit feiner Haut, durchscheinenden Venen, bläulicher Sklera, die eine auffallend frühzeitige geistige Entwickelung zeigen. Veranlasst wird der Ausbruch häufig durch andere Krankheiten, wie Masern, Typhus, Keuchhusten, oder durch ein Trauma mit Verletzung oder Erschütterung des Kopfes, durch frühzeitige geistige Anstrengungen, durch Erkältungen u. s. w. — Bei Erwachsenen kommt die Meningealtuberculose am häufigsten als Enderscheinung einer lange bestehenden anderweitigen Tuberculose vor.

Symptomatologie.

Die Symptome der Meningitis sind abhängig von den pathologisch-anatomischen Veränderungen; und da diese in den einzelnen Fällen eine sehr verschiedene Intensität, eine verschiedene Ausdehnung und einen

verschiedenen Sitz haben, so ist es verständlich, dass die Krankheitsbilder, welche durch Meningitis hervorgerufen werden, höchst mannigfaltig sein können. Die Verschiedenheit der Aetiologie kommt dabei
weniger in Betracht; sie ist nur insofern von Bedeutung, als sie von
Einfluss sein kann auf die Intensität und den Verlauf der Krankheit und
ausserdem auf die Localisation des Prozesses, indem z. B. manche Ursachen häufiger Meningitis der Convexität, andere häufiger Meningitis der
Basis hervorrufen. Es kann aber z. B. das Symptomenbild bei einem
Falle von Meningitis tuberculosa genau das gleiche sein wie bei einem
Falle von Meningitis epidemica; und anderseits hat man schon wiederholt hervorgehoben „die proteusartig wechselnde Gestaltung des Krank-
heitsbildes", welche die Meningitis epidemica in den verschiedenen Epidemien und Einzelfällen zeigt. — Am meisten übereinstimmend in den
verschiedenen Fällen sind die diffusen Erscheinungen: bei diesen
besteht die Verschiedenheit wesentlich nur in Intensitätsunterschieden.
Ausserordentlich wechselnd sind dagegen die localen Störungen,
welche in directer Weise von dem Sitz und der Ausbreitung der Erkrankung abhängig sind.

Die Krankheit ist mit Fieber verbunden, welches im Allgemeinen stärker zu sein pflegt als bei anderen Gehirnkrankheiten,
meist aber doch nur mässige Grade (39^0—40^0) erreicht. Dasselbe
beginnt zuweilen mit einem Frostanfall, in seltenen Fällen mit ausgebildetem Schüttelfrost. Der Verlauf ist atypisch, zeigt oft unregelmässige Exacerbationen und Remissionen. In einzelnen Fällen kann
es geschehen, dass die Temperatur ungewöhnlich hohe, hyperpyretische Grade (42^0 und darüber) erreicht. Häufiger kommt es vor,
dass die Temperatur vorübergehend oder dauernd niedriger ist, als
man bei der Ausdehnung des entzündlichen Prozesses und bei der
Schwere der übrigen Erscheinungen erwarten würde; unter Umständen ist sie dabei gar nicht oder nur wenig über die Norm gesteigert.
Die hyperpyretische Temperatur führt meist schnell zum Tode; und
auch die niedrige Temperatur bei sonst schweren Erscheinungen
deutet auf eine bedeutende Störung der Wärmeregulirung und ist
von ungünstiger prognostischer Bedeutung.

Im Uebrigen sind im Anfange vorwiegend Reizungserscheinungen vorhanden, während später die Lähmungserscheinungen
vorherrschen. — Eines der frühesten und constantesten Symptome
ist Kopfschmerz, gewöhnlich von bedeutender Heftigkeit, über
den die Kranken im Anfang ausdrücklich klagen, und der später,
wenn das Bewusstsein gestört ist, oft noch durch Greifen nach dem
Kopf und Wimmern angedeutet wird. Daneben bestehen oft Schmerzen
im Nacken und Rücken, zuweilen auch, besonders bei gleichzeitiger
Meningitis spinalis, eine allgemeine Hyperaesthesie, so dass
alle Berührungen der Haut schmerzhaft empfunden werden. Häufig

treten tonische und klonische Krämpfe auf: Contractur der
Nackenmuskeln, Trismus, Zähneknirschen, Zuckungen im Gesicht
oder in anderen Muskelgebieten; allgemeine Convulsionen sind bei
Kindern häufig, bei Erwachsenen selten. Damit verbinden sich psychische Reizungserscheinungen: es besteht Schlaflosigkeit,
Aufregung, oft grosse Unruhe und Jactation, Empfindlichkeit gegen
Licht, Geräusch, Berührung, zuweilen auch Funkensehen, Ohrensausen; die psychischen Functionen sind gestört, oft kommt es zu
lauten Delirien. Später treten psychische Lähmungserscheinungen ein: die geistige Thätigkeit nimmt immer mehr ab, der
Kranke wird apathisch, somnolent, unempfindlich gegen äussere Reize
und verfällt endlich in einen Zustand von Stupor oder Koma. In
manchen Fällen zeigen sich im späteren Verlauf mehr oder weniger
deutliche motorische Lähmungen: selten ist ausgebildete Hemiplegie, häufiger kommen Lähmungen einzelner Gehirnnerven, unvollständige Lähmungen einzelner Extremitäten oder einzelner Muskelgruppen vor.

Häufig tritt Erbrechen auf, oft schon im Anschluss an die
ersten Krankheitserscheinungen; dasselbe ist zuweilen äusserst heftig
und kann sogar, wie ich in zwei Fällen beobachtete, zu Ruptur des
Magens führen. Der Bauch ist oft im Anfang eingezogen, mulden-
förmig vertieft; später, mit dem Eintritt der Lähmungserscheinungen,
wird er aufgetrieben. Gewöhnlich besteht hartnäckige Stuhlverstopfung. Die Pupillen sind im Anfang häufig verengt, später
gewöhnlich bedeutend erweitert, wenig reagirend, zuweilen auf beiden Seiten von verschiedenem Verhalten. Der Puls zeigt anfangs
meist die dem Grade der Temperatursteigerung entsprechende Frequenz; es kommt aber auch vor, und dieses Symptom kann dia-
gnostisch wichtig sein, dass während einiger Zeit die Pulsfrequenz
ungewöhnlich gering ist. Mit dem Eintritt der Lähmungserscheinungen wird der Puls äusserst frequent und schwach. Die Respiration wird gewöhnlich gegen das Ende hin unregelmässig; zuweilen kommt ein wirkliches Aussetzen der Athmung vor, abwechselnd mit zeitweise stärkerem Athmen, wie es einer verminderten
Erregbarkeit der respiratorischen Centren entspricht und als intermittirende Respiration oder gewöhnlich als Cheyne-Stokes'sches
Phänomen bezeichnet wird.

Je nach der Localisation des entzündlichen Prozesses sind von
diesen Erscheinungen bald die einen, bald die anderen mehr ausgebildet.

Bei Meningitis an der Convexität sind gewöhnlich die

mehr diffusen Erscheinungen, die psychischen Reizungszustände und später die Erscheinungen des Hirndrucks vorherrschend.

Bei Meningitis an der Basis sind sowohl Druckerscheinungen vorhanden (zum Theil abhängig von dem Hydrocephalus acutus), als auch locale Störung im Gebiete der einzelnen Gehirnnerven, und zwar meist Lähmungserscheinungen, denen nur in einzelnen Fällen deutliche Reizungserscheinungen vorhergehen. So kommt dabei z. B. vor Amblyopie und Amaurose, Lähmung von Augenmuskelnerven auf einer oder auf beiden Seiten und in Folge dessen Ptosis und verschiedene Formen von Schielen und Doppelsehen; auch die anfängliche Verengerung und spätere Erweiterung der Pupille kann auf directer Reizung und späterer Lähmung des Oculomotorius beruhen. Ferner kann vorkommen Anaesthesie im Gebiete des Trigeminus, Lähmung der Kaumuskeln, des Facialis, des Hypoglossus, Schwerhörigkeit auf einem oder beiden Ohren. Seltener sind im Anfange Reizungserscheinungen im Gebiete dieser Nerven, wie spastische Contractionen einzelner Augenmuskeln, neuralgische Schmerzen im Gebiete des Trigeminus, tonischer Krampf der Kaumuskeln (Trismus), tonische und klonische Krämpfe im Gebiete des Facialis. Eine anfängliche Verminderung und spätere excessive Steigerung der Pulsfrequenz kann auf Reizung und Lähmung des N. vagus bezogen werden.

Wenn zugleich Meningitis spinalis besteht, so sind gewöhnlich die Nacken- und Rückenschmerzen besonders ausgebildet; zuweilen sind auch Schmerzen in den Extremitäten vorhanden, welche durch active oder passive Bewegungen der Wirbelsäule gesteigert werden, ferner allgemeine Hyperaesthesie, bei der jede Berührung schmerzhaft ist. Häufig sind tonische Krämpfe in den Nackenmuskeln vorhanden („Genickkrampf"); zuweilen ist schon die Lage des Kranken im Bett einigermassen charakteristisch, indem der Kopf stark rückwärts gezogen ist und der Kranke deshalb auf der Seite liegt; auch kann ausgebildeter Opisthotonus oder Orthotonus vorkommen, so dass der Kranke im Bett nicht aufgerichtet werden kann. Seltener ist im späteren Verlauf deutliche Paralyse oder Parese der Extremitäten bemerkbar.

Wenn schnell eine grosse Menge von Exsudat in den Gehirnhäuten oder in den Ventrikeln gebildet wird, so entwickeln sich früh die Erscheinungen des Gehirndrucks: die Reizungserscheinungen haben dann nur eine kurze Dauer oder kommen gar nicht zur Beobachtung, die psychischen Lähmungserscheinungen sind vorherrschend unf führen meist schnell zum Tode.

Verlauf und Ausgänge der Meningitis sind je nach der Intensität der Erkrankung und je nach der zu Grunde liegenden Ursache sehr verschieden.

Die Meningitis simplex nimmt gewöhnlich einen sehr acuten Verlauf. Die Prognose ist im Allgemeinen ungünstig, hängt aber einigermassen von der Natur des Falles ab. Bei der durch Trauma oder Knochencaries entstandenen Form kommen nur in seltenen Fällen Heilungen zu Stande; die metastatische und die secundäre Meningitis verlaufen ebenfalls meist letal; die ohne bekannte Ursache namentlich bei Kindern auftretende Meningitis geht häufiger in Heilung über, doch bleibt als Nachkrankheit oft chronischer Hydrocephalus zurück (s. u.).

Die Meningitis epidemica beginnt gewöhnlich plötzlich mit stürmischen Erscheinungen: das Fieber wird oft durch Frostanfall eingeleitet, es besteht starker Kopfschmerz, heftiges Erbrechen, Nackenstarre, psychische Reizungserscheinungen, zu denen in den schweren Fällen bald Lähmungserscheinungen hinzutreten. Häufig zeigen sich Herpes-Eruptionen an den Lippen, am Kinn, am Halse, oft auch an anderen Hautstellen; seltener sind Roseola, Petechien, Urticaria oder andere zufällige Exantheme. Bei ungünstigem Verlauf erfolgt der tödtliche Ausgang meist innerhalb 5 bis 10 Tagen; in den schwersten Fällen kann auch schon in den ersten Stunden oder Tagen der Tod eintreten (Meningitis fulminans). Bei günstigem Verlauf beginnen nach Ablauf von etwa 8 Tagen die Erscheinungen abzunehmen. Neben den ausgebildeten Fällen kommen auch unausgebildete vor, bei welchen Kopfschmerz mit Erbrechen, Fieber, Nackenschmerzen und vielleicht etwas Nackenstarre die einzigen Erscheinungen bleiben und die Krankheit bald rückgängig wird. Die Mortalität ist verschieden. Bei grösseren Epidemien ergibt sich gewöhnlich in mehr als der Hälfte der Fälle Genesung, besonders wenn auch die weniger ausgebildeten Fälle mitgerechnet werden; die Mortalität beträgt dabei etwa 20 bis 40 Procent. Bei kleineren Epidemien und besonders, wenn nur die ausgebildeten Fälle gezählt werden, erhält man oft eine Mortalität von mehr als 50 Procent.

Der Meningitis tuberculosa gehen namentlich bei Kindern oft während längerer Zeit unbestimmte Vorboten voraus: die Kinder zeigen ein verstimmtes Wesen, sind leicht gereizt, dabei oft träge und schläferig, klagen zeitweise über Kopfschmerz; zuweilen tritt Erbrechen ein, der Bauch ist eingezogen, es besteht Stuhlverstopfung; Zähneknirschen im Schlaf und plötzliches Auffahren, zuweilen mit einem Schrei (Cri hydrocephalique), kommt häufiger vor als bei gesunden Kindern. In manchen Fällen entwickeln sich aus diesen Erscheinungen allmählich die schwereren Symptome; in anderen Fällen treten dieselben plötzlich ein, oft mit allgemeinen Convulsionen, auf welche dann meist bald Lähmungserscheinungen folgen. Der Verlauf kann sich über Wochen hinziehen; auch kommt vorübergehender Nachlass der Erscheinungen vor; endlich führt schweres Koma mit excessiver Pulsfrequenz, unregelmässiger und aussetzender Respiration, aufgetriebenem Bauch, erweiterten Pupillen zum Tode. Die Prognose ist bei der Meningitis tuberculosa nahezu absolut ungünstig. Zwar zeigen unzweideutige Erfahrungen, dass in seltenen Fällen Miliartuberkel der Pia mater obsolesciren und die Meningitis zur Heilung kommen kann; aber es erfolgen gewöhnlich früher oder später Nachschübe, welche zum Tode führen.

Nachkrankheiten sind bei den nicht tödlich verlaufenden Fällen von Meningitis epidemica und Meningitis simplex ziemlich häufig. In manchen Fällen bleibt chronische Meningitis und chronischer Hydrocephalus zurück (s. u.). Ferner kommen als Nachkrankheiten vor schwere Gehörstörungen oder Sehstörungen, entweder nach intracranieller Läsion der entsprechenden Nerven oder häufiger in Folge von Fortpflanzung der Entzündung in der Scheide derselben auf die betreffenden Sinnesorgane. Seltener sind Lähmungen von Gehirnnerven oder Rückenmarksnerven, qualitative psychische Störungen u. s. w.

Die Diagnose der Meningitis gründet sich einerseits auf die schweren Störungen der Gehirnfunctionen, die mit mässigem Fieber einhergehen; und anderseits ist, da Meningitis ohne bestimmte Ursache nur selten vorkommt, für die Diagnose massgebend der Nachweis irgend eines der gewöhnlichen aetiologischen Momente. Während für die allgemeine Diagnose der Meningitis schon die diffusen Erscheinungen ausreichen, lässt sich auf den Sitz und die Ausbreitung der Krankheit im einzelnen Falle erst schliessen aus den mehr localen Erscheinungen. Endlich wird die Art der Meningitis im Wesentlichen erschlossen aus den aetiologischen Verhältnissen. Wenn ein Trauma vorherging, wenn Otorrhoe besteht, oder wenn eine Krankheit vorhanden ist, welche zu metastatischer oder secundärer Meningitis führen kann, so wird man Meningitis simplex annehmen. Wenn solche aetiologische Momente ausgeschlossen sind, aber epidemische Meningitis in der Gegend vorkommt, so wird man diese diagnosticiren, namentlich dann, wenn die Krankheit plötzlich aufgetreten ist, und wenn neben den Gehirnerscheinungen zugleich Erscheinungen von seiten des Rückenmarks sich zeigen. Ein ausgebildeter Herpes facialis spricht ebenfalls für diese Diagnose. Endlich wird man an Meningitis tuberculosa denken bei Individuen, bei welchen ältere tuberculöse Affectionen nachgewiesen werden können, oder bei Kindern aus Familien, in welchen Tuberculose vorkommt; in einzelnen Fällen kann die Diagnose der Meningitis tuberculosa unterstützt werden durch den ophthalmoskopischen Nachweis von Miliartuberkeln in der Chorioidea.

Es kommt in der Praxis nicht selten vor, dass der Arzt schwere Gehirnerscheinungen, welche gar nicht auf einer anatomischen Veränderung im Schädel beruhen, auf Meningitis bezieht. Es geschieht dies am häufigsten bei den Störungen der Gehirnfunctionen, welche von schwerem Fieber abhangen (s. u.), z. B. bei Abdominaltyphus, bei Erysipelas, bei Pneumonie. Man wird im Allgemeinen die Störungen für blos febrile erklären können, wenn sie sich von der Temperatursteigerung abhängig zeigen, dagegen an anatomische Veränderungen oder andere Ursachen denken müssen, wenn die vorhandene oder die vorhergegangene Temperatursteigerung nicht ausreicht dieselben zu erklären. Dem aufmerksamen Beobachter, welcher regelmässige Temperaturbestimmungen macht und dieselben richtig würdigt, wird gewöhnlich die Unterscheidung nicht schwer sein. Namentlich bei der croupösen Pneumonie der Kinder kommt es sehr häufig vor, dass im Anfange wegen des Auftretens von Convulsionen, auf welche heftige Delirien oder schwerer Sopor folgen, eine Meningitis diagnosticirt wird. So oft ich zur Consultation gebeten werde bei einem Falle von Meningitis bei einem Kinde, gehe ich hin mit der stillen Hoffnung, dass es möglicherweise gelingen werde, eine Pneumonie nachzuweisen, und diese Hoffnung ist in nicht wenigen Fällen in Erfüllung gegangen. Es ist in solchen Fällen die richtige Diagnose von entscheidender Bedeutung, weil gewöhnlich, sobald die Pneumonie erkannt worden ist, statt der bisherigen ungünstigen Prognose eine fast vollständig günstige gestellt werden kann.

Therapie.

Bei frischer Meningitis ist hauptsächlich ein sogenanntes antiphlogistisches und zugleich ein ableitendes Verfahren indicirt. Durch andauernde Anwendung der Eisblase auf den Kopf und eventuell auch auf Nacken und Rücken, so wie durch Blutegel in die Schläfengegend und hinter die Ohren kann vielleicht die Exsudation etwas beschränkt werden; jedenfalls werden durch die Eisblase die Kopfschmerzen und die Aufregungen herabgesetzt, und durch Blutentziehungen an Stellen, wo zahlreiche Emissaria sich befinden, kann der Blutabfluss aus dem Gehirn befördert und dadurch oft die Wirkung des Gehirndrucks wenigstens vorübergehend merklich vermindert werden. Als Ableitungen dienen stark wirkende Abführmittel, wie z. B. Calomel mit Jalappe (āā 0,5 alle 2 Stunden bis

zu starker Wirkung), Klystiere mit Ricinusöl oder Crotonöl, ferner
Vesicatore in die Nackengegend. Vielfach gebräuchlich ist auch die
Einreibung von grauer Quecksilbersalbe in den Nacken oder auf
andere Hautstellen; von derselben kann um so eher eine günstige
Wirkung erwartet werden, je mehr die Meningitis bereits den chronischen Charakter angenommen hat. Jodkalium in relativ grossen
Dosen pflegt man vorzugsweise bei der Meningitis tuberculosa, zuweilen auch bei anderen Formen anzuwenden. Bei Meningitis epidemica ist von einigen Aerzten das Opium als ein Specificum empfohlen worden; wenn dies auch zu weit geht, so kann ich doch
ebenso wie viele andere Aerzte die Anwendung des Opium und des
Morphium, eventuell auch die subcutane Injection des letzteren,
empfehlen als ein Mittel, welches wesentlich zur Erleichterung und
Beruhigung der Kranken beiträgt. Auch bei anderen Formen der
Meningitis hat sich die Anwendung der Opiumpräparate als unbedenklich erwiesen. — Bei Kranken, welche in schwerem Koma daliegen, kann zuweilen durch eine kalte Uebergiessung des Kopfes
im warmen Bade vorübergehend einiges Bewusstsein wiederhergestellt werden; ich habe mich aber bisher nicht überzeugen können,
dass dadurch der Krankheitsverlauf in irgend einer Weise günstig
beeinflusst würde. — Wenn Caries der Schädelknochen zu Grunde
liegt, so kann die Beförderung der äusserlichen Eiterung durch Kataplasmen und unter besonderen Umständen selbst die Entleerung des
Eiters durch chirurgischen Eingriff indicirt sein.

Chronische Meningitis.

Bei chronischer Pachymeningitis handelt es sich um
Bindegewebswucherung in der Dura mater, durch welche Verdickung
derselben entsteht, häufig mit Ablagerung von schwarzem Pigment
als dem Residuum von kleinen Blutungen. Dabei können Verwachsungen der Dura mater mit den Knochen zu Stande kommen,
ferner Osteophyten, Exostosen und Hyperostosen an der Innenfläche
der Schädelknochen, endlich Knochenneubildungen in der Dura
mater, die als Platten oder als eckige Gebilde in derselben auftreten
oder auch in polypöser Form an derselben anhangen.

Bei chronischer Leptomeningitis sind die weichen Gehirnhäute verdickt, getrübt, zuweilen die Pia mater vom Gehirn nur
mit Zerreissung trennbar. Neben chronischer Meningitis an der Basis
ist häufig zugleich Vermehrung der Flüssigkeit in den Gehirnven-

trikeln, ein gewisser Grad von Hydrocephalus internus vorhanden. Zuweilen sind auch die Häute des Rückenmarks mehr oder weniger betheiligt.

Chronische Meningitis ist zuweilen ein Residuum von acuter Meningitis oder entsteht durch ähnliche Ursachen wie diese, wenn dieselben nur wenig intensiv und mehr dauernd eingewirkt haben. Sie findet sich ferner häufig neben anderweitigen anatomischen und functionellen Gehirnkrankheiten. Mässige Grade von chronischer Meningitis können ferner entstehen sowohl durch active als passive Gehirnhyperaemie, wenn dieselbe häufig sich wiederholt oder eine lange Dauer hat: hierher ist vielleicht zu rechnen das Vorkommen nach übermässigen geistigen Anstrengungen, bei Potatoren, bei Geisteskranken, bei Epileptischen; auch Stauung im Gebiete der Vena jugularis interna hat auf die Dauer Verdickung der Gehirnhäute oder selbst der Knochen zur Folge. Bedeutendere Grade von chronischer Meningitis mit Bildung dicker Schwarten können in Folge von Syphilis entstehen. In vielen Fällen endlich ist eine besondere Ursache nicht nachzuweisen.

Das Vorhandensein von leichten Verdickungen der Gehirnhäute und der Knochen so wie von Verwachsungen hat meist keinerlei klinische Bedeutung, indem merkliche Störungen dadurch nicht hervorgerufen werden. Hierher gehört z. B. auch die Wucherung der Schädelknochen an der inneren Fläche mit Bildung kleiner Osteophyten, wie sie häufig während der Schwangerschaft stattfindet. Auch wenn bei Geisteskranken oder Epileptischen Producte einer mässigen chronischen Meningitis gefunden werden, wird man für gewöhnlich nicht daran denken können, die Geisteskrankheit oder die Epilepsie von der chronischen Meningitis abzuleiten; vielmehr ist meist die letztere eine relativ gleichgültige Folge der functionellen Gehirnkrankheit. Fälle, in welchen die Exostosen- oder Osteophytenbildung so bedeutend würde, dass dieselbe nach Art von Tumoren Erscheinungen von Gehirndruck bewirkt, sind in der That äusserst selten.

In anderen Fällen entstehen deutliche Erscheinungen. Ein anhaltender Kopfschmerz kann unter Umständen von chronischer Meningitis abhängig sein. Ferner kann bei stärkerer Entwickelung eine merkliche Abnahme der geistigen Fähigkeiten zu Stande kommen, mit welcher zuweilen auch ein gewisser Grad von psychischer Depression, die sich in Form von Hypochondrie oder Melancholie äussert, verbunden ist.

Bei den höheren Graden der Krankheit, wie sie hauptsächlich

als Residuen acuter Meningitis vorkommen und oft mit Hydrocephalus internus verbunden sind, bestehen meist bedeutendere Functionsstörungen: andauernde Schwäche der psychischen Functionen, in den schlimmsten Fällen bis zum Blödsinn, allgemeine Muskelschwäche, Zittern, schwere Störungen der Coordination, die zuweilen einer Chorea ähnlich sind, oder auch Anfälle von Kopfschmerzen mit Schwindel und Erbrechen, Convulsionen mit oder ohne Aufhebung des Bewusstseins, zuweilen selbst ausgebildete epileptische Anfälle. Durch chronische Meningitis an der Basis können einzelne Gehirnnerven comprimirt oder. zur Degeneration gebracht und dadurch Reizungs- und später Lähmungserscheinungen hervorgerufen werden: es kommt dies besonders vor bei der von Syphilis abhängigen chronischen Meningitis.

Bei der Behandlung sucht man so viel als möglich der Indicatio causalis zu entsprechen, wobei namentlich dafür zu sorgen ist, dass alle Veranlassungen zu Gehirnhyperaemien vermieden werden. Bei der von Syphilis abhängigen Form ist in manchen Fällen eine mit Vorsicht und Consequenz durchgeführte mercurielle Behandlung von günstigem Erfolg. Aber auch bei anderen Formen der chronischen Meningitis wird durch lange fortgesetzte Einreibungen von grauer Quecksilbersalbe in den Nacken oft noch einige Besserung erreicht. Auch die Application ableitender Vesicatore oder eines Haarseils in den Nacken kann zweckmässig sein, ebenso vielleicht in einzelnen Fällen die Anwendung kalter Uebergiessungen des Kopfes. Endlich scheint die innerliche Anwendung von Jodkalium zuweilen eine günstige Wirkung zu haben.

Thrombose der Gehirnsinus.

Gerinnung des Blutes in den Gehirnsinus kann vorkommen als einfache primäre Thrombose in Folge von ungenügender Blutbewegung. Solche „marantische Thrombose" wird nicht selten als zufälliger anatomischer Befund angetroffen bei Menschen, welche im Zustande höchster Schwäche mit schwer darniederliegender Herzthätigkeit zu Grunde gegangen sind, so namentlich bei kleinen Kindern, welche an profusen Diarrhöen gelitten haben, ferner auch bei Erwachsenen, bei welchen aus irgend einer Ursache schwerer Marasmus zu Stande gekommen war. Auch bei Compression eines Sinus oder bei Stauung in demselben in Folge eines Hindernisses für den Blutabfluss in der Vena jugularis oder cava oder im rechten Herzen

kann Gerinnung stattfinden. In sehr seltenen Fällen kommt eine
primäre Sinusthrombose vor aus unbekannter Ursache bei sonst normalem Verhalten der Circulation, und in solchen Fällen hat sie eine
wesentliche klinische Bedeutung. — Die primäre Thrombose findet
sich am häufigsten im Sinus longitudinalis superior. Der Thrombus
hat keine Tendenz zu eiterigem Zerfall, und deshalb sind die nächsten Folgen der Thrombose nur mechanische: sie bestehen in Störung der Circulation; selten kommt Loslösung eines Stückes des
Thrombus vor mit Embolie im Gebiete der Pulmonalarterie.

Von grösserer Wichtigkeit ist die Thrombose, welche als Folge
von Phlebitis der Sinus auftritt. Dieselbe kann entstehen durch
Uebergreifen einer eiterigen Pachymeningitis auf die Wand des Sinus
(S. 290), aber auch ohne eigentliche Pachymeningitis durch Vermittelung der venösen Gefässverbindungen bei Otitis interna, bei Caries
des Felsenbeins oder anderer Schädelknochen, nach Verletzungen
der Knochen, in selteneren Fällen auch bei Eiterungen der Haut des
Kopfes oder des Gesichts, z. B. bei Phlegmone, bei grossen Furun-
keln, selbst bei Erysipelas. Die phlebitische Thrombose hat die
Neigung sich in den Gefässen weiter zu verbreiten; sie betrifft vorzugsweise die Sinus in der Nähe des Felsenbeins, besonders häufig
auch die Sinus transversi. In der Regel erfolgt eiteriger Zerfall des
Thrombus, und durch Aufnahme der Zerfallsproducte in die Blut-
strömung entstehen allgemeine Störungen und eiterige Metastasen
in den Lungen und anderen Organen. Die eiterige Sinusthrombose
ist oft mit Meningitis, zuweilen auch mit Gehirnabscess complicirt.

Die Symptome der Sinusthrombose bestehen zunächst in den
mechanischen Folgen der Gefässverschliessung, und zwar zeigen sich
dieselben in gleicher Weise bei beiden Arten der Sinusthrombose.
Bei der phlebitischen Thrombose erfolgt aber ausserdem meist noch
eine Aufnahme von eiterigen Zerfallsproducten in das Blut.

Als mechanische Folge der Gefässverschliessung entsteht
zunächst Stauung des Blutes in den betreffenden Venen mit starker
Füllung und Erweiterung derselben; zuweilen kommt es auch zu
kleinen Blutergüssen oder zu oedematöser Durchtränkung des Gewebes. Je nach dem Sitz des Thrombus haben diese Störungen eine
verschiedene Ausbreitung und Intensität: so z. B. wird bei Verschluss
beider Sinus transversi das ganze Gehirn leiden, während bei Verschluss einzelner Sinus die Störung eine geringere Ausbreitung hat;
auch kann unter Umständen durch die Verbindungen der Sinus unter
einander die Störung mehr oder weniger ausgeglichen werden; sie
ist z. B. bei Verschluss eines einzelnen Sinus transversus zwar aus-

gebreiteter, aber weniger intensiv als bei Verschluss des Sinus longitudinalis, bei dem eine solche Ausgleichung nicht möglich ist. Für
das Verständniss der von der Stauung abhängigen Functionsstörungen ist es wichtig zu berücksichtigen, dass in Folge der venösen
Stauung zugleich der Zufluss arteriellen Blutes in dem betreffenden
Gebiet erschwert oder aufgehoben ist. So erklärt es sich, dass die
Symptome im Wesentlichen die gleichen sind wie bei der arteriellen
Anaemie des Gehirns (s. u.) und vorwiegend in einfacher Verminderung oder Aufhebung der Function bestehen. In der That beobachtet man am häufigsten Apathie und allgemeine Abnahme der
psychischen Functionen, unter Umständen bis zu soporösem und koma-
tösem Zustand; zuweilen ist im Anfang Kopfschmerz mit Schwindel
und Erbrechen vorhanden; auch kommen Lähmungen vor, welche
je nach dem Sitz des Thrombus mehr die eine oder die andere Seite
betreffen; seltener sind im Anfange Delirien, Krämpfe oder andere
Reizungserscheinungen. — Im Allgemeinen sind diese mechanischen
Störungen und ihre Folgen, namentlich wenn zugleich die Symptome
eines schweren zu Grunde liegenden Leidens bestehen, nicht ausreichend für eine bestimmte Diagnose; und aus diesem Grunde bildet die einfache Thrombose gewöhnlich nur einen zufälligen Befund
bei der Section. Unter besonderen Umständen aber können sie doch
zur Diagnose oder wenigstens zur Vermuthung einer Sinusthrombose
führen, namentlich dann, wenn die Thrombose des Sinus transversus sich bis in die Vena jugularis interna fortsetzt, oder wenn es zu
Embolien im Gebiete der Pulmonalarterie kommt, oder wenn im Gebiete der äusseren mit den Sinus communicirenden Venen deutliche
Stauungserscheinungen beobachtet werden. So kann bei Thrombose
des Sinus transversus in seltenen Fällen Oedem hinter dem Ohr
auftreten (Griesinger 1862); bei Thrombose des Sinus longitudinalis hat man in einzelnen Fällen bei Kindern die von beiden Seiten
des Scheitels gegen die Mittellinie hinziehenden Venen auffallend
stark gefüllt gefunden; bei Thrombose des Sinus cavernosus entsteht regelmässig Blutüberfüllung im Gebiete der Vena ophthalmica,
zuweilen mit Oedemen.

Die phlebitische Sinusthrombose ist häufiger der Diagnose zugänglich als die einfache. Zu den besprochenen Störungen der Circulation gesellen sich nämlich häufig noch die Erscheinungen einer
Infection des Blutes durch die eiterig zerfallene Thrombusmasse:
es tritt Fieber mit unregelmässigen Exacerbationen auf, zuweilen mit
wiederholten Schüttelfrösten; und in manchen Fällen zeigen sich Erscheinungen, welche auf die Bildung von metastatischen Abscessen

in den Lungen hindeuten. Man wird daher, wenn neben Gehirnerscheinungen, welche vorherrschend in einfacher Abnahme der
Functionen bestehen und nicht von einer anderweitigen bestimmten
Gehirnkrankheit abzuleiten sind, Erscheinungen von Blutinfection
(sogenannte pyaemische Erscheinungen) sich zeigen, an eiterige Sinusthrombose zu denken haben, falls eine Caries des Felsenbeines oder
ein anderes entsprechendes aetiologisches Moment vorhanden ist. In
manchen Fällen sind neben den Erscheinungen der Sinusthrombose
auch noch die Erscheinungen der zu Grunde liegenden oder hinzu
gekommenen Meningitis vorhanden, und zuweilen sind die letzteren
entschieden vorherrschend.

Die Therapie kann im Wesentlichen nur eine prophylaktische
sein und sich auf die Behandlung des zu Grunde liegenden Leidens
beziehen. Ausserdem kann zuweilen die begleitende Meningitis besondere Indicationen geben. Dass Heilungen selbst bei phlebitischer
Thrombose nicht absolut unmöglich sind, scheint aus einigen Beobachtungen sich zu ergeben (Griesinger).

Haematom der Dura mater.

Im höheren Alter, im Verlauf schwerer acuter und chronischer
Krankheiten, bei Potatoren, ferner nach Schädelverletzungen, vor
allem aber bei Kranken mit Dementia paralytica kommt zuweilen
eine Blutgeschwulst auf der inneren Fläche der Dura mater vor, bei
welcher das Blut in einen platten, bindegewebigen, oft lamellös fäche-
rigen Sack eingeschlossen ist, der die Ausdehnung einer Hand erreichen kann, in der Mitte dicker, an den Rändern dünner ist. Am
häufigsten findet sich das Haematom an der Convexität, auf einer
Seite neben der Falx oder auch auf beiden Seiten. Die Gehirnsubstanz ist an der betreffenden Stelle comprimirt, die Hemisphäre abgeflacht oder selbst eingedrückt. Im weiteren Verlaufe kann bei
nicht zu umfangreichen Ergüssen das Blut resorbirt werden, so dass
nur Bindegewebe mit reichlichem Pigment oder auch seröse Flüssigkeit als Residuum zurückbleibt.

Nach der älteren Auffassung dachte man sich die Blutgeschwulst in
der Weise entstanden, dass zunächst eine bedeutende Blutung aus den
Gehirnhäuten stattfinde und dann durch Fibrinabscheidung und Organi-
sation in der Umgebung der bindegewebige Sack sich bilde. In neuerer
Zeit ist mehr die Ansicht zur Geltung gekommen, welche hauptsächlich
von Virchow vertreten wird, dass es sich nämlich ursprünglich um
eine Entzündung auf der inneren Fläche der Dura mater mit Binde-

gewebsneubildung handle, und dass erst durch Bluterguss zwischen die Lamellen dieses neugebildeten Bindegewebes die eigentliche Blutgeschwulst entstehe. Man hat daher den Vorgang bezeichnet als Pachymeningitis interna chronica haemorrhagica. Es ist diese Auffassung gewiss für eine grosse Zahl von Fällen berechtigt. Ob sie aber für alle Fälle passt und namentlich auch für die umfangreichen Blutgeschwülste, welche das Haematom im klinischen Sinne darstellen, dürfte zweifelhaft sein.

Während das ausgebildete Haematom, wenn wir von der Dementia paralytica absehen, ziemlich selten ist, kommen kleine Anfänge oder Andeutungen des gleichen Prozesses häufig vor, nämlich dünne fibrinöse oder bindegewebige Auflagerungen auf der inneren Fläche der Dura mater mit kleinen Extravasaten oder mit schwarzem Pigment als Residuen von solchen. Ein solcher zufällig bei Sectionen angetroffener Befund wird, selbst wenn er noch so unbedeutend ist, mit Recht als Pachymeningitis haemorrhagica bezeichnet. Doch darf man dabei nicht vergessen, dass derselbe gewöhnlich klinisch ohne jede Bedeutung ist. Auch halte ich es für zweifelhaft, ob man berechtigt sei, eine solche Pachymeningitis haemorrhagica für im Wesentlichen identisch mit dem eigentlichen Haematom der Dura mater zu erklären. Wir handeln im Folgenden nur von den umfangreichen Blutgeschwülsten der Dura mater.

Die Symptome des Haematoms bestehen im Wesentlichen in den Erscheinungen von Gehirndruck. In den meisten Fällen entwickeln dieselben sich langsam: es bestehen anhaltende, zuweilen äusserst heftige Kopfschmerzen in der Scheitelgegend, ferner Abnahme der psychischen Functionen, die bis zu vollständigem Torpor oder anhaltender Schlafsucht sich steigern kann. Dabei sind die Pupillen gewöhnlich verengert. Zuweilen können durch Betheiligung der Centralwindungen Monoplegien oder auf eine Seite beschränkte Convulsionen eintreten; es können aber auch in Folge von auf eine Gehirnhälfte stärker einwirkendem Druck Andeutungen von hemiplegischen Erscheinungen zu Stande kommen. Dagegen sind die Gehirnnerven an der Basis nicht direct betroffen. Fieber ist nicht vorhanden; der Puls ist wenig frequent, zuweilen unregelmässig. Bei schneller Entwickelung des Blutergusses kann durch plötzliche Raumbeschränkung ein apoplektiformer Insult zu Stande kommen. Dagegen können, wenn das Haematom bei Dementia paralytica (s. u.) vorkommt, die Erscheinungen des Gehirndrucks fehlen, indem das Gehirn schon vorher atrophisch geworden ist. — In der Mehrzahl der Fälle wird das Haematom während des Lebens nicht erkannt. Nur in einzelnen Fällen kann, wenn neben ausgebildeten Symptomen entsprechende aetiologische Momente vorliegen, die Diagnose mit mehr oder weniger Bestimmtheit gemacht werden (Griesinger 1862). — Das Haematom scheint einer Rückbildung durch Resorption des Blutergusses fähig zu sein; doch kann auch durch erneuer-

ten Bluterguss wieder anfallsweise eine Verschlimmerung des Zustandes eintreten.

Die Behandlung ist im Wesentlichen die gleiche wie bei Gehirnhaemorrhagien. In manchen Fällen empfiehlt sich die Application
von Blutegeln und Eisumschlägen sowie die Anwendung von Ableitungen auf den Nacken und den Darm.

Hydrocephalus congenitus.

Bei dem angeborenen Hydrocephalus besteht gewöhnlich eine übermässige Ansammlung von Flüssigkeit in den Gehirnventrikeln, ein Hydrocephalus internus. Nur selten kommt congenital eine bedeutende
Flüssigkeitsansammlung zwischen den Gehirnhäuten in dem subduralen
oder dem subarachnoidealen Raume vor, ein Hydrocephalus externus. Bei Hydrocephalus internus kann es geschehen, dass eine Aus-
buchtung der Ventrikel mit der umgebenden Gehirnsubstanz und den
Gehirnhäuten durch eine Lücke des Schädels nach Art einer Hernie nach
aussen vorgetrieben wird und eine Hydrencephalocele entsteht. In
ähnlicher Weise kann bei Hydrocephalus externus eine Meningocele
sich bilden. Wenn die Entstehung eines Hydrocephalus in eine sehr
frühe Periode des Fötallebens fällt, so kann dadurch die Entwickelung
der Gehirnblasen gehindert, oder es können dieselben gesprengt werden,
und dann entstehen die nicht lebensfähigen Missgeburten, welche als
Anencephalen bezeichnet werden. Wir besprechen im Folgenden nur
den gewöhnlichen Hydrocephalus internus congenitus, bei welchem die
Lebensfähigkeit nicht ausgeschlossen ist.

In Betreff der Pathogenese des Hydrocephalus internus congenitus nimmt man gewöhnlich an, dass eine während des Fötallebens
entstandene Entzündung des Ependyma ventriculorum und der Plexus
chorioidei der Flüssigkeitsansammlung zu Grunde liege. Auch hat
man schon an venöse Stauung oder an Behinderung des Abflusses der
Flüssigkeit durch Verschluss der normalen Communicationsöffnungen
zwischen den Ventrikeln und den Subarachnoidealräumen (Foramen
Magendii) gedacht. In Bezug auf die Aetiologie ist anzuführen, dass
zuweilen in einer Familie mehrere Kinder an Hydrocephalus leiden;
auch kann die Disposition zur Erzeugung hydrocephalischer Kinder
erblich übertragen werden. In einzelnen Fällen scheint Trunksucht
der Eltern betheiligt zu sein.

Bei den leichteren Fällen beträgt die Menge der in den Gehirnventrikeln angesammelten Flüssigkeit nur 50 bis 100 Gramm, bei
den schlimmsten Fällen kann sie mehrere Liter betragen. Bei geringer Flüssigkeitsansammlung zeigt das Gehirn kaum eine wesentliche Veränderung seiner Gestalt; bei bedeutenderen Ansammlungen

sind die Ventrikel entsprechend erweitert, die Gebilde in der Umgebung derselben (Corpus striatum, Thalamus, Corpora quadrigemina, Fornix, Commissuren) sind abgeflacht und auseinandergezerrt; bei den höchsten Graden zeigt sich das ganze Gehirn in einen Sack umgewandelt, dessen Wandungen aus Gehirnsubstanz bestehen und nur einige Millimeter Dicke haben. Der Schädel ist bei den geringsten Graden von Hydrocephalus kaum vergrössert; doch ist die grosse Fontanelle grösser als normal, und es währt länger, bis sie sich schliesst; bei den höheren Graden ist der Schädel schon bei der Geburt beträchtlich vergrössert, bildet oft ein Geburtshinderniss, pflegt nach der Geburt noch weiter zu wachsen, so dass er oft bald die normale Grösse des Schädels eines Erwachsenen beträchtlich überschreitet; die platten Schädelknochen und zugleich die häutigen Theile (Fontanellen und Nahtsubstanz zwischen den Knochen) haben eine ungewöhnliche Ausdehnung; die vollständige Verknöcherung erfolgt spät oder gar nicht; gewöhnlich entstehen auch in den häutigen Theilen Ossificationspunkte, von welchen aus Schaltknochen sich bilden. Im Verhältniss zu dem enorm ausgedehnten Schädel erscheint das Gesicht auffallend klein, die Stirn ragt weit nach vorn über das Gesicht vor, die Augenhöhlen sind schmal, die Schuppen der Schläfenbeine und des Hinterhauptbeins haben eine mehr horizontale Stellung.

In ihrem übrigen Verhalten zeigen Neugeborene mit Hydrocephalus oft keine auffallende Abweichung von der Norm. Im späteren Verlauf aber wird deutlich, dass sie in der geistigen Entwickelung zurückbleiben: sie lernen erst spät oder gar nicht die umgebenden Personen unterscheiden; es dauert auffallend lange, bis sie für Anreden einiges Verständniss zeigen oder selbst die ersten Sprechversuche machen. Sitzen, Stehen und Gehen wird erst spät oder gar nicht gelernt. Bei einigermassen hohen Graden der Krankheit ist dabei schon die übermässige Schwere des Kopfes, der nicht aufrecht gehalten werden kann, ein Hinderniss. Die Kinder können nur spät oder gar nicht an die einfachste Reinlichkeit gewöhnt werden; manche lassen, so lange sie leben, Urin und Koth unter sich gehen. Beim Lachen erfolgt Verzerrung des Gesichts, Freude wird durch unangenehmes Schreien ausgedrückt; der Blick ist unsicher, die Gegenstände werden nicht fixirt. Die Zahnentwickelung erfolgt meist spät; zuweilen findet eine mangelhafte Entwickelung der Extremitäten statt oder mangelhaftes Wachsen sämmtlicher Knochen als Zwergwuchs, oder es entstehen rhachitische Deformitäten. In manchen Fällen kommen Convulsionen vor, häufig mit epileptiformem Charakter.

Der weitere Verlauf ist. in den einzelnen Fällen verschieden. Kinder mit hohen Graden von Hydrocephalus gehen zum Theil schon bald nach der Geburt zu Grunde; in anderen Fällen wird im Verlauf des Kindesalters durch intercurrente Krankheiten oder auch durch allmähliche Verschlimmerung des Zustandes der Tod herbeigeführt; nur wenige gelangen bis zum Alter des vollendeten Wachsthums. Bei weniger hohen Graden kommt es öfter zu einem dauernden Stillstand, und die Individuen können als Idioten auf einer niedrigen Stufe geistiger Entwickelung ein hohes Lebensalter erreichen. In einzelnen Fällen endlich kann vorübergehende oder dauernde Besserung eintreten, so dass im Laufe der Zeit die geistigen Fähigkeiten wenigstens eine geringe Zunahme erkennen lassen. Bei den geringsten Graden ist sogar eine vollständige Genesung möglich, so dass Individuen, welche in früher Jugend in Folge von Hydrocephalus sich geistig nur langsam und unvollständig entwickelt haben, später doch noch einen mittleren Grad von Intelligenz erreichen.

Die Therapie vermag bei hohen Graden von Hydrocephalus nur wenig zu leisten. Nach den bisherigen Erfahrungen scheint weder die Entleerung der Flüssigkeit durch Punction, noch der Versuch, durch Compression des Kopfes mit Heftpflasterstreifen die Menge der Flüssigkeit zu vermindern, günstige Aussichten zu geben. Bei mässigen Graden wird die innerliche Anwendung von Jodkalium, von Calomel, von Abführmitteln empfohlen. In einzelnen Fällen schien mir die Einreibung grauer Quecksilbersalbe in den Nacken einigen Erfolg zu haben. Im Uebrigen ist ein exspectatives Verhalten zu empfehlen, welches neben der Sorge für gute Ernährung sich auf die Abhaltung von Schädlichkeiten beschränkt. Unter Anderem ist zu berücksichtigen, dass es in Fällen, in welchen das Gehirn noch einige Entwickelung hoffen lässt, diese Entwickelung nur stören würde, wenn man zu früh versuchen wollte das Organ zu höheren Leistungen anzutreiben; vielmehr ist es besser auch in dieser Beziehung abzuwarten und alle starke geistige Anregung möglichst lange fernzuhalten. Soolbäder und einfache warme Bäder können unter Umständen zweckmässig sein, ferner bei Andeutungen von rhachitischer Anlage die Zufuhr von Kalksalzen.

Hydrocephalus chronicus acquisitus.

Zum Hydrocephalus acquisitus im weitesten Sinne gehören alle Flüssigkeitsansammlungen innerhalb des Schädels', welche nach der Geburt sich entwickeln. Jenachdem die Ansammlung ausserhalb des Gehirns in den Hirnhäuten stattfindet oder innerhalb in den Gehirnventrikeln, kann man einen Hydrocephalus externus und internus unterscheiden. Wir besprechen hier zunächst nur den Hydrocephalus internus chronicus; die übrigen Flüssigkeitsansammlungen werden bei dem intracraniellen Oedem im nächsten Capitel beschrieben werden (S. 313).

Hydrocephalus internus ist eine häufige Folge acuter Basilarmeningitis: dieser Hydrocephalus acutus ist schon im Früheren besprochen worden (S. 291) und ist hier nur anzuführen, insofern er zuweilen in chronischen Hydrocephalus übergeht (S. 299). Ferner kann ein auf die Gehirnventrikel beschränkter Hydrops entstehen in Folge localer Circulationsstörung, wenn die Vena magna Galeni, welche das Blut aus den Plexus chorioidei abführt, comprimirt oder verschlossen ist, oder wenn durch Sinusthrombose oder in Folge veränderter Druckverhältnisse der Abfluss des Blutes aus derselben gehemmt ist; durch Veränderung der Druckverhältnisse kommt z. B. der Hydrocephalus internus zu Stande, welcher regelmässig bei raumbeschränkenden Erkrankungen in der hinteren Schädelgrube sich entwickelt (S. 256). Endlich gibt es einen idiopathischen chronischen Hydrocephalus, welcher vorzugsweise im frühen Kindesalter entsteht und dann meist für das ganze Leben bestehen bleibt. Die Ursachen desselben sind gewöhnlich unbekannt. Zuweilen beginnt derselbe ziemlich plötzlich, nicht selten mit meningitischen Erscheinungen; überhaupt kommen alle Uebergänge vor vom chronischen Beginn bis zum eigentlichen acuten Hydrocephalus, der als Folge einer Meningitis simplex auftritt. Es erscheint daher auch die Ansicht wohl berechtigt, dass der chronische Hydrocephalus acquisitus in der Mehrzahl der Fälle entstehe in Folge einer chronisch-entzündlichen Exsudation, welche vom Ependym der Ventrikel und namentlich von den Plexus chorioidei ausgeht und häufig auf einer chronischen oder subacuten Meningitis basilaris beruht.

Die Menge der Flüssigkeit in den Ventrikeln ist durchschnittlich weniger gross als beim Hydrocephalus congenitus; nur wenn der Hydrocephalus bald nach der Geburt entsteht zu einer Zeit, wenn der Schädel noch leicht ausdehnbar ist, können eben so bedeutende Flüssigkeitsansammlungen entstehen. Die Gehirnsubstanz in der Gegend der Ventrikel kann bei schneller Entstehung ebenso wie beim acuten Hydrocephalus die hydrocephalische Erweichung zeigen; bei den eigentlich chronischen Formen ist meist das Ependym verdickt, die umgebende Gehirnsubstanz fester und derber als normal. Im Uebrigen zeigen sich die an die Ventrikel anstossenden Gebilde der Ausdehnung der Ventrikel entsprechend abgeplattet und verbreitert.

Die Erscheinungen des Hydrocephalus sind, wenn derselbe sehr früh auftritt bei noch leicht dehnbarem Schädel, vollständig übereinstimmend mit denen des Hydrocephalus congenitus, und in solchen Fällen ist es zuweilen überhaupt unmöglich mit Sicherheit zu entscheiden, ob der Hydrocephalus erst nach der Geburt entstanden ist, oder ob Anfänge desselben schon während der intrauterinen Periode begonnen haben. Bei späterem Auftreten entsprechen die Erscheinungen mehr denen der chronischen Meningitis (S. 301). Der Schädel ist weniger nachgiebig und wird weniger ausgedehnt; deshalb kommen Erscheinungen von Gehirndruck zu Stande. Es zeigt sich Abnahme der Intelligenz, unter Umständen bis zum Blödsinn, Schwäche und Unsicherheit der Bewegungen, Anfälle von Kopfschmerzen, Schwindel und Erbrechen, bei Kindern häufig allgemeine Convulsionen mit Bewusstlosigkeit, Stauungspapille mit mehr oder weniger Störung des Sehvermögens. Wenn Hydrocephalus bei Kindern auftritt, welche bereits einen gewissen Grad geistiger und körperlicher Entwickelung erlangt hatten, so zeigt sich, oft nachdem einige Anfälle von Convulsionen nebst Andeutungen von meningitischen Erscheinungen aufgetreten waren, ein plötzlicher Stillstand der Entwickelung und bald auch ein merklicher Rückschritt: die Kinder, die vielleicht schon sprechen und gehen konnten, verlernen dies wieder und nehmen zusehends an Intelligenz ab.

Wenn der Flüssigkeitserguss schnell erfolgt, so kann unter apoplektiformen Erscheinungen der Tod eintreten: Apoplexia serosa. Auch im weiteren Verlauf kommt es vor, dass durch Vermehrung des Ergusses schnell oder langsam ein soporöser oder komatöser Zustand entsteht, der zum Tode führt. In anderen Fällen können die Kranken, wenn sie nicht an intercurrenten Krankheiten zu Grunde gehen, als Idioten ein höheres Alter erreichen. Endlich aber bei leichteren Fällen kann auch eine allmähliche Rückbildung der Störungen und ausnahmsweise selbst vollständige Heilung zu Stande kommen.

Die Behandlung ist im Wesentlichen die gleiche wie beim Hydrocephalus congenitus.

Gehirnoedem. Intracranielles Oedem.

Unter Gehirnoedem verstehen wir zunächst die Vermehrung der Parenchymflüssigkeit in der eigentlichen Gehirnsubstanz; wir rechnen aber dazu auch alle anderen intracraniellen Flüssigkeitsansammlungen, wie sie neben dem Oedem des Parenchyms gewöhnlich vorkommen, namentlich die Vermehrung der Flüssigkeit in den Gehirnhäuten, in den perivasculären Räumen und in den Ventrikeln. Die weichen Gehirnhäute werden durch das Oedem beträchtlich geschwellt, und ausserdem findet sich gewöhnlich eine Vermehrung der Flüssigkeit zwischen denselben und besonders in den subarachnoidealen Räumen (Hydrocephalus externus).

Als Hydrops ex vacuo bezeichnet man diejenigen intracraniellen Flüssigkeitsansammlungen, welche zur Ausfüllung des Raumes überall da entstehen, wo der Schädel durch seinen übrigen Inhalt nicht mehr vollständig ausgefüllt ist. Da der Schädel eine ringsum nahezu geschlossene starre Kapsel darstellt, so muss jede Verminderung des Schädelinhalts einen negativen Druck ausserhalb der Gefässe zur Folge haben, welche zu Vermehrung der Transsudation führt. Ein solcher Hydrops ex vacuo ist sehr häufig: er kommt vor bei allen Formen der Gehirnatrophie, wie auch bei congenitalen oder anderweitigen Gehirndefecten. Je nach den Umständen findet sich die Flüssigkeitsansammlung entweder mehr in den Gehirnhäuten oder mehr als Oedem im Parenchym oder als eigentlicher Hydrocephalus ex vacuo in den Ventrikeln; auch können an jeder Stelle, wo die Gehirnsubstanz fehlt, abgegrenzte Flüssigkeitsansammlungen zur Ausfüllung des Raumes auftreten. Der Hydrops ex vacuo hat keine klinische Bedeutung: die etwa vorhandenen Symptome sind Folgen der Atrophie des Gehirns oder des Defects; der Hydrops ist dabei gänzlich unbetheiligt und bedarf deshalb keiner weiteren Berücksichtigung.

Ein partielles Gehirnoedem kommt häufig vor in der Umgebung von Herderkrankungen, namentlich bei traumatischen Zerstörungen, bei Haemorrhagien, bei Abscessen und Tumoren, ferner in Folge localer Behinderung des Blutabflusses durch die Venen, z. B. bei Thrombose des Sinus longitudinalis.

Allgemeines Gehirnoedem kann entstehen durch Circulationsstörungen, und zwar sowohl durch locale Störungen, welche den Abfluss aus den Venen des Gehirns beeinträchtigen, wie z. B. Thrombose der Sinus oder Hemmungen des Abflusses aus den Venae jugulares internae, als auch bei schwerer allgemeiner venöser Stau-

ung in Folge von Herzkrankheiten, wobei dann das Gehirnoedem als
Theilerscheinung des allgemeinen Hydrops sich darstellt. — Ausserdem kommt Gehirnoedem vor bei den Nierenkrankheiten, die als
Morbus Brightii bezeichnet zu werden pflegen. Auch dabei ist das
Gehirnoedem zuweilen Theilerscheinung eines allgemeinen Hydrops;
in anderen Fällen aber kommt es zu Stande, ohne dass allgemeine
hydropische Erscheinungen vorhanden sind. In diesen letzteren
Fällen ist das Oedem anzusehen als ein entzündlicher oder subin-
flammatorischer Prozess, der, wie er bei Morbus Brightii plötzlich
an einzelnen Stellen der Haut oder in den Lungen oder in serösen
Häuten auftreten kann, so auch zuweilen im Gehirn entsteht und
dann schwere Erscheinungen macht. — Auch ohne Morbus Brightii
kann in selteneren Fällen ein derartiges entzündliches Gehirnoedem zu Stande kommen, so namentlich im Verlaufe schwerer
acuter Krankheiten, bei acutem Gelenkrheumatismus, bei Kindern
auch ohne jede bekannte Veranlassung.

Die Symptome des Gehirnoedems sind denen des Gehirndrucks
ähnlich; sie bestehen im Wesentlichen in einer Abschwächung sämmtlicher Gehirnfunctionen. Der Kranke zeigt sich unbesinnlich, das
Gedächtniss versagt oft, beim Sprechen stehen manche Worte nicht
zu Gebote, die Sprache wird lallend; Gehen und Stehen und überhaupt alle Körperbewegungen sind unsicher; der Zustand hat Aehnlichkeit mit einem Rausch. Bei höheren Graden entsteht Somnolenz
und endlich Koma, welches zum Tode führt. Bei sehr acuter Entstehung des Oedems kann das Koma schnell in Form eines apoplektiformen Anfalls als sogenannte Apoplexia serosa zu Stande
kommen. Bei Kindern treten auch zuweilen ausgebreitete Convulsionen auf; bei Erwachsenen sind dieselben selten.

Wenn Gehirnoedem in Folge von Circulationsstörung entstanden ist,
so ist bei der Abschwächung der Gehirnfunctionen auch noch betheiligt
die venöse Stauung resp. die mangelhafte Zufuhr von arteriellem Blut.
— Das Gehirnoedem bei Morbus Brightii wird oft mit Uraemie zusammen-
geworfen, und man hat sogar schon geglaubt, das Wesen der Uraemie
in Gehirnoedem suchen zu müssen (Traube). In Wirklichkeit wird
nach eigentlicher Uraemie meist kein bemerkenswerther Grad von Gehirnoedem gefunden; und klinisch lässt sich die Uraemie gewöhnlich vom
Gehirnoedem unterscheiden. Für eigentliche Uraemie sind charakteristisch
die epileptiformen Anfälle, die bei Gehirnoedem, wenn wir von Kindern
absehen, nur höchst selten vorkommen; bei Gehirnoedem besteht dagegen
die einfache Abschwächung der Gehirnfunctionen bis zu schwerem Koma.
Während Uraemie besonders häufig bei acuter und chronischer parenchymatöser Degeneration der Nieren vorkommt, wird Gehirnoedem mit schweren Erscheinungen und selbst mit tödtlichem Ausgange auch häufig bei

der Granularatrophie der Nieren beobachtet. — Die Unterscheidung des entzündlichen Gehirnoedems von der Meningitis simplex ist nicht in allen Fällen möglich; eine scharfe Grenze zwischen beiden Affectionen gibt es nicht, und es kommen Fälle vor, welche als Uebergänge oder Zwischenstu fen zu betrachten sind.

Mässige Grade von Gehirnoedem können wieder rückgängig werden; die höheren Grade führen, besonders wenn die Ursachen fortbestehen, gewöhnlich zum Tode.

Bei der B e h a n d l u n g ist zunächst die Indicatio prophylactica und causalis zu berücksichtigen: bei Morbus Brightii ist die Unterhaltung reichlicher Harnsecretion, bei Herzkrankheiten die Verminderung der allgemeinen venösen Stauung zu erstreben; bei gefahrdrohendem Stauungsoedem kann ein Aderlass indicirt sein. Im Uebrigen ist eine ähnliche Behandlung wie bei Meningitis simplex und namentlich die Anwendung von Ableitungen auf den Darm und Nacken geboten.

Hypertrophie des Gehirns.

In seltenen Fällen kommt eine allgemeine Hypertrophie des Gehirns vor, wobei das Volumen desselben beträchtlich vermehrt ist, während die Gehirnhäute und selbst die Schädelknochen dünn sind, die Cerebrospinalflüssigkeit verschwindet, die Windungen breit und platt sind, die Sulci äusserst schmal, die Ventrikel eng, endlich die Gehirnsubstanz trocken, blutleer und auffallend zäh sich zeigt.

In der Mehrzahl der Fälle scheint es sich im Wesentlichen um eine Hypertrophie der Neuroglia, nicht um eine Hypertrophie der eigentlichen Gehirnsubstanz zu handeln. Vielleicht dürften manche von diesen Fällen naturgemässer zur diffusen Sklerose (s. u.) zu rechnen sein.

Die Hypertrophie kann angeboren sein oder bald nach der Geburt entstehen; dann ist auch der Schädel vergrössert und dem Schädel bei mässigen Graden von Hydrocephalus ähnlich. Seltener entwickelt sich Gehirnhypertrophie in einem späteren Lebensalter. In aetiologischer Beziehung wird angeführt hereditäre neuropathische Anlage, Rhachitis und Scrofulose, häufig wiederholte Gehirnhyperaemien, übermässige geistige Anstrengung, Abusus spirituosorum, Bleivergiftung, selbst traumatische Veranlassungen.

Die Symptome der Gehirnhypertrophie sind häufig denen des Hydrocephalus ähnlich. Die Intelligenz ist meist mangelhaft in verschiedenem Grade bis zu vollständigem Idiotismus; doch hat man in einzelnen Fällen bei Kindern eine ihrem Alter entsprechende oder

selbst eine vorzeitige geistige Entwickelung beobachtet. Ferner sind
meist Kopfschmerzen vorhanden, zuweilen von ungewöhnlicher Heftigkeit. Endlich kommen häufig epileptiforme Convulsionen vor. —
Der Verlauf ist in einzelnen Fällen acut, indem unter den Erscheinungen von Gehirndruck und Koma bald der Tod erfolgt; in anderen hat der Zustand eine längere Dauer, und der Tod erfogt durch
intercurrente Krankheiten oder unter allmählicher Steigerung der
Druckerscheinungen.

Atrophie des Gehirns und Bildungsmangel.

Atrophie des Gehirns pflegt sich einzustellen im höheren
Greisenalter, ferner bei allen Krankheiten, welche zu Abzehrung
führen, sowohl bei schweren acuten namentlich fieberhaften Krankheiten, als auch bei chronischem Marasmus und bei Phthisis; sie kann
ferner zu Stande kommen bei Geisteskrankheiten, bei Trunksucht,
endlich im Gefolge von Gehirnhaemorrhagien und anderen Herderkrankungen. In seltenen Fällen entsteht auch eine Atrophie des
Gehirns im Ganzen oder einzelner Gehirnlappen ohne eine bekannte
Ursache oder Veranlassung. — Der Raum, welcher durch die Atrophie
der Gehirnsubstanz frei wird, füllt sich aus durch seröse Flüssigkeit: Hydrops ex vacuo (S. 313).

Mit der Atrophie des Gehirns ist immer eine entsprechende Abnahme der Functionen verbunden. Dieselbe ist zuweilen so gering,
dass sie einer oberflächlichen Beobachtung gänzlich entgehen kann. In
anderen Fällen tritt sie dagegen auffallend hervor: es zeigt sich Abnahme der geistigen Fähigkeiten, namentlich des Gedächtnisses, Einseitigkeit des Urtheils, Haften an vorgefassten Meinungen bis zum
Eigensinn, Rücksichtslosigkeit, langsame oder lockere Ideenassociation, in schweren Fällen ein kindisches Wesen, Apathie und Gleich-
gültigkeit, Unreinlichkeit, zuweilen auch Schwäche und Unsicherheit
der Muskelaction, Zittern bei Bewegungen, schwankender Gang, mangelhafte Articulation der Sprache u. s. w. Die auffallende Abnahme der
psychischen Functionen im höchsten Greisenalter, welche oft als
senile Gehirnerweichung gedeutet wird, beruht in manchen Fällen
auf einfacher Atrophie.

Die mangelhafte Ausbildung des Gehirns wird als Agenesie oder auch wohl als angeborene Atrophie bezeichnet. Wir berücksichtigen hier nicht diejenigen Missbildungen, welche, wie die
Akranie, Anencephalie, Cyklopie u. s. w. nur pathologisch-anato-

misches Interesse haben, weil sie die Lebensfähigkeit ausschliessen, sondern beschäftigen uns nur mit denjenigen Defecten, welche mit dem Bestehen des Lebens verträglich sind.

Die Agenesie oder angeborene Atrophie betrifft in manchen Fällen das ganze Gehirn, indem dasselbe in allen seinen Theilen ungenügend entwickelt ist. Doch sind dabei gewöhnlich die Grosshirnhemisphären mehr in der Ausbildung zurückgeblieben als die anderen Theile. Die geistige Entwickelung ist dabei eine entsprechend geringe: es besteht Idiotismus congenitus. Häufig ist daneben auch der übrige Körper mangelhaft entwickelt, die sensiblen und motorischen Apparate sind nur unvollständig ausgebildet. Der Kleinheit des Gehirns entsprechend ist in vielen Fällen auch der Schädel klein, es besteht ein Microcephalus. In anderen Fällen ist neben der mangelhaften Ausbildung des Gehirns ein gewisser Grad von Hydrocephalus vorhanden, und dann kann der Schädel von annähernd normaler Grösse oder, wie beim eigentlichen Hydrocephalus congenitus, sogar abnorm gross sein: Macrocephalus. Auch mancherlei Abweichungen des Schädels von der gewöhnlichen Form kommen vor.

Man hat vielfach die Frage erörtert, ob die Grösse und Gestalt des Gehirns von dem Schädel abhängig sei, oder ob umgekehrt die Grösse und Form des Schädels durch die Entwickelung des Gehirns bestimmt werde. Unter gewöhnlichen Verhältnissen ist augenscheinlich der Schädelinhalt massgebend für die Ausbildung des Schädels; wir sehen z. B., wenn in früher Lebensperiode der Inhalt pathologischer Weise zunimmt, wie z. B. beim angeborenen Hydrocephalus, dass der Schädel in entsprechender Weise ausgedehnt wird; und so werden wir auch anzunehmen haben, dass unter physiologischen Verhältnissen der Schädel in Form und Grösse im Allgemeinen ·mit der Entwickelung des Gehirns gleichen Schritt halte. Unter besonderen Verhältnissen kann es aber auch vorkommen, dass das Gehirn sich mehr oder weniger nach dem Schädel richten muss. Bei manchen Völkerschaften wird durch mechanischen Druck der Schädel der Kinder und damit das Gehirn in eine willkürliche Form gezwängt. Zu einer abnormen Form des Schädels führt ferner zuweilen die frühzeitige Verknöcherung einzelner Nähte, auf deren Bedeutung Virchow (1851) hingewiesen hat. Da die platten Schädelknochen hauptsächlich an den Nahträndern in die Fläche wachsen, so muss dieses Wachsthum ein Ende haben, sobald die Nähte verknöchert und die Knochenränder mit einander verwachsen sind. Wenn dadurch ein einzelner Durchmesser verkürzt wird, so erfolgt häufig ein um so stärkeres Wachsthum in den anderen Richtungen, so dass die Höhlung des Schädels oft dennoch für ein normal ausgewachsenes Gehirn Raum bietet. So wird z. B. die frühzeitige Synostose der Pfeilnaht die Folge haben, dass der Schädel ungenügend in die Breite sich ausdehnt; es entsteht ein Langkopf: Dolichocephalus ($\delta o \lambda \iota \chi \acute{o} \varsigma$ = lang); frühzeitige

Verknöcherung der Kranznaht oder der Lambdanaht verhindert das Wachsthum in die Länge; es entsteht ein Kurzkopf oder Breitkopf: Brachycephalus ($\beta\varrho\alpha\chi\acute{v}\varsigma$ = kurz). Durch frühzeitige Synostose der Nähte auf einer Seite entsteht der Schiefkopf: Plagiocephalus ($\pi\lambda\acute{\alpha}\gamma\iota o\varsigma$ = schief). In analoger Weise können durch frühzeitige Verknöcherung einzelner Nähte, unter denen auch die an der Basis zu berücksichtigen sind, noch andere Abnormitäten der Schädelform entstehen. So lange nur eine einzelne Naht oder wenige Nähte abnorm frühzeitig verknöchern, braucht das Gehirn nicht nothwendig kleiner als normal zu bleiben; es wird oft mehr seine allgemeine Form als seine Grösse dadurch beeinflusst, indem der Schädel, der nach einer Richtung sich zu wenig ausdehnt, eine compensatorische Ausdehnung nach anderen Richtungen erleidet. Wir können aber nicht zweifeln, dass, wenn die frühzeitige Synostose viele oder alle Nähte betrifft, dadurch die Entwickelung des Gehirns wesentlich gehindert werden muss.

Die mangelhafte Ausbildung des Gehirns und des Schädels ist besonders häufig bei Kretinismus, der in einzelnen Gegenden endemisch vorhanden ist. Aber auch sporadisch kommen abnorme Schädel- und Gehirnbildungen vor. Mikrocephalen werden zuweilen mehrfach in der gleichen Familie gefunden. Bei diesen letzteren ist gewöhnlich nicht eine frühzeitige Synostose der Schädelknochen vorhanden; es handelt sich vielmehr um eine primäre mangelhafte Ausbildung des Gehirns, und das Kleinbleiben des Schädels erscheint mehr als die Folge der geringen Entwickelung des Gehirns.

Es kommen auch partielle Gehirndefecte vor: dabei sind einzelne Theile des Gehirns mangelhaft entwickelt oder fehlen vollständig, so z. B. einzelne Windungen oder auch ein ganzer Lappen der Grosshirnhemisphären, eine Seite des Kleinhirns oder beide Kleinhirnhemisphären, das Corpus callosum, der Fornix, einzelne Grosshirnganglien, Theile der Pedunculi u. s. w. Bei der Porencephalie (Heschl) handelt es sich um einen trichterförmigen Defect, der die Continuität der Gehirnwindungen unterbricht und sich bis in die Nähe des Seitenventrikels erstreckt oder sogar mit diesem communicirt. Bei der halbseitigen Agenesie ist eine ganze Gehirnhälfte nur unvollständig ausgebildet. Bei allen diesen Defecten wird der Raum zum Theil ausgefüllt durch entsprechende Abflachungen des Schädels, oft mit Verdickung der Schädelknochen und der Gehirnhäute, zum Theil durch seröse Flüssigkeit.

Wo einzelne Theile des Gehirns fehlen, sind auch entsprechende Defecte in den Functionen vorhanden. Oft ist ein Mangel der geistigen Entwickelung im Ganzen zu bemerken, und in manchen Fällen besteht Idiotismus congenitus. Gewöhnlich sind auch die peripherischen zu den betreffenden Gehirntheilen in Beziehung stehenden

Organe unvollständig ausgebildet. Bei halbseitiger Agenesie z. B., die häufiger auf der linken Seite vorkommt, und bei der dann auch die linke Seite des Schädels abnorm klein ist, besteht gewöhnlich gleichzeitig eine mangelhafte Ausbildung der rechten Körperhälfte; die psychischen Functionen sind wenig entwickelt, oft ist Epilepsie vorhanden. Uebrigens kommt es vor, dass post mortem der eine oder andere Defect gefunden wird in Fällen, bei welchen während des Lebens ein Ausfall in den Functionen nicht bemerkt worden war.

Multiple Sklerose des Gehirns und Rückenmarks.

Bei der multiplen Sklerose handelt es sich um einzelne Krankheitsherde; dieselben sind aber gewöhnlich so zahlreich und über so ausgedehnte Bezirke des Centralnervensystems zerstreut, dass die dadurch entstehenden Krankheitserscheinungen weit mehr den Charakter von diffusen Symptomen als von Herdsymptomen haben. Es ist dies der Grund, weshalb wir die Affection nicht unter die Herderkrankungen, sondern unter die diffusen Erkrankungen einreihen.

Die Krankheitsherde haben etwa die Grösse einer Linse bis zu der einer Bohne oder selbst darüber; sie sind umschrieben, rundlich oder oval, zuweilen auch ausgezackt, erscheinen blassgrau oder hyalin und zeichnen sich durch vermehrte Consistenz aus, so dass sie zuweilen deutlicher durch das Gefühl als durch das Gesicht wahrzunehmen sind; sie leisten dem Zerschneiden, Zerdrücken oder Zerreissen einen bedeutenden Widerstand, haben etwa die Consistenz von gekochtem Eiweiss oder sind auch wohl lederartig oder knorpelartig derb; sie sind zwar gegen die Umgebung scharf abgegrenzt, hangen aber doch fest mit derselben zusammen und lassen sich nicht ausschälen. Zuweilen finden sich nur wenige, in anderen Fällen hundert und mehr Herde, die über die weisse Substanz des Gehirns und häufig auch über das Rückenmark zerstreut sind, während die graue Substanz der Gehirnrinde gewöhnlich frei bleibt. Zuweilen finden sich ähnliche Herde auch in einzelnen Nervenwurzeln und Nervenstämmen.

Es handelt sich bei diesen Krankheitsherden im Wesentlichen um eine Wucherung der Neuroglia, während zugleich die Nervensubstanz der betreffenden Stellen der Atrophie und Degeneration anheimfällt. Die Herde bestehen aus einem kernreichen feinfaserigen filzähnlichen Gewebe; daneben finden sich oft noch Degenerationsproducte, wie Körnchenkugeln, fettiger Detritus oder auch Corpuscula amylacea.

Ueber die Aetiologie der Krankheit ist wenig bekannt. Als Ursachen oder Veranlassungen werden gewöhnlich angeführt körperliche oder geistige Ueberanstrengung, heftige Gemüthsbewegungen, traumatische Erschütterungen des Kopfes oder des ganzen Körpers, Erkältungen. Iu einzelnen Fällen hat man nach schweren acuten Krankheiten die Affection sich entwickeln sehen. Wiederholt ist beobachtet worden (und ich kann eine eigene Beobachtung der Art anführen), dass die Krankheit bei mehreren Kindern aus der gleichen Familie aufgetreten ist. Sie kommt vorzugsweise, aber nicht ganz ausschliesslich, bei jugendlichen Individuen vor, am häufigsten etwa im Alter von 10 bis 30 Jahren.

Die Symptome der multiplen Sklerose zeigen in den einzelnen Fällen mannigfache Verschiedenheiten, und es ist dies verständlich, wenn wir berücksichtigen, dass der Sitz der Krankheitsherde ein sehr verschiedener sein kann. Trotzdem hat in der Mehrzahl der Fälle die Diagnose keine Schwierigkeit.

Vorherrschend sind meistens die Störungen der Motilität. Dieselben beginnen gewöhnlich mit Unsicherheit und mangelhafter Coordination der Bewegungen; allmählich kommen dazu Paresen, welche im Allgemeinen nicht hemiplegisch sind, sondern ohne jede Ordnung einzelne Muskelgruppen oder Extremitäten befallen, aber doch besonders häufig an den unteren Extremitäten beginnen. Später können Contracturen in einzelnen Muskelgebieten oder auch vollständige Paralysen sich einstellen. Besonders charakteristisch ist in den meisten Fällen ein bedeutendes Zittern, welches auftritt, sobald Bewegungen intendirt werden, dagegen gewöhnlich nicht vorhanden ist, wenn die Kranken ruhig liegen. Dieses „Intentionszittern" (S. 135) zeigt sich sowohl bei Bewegungen der Extremitäten als auch beim Aufrichten des Kopfes und des Rumpfes; es erschwert das Stehen und Gehen und macht dasselbe in vorgeschrittenen Fällen ganz unmöglich. Zuweilen hat das motorische Verhalten grosse Aehnlichkeit mit dem bei einem hohen Grade von Chorea; die Diagnose ist in solchen Fällen oft hauptsächlich durch die allmähliche Entwickelung und die lange Dauer der Krankheit festzustellen. Zuweilen sind auch die Augenmuskeln von Zittern befallen: es besteht Nystagmus. Nur in seltenen Fällen fehlt das charakteristische Intentionszittern; und dann ist die Diagnose schwierig und nur mit Zurückhaltung zu stellen. Es scheint, dass das Intentionszittern gewöhnlich dann fehlt, wenn die Affection weniger das Gehirn als vielmehr das Rückenmark betrifft. In solchen Fällen hat oft der Verlauf und das ganze Verhalten der Krankheit grosse Aehnlichkeit mit Tabes spastica oder auch mit einer combinirten Systemerkrankung. Gewöhnlich zeigt sich schon frühzeitig eine Störung der Sprache, indem die Articulation unsicher wird, das Sprechen langsam, absetzend, lallend erfolgt, einzelne Consonanten nicht mehr ausgesprochen und durch andere ersetzt werden, ein Verhalten, welches einigermassen an die Störungen bei Bulbärparalyse erinnert. Auch andere Bewegungen der Lippen und der Zunge sind oft unsicher und zitternd. In vorgeschrittenen Fällen kann auch das Schlucken erschwert sein. Störungen von Seiten der Blase und des Mastdarms sowie Decubitus fehlen meist vollständig oder kommen erst gegen das Ende zu Stande. Meist sind ausgebildete spastische Erscheinungen vorhanden: es besteht Steigerung der Sehnenreflexe, und es lässt sich Reflexklonus am Fusse hervorrufen.

Störungen der Sensibilität zeigen sich gewöhnlich nur in untergeordnetem Masse. Doch kommen vor Schmerzen, Gefühl von Ameisenkriechen und Eingeschlafensein, unvollständige Anaesthesie in den unteren Extremitäten oder auch an anderen Stellen. Zuweilen ist auch Kopfschmerz und Schwindel vorhanden. In vereinzelten Fällen zeigen sich Störungen der Function der Sinnesorgane: Funkensehen, Amblyopie, Ohrensausen, Schwerhörigkeit.

Die psychischen Functionen zeigen gewöhnlich keine auffallenden Abnormitäten; doch lässt die genauere Beobachtung meist einen gewissen Grad von Apathie und von Abnahme der geistigen Fähigkeiten erkennen. Gegen Ende des Lebens kann mehr oder weniger ausgebildeter Stupor sich einstellen. Selten sind melancholische Zustände oder zeitweise auftretende Exaltation, ferner intercurrente apoplektiforme Anfälle mit plötzlicher Steigerung der Körpertemperatur.

Der Verlauf der Krankheit ist ein chronischer und meist ein sehr langwieriger; er kann sich über 10 Jahre und länger erstrecken. In einem Falle meiner Beobachtung sind die ersten charakteristischen Erscheinungen im Jahre 1846 aufgetreten; der Kranke, der jetzt 69 Jahre alt ist, zeigt die hochgradigste Ataxie aller Bewegungen, kann aber noch mit Hülfe von zwei Krücken sich mühsam fortbewegen. — In der Regel zeigen die Krankheitserscheinungen eine langsame, aber stetige Verschlimmerung; doch kommen auch vorübergehende Besserungen vor. Der Tod erfolgt entweder durch intercurrente Krankheiten oder durch Marasmus oder durch zum Schluss sich einstellende bulbärparalytische Symptome, Blasenlähmung, Decubitus.

Die Therapie hat nur geringe Erfolge aufzuweisen. In einzelnen Fällen hat man beim Gebrauch von Argentum nitricum oder

von subcutanen Arsenikinjectionen vorübergehende Besserung gesehen. Auch der constante Strom scheint zuweilen eine günstige
Wirkung zu haben.

Diffuse Sklerose des Gehirns.

Die diffuse Wucherung der Neuroglia, welche zu diffuser Sklerose führt, ist seltener als die multiple herdförmige. Sie betrifft
vorwiegend die weisse Substanz des Gehirns; dieselbe ist blutarm,
auffallend derb und zäh, zeigt eine elastische Consistenz, setzt dem
schneidenden Messer einen kautschukähnlichen Widerstand entgegen.
Zuweilen ist auch das Rückenmark betheiligt.

Die diffuse Sklerose des Gehirns war als selbständige Krankheit
in neuerer Zeit aus dem pathologischen System nahezu verschwunden.
Einige in der Tübinger Klinik beobachtete Fälle, die von Erler beschrieben wurden, haben wieder mehr die Aufmerksamkeit auf diese,
wie es scheint, nicht ganz seltene Krankheit gelenkt. Vielleicht mögen
auch manche Fälle, welche von den Beobachtern zur Gehirnhypertrophie
gerechnet wurden, hierher gehören (S. 315). — J. Erler, Ueber diffuse
Sklerose des Gehirns. Dissertation. Tübingen 1881.

Die Aetiologie ist im Wesentlichen unbekannt. In einigen
Fällen waren übermässige geistige Anstrengungen vorhergegangen,
in anderen Abusus spirituosorum. Bei Männern kam die Krankheit häufiger vor als bei Weibern, ferner in den mittleren und höheren
Jahren häufiger als im jugendlichen Lebensalter.

Unter den Symptomen sind vorherrschend die Störungen der
Motilität: Unsicherheit der Bewegungen, Störung der Coordination,
Paresen, welche einzelne Muskelgebiete betreffen, zuweilen auch eine
hemiplegische oder paraplegische Ausbreitung zeigen oder diffus
über den ganzen Körper sich erstrecken, ferner Sprachstörungen in
der Form der Anarthrie, seltener in der der Aphasie, Erschwerung
des Schlingens, zum Schluss zuweilen auch Lähmung der Blase und
des Mastdarms. Daneben kommen vor Contracturen und Convulsionen, zuweilen selbst epileptiforme Anfälle. Eigentliches Intentionszittern fehlt in den meisten Fällen oder ist nur andeutungsweise
und auf einzelne Muskelgebiete beschränkt vorhanden. — Die Störungen der Sensibilität sind gewöhnlich wenig auffallend; doch finden
sich zuweilen Paraesthesien und Anaesthesien, in einzelnen Fällen
auch Kopfschmerz und Schwindel. — Die psychischen Functionen
zeigen meist schon früh eine leichte Abnahme, die im späteren Verlauf bis zu Stumpfsinn oder selbst bis zu Blödsinn fortschreiten kann.
In einzelnen Fällen werden auch apoplektiforme Anfälle beobachtet.

Der Verlauf ist ein chronischer; die Krankheit zieht sich meist über einige Jahre hin; im Durchschnitt scheint aber der Verlauf ein schnellerer zu sein als bei der herdweisen Sklerose.

Die Diagnose der diffusen Sklerose kann, da einzelne charakteristische Symptome nicht angegeben werden können, nur auf dem Wege der Ausschliessung gestellt werden. Für die Unterscheidung von der multiplen herdförmigen Sklerose ist wichtig das Fehlen oder die geringe Ausbildung des Intentionszitterns, die mehr diffuse Verbreitung der Paresen, auch wohl das frühere Hervortreten der psychischen Störung und der durchschnittlich schnellere Verlauf. Die grösste Aehnlichkeit hat der Symptomencomplex mit demjenigen, welcher bei raumbeschränkenden Gehirnerkrankungen vorkommt; und diese Aehnlichkeit kann nicht auffallend erscheinen, da ja gewiss ein ähnlicher Effect resultiren wird, mag die Beeinträchtigung der Function durch einen allmählich sich steigernden allgemeinen Gehirndruck, oder mag sie durch diffuse über den grössten Theil des Gehirns verbreitete interstitielle Prozesse zu Stande kommen. Man wird daher vorläufig wohl hauptsächlich dann an die Möglichkeit einer diffusen Sklerose zu denken haben, wenn es sich um einen Symptomencomplex handelt, wie er bei raumbeschränkenden Erkrankungen vorhanden zu sein pflegt, wenn aber sowohl die Herdsymptome, wie sie einem Tumor zukommen könnten, als auch diejenigen Symptome, welche in mehr directer Weise die intracranielle Drucksteigerung documentiren würden, wie z. B. die Stauungspapille, nicht vorhanden sind.

Eine wirksame Therapie ist nicht bekannt. Zuweilen habe ich bei der Einreibung von grauer Salbe in den Nacken vorübergehende Besserung eintreten sehen.

Diffuse parenchymatöse Degeneration des Gehirns.
Dementia paralytica.

Diffuse parenchymatöse Degeneration des Gehirns bildet die anatomische Grundlage des Symptomencomplexes, welcher als allgemeine progressive Paralyse der Irren oder als Dementia paralytica bezeichnet zu werden pflegt. Die Krankheit ist charakterisirt einerseits durch Erscheinungen von psychischer Schwäche, welche im Anfang gewöhnlich mit psychischen Reizungserscheinungen verbunden sind, und welche stetig fortschreiten bis zu vollständiger psychischer Lähmung, anderseits durch allmählich sich entwickelnde und ebenfalls stetig zunehmende Störungen der Motilität. Die Krankheit wird häufig noch den functionellen Störungen und speciell den Geisteskrankheiten zugezählt; wir tragen kein Bedenken, sie zu den anatomischen (organischen) Gehirnkrankheiten zu rechnen, weil wir in der diffusen parenchymatösen Degeneration des Gehirns die ausreichende anatomische Grundlage der Störungen finden.

Die parenchymatöse Degeneration befällt vorzugsweise die graue Substanz der Gehirnrinde und die subcorticalen Marklager; sie kann aber weiter in diffuser Weise auf das übrige Gehirn sich verbreiten und selbst auf einzelne Gehirnnerven und auch auf das Rückenmark sich fortsetzen. In der grauen Substanz sind die Ganglienzellen zum Theil verschwunden, zum Theil in fettiger oder in pigmentöser Degeneration begriffen. In frischen Fällen erscheint das Gehirn gewöhnlich geschwellt; in den vorgeschrittenen Fällen besteht deutliche Atrophie des Gehirns und besonders der Gehirnrinde. Die Windungen der grauen Substanz sind meist beträchtlich verschmälert, während die Sulci ungewöhnlich breit erscheinen. Im Uebrigen gibt der im Gefolge der Atrophie auftretende Hydrops ex vacuo einen Massstab für den Grad derselben: es findet sich Vermehrung der Parenchymflüssigkeit, vermehrte Flüssigkeitsansammlung in den Gehirnhäuten und in den Ventrikeln. — Ausser den beschriebenen Veränderungen findet man zuweilen, aber nicht constant, als nebensächlichen Befund mehr oder weniger ausgebildete chronische Pachymeningitis oder Leptomeningitis, Verwachsung der Pia mater mit der Oberfläche der Windungen, oft auch Verdickung des Ependyms der Ventrikel mit Bildung von höckerigen Granulationen an der Oberfläche; in der Gehirnsubstanz werden zuweilen capilläre Haemorrhagien gefunden. In einzelnen Fällen entsteht Haematom der Dura mater (S. 306), welches aber häufig keine auffallenden Erscheinungen von Gehirndruck hervorruft, weil durch die Atrophie des Gehirns Raum frei geworden ist und nur der vorhandene Hydrops ex vacuo verdrängt zu werden braucht (Huguenin).

F. Meschede, Die paralytische Geisteskrankheit und ihre organische Grundlage. Virchow's Archiv Bd XXXIV. 1865. S. 81, 249.

Eine parenchymatöse Degeneration geringeren Grades wird in der Gehirnsubstanz aufgefunden in Folge lange dauernder bedeutender Temperatursteigerung bei schweren fieberhaften Krankheiten, ferner bei Alkoholismus und bei manchen anderen Vergiftungen. Diese Degeneration hat aber in der Regel keinen progressiven Charakter; es kann sogar nach Beseitigung der Ursache vollständige Restitution stattfinden. Doch scheinen in einzelnen Fällen jene Momente den Anstoss zur Entstehung der progressiven Degeneration geben zu können.

Aetiologie.

Die Entstehung der progressiven diffusen Degeneration des Gehirns wird vor allem begünstigt durch übermässige geistige Anstrengungen, durch anhaltende Aufregungen und Gemüthsbewegungen, besonders wenn etwa noch übermässiger Genuss von Alkohol oder Excesse in venere hinzukommen. Auch ein Uebermass im Gebrauch von Tabak, Thee, Kaffee und anderen als Reize auf das Nervensystem wirkenden Genussmitteln scheint dazu beitragen zu können. In einzelnen Fällen sind überstandene schwere fieberhafte Krankheiten, ferner Syphilis oder endlich Verletzungen oder Erschütterungen des Kopfes betheiligt. Die Disposition zur Erkrankung wird gesteigert durch eine allgemeine neuropathische Diathese, wie sie bei manchen Menschen ererbt vorhanden ist. In neuerer Zeit scheint die Häufigkeit der Krankheit beträchtlich zugenommen zu haben; es ist dies wohl in Zusammenhang zu bringen mit der zunehmenden Complication der Lebens- und Erwerbsverhältnisse, welche eine angestrengtere geistige Thätigkeit und häufig eine aufreibende Hast derselben veranlassen und dem Gehirn die erforderliche Zeit zum Ausruhen nicht gestatten, sowie ferner mit der zunehmenden Genusssucht. Männer werden weit häufiger befallen als Frauen, wohl aus dem Grunde, weil Männer durchschnittlich mehr den angeführten Schädlichkeiten ausgesetzt sind. Die Krankheit kommt am häufigsten im mittleren Lebensalter, etwa zwischen 30 und 45 Jahren vor. — In einzelnen Fällen entsteht die Krankheit auch secundär als Folge von anderweitigen Gehirnkrankheiten oder Geisteskrankheiten oder von Tabes oder anderen Krankheiten des Rückenmarks.

Symptomatologie.

Die Symptome der Krankheit lassen sich sämmtlich ableiten von der Degeneration des Gehirns und namentlich der grauen Substanz der Grosshirnhemisphären. Da aber diese Degeneration im Anfang bald an der einen, bald an der anderen Stelle der Gehirnoberfläche stärker ausgebildet ist, und da sie später bei ihrer diffusen Weiterverbreitung bald mehr in der einen, bald mehr in der anderen Richtung fortschreitet, so ist es verständlich, dass in den einzelnen Krankheitsfällen die Symptome mancherlei Verschiedenheiten darbieten können. Allen Fällen gemeinschaftlich ist die unaufhaltsam fortschreitende Abnahme der Functionen der Gehirnrinde, und zwar zeigt sich dieselbe sowohl bei den eigentlich psychischen Functionen als auch bei den motorischen und sensorischen Functionen. In der Mehrzahl der Fälle ist im Anfang ein Zustand der Reizung vorhan-

den, der sich im Gebiete der psychischen Functionen meist in der
Form der Exaltation und vorzugsweise des Grössenwahns äussert,
seltener in Form der psychischen Verstimmung oder Depression. Im
Laufe der Zeit werden die Erscheinungen der psychischen Lähmung
immer augenfälliger und immer mehr vorherrschend, und das Ende
ist der ausgebildete Blödsinn, die Dementia.

In vielen Fällen werden vor dem Auftreten der ausgebildeten
Krankheitserscheinungen Vorboten beobachtet. Es zeigt sich Verstimmung und gesteigerte Reizbarkeit, Zerstreutheit und Vergesslich-
keit. Oder man bemerkt bei dem Kranken eine gewisse Veränderung des Charakters: der früher ruhige Mann ist häufig aufgeregt,
der früher sparsame zeigt verschwenderische Neigungen, oder es kann
auch umgekehrt der freigebige geizig werden. Oft zeigt sich das
Benehmen des Kranken bei einzelnen Gelegenheiten rücksichtslos, unpassend oder tactlos; manche höhere moderatorische Vorrichtungen
sind mangelhaft geworden, und deshalb wird der Kranke in seinem
Handeln nicht mehr genügend durch Rücksichten auf Anstand und
Sitte bestimmt; oft tritt der Egoismus in unverhüllter Weise zu Tage.
Dazu kommen zuweilen Anfälle von Kopfschmerzen und Schwindel.
Daneben kann als erste Andeutung motorischer Störungen ein zeit-
weise auftretendes Zittern der Gesichtsmuskeln vorkommen, und es
können auch schon mehr oder weniger deutliche Störungen der
Sprache hervortreten.

Die ausgebildeten psychischen Störungen sind charakterisirt durch eine progressive psychische Lähmung, welche im Anfange
gewöhnlich mit psychischen Reizungserscheinungen verbunden ist.
In den einzelnen Fällen können die Störungen mancherlei Verschiedenheiten zeigen. In der überwiegenden Mehrzahl der Fälle besteht
ein Zustand von Exaltation mit dem Gefühl eines ungewöhnlichen
psychischen Wohlbefindens und einer ungewöhnlichen Leistungsfähigkeit; dazu kommen Wahnvorstellungen in der Form des Grössenwahns, die als einigermassen charakteristisch für progressive Paralyse
bezeichnet werden können. Der besondere Inhalt der Wahnvorstellungen ist zum Theil abhänig von Zufälligkeiten, z. B. von der Richtung, welche die Unterhaltung nimmt, oder welche man ihr willkürlich gibt, zum Theil aber anfangs auch von den Ideenkreisen, in
welchen der Kranke im gesunden Zustande sich zu bewegen pflegte:
so verfügt der Kaufmann über unbegrenzten Credit und über unge-
messene Reichthümer, die er zu Tausenden und Millionen mit frei-
gebigster Hand ausstreut, der Techniker macht Pläne für eine
Brücke über den atlantischen Ocean, der Beamte erwartet eine glän-

zende Beförderung und hohe Orden, der Arzt hat Entdeckungen gemacht, durch welche alle Krankheiten sicher geheilt werden; ein Anderer löst mit einem Briefe an den Fürsten Bismarck die sociale Frage und eröffnet der Menschheit den Weg zu vollkommener Glückseligkeit u. s. w. Dabei fällt dem aufmerksamen Beobachter gewöhnlich schon früh auf, dass alle diese Wahnvorstellungen mit dem Charakter psychischer Schwäche behaftet sind: sie sind oberflächlich, nicht durchgearbeitet, sie werden leicht fallen gelassen und mit anderen vertauscht; die Ideenassociation ist überaus locker, die Vorstellungen werden mehr nach unwesentlichen und äusserlichen Merkmalen als nach dem wesentlichen Inhalt geordnet; es ist auffallend wenig „Methode in der Tollheit". Das Gedächtniss lässt eine beträchtliche Abnahme erkennen, und dabei zeigt sich, dass die Erinnerung an kurz vorher Geschehenes weit mangelhafter ist als die Erinnerung an Ereignisse und Eindrücke aus früherer Zeit. Im weiteren Verlauf kann die Schwäche des Gedächtnisses so überhand nehmen, dass der Kranke beim Sprechen oft im zweiten Theil des Satzes den ersten schon wieder vergessen hat. Die Vorstellungen werden noch oberflächlicher, zeigen grösseren Wechsel und immer weniger Zusammenhang mit früheren Ideenkreisen; das Urtheil selbst über die einfachsten Verhältnisse geht vollständig verloren. Die Kranken werden unreinlich; manche beschäftigen sich mit Vorliebe mit ihrem Urin und Koth. — Dazwischen können bei einzelnen Kranken Anfälle von Unruhe und von Tobsucht auftreten, in welchen sie lebhafte Hallucinationen haben und in völliger Rücksichtslosigkeit gegen Andere oder gegen sich selbst wüthen. Auch kommen zuweilen vorübergehend oder länger dauernd Zustände von melancholischer Verstimmung vor mit entsprechenden Wahnvorstellungen, die ebenfalls die geistige Schwäche deutlich erkennen lassen. Dieselben beziehen sich häufig auf Zustände des eigenen Körpers und gehören deshalb zu den hypochondrischen Wahnvorstellungen. In seltenen Fällen verläuft die Krankheit ohne ausgebildete Wahnvorstellungen und überhaupt ohne auffallende Aeusserungen von qualitativer Störung der geistigen Thätigkeit; es besteht eine stetig fortschreitende quantitative Abnahme. Der endliche Ausgang der psychischen Störung ist in allen Fällen der gleiche: ausgebildete geistige Paralyse, Dementia, Blödsinn.

Während des Verlaufs der Krankheit treten, bald früher, bald später, deutliche Störungen der Motilität hervor. Meist zeigt sich schon früh Störung der Sprache: die Bewegungen der Zunge und der Lippen sind unsicher, und dadurch wird die Articulation

mangelhaft, der Kranke stösst an oder stottert, einzelne Consonanten
oder ganze Silben fallen aus; zuweilen ändert sich auch die Stimm-
lage, in Folge von Parese der Kehlkopfmuskeln kann die Sprache
rauh und heiser werden. Allmählich werden auch andere Bewegungen unsicher; beim Gehen zeigen sich Störungen der Coordination, der Gang wird plump, steif, gespreizt und breitspurig, oder
auch mehr schleppend und schlürfend; der Kranke kann nicht mehr
auf dem Strich gehen, nicht plötzlich Halt machen oder umkehren.
Die gleiche Unsicherheit wird in den Bewegungen der oberen Extremitäten bemerkbar: die Handschrift wird verändert oder verzerrt.
Dazu kommen häufig noch vorübergehende oder dauernde Paresen
oder Paralysen in einzelnen Muskel- oder Nervengebieten, z. B. bulbärparalytische Erscheinungen, Lähmungen des einen Facialis, der
Augenmuskeln, einzelner Muskelgruppen der Extremitäten. In langsam zu Ende gehenden Fällen werden schliesslich die Extremitäten
für die gewöhnlichen Functionen ganz unbrauchbar. Endlich kann
auch Blasen- und Mastdarmlähmung sich einstellen. — Intercurrent
können, und zwar zuweilen schon im Anfange der Krankheit, apoplektiforme Anfälle vorkommen, auch ohne dass ein Haematom oder
überhaupt eine besondere Herderkrankung als Grundlage derselben
vorhanden wäre. Auch vollständige oder unvollständige epileptiforme Anfälle werden beobachtet.

Die Sensibilität zeigt anfangs meist keine auffallenden Störungen;
später ist gewöhnlich eine Verminderung der Sensibilität in einzelnen
Hautgebieten oder auch in allgemeiner Verbreitung nachzuweisen.
In manchen Fällen zeigen auch die anderen Sinne eine Abnahme;
es kommen Zustände vor, welche als Seelenblindheit oder Seelentaubheit bezeichnet werden können (S. 224). Paraesthesien im Gebiete des Geruchs und Geschmacks sind häufig. Trophische Störungen, wie Neigung zu Decubitus, zu Blutaustritten in die Haut
werden im späteren Verlauf nicht selten beobachtet. Bei weit vorgeschrittener Krankheit zeigt zuweilen die Wärmeregulirung eine
auffallende Störung: es können plötzlich Temperatursteigerungen bis
41° vorkommen, auch wenn eine besondere Complication, von welcher
dieselben abgeleitet werden könnten, fehlt, zuweilen aber im Anschluss an einen apoplektiformen oder epileptiformen Anfall; anderseits hat man auch schon, namentlich bei stärkerer Einwirkung der
Kälte, ein ungewöhnliches Sinken der Körpertemperatur, bis 30° C.
und tiefer, beobachtet.

Der Verlauf ist im Allgemeinen ein stetig fortschreitender;
doch kommen zeitweilige Besserungen und Verschlimmerungen des

Zustandes vor. Ein Rückgängigwerden der Krankheit ist in Fällen, welche so ausgebildet sind, dass sie eine bestimmte Diagnose zulassen, nicht zu erwarten; nur ganz vereinzelte Fälle von andauernder Besserung oder selbst Heilung werden berichtet. Vom Auftreten der ersten deutlichen psychischen Störungen bis zum letalen Ausgange vergehen bei schnell verlaufenden Fällen nur wenige Monate, bei den meisten einige Jahre; doch kommen auch vereinzelte Fälle mit sehr protrahirtem Verlauf vor.

Therapie.

Die Behandlung besteht einerseits in der Prophylaxis, welche die in der Aetiologie angeführten Momente zu berücksichtigen hat, andererseits in der symptomatischen Behandlung der ausgebildeten Krankheit. Von besonderer Wichtigkeit für den Kranken ist körperliche und geistige Ruhe bei passender Ernährung. Empfohlen wird die Eisblase auf den Kopf, die Einreibung von Ungt. Tartari stibiati in die Kopfhaut, die Anwendung des constanten Stroms auf Hinterkopf und Nacken, ferner kühle Abreibungen, laue Bäder, Jodkalium, bei Aufregungszuständen der vorsichtige Gebrauch von Morphium oder Chloralhydrat. Alle eingreifenden Behandlungsweisen sind zu vermeiden. Dringend ist anzurathen die möglichst frühzeitige Verbringung der Kranken in eine gut geleitete Irrenheilanstalt.

Hyperaemie des Gehirns.

Die Hyperaemie des Gehirns hat in der Pathologie seit langer Zeit eine grosse Rolle gespielt. Schon der Laie spricht von Blutandrang zum Kopf oder von Kopfcongestionen und glaubt damit für eine grosse Reihe von Krankheitserscheinungen die ausreichende Ursache angegeben zu haben. Und auch die Aerzte haben versucht aus Gehirnhyperaemie sehr zahlreiche und höchst verschiedenartige Störungen der Functionen des Gehirns zu erklären. Kopfschmerzen, Anfälle von Schwindel und Ohnmacht, selbst manche apoplektische Insulte werden auf Gehirnhyperaemie zurückgeführt; die Delirien bei fieberhaften Krankheiten, vorübergehende Anfälle von Tobsucht und manche andere psychische Störungen glaubte man durch die Annahme einer Gehirnhyperaemie erklären zu können. Es hat sogar Aerzte gegeben, welche der Ansicht waren, die Störungen der Gehirnfunctionen, welche durch Alkohol oder durch andere Gifte hervorgerufen werden, seien nur die Folgen des vermehrten Blutzuflusses zum Gehirn. Selbst in unserer Zeit hat man noch versucht, die Verschiedenheit der psychischen Störungen bei Manie und bei Melancholie dadurch zu erklären, dass man für den einen Fall eine Hyperaemie, für den anderen eine Anaemie des Gehirns voraussetzte. Den Gipfel der Erkenntniss aber glaubte man erstiegen zu haben, als man die Entdeckung machte, dass die Symptome der Gehirnhyperaemie und

der Gehirnanaemie eigentlich immer die gleichen seien. Und dieses
wunderbare Paradoxon ist seitdem mit besonderer Vorliebe unzählige
Male wiederholt und für hohe Weisheit erklärt worden.

Der ausgedehnte Gebrauch, welcher von der Gehirnhyperaemie und
-Anaemie in der Pathogenese gemacht wurde, hat schon vor langer Zeit
Widerspruch hervorgerufen. Wiederholt ist sogar die Behauptung aufgestellt worden (Monroe 1783, Kellie, Hamernjk), es gebe gar
keine Anaemie oder Hyperaemie des Gehirns, vielmehr sei der Blutgehalt
im Schädel immer der gleiche. Es wurde darauf hingewiesen, dass der
Schädel beim Erwachsenen eine ringsum nahezu geschlossene Kapsel darstellt, dass der Schädelinhalt bei den in Betracht kommenden Druck-
änderungen eben so wenig wie eine Flüssigkeit in merklicher Weise
comprimirt werden kann, dass deshalb der Schädel immer gleich viel
Inhalt haben muss und daher auch nicht zu einer Zeit mehr, zur anderen
weniger Blut innerhalb desselben vorhanden sein könne. Diese Deduc-
tion ist ja unzweifelhaft bis zu einem gewissen Punkte richtig. Wir
werden anerkennen müssen, dass die Blutmenge im Schädel nicht vermehrt werden kann, wenn nicht gleichzeitig ein anderer Theil des Schädelinhalts austritt und der grösseren Blutmenge Platz macht, und dass die
Blutmenge sich nicht vermindern kann, wenn nicht etwas Anderes an
die Stelle tritt und den Raum ausfüllt. Aber ist denn daraus die Fol-
gerung zu ziehen, dass Anaemie und Hyperaemie des Gehirns unmöglich seien? Sowohl durch Thierexperimente als durch klinische und
pathologisch-anatomische Beobachtungen wird erwiesen, dass beide thatsächlich vorkommen. Und die theoretische Schwierigkeit wird einfach
beseitigt durch Berücksichtigung der Thatsache, dass auch gewisse andere
Bestandtheile des Schädelinhalts in ihrer Menge veränderlich sind, so namentlich die Cerebrospinalflüssigkeit, ferner die Flüssigkeit in den perivasculären Räumen und endlich die eigentliche Parenchymflüssigkeit des
Gehirns und der Gehirnhäute. Je grösser der Druck innerhalb des Schädels ist, desto mehr von diesen Flüssigkeiten geht durch Lymphgefässe
und Venen nach aussen; die Cerebrospinalflüssigkeit kann auch einigermassen nach dem Wirbelkanal ausweichen; und wenn wir berücksichtigen, dass durchschnittlich mehr als drei Viertel des Schädelinhalts aus
Wasser bestehen, so ist es verständlich, dass eine Ab- und Zunahme des
Wassergehalts in ausgiebigster Weise für eine Vermehrung des Blutgehalts Raum schaffen oder bei einer Verminderung den Raum ausfüllen
kann. Immerhin aber ist zuzugeben, dass eine plötzliche Vermehrung oder Verminderung der absoluten Blutmenge im Schädel nicht vorkommen kann; denn zu diesen Ausgleichungen des Volumens ist eine gewisse, wenn auch unter Umständen vielleicht nur kleine Zeit erforderlich.

Es ist aber die absolute Menge des im Schädel jeweilig vorhandenen Blutes von geringerer Bedeutung als die Menge des während einer
gewissen Zeit ein- und durchströmenden arteriellen Blutes. Diese kann
jedenfalls auch plötzlich in ausgiebiger Weise wechseln, indem dazu nur
erforderlich ist, dass durch die Venen immer gerade so viel abfliesst, als
durch die Arterien zufliesst. Wenn in Folge stärkeren arteriellen Drucks
mehr arterielles Blut einströmt, so wird gleichzeitig mehr Blut aus den
Venen hinausgedrängt; würden dagegen die zuführenden Arterien plötz-

lich sämmtlich unterbunden, so würde im ersten Augenblick der Abfluss des venösen Blutes vollständig aufhören. Dann wäre zwar immer noch die gewöhnliche Menge von Blut im Gehirn vorhanden, aber es wäre kein frisches arterielles, für die Ernährung des Gehirns geeignetes Blut.

Zu einer normalen Function des Gehirns ist, wie dies schon im Früheren an zahlreichen Thatsachen gezeigt wurde, die ausreichende Zufuhr von arteriellem Blut die unumgänglich nothwendige Bedingung. Auch sehen wir, dass mancherlei besondere Einrichtungen vorhanden sind, vermittelst deren für eine ununterbrochene Blutzufuhr gesorgt ist. Es bestehen auf der Seite der Arterien weite collaterale Verbindungen (Circulus arteriosus, Arteria basilaris), vermittelst deren es erreicht wird, dass, auch wenn in einer der vier das Gehirn versorgenden Arterien der Blutzufluss gehemmt oder unterbrochen werden sollte, doch kein Theil des Gehirns dauernd des arteriellen Blutes entbehrt. Auch ist es wohl nicht zufällig, dass aus jedem der vier grossen Arterienstämme, aus welchen die inneren Carotiden und die Vertebralarterien entspringen, zugleich ein ungefähr eben so grosser Ast entspringt, der sein Blut der Schilddrüse zuführt, so dass dieses kleine Organ, für welches wir bisher eine wesentliche Function noch nicht haben ausfindig machen können, ungefähr eben so viel Blut erhält als das ganze Gehirn mit seinen wichtigen und höchst complicirten Functionen. In Folge dieser anatomischen Anordnung muss schon aus einfach physikalischen Gründen das Gefässsystem der Schilddrüse in Bezug auf die Circulation im Gehirn eine regulirende Wirkung ausüben, welche etwa mit der eines Windkessels verglichen werden kann: es müssen dadurch die Schwankungen der Blutzufuhr einigermassen abgeschwächt werden. Und wenn etwa, was freilich bisher nicht erwiesen ist, der Contractionszustand der Schilddrüsenarterien ein nach den Umständen wechselnder wäre, so könnte möglicherweise dieses System der Regulirung ein noch weit vollkommeneres sein.

Ungeachtet dieser Vorkehrungen kommen thatsächlich, wie die klinische und die pathologisch-anatomische Beobachtung lehrt, mancherlei Schwankungen des Butgehalts im Gehirn vor. Auch kann es nach dem Besprochenen keinem Zweifel unterliegen, dass sowohl eine dauernde Vermehrung des Blutgehalts als auch ein zeitweise vermehrtes Einströmen von arteriellem Blut in den Schädel möglich ist. Indessen ist es fraglich, ob eine solche Gehirnhyperaemie an und für sich bedeutende Störungen der Gehirnfunctionen zur Folge habe, und ob sie namentlich alle die Symptome mache, welche man gewöhnlich der Gehirnhyperaemie zuschreibt. Wenn man die höchst verschiedenartigen Zustände, welche als Gehirnhyperaemie gedeutet worden sind, im einzelnen einer näheren Untersuchung unterwirft, so ergibt sich bei manchen derselben, dass für die Annahme einer Gehirnhyperaemie jeder Anhalt fehlt, und bei anderen, bei welchen solche nachzuweisen oder zu vermuthen ist, dass daneben noch ganz andere wichtige Störungen bestehen, die weit eher als die Gehirnhyperaemie geeignet sind, die beobachteten Erscheinungen zu erklären. Wir werden in einem folgenden Capitel unter der Bezeichnung Gehirnreizung einen Theil dieser anderweitigen Störungen besprechen.

Zunächst ist es von Wichtigkeit, die arterielle oder active Hyperaemie zu unterscheiden von der venösen oder Stauungshyperaemie.

Als arterielle Gehirnhyperaemie bezeichnen wir den vermehrten Zufluss von arteriellem Blut oder genauer den Zustand, bei
welchem während der Zeiteinheit mehr Blut durch den Schädel hin-
durchfliesst als unter normalen Verhältnissen. Es kann ein solcher
vermehrter Blutzufluss von mancherlei Umständen abhangen. Eine
dauernde arterielle Hyperaemie ist vielleicht vorauszusetzen bei allen
Zuständen, welche mit dauernder Steigerung der Herzaction verbunden sind, so namentlich bei einfacher Hypertrophie des linken
Ventrikels, wenn daneben die normale oder auch eine abnorm grosse
Blutmenge innerhalb des Gefässsystems vorhanden ist. Vorübergehend findet ein vermehrter Zufluss von arteriellem Blut statt bei
verstärkter Arbeit des Herzens, wie sie am deutlichsten bei körperlichen Anstrengungen, wie beim Laufen, Bergsteigen u. s. w. einzutreten pflegt. Die alltägliche Erfahrung lehrt, dass dadurch in
der Regel keine bemerkenswerthen Störungen der Gehirnfunctionen
zu Stande kommen; und wenn ausnahmsweise, z. B. nach lange
dauernder heftiger Anstrengung, schwerere Störungen sich zeigen,
so beruhen dieselben gewöhnlich nicht auf Gehirnhyperaemie, sondern
im Gegentheil auf einer nach der übermässigen Arbeit eintretenden
Schwäche des Herzens und der dadurch entstehenden Gehirnanaemie.
Wahrscheinlich kann auch, wie in äusserlich wahrnehmbarer Weise
im Gesicht, so im Innern des Schädels durch Gefässerweiterung eine
Vermehrung des arteriellen Blutzuflusses stattfinden, so bei manchen
Gemüthsbewegungen, wie bei Freude, Zorn, Scham. Ueberhaupt
kommen wohl auch unter physiologischen Verhältnissen mancherlei
Schwankungen der Blutzufuhr vor, die von Einwirkungen der Nerven
auf die Gefässe abhangen. Auch durch collaterale Fluxion in Folge
von Verschliessung benachbarter Gefässstämme kann der Blutzufluss
zum Gehirn gesteigert werden. Aber es sind doch gewiss falsche
Erklärungen, wenn man Kopfschmerzen, wie sie bei habitueller
Stuhlverstopfung vorkommen, auf collaterale Fluxion zum Gehirn in
Folge von Compression der Aorta abdominalis hat beziehen wollen,
oder wenn man schwere nach langer Einwirkung intensiver Kälte
auftretende Gehirnerscheinungen glaubte von der Verengerung der
äusseren Arterien des Kopfes und dadurch bewirkter collateraler
Fluxion zum Gehirn ableiten zu können, oder wenn man bei Wechsel-
fieber die zuweilen schon im Froststadium auftretenden Delirien aus
der Intropulsion des Blutes erklären wollte, u. s. w. Auch wird
man heutigen Tages die Wirkung des Alkohols und mancher Narcotica und Anaesthetica nicht, wie dies früher häufig versucht wurde,
einfach aus der dadurch hervorgerufenen Gehirnhyperaemie erklären

wollen, sondern zugestehen, dass dabei die besonderen chemischen Wirkungen dieser Mittel von hervorragender Bedeutung sind. Und ebenso wird man Anstand nehmen, die eigenthümlichen febrilen Störungen der Gehirnfunctionen einfach als Folgen von Gehirnhyperaemie anzusehen. Endlich sei noch erwähnt, dass bei Gehirnatrophie zuweilen der Raum zum Theil durch Erweiterung der Gefässe ausgefüllt wird, ohne dass durch solche Hyperaemia ex vacuo irgend welche Symptome hervorgerufen werden.

Venöse Hyperaemie wird durch alle Umstände hervorgerufen, welche den Abfluss des Venenblutes aus dem Schädel behindern. Dabei muss aber nothwendig in gleichem Masse, in welchem der Abfluss durch die Venen gehemmt ist, auch der Zufluss durch die Arterien abnehmen; wenn die Venen gar kein Blut mehr abführen würden, so könnte auch kein Blut mehr durch die Arterien zufliessen. Die Functionsstörungen, welche dabei zu Stande kommen, beruhen deshalb im Wesentlichen nicht auf Gehirnhyperaemie, sondern auf der arteriellen Anaemie. Und nur weil man diese Unterscheidung nicht gemacht hat, konnte man zu der paradoxen Behauptung kommen, dass die Symptome der Gehirnhyperaemie und der Gehirnanaemie die gleichen seien. Die Symptome bei der venösen Stauung sind überhaupt nicht Symptome der Hyperaemie, sondern Symptome arterieller Anaemie. Wir werden deshalb die venöse Hyperaemie hier nicht mehr berücksichtigen, sondern dieselbe bei der Gehirnanaemie besprechen.

Die Symptomatologie der Gehirnhyperaemie gestaltet sich darnach ziemlich einfach. Wenn wir auch einen grossen Theil derjenigen Erscheinungen, welche man gewöhnlich glaubt auf Gehirnhyperaemie zurückführen zu müssen, nicht von dieser ableiten können, so sind wir doch weit davon entfernt, die Gehirnhyperaemie für etwas Gleichgültiges erklären zu wollen. Eine dauernde oder häufig wiederholte Hyperaemie würde wohl im Gehirn eben so wie in anderen Organen endlich zu Ernährungsstörungen führen. Und auch vorübergehende Gehirnhyperaemie mag in einzelnen Fällen merkliche Störungen bewirken. Als Symptome, welche vielleicht mit einiger Wahrscheinlichkeit von einfacher arterieller Hyperaemie abgeleitet werden können, sind etwa anzuführen: Kopfschmerz von drückender oder klopfender Art, Reizbarkeit und Empfindlichkeit, geistige und körperliche Unruhe und Aufregung mit Thätigkeitsdrang, gesteigerte Energie der Bewegungen, grössere Lebhaftigkeit der Ideenassociation und der Gedankenbildung, Schlaflosigkeit. Wir müssen freilich auch für diese Symptome zugestehen, dass sie einiger-

massen theoretisch construirt sind, und dass für die meisten derselben
der Nachweis ihrer Abhängigkeit von blosser Gehirnhyperaemie ohne
anderweitige Störung noch nicht geliefert ist. — Endlich kann unzweifelhaft durch eine Steigerung des Blutzuflusses zum Gehirn bei
dazu disponirten Gefässen Ruptur und damit Gehirnhaemorrhagie
veranlasst werden (S. 257).

Der Vollständigkeit wegen seien hier noch einige Andeutungen gegeben über das Symptomenbild, welches man früher von der Gehirnhyperaemie zu entwerfen pflegte. Man unterschied zahlreiche verschiedene Grade und Formen; im Allgemeinen aber wurden die Symptome
eingetheilt in Reizungserscheinungen und Depressions- oder Lähmungserscheinungen. Als Reizungserscheinungen wurden aufgeführt:
Kopfschmerz, Flimmern vor den Augen, Funkensehen, Ohrenklingen, Empfindlichkeit gegen Sinneseindrücke, Hyperaesthesie der Haut mit Schmerzen und Paraesthesien, Schwindel, zuweilen mit Erbrechen, ferner Zähneknirschen, Muskelzuckungen bis zu allgemeinen Convulsionen und epileptiformen Anfällen, ferner psychische Unruhe und Jactation, Ideenjagd,
Delirien mit Illusionen und Hallucinationen, zuweilen selbst Anfälle von
Tobsucht, anhaltende Schlaflosigkeit. Als Depressionserscheinungen gab man an: verminderte Empfindlichkeit gegen Sinneswahrnehmungen und Schmerzempfindungen, Einschlafen und Taubsein der Glieder,
motorische Paresen und Paralysen, erschwerte Sprache, Apathie und
geistige Stumpfheit, Somnolenz bis zu Koma und vollständiger Bewusstlosigkeit, zuweilen apoplektiforme Anfälle. Die Pupillen sollten anfangs
verengert, später erweitert sein, der Puls anfangs von verminderter, später
von gesteigerter Frequenz, die Respiration bei den schwersten Fällen
zuweilen sehr langsam, aussetzend, schnarchend, der Stuhlgang aufgehoben. Zuweilen, namentlich bei Kindern, sollte auch Fieber vorkommen.
In einzelnen Fällen sollte die Gehirnhyperaemie zum Tode führen.

Man sieht, dieser Symptomencomplex ist entstanden, indem man zunächst die Stauungshyperaemie und die fluxionäre Hyperaemie, die ja
in den meisten Beziehungen entgegengesetzt wirken müssen, zusammenwarf,
und dann noch alle Störungen der Gehirnfunctionen, welche man nicht
zu den eigentlichen Geisteskrankheiten rechnete, und für welche man
auch sonst keine plausible Erklärung fand, auf Gehirnhyperaemie bezog.
— Vgl. Nothnagel in Ziemssen's Handbuch, XI, 1.

Behandlung. Wo man mit Grund arterielle Gehirnhyperaemie
als Ursache von schweren Krankheitserscheinungen erkannt hätte,
da würden örtliche oder allgemeine Blutentziehungen, ferner starke
Ableitungen auf den Darmkanal durch Abführmittel und auf die Haut
durch Hautreize, endlich die anhaltende Application der Eisblase auf
den Kopf indicirt sein. Ausserdem wäre die Indicatio prophylactica
und causalis zu berücksichtigen.

Arterielle Anaemie des Gehirns.

Während wir bei der Gehirnhyperaemie gegenüber dem gewöhnlich angegebenen Symptomencomplex uns sehr skeptisch verhalten mussten und sogar bei der Darstellung der wirklichen Symptomatologie mehr auf theoretische Construction als auf Beobachtung angewiesen waren, befinden wir uns gegenüber der Anaemie des Gehirns auf festerem Boden. Die arterielle Anaemie des Gehirns kommt sehr häufig vor, und die Symptome, welche dabei beobachtet werden, entsprechen zum grossen Theil dem, was aus einer einfachen Prämisse sich a priori ergibt, nämlich aus der durch unzählige Thatsachen bestätigten Voraussetzung, dass die Functionen des Gehirns aufhören, wenn dasselbe keinen Zufluss von arteriellem Blut erhält.

Symptomatologie.

Die Folgen der Anaemie des Gehirns sind verschieden, jenachdem dieselbe eine annähernd vollständige oder eine unvollständige ist, ferner jenachdem sie eine totale über das ganze Gehirn verbreitete oder eine partielle auf einzelne Bezirke beschränkte ist, und endlich jenachdem sie schnell vorübergehend auftritt oder eine längere Dauer hat.

Vollständige Aufhebung des Zuflusses von arteriellem Blut zum Gehirn hat vollständige Aufhebung der Functionen des Gehirns zur Folge; das constante Symptom ist Schwinden des Bewusstseins, Ohnmacht, Syncope. Die Pupillen sind dabei anfangs häufig verengt, später immer erweitert; das Gesicht ist blass, der Puls schwach, oft kommt es zum Ausbruch von kaltem Schweiss. Die Ohnmacht ist meist nur vorübergehend, wenn der Blutzufluss zum Gehirn sich bald wiederherstellt; sie endigt mit dem Tode, wenn die Anaemie des Gehirns eine längere Dauer hat und in Folge der Betheiligung der Medulla oblongata die Respiration und Circulation aufhört. Wenn bei Thieren experimentell die Blutzufuhr zum Gehirn plötzlich unterbrochen wird, so kommen ausser der Bewusstlosigkeit gewöhnlich auch noch epileptiforme Convulsionen zu Stande (Kussmaul und Tenner 1857), und auch beim Menschen werden in einzelnen Fällen als Folgen plötzlicher Gehirnanaemie solche epileptiforme Convulsionen beobachtet. Während die Bewusstlosigkeit einfach als Aufhebung der Gehirnfunctionen zu erklären ist, lassen die Convulsionen vorläufig keine so einfache und unzweifelhafte Erklärung zu (s. u. Epilepsie).

Wenn die Blutzufuhr zum Gehirn nicht vollständig aufgehoben, sondern nur beträchtlich vermindert ist, so beobachtet man unvollständige Aufhebung der Gehirnfunctionen. Besonders häufig ist Unsicherheit beim Gehen und Stehen bis zum Umsinken, Schwindel, zuweilen mit Erbrechen, Flimmern oder Schwarzwerden vor den Augen, Ohrensausen, Verminderung des Bewusstseins; oft verbindet sich damit eine plötzliche Schwäche der Herzaction mit den davon abhängigen Symptomen, wie sie als Collapsus oder als Shock bezeichnet zu werden pflegen. Bei längerer Dauer eines mässigen Grades von Gehirnanaemie zeigt sich dauernde Abschwächung der psychischen Functionen, namentlich Apathie, geistige Stumpfheit, Schlafsucht. Auch kommt dabei häufig eine gesteigerte psychische Reizbarkeit vor mit Lichtscheu, Empfindlichkeit gegen Geräusch, Kopfschmerz. Zuweilen zeigen sich auch qualitative Störungen der psychischen Functionen, z. B. Delirien; wenn dieselben auch wohl nicht, wie man häufig annimmt, auf die Gehirnanaemie allein zurückzuführen sind, so ist doch hervorzuheben, dass erfahrungsgemäss, je unvollständiger das Gehirn mit arteriellem Blute versorgt ist, um so leichter in Folge anderweitiger Ursachen auch qualitative Functionsstörungen durch Gehirnreizung zu Stande kommen (s. u.).

Wenn nur ein Theil des Gehirns keinen Blutzufluss erhält, so sind nur die Functionen dieses Theils aufgehoben. So entsteht z. B. bei plötzlichem Verschluss der einen Carotis, wenn der Collateralkreislauf nicht schnell genug sich herstellt, vorübergehende Lähmung und Anaesthesie der entgegengesetzten Körperhälfte; in einigen Fällen wurde dabei auch Hemiopie und nach Unterbindung der linken Carotis auch Aphasie beobachtet. Aufhebung der Blutzufuhr zu einzelnen kleineren Gehirnabschnitten, wie sie namentlich bei Embolie oder Thrombose vorkommt, hat die früher besprochenen Herderscheinungen und bei längerer Dauer Gehirnerweichung zur Folge (S. 267).

Im Uebrigen zeigt der Symptomencomplex der Gehirnanaemie je nach den Ursachen, durch welche die Anaemie hervorgerufen wird, noch mancherlei Verschiedenheiten namentlich in Betreff des Verlaufs und der Ausgänge.

Aetiologie.

Gehirnanaemie kann in Folge verschiedener Umstände entstehen. Sie kommt zu Stande durch Verschliessung oder Verengerung der zuführenden Arterien: so durch Unterbindung oder Compression sowie durch Embolie der grossen Gehirnarterien, oder als partielle Anaemie durch Embolie eines der jenseits der grossen collateralen Verbindungen abgehenden Aeste. Auch krampfhafte Contraction der Arterienmusculatur kann Gehirnanaemie bewirken: vielleicht ist solche Gefässcontraction von Bedeutung in den Fällen, bei welchen in Folge heftiger Gemüthsbewegungen neben Blässe des Gesichts Schwindel oder selbst Ohnmacht zu Stande kommt; doch ist dabei gewöhnlich auch eine plötzliche Schwäche der Herzaction wesentlich betheiligt.

Auch bedeutende **directe Blutverluste** führen zu Gehirnanaemie: so kann Ohnmacht bei einem sehr ausgiebigen Aderlass oder bei anderweitigen bedeutenden Blutungen entstehen, und zwar leichter bei aufrechter Körperstellung als bei horizontaler; der Ohnmächtige kommt häufig wieder zum Bewusstsein, wenn er dauernd in horizontale Stellung gebracht wird. In ähnlicher Weise wie ein bedeutender Blutverlust wirkt auch eine starke Ableitung des Blutes, wie sie z. B. bei Anlegung des Junod'schen Schröpfstiefels zu Stande kommt, oder wie sie nach plötzlicher Entleerung eines bedeutenden Ascites durch die starke Ausdehnung der entlasteten Gefässe des Bauches entstehen kann.

Nach sehr starken Blutverlusten, z. B. nach einer Geburt, nach profusen Magenblutungen, zuweilen aber auch in anderen Fällen von heftigen Haemorrhagien, hat man wiederholt das Auftreten vollständiger Amaurose beobachtet, die dann zuweilen dauernd zurückbleibt. Vielleicht ist dabei die Anaemie der Retina mehr betheiligt als die Gehirnanaemie.

Ein gewisser Grad von Gehirnanaemie ist immer vorhanden bei **allgemeiner Anaemie**; daher sind alle diejenigen Umstände, welche allgemeine Anaemie bewirken, auch zu den Ursachen der Gehirnanaemie zu rechnen, so namentlich profuse Säfteverluste, wie sie bei reichlichen Exsudationen, starken Diarrhöen u. dgl. vorkommen, ferner auch lange dauerndes Fieber, mangelhafte Ernährung oder vollständige Inanition. Bei Kindern kann in Folge von intensiven Diarrhöen ein Zustand von schwerer Störung der Gehirnfunctionen entstehen, der an Hydrocephalus acutus erinnert und deshalb als Hydrocephaloid (**Marshall Hall**) bezeichnet wird. Auch kommen bei diesen Formen der Gehirnanaemie neben den Erscheinungen verminderter Gehirnfunction nicht selten Reizungserscheinungen vor; dahin gehören z. B. die sogenannten Inanitionsdelirien (s. u.).

Jede bedeutende **Abnahme der Leistung des Herzens** hat, namentlich bei **aufrechter Körperstellung**, Gehirnanaemie zur Folge. Eine Verminderung der Herzaction ist bei Individuen mit Herzkrankheiten, bei Anaemischen, bei durch Krankheit oder sonst Geschwächten dauernd vorhanden. Sie kann vorübergehend eintreten nach übermässigen Anstrengungen, bei welchen auch die Herzaction übermässig gesteigert war, so z. B. nach angestrengten Märschen, ferner in Folge von sehr heftigen psychischen Einwirkungen, wie bei überwältigendem Schrecken; hierher gehört auch die Ohnmacht, die beim ungewohnten Anblick besonders „angreifender" Vorgänge, z. B. bei dem ersten Zuschauen bei einer chirurgischen Operation einzelne Individuen befällt; manche Leute können überhaupt nicht Blut sehen, ohne ohnmächtig zu werden. Herzschwäche ist ferner die wesentliche Grundlage des als Collapsus bezeichneten Symptomencomplexes sowie auch des Zustandes, der von den Chirurgen gewöhnlich als Shock bezeichnet wird. Auf vorübergehenden Nachlass der Leistung des Herzens ist auch die Ohnmacht zurückzuführen, von welcher etwas schwächliche Individuen leicht bei verschiedenen Anlässen befallen werden, z. B. wenn sie über die gewöhnliche Zeit mit ihrer Mahlzeit gewartet haben, oder wenn sie in einem mit Menschen dicht gefüllten Raum bei aufrechter Körperstellung längere Zeit verweilen müssen und dabei vielleicht noch die Aufmerksamkeit anstrengen. Besonders leicht entsteht Gehirnanaemie beim plötzlichen Aufrichten aus horizontaler Körperstellung. Auch ganz gesunde Individuen, besonders solche von bedeutender Körperlänge, werden nicht selten davon betroffen, am leichtesten dann, wenn sie, aus dem Schlafe aufgeschreckt, plötzlich aus dem Bette aufspringen: sie werden dann von Schwindel befallen oder können auch, vielleicht nachdem sie noch einige Schritte gemacht haben, bewusstlos zusammenstürzen; indem aber nach dem Hinfallen der Blutzufluss zum Gehirn wieder erleichtert ist, erholen sie sich gewöhnlich schnell wieder von der Ohnmacht. Häufiger als bei Gesunden kommt die Ohnmacht in Folge plötzlichen Aufrichtens bei Kranken vor, die anaemisch sind, oder deren Herzaction geschwächt ist, und bei diesen sind die Folgen oft viel schwerer: viele plötzliche und unerwartete Todesfälle bei Kranken und Reconvalescenten sind die Folge plötzlichen Aufstehens aus dem Bett. Individuen, welche sehr starke Blutverluste erlitten haben, bekommen schon Flimmern oder Schwarzwerden vor den Augen oder werden sogar ohnmächtig, wenn sie im Bett nur den Kopf aufrichten.

Beim Gesunden macht sich für gewöhnlich der Einfluss der Körperstellung auf die Blutvertheilung und namentlich auf die Blutzufuhr zum Gehirn relativ wenig geltend. Zwar entspricht der normale mittlere Blutdruck in der Aorta nur einer Blutsäule von etwa 3 Meter Höhe, und in den kleineren Arterien ist er noch geringer; daher müsste eine Differenz von etwa $1\frac{1}{2}$ Meter, wie sie zwischen Gehirn und den untersten Körpertheilen bei aufrechter Körperstellung besteht, schon einigermassen für die Blutvertheilung ins Gewicht fallen. Aber es bestehen mancherlei regulatorische Vorrichtungen, welche verhindern, dass bei aufrechter Körperstellung die Blutvertheilung in den Arterien zu sehr durch die Schwere beeinflusst werde. Während z. B. sonst bei der Theilung einer Arterie die Summe der Querschnitte der Aeste grösser zu sein pflegt als der Querschnitt des Stammes, ist bei der Aorta descendens das Umgekehrte der Fall, indem die Summe der Querschnitte der Iliacae communes kleiner ist als der der Aorta; dasselbe Verhältniss wiederholt sich bei der Theilung der Iliacae communes. Auch wirkt vielleicht beim Stehen und Gehen die Contraction der Muskeln der unteren Extremitäten einem zu starken Einströmen des Blutes entgegen und befördert anderseits den Rückfluss des Venenblutes. Endlich wird bei aufrechter Körperstellung die Herzaction stärker als bei horizontaler Lage und ist somit eher im Stande, auch gegen die Wirkung der Schwere das Gehirn mit Blut zu versorgen. Da aber manche dieser regulatorischen Vorrichtungen, um wirksam zu werden, einer gewissen wenn auch kleinen Zeit bedürfen, so ist es erklärlich, dass unter Umständen bei plötzlichem Aufrichten Gehirnanaemie eintreten kann. Die Gehirnanaemie hat zuweilen noch eine Schwächung der Herzaction zur Folge, und dann kann dieselbe länger anhalten und gefährlich werden. — Vgl. Liebermeister, Ueber eine besondere Ursache der Ohnmacht und über die Regulirung der Blutvertheilung nach der Körperstellung. Prager Vierteljahrschrift. Band LXXXIII. 1864. S. 31 ff.

In dieser Beziehung kommt auch die Wirkung der Gewöhnung in Betracht. Ein Kranker meiner Beobachtung, der in Folge eines Abdominaltyphus mit ausgedehntem Decubitus viele Monate in horizontaler Lage zugebracht hatte, wurde, als er sich im Uebrigen bereits vollständig erholt hatte, bei den ersten Versuchen im Lehnstuhl aufrecht zu sitzen, jedesmal von Uebelkeit und Erbrechen mit schwerem Collapsus und nahezu vollständiger Bewusstlosigkeit befallen; nur ganz allmählich konnte er wieder an die aufrechte Körperstellung gewöhnt werden.

Jede Raumbeschränkung im Schädel hat nothwendig eine Verminderung des arteriellen Blutzuflusses zur Folge. Wir haben schon bei Besprechung des apoplektischen Insults hervorgehoben (S. 262), dass ein langes Andauern desselben auf der durch die Raumbeschränkung bewirkten Gehirnanaemie beruht. In ähnlicher Weise wirken alle anderen Momente, welche Gehirndruck zur Folge haben, so z. B. Fracturen mit Impression, Exsudate, Tumoren u. s. w. (S. 254). Je plötzlicher die Raumbeschränkung auftritt, desto sicherer kommt Anaemie des Gehirns zu Stande; bei langsam zunehmendem Druck ist dagegen eher Zeit zur Ausgleichung durch Verminderung der im Schädel vorhandenen Flüssigkeit gegeben.

Endlich werden die gleichen Symptome wie durch Verschliessung der zuführenden Arterien auch hervorgerufen durch Verschliessung der abführenden Venen; und es ist dies leicht verständlich, da, wenn die Venen kein Blut mehr abführen, auch die

Arterien kein neues Blut mehr zuführen können und somit das Gehirn des arteriellen Blutes ermangelt. Dass dabei der Druck innerhalb des Schädels gesteigert, bei manchen anderen Formen arterieller Anaemie dagegen eher vermindert ist, hat auf die Symptome keinen merklichen Einfluss. Venöse Hyperaemie mit Verminderung des Zuflusses von arteriellem Blut kommt vor bei Thrombose der Gehirnsinus (S. 305), ferner bei directer Verschliessung oder Verengerung der Vena cava superior oder der Jugularvenen, z. B. bei Compression derselben durch Tumoren oder Aneurysmen, bei Strangulation, ferner bei allen denjenigen Zuständen, welche eine allgemeine venöse Stauung im grossen Kreislaufe bewirken. Vorübergehend entsteht sie beim Drängen, Pressen, Husten, beim Spielen von Blasinstrumenten, und es ist bemerkenswerth, dass manche Individuen bei starkem Schnauben mit verengerter Nasenöffnung zuweilen Andeutungen von Schwindel verspüren.

Therapie.

In prophylaktischer Beziehung ist praktisch hauptsächlich die Gefahr des plötzlichen Aufstehens bei Kranken und Reconvalescenten zu berücksichtigen. Ausserdem wird man beachten, dass für einen Menschen mit Gehirnanaemie die horizontale Körperstellung die günstigste ist, und man wird deshalb den Fehler vermeiden, der thatsächlich so oft begangen wird, dass man einen Menschen, der ohnmächtig hingefallen ist, möglichst schnell wieder aufrichtet. Je mehr Herzschwäche bei der Gehirnanaemie betheiligt ist, um so mehr sind Reizmittel indicirt: ein rechtzeitig gegebenes Glas Wein oder Cognac kann oft einen Menschen, dem „es schwach wird", vor der Ohnmacht bewahren; ebenso wirkt starker Kaffee oder Thee, ferner manche Aetherarten. Auch starke Riechmittel können momentan eine gewisse Erregung ausüben. Bei venöser Stauung kann durch allgemeine und örtliche Blutentziehungen der Abfluss durch die Venen und damit der Zufluss durch die Arterien befördert werden. Auch bei Raumbeschränkung im Schädel kann die Entleerung von Blut aus den Venen eine ähnliche Wirkung haben: zuweilen beginnt das Bewusstsein wiederzukehren, sobald durch einen Aderlass oder durch locale Blutentziehungen die Venen im Schädel vollständiger entleert werden. — Im Uebrigen ist der Indicatio causalis im weitesten Sinne, wie sie aus der Aetiologie sich ergibt, Rechnung zu tragen, z. B. bei anaemischen Kranken oder bei Individuen mit schwachem Herzen durch eine roborirende Behandlung.

Gehirnreizung.

Unter dem Namen Gehirnreizung werden wir einen Theil derjenigen Zustände besprechen, welche früher gewöhnlich zur Gehirnhyperaemie gerechnet wurden. Es bilden diese Zustände den Uebergang von den anatomischen zu den functionellen Gehirnkrankheiten;
wir reihen sie nicht ohne Weiteres den letzteren an, weil wenigstens
für viele derselben als Ursache ein bestimmter auf das Gehirn ein-
wirkender Reiz, sei er physikalischer Natur, wie z. B. Temperatursteigerung, oder chemischer Natur, wie z. B. der Alkohol, nachgewiesen werden kann.

Febrile Störungen der Gehirnfunctionen.

Bei jedem einigermassen bedeutenden Fieber kommen Störungen
der Gehirnfunctionen zu Stande, die zuweilen nur wenig auffallend
sind, in manchen Fällen aber, besonders bei grosser Intensität und
langer Dauer des Fiebers, einen sehr hohen Grad erreichen können.
Die verschiedenen Grade der Störungen gehen allmählich in einander über; doch kann man je nach dem Verhalten des Bewusstseins vier Grade unterscheiden.

Bei dem ersten Grade ist noch keinerlei Störung des Bewusstseins vorhanden. Es besteht ein unbestimmtes Gefühl allgemeinen Unbehagens, Unruhe, Aufregung, auch wohl Beengung und
Oppressionsgefühl, Schwere und Eingenommenheit des Kopfes, Unlust und Unfähigkeit zu geistiger Beschäftigung, namentlich zur Ver-
folgung längerer Gedankenreihen, Empfindlichkeit und Abneigung
gegen alle lebhafteren Sinneseindrücke, Kopfschmerz von verschiedener Heftigkeit. Dabei ist das Bewusstsein andauernd vollkommen
klar. Der Schlaf ist unruhig, durch beängstigende, unzusammen-
hangende Träume gestört. Häufig findet sich daneben schmerzhafte
Abgeschlagenheit in Rumpf und Gliedern, Gefühl von Schwäche
und Hinfälligkeit; energische Muskelcontractionen sind nur bei Aufbietung grosser Willenskraft möglich; der Kranke schwankt leicht
beim Stehen und Gehen, vermag nicht den ausgestreckten Arm ruhig
zu halten. — Dieser niederste Grad der Störungen kommt bei jedem
nur einigermassen heftigen Fieber vor. Die Erscheinungen verschwinden bis auf ein Gefühl von Schwäche sofort, sobald das Fieber
aufhört oder eine beträchtliche Remission macht.

Bei dem zweiten Grade kommen schon vorübergehende Störungen des Bewusstseins vor. Es besteht stärkere Eingenommenheit
des Kopfes, beim Aufrichten Gefühl von Ohnmacht, Schwindel,

Schwarzwerden vor den Augen, Sausen vor den Ohren. Der Kranke
ist in mässigem Grade apathisch, auf Sinneswahrnehmungen wenig
reagirend, schwerbesinnlich, antwortet zögernd und mit Unlust auf
Fragen. Im Halbschlaf kommen Delirien vor, zeitweise auch, wenn
der Kranke nicht auf sich achtet, während des Wachens; dagegen
ist das Bewusstsein ganz klar, sobald er sich zusammennimmt. Die
Muskelactionen sind noch mehr geschwächt und noch weniger sicher.
— Dieser zweite Grad tritt bei jedem heftigen Fieber von längerer
Dauer ein. An und für sich gibt er zu keinen Besorgnissen Ver-
anlassung; die Erscheinungen verlieren sich bald beim Nachlass des
Fiebers.

Der dritte Grad der Erscheinungen besteht wesentlich in einer
andauernden Störung des Bewusstseins, welche aber zeitweise noch
zum Verschwinden gebracht werden kann. Die Gehirnerscheinungen
haben bald mehr den Charakter der Reizung, bald mehr den der
Depression; zuweilen gehen auch die Reizungserscheinungen allmählich in Depressionserscheinungen über. Als Reizungserscheinungen
treten auf Unruhe und Aufregung mit Unklarheit über die Umgebung,
mehr oder weniger lebhafte Delirien, oft mit Ideenjagd, Illusionen
und Hallucinationen, in Folge derselben lautes Reden und Schreien,
Versuche aus dem Bett zu springen, zuweilen ausgebildete maniakalische Anfälle, eine Mania transitoria (s. u.); Subsultus tendinum, Convulsionen, die auf einzelne Muskelgebiete beschränkt sind, nur ausnahmsweise und eher bei Kindern allgemeine Convulsionen. Häufiger
sind die Erscheinungen allgemeiner psychischer Schwäche: die Kranken sind apathisch, die Umgebung ist ihnen gleichgültig, aber ebenso auch der eigene Zustand. Oft fehlen fast alle Aeusserungen
psychischer Thätigkeit, es besteht ein soporöser Zustand, ohne eigentlichen festen Schlaf; oft auch sind stille, sogenannte mussitirende
Delirien vorhanden; die Kranken murmeln mit lallender Sprache
unverständliche Worte vor sich hin, die Illusionen und Hallucinationen äussern sich durch Flockenlesen, Zupfen an der Bettdecke
u. s. w. Harn und Faeces werden rücksichtslos entleert. Durch
stärkere Einwirkungen, energisches Anreden oder Hervorrufen von
Schmerz kann der Kranke noch zum Bewusstsein und auch zu Aeusserungen von Willensthätigkeit veranlasst werden. — Dieser Grad
der Erscheinungen deutet immer eine wesentliche Gefahr an, und
zwar ist diese um so grösser, je länger der Zustand ohne Unterbrechung fortdauert, und je schwerer es gelingt, den Kranken vorübergehend zum vollen Bewusstsein zu bringen. Mit dem Aufhören
der Temperatursteigerung und selbst mit einer beträchtlichen Re-

mission derselben kehrt auch das Bewusstsein wieder, aber oft nur langsam und allmählich; geringe oder kurz dauernde Remissionen des Fiebers haben oft keinen merklichen Einfluss.

Bei dem vierten Grade dieser Erscheinungen besteht anhaltende Bewusstlosigkeit, aus der die Kranken nicht mehr zu erwecken sind; dabei Zusammensinken und Herabrutschen im Bette, unbewusster Abgang von Harn und Faeces, oft Harnretention; keine Reaction auf Anreden oder Anstossen; höchstens, wenn eine besonders empfindliche Stelle getroffen wird, Verziehen des Gesichts und Stöhnen. — Die Prognose ist bei diesem höchsten Grade der Erscheinungen ungünstig; nur wenn die hochgradige Steigerung der Körpertemperatur, durch welche die Erscheinungen hervorgerufen wurden, bald wieder abnimmt, ist Erholung möglich.

Zuweilen sehen wir die verschiedenen Grade dieser Erscheinungen in der angegebenen Reihenfolge nach einander auftreten; es ist dies namentlich dann der Fall, wenn die Körpertemperatur, wie z. B. gewöhnlich beim Abdominaltyphus, nur langsam eine beträchtliche Höhe erreicht; auch sind in solchen Fällen meist die weniger auffallenden Erscheinungen einfacher psychischer Schwäche oder die ruhigen Delirien vorherrschend. In Fällen dagegen, bei welchen schnell hohe Temperaturgrade erreicht werden, sind die niederen Grade der Erscheinungen oft nur angedeutet; es entwickeln sich bald die höheren Grade und zwar vorzugsweise zunächst die der Beobachtung sich stärker aufdrängenden Erscheinungen einer mehr oder weniger heftigen Aufregung.

Dass diese Gehirnerscheinungen, so weit sie dem Fieber eigenthümlich sind, nicht etwa von Hyperaemie des Gehirns oder von Veränderungen des Blutes (Dissolutio sanguinis, Toxaemie u. s. w.) abhangen, aber eben so wenig, wie heutigen Tages gewöhnlich gelehrt wird, von der directen Einwirkung der specifischen Infectionsstoffe oder ihrer Stoffwechselproducte, sondern, wie ich dies bereits früher darlegte (deutsches Archiv für klinische Medicin. Bd. I. 1866. S. 543 ff.), einzig und allein von der Einwirkung der abnorm hohen Temperatur, wird schon bewiesen durch die Erfahrung, dass diese Erscheinungen bei allen fieberhaften Krankheiten im Wesentlichen die gleichen sind, und dass sie in ihrer Entwickelung nur abhängig sind von dem Verhalten der Körpertemperatur und daneben noch von der Individualität des Kranken. Wo es einer zweckmässigen antipyretischen Behandlung gelingt, ein längeres Andauern hoher Körpertemperatur zu verhüten, da kommen die Erscheinungen gar nicht zur Ausbildung. Und wo die Erscheinungen bereits sich entwickelt haben, können sie wieder beseitigt werden durch ein Verfahren, welches die Körpertemperatur herabsetzt. Doch ist in letzterer Beziehung zu berücksichtigen, dass in Folge lange andauernder und bedeutender Temperatursteigerung materielle Veränderungen in den

Centralorganen zu Stande kommen (S. 324), und dass dann auch nach dem Absinken der Temperatur oft längere Zeit vergeht, bevor die psychischen Functionen wieder zur Norm zurückkehren. — Es wird kaum nöthig sein nochmals zu wiederholen, dass hier nur von den dem Fieber als solchem zukommenden Gehirnerscheinungen die Rede ist. Dass ausserdem, wo etwa complicirende Gehirnkrankheiten vorhanden sind oder besondere Gifte einwirken, auch noch andere Gehirnerscheinungen vorkommen können, welche nicht vom Fieber abhängig sind, ist selbstverständlich. Und es ist keineswegs ausgeschlossen, vielmehr für einzelne Krankheiten durch unzweideutige Thatsachen erwiesen, dass auch manche Infectionsstoffe direct auf das Gehirn in einer die Functionen desselben alterirenden Weise einwirken können. Die febrile Temperatursteigerung ist ein Moment, welches die Gehirnfunctionen in charakteristischer Weise verändert; dass dieselben auch durch andere Momente gestört werden können, wird ja Niemand bezweifeln. Im gegebenen Fall ist es Aufgabe des Beobachters, derartige anderweitige Störungen von den febrilen Störungen zu unterscheiden und die besonderen Ursachen derselben zu erforschen.

Nicht nur die vom Fieber abhängige Temperatursteigerung, sondern auch alle anderen bedeutenden Steigerungen der Körpertemperatur haben die entsprechenden Gehirnerscheinungen zur Folge. Wenn man beim Gesunden künstlich, z. B. durch ein heisses Bad oder ein Dampfbad, die Körpertemperatur beträchtlich steigert, so entstehen die Erscheinungen des ersten Grades; und wenn die Temperatursteigerung zu bedeutend wurde oder zu lange anhielt, hat man auch schon schwerere Störungen beobachtet. Die Erscheinungen des höchsten Grades entstehen beim sogenannten Sonnenstich oder Hitzschlag, bei dem häufig Steigerungen der Körpertemperatur über 42° beobachtet werden. Dabei ist gewöhnlich die Rückkehr der Temperatur zur Norm noch besonders erschwert, indem in Folge der excessiven Steigerung der Temperatur des Gehirns eine Störung der Wärmeregulirung zu Stande kommt.

Schon vor längerer Zeit habe ich gezeigt, dass die Erscheinungen des Hitzschlags, zu deren Erklärung man höchst mannigfaltige Theorien construirt hatte, einfach abzuleiten seien von der excessiven Steigerung der Körpertemperatur (Deutsch. Arch. f. klin. Med. Bd I. 1866. S. 315). Seitdem ist diese Auffassung von zahlreichen Forschern angenommen und auch durch Experimente an Thieren weiter begründet worden.

Die Behandlung der febrilen Störungen der Gehirnfunctionen ergibt sich aus ihrer Aetiologie. Durch ein frühzeitig eingeleitetes antipyretisches Verfahren können sie verhütet und, wo sie bereits entstanden waren, beseitigt werden. Auch die locale Abkühlung des Gehirns durch anhaltende Anwendung der Eisblase hat ähnlichen Erfolg. Beim Hitzschlag haben schon seit langer Zeit kalte Uebergiessungen des Körpers sowohl bei ausgebrochener Krankheit als auch als Präservativmittel sich bewährt.

Gehirnreizung mit Depression der Temperatur.

Bei schweren fieberhaften Krankheiten und namentlich bei Abdominaltyphus beobachtet man in einzelnen Fällen einen eigenthümlichen Zustand, welchen ich als Gehirnreizung mit Depression der Temperatur bezeichnet habe. Bei Kranken, die bisher anhaltend hohe Temperatur und dabei die entsprechenden Störungen der Gehirnfunctionen zeigten, können plötzlich die Gehirnerscheinungen einen ungewöhnlichen Charakter annehmen; es treten Symptome auf, die an eine Meningitis erinnern, oder es entsteht ausgebildete Geistesstörung mit maniakalischem oder melancholischem Charakter; die Pupillen sind häufig ohne Reaction gegen Lichteinwirkung. Das Auffallende bei diesem Zustand ist aber, dass die Körpertemperatur, die bisher ganz den gewöhnlichen Verlauf hatte und in den letzten Tagen um oder über 40° sich hielt, mit dem Auftreten der Erscheinungen von Gehirnreizung sofort beträchtlich sinkt und während der ganzen Dauer der Gehirnerscheinungen in ziemlich unregelmässiger Weise zwischen 37° und 38° oder auch zwischen 36° und 39° schwankt. In günstig verlaufenden Fällen verlieren sich nach einigen Tagen, zuweilen auch erst nach einigen Wochen die auffallenden Gehirnerscheinungen; damit steigt auch wieder die Temperatur auf die der Periode der Krankheit entsprechende Höhe, und die Krankheit nimmt weiter ihren regulären Verlauf. Die Depression der Temperatur in solchen Fällen erinnert an das analoge Verhalten bei manchen Fällen von Meningitis (S. 295) und ist wohl ebenso von einer Betheiligung der Centren für die Wärmeregulirung abzuleiten; doch kommt dieser Zustand vor, ohne dass gröbere anatomische Veränderungen vorhanden sind; ich rechne ihn deshalb zur Gehirnreizung und möchte vermuthen, dass er ebenfalls eine Folge der vorhergegangenen Einwirkung der Temperatursteigerung auf das Gehirn sei.

Mania transitoria.

Unter dem Namen Mania transitoria fassen wir die Fälle zusammen, bei welchen es bei bisher geistig Gesunden in Folge vorübergehender Gehirnreizung zum acuten Ausbruch einer maniakalischen Geistesstörung kommt, die aber nach kurzer Zeit wieder vollständig verschwindet. Im Anfall besteht heftiges Delirium, meist mit lebhaften Hallucinationen; der Kranke schreit und tobt, lacht in lärmender Weise ohne ersichtliche Veranlassung, spricht oft nur in abgerissenen Worten, rennt unstet umher, ist häufig aggressiv und gewaltthätig gegen Alles, was sich ihm in den Weg stellt; zu-

weilen zeigt er ausgesprochenen Zerstörungstrieb, wüthet gegen Leb-
loses und Lebendes, gegen andere Personen und gegen sich selbst;
sowohl Todschlag als auch Selbstmord oder schwere Selbstverstüm-
melung sind während solcher Anfälle nicht selten. Die Grundstimmung während des Anfalls ist zuweilen die der Exaltation: es besteht
erhöhtes Selbstgefühl; der Kranke vernichtet, was ihm in den Weg
kommt, gewissermassen aus Uebermuth und in blinder Rücksichtslosigkeit. Häufiger aber ist als Grundstimmung ein Zustand der
Depression vorhanden: der Kranke glaubt sich beeinträchtigt oder
verfolgt und setzt sich zur Wehr; er zerstört, weil er sich vertheidigen oder entfliehen will. In anderen Fällen endlich ist keinerlei
Motiv bei den Handlungen zu erkennen: es ist sinnloses Wüthen.
Während des Anfalls ist gewöhnlich das Gesicht stark geröthet, die
Augen sind glänzend, die Conjunctiva injicirt, die Herzaction ist beschleunigt. Die Intensität des Tobens zeigt im Verlauf des Anfalls
oft bedeutende Remissionen und Exacerbationen. Manche Anfälle
gehen schon nach einigen Stunden, andere erst nach Tagen zu Ende,
oft unter Eintritt von tiefem Schlaf, aus dem der Kranke in annähernd normalem Geisteszustande erwacht und dann von den Vorstellungen und Handlungen während des Anfalls keine oder nur
eine traumhafte Erinnerung zurückbehält.

Die Aufstellung der Mania transitoria als einer besonderen Krankheitsform ist in früherer Zeit von einzelnen Autoritäten im Gebiete der
Psychiatrie lebhaft bekämpft worden; seit den Arbeiten von v. Krafft-
Ebing (1865) ist allmählich die Berechtigung derselben zur Anerkennung
gekommen. Der Name ist, wie die meisten in diesem Gebiet, sympto-
matologisch und macht keinen weiteren Anspruch als den, eine passende
Bezeichnung zu sein für Zustände, welche thatsächlich häufig vorkommen.

Die Ursache der Gehirnreizung, welche sich in den Anfällen
äussert, ist zuweilen mehr oder weniger deutlich erkennbar. Manche
Fälle von Mania transitoria sind aufzufassen als ungewöhnlich heftige
Fieberdelirien (S. 342), wie sie vorzugsweise bei schneller Steigerung der Temperatur vorkommen, z. B. bei Pneumonie, bei Erysipelas,
bei schweren Wechselfieberanfällen (Intermittens comitata, s. Bd I.
S. 73), beim Invasionsfieber der acuten Exantheme. Nicht ganz selten
kommt es vor, dass sonst ruhige und geistig gesunde Menschen bei
einem plötzlich auftretenden heftigen Fieber, z. B. im Invasionssta-
dium der Variola, von Mania transitoria befallen werden und dann
ihre nächsten Angehörigen in Gefahr bringen.

Eine häufige Ursache der Mania transitoria ist die Gehirnreizung durch übermässigen Genuss von Alkohol. Bekanntlich zeigen
die einzelnen Menschen bei der Einwirkung der Spirituosen ein ver-

schiedenes Verhalten. Während manche dadurch in heiterer Weise angeregt und in eine menschenfreundliche Stimmung versetzt werden, zeigt sich bei anderen schon bei dem leichtesten Grade der Trunkenheit eine Neigung zu Streit und Gewaltthätigkeit, und es gibt einzelne Individuen, bei welchen jeder Excess im Trinken einen gewissen Grad von Manie zur Folge hat. Besonders leicht kommt es zu maniakalischen Zuständen, wenn neben der Wirkung des Alkohols noch heftige Gemüthsbewegungen mitwirken, wenn z. B. ein Mensch durch einen heftigen Aerger veranlasst worden war sich zu betrinken. Eine ausgebildete Mania transitoria potatorum, welche sich ganz wie die gewöhnliche Mania transitoria verhält und von dem Delirium tremens (s. u.) verschieden ist, kommt namentlich vor nach ungewöhnlich lange und anhaltend fortgesetzten Excessen im Trinken, und zwar zuweilen auch bei Individuen, welche sonst durch einfache Trunkenheit nicht in maniakalische Stimmung versetzt zu werden pflegen. Vor einiger Zeit kam es vor, dass ein Studirender, der an solcher Mania transitoria potatorum mit ausgesprochenem Verfolgungswahn litt, im Hemd aus der hiesigen Klinik entsprang. Ein anderer derartiger Kranker wurde an Händen und Füssen gefesselt in die Klinik eingeliefert. Der Anfall pflegt in solchen Fällen eine längere Dauer zu haben und sich auf mehrere Tage oder selbst auf eine Woche und mehr auszudehnen. Bei Gewohnheitstrinkern genügen oft verhältnissmässig geringe anderweitige Schädlichkeiten, um ein maniakalisches Delirium zu Stande zu bringen. Das gewöhnliche Verhalten der Potatoren beim Chloroformiren gibt gewissermassen eine Skizze des Anfalls von Mania transitoria. — Viele andere namentlich narkotische Gifte, wie z. B. Belladonna, Hyoscyamus, Stramonium, können maniakalische Anfälle bewirken.

Bei disponirten Individuen kann Mania transitoria entstehen durch psychische Gehirnreizung, namentlich nach lange dauernder übermässiger geistiger Anstrengung mit Entbehrung des Schlafs, nach anhaltender Aufregung oder in Folge besonders heftiger Gemüthsbewegungen. Auch bei Gehirnkrankheiten, z. B. bei einzelnen Fällen von Meningitis, können Delirien mit ähnlichem Charakter auftreten. Endlich ist Mania transitoria häufig bei Epileptischen (s. u.), und dieselbe zeigt dabei oft eine ungewöhnliche Heftigkeit. Wenn es gelingt die epileptischen Anfälle zum Aufhören zu bringen, so bleiben gewöhnlich auch die maniakalischen Anfälle aus.

Zur Mania transitoria sind ferner zu rechnen manche Fälle von sogenanntem Delirium traumaticum; dabei handelt es sich zuweilen um Verletzungen mit Eindringen von Fremdkörpern, durch welche sensible Nerven in besonders heftiger Weise gereizt werden, und nach deren Entfernung zuweilen die psychische Störung sofort verschwindet; in anderen Fällen gesellt sich das Delirium zu sehr ausgedehnten traumatischen Zerstörungen oder zu complicirten Fracturen u. dgl. Endlich gehört hierher auch die Mania puerperalis.

Eine besondere Disposition zur Entstehung von Mania transitoria wird gegeben durch eine neuropathische Diathese, wie sie häufig ererbt vorkommt. Ausserdem zeigt sich, dass die Affection besonders häufig bei anaemischen Individuen auftritt. Schon wiederholt ist von erfahrenen Beobachtern hervorgehoben worden, dass das Auftreten der Mania puerperalis begünstigt wird durch starke Blutverluste. Ich selbst habe in früheren Zeiten zuweilen derartige Fälle in Behandlung bekommen aus einer geburtshülflichen Klinik, in welcher damals der Aderlass noch gebräuchlich war. Auch die Fieberdelirien mit maniakalischem Charakter stellen sich vorzugsweise bei anaemischen Individuen ein. — Anderseits scheint in einzelnen Fällen das Ausbleiben der Menstruation und selbst das Aufhören habitueller Haemorrhoidalblutungen bei der Entstehung des Zustandes einen Antheil zu haben. — Endlich gibt es Fälle, bei welchen weder eine eigentliche Ursache noch ein prädisponirendes Moment nachweisbar ist.

Die Behandlung der Mania transitoria ist im Wesentlichen eine exspectativ-symptomatische. In manchen Fällen ist es von günstiger Wirkung, wenn durch Morphium oder, was häufiger gelingt, durch Chloralhydrat Schlaf erzielt werden kann. Ausserdem ist von besonderer Wichtigkeit die Berücksichtigung der Umstände, von welchen die Gehirnreizung abhängt, oder welche zur Entstehung derselben disponiren.

Delirium tremens.

Das Delirium tremens oder Delirium potatorum ist eine eigenthümliche Form des Delirium, welche nur bei Branntweintrinkern vorkommt. Wir unterscheiden ein symptomatisches und ein idiopathisches Delirium. Das symptomatische Delirium tremens wird bei dazu disponirten Individuen veranlasst durch eine andere Krankheit, am häufigsten durch eine Pneumonie, aber auch durch Erysipelas, Variola oder ein anderes Fieber mit schnellem Steigen der Körpertemperatur, seltener durch Abdominaltyphus, Pleuritis, Intermitteus u. s. w. Auch chirurgische Krankheiten, namentlich complicirte Fracturen, können Veranlassung zum Ausbruch werden. Wenn das Delirium tremens bei hoher Fiebertemperatur auftritt, so ist es meist einfach aufzufassen als ein Fieberdelirium, welches nur in Folge der durch die Antecedentien bedingten besonderen Disposition des Befallenen den eigenthümlichen Charakter des Delirium tremens annimmt (Deutsches Archiv für klin. Med. Bd I. 1866. S. 567). — Als idiopathisches Delirium tremens bezeichnen wir diejenigen Fälle, bei welchen die Affection unabhängig von einer anderen Krankheit auftritt. Dabei können als Veranlassungen wirken rasch sich folgende Excesse im Trinken, aber auch umgekehrt eine plötzliche Entziehung des Alkohols, ferner bedeutende geistige Anstrengungen, heftige Gemüthsbewegungen.

Der Anfall beginnt gewöhnlich mit Unruhe, Geschwätzigkeit, unstetem Wesen; auch zeigt sich schon früh leichtes Zittern an den Händen und im Gesicht, namentlich bei Aufregungen oder bei feineren Bewegungen; auch die Zunge zittert beim Vorstrecken. Es besteht schon Schlaflosigkeit, oder der Schlaf ist durch lebhafte aufregende Träume gestört. Bald stellen sich auch im wachen Zustande Hallucinationen ein: besonders häufig sehen die Kranken Thiere von mannigfacher Art und Grösse, zuweilen auch andere Gegenstände, z. B. Geldstücke, die sie zählen oder von der Bettdecke aufnehmen wollen. Charakteristisch ist für diese Hallucinationen, dass die verschieden grossen Objecte doch immer annähernd dem gleichen Gesichtswinkel entsprechen; sie werden in verschiedener Grösse gesehen je nach der Entfernung, in welche sie projicirt werden: in der Nähe des Auges sieht der Kranke nur Fliegen und Mücken, auf der Bettdecke sind es Spinnen oder Käfer, etwas weiter Mäuse und Ratten, am Fussende des Bettes und darüber hinaus sind es Katzen und Hunde, und an der entgegengesetzten Wand des Zimmers sieht er grosse sich bewegende Gestalten, Aufzüge von Menschen oder auch von Löwen, Pferden, Elephanten u. dergl. Dieses Verhalten, welches ich wiederholt in der Klinik in deutlichster Weise demonstriren konnte, scheint zu zeigen, dass den subjectiven Deutungen eine objective Gesichtswahrnehmung entspricht, aus Mouches volantes oder Aehnlichem bestehend, und dass die Erscheinungen demnach genauer als Illusionen zu bezeichnen sein würden. Die Bewegung der Objecte kommt dadurch zu Stande, dass der Kranke, wenn sie excentrisch gelegen sind, ihnen mit dem Auge zu folgen sucht. Anfangs werden die Hallucinationen vom Kranken noch deutlich als solche erkannt und von realen Objecten unterschieden; später weiss er diesen Unterschied nicht mehr zu machen. Dazu kommen häufig noch Gehörshallucinationen, wie zuredende oder zurufende

Stimmen, denen der Kranke antwortet, Musik u. dergl., ferner Gefühlshallucinationen, wie Ameisenkriechen, juckende und stechende Empfindungen. Im Uebrigen ist das psychische Verhalten des Kranken verschieden je nach der vorhandenen Grundstimmung. Manche Kranke haben ein gesteigertes Wohlgefühl, sind in heiterer Aufregung; und dies kann der Fall sein selbst bei Kranken, welche an einer schweren Krankheit, z. B. an Pneumonie leiden; sie geben keinerlei subjective Beschwerden an, Husten und pneumonische Sputa können fehlen; und wer die objective Untersuchung der Lungen versäumt und die Steigerung der Körpertemperatur nicht berücksichtigt, kann die schwere Organerkrankung vollständig übersehen. Solche Kranke zeichnen sich oft aus durch Humor und Witz und durch die Schlagfertigkeit ihrer Antworten; ihre Aeusserungen können unter Umständen an den Ton gewisser moderner Dichtungen erinnern. Bei anderen Kranken ist eine melancholische Grundstimmung vorherrschend; sie glauben sich verfolgt, und auch die Hallucinationen nehmen den entsprechenden Charakter an. Ein Kranker meiner Beobachtung sah anhaltend einen schweren Hammer über seinem Kopfe, der im Begriff war auf ihn niederzufallen. — Anfälle von Tobsucht treten häufig auf, namentlich wenn man die Kranken in ihrem Thun hindert; und auch diese Anfälle lassen meist deutlich die Verschiedenheit der Grundstimmung erkennen. Der eine Kranke zerstört in rücksichtslosem Uebermuth, der andere, weil er sich vertheidigen oder entfliehen will. In der Regel besteht während der ganzen Dauer des Delirium vollständige Schlaflosigkeit; sobald einmal fester Schlaf eingetreten ist, pflegt der Zustand sich schnell zu bessern. Das idiopathische Delirium tremens ist, wie ich mich wiederholt überzeugt habe, in der Regel nicht mit Fieber verbunden. In einzelnen, gewöhnlich ungünstig verlaufenden Fällen scheinen Störungen der Wärmeregulirung vorzukommen, welche abnorm niedrige oder auch ungewöhnlich hohe, hyperpyretische Temperaturen zur Folge haben können.

In der Mehrzahl der Fälle beginnt nach 3 bis 6 Tagen der Zustand sich zu bessern, und nach ausreichendem Schlaf erfolgt Wiederherstellung. Beim symptomatischen Delirium pflegt die Besserung anzufangen mit der spontanen oder künstlich herbeigeführten Abnahme der Temperatursteigerung; doch können dabei die Erscheinungen mit langsam abnehmender Heftigkeit noch einige Tage fortbestehen. In manchen Fällen bleibt nach Ablauf des Delirium ein gewisser Grad von geistiger Schwäche zurück oder auch ein aufgeregter Zustand oder etwas Zittern. Endlich kann es vorkommen, dass der Kranke während des Anfalls stirbt, entweder durch plötzliche Herzlähmung unter den Erscheinungen des Collapsus, oder auch in Folge von Gehirnlähmung, indem zunächst ein soporöser Zustand und endlich vollständiges Koma eintritt. Der ungünstige Ausgang ist hauptsächlich zu befürchten bei Individuen, deren Herz oder Gehirn durch Alcoholismus oder durch anderweitige Momente bereits sehr geschwächt ist; im Allgemeinen erfolgt er eher bei Kranken, welche bereits wiederholte Anfälle durchgemacht haben. Durch Pneumonie oder andere schwere Krankheiten wird die Prognose beträchtlich verschlimmert.

Die Behandlung hat in prophylaktischer Beziehung einerseits gegen den übermässigen Alkoholgenuss anzukämpfen, anderseits aber auch bei daran Gewöhnten die plötzliche Entziehung zu vermeiden. Namentlich während fieberhafter Krankheiten sind bei Gewohnheitstrinkern mässige Mengen von Alkohol weiter zu gebrauchen. — Bei dem symptomatischen Delirium hat in manchen Fällen eine antipyretische Behandlung guten Erfolg; so z. B. gelingt es zuweilen, durch eine zur rechten Zeit gegebene volle Dosis Chinin die Heftigkeit des Anfalls zu brechen. Bei dem idiopathischen Delirium ist es besonders wünschenswerth Schlaf herbeizuführen. Die Erfahrung lehrt, dass Opium und Morphium selbst in sehr grossen Dosen häufig versagen. Wirksamer erweist sich das Chloralhydrat, von dem ich unbedenklich im Laufe weniger Stunden 4 bis 8 Gramm verbrauchen lasse. Andere Aerzte haben im Nothfall noch weit grössere Dosen gegeben. Die Tinctura Digitalis, welche vielfach gerühmt wird, ist vielleicht vorzugsweise wirksam bei symptomatischem Delirium als Antipyreticum; die Anwendung in grossen Dosen erscheint nicht unbedenklich wegen der in manchen Fällen vorhandenen Herzschwäche. Dasselbe gilt von der Anwendung der Nauseosa, namentlich des Tartarus stibiatus und der Jpecacuanha, denen, wenn sie in Uebelkeit erregenden Dosen angewendet werden, eine gewisse Wirkung zukommt. — Noch mehr wie bei manchen anderen Geistesstörungen ist es wichtig, das No-restraint-System so viel als möglich durchzuführen; jedenfalls ist die Zwangsjacke so wie jede Fesselung des Kranken zu verwerfen, weil dadurch die Aufregung leicht bis zu lebensgefährlichem Grade gesteigert werden kann. Es genügt gewöhnlich dafür Sorge zu tragen, dass der Kranke nicht sich selbst oder Andere beschädigen kann. Während der Dauer des Delirium darf dem Kranken der Alkohol nicht entzogen werden; auch solche Kranke, welche den Genuss desselben verweigern, müssen dazu gebracht werden, in irgend einer Form denselben aufzunehmen. Nach

Ablauf des Delirium besteht die Aufgabe darin, dem Kranken allmählich den Alkoholgenuss abzugewöhnen.

Auch bei anderen chronischen Vergiftungen kommen Zustände vor,
welche mit dem Delirium tremens potatorum eine gewisse Aehnlichkeit
haben. Am häufigsten werden solche Zustände beobachtet bei Morphi-
nismus. Auch dabei ist die plötzliche Entziehung des gewohnten Reizes
nicht unbedenklich. Dagegen ist es mir bei zahlreichen Kranken gelungen, allmählich den Morphiumgebrauch abzugewöhnen. Von besonderer Wichtigkeit ist dabei, wenn man dauernden Erfolg haben will, die
Vermeidung jedes Zwanges. In der hiesigen Klinik lasse ich den Kranken
selbst bestimmen, in welcher Progression die Abnahme erfolgen soll;
dann aber verlange ich von ihm, dass er, während er immer überschüssige
Mengen von Morphiumlösung und die Spritze zur Hand hat, genau nach
dem einmal festgesetzten Massstab die Entwöhnung durchführe. Die Cur
wird erst als beendet angesehen, wenn der Kranke, obwohl er das Mor-
phiumfläschchen und die Spritze anhaltend in seinem Zimmer hat, dennoch
während längerer Zeit davon keinen Gebrauch mehr gemacht hat.

Gehirnreizung bei Kindern.

Bei kleinen Kindern sind Erscheinungen von Gehirnreizung besonders häufig, und zwar treten sie vorzugsweise als Convulsionen
auf. Die gewöhnlichste Form sind klonische Zuckungen in einzelnen
Muskelgruppen des Gesichts oder der Extremitäten mit Verdrehen
der Augen, wie sie hierzulande als „Gichter" bezeichnet werden.
In anderen Fällen sind es heftigere und verbreitete Krämpfe oder
selbst allgemeine Convulsionen mit Bewusstlosigkeit in Form eines
epileptischen Anfalls (Eclampsia infantum). Wenn man berücksichtigt,
dass bei Kindern dergleichen Convulsionen überhaupt leichter zu
Stande kommen als bei Erwachsenen, so wird man denselben im
Allgemeinen eine weniger grosse Bedeutung beilegen. Doch ist es
in manchen Fällen schwer zu entscheiden, ob dieselben nur einer
vorübergehenden Gehirnreizung entsprechen, oder ob sie der Anfang
einer schweren Krankheit sind. Partielle oder allgemeine Convulsionen können die ersten Erscheinungen einer Meningitis oder eines
Hydrocephalus sein oder auch einer wirklichen Epilepsie entsprechen.
Häufig sind sie auch bei Kindern die Folge von schnellem Steigen
der Körpertemperatur bei Beginn einer acuten fieberhaften Krankheit; sie entsprechen dann dem Schüttelfrost der Erwachsenen, der
ja auch nur eine besondere Form allgemeiner Convulsionen darstellt.
Endlich entstehen sie in vielen Fällen durch eine vorübergehende
Gehirnreizung, die von peripherischen Erregungen (Zahnreiz, Wurm-
reiz, Verdauungsstörungen, äusseren Verletzungen) abhängt, oder deren
Ursachen unbekannt sind. In manchen Fällen gibt erst der weitere

Verlauf Aufschluss über die Natur der Störung. Oft aber ist der Arzt — und dies ist von besonderer praktischer Wichtigkeit — schon früh im Stande, die Angehörigen vollständig zu beruhigen. Wenn der eklamptische Anfall der erste seiner Art war, wenn keine Temperatursteigerung damit verbunden ist, wenn eine Aetiologie für Meningitis (Kopfverletzung, Otorrhoe, Lungentuberculose bei dem Kinde oder in der Familie) nicht vorliegt, wenn keine Nierenaffection besteht und das Kind überhaupt vorher ganz gesund gewesen ist, so kann man darauf rechnen, dass der Anfall nur aus einfacher Gehirnreizung hervorgegangen sei und ohne weitere Folgen bleiben werde. — Auch das plötzliche Auffahren aus dem Schlaf mit den Erscheinungen des heftigsten Schreckens, welches bei geistig zu stark angeregten Kindern in Folge von schreckhaften Träumen nicht selten vorkommt (Pavor nocturnus) ist auf einfache Gehirnreizung zu beziehen.

Beim sogenannten H y d r o c e p h a l o i d, wie es durch Gehirnanaemie in Folge erschöpfender Krankheiten entsteht (S. 337), bestehen die wesentlichen Symptome oft in Erscheinungen von Gehirnreizung: wir sehen dabei die Anaemie nicht als die einzige und ausreichende Ursache der Gehirnreizung an, sondern nur als ein prädisponirendes Moment, welches die Entstehung aus anderen Ursachen (z. B. peripherischen Reizen, mässiger Temperatursteigerung u. dergl.) in hohem Grade erleichtert.

Leichtere Formen von Gehirnreizung.

Leichtere Formen von Gehirnreizung kommen in der Praxis sehr häufig vor. Sie entstehen vorzugsweise bei Individuen mit allgemeiner neuropathischer Anlage, namentlich aber auch bei solchen, welche an reizbarer Schwäche leiden, wie man sie neuerlichst als Neurasthenie zu bezeichnen pflegt. Als besondere Ursachen können wirken übermässige geistige Anstrengungen oder sehr heftige Gemüthsbewegungen, besonders wenn dieselben eine lange Dauer haben, ferner auch anhaltender Schmerz oder sehr heftiges Jucken, lange Entbehrung des Schlafes, übermässiger Gebrauch mancher Genussmittel, wie Kaffee, Thee, Tabak, Alkohol, langer Gebrauch von Morphium, Chloralhydrat oder dergl. Dabei besteht gewöhnlich eine gewisse psychische Hyperaesthesie, nämlich eine ungewöhnliche Reizbarkeit, Neigung zum Aergerlichwerden, Verstimmung, selbst Andeutungen melancholischer Zustände. In manchen Fällen besteht das quälendste Symptom in der Schlaflosigkeit, Agrypnie, durch welche dann auch die Rückkehr zum Normalzustand oft für lange Zeit verhindert wird. Ausserdem kommt vor grosse geistige Unruhe, Ideenjagd, selbst Delirium; überhaupt gibt es von den leichtesten Formen bis zur ausgebildeten Mania transitoria (S. 345) alle Uebergänge. Auch zu diesen leichteren Formen der Gehirnreizung sind anaemische Individuen mehr disponirt als andere. Hierher sind ferner zu rechnen die sogenannten Inanitionsdelirien, bei denen das Gehirn in Folge mangelhafter Ernährung so prädisponirt ist, dass Umstände, welche an sich oft geringfügig sind, zur Entstehung auffallender Functionsstörungen ausreichen. Solche Umstände sind zuweilen nachweisbar, z. B. ein bestehendes oder vorhergegangenes Fieber, psychische oder somatische Reize, medicamentöse Einwirkungen u. s. w.; in einzelnen Fällen sind die Veranlassungen nicht aufzufinden.

Bei der Behandlung dieser Zustände ist vor Allem die ausgedehnteste Berücksichtigung der Indicatio causalis geboten, namentlich die Entfernung aller der Schädlichkeiten, welche bei der Entstehung des Zustandes betheiligt sein können. Vor allem ist es nöthig, für vollständige und anhaltende geistige Ruhe zu sorgen, die Individuen auf lange Zeit aus ihrer Geschäfts- oder Berufsthätigkeit gänzlich zu entfernen, sie ins Gebirge oder ans Meer zu schicken. Die Agrypnie wird oft dadurch gebessert, dass geistige Ruhe für längere Zeit hergestellt wird; wo dies allein nicht ausreicht, kann es unter Umständen geboten sein, für kurze Zeit Hypnotica, wie Morphium oder Chloralhydrat anzuwenden; doch versagen auch diese zuweilen bei einigermassen bedeutender geistiger Aufregung, und ihr längerer Gebrauch ist gefährlich und muss vermieden werden. In vielen Fällen wird durch zweckmässige Behandlung der Anaemie am meisten erreicht. Bei anderen Kranken kann die umsichtige Anwendung hydrotherapeutischer Massregeln günstigen Erfolg haben. Wo Neigung zu Stuhlverstopfung besteht, ist die lange fortgesetzte tägliche Anwendung von solchen Abführmitteln, welche auf die Dauer nicht versagen, zu empfehlen, namentlich der Gebrauch von Pulv. Magnes. cum Rheo, Pulv. Liquir. compos., Aloëpillen u. s. w.

Auch Anfälle von Schwindel können unter Umständen als Folge von Gehirnreizung auftreten. Dieselben kommen sonst bei allen möglichen Gehirnkrankheiten vor, namentlich auch bei solchen, welche das Kleinhirn beeinträchtigen (S. 246). In vielen Fällen sind Schwindel und Ohnmacht einfach Folgen von Gehirnanaemie (S. 336). Sehr häufig auch sind Anfälle von Schwindel oder von Bewusstlosigkeit als unvollständige epileptische Anfälle zu deuten (Vertigo epileptica, s. u.). Zuweilen beruhen die Schwindelgefühle auf psychischen Mängeln, so z. B. die als Platzschwindel oder Platzangst (Agoraphobie, Westphal) bezeichnete Form, die bei einzelnen Individuen sich einstellt, wenn sie über einen freien Platz oder durch einen grossen Saal gehen sollen, endlich viele Schwindelgefühle bei Individuen mit neuropathischer Diathese oder bei Kranken mit Hysterie und Hypochondrie. Endlich gibt es Fälle, bei welchen eine Ursache des Schwindels nicht aufzufinden ist; auch die Form des Schwindels, welche als Magenschwindel (Vertige stomacale, Trousseau) bezeichnet wird, und die vorzugsweise bei Individuen mit Magenverstimmung vorkommt, ist in ihrer Pathogenese keineswegs klar.

Der Ausdruck Neurasthenie (ἀσθένεια = Kraftlosigkeit), der hauptsächlich von Beard in Gebrauch gebracht wurde, entspricht einem wirklichen Bedürfniss, indem damit eine kurze und allgemein verständliche Bezeichnung gewonnen worden ist für die häufig vorkommenden Zustände, für welche eine Schwäche des Centralnervensystems als Grundlage vorausgesetzt wird, wie sie hauptsächlich durch Erschöpfung in Folge zu häufiger und zu starker Erregung entsteht. Neurasthenie kommt bei zahlreichen verschiedenartigen Krankheiten des Nervensystems vor. Es wurde auch bereits im Früheren wiederholt hervorgehoben, dass mit dieser Schwäche gewöhnlich eine gesteigerte Erregbarkeit einhergeht, und dass diese „reizbare Schwäche" in der Aetiologie der abnormen Reizungszustände eine grosse Bedeutung hat. — G. M. Beard, Die Nervenschwäche (Neurasthenia). Uebersetzt von M. Neisser. Leipzig 1881.

Functionelle Gehirnkrankheiten.

Als functionelle Gehirnkrankheiten bezeichnen wir diejenigen als wohlbegrenzte Symptomencomplexe auftretenden Störungen der Gehirnfunctionen, für welche eine constante anatomische Grundlage nicht bekannt ist. Dass auch bei diesen Krankheiten der abnormen Function eine Abnormität des materiellen Substrats entspreche, ist a priori vorauszusetzen; aber die wesentlichen materiellen Veränderungen sind der Art, dass sie unseren Untersuchungsmethoden entgehen oder wenigstens bisher entgangen sind. Und in Bezug auf einzelne dieser Krankheiten können wir sogar aus den Erscheinungen und dem Verlauf den Schluss ziehen, dass gröbere anatomische Veränderungen als Grundlage der Störungen überhaupt nicht vorhanden sein können, dass es sich vielmehr nur um Veränderungen feinerer Art handeln kann, bei denen eine vollständige Restitution nicht ausgeschlossen ist. Und wenn dennoch in einzelnen Fällen bei solchen Krankheiten gröbere Veränderungen aufgefunden werden, so muss zunächst immer der Zweifel entstehen, ob dieselben wirklich die Ursache der beobachteten Störungen darstellen, oder ob sie vielleicht nur zufällige Complicationen oder selbst nur Folgen des Krankheitszustandes sind.

Epilepsie.

Ἐπιληψία (von ἐπιλαμβάνειν = ergreifen). Morbus sacer (ἱερὰ νόσος), Morbus major, comitialis. — Fallsucht. — Im Französischen werden die ausgebildeten Anfälle als Haut mal, die unvollständigen als Petit mal bezeichnet.

A. T r o u s s e a u, Clinique médicale. 2. éd. Tome II. Paris 1865. pag. 18 sq. — J. R u s s e l R e y n o l d s, Epilepsie, ihre Symptome, Behandlung u. s. w. Deutsch von H. B e i g e l. Erlangen 1865. — H. N o t h n a g e l, Ueber den epileptischen Anfall. Volkmann's Sammlung klinischer Vorträge. Nr. 39. Leipzig 1872. — Derselbe in Ziemssen's Handbuch. XII, 2. — A. E r l e n m e y e r, Die Principien der Epilepsie-Behandlung. Wiesbaden 1886.

Die Epilepsie besteht aus eigenthümlichen Anfällen, welche während längerer Zeit in unregelmässigen Perioden sich wiederholen. Bei dem ausgebildeten Anfall sind allgemeine Convulsionen vorhanden, und zugleich ist das Bewusstsein vollständig aufgehoben.

Die Theorie des epileptischen Anfalls ist bisher in vielfacher Beziehung unvollständig. Seit den Versuchen von K u s s m a u l und T e n n e r, welche zeigten, dass durch plötzliche Gehirnanaemie bei Thieren Bewusstlosigkeit und allgemeine Convulsionen entstehen können (S. 335), ist man geneigt den epileptischen Anfall mit Gehirnanaemie in Zusammenhang zu bringen. Auch ist in der That nicht zu bezweifeln, dass in vielen Fällen namentlich im Beginn des Anfalls eine vasomotorische Verengerung der Arterien des Gehirns stattfindet; fraglich ist nur, ob dieselbe als die eigentliche Ursache des Anfalls oder nur als eine der Erscheinungen desselben anzusehen sei. Einzelne Aerzte sind der Ansicht, dass jede Anaemie des Gehirns genüge, um einen epileptischen Anfall hervorzurufen; und da man, falls kein anderes Moment gefunden wird, einen Krampf der Vasomotoren immer beliebig annehmen kann, so macht solchen leicht zu befriedigenden Forschern die Erklärung der Anfälle gar keine Schwierigkeit. Aber wenn auch zugegeben würde, dass die Gehirnanaemie, falls sie bedeutend genug wäre, den Ausfall der Functionen, die Bewusstlosigkeit, ausreichend erklären könnte, so würden doch die positiven Symptome, die allgemeinen Convulsionen, noch immer unverständlich bleiben. Andere haben deshalb angenommen, nur die Function des Grosshirns sei im Anfall in Folge von Anaemie aufgehoben, die Medulla oblongata dagegen und andere Organe an der Basis seien in einem Zustande der Reizung, und von diesen gehen die Krämpfe aus. Dieser Auffassung gibt den entsprechendsten Ausdruck die Theorie, welche N o t h n a g e l aufstellte. Darnach sollten beim vollständigen epileptischen Anfall gleichzeitig zwei Centren in Erregung versetzt werden, welche in Pons und Medulla oblongata nahe bei einander liegen, nämlich das Krampfcentrum (S. 240) und das Centrum für die vasomotorischen Nerven: die Erregung des ersteren würde die allgemeinen Convulsionen, die Erregung des letzteren Anaemie des Gehirns und Bewusstlosigkeit zur Folge haben. Das wiederholte Auftreten solcher Anfälle, welches die Epilepsie als Gesammtkrankheit ausmacht, würde dann darauf beruhen, dass in jenen

Centren eine bestimmte, in ihrem Wesen bisher unbekannte Veränderung („epileptische Veränderung", Nothnagel) bestände, vermöge deren dieselben zeitweise in diesen Zustand excessiver Erregung gerathen würden.

In neuester Zeit, seitdem von Hitzig und Fritsch der Nachweis geliefert wurde, dass von der Gehirnrinde aus Muskelbewegungen angeregt werden können, hat man das häufige Vorkommen von Convulsionen bei Erkrankungen der Gehirnrinde (S. 223) mehr gewürdigt; und namentlich unter dem Einfluss der Experimente an Thieren, welche zeigen, dass durch Reizung der Gehirnrinde partielle und allgemeine epileptiforme Convulsionen hervorgerufen werden können, sind manche Autoren zu der Ansicht geführt worden, dass alle epileptischen Anfälle von Reizungen der Gehirnrinde abzuleiten und als „Rindenepilepsie" anzusehen seien. Dabei ist aber freilich die Theorie noch unvollständiger als früher, und namentlich ist keine Erklärung gegeben für die so auffallende Thatsache, dass gleichzeitig die psychischen Functionen der Gehirnrinde vollständig aufgehoben und die motorischen Functionen derselben bis zu einem sonst gar nicht vorkommenden Grade gesteigert sind.

Jeder Versuch einer Theorie des epileptischen Anfalls muss, wie ich glaube, darauf ausgehen, das gleichzeitige Vorhandensein von Bewusstlosigkeit und allgemeinen Convulsionen verständlich zu machen. Und vielleicht ist es nicht unwichtig, dabei zu berücksichtigen, dass beim ausgebildeten Anfall nicht blos eine Bewusstlosigkeit besteht, wie sie bei der gewöhnlichen Ohnmacht oder überhaupt bei jeder Aufhebung der Function der Gehirnrinde vorhanden ist, sondern dass, wie namentlich aus dem Fehlen der Reflexbewegungen sich ergibt, auch die Function der Grosshirnganglien und vielleicht sogar der grauen Substanz des Rückenmarks aufgehoben ist. Die Bewusstlosigkeit beim epileptischen Anfall entspricht mehr derjenigen, wie sie bei den schwersten Formen der Commotion vorkommt, z. B. nach einem sehr heftigen Trauma oder nach einer plötzlichen bedeutenden Gehirnhaemorrhagie (S. 261); nur ist die Aufhebung der Function vielleicht noch ausgedehnter und vollständiger. Ich möchte vermuthen, dass damit zugleich ein Hemmungsmechanismus ausgeschaltet werde, und dass dadurch die Convulsionen entstehen. Wie bei einer Pendeluhr, wenn das regulirende Pendel mit der Hemmung ausgehängt wird, das Uhrwerk unaufhaltsam abschnurrt und die Zeiger im eiligsten Laufe sich drehen, bis das Gewicht abgelaufen ist, so könnte möglicherweise nach Ausschaltung eines Hemmungsmechanismus eine besonders starke Innervation der gesammten Körpermusculatur stattfinden. Ein eigentliches Verständniss des Anfalls wird wohl erst zu erlangen sein, wenn wir einen besseren Einblick in den Zusammenhang der Gehirnfunctionen unter einander und namentlich in die Bedeutung der zahlreichen regulirenden und moderirenden Vorrichtungen gewonnen haben werden.

Aetiologie.

Wir unterscheiden eine symptomatische oder secundäre und eine idiopathische Epilepsie. Als symptomatische Epilepsie bezeichnen wir die Krankheit, wenn sie als Folge von anderweitigen anatomisch nachweisbaren Gehirnkrankheiten sich einstellt, als idiopathische dann, wenn sie unabhängig von anderen Störungen als selbständige Krankheit auftritt.

Die symptomatische Epilepsie kommt am häufigsten vor bei Herderkrankungen, welche die Gehirnrinde an der Convexität betreffen, oder welche in der Nähe der Convexität ihren Sitz haben, so namentlich bei Tumoren, besonders auch bei Cysticerken (S. 285), ferner bei Abscessen (S. 275), bei traumatischen Zerstörungen, seltener bei haemorrhagischen Herden oder Erweichungsherden. Auch nach einem Trauma, welches den Kopf betroffen hat, und zuweilen selbst nach Verletzungen und Erschütterungen des Schädels, welche keine nachweisbare Läsion des Gehirns zur Folge hatten, kann Epilepsie auftreten. Endlich kommen epileptische Anfälle vor bei Gehirnhypertrophie (S. 316), bei halbseitiger Agenesie (S. 319), bei chronischem Hydrocephalus (S. 309), seltener bei multipler Sklerose, bei progressiver Paralyse (S. 328).

Man hat häufig Anstand genommen, diejenigen epileptischen Anfälle, welche augenscheinlich auf dem Vorhandensein einer anatomisch nachweisbaren Gehirnerkrankung beruhen, zur eigentlichen Epilepsie zu rechnen. So lange der Ausdruck Epilepsie nur einen symptomatologischen Begriff bezeichnet, halte ich eine solche Ausschliessung für unberechtigt. Es würden dann thatsächlich zur Epilepsie ausser den seltenen Fällen von Reflexepilepsie (s. u.) nur noch diejenigen Fälle gehören, bei welchen man über die Ursachen gar nichts weiss; und wir dürfen doch wohl hoffen, dass diese Fälle, welche freilich gegenwärtig noch die überwiegende Mehrzahl bilden, im Laufe der Zeit und der Forschung allmählich an Zahl abnehmen werden. Wenn wir einmal wüssten und einig darüber wären, wo und wie die Epilepsie entstehe, was die „epileptische Veränderung" sei, wie sie zu Stande komme, und wie sie die epileptischen Anfälle mache, dann wäre eine neue Eintheilung berechtigt; sie würde sich dann aber auch wohl von selbst ergeben. Vorläufig halte ich eine solche für verfrüht und sogar nicht für ganz unbedenklich, weil sie geeignet ist der Illusion Vorschub zu leisten, als ob man von der Pathogenese der idiopathischen Epilepsie etwas Rechtes wisse und der Ausdruck überhaupt mehr bezeichne als einen blos symptomatologischen Begriff. — Uebrigens rechnen auch wir nicht alle Anfälle von Convulsionen mit Störung des Bewusstseins, wie sie bei den verschiedensten Gehirnkrankheiten vorkommen, zur Epilepsie. Wo dieselben unter den vorhandenen Symptomen nur eine untergeordnete Bedeutung haben, reden wir höchstens von epileptiformen Anfällen; wo sie stärker hervortreten, aber nur während kurzer Zeit vorkommen, rechnen wir sie zur Eklampsie (s. u.). Wo dagegen Anfälle, die sich zeitweise wiederholen und in jeder Beziehung sich wie die gewöhnlichen epileptischen Anfälle verhalten, das Hauptsymptom der Krankheit darstellen und während längerer Zeit fortbestehen, da ist der Umstand, dass dieselben von anderweitigen grob-anatomischen Gehirnerkrankungen abhängig sind, für uns kein Grund sie von der eigentlichen Epilepsie zu trennen; wir bezeichnen sie dann im Gegensatze zur idiopathischen als **symptomatische** oder **secundäre Epilepsie**.

Ausser den angeführten Gehirnkrankheiten, welche als Ursachen der Epilepsie anzusehen sind, kommen bei Epileptischen auch noch mancherlei andere anatomische Veränderungen vor, die zwar nicht als ausreichende anatomische Grundlage der Krankheit betrachtet werden können, die aber doch zum Theil, weil sie relativ häufig sind, nicht ganz ohne Beziehung zur Epilepsie zu sein scheinen. Missbildung des Schädels, namentlich Asymmetrie beider Hälften, ist häufig vorhanden, daneben auch oft asymmetrische Entwickelung des Gehirns; zuweilen ist das Gesammtgewicht des Gehirns auffallend gross oder auffallend klein, oder es besteht Atrophie oder Mangel einzelner Gehirntheile; in seltenen Fällen hat man auch das Hinterhauptsloch und den Anfang des Wirbelkanals auffallend eng gefunden; bei diesen Abnormitäten kann vielleicht zuweilen eine Beziehung zur Epilepsie bestehen, etwa in der Weise, dass dieselben eine Disposition zur Erkrankung gegeben haben, oder auch so, dass die Abnormität des Schädels mit der Abnormität des Gehirns, welche die Anlage zur Epilepsie bildet, coordinirt ist. Andere anatomische Veränderungen sind als Folgen der Epilepsie und speciell der in den Anfällen eintretenden venösen Hyperaemie aufzufassen, oder sie sind zufällige Befunde, welche zu der Krankheit in keiner Beziehung stehen: so kommt vor Verdickung und Sklerose der Schädelknochen, Verdickung und Trübung der Gehirnhäute, ferner Erkrankungen der Gehirngefässe, Cystenbildungen in den Plexus chorioidei u. s. w.

Die **idiopathische Epilepsie** kann in jedem Lebensalter auftreten; bei weitem am häufigsten beginnt sie zwischen dem 10. und 20. Lebensjahre. Beim weiblichen Geschlecht kommt die Krankheit vielleicht etwas häufiger vor. In vielen Fällen besteht eine ererbte Anlage, indem bei den Eltern oder bei anderen Angehörigen der Familie entweder Epilepsie oder Geisteskrankheiten oder anderweitige schwere Neurosen vorgekommen sind. Auch hat man schon Epilepsie auftreten sehen bei Individuen, deren Eltern zur Zeit der Zeugung heftigen Gemüthsbewegungen ausgesetzt waren, oder deren Vater dabei im Zustande der Betrunkenheit sich befand. Ueberhaupt ist Trunksucht der Eltern unter den prädisponirenden Ursachen aufzuführen. Bei dem einzelnen Individuum kann die Disposition gesteigert werden durch Excesse aller Art, namentlich durch Trunksucht, geschlechtliche Ausschweifungen, durch übermässige geistige Anstrengungen, andauernden Kummer, ferner durch Anaemie und durch constitutionelle Krankheiten.

Als **Gelegenheitsursachen**, welche den Ausbruch des ersten Anfalls zur Folge haben können, sind anzuführen heftige Gemüthsbewegungen, namentlich Schreck und Furcht, selbst der Anblick eines epileptischen Anfalls, ferner heftige Schmerzen, bedeutende Anstrengungen, Excesse, anderweitige Krankheiten. Auch die spä-

teren Anfälle können ausnahmsweise durch dergleichen Umstände
veranlasst werden; bei Weibern treten sie zuweilen vorzugsweise
um die Zeit der Menstruation ein. In der Mehrzahl der Fälle ist
aber weder bei den ersten noch bei den späteren Anfällen eine besondere Veranlassung nachzuweisen.

In seltenen Fällen sind die Anfälle abhängig von peripherischen
Nervenerregungen; solche Fälle werden als Reflex-Epilepsie
bezeichnet. So können Neurome oder Neuritis oder Narbenbildungen,
in welche Nervenäste hineingezogen sind, als peripherische Ursachen
wirken. Es sind einzelne Beispiele beobachtet worden, bei denen
eine Erregung der betreffenden Stelle an der Peripherie, z. B. ein
Druck auf den Nerven oder seinen Verbreitungsbezirk oder überhaupt auf eine bestimmte circumscripte Stelle der Haut (die sogenannte epileptogene Zone) jedesmal einen Anfall hervorrief, und
selbst Fälle, bei welchen nach Exstirpation der Narbe oder Durchschneidung des Nerven die Anfälle ausblieben. Auch die Fälle, bei
welchen angeblich die Gegenwart von Eingeweidewürmern den epileptischen Anfällen zu Grunde lag und die Beseitigung derselben
das Aufhören der Krankheit zur Folge hatte, würden zur Reflex-
Epilepsie zu rechnen sein, ebenso die Fälle, in welchen die Epilepsie
als Folge einer Erkrankung der Genitalien bei Weibern angesehen
wird (Epilepsia uterina).

Sehr oft endlich tritt die Krankheit bei bisher vollständig gesunden Individuen auf, ohne dass irgend ein prädisponirendes Moment oder eine Gelegenheitsursache nachgewiesen werden kann.

Symptomatologie.

Der ausgebildete Anfall kündigt sich in manchen Fällen
an durch Prodromalerscheinungen, welche man als Aura epileptica zusammenzufassen pflegt. Nur selten besteht diese Aura wirklich in dem Gefühl eines Hauchs, der von den Extremitäten oder
von irgend einer anderen Stelle gegen den Kopf aufsteigt, häufiger
in einem Gefühl von Ziehen und Reissen, von Wärme, oder auch
in Funkensehen, Ohrensausen und anderen subjectiven Sinnesempfindungen (Aura sensibilis). Oder es treten Contractionen in einzelnen
Muskeln auf (Aura motoria) oder Contractionen der Arterien mit dem
Gefühl von Taubsein, Kälte, Kriebeln (Aura vasomotoria), meist ebenfalls von den Extremitäten gegen den Kopf ansteigend. Endlich
können die Vorboten auch als Schwindel oder als Gefühl von Un-
behagen oder als Unruhe und plötzliche Aufregung, zuweilen mit

lautem Reden sich zeigen (Aura psychica). In der Regel ist bei dem gleichen Kranken bei allen Anfällen immer die gleiche Form der Aura vorhanden. In einzelnen Fällen ist dieselbe so deutlich und hat eine so lange Dauer, dass der Kranke noch Zeit hat, durch Anrufen der Personen in seiner Umgebung oder durch Einnehmen passender Körperstellung sich für den Anfall vorzubereiten; meist ist die Dauer geringer, und es erfolgt unmittelbar auf die Empfindung der Aura schon der Anfall. Bei manchen Kranken endlich ist eine deutliche Aura nicht vorhanden.

Der Anfall beginnt mit plötzlich eintretender vollständiger Bewusstlosigkeit. Der Kranke wird bleich und stürzt zusammen, oft mit einem Schrei. Gleichzeitig beginnt eine tonische Contraction vieler oder aller Körpermuskeln mit Verzerrung des Gesichts, festem Schluss der Kiefer, zuweilen mit Opisthotonus, Stillstand der Respiration in Inspirationsstellung. Dieses Stadium des tonischen Krampfes hat nur eine kurze Dauer; in manchen Fällen ist es nur angedeutet oder fehlt auch vollständig. Es folgen dann allgemeine klonische Convulsionen von äusserster Heftigkeit, bei denen die Extremitäten, der Kopf und der Rumpf in mannigfaltigster Weise nach verschiedenen Richtungen bewegt oder auch rotirt und häufig mit grosser Gewalt gegen die Unterlage oder andere Gegenstände angeschlagen werden. Dabei kommen oft Verletzungen vor, und man hat in einzelnen Fällen selbst Fracturen und Luxationen entstehen sehen. Durch die klonischen Contractionen der Kaumuskeln und der Zunge wird der Speichel in Schaum verwandelt und tritt zwischen den Lippen hervor, oft blutig gefärbt durch Bisswunden der Zunge. Die Daumen sind meist eingeschlagen und von den anderen Fingern umfasst. Die Respiration ist beschleunigt, aber durch die heftigen Contractionen der Rumpfmuskeln vielfach unterbrochen; das Gesicht wird blauroth, oft erfolgt Ekchymosenbildung in der Conjunctiva, an den Augenlidern oder an anderen Hautstellen. Auch die unwillkürlichen Muskeln nehmen an den Convulsionen theil: häufig wird Urin oder Stuhl entleert, bei Männern erfolgen nicht selten Samenergiessungen. Während der Dauer der Convulsionen ist keine Spur von Bewusstsein vorhanden; auf die stärksten sensiblen Reize, auf Stechen und Brennen erfolgt keine Reaction. Bei den schweren Anfällen fehlen auch alle Reflexbewegungen; in anderen Fällen können einzelne derselben noch hervorgerufen werden. Die Pupillen sind während des Anfalls meist erweitert und ohne Reaction auf Licht. — Nachdem der Anfall einige Minuten, im Maximum etwa 3 Minuten gedauert hat, die freilich den Zuschauern weit länger vorzukommen pflegen, hören die Convulsionen auf. Der Kranke verbleibt noch längere Zeit in einem Zustande von Koma oder von Sopor. Die Pupillen sind dabei gewöhnlich verengert. Nur allmählich kehrt das Bewusstsein zurück und ist oft beim Erwachen noch getrübt, so dass der Kranke seine Umgebung nicht erkennt, verwirrt spricht, sich wie ein Schlafwandler benimmt. Bei einzelnen Kranken kommt es nach dem Anfall zu auffallenden psychischen Störungen, die als postepileptisches Irresein bezeichnet werden: zuweilen besteht während längerer Zeit ein Zustand von Stupor, in anderen Fällen stellen sich Delirien ein und zuweilen selbst eigentlich maniakalische Anfälle (Mania transitoria, S. 347), in welchen die Kranken oft im höchsten Grade für die Umgebung und für sich selbst gefährlich sind. Der Urin ist nach dem Anfall zuweilen eiweisshaltig.

Ausser den schweren Anfällen kommen auch weniger schwere vor, bei denen die Erscheinungen und namentlich die Convulsionen weniger heftig oder auch auf einzelne Muskelgruppen beschränkt sind und die Kranken meist schneller wieder zum Bewusstsein kommen. Von dieser Epilepsia levior bis zu den unvollständigen Anfällen (s. u.) gibt es alle Uebergänge.

Bei den einzelnen Kranken folgen die Anfälle verschieden schnell auf einander: während bei dem einen zwischen den Anfällen Intervalle von Wochen oder Monaten oder selbst Jahren liegen, treten bei einem anderen alle Tage ein oder mehrere Anfälle auf. Zuweilen kommen nach längeren Intervallen die Anfälle in gehäufter Weise vor, und bei einzelnen Individuen kündigen sich solche Perioden gehäufter Anfälle längere Zeit vorher an durch Kopfschmerz und Schwindel oder auch durch psychische Verstimmung, Unlust zur Arbeit, zänkisches Wesen u. dergl. Es können auch mehrere oder selbst sehr zahlreiche Anfälle so schnell auf einander folgen, dass der Kranke, bevor er aus dem postepileptischen Koma erwacht ist, schon wieder von neuen Convulsionen ergriffen wird und so die Bewusstlosigkeit continuirlich über einen längeren Zeitraum von Stunden oder Tagen sich hinzieht; man bezeichnet solche verlängerte Anfälle als Status epilepticus (Etat de mal). Die Perioden des Auftretens der Anfälle sind nicht regelmässig, und es kann auch ohne nachweisbare Ursache bei dem gleichen Kranken ein Wechsel in der Häufigkeit der Anfälle vorkommen. Bei manchen Kranken treten die Anfälle vorzugsweise am Tage, bei anderen während der Nacht auf; die Epilepsia nocturna gilt für besonders schlimm und hartnäckig.

Als unvollständige epileptische Anfälle bezeichnet man

diejenigen, bei welchen die Convulsionen nicht ausgebildet sind oder
das Bewusstsein nicht vollständig fehlt. Derartige Anfälle zeigen
die verschiedenartigsten Abstufungen von solchen, welche äusserlich
noch eine gewisse Aehnlichkeit mit ausgebildeten Anfällen haben,
bis zu Zuständen, denen diese äusserliche Aehnlichkeit gänzlich fehlt
(epileptoide Zustände, Griesinger). Die Erkenntniss, dass solche
Anfälle zur Epilepsie zu rechnen seien, gehört erst der neueren
Zeit an. Sie kehren in ähnlichen Intervallen wieder und kommen
zwischen ausgebildeten Anfällen vor; auch geschieht es häufig, dass
bei der gleichen Person auf unvollständige Anfälle später ausgebildete folgen und umgekehrt. Selten sind diejenigen unvollständigen
Anfälle, bei welchen Convulsionen vorhanden sind, aber das Bewusstsein noch einigermassen erhalten ist. Häufig dagegen kommen
diejenigen vor, bei welchen die Convulsionen ganz fehlen oder nur
angedeutet sind. Manche Kranke fallen plötzlich hin, aber ohne
Convulsionen; nach kurzer Zeit erholen sie sich wieder. Bei anderen kommt es nicht zum Umfallen, und der Anfall besteht nur
in einer kurz dauernden Pause des Bewusstseins, während deren
der Kranke vor sich hin starrt; er kann z. B. während seiner gewöhnlichen Beschäftigung oder während des Sprechens davon befallen werden: die Thätigkeit oder die Rede stockt während einiger
Secunden, und dann wird genau an der unterbrochenen Stelle fort-
gefahren. Zuweilen macht der Kranke während des Anfalls noch
automatische Bewegungen, er geht z. B. weiter, hält aber vielleicht
nicht mehr die beabsichtigte Richtung ein. Dabei kann es vorkommen, dass er noch auf Gesichts- und Gehörswahrnehmungen
reagirt, z. B. einem Hindernisse ausweicht, während das Bewusstsein
vollständig fehlt und auch aus dieser Zeit keine Spur der Erinnerung
zurückbleibt. Der Kranke hat in diesem Zustande einige Aehnlichkeit mit einem Thier, dem die Grosshirnhemisphären weggenommen
wurden (S. 229), und wahrscheinlich ist auch in Wirklichkeit dabei
die Function der grauen Substanz der Gehirnoberfläche aufgehoben,
während die der Grosshirnganglien noch fortbesteht. Einzelne Kranke
sprechen während der Anfälle, aber nur in abgerissenen und unzu-
sammenhängenden Worten oder Silben oder in ganz verwirrter Rede.
Die leichtesten Anfälle bestehen nur in einem vorübergehenden Gefühl von Schwindel, während dessen der Kranke unsicher in seiner
Körperhaltung und in seinen Bewegungen wird (Vertigo epileptica),
oder in Erscheinungen, wie sie sonst etwa einer deutlich ausgebildeten Aura entsprechen würden, auf die aber kein Anfall folgt.
Auch nach unvollständigen Anfällen können psychische Störungen

und selbst ausgebildete maniakalische Anfälle auftreten, während deren der Kranke vollständig unzurechnungsfähig ist. Es kann selbst eine solche vorübergehende psychische Störung plötzlich eintreten, ohne dass vorher ein Anfall zu bemerken war, so dass dieselbe gewissermassen ein „Aequivalent" des epileptischen Anfalls darstellt (Delirium epilepticum, psychische Epilepsie): dabei können verschiedenartige abnorme Empfindungen oder auch Hallucinationen sich einstellen. Manche Kranke begehen in diesem Zustande sinnlose oder auch gewaltthätige Handlungen oder führen entsprechende Reden; es können die schwersten Grade der Mania transitoria (S. 347) vorkommen mit extremster Gewaltthätigkeit und rücksichtslosem Zerstörungstrieb, der zuweilen sogar zu Mord oder Selbstmord führt.

Bei Epileptischen wird in der Regel allmählich das psychische Leben beeinträchtigt, und zwar durchschnittlich um so mehr, je stärker die Anfälle sind und besonders je schneller sie auf einander folgen. Wo die Anfälle nicht häufig eintreten, ist zuweilen keine dauernde psychische Störung zu bemerken, oder es äussert sich dieselbe nur etwa in einer gewissen Einseitigkeit der geistigen Entwickelung oder in Neigung zu Rücksichtslosigkeit und Gewaltthätigkeit; und eine Andeutung dieses Zuges hat auch nicht gefehlt bei manchen historischen Persönlichkeiten, welche an vereinzelt auftretenden epileptischen Anfällen litten (Cäsar, Mohammed, Napoleon). Bei manchen Kranken ist der ganze Habitus und besonders der Ausdruck des Gesichts ein eigenthümlicher, so dass der geübte Arzt häufig schon beim blossen Anblick des Kranken das Vorkommen epileptischer Anfälle vermuthen kann. In anderen Fällen ist eine Abnahme der psychischen Functionen deutlich bemerkbar: dass Gedächtniss wird schwach, das Vorstellungsvermögen mangelhaft; oft ist die Stimmung gedrückt, der Kranke ist misstrauisch, zum Zorn geneigt; er wird unfähig zu jeder einigermassen complicirten geistigen Thätigkeit; einzelne Kranke haben ein albernes, zudringliches oder sonst unpassendes Benehmen. Endlich kommt es bei manchen Kranken zu Geisteskrankheit im engeren Sinne, und schliesslich verfallen einzelne in den tiefsten Blödsinn.

In der weit überwiegenden Mehrzahl der Fälle dauert die Epilepsie während der ganzen Lebenszeit fort. Die Krankheit bedroht gewöhnlich nicht ernsthaft das Leben, und Epileptische können ein hohes Alter erreichen. Zwar kann bei einem schweren Anfall der Tod eintreten, indem der Kranke etwa bei ungünstiger Lage erstickt oder ins Wasser fällt oder von beträchtlicher Höhe herabstürzt; aber solche Ereignisse sind doch immerhin selten. Eher kann eine ausserordentliche Häufung der Anfälle, wie im Status epilepticus, zum Tode führen, zuweilen unter excessiver Steigerung der Körpertemperatur in Folge von Störung der Wärmeregulirung. — In einzelnen Fällen früh aufgetretener Epilepsie kommt es vor, dass mit den Jahren der Pubertät die Anfälle aufhören; und auch bei Erwachsenen kommt Genesung vor; doch sind Fälle von wirklich dauernder Heilung selten; häufiger geschieht es, dass die Anfälle während längerer Zeit ausbleiben, aber nachher, zuweilen noch nach Jahren, dennoch wiederkehren. Während schwerer fieberhafter Krankheiten pflegen die epileptischen Anfälle auszusetzen, nach Ablauf der Krankheit aber wieder einzutreten. Im Allgemeinen ist um so eher noch auf dauernde Heilung zu hoffen, je seltener die Anfälle auftreten, und je weniger lange die Krankheit bisher gedauert hat.

Die Diagnose hat bei den ausgebildeten Anfällen gewöhnlich keine Schwierigkeit, da die Erscheinungen durchaus charakteristisch sind. Nur in zwei Fällen kann die Unterscheidung schwierig sein, nämlich einerseits bei einer geschickt und sachverständig simulirten Epilepsie und anderseits bei gewissen hysterischen Anfällen. In beiden Fällen ist die Entscheidung davon abhängig, ob der Kranke bei den Anfällen vollständig bewusstlos ist oder nicht; bei hysterischen Anfällen ist das Bewusstsein zwar häufig getrübt, aber niemals vollständig aufgehoben. Wie im einzelnen Falle diese Frage zur Entscheidung zu bringen sei, muss in der Hauptsache dem Tact des Arztes überlassen werden. Wenn während des Anfalls die Pupille erweitert und ohne Reaction gegen Licht gefunden wird, so ist Simulation sicher ausgeschlossen. Verletzungen der Zunge oder anderer Theile während des Anfalls sprechen im Allgemeinen für Epilepsie. Anzuführen ist noch, dass Hysterie und Epilepsie zusammen vorkommen (s. u.); es ist daher unter Umständen durch den Nachweis, dass ein oder mehrere beobachtete Anfälle hysterischer Natur waren, noch nicht ausgeschlossen, dass zu anderen Zeiten auch wirkliche epileptische Anfälle vorkommen können. — Schwieriger kann die Diagnose sein bei unvollständiger Epilepsie. Von Bedeutung ist das zeitweise Wiederkehren der Anfälle, die kurze Dauer derselben, die Störung des Bewusstseins, eventuell das Verhalten der Pupille, der unbewusste Abgang von Urin u. dergl. Bei manchen Kranken kommen ausser den unvollständigen Anfällen zu anderen Zeiten auch ausgebildete vor. Unter Umständen kann das Ausbleiben der Anfälle nach dem Gebrauch von Bromkalium zur Bestätigung der Diagnose dienen. Die Unterscheidung der symptomatischen Epilepsie von der idiopatischen wird hauptsächlich dadurch gegeben, dass im ersteren Falle auch in der Zwischenzeit Symptome einer anatomischen Gehirnkrankheit vorhanden sind.

Therapie.

Die Behandlung des Anfalls ist eine exspectative; wenn derselbe ausgebrochen ist, kann er nicht mehr unterdrückt werden ; wohl aber gelingt dies zuweilen zur Zeit der Vorboten, wenn dieselben deutlich genug sind und lange genug dauern, um ein rechtzeitiges Einschreiten zu gestatten. Wo die Aura von einer Extremität ausgeht, soll sich in einzelnen Fällen ein starkes Umschnüren derselben wirksam gezeigt haben. Die Compression der Carotiden oder der Jugularvenen, welche man auch empfohlen hat, ist gewöhnlich erfolglos und auch wegen der dadurch hervorgerufenen arteriellen Anaemie des Gehirns nicht unbedenklich. Dagegen ist es mir in einem Falle mit länger dauernder Aura gelungen, durch Chloroformiren den Anfall zu unterdrücken. Auch die Inhalation von Amylnitrit wird zu demselben Zwecke empfohlen. Bei schnell auf einander folgenden Anfällen, wie beim Status epilepticus, können dieselben zuweilen durch Chloroforminhalationen oder durch Chloralhydrat, welches eventuell in Klystieren oder subcutan beizubringen ist, abgeschnitten werden. — Während des Anfalls beschränkt man sich darauf, fest anliegende Kleidungsstücke zu lösen, den Kranken passend zu lagern und dafür zu sorgen, dass er sich nicht verletzt oder sonst in Gefahr geräth. Nach dem Anfall lasse man ihn möglichst lange ruhig ausschlafen.

Für die Behandlung der Gesammtkrankheit ist es vor allem wichtig, die constitutionellen und die anderweitigen Verhältnisse, welche möglicherweise irgend eine Beziehung zu der Krankheit haben könnten, zu berücksichtigen. In einzelnen Fällen kann eine sorgfältige Regelung der Ernährung und der ganzen Lebensweise die Folge haben, dass die Anfälle seltener oder weniger heftig werden. Spirituosen sind zu verbieten, ebenso starker Thee, Kaffee, starkes Rauchen. Körperliche oder geistige Ueberanstrengung ist zu vermeiden. Wo Neigung zu Stuhlverstopfung besteht, ist der regelmässige Gebrauch von passenden Abführmitteln zweckmässig. Bei chlorotischen und anaemischen Individuen kann der Gebrauch von Eisenpräparaten nützlich sein. Bei sehr mageren Individuen ist durch diätetische Massregeln eine Zunahme der Körperfülle, bei fettleibigen eine Abnahme zu erstreben. Klimawechsel oder bedeutende Veränderungen der Lebensverhältnisse haben zuweilen einen günstigen Einfluss. In einzelnen Fällen kann eine consequent durchgeführte Kaltwassercur oder eine lange fortgesetzte Milchcur oder eine Cur mit abführenden Mineralwässern oder endlich irgend ein anderes metasynkritisches Verfahren (S. 63) Erfolg haben. Ueberhaupt ist, wo für die Annahme bestimmter aetiologischer Momente ein Anhalt gegeben ist, die Indicatio causalis so weit als möglich zu berücksichtigen. Bei sogenannter Reflexepilepsie hat in einzelnen Fällen die Beseitigung des peripherischen Nervenreizes Heilung gebracht; in anderen Fällen bestanden die Anfälle doch noch fort, möglicherweise, weil man sich in der Annahme der peripherischen Ursache getäuscht hatte, in manchen Fällen aber vielleicht auch, weil auf die Dauer die Epilepsie bereits „habituell" geworden war. Schwere chirurgische Eingriffe, wie Trepanation oder Amputation, werden in neuerer Zeit behufs Behandlung der Epilepsie mit Recht nur noch sehr selten ausgeführt; doch werden einzelne Fälle berichtet, in welchen die Trepanation z. B. bei Epilepsie, die nach einer Schädelfractur mit Impression aufgetreten war, Erfolg gehabt hat. Nervendurchschneidung oder Nervendehnung kann in geeigneten Fällen unbedenklich versucht werden.

Wo derartige Indicationen nicht vorliegen, oder wo nach Erfüllung derselben die Anfälle dennoch häufig wiederkehren, da ist die Anwendung der sogenannten specifischen Mittel geboten. Unter denselben nimmt den ersten Rang ein das Bromkalium. Dasselbe hat, wenn es in genügender Dosis gegeben wird, in den meisten Fällen ein Ausbleiben der Anfälle oder wenigstens ein Seltenerwerden derselben zur Folge; und zwar gilt dies nicht nur von der idiopathischen Epilepsie, sondern, wie ich z. B. bei Gehirntumoren mich überzeugt habe, auch von manchen symptomatischen Fällen. Die erforderliche Dosis des Mittels ist verschieden: bei einzelnen Kranken genügen 2 oder 4 Gramm pro die, bei anderen können 10 Gramm oder noch mehr täglich nöthig sein. Die Dosen von mehr als 10 Gramm pro die wende ich nur an, wenn der Kranke im Krankenhause unter anhaltender ärztlicher Beobachtung sich befindet, und dann auch nur während kurzer Zeit. Die kleinen Dosen können meist während langer Zeit fortgesetzt werden. Gewöhnlich verordne ich das Bromkalium in Pulvern zu 2 Gramm, die in viel lauwarmem Wasser oder Zuckerwasser gelöst zu nehmen sind, am besten bei nicht ganz leerem Magen; anfangs wird morgens und abends je ein Pulver genommen; für jeden dabei vorkommenden Anfall wird die Tagesdosis um 1 Pulver (2,0) gesteigert, bis die Anfälle ausbleiben. Wenn während eines längeren Zeitraums, der für jeden Kranken besonders festzusetzen ist, die Anfälle ausgeblieben sind, so wird um 1 Pulver pro die

herabgegangen, für jeden dann etwa sich ereignenden Anfall wieder
um 1 Pulver gestiegen. So sicher aber in den meisten Fällen bei
dieser Behandlung die Anfälle vermindert und häufig auf lange Zeit
vollständig verhütet werden, und zwar zuweilen so, dass sie endlich auch nach dem Aussetzen des Mittels während längerer Zeit
ausbleiben, so kann ich doch bis jetzt aus eigener Erfahrung noch
keinen Fall anführen, bei welchem durch diese Behandlung eine
dauernde Heilung erreicht worden wäre. Von anderen Aerzten sind
Heilungen beobachtet worden; aber dieselben sind nach dem Zu-
geständniss aller zuverlässigen Beobachter als Seltenheiten zu bezeichnen. — Durch Bromkalium werden gewöhnlich auch die postepileptischen psychischen Störungen verhütet resp. beseitigt, und bei
einzelnen Kranken, bei welchen in Folge häufig wiederholter Anfälle die psychischen Functionen bereits eine deutliche Abnahme
erkennen lassen, zeigen dieselben eine merkliche Besserung, wenn
die Anfälle während längerer Zeit ausgeblieben sind. — Das Bromkalium muss, wenn ein wesentlicher Erfolg erreicht werden soll,
sehr lange Zeit fortgesetzt werden, und es ist dies bei sorgfältiger
Beaufsichtigung des Kranken möglich, ohne dass irgend ein dauernder Nachtheil zu fürchten wäre. Bei manchen Personen entsteht
früh, bei anderen erst spät, ein acneähnliches Exanthem im Gesicht,
am Halse und oft auch an anderen Hautstellen, zuweilen auch Fu-
runkel; ausserdem stellt sich allmählich Aufhebung der Reflexerregbarkeit der Gaumen- und Rachenschleimhaut ein. Bei sehr grossen
Dosen kann auch ein Zustand von psychischer Störung auftreten,
nämlich Abnahme des Gedächtnisses, Benommenheit und Torpor,
Schlafsucht, deprimirte Gemüthsstimmung; dabei kann der Gang
unsicher, die Sprache lallend werden. In einigen Fällen habe ich
namentlich an den Unterschenkeln eigenthümliche ziemlich ausgedehnte Geschwüre beobachtet mit papillären Wucherungen der Haut
in der Umgebung, die beim Aussetzen des Bromkalium in Heilung
übergingen und beim Wiedergebrauch des Mittels von Neuem auf-
traten. Die erwähnten Störungen können, wenn sie bedeutend werden, vorübergehend zum Aussetzen des Mittels zwingen. — Brom-
natrium und Bromammonium haben ähnliche Wirkung wie das Bromkalium; dass sie vor demselben Vorzüge besässen, habe ich aus
eigener Erfahrung bisher nicht constatiren können.

Weniger sicher als das Bromkalium, aber doch in einzelnen
Fällen erfolgreich ist das Atropin. Ich verordne gewöhnlich Atropin. sulfuric. 0,01 (1 Centigr.) auf 10,0 Wasser und lasse davon mit
2 mal 10 Tropfen täglich beginnen, für jeden Anfall um 10 Tropfen

täglich steigen bis zu 6 mal 10 Tropfen pro die (!). Wenn die Pupille anhaltend bedeutend erweitert ist und nicht mehr auf Licht reagirt, muss die Dosis vermindert werden.

Auch noch einige andere von den unzähligen als specifisch wirksam gerühmten Mitteln haben in einzelnen Fällen Erfolg, so namentlich das Zincum oxydatum, welches, wenn es immer nach der Mahlzeit genommen wird, bei manchen Kranken von 0,5 pro die in steigender Dosis bis zu 2,0 oder selbst 3,0 pro die gegeben werden kann, ferner Argent. nitric. (0,1 pro die), Acidum arsenicosum (0,005—0,01 pro die), Radix Valerianae (in Pulverform zu 5,0 bis 15,0 pro die), Radix Artemisiae u. s. w.

Die wiederholte Application von Schröpfköpfen in den Nacken scheint in einzelnen Fällen nicht ganz ohne Wirkung zu sein, ebenso die Anwendung eines Haarseils oder die Einreibung von Ungt. Tartari stibiati in den Nacken. Von der Anwendung der Elektricität, namentlich des constanten Stromes auf den Nacken, den Hinterkopf oder den Halssympathicus werden einzelne Erfolge berichtet.

———

Eklampsie.

Als Eklampsie bezeichnet man epileptiforme Anfälle, wenn dieselben nur einmal oder wenige Male oder überhaupt nur während eines begrenzten Zeitraums auftreten. Im Uebrigen sind die eklamptischen Anfälle von den epileptischen nicht verschieden. Zur Eklampsie rechnen wir zunächst die vereinzelten epileptiformen Anfälle, welche bei manchen Gehirnkrankheiten vorkommen. Dieselben wurden bereits angeführt bei Tumoren, Abscessen, bei Gehirnhaemorrhagie, bei Meningitis, bei Gehirnanaemie und bei Gehirnreizung: Eclampsia symptomatica.

Eklamptische Anfälle bilden ferner die eigentlichen charakteristischen Erscheinungen der Uraemie, wie sie bei gewissen Nierenkrankheiten auftritt: Eclampsia uraemica. Dabei können die Anfälle mehrfach sich wiederholen, zuweilen mit grösseren Zwischenräumen, so dass in dieser Beziehung der Zustand der Epilepsie ähnlich wird, zuweilen auch so schnell nach einander, dass, bevor der Kranke aus dem posteklamptischen Koma erwacht ist, schon wieder ein neuer Anfall auftritt und gewissermassen ein Status eclampticus zu Stande kommt. Manche Kranke gehen in den eklamptischen Anfällen oder in dem nachfolgenden Koma zu Grunde; andere können sich erholen und, wenn die Verhältnisse der Harnsecretion sich spä-

ter wieder günstiger gestalten (z. B. in manchen Fällen von acuter
Bright'scher Krankheit), vollständig wiederhergestellt werden.

Während der Geburt oder auch vor oder nach derselben kommen schwere eklamptische Anfälle vor als Eclampsia puerperalis, an der die Kranken häufig zu Grunde gehen. Die Annahme,
dass die Eclampsia puerperalis auf Uraemie beruhe, ist für einzelne
Fälle, bei welchen schwere acute oder chronische Nierenkrankheit
mit Harnretention besteht, unzweifelhaft richtig; in der Mehrzahl der
Fälle aber ist diese Erklärung nicht zutreffend; vielmehr müssen
andere bisher nicht genügend bekannte Ursachen vorausgesetzt
werden, und namentlich ist an die mit dem Geburtsact verbundene
ausgedehnte Erregung des Nervensystems zu denken.

Bei chronischer Bleivergiftung kommen in schweren Fällen zuweilen epileptiforme Anfälle vor, die als Epilepsia s. Eclampsia
saturnina bezeichnet werden. Auch bei manchen anderen acuten
und chronischen Vergiftungen werden zuweilen ähnliche Anfälle beobachtet: Eclampsia toxica.

Die Eclampsia infantum, wie sie bei Kindern in Folge von
Fieberanfällen oder von peripherischen Reizen und nicht selten auch
ohne jede nachweisbare Ursache auftritt, wurde bereits besprochen
(S. 352). Wo die Anfälle mit der Gegenwart von Eingeweidewürmern in Zusammenhang gebracht werden, redet man von Eclampsia verminosa. Weit seltener kommen unter ähnlichen Umständen vereinzelte epileptiforme Anfälle bei Erwachsenen vor.

Auch bei der Eklampsie hat man versucht den Begriff einzuschrän-
ken auf diejenigen Fälle, welche weder von anderweitigen Krankheiten
noch von toxischen Einwirkungen abhängig sind. Es bleiben dann ausser
etwa der reflectorisch entstandenen Eklampsie nur noch diejenigen Fälle
übrig, bei welchen man von den Ursachen nichts weiss. Das Unberech-
tigte einer solchen Ausschliessung wurde bereits bei der Besprechung
der symptomatischen Epilepsie dargelegt (S. 358). Der Ausdruck, welcher bisher einer leichten Verständigung gedient hat, würde dann kaum
noch einen Werth haben.

Die Behandlung der Eklampsie besteht in der Hauptsache
in der Berücksichtigung der Indicatio causalis. Bei uraemischen
Anfällen hat zuweilen die Anwendung starker Abführmittel günstigen
Erfolg. Wiederholt habe ich auch bei schnell auf einander folgenden schweren und gefahrdrohenden Anfällen dieselben auf Anwendung von Choralhydrat aufhören sehen. Neuerlichst hat man die
puerperale Eklampsie mit gutem Erfolg mit heissen Bädern und nachfolgendem Schwitzen behandelt.

Chorea.

Chorēa Sancti Viti ($\chi o \rho \varepsilon i \alpha$ = Tanz). Veitstanz. Chorea minor. Muskelunruhe.

Als **Chorea major** wurden in der älteren Pathologie eigenthümliche Krankheitszustände bezeichnet, welche zuweilen bei Hysterischen oder bei Geisteskranken vorkommen. Dieselben entsprechen den Zuständen, welche man neuerlichst gewöhnlich als coordinirte Krämpfe (Romberg) oder als Zwangsbewegungen bezeichnet (S. 135). Es handelt sich dabei um Anfälle, während deren die Kranken ungewöhnliche und nach Zeit und Ort unpassende coordinirte Bewegungen ausführen, so z. B. Tanzen, Springen, Klettern, Gesticuliren, oder auch Singen, Recitiren und andere meist gewaltsame und auffallende Bewegungen. Damit ist häufig ein Zustand von Ekstase verbunden, und die Kranken entwickeln oft während des Anfalls eine unerwartete Kraft, Geschicklichkeit und Ausdauer. Diese Zustände, welche zuweilen auch in epidemischer Verbreitung beobachtet worden sind, z. B. bei der Tanzwuth des Mittelalters, und gegen welche man von dem heiligen Veit Hülfe erwartete (daher Chorea St. Viti, Veitstanz), gehören zu den psychischen Störungen. Erst die englischen Aerzte (Sydenham, 1686) haben den Namen Chorea in der Bedeutung angewendet, wie er jetzt allgemein angenommen ist. Wir beschäftigen uns hier nur mit dieser Chorea minor, die im Gegensatz zur Chorea major s. Germanorum auch wohl als Chorea Anglorum bezeichnet wird.

Bei der Chorea minor oder der Chorea im engeren Sinne ist eine Störung der willkürlichen Bewegungen vorhanden, welche darin besteht, dass zu den gewollten Bewegungen andere nicht gewollte und unzweckmässige Muskelcontractionen sich hinzugesellen. Die geringsten Grade äussern sich nur als eine gewisse Ungeschicklichkeit der Bewegungen; dieselben werden hastig und ungleichmässig, gewissermassen stossweise ausgeführt. Bei höheren Graden können die Bewegungen, welche zu den gewollten Bewegungen hinzukommen, so heftig sein, dass eine zweckmässige Muskelaction überhaupt nicht mehr möglich ist.

Gewöhnlich wird die Chorea zu den krampfhaften Affectionen gerechnet, indem man, dem Sprachgebrauch entsprechend, die unwillkürlichen Muskelcontractionen als Krämpfe bezeichnet. Eine genaue Beobachtung der Kranken zeigt aber, dass diese Auffassung für die meisten Fälle nicht ganz der Wirklichkeit entspricht, insofern die unzweckmässigen Muskelcontractionen zum bei Weitem grössten Theil keineswegs ohne Einfluss des Willens zu Stande kommen: wenn gar keine Bewegungen gewollt werden, wie im Schlafe, so ist in der Regel Alles in Ruhe. Die störenden Bewegungen sind vielmehr ebenfalls Folgen des Willensimpulses, welcher die gewollten Bewegungen hervorruft; aber dieser Willensimpuls wird nicht mehr blos in zweckmässige Muskelbewegungen umgesetzt, sondern zugleich in unzweckmässige. Die Chorea besteht in der

Hauptsache in einer Störung der Coordination der willkürlichen Bewegungen. Die gleiche Störung, welche beim Schreibekrampf und anderen Beschäftigungskrämpfen (S. 145) in Beschränkung
auf das einer einzelnen Function dienende Gebiet vorhanden ist, besteht
bei der Chorea in diffuser Verbreitung. Je mehr der Kranke sich bestrebt, durch Verstärkung des Willensimpulses die beabsichtigte Bewegung
zu erzwingen, desto mehr von diesem Impuls wird in falsche Bahnen
geleitet: so erklärt sich aus der Anstrengung des Kranken die ungewöhnliche Heftigkeit der Bewegungen, welche ihnen die Aehnlichkeit mit
wirklichen Krämpfen gibt. Die Störung der Coordination erklärt auch,
dass Bewegungen eintreten in vielen Fällen, wenn eine eigentliche Bewegung nicht gewollt wird, nämlich immer dann, wenn ein Zustand der
Ruhe durch Muskelaction hergestellt werden soll, so z. B. beim Stehen,
beim Ausgestreckthalten eines Armes, oder auch dann, wenn der Kranke
sich Mühe gibt, einen Körpertheil möglichst ruhig zu halten, und dabei
durch Muskelspannung diese Ruhe zu erzwingen sucht; in allen diesen
Fällen gelangt ein Theil des Willensimpulses in falsche Bahnen und bewirkt Bewegungen, welche nicht der Absicht entsprechen.

Diese Auffassung der Chorea als einer Störung der Coordination der
willkürlichen Bewegungen gibt Rechenschaft über die Entstehung der
meisten dabei vorkommenden krampfähnlichen Erscheinungen, besonders
wenn man zugleich berücksichtigt, dass auch jede Willensanstrengung,
welche der Kranke auf Unterdrückung der Bewegungen verwendet, in
Wirklichkeit Bewegungen herbeiführt. In manchen Fällen aber, namentlich nach längerer Dauer der Krankheit oder bei sehr hohen Graden
derselben, können auch eigentliche unwillkürliche Bewegungen dazu kommen: es finden Zuckungen in einzelnen Muskelgebieten statt, auch wenn
der Kranke weder eine Bewegung noch die Herstellung eines Ruhezu-
standes durch Muskelcontraction beabsichtigt. In solchen Fällen besteht
ausser der Störung der Coordination auch eine wirkliche „Muskelunruhe",
die man etwa als eine Störung der Moderation der Bewegungen auffassen kann.

In Betreff der Frage, in welchem Theil des Nervensystems die functionelle Störung zu suchen sei, welche der Chorea zu Grunde liegt, können wir zunächst, da der Vorgang der Coordination, die zweckmässige
Vertheilung des relativ einfachen Willensimpulses auf die verschiedenen
motorischen Bahnen, nur in Ganglienzellen stattfinden kann, sowohl die
peripherischen Nerven, als auch die weisse Substanz der Centralorgane
ausschliessen (S. 147). Und da die Coordinationsstörung auch im Gebiet
der motorischen Gehirnnerven besteht, so muss nothwendig das Gehirn
bei der Störung betheiligt sein. Wir werden mit einiger Wahrscheinlichkeit den wesentlichen Sitz der Störung in der grauen Substanz der
Grosshirnganglien zu suchen haben.

Aetiologie.

Wie bei der Epilepsie, so können wir auch bei der Chorea eine
symptomatische und eine idiopathische Form unterscheiden.

Bei manchen Gehirnkrankheiten, namentlich bei der multiplen

Sklerose, bei chronischer Meningitis, bei Hydrocephalus, bei Herderkrankungen in der Gegend der Grosshirnganglien können Störungen der Muskelaction vorkommen, welche mit den Erscheinungen
der Chorea im Wesentlichen übereinstimmen, und die man, falls
sie das Hauptsymptom der Krankheit bilden, wohl als symptomatische Chorea bezeichnen kann. Hierher gehört auch die auf
eine Körperseite beschränkte Chorea, welche in einzelnen Fällen nach
vorhergegangener Hemiplegie beobachtet wird; solche Hemichorea
posthemiplegica (S. 136) betrifft häufiger die linke Seite.

Die idiopathische Chorea kommt vorzugsweise vor bei
jugendlichen Individuen, am häufigsten zwischen dem 7. und 15. Lebensjahre, in späterer Zeit fast nur bei Personen, welche früher schon
die Krankheit gehabt haben, und ausserdem bei Frauen während
der Schwangerschaft. Beim weiblichen Geschlecht ist die Krankheit
überhaupt häufiger. Eine Disposition zur Erkrankung wird gegeben
durch Anaemie und Chlorose, ferner durch neuropathische Anlage,
die häufig ererbt ist. Als Gelegenheitsursache können heftige Gemüthsbewegungen wirken, besonders plötzliches Erschrecken. Zuweilen ist ein Zusammenhang der Chorea mit Rheumatismus vorhanden,
indem beide Krankheiten gleichzeitig auftreten oder auch die Chorea
sich einstellt bei Individuen, welche früher an acutem Gelenkrheumatismus mit oder ohne Herzaffection oder auch an anderweitigen
rheumatischen Störungen gelitten haben oder gegenwärtig noch an
Endocarditis oder an Klappenfehlern leiden. In zahlreichen Fällen
ist dagegen eine rheumatische Erkrankung oder eine Herzaffection
nicht vorhanden.

Symptomatologie.

Die Störung der Bewegungen ist in einzelnen Fällen annähernd
gleichmässig über alle willkürlichen Muskeln verbreitet. In anderen
Fällen sind einzelne Muskelgebiete stärker oder sogar ausschliesslich befallen. So z. B. kann die eine Seite des Körpers stärker betroffen sein als die andere. Besonders häufig ist die Störung im
Gesicht und in den oberen Extremitäten mehr ausgebildet als in der
unteren Körperhälfte.

Die Anfänge der Krankheit sind oft noch wenig charakteristisch.
Die Kinder zeigen ein unstetes, hastiges Wesen; sie sind ungeschickt
bei allen Verrichtungen, werfen Gegenstände um oder lassen sie
fallen, sind nicht im Stande sich ruhig zu verhalten; beim Sprechen
und bei anderen Bewegungen treten Mitbewegungen im Gebiete des
Facialis auf, durch welche das Gesicht verzerrt wird. Die Angehörigen kommen oft erst spät zu der Einsicht, dass die Ungeschick-

lichkeit und Unruhe des Kindes nicht auf Mangel an Aufmerksamkeit oder gutem Willen, sondern auf Krankheit beruht. Allmählich
werden die Störungen der Coordination immer deutlicher. Beim
Greifen nach einem Gegenstande werden die Hände zunächst hastig
in falscher Richtung geführt, und erst nach mancherlei stossweisen
Zickzackbewegungen wird das Ziel erreicht. Wenn eine Feder zum
Schreiben in die Hand genommen werden soll, so wird dieselbe zunächst unter schnellem Spiel der Finger in mancherlei unzweckmässige Stellungen gebracht, und oft gelingt es gar nicht, selbst
unter Beihülfe der linken Hand, sie in die passende Lage zu bringen,
indem sie vorher den ungeschickten Fingern entfällt. Kranke, welche
noch die Feder fassen und schreiben können, zeigen eine unsichere,
verzerrte Schrift, ähnlich wie beim Schreibekrampf. Die Kranken
sind nicht im Stande, den ausgestreckten Arm und die Finger ruhig
zu halten. Manche sind unfähig die Hände zum Essen zu benutzen,
indem sie immer am Munde vorbeifahren: sie müssen gefüttert werden.
In einem schweren Fall meiner Beobachtung, der übrigens schliesslich in vollständige Genesung überging, war der Kranke unfähig
den in den Mund gesteckten Bissen zu kauen und nach hinten zu
bewegen; er konnte nur schlucken, was ihm über die Zungenwurzel
in den Rachen geschoben wurde. Zuweilen zeigt sich die Störung
der Coordination auch beim Gehen: die Füsse werden übermässig
hoch gehoben und in plumper Weise auf den Boden aufgesetzt oder
auch in unzweckmässiger Weise nach den Seiten geschleudert. Auch
beim Stehen ist eine anhaltende Unruhe der Zehen, der Füsse oder
der ganzen Musculatur der unteren Extremitäten vorhanden. Bei
hohen Graden der Krankheit kann das Gehen ganz unmöglich werden,
und selbst beim Versuch zu stehen können so heftige zappelnde Bewegungen auftreten, dass das Gleichgewicht nicht erhalten werden
kann. Selbst das Sprechen wird bei den höheren Graden der Krankheit bedeutend erschwert oder kann in Folge der schweren Störung
der Coordination der Zungen- und Kehlkopfmusculatur sowie der
Exspirationsmuskeln ganz unmöglich werden. — In manchen Fällen
kommen, so lange die Kranken wachen, auch ohne jeden bewussten
Willensimpuls häufige Muskelzuckungen vor, Verzerrungen des Gesichts, plötzliches Heben einer Schulter, Bewegungen der Finger
und der Zehen u. s. w. Je mehr der Kranke sich Mühe gibt, solche
spontane Bewegungen durch den Willen zu unterdrücken, desto heftiger werden sie; oft sind sie in hohem Grade quälend und können
selbst das Einschlafen hindern. Ist einmal fester Schlaf eingetreten,
so hören in der Regel die Bewegungen vollständig auf.

Die übrigen Functionen sind bei idiopathischer Chorea zuweilen normal. Doch ist bei manchen Kranken schon im Anfange der Krankheit oder auch erst nach längerer Dauer derselben eine gewisse psychische Verstimmung und erhöhte Reizbarkeit zu erkennen: sie sind mürrisch und verdriesslich oder zeigen häufigen und plötzlichen unmotivirten Wechsel der Stimmung und ein unpassendes kindisches Benehmen. Zuweilen ist auch einige Abnahme des Gedächtnisses und Schwäche des Urtheils zu bemerken. Wo eine schwerere psychische Störung, namentlich Hysterie oder eigentliche Geisteskrankheit sich zeigt, da ist dieselbe nicht von der Chorea abhängig; vielmehr handelt es sich dabei um eine Complication. Sonst können als Complicationen noch vorhanden sein Anaemie und Chlorose, accidentelle Geräusche am Herzen oder selbst Klappenfehler als Folgen von vorhergegangenem Rheumatismus. Die Pupillen sind in manchen Fällen erweitert und zeigen geringere Reaction gegen Lichteinwirkung.

Der Verlauf und die Ausgänge sind bei der symptomatischen Chorea ausschliesslich abhängig von der zu Grunde liegenden Krankheit; doch können auch die Erscheinungen der Chorea noch zur Verschlimmerung des Zustandes beitragen. — Bei der idiopathischen Chorea kann man darauf rechnen, falls nicht besondere schlimme Complicationen bestehen, dass vollständige Heilung eintreten wird. Es gilt dies selbst für die schwersten Fälle. Die Heilung erfolgt zuweilen schon nach einigen Wochen oder Monaten, in anderen Fällen erst im Verlauf etwa eines halben Jahres oder selbst noch später. Häufig sind spätere Recidive der Krankheit, die aber ebenfalls günstig zu verlaufen pflegen.

Die Prognose der Chorea wird gewöhnlich weniger günstig gestellt, und es werden zahlreiche Fälle erzählt, bei welchen die Krankheit zum Tode geführt hat. Wir dürfen annehmen, dass es in manchen derartigen Fällen nicht um idiopathische, sondern um symptomatische Chorea sich gehandelt habe, oder dass der Tod nicht durch die Chorea, sondern durch irgend einen anderweitigen gleichzeitig vorhandenen Krankheitsprozess herbeigeführt worden sei. Dabei soll freilich nicht in Abrede gestellt werden, dass bei den höchsten Graden der Krankheit durch die heftigen Muskelbewegungen und die behinderte Nahrungszufuhr Gefahr herbeigeführt und namentlich die Erschöpfung der Kranken wesentlich beschleunigt werden kann. — Vielleicht macht von der günstigen Prognose eine Ausnahme die bei Schwangeren vorkommende Chorea, obwohl auch dabei die Mortalität von 30 Procent, welche man berechnet hat, wohl mehr auf die mancherlei Complicationen als auf die Chorea an sich zu beziehen sein dürfte.

Anatomische Veränderungen.

Der anatomische Befund in den Leichen von Individuen, welche
an der Chorea gelitten haben, ist höchst mannigfaltig. In vielen
Fällen ist gar keine merkliche Veränderung in den Centralorganen
vorhanden, in anderen findet man chronische Meningitis, Hydrocephalus, diffuse Degeneration in verschiedenen Gebieten des Gehirns
und des Rückenmarks, oder interstitielle Veränderungen, diffuse oder
multiple herdweise Sklerose, oder Herderkrankungen, wie z. B. Embolie mit nachfolgender Erweichung u. s. w. Manche dieser Veränderungen, namentlich solche, welche auf die Gegend der Grosshirnganglien
einwirken, können oft als die anatomische Grundlage einer symptomatischen Chorea gedeutet werden; andere dagegen sind nur als
Complicationen anzusehen. Für die idiopathische Chorea ist ein
constanter anatomischer Befund bisher unbekannt, und die Thatsache,
dass die Krankheit in der Regel in vollständige Heilung übergeht,
lässt von vorn herein anatomische Veränderungen gröberer Art mit
Bestimmtheit ausschliessen.

Der Umstand, dass in manchen Fällen von Chorea ein Zusammenhang mit rheumatischen Affectionen besteht, hat einzelne namentlich en-
glische Aerzte zu der Annahme geführt, es sei überhaupt in allen Fällen
eine rheumatische Diathese die eigentliche Ursache der Krankheit: es
soll zunächst Endocarditis entstehen, diese soll capillare Embolien in den
Centralorganen und vorzugsweise in den Grosshirnganglien veranlassen,
und die dadurch bewirkten Degenerationen sollen die anatomische Grundlage der Chorea sein. Dass einzelne Fälle von symptomatischer Chorea
in der That von Herderkrankungen in der Gegend der Grosshirnganglien
und unter Umständen von Embolie und deren Folgen abhangen, ist unzweifelhaft; bei der idiopathischen Chorea aber lässt der gewöhnliche
Verlauf mit Bestimmtheit eigentliche Embolie mit nachfolgender Erweichung ausschliessen. Dagegen ist wohl an die Möglichkeit zu denken,
dass die Mikrobien des acuten Gelenkrheumatismus, welche sich ja aus-
zeichnen durch die Fähigkeit, der Reihe nach in verschiedene Gelenke
einzuwandern, unter besonderen Umständen auch in einzelne Theile des
Gehirns einwandern und dort minimale Entzündungsherde bewirken oder
auf andere Weise functionelle Störungen hervorrufen können. Bei einem
in der hiesigen Klinik vorgekommenen mit Endocarditis complicirten Falle
von frischer Chorea, der in Folge von Pneumonie tödtlich endete, fand
Herr Dr. Nauwerck in verschiedenen Theilen des Gehirns, insbesondere
im verlängerten Mark, zahlreiche mikroskopische Herde mit entzündlicher
kleinzelliger Infiltration; ausserdem bestand eine Entartung, bis zu fettigem Zerfall vorschreitend, an den Nervenfasern, namentlich in den oberen
Theilen des Rückenmarks; in den Grosshirnganglien wurden keine Veränderungen nachgewiesen; das Centralnervensystem hatte im Ganzen eine
stärkere Durchfeuchtung und ungleichmässigen Blutgehalt gezeigt. —

Bei den nicht mit Rheumatismus in Zusammenhang stehenden Fällen mögen vielleicht Krankheitserreger anderer Art Störungen in den Centralorganen bewirken, die ebenfalls einer Restitution fähig sind.

Diagnose.

Die Diagnose kann nur insofern Schwierigkeiten darbieten, als es sich darum handelt zu entscheiden, ob eine idiopathische Chorea vorliege oder eine symptomatische, und von welcher anderweitigen Erkrankung im letteren Falle die Erscheinungen abhängig seien. Diese Unterscheidung, von welcher die Prognose und die ganze Beurtheilung des Falles abhängig ist, muss begründet werden auf die genaue Untersuchung des Kranken und die Anamnese. Im Allgemeinen kann man, wenn das typische Bild der Chorea, die Störung der Coordination oder auch der Moderation der Bewegungen bei jugendlichen Individuen, deutlich hervortritt, eine idiopathische Chorea voraussetzen. Dagegen sind alle Abweichungen von dem gewöhnlichen Verhalten verdächtig. Chorea bei Erwachsenen, ausser etwa bei Schwangeren oder bei noch jugendlichen Personen, welche schon früher an der Krankheit gelitten haben, ferner Fälle, welche über die gewöhnliche Dauer sich hinaus erstrecken, Fälle mit anderweitigen Gehirnerscheinungen oder schweren psychischen Störungen, ferner solche, bei welchen die Bewegungen auch im Schlafe fortdauern, oder bei welchen sonstige Abweichungen von dem gewöhnlichen Verhalten stattfinden, müssen die Vermuthung erwecken, dass es sich nicht um einfache idiopathische Chorea handle; und zunächst ist dabei an chronische Meningitis, an multiple Sklerose oder an Herderkrankung in der Gegend der Grosshirnganglien zu denken.

Therapie.

Bei der Behandlung der Chorea ist so viel als möglich der Indicatio causalis zu entsprechen. Etwaiger Rheumatismus ist besonders zu berücksichtigen; aber auch in Fällen von Chorea, in welchen keine rheumatische Affection nachzuweisen war, habe ich wiederholt von der Anwendung der Salicylsäure (in Saturation) einigen Erfolg gesehen. Wo Anaemie oder Chlorose vorliegt, wird dadurch eine besondere Indication gegeben. Ueberhaupt ist die Verbesserung des Ernährungszustandes in vielen Fällen von grosser Bedeutung. Ein Wechsel des Ortes, namentlich Aufenhalt im Gebirge oder an der See, ferner die vorsichtige Anwendung von hydrotherapeutischen Proceduren ist oft von günstiger Wirkung. Körperliche und geistige Anstrengungen sind zu vermeiden; der Schulbesuch muss untersagt

werden. Im Uebrigen ist bei idiopathischer Chorea gewöhnlich ein
exspectatives Verhalten neben zweckmässigen diätetischen Massregeln
ausreichend.

Unter den sogenannten specifischen Mitteln ist vorzugsweise das
Ferrum carbonicum zu empfehlen, dessen Anwendung kein Bedenken
hat und oft auch der Indicatio causalis entspricht. In hartnäckigen
Fällen hat zuweilen die Anwendung von Arsenik (Liq. Kali arseni-
cosi 3 mal täglich zu 3 bis 8 Tropfen) eine günstige Wirkung, in
einzelnen Fällen auch das Bromkalium. Andere Specifica, wie Zin-
cum oxydatum, Argentum nitricum, die in ähnlicher Dosis wie bei
Epilepsie empfohlen werden, wird man gewöhnlich entbehren können.
Wenn durch heftige spontane Bewegungen das Einschlafen behindert
wird, so kann die Anwendung von Morphium oder von Chloralhydrat
erforderlich sein; namentlich das letztere Mittel wird für schwere
Fälle vielfach gerühmt. Auch in der Chloroformnarkose hören die
Bewegungen auf; doch wird man nicht leicht genöthigt sein davon
Gebrauch zu machen. Endlich wird auch Elektrotherapie empfohlen.

Paralysis agitans.

Bei alten Leuten, vorzugsweise jenseits des 60. Lebensjahres, etwas
häufiger bei Männern als bei Weibern, kommt ein Zittern vor, welches
meist an der oberen Extremität einer oder beider Seiten beginnt,
später gewöhnlich auch die unteren Extremitäten, in seltenen Fällen
auch den Rumpf und den Kopf befällt. Bei manchen Kranken ist
nur ein schwaches Zittern vorhanden, bei anderen ist dasselbe stärker
bis zu heftigem Schütteln. Es besteht gewöhnlich auch während
der Ruhe fort, wird aber freilich durch Bewegungen und durch
geistige Erregung gesteigert. Im Schlaf hört das Zittern auf. Nach
längerer Dauer der Krankheit werden die zitternden Extremitäten
schwächer als normal, so dass der Name Paralysis agitans einigermassen gerechtfertigt ist. Dabei entwickelt sich zuweilen in den
Muskeln und zwar vorzugsweise in den Flexoren ein gewisser Grad
von Spannung oder Contractur, durch welche alle Bewegungen erschwert werden. Der Kopf ist gesenkt, der Rumpf nach vorn gebeugt, die Extremitäten in leichter Flexionsstellung. Die übrigen
Functionen können sich normal verhalten; nicht selten aber sind
neben der Paralysis agitans noch andere anatomische oder functionelle Krankheiten des Nervensystems als Complicationen vorhanden. — Als Veranlassung zur Entstehung der Krankheit werden in

einzelnen Fällen heftige Gemüthsbewegungen, namentlich Schreck angegeben; meist ist eine besondere Veranlassung nicht bekannt. — Der Verlauf ist gewöhnlich ein langwieriger; vorübergehende Besserung oder längerer Stillstand kommt vor; wirkliche Heilungen sind nicht mit Sicherheit nachgewiesen. Uebrigens gehen die Kranken gewöhnlich nicht an der Paralysis agitans, sondern an Complicationen oder intercurrenten Krankheiten oder an allgemeiner Altersatrophie zu Grunde.

Eine anatomische Veränderung, welche als die constante Grundlage der Krankheit angesehen werden könnte, ist nicht bekannt. In vielen Fällen wird in den Centralorganen gar keine Abnormität gefunden, oder es sind nur Altersveränderungen oder Complicationen vorhanden; in einzelnen Fällen fand sich auch Sklerose oder Erweichung oder Atrophie im Pons und in der Medulla oblongata.

Auch bei jüngeren Individuen kommt zuweilen habituelles Zittern in einzelnen Muskelgebieten vor, z. B. in einzelnen Fingern oder in einer ganzen Extremität (S. 134); dasselbe ist nicht zur Paralysis agitans zu rechnen; es besteht oft während des ganzen Lebens fort, ohne sich wesentlich zu verschlimmern oder Lähmungen und Muskelspannungen zur Folge zu haben. Die Unterscheidung der Paralysis agitans von dem toxischen Tremor, wie er bei chronischem Alkoholismus, bei chronischer Quecksilber- oder Bleivergiftung, zuweilen auch nach übermässigem Gebrauch von Kaffee, Thee, Taback, Opium vorkommt, ferner von dem Zittern im Zustande der Aufregung oder der äussersten Erschöpfung, von dem Tremor febrilis u. s. w. wird durch die Anamnese gegeben. Von dem eigentlichen Tremor senilis, der auf Atrophie des Muskel- und Nervensystems beruht, ist die Paralysis agitans nicht immer scharf zu trennen; das wesentliche Moment für die Unterscheidung ist in dem relativ frühen Auftreten, in der grösseren Intensität des Zitterns und in manchen Fällen in den dazu kommenden Muskelspannungen zu suchen. Von der multiplen Sklerose unterscheidet sich die Paralysis agitans dadurch, dass das Zittern gewöhnlich auch in der Ruhe besteht und jedenfalls kein eigentliches Intentionszittern ist; auch kommt Paralysis agitans fast nur bei alten, multiple Sklerose vorzugsweise bei jugendlichen Individuen vor. Immerhin ist eine gewisse Analogie beider Krankheitsformen nicht in Abrede zu stellen. Es spricht manches dafür, dass die anatomische Grundlage der Paralysis agitans in kleinen multiplen Herderkrankungen des Pons und der Medulla oblongata zu suchen sei. In einzelnen Fällen sind dies nachweisbare sklerotische Herde oder Erweichungen oder kleine Haemorrhagien; in manchen der zahlreichen Fälle, bei welchen grob-anatomische Veränderungen nicht gefunden werden, kann man vielleicht das Vorhandensein von multiplen degenerativen oder atrophischen Herden vermuthen.

Ein wirksames Heilmittel bei Paralysis agitans ist nicht bekannt. Die von Eulenburg empfohlenen subcutanen Injectionen von Arsenik (Liq. Kal. arsenicos. 1, Aq. dest. 2, davon 0,5 zu einer Injection) scheinen zuweilen wenigstens eine Verminderung des Zitterns zur Folge zu haben.

Katalepsie.

$K\alpha\tau\acute{\alpha}\lambda\eta\psi\iota\varsigma$ = der Anfall (von $\varkappa\alpha\tau\alpha\lambda\alpha\mu\beta\acute{\alpha}\nu\varepsilon\iota\nu$ = ergreifen). Starrsucht.

Als Katalepsie bezeichnet man einen eigenthümlichen Zustand, bei welchem der ganze Apparat der willkürlichen Muskeln in mässiger tonischer Contraction sich befindet, so dass der ganze Körper starr und ohne willkürliche Bewegung ist; passive Bewegungen sind dagegen leicht möglich: die gespannten Muskeln leisten nur geringen Widerstand; man kann die Glieder beliebig beugen oder strecken (Flexibilitas cerea); in der Stellung, in welche sie gebracht worden sind, bleiben sie dann stehen, unter Umständen stundenlang, selbst wenn die Stellung eine ganz ungewöhnliche und vielleicht sehr unbequeme ist; höchstens folgen erhobene Extremitäten allmählich der Schwere und sinken langsam herab. Das Bewusstsein ist während des Anfalls zuweilen vollständig vorhanden; in den meisten Fällen ist es mehr oder weniger getrübt oder auch in hohem Grade abgeschwächt, in einzelnen Fällen sogar gänzlich aufgehoben. Die Reaction auf sensible Erregungen ist gewöhnlich herabgesetzt; bei einzelnen Individuen werden selbst Eingriffe, die sonst zu den schmerzhaftesten gehören, wie Stechen, Brennen u. dergl., ohne Schmerzäusserung und ohne sonstige Reaction ertragen. Auch die gewöhnlichen Reflexbewegungen sind oft vermindert oder bleiben in manchen Fällen ganz aus, so dass z. B. Kitzeln der Nasenschleimhaut oder das Einbringen von Niesemitteln keine Reaction zur Folge hat. Die Pupillen sind oft erweitert und von verminderter Reaction gegen Lichteinwirkung. Bei der Anwendung des Inductionsstroms contrahiren sich die Muskeln in normaler Weise, aber zuweilen wegen der Spannung der Antagonisten etwas träge. — Ein solcher Anfall dauert gewöhnlich Stunden und in einzelnen Fällen, wenn nicht eingeschritten wird, viele Tage lang. Nach kürzerer oder längerer Pause kann der Anfall sich wiederholen.

In einzelnen Fällen soll auch die Herzaction und der Puls aufs Aeusserste geschwächt, die Respiration unwahrnehmbar geworden und die Körpertemperatur beträchtlich gesunken sein, so dass ein Zustand von Scheintod entstand.

Die Katalepsie tritt nur selten als idiopathische Krankheit auf; gewöhnlich ist sie Theilerscheinung oder Folge anderer Krankheiten des Centralnervensystems; am häufigsten kommt sie vor bei Hysterie und bei Geisteskrankheiten, namentlich Melancholie, in einzelnen Fällen auch bei Meningitis oder bei Herderkrankungen; ferner können bei Vergiftung durch Opium und andere Narcotica oder Anaesthetica kataleptische Erscheinungen sich einstellen; auch hypnotische Zustände bei sonst gesunden Individuen können unter Umständen ganz der Katalepsie entsprechen. — Vorzugsweise werden jugendliche Individuen befallen, das weibliche Geschlecht etwas häufiger. Als Veranlassungen können plötzliche heftige Gemüthsbewegungen wirken.

Die Prognose und die Behandlung der Katalepsie hängt ganz ab von den zu Grunde liegenden Zuständen. Bei Hysterischen genügt zuweilen ein unerwarteter Eingriff, z. B. eine plötzliche Uebergiessung mit kaltem Wasser oder die Application des Inductionsstroms, um den kataleptischen Zustand zu beseitigen; es gibt aber auch Fälle, welche in dieser Beziehung grösseren Widerstand leisten; doch ist es mir auch in den hartnäckigsten Fällen und selbst bei Melancholischen, wenn dabei eine solche Behandlung indicirt war, bisher immer gelungen, durch länger fortgesetzte Anwendung eines starken Inductionsstroms oder des kalten Wassers den Anfall abzuschneiden. Nach wiederholter Coupirung der Anfälle bleiben dieselben in vielen Fällen ganz aus.

Störungen der psychischen Functionen.

Eine Uebersicht über die mannigfaltigen Störungen der psychischen Functionen und deren Verhältniss zu einander können wir nur dadurch erlangen, dass wir zunächst die verschiedenartigen normalen Aeusserungen der psychischen Thätigkeit, soweit sie der Beobachtung zugänglich sind, einigermassen von einander abzugrenzen und zu classificiren suchen. Wir können uns dabei zunächst an die seit Kant gebräuchliche Eintheilung halten, nach welcher drei verschiedene Seelenvermögen unterschieden werden, nämlich das Vorstellungsvermögen, das Gefühlsvermögen und das Begehrungsvermögen, die man auch kurz als Denken, Fühlen und Wollen bezeichnet. Wie weit überhaupt eine derartige Eintheilung theoretisch zulässig sei, darüber können wir die Psychologen streiten lassen; praktisch hat sie sich gut bewährt. Sie wird aber, um für unsere Zwecke brauchbar zu werden, einer etwas weiteren Ausführung bedürfen. Wenn z. B. in dem Begehrungsvermögen nicht nur das bewusste

Wollen, der sogenannte freie Wille, sondern auch das triebartige, instinctive Wollen enthalten ist, so sind dabei Bestrebungen zusammengefasst, welche in ihrer Beziehung zum Bewusstsein auf einer sehr verschiedenen Stufe stehen. Der Einblick in den Zusammenhang der psychischen Thätigkeit wird wesentlich erleichtert, wenn wir auf eine ältere Eintheilung zurückgehen, welche schon bei Aristoteles sich angedeutet findet, indem wir zunächst die Functionen, welche dem Bewusstsein näher stehen, unterscheiden von denjenigen, welche dem Bewusstsein ferner stehen. Die ersteren nennen wir höhere psychische Functionen, die anderen niedere psychische Functionen, ohne übrigens mit diesen Ausdrücken über die physiologische Dignität derselben irgend Etwas präjudiciren zu wollen. Die höheren Functionen entsprechen einigermassen dem, was man Verstand, die niederen dem, was man Gemüth und Instinct zu nennen pflegt. Sowohl bei den höheren als bei den niederen Functionen können wir nun zunächst ein centripetales und ein centrifugales Gebiet unterscheiden oder vielleicht besser ein receptives und ein productives Gebiet. Bei den höheren Functionen ist das centripetale oder receptive Gebiet repräsentirt durch die bewusste sinnliche Wahrnehmung (Perception und Apperception), das centrifugale oder productive Gebiet durch das bewusste Wollen. Aber vom Wahrnehmen zum Wollen ist noch ein weiter Weg: die Wahrnehmungen und Vorstellungen müssen noch mit anderen im Gedächtniss ruhenden Vorstellungen verglichen und mannigfach combinirt und verarbeitet werden, bevor ein bewusstes Wollen resultirt: die Vorgänge in diesem Zwischengebiet bezeichnen wir als Denken. Bei den niederen, dem Bewusstsein ferner stehenden Functionen wird das receptive Gebiet dargestellt durch das Gefühl, welches Alles umfasst, was ohne massgebende Intervention des Denkens Lust oder Unlust hervorbringt, also vor allem die verschiedenen Gemeingefühle, ferner aber auch die Affecte, die aesthetischen und sittlichen Gefühle; das centrifugale oder productive Gebiet umfasst das weniger aus dem Bewusstsein hervorgehende triebartige, instinctive Wollen, die Triebe. Auch hier gibt es ein Zwischengebiet, welches durch die Gefühle beeinflusst wird und seinerseits wieder die Triebe beeinflusst; wir können dasselbe dem Sprachgebrauch entsprechend als Stimmung bezeichnen.

So ergibt sich folgende Eintheilung der psychischen Functionen:

I. Höhere Functionen: Wahrnehmen — Denken — Wollen.

II. Niedere Functionen: Gefühle — Stimmungen — Triebe.

Die Störungen der höheren psychischen Functionen bezeichnen wir als Geisteskrankheiten im engeren Sinne; zu den Störungen der niederen Functionen gehören die Hysterie und die Hypochondrie.

Es bedarf kaum der Erwähnung, dass mit dieser Eintheilung der psychischen Functionen nur ein Schema aufgestellt werden soll. Die geistigen Thätigkeiten sind weder in ihrem anatomischen Substrat noch in ihrer functionellen Aeusserung vollständig von einander abgeschlossen; sie hangen vielmehr so innig mit einander zusammen, dass jede Erregung in dem einen Gebiet sich mehr oder weniger merkbar auf die anderen fortsetzt, und dass ebenso jede pathologische Störung in dem einen nothwendig eine gewisse Störung in den anderen Gebieten zur Folge hat. Immerhin erscheint eine solche schematische Eintheilung praktisch berechtigt, wenn sie uns für die höchst verwickelten und in ihrem Wesen unerkennbaren psychischen Vorgänge das Verständniss oder wenigstens die Darstellung erleichtert. Wir werden im Folgenden uns eingehender nur mit den Störungen der niederen psychischen Functionen, namentlich mit der Hysterie und der Hypochondrie beschäftigen; die Störungen der höheren Functionen, die Geisteskrankheiten im engeren Sinne, werden wir nur so weit berücksichtigen, als es zur Vervollständigung der Uebersicht über die Krankheiten des Nervensystems erforderlich scheint; die ausführliche Darstellung derselben überlassen wir der Psychiatrie, die mit Recht als ein besonderes Specialfach von der inneren Medicin sich abgesondert hat.

Die Störungen der niederen psychischen Functionen pflegen im Allgemeinen, wie die Erfahrung lehrt, beim Publicum und selbst bei einem Theil der Aerzte weniger Verständniss zu finden als die Störungen der höheren Functionen, die Geisteskrankheiten im engeren Sinne; und es beruht dies wohl zum Theil auf dem Umstand, dass die Bedeutung der niederen Functionen für den einzelnen Menschen und für die menschliche Gesellschaft häufig nicht in der richtigen Weise gewürdigt wird. Wir müssen darauf verzichten dieses praktisch wichtige Capitel der Psychologie hier eingehend zu besprechen; vielleicht werden einige Andeutungen genügen, um ein besseres Verständniss anzubahnen.

Nach der gewöhnlichen Ansicht wird der Mensch in seinem Handeln geleitet durch den Verstand, das Thier durch den Instinct: der Mensch ist sich der Motive seines Handelns klar bewusst, er handelt mit freiem Willen; das Thier wird geleitet durch Triebe, bei denen die Motive des Handelns nicht oder nur unvollständig zum Bewusstsein kommen. Gewiss ist diese Auffassung insofern berechtigt, als beim normalen Menschen die höheren psychischen Functionen in der That in letzter Instanz über seine Handlungen entscheiden, indem sie einen leitenden und moderirenden Einfluss ausüben. Aber wir müssen uns hüten, deshalb die Bedeutung der

niederen Functionen zu gering anzuschlagen; eine genauere psychologische Beobachtung liefert das Ergebniss, dass dieselben auch beim
Menschen die eigentlich treibende und bewegende Kraft darstellen.
Wir beschränken uns hier auf einige Andeutungen, welche zeigen
sollen, dass gerade bei den Thätigkeiten des Menschen, welche für
das Individuum und für die Gesellschaft die wichtigsten sind, den
niederen psychischen Functionen der bedeutendere Antheil zukommt.

Die Erhaltung des Individuums hängt im Wesentlichen ab von
den niederen Functionen. Der Mensch isst und trinkt, nicht weil
er durch Ueberlegung erkannt hat, dass dies zweckmässig ist, sondern weil er durch die Gefühle des Hungers und Durstes dazu
getrieben wird. Er vermeidet Gefahren, sucht sein Leben zu erhalten, nicht weil er mit dem Verstande den Werth des Lebens ab-
wägt, sondern weil der Trieb der Selbsterhaltung es fordert. Auch
der Gläubige, der nach dem Tode ein besseres Leben erwartet,
oder der pessimistische Philosoph, der verstandesgemäss bewiesen
zu haben glaubt, dass das Leben ein Uebel sei, der Tod das zu
erstrebende Gut, — so lange bei ihnen die niederen psychischen
Functionen normal sind, haben sie durchaus keine Neigung, das
Leben mit dem Tode zu vertauschen. Und anderseits können wieder
Pflichtgefühl oder Ehrgefühl Triebfedern sein, welche mächtiger
sind als alle Ueberlegung, und welche sogar den Trieb der Selbsterhaltung überwinden. Für alle menschliche Thätigkeit besteht die
bewegende Kraft nur in geringem Masse in der Erkenntniss ihrer
Zweckmässigkeit oder Nothwendigkeit; wo der Thätigkeitstrieb
fehlt, wo nur die verständige Ueberlegung zur Arbeit anhält, da ist
alle Arbeit Sclavenarbeit; und selbst beim Sclaven, der zunächst
nur dem äusseren Zwange gehorcht, wird glücklicherweise allmählich durch die Gewöhnung ein Arbeitstrieb entwickelt, der zum
Theil den Zwang ersetzt. Auch die Wahl des Berufs für den Einzelnen wird nur dann eine glückliche sein, wenn sie weniger durch
verständige Ueberlegung als durch Neigung und Trieb bestimmt wird.
Ein Forscher ohne Erkenntnisstrieb, ein Künstler ohne Darstellungs-
trieb würden unglückliche, wenn nicht unmögliche Existenzen sein.

Und die Erhaltung der Art, wodurch wird sie gesichert? Offenbar nicht durch verstandesmässige Ueberlegung, die es vielleicht
manchem Einzelnen bequemer erscheinen liesse im Cölibat zu leben,
sondern durch die mächtigen Triebe, welche den normalen Menschen
bestimmen eine Familie zu gründen und zu erhalten.

Endlich: was bildet die menschliche Gesellschaft und den Staat,
und was hält sie zusammen? Die Erkenntniss, quantilla prudentia

mundus regatur, ist schon alt; wir können diesen Ausspruch, der ursprünglich wohl frivol gemeint war, ohne Bedenken ernsthaft nehmen und hinzufügen: Gott sei Dank, dass die Welt nicht durch die menschliche Klugheit regiert wird! sie wäre dann schlecht regiert. Wo jemals durch blosse Verstandesarbeit ein Verfassungsentwurf zu Stande gebracht wurde, da hat er sich als unbrauchbar erwiesen, mochte er von einem Plato ausgehen oder von den Philosophen und den Machthabern der französischen Revolution. Nur diejenigen Verfassungen sind lebensfähig, welche aus dem Instinct der Massen hervorgehen und diesem Instinct entsprechen. — Unsere Rechtslehrer werden vergebens nach einer philosophischen Begründung des Rechts suchen, so lange sie nicht das empirisch gegebene Rechtsgefühl der Massen als seine Quelle anerkennen (G. Rümelin). Und die Philosophen werden niemals durch blosse Verstandesoperationen eine Grundlage für die Aesthetik und für die Ethik gewinnen. Selbst der religiöse Glaube, diese unentbehrliche Stütze für den Einzelnen und für die Gesellschaft, sucht vergebens seine Grundlage in der verständigen Ueberlegung; er ist Sache des Gemüths und wurzelt in dem Instinct der Massen. — Die Affecte und Leidenschaften, diese mächtigen Triebfedern, welche oft so schwer durch den Verstand im Zaume zu halten sind, gehören dem Gebiete der niederen Functionen in unserem Sinne an. Aber auch das Beste, was an einem Menschen ist, gehört hierher; denn Mitgefühl, Wohlwollen und Dankbarkeit, Wahrheitsliebe, Ehrgefühl und Muth, Gewissenhaftigkeit und Pflichtgefühl, Berufstreue und Opferwilligkeit, Heimathsgefühl und Vaterlandsliebe, alle diese Eigenschaften des Einzelnen, ohne welche die Gesellschaft und der Staat nicht bestehen könnten, sind Eigenschaften des Gemüths, die, so vieles auch von ihrem Inhalt aus dem Gebiete der höheren Functionen entnommen wird, doch niemals durch den Verstand allein erworben oder ersetzt werden können. So lange in der Masse des Volkes die Gefühle und Triebe gesund sind, so lange der Einzelne auf seinem Posten und die Menge in Reih und Glied steht einfach in Folge des Instincts der Massen, so lange kann das Volk blühen und gedeihen; wenn aber der Instinct der Massen krank und schwach wird, wenn bei dem Einzelnen die verstandesmässige Ueberlegung und Abwägung anfängt für seine Stellung zum Ganzen und für sein Handeln massgebend zu werden, dann ist es mit der Blüthe des Volkes vorbei, und keine Ausbildung des Verstandes, auch wenn sie alle Schichten durchdrungen hätte, vermag es vor dem Niedergange zu retten.

Diese aphoristischen Andeutungen aus dem Gebiete der praktischen Psychologie, die sich leicht weiter ausführen lassen, werden vielleicht genügen um zu zeigen, dass die eigentlich treibende und bewegende Kraft auch beim Menschen in der Hauptsache nicht vom Bewusstsein ausgeht, sondern in den niederen psychischen Functionen liegt. Aber den höheren Functionen fällt die Aufgabe zu, diese Bewegung zu leiten und zu moderiren und sie vernünftigen Zwecken dienstbar zu machen. Störungen der niederen Functionen, welche keinen zu hohen Grad erreichen, werden durch die leitende und moderirende Wirkung der höheren Functionen häufig noch in ausreichender Weise compensirt; und selbst wo die Störungen der niederen Functionen als deutliche Krankheit hervortreten, da kann es unter Umständen gelingen, durch eine entsprechende Stärkung der höheren Functionen, namentlich des bewussten Willens, Heilung herbeizuführen. Anderseits aber sehen wir häufig die Störungen der niederen Functionen so bedeutend werden, dass die höheren Functionen ihre Herrschaft verlieren oder sogar selbst in den krankhaften Zustand hineingezogen werden. — Mit der Erkenntniss der Bedeutung der niederen psychischen Functionen und ihrer Störungen ist die nothwendige Vorbedingung für das Verständniss und die zweckmässige Behandlung dieser Störungen gegeben.

Hysterie.

Τὰ ὑστερικὰ παθήματα (ὑστέρα = uterus). — Passio hysterica.
Th. Sydenham, Dissertatio epistolaris ad Guilielmum Cole (1681). — K. E. Hasse, Krankheiten des Nervenapparates, in Virchow's Handbuch. IV, 1. Erlangen 1855. 2. Aufl. 1869. — F. Niemeyer, Lehrbuch, Bd II. — F. Jolly in Ziemssen's Handbuch. XII, 2. — Richer, Etudes cliniques sur la grande hystérie. Paris 1885.

Als Hysterie bezeichnet man functionelle Störungen, welche alle Gebiete der Nerventhätigkeit (Sensibilität, Motilität, geistige Functionen) betreffen und dabei eine ausserordentliche Mannigfaltigkeit zeigen können, welche aber im Wesentlichen in einer Störung der niederen psychischen Functionen, der Gefühle, Stimmungen und Triebe begründet sind.

Gewöhnlich nimmt man an, dass bei der Hysterie viele einzelne Theile des Nervensystems, unter Umständen selbst alle, das Gehirn, das Rückenmark und die peripherischen Nerven, die sympathischen nicht ausgenommen, der Sitz der Störung sein können. Ich halte diese Annahme für unrichtig. Ich möchte zunächst eine These aufstellen, die besonders geeignet erscheint in der unübersehbaren Mannigfaltigkeit der Erscheinungen als leitender Faden zu dienen und ausserdem für die Therapie eine brauchbare Handhabe zu bieten. Diese These lautet: Die Hysterie ist eine functionelle Krankheit des Gehirns und zwar der grauen Gehirnrinde. Oder mit anderen Worten: Die Hysterie ist eine psychische Krankheit. Die dabei vorkommenden Störungen in anderen Gebieten des Nervensystems sind, so weit sie nicht etwa zufällige Complicationen darstellen oder zur Aetiologie in Beziehung stehen, nur secundärer Natur. Und unter den psychischen Functionen sind bei der Hysterie in primärer Weise vorzugsweise diejenigen gestört, welche wir als die niederen Functionen bezeichnet haben, die Gefühle, die Stimmungen und die Triebe. Die nähere Begründung dieser Auffassung wird sich aus der folgenden Darstellung ergeben.

Hysterische Kranke finden häufig bei ihrer Umgebung und zuweilen selbst bei ihren Aerzten nur wenig Verständniss für ihren Zustand. Ihre Leiden werden nicht selten für „eingebildet" erklärt. Und in der That ist die Annahme der Kranken, dass ihren Schmerzen, Krämpfen, Lähmungen u. s. w. grobe und objectiv nachweisbare Veränderungen zu Grunde liegen müssen, unrichtig; namentlich sind diese Beschwerden nicht von peripherischen Störungen abhängig und auch nicht so lebensgefährlich, als die Kranken oft glauben und glauben machen möchten. Sie sind ursprünglich ausschliesslich central begründet. Aber sie sind deshalb nicht weniger reell und nicht weniger quälend.

Aetiologie.

Man könnte daran denken, wie bei manchen anderen functionellen Gehirnkrankheiten, · so auch bei der Hysterie eine symptomatische und eine idiopathische Form zu unterscheiden. Zur symptomatischen oder secundären Hysterie würden die Fälle gehören, bei welchen die Krankheit auf einer anderweitigen Anomalie, namentlich auf einer Erkrankung der Sexualorgane beruht, zu der idiopathischen diejenigen, bei welchen die Krankheit nicht von einer anderweitigen Störung abhängig ist. Aber diese Unterscheidung ist nicht durchführbar, da in der Regel die etwa vorhandenen anderweitigen Anomalien nicht die eigentliche und ausreichende Ursache der Krankheit darstellen, sondern nur Momente sind, welche die Entstehung der Krankheit begünstigen oder in Verbindung mit anderen Umständen die Entstehung derselben veranlassen.

In manchen Fällen sind bei der Hysterie Erkrankungen der Sexualorgane betheiligt. Zuweilen sind organische Veränderungen vorhanden, so namentlich Lageveränderungen und Knickungen des Uterus, Katarrh, Geschwüre, chronische Metritis, Parametritis u. s. w., oder es bestehen Erkrankungen der Ovarien oder der Tuben. In anderen Fällen finden sich functionelle Störungen: häufig sind Unregelmässigkeiten der Menstruation; in einzelnen Fällen kann vielleicht auch Mangel an Befriedigung des Geschlechtstriebes bei der

Entstehung der Krankheit betheiligt sein; vor Allem ist, und dies
gilt für Männer eben so wie für Weiber, Onanie unter den Ursachen
aufzuführen. Seltener können Krankheiten des Darmkanals oder
anderer Unterleibsorgane als Grundlage hysterischer Zustände angesehen werden.

Die Frage, in welcher Weise Krankheiten des Uterus, der Ovarien,
des Darmkanals u. s. w. hysterische Zustände, also Störungen in den
Functionen der Centralorgane des Nervensystems hervorrufen können,
ist wohl unzweifelhaft dahin zu beantworten, dass dies auf dem Wege
durch das Nervensystem geschieht. Und zwar sind dabei nicht nur diejenigen centripetal leitenden Fasern in Betracht zu ziehen, deren Erregung mehr oder weniger deutlich zum Bewusstsein kommt, sondern
auch diejenigen, deren Erregung, ohne zum Bewusstsein zu gelangen, im
Centralorgan auf reflectorischem Wege in motorische und vasomotorische
Erregungen umgesetzt wird oder auch auf das Centralorgan Wirkungen
ausübt, die als Veränderung der Gefühle, Stimmungen und Triebe sich
äussern (vgl. S. 23).

Von grosser praktischer Wichtigkeit ist die Frage nach der Häufigkeit der secundären, namentlich der von den Sexualorganen ausgehenden
Hysterie. In früheren Zeiten war man, wie schon der Name der Krank-
heit zeigt ($\dot{v}\sigma\tau\acute{\epsilon}\varrho\alpha$ == uterus), der Ansicht, dass alle oder doch die meisten
hysterischen Zustände von Krankheiten der Sexualorgane abzuleiten seien.
Diese Auffassung ist in neuerer Zeit mit Recht aufgegeben worden. Einerseits sehen wir Hysterie sehr häufig bei Individuen, bei denen die Sexualorgane anatomisch und functionell sich vollkommen normal verhalten;
dabei ist freilich zu berücksichtigen, dass es unter den Aerzten, welche
sich Specialisten für Frauenkrankheiten nennen, Einzelne gibt, welche
niemals einen Uterus, der ihnen zur Untersuchung kommt, normal finden.
Anderseits kommen thatsächlich alle möglichen Krankheiten der Sexualorgane vor, ohne dass dabei Hysterie besteht. Auch die Erfolge der
Therapie sprechen gegen jene Auffassung. Fälle von Hysterie, welche
durch blos gynaekologische Behandlung geheilt werden, gehören zu den
Seltenheiten; im Gegentheil kommt es vor, dass bei Frauen, welche bisher nicht hysterisch waren, die Krankheit sich entwickelt, nachdem sie
durch gynaekologische Untersuchung auf eine Anomalie der Sexualorgane
aufmerksam gemacht und einer gynaekologischen Behandlung unterworfen
wurden. Dagegen werden zahlreiche Fälle geheilt, während der Zustand
der Sexualorgane unverändert bleibt. Wir müssen demnach die Fälle
von Hysterie, welche allein und ausschliesslich von Abnormitäten der
Sexualorgane abzuleiten sind, für selten erklären. Anderseits aber ist
es ebenso sicher, dass anatomische Störungen und vor allem abnorme Erregungen im Gebiete der Sexualorgane Momente sind, welche in besonders hervorragender Weise zur Entstehung der Hysterie beitragen können.

Begünstigend für die Entstehung der Hysterie wirken ferner
manche Anomalien der Blutbeschaffenheit und der Constitution.
Anaemische und chlorotische Individuen, ferner solche, welche durch
Krankheit, Entbehrungen oder Anstrengungen geschwächt sind, zeigen

sich mehr als andere zu der Krankheit disponirt. Excessive Mager-
keit, aber anderseits auch übermässige Fettleibigkeit können die
Anlage vermehren.

Von grosser Wichtigkeit sind die psychischen Schädlichkeiten.
Durch heftigen Schrecken, schwere Schicksalsschläge, tiefgehende
Kränkungen und andere Ereignisse, welche die geistige Energie
lähmen, kann die Krankheit zur Entwickelung gebracht werden;
Kummer, Gram und Sorge, anhaltende Aufregungen, Lebensaufgaben,
welche augenscheinlich über das Mass der Kräfte hinausgehen, können
auf die Dauer die Krankheit hervorrufen. In zahlreichen Fällen ist
bei der Entstehung der Krankheit betheiligt der Mangel einer befriedigenden Thätigkeit, das mehr oder weniger deutliche Bewusstsein, den richtigen Beruf verfehlt zu haben oder ein überflüssiges
Glied der menschlichen Gesellschaft zu sein, endlich eine Lebensstellung, bei welcher nicht die Sorge für Andere die Lebensaufgabe
bildet, sondern alle Sorge nur auf die eigene Person sich concentrirt.
Den festen Halt im Leben gibt doch nur das Pflichtbewusstsein.
Wer in seiner Berufspflicht aufgeht und wenig Zeit hat an sich
selbst zu denken und seine Stimmungen zu beachten, ist nicht leicht
in Gefahr hysterisch zu werden. Die zuletzt angeführten Umstände
sind es auch hauptsächlich, welche die Erklärung dafür liefern, dass
besonders häufig bei Unverheiratheten Hysterie auftritt. Doch ist
die Krankheit auch bei verheiratheten Frauen nicht selten, namentlich wenn, wie es ja auch bei solchen vorkommt, die angeführten
psychischen Schädlichkeiten einwirken.

Auch die Erziehung kommt in Betracht. Je weniger das Individuum gewöhnt wird, die niederen psychischen Functionen unter
der Herrschaft der höheren zu halten, je mehr den Gefühlen, Stimmungen und Trieben freier Spielraum gestattet, und je mehr eine
einseitige Ausbildung des Gemüths begünstigt wird, desto eher ist
das Auftreten der Hysterie zu erwarten. Auch die unserer Zeit
eigenthümliche übermässige Ausbildung des Individualismus auf
Kosten des Bewusstseins der Zusammengehörigkeit ist der Entstehung
der Hysterie und Hypochondrie förderlich. Man sucht die persönliche Freiheit des Einzelnen nach allen Seiten zu schützen, man
nimmt für das Individuum alle möglichen Rechte in Anspruch, ohne
in entsprechender Weise die Pflichten hervorzuheben, welche für
diese Rechte die unumgängliche Vorbedingung sind, und ohne auch
nur die Vorfrage in Erwägung zu ziehen, ob denn überhaupt der
Einzelne als solcher schon eine Existenzberechtigung habe, und ob
nicht diese erst aus der Zusammengehörigkeit zu einem grösseren

Ganzen sich ergebe. — Im Uebrigen ist es nicht richtig, wenn man meint, die Hysterie komme ausschliesslich oder vorzugsweise in den sogenannten gebildeten Kreisen vor; sie ist auch bei Ungebildeten sehr häufig.

Unter den psychischen Ursachen ist endlich noch zu erwähnen die sogenannte imitatorische Ansteckung. Wenn in einer Gruppe von grossentheils disponirten Individuen bei dem einen ein hysterischer Anfall auftritt, so können viele andere sofort in ähnlicher Weise ergriffen werden. Man hat wiederholt ein geradezu epidemisches Auftreten gewisser hysterischer Zustände in Pensionaten, Klöstern, Spitälern oder auch in der Bevölkerung einzelner Districte beobachtet.

Von entscheidender Bedeutung und meist wichtiger als alles bisher Genannte ist die ursprüngliche geistige Anlage. Dieselbe ist in vielen Fällen ererbt. Es gibt Familien, in welchen alle Glieder, Söhne sowohl wie Töchter, Anlage zur Hysterie haben, andere, in welchen dieselbe sich nur bei den Töchtern zeigt. Auch durch anderweitige ererbte neuropathische Belastung kann die Disposition zur Hysterie begründet werden. Im Allgemeinen haben zartbesaitete Gemüther eine grössere Anlage als geistig robuste und torpide Naturen, obwohl auch die letzteren keineswegs immer frei bleiben.

Bei Weibern ist Hysterie weit häufiger als bei Männern. Es beruht dies wohl hauptsächlich auf der Verschiedenheit der geistigen Anlagen bei beiden Geschlechtern, indem beim Manne mehr der Verstand, beim Weibe mehr das Gemüth vorherrscht. Dazu trägt aber noch wesentlich bei die naturgemässe Verschiedenheit der socialen Stellung der beiden Geschlechter und einigermassen auch wohl die gebräuchliche Erziehungsweise. Bei Männern zeigen sich Störungen in den niederen psychischen Functionen häufiger in der Form der Hypochondrie (s. u.); doch kommt auch ausgebildete Hysterie beim männlichen Geschlecht vor.

Die Krankheit tritt besonders häufig um die Zeit der Pubertätsentwickelung auf; sie kann aber auch schon lange vorher sich zeigen, und zwar ist sie in einem frühen Lebensalter beim männlichen Geschlecht ungefähr eben so häufig als beim weiblichen. Bei Weibern sieht man zuweilen mit dem Eintritt der klimakterischen Jahre die Krankheit abnehmen oder ganz aufhören; in sehr zahlreichen Fällen aber überdauert sie auch die Involutionsperiode, und es gibt sogar einzelne Fälle, bei welchen erst zu dieser Zeit die Krankheit entsteht oder sich vollständig ausbildet.

Es scheint, dass in unserer Zeit, während die Geisteskrankheiten im engeren Sinne unzweifelhaft in Zunahme begriffen sind, die Hysterie, obwohl sie immer noch zu den häufigsten Krankheiten gehört, doch eher eine Abnahme der Frequenz zeigt namentlich gegenüber dem vorigen Jahrhundert. Damals wurden die hysterischen Erscheinungen, die Vapeurs, Ohnmachten, Lach- und Weinkrämpfe mehr respectirt und durften in der guten Gesellschaft sich öffentlich zeigen. In unserer Zeit haben die übermässig „nervösen" Damen und Herren weniger Aussicht zu gefallen. Es hängt wohl diese Abnahme zusammen mit dem realistischen Zuge unserer Zeit im Vergleich zu der sentimentalen Periode des vorigen Jahrhunderts. Uebrigens war schon Sydenham (1681) der Meinung, dass nur sehr wenige Weiber vollständig frei von jeder Art dieser Affectionen seien.

Die Symptomatologie der Hysterie ist so mannigfaltig und so wechselnd, dass es unmöglich sein würde, alle Erscheinungen, welche vorkommen können, aufzuzählen. Es ist aber auch genügend, sich mit den wichtigeren typischen Erscheinungen vertraut zu machen; alle anderen Vorkommnisse können dann leicht in analoger Weise beurtheilt werden.

Die Formen der hysterischen Störungen lassen eine gewisse geographische Verschiedenheit erkennen, insofern in einzelnen Gegenden manche Formen vorherrschend gefunden werden, die in anderen Gegenden selten sind. Es beruht dies zum Theil auf Verschiedenheiten des Volkscharakters; doch ist dabei häufig auch der Einfluss der „imitatorischen Ansteckung" (S. 390) betheiligt.

Zur Förderung der Uebersichtlichkeit theilen wir die Symptome ein in Störungen der Sensibilität, der Motilität und der psychischen Functionen.

Die Sensibilitätsstörungen bestehen in vielen Fällen hauptsächlich in Hyperaesthesie. Die Kranken sind ungewöhnlich empfindlich gegen Sinneseindrücke: einzelne bringen Monate oder Jahre im möglichst verdunkelten Zimmer zu, jedes Geräusch ist ihnen unerträglich, schon ein mässiger Druck erregt Schmerzen, zuweilen nur an einzelnen Stellen, zuweilen aber auch an allen Körpertheilen. Oft sind auch psychische Eindrücke, wie Besuch, Unterhaltung u. s. w. in hohem Grade unangenehm. Schmerzhafte Einwirkungen selbst leichterer Art haben ungewöhnlich heftige Reaction zur Folge. Dass diese Hyperaesthesie nicht in dem Verhalten der peripherischen Nerven begründet ist, ergibt sich aus früheren Erörterungen (S. 25); es handelt sich vielmehr um ein abnormes Verhalten der Centralorgane.

Zur Hyperaesthesie im weiteren Sinne rechnen wir auch die subjectiven Empfindungen im Gebiet der Sinnesorgane und des Gemeingefühls, welche ohne eine entsprechende peripherische Ursache zu Stande kommen. Manche Kranke haben Funkensehen, Ohrenklingen, Geruchs- oder Geschmacksempfindungen, Kriebeln, Ameisen-

kriechen, subjectives Hitze- oder Kältegefühl im ganzen Körper oder
in einzelnen Theilen. Seltener kommen im Bereich des Gesichts-
oder Gehörsinnes ausgebildete Hallucinationen vor, die dann auch
von den Kranken, so lange ihre höheren psychischen Functionen
normal sind, sofort als solche erkannt werden. Besonders häufig
sind die subjectiven Schmerzempfindungen. Dieselben sind oft sehr
verbreitet: es gibt Kranke, bei denen kein Theil des Körpers vom
Wirbel bis zur Zehe frei von Schmerzen ist, und gerade diese allgemeine Hyperaesthesie ist unter Umständen charakteristisch. In
anderen Fällen sind die Schmerzen mehr auf einzelne Körperstellen
beschränkt. Es kommen Neuralgien vor in allen möglichen Nervengebieten, sowohl Neuralgien der Hautnerven (S. 64) als auch Neuralgien innerer Organe (S. 74). Zu den gewöhnlichen Beschwerden
gehören Kopfschmerzen: dabei kann der Schmerz ein continuirlicher
sein, oder er kann anfallsweise auftreten, oft in Form der Migräne
(S. 78); in vielen Fällen ist er diffus, nicht genau localisirt; in anderen Fällen ist er auf eine kleine umschriebene Stelle des Kopfes,
am häufigsten auf den Scheitel, beschränkt, und diese Stelle ist
auch gegen Druck besonders empfindlich (Clavus hystericus, S. 76).
Viele Kranke klagen über Schmerzen im Rücken, und oft ist die
Haut des Rückens in der Gegend der Wirbelsäule, oder es sind die
Wirbel selbst spontan oder auf Druck äusserst empfindlich: es bilden
diese Symptome einen Theil dessen, was man früher als „Spinalirritation" (S. 81) zu bezeichnen pflegte. Zuweilen sind Schmerzen
in einzelnen oder auch in zahlreichen Gelenken vorhanden (hysterische
Gelenkneurose), die unter Umständen Gelenkentzündungen oder Gelenkrheumatismus vortäuschen können. Häufig sind auch Cardialgien,
Schmerzen in der Magengegend, die zuweilen vorzugsweise bei leerem,
zuweilen mehr bei vollem Magen auftreten. Aehnliche Schmerzen
kommen auch in anderen Gegenden des Unterleibes vor und können
zuweilen auf die Hautdecken oder auf bestimmte Darmabschnitte,
auf die Ovarien, den Uterus u. s. w. bezogen werden. Bei einzelnen
Kranken besteht Hyperaesthesie der Blase, so dass schon bei ganz
unbedeutender Füllung derselben heftiger Harndrang entsteht; der
mikroskopische Nachweis, dass im Harn reichliche Eiterkörperchen
nicht vorhanden sind, lässt diesen Tenesmus der Blase von dem bei
Blasenkatarrh vorkommenden mit Sicherheit unterscheiden. Der
„Globus hystericus", das Gefühl einer vom Unterleib gegen den Hals
aufsteigenden Kugel, welche dort einige Zeit stecken bleibt, beruht
vielleicht in manchen Fällen auf wirklichen von unten nach oben
fortschreitenden krampfhaften Contractionen des Oesophagus. Bei

manchen Kranken sind anfallsweise oder auch anhaltend unangenehme Empfindungen in der Herzgegend vorhanden, entweder wirklicher Schmerz oder ein mehr unbestimmtes Gefühl von schwerer
Beklemmung, Oppression, Präcordialangst, oder das Gefühl von Herzklopfen oder auch von plötzlichem Herzstillstand u. s. w. Diese Sensationen sind oft im höchsten Grade quälend, und manche Kranke haben
bei jedem Anfall die Empfindung, als ob das Leben erlöschen müsse.
Dabei ist objectiv zuweilen keine Anomalie der Herzaction nachzuweisen; zuweilen aber findet man dieselbe unregelmässig, aussetzend,
oder es besteht während des Anfalls eine enorme Frequenz und Heftigkeit der Herzaction; damit sind nicht selten systolische Geräusche
verbunden, die ausserhalb des Anfalls wieder verschwinden können.
Bei einzelnen Kranken tritt anfallsweise ein Gefühl heftiger Athemnoth ein (Dyspnoea hysterica), welches sie veranlasst, mit ungewöhnlicher Frequenz zu athmen, so dass 60 bis 100 oder selbst 120
Athemzüge auf die Minute kommen, während die Tiefe der Athemzüge, wie ich in einem Falle durch spirometrische Untersuchung
feststellen konnte, eben so gross ist wie normal. Ein solches fre-
quentes Athmen, welches ein Gesunder selbst mit grösster Willensanstrengung nur kurze Zeit fortführen könnte, dauert bei den Kranken
oft ganze Stunden lang.

Häufig sind bei den Kranken eigenthümliche Paraesthesien oder
Idiosynkrasien: eine einzelne Farbe ist ihnen unangenehm, ebenso
der Geschmack von gewissen Speisen oder Gewürzen, während sie
vielleicht die Neigung haben, Kreide, Kaffeebohnen, Schieferstifte
oder dergleichen für Andere ungeniessbare Gegenstände zu kauen
oder zu verschlucken; möglicherweise finden sie den Duft der Rose
unausstehlich, während sie mit verbrannten Federn oder mit Asa
foetida räuchern. Auch gegen einzelne Personen oder gegen beliebige leblose oder lebende Gegenstände kann die Idiosynkrasie
sich richten. Eine Kranke meiner Beobachtung verfiel in Convulsionen, so oft sie eine Katze in der Nähe wusste oder vermuthete.
Oft zeigen die Kranken eine überraschende Schärfe der Sinne, besonders gegenüber den Gegenständen, welche ihnen unangenehm sind.

Bei vielen Kranken findet sich Anaesthesie, entweder in
diffuser Verbreitung, oder auch halbseitig, oder beschränkt auf einzelne grössere oder kleinere Gebiete, deren Form und Ausdehnung
häufig gänzlich unabhängig von der Vertheilung der peripherischen
Nerven ist. Sie kann sowohl die Sinnesempfindungen als auch die
Gemeingefühle betreffen. So z. B. kann, ohne dass im Auge irgend
eine Störung besteht, das Sehvermögen auf einem Auge beträchtlich

vermindert oder ganz aufgehoben sein (hysterische Amblyopie oder
Amaurose); auch partielle Gesichtsfeldbeschränkungen von verschiedener Form und Ausdehnung werden beobachtet. Zuweilen ist die
Tastempfindung an einzelnen Stellen der Haut herabgesetzt oder
ganz verschwunden. Häufig ist auch Aufhebung der Schmerzempfindung (Analgesie), so dass Eingriffe, welche sonst höchst empfindlich sind, wie Stechen, Kneipen, Brennen, der Inductionsstrom,
gar nicht oder wenigstens nicht schmerzhaft empfunden werden. Die
Selbstverstümmelungen, welche bei schweren Fällen zuweilen vorkommen, werden erklärlicher durch die dabei meist vorhandene
Analgesie. Auch andere Gemeingefühle, wie z. B. Hunger oder Durst,
können fehlen. Eigenthümlich ist der hysterischen Anaesthesie, dass
sie in Betreff des Grades häufigen Wechsel zeigt, und dass sie unter
Umständen plötzlich auftreten und ebenso schnell wieder verschwinden kann. Ein solcher Wechsel findet oft ohne jede nachweisbare
Ursache statt; in anderen Fällen sieht man vorzugsweise nach
schweren Krampfanfällen Anaesthesie zurückbleiben; ferner können
intensive psychische Einwirkungen sowohl das Auftreten wie das
Verschwinden der Anaesthesie zur Folge haben. Auch kann, während
an einer Stelle die Anaesthesie verschwindet, sie an einer anderen
auftreten (Transfert). Unter Umständen findet man neben Anaesthesie
in einem Gebiet Hyperaesthesie in einem anderen, oder es kann sogar in dem gleichen Gebiet Anaesthesie mit Hyperaesthesie wechseln.

Einzelne Aerzte sind geneigt, bei der Anaesthesie der Hysterischen
immer an Simulation zu denken und sich z. B. vorzustellen, dass die
Analgesie immer nur in einem heroischen Ertragen der Schmerzen bestehe. Gewiss ist es richtig, dass bei Hysterischen eine mehr oder weniger bewusste Simulation dieser Art zuweilen vorkommt. Auch wenn
ein Zustand der Ekstase besteht, kann es geschehen, dass Erregungen
peripherischer Nerven zwar zum Bewusstsein gelangen, aber wegen des
vorwiegenden Affectes keine weitere Wirkung ausüben. Aber in der
Mehrzahl der Fälle von hysterischer Anaesthesie kann kein Zweifel darüber sein, dass die betreffenden peripherischen Erregungen thatsächlich
nicht zum Bewusstsein gelangen oder nicht schmerzhaft empfunden werden. Auch im Zustande des Hypnotismus, der überhaupt mit manchen
Formen der Hysterie vielfache Analogie zeigt, kommt das Gleiche vor.
Die hysterische Anaesthesie und namentlich die Analgesie ist eben so
reell wie die durch Chloroform oder andere sogenannte Anaesthetica hervorgerufene oder wie die bei Geisteskrankheiten im engeren Sinne vorkommende. — Andere Aerzte sind der Ansicht, dass die Anaesthesie gewöhnlich auf Unterbrechung der Leitung in den peripherischen Nerven
beruhe. Auch diese Ansicht lässt sich mit den Thatsachen nicht in Einklang bringen. Schon der Wechsel des Zustandes in Folge psychischer
Einwirkungen zeigt, dass die Störung central begründet ist. Zugleich

aber geht aus diesem Wechsel hervor, dass es sich dabei nicht um Zerstörung von centralen Leitungs- oder Empfindungsapparaten handelt, sondern nur um zeitweilige Leitungsunterbrechungen oder Ausschaltungen im Centralorgan, ähnlich wie es beim Hypnotismus anzunehmen ist. Wer diese Eigenthümlichkeiten der hysterischen Anaesthesie nicht kennt und in dem Vorurtheil befangen ist, dass es sich dabei um eine Störung in den peripherischen Leitungen handle, kann sich den gröbsten Täuschungen aussetzen und zu gänzlich falschen Deutungen der Thatsachen verleitet werden. Dass solches auch den umsichtigsten Beobachtern begegnen kann, wenn sie von falschen Voraussetzungen ausgehen, zeigen unter Anderem die Resultate der sogenannten Metalloskopie und Metallotherapie.

Dabei soll nicht geleugnet werden, dass unter Umständen bei hysterischen Individuen auch peripherische Anaesthesie vorkommen könne, entweder als Complication oder als secundäre Affection. Es gibt Fälle von Anaesthesie, bei denen auch die Reflexbewegungen aufgehoben sind, so z. B. durch Reizung der Nasenschleimhaut oder des Kehlkopfs kein Niesen oder Husten, durch Reizen der Rachenschleimhaut kein Würgen bewirkt wird. Solche Beobachtungen können unter Umständen schwer zu deuten sein. Gegen unsere Annahme des centralen Sitzes der Krankheit sind sie nicht zu verwerthen, da genau das gleiche Verhalten nicht nur während epileptischer Anfälle, sondern auch bei Geisteskrankheiten im engeren Sinne zuweilen beobachtet wird.

Als Motilitätsstörungen kommen sowohl Hyperkinesen oder Krämpfe als auch Akinesen oder Lähmungen vor.

Die hysterischen Krämpfe können klonisch oder tonisch sein (S. 135). Sie sind zuweilen auf einzelne Muskeln oder Muskelgruppen beschränkt: so kommen Krämpfe vor im Gebiet des Facialis (S. 143), des Accessorius (S. 144), in den Kaumuskeln (S. 143), den Nackenmuskeln, ferner Krampf der Kehlkopfmusculatur, des Zwerchfells, der Bauchmuskeln, Krämpfe in einzelnen Muskelgruppen der Extremitäten. In anderen Fällen sind die Krämpfe über einen grossen Theil der Musculatur verbreitet und treten dann gewöhnlich in Anfällen von kürzerer oder längerer Dauer auf. Es können alle Muskeln des Körpers mehr oder weniger stark contrahirt sein, so dass die Kranken starr und unbeweglich daliegen und auch passiven Bewegungen einen bedeutenden Widerstand entgegensetzen. Auch ausgebildete Katalepsie kommt vor mit vollständiger Flexibilitas cerea (S. 350). Diese Zustände können viele Stunden oder selbst Tage lang andauern und mit Unterbrechungen sich über Wochen und Monate erstrecken. In vorübergehenden Anfällen kommt vor eine intensive tonische Contraction der Rückenmusculatur, an welcher oft auch die meisten anderen Muskeln theilnehmen, so dass das Bild des Tetanus mit ausgeprägtem Opisthotonus entsteht. Bei einzelnen

Kranken treten bei jedem Versuch zu schlucken Schlingkrämpfe auf,
zu denen sich dann anderweitige heftige Muskelcontractionen hinzugesellen, so dass das vollständige Bild der Hydrophobie zu Stande
kommen kann. Besonders häufig sind auch allgemeine Convulsionen,
die den epileptischen ähnlich sind. Als „coordinirte Krämpfe" kommen vor Gähnkrämpfe, Niesekrämpfe, Lachkrämpfe, Weinkrämpfe,
in schweren Fällen auch die auffallenden coordinirten Bewegungen,
wie sie als Chorea major (S. 371) bezeichnet werden. Endlich gibt es
Anfälle, in welchen alle diese Krampfformen in der mannigfaltigsten
Weise combinirt sind. Dabei können tonische und klonische Krämpfe
regellos auf einander folgen, Verzerrungen des Gesichts, ungewöhnliche Bewegungen der Extremitäten, seltsame Stellungen des ganzen
Körpers mit den sonderbarsten coordinirten Bewegungen sich vereinigen oder abwechseln. Bei manchen Kranken zeigt sich auch
ausserhalb der Anfälle eine anhaltende Muskelunruhe, welche einigermassen an Chorea minor erinnern kann. Wenn eine wirkliche Chorea
minor bei Hysterischen besteht, so bildet dieselbe eine Complication;
ebenso sind wirkliche epileptische Anfälle als Complication anzusehen.

Bei einzelnen Kranken kommt es, ohne dass ein organisches
Magenleiden besteht, zu häufigem Erbrechen, zuweilen so, dass dasselbe nach jeder Nahrungsaufnahme eintritt und die Ernährung im
höchsten Grade beeinträchtigt (Hyperemesis hysterica). Manche
Kranke leiden an häufigen Hustenanfällen, andere haben anhaltenden
Singultus, oder häufiges Aufstossen, wobei dann gewöhnlich die Luft
mit lautem Geräusch entleert wird. Einzelne Kranke bringen durch
Verschlucken grosse Mengen von Luft in den Magen, die dann auch
in die· Därme gelangen und hochgradigen Meteorismus bewirken
kann. Durch Krampf des Sphincter vesicae kann Unterdrückung
der Harnentleerung, durch Krampf des Detrusor Incontinenz entstehen. Krampf des Oesophagus kann zu Schlingbeschwerden führen.
Auch der bereits erwähnte Globus hystericus, ferner die Anfälle
von Herzklopfen, die Dyspnoea hysterica (S. 393) können in manchen Fällen zu den Krämpfen gerechnet werden.

Häufig kommen vasomotorische Störungen vor. Manche Kranke
haben in Folge von Arteriencontraction anhaltend kalte Füsse und
Hände. Bei anderen wechselt der Contractionszustand der Arterien,
so dass der Puls bald klein und hart, bald voll und weich ist, die
Extremitäten auch objectiv bald kalt, bald warm sich anfühlen, das
Gesicht abwechselnd blass oder stark geröthet sich zeigt. Während
der Anfälle von Herzklopfen klagen die Kranken oft über starkes
Klopfen im Kopf und an anderen Körperstellen, und zuweilen ist

dabei auch objectiv der Puls selbst in kleineren Arterien fühlbar oder sogar hörbar.

Die hysterischen Lähmungen kommen vor als vollständige (Paralysen) oder als unvollständige (Paresen). Unter den letzteren sind besonders häufig und einigermassen charakteristisch die Functionslähmungen (S. 91): bei denselben sind nur diejenigen Muskeln gelähmt, welche einer bestimmten Function dienen, während benachbarte von den gleichen Nervenstämmen versorgte Muskeln von der Lähmung frei bleiben. Und es sind oft die Muskeln nur gelähmt in Bezug auf eine bestimmte Function, während im übrigen ihre Leistungsfähigkeit nicht oder nur wenig beeinträchtigt ist. Namentlich in diesem letzteren Falle sind die Lähmungen sofort als psychische zu erkennen. So z. B. liegen manche Kranke Jahre lang im Bett, weil sie unfähig sind zu stehen oder zu gehen, während die nähere Untersuchung ergibt, dass die Kraft der Muskeln an den unteren Extremitäten in Bezug auf andere Leistungen kaum vermindert ist. So lange die Kranken im Bett liegen, können die Muskeln der Hüfte und der ganzen unteren Extremität sich kräftig contrahiren und z. B. der passiven Beugung im Hüftgelenk und Kniegelenk einen wirksamen Widerstand entgegensetzen; sobald man aber versucht die Kranken aufrecht auf die Füsse zu stellen, knicken sie gänzlich kraftlos in den Hüftgelenken und Kniegelenken zusammen. Bei der hysterischen Stimmbandlähmung sind oft die Kehlkopfmuskeln nur soweit gelähmt, als sie zur Stimmbildung dienen, so dass vollständige Aphonie besteht, während im Uebrigen die Bewegungen der Stimmbänder normal von Statten gehen. — In anderen Fällen erstreckt sich die Lähmung auf jede Function der betreffenden Muskeln. Es können ganze Extremitäten gelähmt sein oder auch nur einzelne Muskelgruppen derselben. Häufig ist Lähmung der beiden unteren Extremitäten (hysterische Paraplegie); dabei sind meist die Functionen der Blase und des Mastdarms ungestört; zuweilen nehmen aber auch diese Organe an der Lähmung theil. Seltener kommt hysterische Hemiplegie vor: dabei sind gewöhnlich nur die Extremitäten gelähmt, während im Gebiete des Facialis und Hypoglossus keine Lähmung besteht; überhaupt wird das Gebiet der letzteren Nerven nicht leicht von hysterischer Lähmung befallen. Endlich kommen Lähmungen von unwillkürlichen Muskeln vor, wie z. B. Paralyse des Detrusor oder des Sphincter vesicae, Parese des Oesophagus, der Musculatur des Darmkanals u. s. w.

Zu den Lähmungen können auch die Zustände gerechnet werden, in denen die Kranken, scheinbar in tiefem Schlaf, vollkommen

regungslos mit erschlafften Gliedern daliegen und weder auf Sinneseindrücke noch auf schmerzhafte Einwirkungen reagiren. Dergleichen Anfälle können eine Dauer von vielen Tagen haben. Zuweilen
wird dabei auch die Respiration und die Herzaction sehr schwach,
und es werden Fälle erzählt, bei denen solche Kranke von ihren
Angehörigen für todt gehalten wurden (hysterischer Scheintod).

Dergleichen Fälle, bei welchen sogar die Aerzte in Zweifel gewesen
sein sollen, ob nicht wirklich der Tod eingetreten sei, werden schon
aus dem Alterthum berichtet (Heraklides Ponticus bei Galen).
Uebrigens enthalten die von nicht-ärztlichen Beobachtern herrührenden
Beschreibungen solcher oder auch ähnlicher kataleptischer Zustände (S. 380)
gewöhnlich schwere Missverständnisse und Uebertreibungen, und auch
nicht alle ärztlichen Berichte scheinen davon frei zu sein. Die Schauer-
geschichten von lebendig Begrabenen, welche die politischen Zeitungen
von Zeit zu Zeit zur Erbauung ihrer Leser liefern, haben selbstverständlich nicht den geringsten Anspruch auf Glaubwürdigkeit.

Mit den Lähmungen sind zuweilen Contracturen verbunden. Auch
kann, ohne dass eigentliche Lähmung besteht, die Bewegung durch
Contracturen gehemmt sein; oder es kann bei jedem Versuch einer
activen oder passiven Bewegung sofort hemmende Contraction der
Antagonisten eintreten. Häufig ist ferner in paretischen Gliedern
jede Bewegung von mehr oder weniger starkem Zittern begleitet.

Gegen den Inductionsstrom zeigen die gelähmten Muskeln in
der Regel normale Reaction. Eine scheinbare Verminderung der
Reaction kann dadurch entstehen, dass Contracturen vorhanden sind
oder Contractionen der Antagonisten als Bewegungshemmung wirken.
Es kommen aber auch einzelne Fälle vor, bei welchen die Reaction
gegen den Inductionsstrom in Wirklichkeit beträchtlich herabgesetzt
ist. Ich habe dieses Verhalten vorzugsweise nach lange dauernder
vollständiger Bewegungslosigkeit einer Extremität beobachtet und
möchte es in diesen Fällen auf secundäre Atrophie durch Nichtgebrauch beziehen.

Die hysterischen Lähmungen haben, ähnlich wie die Anaesthesien, die Eigenthümlichkeit, dass sie oft plötzlich auftreten und auch
plötzlich wieder verschwinden. Es geschieht dies zuweilen ohne
nachweisbare Ursache. Oft tritt auch die Lähmung nach einem
Krampfanfall ein; besonders häufig ist das Auftreten oder Verschwinden der Lähmungen nach starken psychischen Einwirkungen. Bei
vielen Kranken, welche wegen Lähmung der unteren Extremitäten
Monate oder selbst Jahre lang im Bett gelegen haben, und die dann
gewöhnlich für rückenmarkskrank erklärt wurden, gelingt es durch
passende psychische Behandlung sofort die Fähigkeit zu gehen wiederherzustellen.

Auch bei den hysterischen Lähmungen wird es manchen Aerzten, wenn sie sehen, wie dieselben unter Umständen schnell wechseln können, schwer, den Verdacht der Simulation fallen zu lassen. Derselbe ist in der Mehrzahl der Fälle eben so wenig begründet wie bei der Anaesthesie. — Dass die Ursache der Lähmung nicht in den peripherischen Nerven zu suchen ist, ergibt sich häufig schon aus der Verbreitung derselben; namentlich bei den functionellen Lähmungen ist die centrale Begründung derselben deutlich; und auch in den anderen Fällen ist meist das Verhalten gegen den Inductionsstrom entscheidend. Die hysterischen Lähmungen sind aber auch wesentlich verschieden von den auf centralen Herderkrankungen beruhenden Lähmungen, und namentlich die Möglichkeit des schnellen Auftretens und Verschwindens ist für dieselben charakteristisch. Sie sind zu beziehen auf functionelle Störungen in der Grosshirnrinde, und ich möchte sie insgesammt als psychische Lähmungen unterscheiden.

Psychische Störungen bilden nach unserer Auffassung die eigentliche und wesentliche Grundlage der Hysterie. Auch lässt die eingehendere psychologische Untersuchung in jedem Falle Abnormitäten im Bereiche der Gefühle, Stimmungen und Triebe erkennen. Am auffallendsten ist gewöhnlich die Veränderung der Stimmung; dieselbe ist bei vielen Kranken wechselnd: sie erscheinen launenhaft, leicht erregbar; im Ganzen aber pflegt eine deprimirte Stimmung vorherrschend zu sein. Zugleich besteht ein schweres Krankheitsgefühl, welches sich in den mannigfaltigsten Klagen äussert. Die Kranken leiden in der That schwer unter ihrem Zustande, mögen nun dabei besondere Neuralgien vorhanden sein oder nur das oft noch peinlichere Gefühl des allgemeinen Unbehagens. Da aber diesen Klagen objectiv nachweisbare Krankheitserscheinungen nicht entsprechen, und da sich gewöhnlich auch bald herausstellt, dass der Zustand nicht lebensgefährlich ist, so pflegen allmählich die Angehörigen und nicht selten auch die Aerzte sich immer mehr abgestumpft und unempfindlich zu zeigen und immer deutlicher erkennen zu lassen, dass ihnen die tägliche Wiederholung des gleichen Jammers lästig und langweilig wird; und so können manche Kranke, die das dringende Bedürfniss des Mitgefühls haben, ganz unbewusst dahin kommen, dass sie die Schilderungen ihrer Schmerzen und Leiden immer mehr steigern, bis dieselben zuletzt in lauter Hyperbeln sich bewegen und geradezu ins Masslose gehen. Und wenn dann eine Erscheinung sich einstellt, welche auch der Umgebung imponirt, wie z. B. Lähmung oder Anaesthesie oder Krämpfe oder ein schwerer hysterischer Anfall, so ist damit für die Kranken eine Art Genugthuung verbunden, und sie sind wenigstens nicht geneigt, derselben psychischen Widerstand entgegenzusetzen. Einzelne Kranke können

sogar unbewusst das Auftreten solcher Erscheinungen direct begünstigen, oder das, was an denselben besonders auffallend ist,
stärker hervortreten lassen. Bei ehrgeizigen Naturen kann der Umstand, dass sie dadurch zum Gegenstand des Staunens und der Be-
wunderung in weiten Kreisen werden, in der gleichen Richtung
wirken. Dergleichen Kranke ertragen zuweilen, auch wenn keine
Analgesie besteht, die schmerzhaftesten Einwirkungen ohne jede
Aeusserung des Schmerzes; es kommt vor, dass sie sich selbst schwere
Verletzungen beibringen oder nach irgend einer eingreifenden chirurgischen Operation verlangen. Von diesem psychischen Zustande bis
zu einer mehr oder weniger bewussten Simulation und zum ausgebildeten Betrug ist für einzelne Individuen nur ein allmählicher Uebergang. Wenn die bisherigen Krankheitserscheinungen keine genügende
Wirkung mehr haben, so werden neue und unerwartete Erscheinungen
in Scene gesetzt. Zu den häufiger angewendeten Mitteln zur Erregung von Sensation gehören die absolute Abstinenz von Speise
und Trank, das scheinbare Aufhören aller Urin- oder Stuhlentleerung,
der Abgang von Thieren oder sonstigen auffallenden Dingen mit
dem Stuhl, dem Urin oder dem Auswurf, Blutspeien, Speichelfluss,
künstlich hervorgerufene Exantheme, Hautblutungen, Hautgeschwüre,
die immer wieder in der Heilung gestört werden, Einstechen oder
Verschlucken von Nadeln, die dann später an irgend einer Hautstelle wieder zum Vorschein kommen, scheinbare Selbstmordversuche,
bei denen die Kranken sich zuweilen thatsächlich in Gefahr begeben.
Ferner werden zuweilen hysterische oder epileptische Anfälle simu-
lirt oder auch Zustände von Ekstase, Somnambulismus u. dergl.
— Kranke, welche schon vielfach behandelt wurden, verfahren dabei
oft mit einem erstaunlichen Raffinement, und man muss bei solchen
auf die wunderbarsten Combinationen gefasst sein.

Im Allgemeinen werden die plumperen Arten des Betrugs nur da
ausgeführt, wo die Kranken zu dem Unterscheidungsvermögen der Umgebung kein grosses Zutrauen haben. Einem Arzt gegenüber, den sie
als nicht leicht zu täuschen erkannt haben, unterlassen sie oft jeden
Versuch; und in der Beurtheilung ihrer Umgebung zeigen sie häufig
eine grosse Geschicklichkeit. — Uebrigens ist hier nochmals hervorzuheben, dass die bewusste Simulation und der bewusste Betrug weit seltener vorkommt, als manche Aerzte anzunehmen pflegen, die leicht vergessen, dass es sich um psychisch gestörte Individuen handelt. Dergleichen Kranke können bona fide Angaben machen und Dinge leisten,
die man bei geistig Gesunden mit Recht für bewusste Täuschung erklären würde.

Bei einzelnen Kranken tritt im Bereich der Triebe mehr oder
weniger deutlich noch ein erotisches Moment hinzu: dasselbe ist zu-

weilen nur angedeutet, z. B. darin, dass die Kranken unbewusst in
Gegenwart von Männern sich anders verhalten als in Gegenwart
von Weibern; in den schwereren Fällen kann es sich in weit gröberer
Form äussern, so dass die normale Gefallsucht des weiblichen Geschlechts bis zur widerwärtigen Carricatur verzerrt erscheint.

Bei schweren Fällen von Hysterie zeigen zuweilen auch die
höheren psychischen Functionen eine gewisse Störung. Während
der ausgebildeten hysterischen Anfälle ist oft das Bewusstsein beeinträchtigt, und zwar durchschnittlich in um so höherem Grade, je
heftiger der Anfall ist; so verhält es sich namentlich bei den epileptiformen und tetanischen Krämpfen, den kataleptischen Zuständen,
den als Chorea major bezeichneten coordinirten Krämpfen, der Ekstase und dem Somnambulismus. Die Kranken wissen nach Ablauf
des Anfalls nicht oder nur unvollständig, was während desselben
vorgegangen ist, was sie selbst ausgeführt oder gesprochen haben,
was von der Umgebung gesprochen wurde u. s. w. Aber das Bewusstsein ist nur vermindert, etwa wie im Zustande des Traumes
oder des Hypnotismus; niemals ist es, wie. im ausgebildeten epileptischen Anfall, vollständig aufgehoben. Wenn Hysterische zu Boden
stürzen, so ist dabei keine Gefahr vorhanden: sie fallen so, dass sie
sich nicht verletzen; wenn sie bei den klonischen Krämpfen mit
dem Kopf und den Extremitäten noch so heftig gegen die umgebenden Gegenstände anschlagen, so geschieht dies doch gewöhnlich mit
einer gewissen Vorsicht und Auswahl; auch bei den heftigsten masti-
catorischen Krämpfen wird die Zunge nicht zerbissen. Höchstens
durch Zufall oder Ungeschicklichkeit kann einmal eine Verletzung
vorkommen. Auch sind die Kranken, selbst im scheinbar bewusstlosen Zustande, psychischen Einwirkungen keineswegs unzugänglich.
Der Arzt, welcher für die Kranken eine ausreichende Autorität ist,
kann während des Anfalls durch Suggestion denselben leiten, namentlich wenn er etwa einem grösseren Auditorium den Fall demonstrirt;
er kann z. B., indem er in demonstrativer Weise das Ausbrechen
von Krämpfen in einem Körpertheil constatirt, dieselben wirklich
hervorrufen und dabei selbst die Art der Bewegungen bestimmen
und abändern. Wenn er so durch Leitung und eventuell durch
Steigerung des Anfalls den Kranken in seine Gewalt bekommen hat,
so kann er ebenso mit Sicherheit durch die Suggestion, dass jetzt
der Anfall zu Ende sei, oder auch durch irgend eine plötzliche unerwartete Einwirkung den Anfall abschneiden. — Manche Anfälle
bestehen nur in psychischen Störungen. Dahin gehören die Zustände
von religiöser Verzückung oder anderweitiger Ekstase, die bis zu

maniakalischen Anfällen mit lebhaften Hallucinationen und Delirien
sich steigern können, ferner die Zustände von Somnambulismus oder
Hypnotismus, bei denen das Bewusstsein stark abgeschwächt ist und
die Kranken in einem traumhaften Zustande sich befinden, dabei
aber noch im Stande sind, zu sprechen, zu gehen oder selbst noch
mit grosser Geschicklichkeit manche complicirte Verrichtungen auszuführen.

Im Uebrigen zeigt sich bei den schweren Fällen gewöhnlich
auf die Dauer eine allmähliche Abnahme der höheren psychischen
Functionen. Das Wahrnehmen und Denken wird auf immer kleineres
Gebiet eingeschränkt, indem der Kreis der Interessen sich immer
mehr um die eigene Persönlichkeit zusammenzieht. Das Wollen
wird schwach und unzulänglich: jeder Entschluss kostet die grösste
Anstrengung, jedes Beginnen wird schon in den ersten Anfängen
wieder aufgegeben; endlich werden gar keine Entschlüsse mehr gefasst oder ausgeführt (Abulie). Manche Kranke verlieren sogar den
Wunsch und das Streben, aus ihrem elenden Zustande herauszukommen. In anderen Fällen kann aber auch der Wille durch einseitige Richtung zum starren Eigensinn werden.

Bei einzelnen Kranken geht die Hysterie in wirkliche Geisteskrankheit über (hysterisches Irresein), und zwar erfolgt der Uebergang gewöhnlich ohne scharfe Grenze. Die Hallucinationen und
Delirien, wie sie während der Anfälle vorkommen, dauern auch
ausserhalb derselben fort; häufig bilden sich Wahnvorstellungen;
oder es bestehen Zwangsvorstellungen und abnorme Triebe, die zeitweise so mächtig werden, dass sie nicht mehr durch Ueberlegung
und Willen beherrscht werden können, sondern die Kranken zu ver-
kehrten Handlungen fortreissen. — Besonders häufig äussert sich das
hysterische Irresein in der Form der Melancholie. Die Kranken
befinden sich in einem Zustande tiefer geistiger Depression, fühlen
sich schwer unglücklich, sehen ihren körperlichen oder geistigen
Zustand oder ihre äussere Lage als verzweifelt an und können unter
Umständen zum Selbstmord getrieben werden. Dabei werden anderweitige Wahnvorstellungen und auffallendere Störungen des Urtheils
zuweilen gänzlich vermisst. In anderen Fällen bilden sich Wahnvorstellungen aus mit dem Charakter des Verfolgungswahns, mit
erotischem oder religiösem Inhalt u. s. w. Weniger häufig sind die
Zustände von Exaltation, wie sie sich als Wahnsinn oder als primäre Verrücktheit darstellen.

Eine Wahnvorstellung, die bei Hysterischen wie bei Geisteskranken
in früheren Zeiten weit häufiger vorkam als in der Gegenwart, ist die

Vorstellung des Besessenseins. Die Kranken glaubten den Teufel oder irgend einen anderen bösen Geist in sich zu haben; während der Anfälle sprachen oder handelten sie in dessen Person. Durch die Hexenprozesse hatte dieser Wahn eine officielle Beglaubigung erhalten. Gegenwärtig findet man diese Art der Wahnvorstellungen noch häufig in einzelnen Gegenden, wo sie durch den bestehenden Volksaberglauben begünstigt wird. Das relativ häufige Vorkommen in Württemberg ist wohl zum Theil einzelnen hervorragenden Persönlichkeiten zuzuschreiben, welche durch persönliche Einwirkung und durch literarische Production diesem Aberglauben Vorschub leisteten (Justinus Kerner in Weinsberg, gest. 1862, Pfarrer Blumhardt in Boll, gest. 1880). Nicht alle mit dem Wahn des Besessenseins Behaftete sind geisteskrank im engeren Sinne: bei manchen Individuen entspricht der Wahn durchaus ihrer sonstigen Weltanschauung, und es handelt sich nur um einen Irrthum, um eine falsche Deutung der bei ihnen vorhandenen hysterischen Erscheinungen. In einem sehr ausgebildeten Falle, den ich behandelte, wurde nach Unterdrückung der hysterischen Anfälle der Irrthum als solcher erkannt, und es erfolgte vollständige Heilung.

Die Diagnose der Hysterie, welche meist für den mit den gewöhnlichen Erscheinungen der Krankheit vertrauten Arzt leicht ist, kann in besonderen Fällen ernstliche Schwierigkeiten darbieten. In praxi kommt es nicht selten vor, dass die Krankheit lange Zeit für ein organisches Gehirn- oder Rückenmarksleiden gehalten wird; und auch für den geübten Beobachter kann in einzelnen Fällen zur sicheren Unterscheidung eine längere Beobachtung nöthig sein. Bei den Lähmungen ist z. B. für Hysterie charakteristisch der zuweilen vorhandene Wechsel der Erscheinungen, ferner in manchen Fällen der Umstand, dass es sich wesentlich um Functionslähmung handelt; endlich ist dabei das psychische und das gesammte übrige Verhalten der Kranken zu berücksichtigen. Anderseits würden Lähmungen von der gewöhnlichen Ausbreitung und dem sonstigen Verhalten der von Herderkrankungen abhängigen Lähmungen gegen Hysterie sprechen, so namentlich die Betheiligung des Facialis und des Hypoglossus, die bei Hysterie fast niemals vorkommt. Die Aufhebung der Reaction gegen den Inductionsstrom würde in der Regel die Lähmung als peripherische erkennen lassen mit Ausnahme etwa derjenigen Fälle, bei welchen eine vollständige Unthätigkeit der Muskeln bereits sehr lange Zeit bestanden hat. Auch spontan auftretende schwere Ernährungsstörungen in den gelähmten Theilen würden gegen die Annahme einer hysterischen Lähmung sprechen. In zweifelhaften Fällen kann oft durch den weiteren Verlauf und im Falle der Hysterie auch durch den Erfolg passender therapeutischer Einwirkungen die Diagnose sichergestellt werden. — Für die Unterscheidung der hysterischen Krampfanfälle von epileptischen Anfällen ist massgebend das Verhalten des Bewusstseins, und die Diagnose beruht im Wesentlichen darauf, dass man sich über dieses Verhalten in passender Weise Aufschluss verschafft (S. 365). Gewöhnlich ist die Unterscheidung, wenn man Gelegenheit hat die Anfälle zu beobachten, ohne erhebliche Schwierigkeit; nur bei gewissen unvollständigen epileptischen Anfällen kann eine wiederholte Beobachtung und die sorgfältige Berücksichtigung des übrigen Verhaltens des Kranken erforderlich sein.

In einzelnen Fällen kommen auch Complicationen vor von Hysterie mit anderweitigen Krankheiten des Nervensystems. Es können z. B. hysterische Individuen gleichzeitig an Epilepsie leiden; und es kann geschehen, dass bei Kranken, bei welchen einzelne Anfälle oder anderweitige Krankheitserscheinungen mit Sicherheit als hysterische erkannt wurden, zeitweise auch wirkliche epileptische Anfälle auftreten. Der vielfach angewendete Ausdruck „Hysteroepilepsie" ist insofern nicht unbedenklich, als sich hinter denselben häufig die unklaren und nachlässigen Diagnosen verstecken. Wo beide Krankheiten in Complication vorhanden sind, soll man jede für sich diagnosticiren und jede für sich behandeln. Ebenso kann neben Hysterie gleichzeitig eine organische Erkrankung des Gehirns oder des Rückenmarks vorhanden sein; und auch Complicationen der Hysterie mit Chorea, mit Hypochondrie oder mit Geisteskrankheiten im engeren Sinne kommen vor.

Die Prognose ist bei der Hysterie günstiger als bei den meisten anderen Störungen der psychischen Functionen. Durch eine einsichtige Behandlung kann in den meisten Fällen eine wesentliche Besserung und in vielen Fällen vollständige Heilung erzielt werden.

Manche Aerzte sind der Meinung, die Hysterie sei gar nicht oder nur in seltenen Fällen vollständig heilbar. Freilich ist es richtig, dass Individuen, welche auf Grund neuropathischer Anlage hysterisch geworden sind, auch nach Beseitigung der Hysterie nicht etwa gänzlich umgewandelt sind, sondern gewöhnlich noch mehr oder weniger deutlich diese ursprüngliche Anlage erkennen lassen; auch bedürfen manche noch während längerer Zeit der ärztlichen Aufsicht und einer vorsichtigen Regelung der Lebensweise. Im Uebrigen aber ist vollständige Heilung keineswegs selten. In der Tübinger Klinik, wo schon seit Niemeyer's Zeiten und neuerlichst in vermehrtem Masse zahlreiche Fälle von Hysterie zusammenströmen, werden in der weit überwiegenden Mehrzahl der Fälle verhältnissmässig günstige Resultate erreicht. Zahlreiche Kranke sind aus traurigen Zuständen, aus schwerster Abhängigkeit, zum Theil aus jahrelanger Bettlägerigkeit, wieder zu befriedigender Leistungsfähigkeit und zu einer selbständigen Existenz zurückgeführt worden. Darunter sind auch Männer, die, an der Krankheit leidend, sich selbst und ihrer Umgebung zur Last und zu jeder nützlichen Thätigkeit unfähig waren; manche der letzteren sind jetzt glückliche Familienväter, stehen in Amt und Würden und üben eine ausgedehnte und segensreiche Wirksamkeit aus.

Die Prognose ist im Allgemeinen um so günstiger, je frischer die Krankheit und je jünger das Individuum ist. Bei Kranken, welche schon seit Jahrzehnten von zahlreichen verschiedenen Aerzten behandelt worden sind, ist oft alle Mühe vergebens. Bei den Fällen mit besonders schweren und auffallenden Erscheinungen ist die Prognose durchschnittlich keineswegs ungünstiger als bei den weniger ausgebildeten Fällen. Es ist im Gegentheil oft erwünscht, wenn recht auffallende Anfälle oder sonstige schwere Erscheinungen eine erste Handhabe für ein therapeutisches Einschreiten geben; wenn die Beseitigung derselben, oft zur grossen Ueberraschung der Kranken, gelungen ist, so ist damit das unbedingte Vertrauen der Kranken gewonnen und für weitere therapeutische Einwirkungen der Boden bereitet. — Von einiger Bedeutung ist auch das Mass der bei dem Kranken vorhandenen geistigen Anlagen und Fähigkeiten. Wo diese ursprünglich beschränkt, oder wo sie wenig ausgebildet sind, da sind die Aussichten wesentlich ungünstiger. Je mehr guter und gesunder geistiger Fonds noch vorhanden ist, desto eher kann man hoffen, dass es gelingen werde, diesem gewissermassen das Uebergewicht über die krankhaft gestörten Functionen zu verschaffen. Wo dagegen die geistigen Anlagen ursprünglich beschränkt, oder wo sie wenig ausgebildet sind, da sind die Aussichten ungünstiger; es gibt Kranke, von denen man sagen kann, dass sie zu dumm sind, um mit Erfolg behandelt zu werden.

Das Leben wird durch die Hysterie an sich kaum jemals ernstlich bedroht. Doch ist es nicht geradezu unmöglich, dass ausnahmsweise bei besonders schweren Anfällen in Folge einer Combination unglücklicher Umstände einmal der Tod durch Glottiskrampf oder durch Herzlähmung oder Gehirnlähmung eintrete; es sind schon vereinzelte Fälle beobachtet worden, welche eine solche Deutung zuzulassen scheinen. Auch ist es schon vorgekommen, dass Selbstmordversuche, welche vielleicht nicht einmal ernst gemeint waren, oder dass Selbstverstümmelungen in ihren Folgen den Tod herbeiführten. Endlich können auch etwaige schwere Complicationen lebensgefährlich werden, und unter Umständen kann das Auftreten solcher durch gewisse hysterische Zustände begünstigt werden.

Therapie.

Die Behandlung der Hysterie kann nur dann auf bedeutende Erfolge rechnen, wenn sie von dem Gesichtspunkt ausgeht, dass die Krankheit im Wesentlichen eine Störung der psychischen Functionen darstellt, und dass deshalb auch die Behandlung in der Hauptsache in psychischen Einwirkungen bestehen muss. Vorher oder daneben aber ist in jedem einzelnen Falle sorgfältig zu untersuchen, welche anderweitigen Indicationen etwa aus dem Zustande des Kranken sich ergeben.

Zuweilen kann die Indicatio causalis von Bedeutung sein. Wo anatomische oder functionelle Störungen im Gebiete der Sexualorgane vorhanden sind, denen man mit Grund eine Bedeutung für die Entstehung der Krankheit zuschreiben kann, da sind diese mit den entsprechenden Mitteln zu behandeln.

Die mannigfaltigen Indicationen zu erörtern, welche aus etwaigen Krankheiten der Genitalien sich ergeben, überlassen wir der Gynaekologie. Unter denselben wird zuweilen auch die Indication für einen mehr oder weniger bedeutenden operativen Eingriff vorkommen. Wenn man aber gemeint hat, derartige Operationen, auch wo sie durch örtliche Erkrankungen der Genitalien an sich nicht indicirt sein würden, blos wegen der vorhandenen Hysterie vornehmen zu sollen und davon eine Heilung der Hysterie sich versprechen zu können, so erscheint dies als eine Verirrung, die nur aus einem vollständigen Verkennen des Wesens der Krankheit hervorgehen konnte. Die Castration, die Abtragung der Clitoris und ähnliche Operationen sind, wo sie nicht etwa durch die Localerkrankungen gefordert werden, entschieden zu verwerfen. Die psychische Einwirkung, durch welche dieselben vielleicht zuweilen nützen können, wird der verständige Arzt auch mit weniger eingreifenden Mitteln auszuüben verstehen. Unbedeutende Operationen, wie Aetzung der Clitoris, Blutentziehungen aus der Vaginalportion u. dergl. mögen, auch wenn sie nicht durch die Localerkrankung direct gefordert werden, in einzelnen Fällen zulässig sein, wenn man hoffen kann, dadurch einen heilsamen psychischen Eindruck zu machen, den man auf andere Weise nicht auszuüben weiss. Gewöhnlich wird man alle derartigen Eingriffe entbehren können. Ich habe wiederholt Kranke zur Behandlung bekommen, bei welchen nur wegen Hysterie die Ovariotomie gemacht worden war, und die sich nachher eben so schlecht befanden wie vorher, bei denen aber durch eine zweckmässige psychische Behandlung noch Besserung oder selbst Heilung erreicht wurde.

Eine der wichtigsten Indicationen ergibt sich in zahlreichen Fällen aus dem Vorhandensein von Anomalien der Ernährung oder der Constitution. Wo Chlorose oder Anaemie oder allgemeine Atrophie besteht, da ist die Besserung dieser Zustände gewöhnlich die Vorbedingung für jeden dauernden Erfolg, und es muss oft zunächst die ganze Behandlung auf die Erfüllung dieser Aufgabe concentrirt werden. Mit der Besserung des Ernährungszustandes und der Zunahme des Körpergewichts wird bei vielen Kranken auch die psychische Resistenzfähigkeit wesentlich gesteigert, so dass die vorhandenen hysterischen Erscheinungen allmählich zurücktreten oder sogar

ganz verschwinden können. Anderseits kann es bei übermässig fettleibigen Individuen zweckmässig sein, zunächst eine Verminderung
des Fettreichthums anzustreben. Eine vorhandene Dyspepsie, eine
Neigung zu Stuhlverstopfung gibt in anderen Fällen Indicationen,
welche nicht vernachlässigt werden dürfen.

Auch ein sogenanntes metasynkritisches oder alterirendes Verfahren (S. 63), welches zunächst darauf ausgeht, das Stoffwechsel-
gleichgewicht wesentlich zu stören, damit dasselbe nachher auf einer
anderen und wo möglich besseren Basis sich wieder aufbaue, kann
neben passender psychischer Behandlung in vielen Fällen zweckmässig sein. So können mancherlei Trink- und Badecuren, Aufenthalt im Hochgebirge oder an der See, methodische Gewöhnung an
grosse Spaziergänge und Fusstouren, Kaltwassercuren, die länger
fortgesetzte Anwendung von Abführmitteln u. s. w. in den dafür geeigneten Fällen eine günstige Wirkung haben. In der Tübinger
Klinik werden bei vielen Kranken durch die systematische Anwendung kalter Bäder sehr gute Erfolge erreicht. Dabei wird alle Tage
um die gleiche Stunde ein Wannenbad von 15^0 R. und 15 Minuten Dauer
genommen. In den meisten Fällen wird anfangs mit einer höheren
Temperatur gebadet, etwa mit 22^0 oder selbst 26^0 R., und es wird
dann jeden Tag die Temperatur des Bades um 1 oder $1/2$ oder $1/4$ Grad
niedriger genommen, bis endlich 15^0 R. erreicht ist. Mit welcher
Temperatur begonnen, und wie schnell herabgegangen werden soll,
richtet sich nach der Individualität des Kranken und wird vorher
mit demselben vereinbart; an dem, was dabei festgesetzt wurde,
darf dann später Nichts mehr geändert werden. Diese Bäder von
15^0 R. und 15 Minuten Dauer werden Monate und unter Umständen
selbst Jahre lang fortgesetzt. Es kommt vor, dass Kranke noch kälter
zu baden wünschen; es wird dies unbedenklich gestattet; aber dann
wird meist die Dauer des Bades entsprechend abgekürzt, so dass
z. B. ein Bad von 12^0 R. nur 12 Minuten, ein Bad von 10^0 R. nur
10 Minuten dauert. Unmittelbar nach dem Bade muss der Kranke
sich so lange lebhaft bewegen, entweder in freier Luft oder bei
schlechter Witterung in den Corridoren oder Verandahs, bis er sich
innerlich und äusserlich wieder warm fühlt. Dergleichen Bäder sind
natürlich nur anwendbar bei Kranken, welche sich in leidlich gutem
Ernährungszustande befinden; wo ein solcher nicht vorhanden ist,
muss er vorher hergestellt werden. Unter besonderen Umständen
werden auch weniger eingreifende hydrotherapeutische Proceduren,
wie Halbbäder, Regendouchen, kalte Abwaschungen, Einwickelungen
u. dgl. angewendet.

Der Erfolg dieser Bäder ist gewiss zum Theil auf die metasynkritische Wirkung derselben zurückzuführen: die enorme Steigerung der
Oxydationsprozesse, welche durch das kalte Bad herbeigeführt wird, gibt
einen energischen Anstoss zur Aenderung des Stoffwechselgleichgewichts;
auch wird der Kranke in jeder Beziehung widerstandsfähiger. Zum
Theil kommt aber dabei auch die psychische Wirkung in Betracht:
Kranke, welche täglich freiwillig einer derartigen Procedur sich unter-
werfen, erlangen dadurch eine Gewöhnung der Selbstbeherrschung, die
ihnen auch in Bezug auf andere Verhältnisse zu Statten kommt. In
dieser Beziehung sind selbst manche Nebenumstände bei der Anwendung
nicht ganz ohne Bedeutung. So z. B. findet, wenn die Sache einmal
im Gange ist, eine Controle der Kranken bei den einzelnen Bädern nicht
mehr statt; die Kranken selbst haben für die richtige Temperatur und
die richtige Dauer der Bäder zu sorgen; und sie thun dies thatsächlich
mit grösster Pünktlichkeit. Sie werden dazu angehalten, die Uhr so
anzubringen, dass sie dieselbe während des Liegens im Bade bequem
beobachten können. Auch solche an sich geringfügige Anordnungen können
dazu beitragen die Gewöhnung der Selbstcontrole zu befördern. — Selbst
nach vollendeter Heilung lasse ich manche Kranke diese Bäder oder
ähnliche Proceduren, wie z. B. eine kalte Regendouche morgens beim
Aufstehen, noch Jahre lang anwenden.

Der wichtigste und zugleich schwierigste Theil der Therapie
ist die psychische Behandlung.

Wenn der Arzt von der Voraussetzung ausgeht, dass es bei der
Hysterie sich um eine psychische Störung handelt und zwar zunächst
hauptsächlich um eine Störung der niederen psychischen Functionen,
der Gefühle, Stimmungen und Triebe, und dass diese Krankheit
eben so reell ist wie die Geisteskrankheiten im engeren Sinne, so
wird dadurch seine Stellung gegenüber dem Kranken eine verhältnissmässig günstige, sowohl in Bezug auf die Beurtheilung der Krankheit und ihrer Erscheinungen, als auch in Bezug auf die Behandlung.
Er wird dann sich nicht verleiten lassen, jeden von den Kranken
localisirten Schmerz auf eine Erkrankung der betreffenden Localität
zu beziehen und local zu behandeln; aber er wird eben so wenig
die mannigfachen Klagen der Kranken für unbegründet halten und
sie für Einbildung erklären. Er wird verstehen, dass die Anaesthesien, Krämpfe und Lähmungen unter Umständen schnell auftreten
oder schnell verschwinden können, ohne dass deshalb irgendwie an
bewusste Simulation zu denken wäre. Er wird auch die moralischen
Schwächen und Verirrungen der Kranken nicht etwa bloss aus bösem
Willen ableiten und verurtheilen, sondern er wird berücksichtigen,
dass auch diese Erscheinungen im Wesen der Krankheit begründet
sind. Wenn es ihm dann neben dieser Erkenntniss voller Ernst ist
mit dem Bestreben, den Zustand der Kranken zu verbessern, so wird

er meist bald dahin gelangen, das vollständige Vertrauen derselben zu gewinnen; und dann kann er auch auf ihre unbedingte Folgsamkeit rechnen. Für eine erfolgreiche Behandlung ist ferner erforderlich, dass der Arzt im Stande sei, eine ausreichende psychologische Analyse des einzelnen Kranken vorzunehmen und sich einigermassen in dessen Gemüths- und Geisteszustand hineinzudenken. Etwas Menschenkenntniss, einiges Geschick im Umgange mit Menschen und ein grosses Mass von Gemüthsruhe und Geduld sind nothwendige Erfordernisse für denjenigen, welcher Hysterische mit Erfolg behandeln will.

Die einzelnen Mittel, welche zur psychischen Einwirkung auf die Kranken zu Gebote stehen, sind höchst mannigfaltig. Dabei ist immer zu berücksichtigen, dass nicht jedes Mittel, welches eine intensive psychische Wirkung hat, deshalb auch ein heilsames ist. Ein plötzlicher Schreck oder Furcht oder eine schwere Sorge, welche die Kranken zur Aufbietung aller Kräfte zwingt, können zwar, wie einzelne Beispiele zeigen, zuweilen momentan eine günstige Wirkung haben; viel häufiger aber kommt es vor, dass dergleichen deprimirende Affecte ungünstig einwirken. Weit eher würden Freude und Hoffnung eine günstige Einwirkung haben können; leider steht es meist nicht in der Macht des Arztes, dergleichen Affecte willkürlich zu erregen. — Unter den Mitteln, welche eine starke psychische Wirkung ausüben, ist ferner der Hypnotismus zu nennen, der auch schon vielfach bei der Behandlung hysterischer Zustände versucht worden ist. In besonderen Fällen mag dadurch zuweilen ein günstiger Einfluss ausgeübt werden; aber ich kann vorläufig doch noch nicht die Meinung aufgeben, dass es leichter sei, durch die Anwendung des Hypnotismus Gesunde hysterisch zu machen, als Hysterische gesund. — In welcher Weise unter den Mitteln, welche für die psychische Behandlung zur Verfügung stehen, die Auswahl zu treffen sei, muss im Wesentlichen dem Urtheil und dem Tacte des Arztes überlassen werden, der dabei nach der Individualität des Einzelfalles und nach den augenblicklich vorhandenen Umständen sich zu richten hat. Allgemein gültige Regeln sind darüber nicht wohl zu geben. Wir müssen uns hier auf die Anführung von Beispielen beschränken.

In prophylaktischer Hinsicht kann Vieles geleistet werden durch eine zweckmässige Erziehung, welche sich die Aufgabe stellt, schon früh das Individuum an Selbstbeherrschung zu gewöhnen, namentlich gegenüber etwaigen launenhaften Verstimmungen und anderen pathologischen Anwandlungen im Gebiete der niederen psychischen Functionen, ferner das Bewusstsein einer Lebensaufgabe und vor Allem das Pflichtgefühl zu erwecken und zu stärken. Die Schule, auf deren gesundheitsschädliche Einwirkungen neuerlichst so häufig und gewiss mit Recht hingewiesen wird, hat wenigstens insofern unzweifelhaft einen günstigen Einfluss, als sie mit ihrer uniformen Disciplin der in unserer Zeit sonst so sehr begünstigten Ausbildung des Individualismus und Egoismus entgegenwirkt und ein Pflichtbewusstsein erweckt und eingewöhnt. Beim Manne ist vor Allem die militärische Schule ein Schutzmittel gegen hysterische Anwandlungen.

Auch bei ausgebildeter Krankheit ist durch Erziehung oft noch Vieles zu erreichen. Für viele Kranke ist schon die Beaufsichtigung eines Arztes, welcher die Krankheitserscheinungen richtig beurtheilt, von heilsamer Wirkung. Es kommt häufig vor, dass einzelne Erscheinungen von selbst verschwinden, wenn dem Kranken klar wird, dass dieselben keine besondere Bedeutung haben. In der Luft des Krankenhauses gedeihen manche Krankheitserscheinungen nicht, welche ausserhalb desselben üppig wucherten. Auch die klinische Vorstellung und die rückhaltlose wissenschaftliche Analyse des vorhandenen Krankheitszustandes hat bei vielen Kranken einen günstigen Einfluss. Und da im Allgemeinen jede Uebereilung nachtheilig wirkt, so ist es in vielen Fällen zweckmässig, zunächst während einiger Zeit ein exspectatives Verfahren einzuhalten, wobei die Kranken nur einfach beobachtet, aber zugleich in einer für sie unmerklichen Weise psychisch beeinflusst und erzogen werden. Selbst bei Kranken, welche bereits zu so vollständiger Resignation gelangt sind, dass sie mit ihrer Krankheit wie mit einem unabänderlich gegebenen Factor rechnen, und dass ihnen die Aussicht auf Besserung und Genesung zunächst nur eine unbequeme Störung des erlangten psychischen Gleichgewichts sein würde, können in Folge der längeren Einwirkung einer solchen exspectativen Behandlung allmählich wieder Wünsche und Bestrebungen erweckt werden, durch welche sie später zu opferwilliger Anstrengung fähig werden.

Die auffallenderen Krankheitserscheinungen bedürfen in der Regel einer besonderen Behandlung; und das Vorhandensein derselben ist oft insofern günstig, als sie für die Therapie eine bestimmte Handhabe bieten, von welcher aus dann die weitere Einwirkung stattfinden kann.

Die ausgebildeten hysterischen Anfälle sind gewöhnlich nicht schwer zu unterdrücken. Zuweilen ist es zweckmässig, zunächst in der früher angegebenen Weise (S. 401) durch demonstrative Einwirkung den Anfall zu leiten oder selbst eventuell zu steigern, um ihn dann durch einen Machtspruch oder durch irgend eine plötzliche Ein-

wirkung zu unterdrücken. Aber auch ohne solche Vorbereitung gelingt es gewöhnlich, durch einen überraschenden Eingriff den Anfall
abzuschneiden. Die Wahl des Mittels im einzelnen Falle kann man
dabei von den äusseren Umständen abhängig machen. Zuweilen ist
ein Glas Wasser, unvermuthet in das Gesicht gegossen, ausreichend.
In anderen Fällen muss diese Procedur schnell nach einander häufig
wiederholt werden, und man muss damit so lange fortfahren, bis
jede Andeutung des Anfalls verschwunden ist, unbekümmert darum,
ob der Kranke und das Bett in Wasser schwimmt. Oder es kann
der Inductionsstrom angewendet werden, indem man die Elektroden
z. B. auf die beiden Plexus brachiales oberhalb des Schlüsselbeins
aufsetzt, oder je nach Umständen auf die Fusssohlen, die Kniekehlen
oder beliebige andere Stellen; indem man zeitweise die Stellung der
Elektroden auf der Haut etwas abändert, wird die allmähliche Abschwächung der sensiblen Wirkung verhindert. Der Strom muss so
lange gesteigert werden, bis der Anfall vollständig beseitigt ist.
Ueberhaupt ist es wichtig, dass man mit dem gerade gewählten
Mittel fortfährt bis zur vollen Wirkung und nicht etwa, wenn das
eine Mittel nicht sofort Erfolg hat, zu einem anderen greift. In
manchen Fällen, bei welchen die Krankheit noch nicht zu lange
gedauert hat, genügt das einmalige Abschneiden des Anfalls, um
seine Wiederkehr für alle Zukunft zu verhindern; in anderen Fällen
bleiben die Anfälle erst aus, nachdem sie wiederholt unterdrückt
worden sind; und in solchen Fällen kann es zweckmässig sein, die
Kranken darauf einzuüben, dass sie allmählich auch selbständig
ohne Beihülfe einer äusseren Einwirkung den beginnenden Anfall
unterdrücken lernen.

Auch die Krämpfe, welche auf einzelne Muskelgebiete beschränkt
sind, weichen gewöhnlich einer passenden psychischen Behandlung.
Jede stärkere Einwirkung, von welcher dem Kranken die Ueberzeugung beigebracht wurde, dass dadurch die Krämpfe unterdrückt
werden, hat gewöhnlich auch thatsächlich diese Wirkung. Man
kann zu diesem Zweck den Druck auf den betreffenden motorischen
oder auf einen benachbarten sensiblen Nerven wählen oder auch den
Inductionsstrom oder irgend eine andere dem Kranken imponirende
Einwirkung. Im Anfange verlangt man nur eine zeitweise Unterbrechung des Krampfes; später müssen die Pausen immer länger
werden; endlich muss der Krampf dauernd aufhören, und der Kranke
muss auch lernen, denselben durch eigene Willensthätigkeit zu verhindern. Bei manchen localisirten Krämpfen und unter anderen auch
bei der Hyperemesis hysterica zeigt sich häufig die Anwendung von

grossen trockenen Schröpfköpfen wirksam: in ein Trinkglas wird
ein Stück Fliesspapier gelegt, welches stark mit Weingeist getränkt
ist; der Weingeist wird angezündet und, während er brennt, wird
das Glas mit der offenen Mündung auf die Haut des Epigastrium
oder eine andere entsprechende Hautstelle aufgesetzt.

Eine Andeutung des Verständnisses für die Wirkung psychischer
Mittel bei hysterischen Krämpfen wird gegeben, wenn man sich an die
populäre Behandlung des Singultus (S. 144) bei Gesunden erinnert. Während der davon Betroffene nicht im Stande ist, durch Willensanstrengung
den Krampf zu unterdrücken, genügt bekanntlich jede stärkere psychische Einwirkung, ein gelinder Schreck, eine plötzliche Fesselung der Aufmerksamkeit, bei Kindern eine unerwartete leichte Ohrfeige, um denselben zu beseitigen.

Die hysterischen Lähmungen verlangen je nach ihrem Charakter
eine verschiedene Behandlung. Bei denjenigen Lähmungen, welche
wir als Functionslähmungen bezeichnet haben (S. 91), kann unter
Umständen, wenn der Arzt bereits die erforderliche Autorität und
das unbedingte Vertrauen des Kranken besitzt, ein einfacher Befehl
oder Machtspruch genügen, um die bisher unmögliche Function möglich zu machen, z. B. einen Kranken, der seit Monaten oder Jahren
nicht stehen oder gehen konnte, dazu zu bringen, anfangs vielleicht
mit leichter Unterstützung, durch das Zimmer zu gehen. Indem man
dann methodisch von Tag zu Tag die Anforderungen steigert, lernen
solche Kranke allmählich immer weitere Strecken zurücklegen und
werden oft schliesslich recht gute Fussgänger. Von einem solchen
Machtspruch ist namentlich in denjenigen Fällen Effect zu erwarten,
in welchen die Kranken seit langer Zeit geglaubt haben, an irgend
einer ernsthaften Organerkrankung zu leiden, und der Arzt in der Lage
war, bei sorgfältiger Untersuchung, je nach den Verhältnissen unter Zu-
ziehung eines anerkannten Specialisten, das Nichtvorhandensein einer
solchen mit Sicherheit zu constatiren. In manchen Fällen ist es
auch zweckmässig, bei dem ersten Versuche das ärztliche Macht-
wort noch durch eine anderweitige Einwirkung, z. B. durch die Anwendung eines Inductionsstroms von imponirender Stärke zu unterstützen. Hysterische Stimmbandlähmungen werden gewöhnlich durch
die erste Anwendung des Inductionsstromes beseitigt, und zwar in
manchen Fällen auf die Dauer; in anderen Fällen muss bei jeder
Wiederkehr der Aphonie der Inductionsstrom von Neuem angewendet
werden, bis endlich die Kranken gelernt haben durch eigene Willensanstrengung die Lähmung zu überwinden. Methodische Uebungen,
z. B. die Gewöhnung an lautes Zählen oder Vorlesen, ferner Uebungen im Singen, können zur Befestigung der Heilung dienen. Bei

manchen Fällen von Lähmungen kann es rathsam sein, bevor man die entscheidende Einwirkung vornimmt, die Kranken einige Zeit unter der Einwirkung der einfach exspectativen Behandlung zu halten. Schwieriger ist die Behandlung derjenigen Lähmungen, bei welchen die Muskeln in keiner Weise mehr durch den Willen zur Contraction gebracht werden können; und besonders langwierig ist sie dann, wenn die Muskeln und Nerven durch langen Nichtgebrauch bereits bedeutende Ernährungsstörungen erlitten haben und namentlich die Reaction auf den Inductionsstrom merklich abgenommen hat. Aber auch in solchen Fällen lässt die lange fortgesetzte Anwendung des Inductionsstroms und des constanten Stroms neben passender anderweitiger Behandlung meist vollständige Wiederherstellung erreichen.

In ähnlicher Weise wie die Lähmungen sind die hysterischen Anaesthesien zu behandeln, die ebenfalls psychischen Ursprungs sind. Ich habe bei denselben auch mit Erfolg die Metallotherapie angewendet, aber mich nicht überzeugen können, dass dieselbe eine andere als psychische Wirkung ausübt. Auch hat gewöhnlich die Anwendung eines Inductionsstroms von genügender Stärke weit schneller dauernden Erfolg gehabt.

Die mannigfaltigen und oft äusserst quälenden Beschwerden der Kranken, welche zur Hyperaesthesie im weitesten Sinne gerechnet werden können, bedürfen in der Regel keiner besonderen localen Behandlung. Im Gegentheil: der Arzt, welcher für jedes Symptom ein besonderes Mittel in Bereitschaft hat, wird sicher in der Hauptsache Nichts erreichen. So sehr man den Kranken gegenüber ihre Leiden anerkennt, muss man ihnen doch klar zu machen suchen, dass dieselben nicht gefährlich sind, und dass sie in Geduld ertragen werden müssen; man kann ihnen aber auch versprochen, dass mit der Besserung des übrigen Zustandes alle diese Schmerzen und Beschwerden allmählich erträglicher werden. Vor Allem darf die anderweitig vorgeschriebene Behandlung nicht wegen der dabei etwa auftretenden Schmerzen unterbrochen werden. Nur in besonderen Fällen, wenn Neuralgien in bestimmten Nervengebieten stationär bestehen, können diese eine locale Behandlung (S. 60) und namentlich die Anwendung des Inductionsstroms oder des constanten Stroms erfordern.

Von grosser Bedeutung ist es, den Kranken im Verlaufe der Behandlung allmählich die Ueberzeugung beizubringen, dass alle dauernde Besserung ihres Zustandes in der Hauptsache durch ihre eigene Willensthätigkeit herbeigeführt werden muss, dass der Arzt nicht im Stande ist Wunder zu thun, sondern dass er nur vermag, den Kranken einigermassen den Weg anzudeuten, auf welchem sie durch eigene Anstrengung zur Besserung gelangen können. Dabei ist es möglich und sogar wünschenswerth, gegenüber den Kranken in der Regel den leichten Ton des gewöhnlichen Verkehrs aufrecht zu erhalten; nur ist selbstverständlich jede Andeutung von Frivolität zu vermeiden, und der Arzt muss es auch verstehen, zur rechten Zeit den vollen Ernst hervortreten zu lassen. Bei einzelnen Kranken kommt einmal im Laufe der Behandlung ein Zeitpunkt, wo es nöthig ist, gewissermassen auf psychischem Wege Gewalt anzuwenden, z. B. eine Art Ultimatum zu stellen, indem man den Kranken erklärt, dass man nicht länger Lust habe, sich mit ihnen Mühe zu geben, während sie selbst es an der erforderlichen Anstrengung fehlen lassen, und dass man, wenn nicht bestimmte Leistungen von ihrer Seite jetzt endlich wirklich erfolgen, sich mit ihrer Behandlung nicht länger befassen könne. In der Regel verläuft eine solche Krisis, wenn sie zur rechten Zeit eingeleitet wurde, günstig, indem die Kranken vermittelst einer verzweifelten Anstrengung über ein psychisches Hemmniss hinauskommen und dann mit gesteigertem Eifer und Erfolg an ihrer Besserung arbeiten; wo dagegen auch dieses äusserste Mittel versagen sollte, da würde doch alle weitere Mühe vergeblich sein.

Wenn man nicht mit vorübergehenden Erfolgen sich begnügen, sondern dauernde Heilungen erreichen will, so ist mit besonderer Sorgfalt nach den etwaigen ungünstigen psychischen Einwirkungen zu forschen, welche mit der socialen Stellung der Kranken zusammenhangen, oder welche von ihrer Umgebung ausgeübt werden. Zwar liegt es meist nicht in der Macht des Arztes, diese Schädlichkeiten zu beseitigen; aber die Kenntniss derselben ist ihm von Wichtigkeit für die Beurtheilung des Falles, und nicht selten kann er auch durch passende Anordnungen oder durch Rath dazu beitragen, die Wirkung solcher Einflüsse abzuschwächen. Unter Umständen kann auch der bei vielen Kranken vorhandene Ehrgeiz, indem er in zweckmässige Bahnen gelenkt und auf eine nützliche und befriedigende Thätigkeit hingewiesen wird, dazu beitragen, die Kranken auf die Dauer zu anderen Menschen zu machen.

Bei manchen Kranken besteht ein wichtiges Hinderniss für die definitive Genesung in dem Umstande, dass sie in die Rolle des Krankseins sich zu sehr eingelebt haben und nicht mehr wissen, wenn sie gesund sind, was sie mit ihrer Gesundheit anfangen sollen. In einzelnen Fällen kommt dazu noch Beschämung über die geistige

Schwäche, deren Betheiligung an der Krankheit ihnen allmählich deutlich geworden ist, Furcht vor dem Verkehr mit Menschen, die nicht mehr wie bisher auf ihre Krankheit Rücksicht zu nehmen haben, Misstrauen in die eigene Kraft gegenüber den Anforderungen des täglichen Lebens u. s. w. Der verständige Arzt wird oft Gelegenheit haben, den Kranken für den Uebergang zum gesunden Zustande die Brücke bauen zu helfen.

Rückfälle kommen häufig vor, besonders dann, wenn die Kranken nach der Entlassung aus der Behandlung wieder den gleichen Schädlichkeiten ausgesetzt werden, welche früher die Krankheit hervorgerufen haben. Auch ist nicht zu erwarten, dass Individuen, welche von Geburt an mit neuropathischer Anlage ausgestattet sind, jemals diese Anlage vollständig verlieren werden. Wohl aber können solche Individuen, wenn sie einmal gelernt haben, etwaige pathologische Anwandlungen im Gebiete der niederen psychischen Functionen vermittelst der höheren Functionen zu unterdrücken, wenn ferner ihre Lebensweise in zweckmässiger Weise geregelt wird, und noch mehr, wenn es gelungen ist, sie in eine sociale Stellung zu bringen, in welcher sie Pflichten für Andere haben, auf die Dauer von allen Krankheitserscheinungen frei bleiben und sich einer befriedigenden Thätigkeit erfreuen. Wenn Rückfälle eintreten, so werden sie um so leichter wieder beseitigt, je früher eine ernsthafte Behandlung wieder aufgenommen wird.

Eine medicamentöse Behandlung der Hysterie ist im Allgemeinen überflüssig. Doch können natürlich aus Complicationen oder anderweitigen Verhältnissen besondere Indicationen sich ergeben, denen entsprochen werden muss. Geradezu schädlich würden die Medicamente sein, wenn dieselben dem Arzt oder dem Kranken zur Beruhigung des Gewissens dienen und die Anwendung wirksamer Mittel verhindern würden. Unter Umständen kann die Darreichung eines Medicaments zum Behufe einer psychischen Wirkung dienlich sein. Im Uebrigen sind nach meiner Ansicht die sogenannten antihysterischen Mittel, wie Valeriana, Castoreum, Moschus, Asa foetida, Gummi Galbanum u. s. w., ebenso aber auch, abgesehen von besonderen Indicationen, die Narcotica und Hypnotica nur in Fällen zweckmässig, bei welchen man auf jeden Versuch einer wirksamen Behandlung verzichten muss.

Hypochondrie.

Die Hypochondrie gehört wie die Hysterie zu den Störungen der niederen psychischen Functionen, und zwar sind dabei hauptsächlich die Gefühle und die Stimmungen in eigenthümlicher Weise verändert. Sie hat mit der Hysterie vielfache Aehnlichkeit, und Vieles von dem, was über die Hysterie gesagt wurde, lässt sich, zum Theil mit unbedeutenden Veränderungen, auch auf die Hypochondrie anwenden. Die Grundlage der Krankheit bildet eine psychische Verstimmung, welche den Kranken veranlasst, sich vorwiegend mit seinem eigenen Zustande zu beschäftigen und denselben für abnorm und für bedenklich zu halten, indem er annimmt, dass eine schwere Krankheit vorhanden sei oder bevorstehe. Das Material für die unrichtigen Vorstellungen, welche der Kranke sich von seinem eigenen körperlichen oder auch von seinem geistigen Zustande macht, wird ihm geliefert durch mancherlei Formen der Hyperaesthesie und der Paraesthesie, die unter Umständen relativ selbständig aufgetreten sind und dann bei der Entstehung der Krankheit betheiligt sein können, die aber in vielen Fällen nur Folgen der Krankheit sind, indem sie dadurch zu Stande kommen, dass die Aufmerksamkeit in krankhafter Steigerung auf die Vorgänge im eigenen Körper gerichtet ist. In den leichteren Fällen handelt es sich nur um irrige Vorstellungen, die wie andere Irrthümer berichtigt werden können, aber freilich die Neigung haben sich bald wieder einzustellen; bei den schweren Fällen dagegen entwickeln sich wirkliche Wahnvorstellungen, die auch gegen das Zeugniss der Sinne und der Vernunft mit äusserster Hartnäckigkeit festgehalten werden und dann eine Störung der höheren psychischen Functionen, nämlich des Wahrnehmens und des Denkens bekunden. So gibt es Uebergänge von der einfachen Hypochondrie zur Geisteskrankheit im engeren Sinne, und zwar zu derjenigen Form der Melancholie, welche als hypochondrisches Irresein zu bezeichnen ist.

Der Name Hypochondrie (τα ὑποχόνδρια = die Unterrippengegend, der Unterleib) ist davon abzuleiten, dass viele Kranke hauptsächlich über Störungen in den Unterleibsorganen klagen, und dass früher auch die Aerzte geneigt waren, solche Störungen für die wesentliche Ursache der Krankheit zu halten. Wir dürfen, auch wenn wir diese Auffassung für die meisten Fälle nicht mehr als richtig anerkennen können, den Namen, mit welchem allgemein ein bestimmter Begriff verbunden wird, unbedenklich beibehalten, ohne uns um seine Ableitung zu kümmern.

Bei der Hypochondrie kann der Kranke in der Regel fast noch weniger als bei der Hysterie auf ein Verständniss seines Zustandes bei seiner Umgebung rechnen, und auch nicht allen Aerzten wird es leicht, den richtigen Standpunkt für die Beurtheilung zu gewinnen. Die Leiden, über welche der Kranke klagt, werden meist für eingebildet gehalten; und es ist dies insofern richtig, als gewöhnlich diejenigen Leiden, welche der Kranke zu haben glaubt, in Wirklichkeit nicht vorhanden sind. Aber er ist deshalb doch keineswegs gesund; sein Leiden sitzt an einer anderen Stelle, als wo er es sucht, und es ist sogar nicht selten viel schlimmer, als er selbst glaubt, indem es sich in Wirklichkeit um eine Störung der psychischen Functionen handelt.

Aetiologie.

In manchen Fällen besteht eine wirkliche Anomalie in irgend einem Organ, welche den Ausgangspunkt gibt für die hypochondrische Verstimmung. Man pflegt solche Fälle zu bezeichnen als Hypochondria cum materie im Gegensatz zu denjenigen, bei welchen eine solche Anomalie nicht nachzuweisen ist, und die man als Hypochondria sine materie bezeichnet. Es entsprechen diese Namen einigermassen der Unterscheidung, welche wir bei anderen functionellen Gehirnkrankheiten machten, indem wir eine symptomatische und eine idiopathische Affection unterschieden; doch lässt sich eine solche Trennung eben so wenig wie bei der Hysterie vollständig durchführen.

In vielen Fällen ist ein Leiden der Unterleibsorgane vorhanden, welches die Grundlage der hypochondrischen Verstimmung bildet oder wenigstens zur Entstehung derselben beiträgt. Besonders häufig besteht Trägheit des Stuhlgangs oder habituelle Stuhlverstopfung und daneben die gewöhnlich damit verbundenen Beschwerden, wie Flatulenz, Auftreibung des Bauches, Haemorrhoiden, unangenehme Empfindungen im Unterleib, oft auch mangelhafte Magenverdauung; dabei handelt es sich häufig nur um eine functionelle Störung, die im Wesentlichen auf mangelhafter Secretion der Drüsen der Schleimhaut oder auf Erschlaffung der Musculatur beruht; in anderen Fällen ist auch chronischer Magen- und Darmkatarrh dabei betheiligt. Seltener bilden schwerere organische Erkrankungen des Magens oder des Darmkanals oder Leiden anderer Unterleibsorgane, etwa der Leber, der Nieren, der Milz, des Uterus, der Ovarien den Ausgangspunkt. In welcher Weise durch Erkrankungen dieser Organe die Gefühle und die Stimmungen beeinflusst werden können, wurde bereits bei der Hysterie erörtert (S. 388). Wir werden auch bei der Hypochondrie an Erregungen centripetal leitender Nerven zu denken haben, die zum Theil, auch ohne zum deutlichen Bewusstsein zu kommen, eine Einwirkung auf die Centralorgane und namentlich auf die Stimmung ausüben können (vgl. S. 23). Bei Männern sind

häufig in hervorragender Weise betheiligt functionelle Anomalien
der Genitalorgane, vor allem Onanie und übermässig häufige Pollutionen; aber dabei sind gewöhnlich die wirklich vorhandenen Störungen viel weniger die Ursache der Krankheit, als vielmehr die
Gedanken, welche der Kranke sich darüber macht, und deren Wirkung meist noch durch die dabei sich einstellenden Gewissensscrupel
verstärkt wird. Bei einzelnen Kranken ist die Furcht syphilitisch
zu sein (Syphilidophobie), welche je nach den Antecedentien mehr
oder weniger berechtigt erscheinen kann, häufig aber auch ohne
jeden Grund ist, der Ausgangspunkt für die hypochondrische Verstimmung. Zahlreiche Krankheiten des Nervensystems, welche mit
Hyperaesthesie oder Paraesthesie im weiteren Sinne verbunden sind,
können bei Individuen mit vorhandener Disposition die Quelle der
Hypochondrie sein. Besonders häufig geben Kopfschmerzen und
Rückenschmerzen, diese so häufig vorkommenden und so vieldeutigen
Symptome, den Anlass zur Annahme einer Gehirn- oder Rücken-
markskrankheit. — Zuweilen sind hypochondrische Wahnvorstellungen nur Theilerscheinung von eigentlichen Geisteskrankheiten, namentlich von melancholischen Zuständen, und in solchen Fällen kann
man vorzugsweise von symptomatischer Hypochondrie reden. Auch
bei Dementia paralytica kommen hypochondrische Wahnvorstellungen vor. — Häufig ist irgend eine wirkliche Anomalie, welche als
Grundlage der Hypochondrie angesehen werden könnte, nicht nachzuweisen.

Mancherlei psychische Einwirkungen können die Entstehung hy-
pochondrischer Vorstellungen begünstigen. Wie für Hysterie, so macht
auch für Hypochondrie vorzugsweise zugänglich der Mangel eines
den ganzen Menschen in Anspruch nehmenden Berufs und einer
Lebensstellung, welche mit Pflichten für Andere verbunden ist. In
diesem Sinne kann der Egoismus als eine der ergiebigsten Quellen
der Hypochondrie bezeichnet werden. Die Erziehung ist in ähnlicher Weise von Bedeutung wie bei der Hysterie (S. 389). Selbst
bei Kindern können hypochondrische Zustände entstehen, wenn die
Eltern in übermässiger Besorgniss sich gewöhnt haben immerfort zu
fragen, ob ihnen nicht Dieses oder Jenes fehle; und in ähnlicher
Weise werden manche Frauen von ihren Männern zur Hypochondrie
erzogen. Bei einzelnen Individuen hat der Umgang mit Hypochondern einen nachtheiligen Einfluss auf die eigenen Vorstellungen; bei
anderen kann das Bestehen einer epidemischen Krankheit oder auch
die Nachricht, dass irgend ein näherer Bekannter schwer erkrankt
oder gestorben sei, die Veranlassung zu Besorgnissen für die eigene

Person werden. — Zu den wirksamsten Schädlichkeiten gehört ferner eine oberflächliche Beschäftigung mit medicinischen Gegenständen, während ein eingehendes Studium der Pathologie eher geeignet ist einer hypochondrischen Auffassung entgegenzuwirken. Selbst der Studirende, wenn er zuerst in die Pathologie eingeführt wird und noch kein wirkliches Verständniss für dieselbe hat, kann dabei zu hypochondrischen Vorstellungen kommen; es gibt Einzelne, welche nahezu jede Krankheit, von der sie hören, zu haben glauben; und in der That finden sie häufig irgend ein untergeordnetes Symptom, welches ihrem Zustande zu entsprechen scheint; erst beim tieferen Eindringen und beim Bekanntwerden mit den wirklichen Kranken lernen sie die wichtigen von den unwichtigen Erscheinungen unterscheiden.

Ein Studirender consultirte mich, weil er die feste Ueberzeugung hatte, dass er durch Rotz inficirt sei. Es stellte sich heraus, dass er einige Tage vorher bei einer von mir ausgeführten Section eines an Rotz Gestorbenen zugegen gewesen war; er hatte aber nur aus der Ferne zugesehen, kein Präparat berührt und aus Vorsicht nicht einmal die Handschuhe ausgezogen.

Auch gebildete Aerzte und gute Diagnostiker zeigen sich häufig ausser Stande, ihren eigenen Zustand unbefangen zu beurtheilen, und begehen nicht selten sowohl bei der Diagnose als der Behandlung ihrer eigenen Krankheitszustände die allergröbsten Fehler. Weit gefährlicher ist es, wenn Leute, welchen die Grundlagen der Pathologie, die Anatomie und Physiologie, fremd sind, sich mit sogenannter populärer Medicin beschäftigen und sich einbilden, dadurch über ihren eigenen Zustand ein ausreichendes Urtheil gewinnen zu können. Die populäre medicinische Literatur besteht zum Theil aus Schriften, welche darauf ausgehen, den Nichtmediciner über das Wesen der Krankheiten und namentlich der Krankheitsursachen aufzuklären und durch Verbreitung solcher nützlicher Kenntnisse die öffentliche Gesundheitspflege zu fördern und den Einzelnen zu befähigen sich gegen Krankheiten zu schützen. Dieser löbliche Zweck ist nur schwer zu erreichen. Wie in allen Wissenschaften, so gehört auch in der Medicin die populäre Darstellung der anerkannten Resultate der Wissenschaft zu den schwierigsten Aufgaben, zu deren ausreichender Lösung nur derjenige befähigt ist, welcher selbst auf der Höhe der Wissenschaft steht und ein tieferes Verständniss derselben besitzt. Leider aber sind es nicht immer die hervorragenden Vertreter der Wissenschaft, welche sich berufen finden, dieselbe populär zu machen; zuweilen sind es die Dii minorum gentium, welche den Drang fühlen, das Wenige, was sie selbst zu wissen glauben, der Menge mitzutheilen; die Darstellungen sind daher oft nicht frei von Einseitigkeiten und Missverständnissen. Und da selbst im besten Falle für den medicinisch ungebildeten Leser ein tieferes Eindringen in den Gegenstand nicht möglich ist, so werden auch solche wohlgemeinte populäre Darstellungen zuweilen eine reiche Quelle der Hypochondrie. Sogar die kurzen Artikel eines Conversationslexikons können bei einzelnen Leuten eine solche unerwünschte Wirkung haben. Neben diesen Darstellungen, bei welchen immerhin die Absicht anerkennenswerth ist, gibt es aber eine Anzahl von Erzeugnissen der Literatur, welche weniger löbliche Zwecke verfolgen, sondern einfach auf die Ausbeutung des unwissenden Publicums ausgehen. Zunächst werden die Leute ängstlich gemacht, indem allerhand gleichgültige oder unbedeutende Erscheinungen, wie sie bei vielen gesunden und kranken Menschen vorkommen, als Vorboten schwerer Krankheiten dargestellt werden, und dann wird Heilung in Aussicht gestellt, wenn man sich an einen bestimmten Arzt oder Nicht-Arzt wendet, der aus reiner Menschenliebe, aber gegen entsprechendes Honorar, gewöhnlich auch brieflich, das passende Heilmittel angibt oder auch direct sendet. Vor allem sind es die sexuellen Verirrungen, deren so viele Männer sich schuldig wissen, welche den Schwindlern den Anhaltspunkt bieten, um unerfahrene Leute einzufangen. Durch solche Darstellungen und Anpreisungen, wie sie in schamloser Reclame sowohl in Broschüren als in Zeitungsinseraten an die Oeffentlichkeit treten, werden bei den dafür zugänglichen Individuen hypochondrische Vorstellungen hervorgerufen, die gewöhnlich weit nachtheiliger sind als die thatsächlichen Folgen der betreffenden Verirrungen.

Wie bei der Hysterie, so ist auch bei der Hypochondrie von entscheidender Bedeutung und oft von grösserer Wichtigkeit als alle anderen Umstände die ursprüngliche Anlage des Individuums. In vielen Fällen ist die Anlage zu Hypochondrie vererbt; in anderen Fällen besteht nur eine erblich übertragene neuropathische Disposition, aus welcher erst in Folge von besonderen Umständen die Hypochondrie sich entwickelt. Alle Schwächezustände, wie Anaemie und Neurasthenie, vermehren die Disposition, und alle Schädlichkeiten, welche zu Neurasthenie führen, können auch zur Entstehung der Hypochondrie beitragen, so namentlich andauernde übermässige Anstrengungen und Aufregungen, Mangel an Schlaf, deprimirende Affecte, unglückliche Lebensverhältnisse, erschöpfende Excesse. Bei Männern ist Hypochondrie weit häufiger, während anderseits Weiber häufiger an Hysterie leiden. Doch ist es nicht richtig, wenn man

zuweilen gemeint hat, die Hypochondrie bei Männern sei im Wesentlichen ungefähr die gleiche Krankheit wie die Hysterie bei Weibern.
Freilich haben beide Krankheitsformen Vieles mit einander gemein,
wie dies sich schon daraus ergibt, dass beide zu den Störungen der
niederen psychischen Functionen gehören; auch sind Combinationen
derselben und Uebergangsformen nicht selten. Aber in der Mehrzahl der Fälle sind beide Krankheiten sehr gut von einander zu
unterscheiden, und es gibt ebensowohl hypochondrische Weiber
wie hysterische Männer, wenn auch häufiger die Vertheilung auf die
Geschlechter die umgekehrte ist. Die Krankheit kommt vorzugsweise vor in den ersten Decennien nach Abschluss der Entwickelungs-
periode; doch ist sie auch in späterer Zeit nicht selten.

Symptomatologie.

Die wesentlichen Symptome der Hypochondrie bestehen einerseits in der psychischen Verstimmung und anderseits in der krankhaften Steigerung der Aufmerksamkeit auf die Zustände und Functionen des eigenen Körpers. In vielen Fällen besteht ein schweres Krankheitsgefühl, verbunden mit Beängstigung und Unruhe,
die den Kranken von einem Ort zum anderen treibt. Dabei ist
im Anfang häufig das Krankheitsgefühl noch unbestimmt, wird
noch nicht genau localisirt; aber der Kranke wird durch dasselbe
veranlasst, nach einer Ursache dafür zu suchen, und so fängt er an,
seinen eigenen Körper und die Vorgänge in demselben mit übertriebener Aufmerksamkeit zu beobachten. Aus den Wahrnehmungen,
welche er macht oder zu machen glaubt, in Verbindung mit den Ansichten über den Bau und die Functionen der einzelnen Organe des
Körpers, welche er schon vorher hatte, oder welche er durch Ge-
spräche mit Aerzten und Nicht-Aerzten oder durch die Lectüre der
von ihm mit Vorliebe consultirten populär-medicinischen Darstellungen sich erwirbt, bildet er sich dann allmählich eine etwas be-
stimmtere Vorstellung über die Art seines Krankseins, welche sich
im Laufe der Zeit immer mehr festsetzt. Die Hyperaesthesien und
Paraesthesien, welche dem Kranken die Grundlage für die Annahme
irgend einer bestimmten Krankheit liefern, sind in vielen Fällen
zum Theil einfach die Folge der krankhaft gesteigerten Aufmerksamkeit, welche er auf die Beobachtung seines Zustandes verwendet:
auch der Gesunde würde, wenn er mit der gleichen Aufmerksamkeit
auf die Beobachtung aller vorkommenden subjectiven Empfindungen
oder der zu einem gewissen Organ in Beziehung stehenden ausginge,
mancherlei Sensationen wahrnehmen, welche im gewöhnlichen Ver-

laufe des Lebens, weil die Aufmerksamkeit nicht darauf gerichtet ist, gänzlich unbeachtet bleiben. In anderen Fällen können diese Empfindungen auch von wirklichen Krankheitszuständen ausgehen; sie werden aber von dem Hypochonder in der Regel falsch gedeutet und auf ganz andere Zustände als die wirklich vorhandenen bezogen.

Es gibt Kranke, welche die Vorstellung, die sie sich von ihrem Krankheitszustande gebildet haben, fest in sich verschliessen oder höchstens einmal durch eine hingeworfene Aeusserung über eine nahe bevorstehende Katastrophe, mit der sie ihre Angehörigen erschrecken, eine Andeutung über dieselbe geben. Die meisten Kranken aber sprechen gern von ihrer Krankheit, und es verschafft ihnen einige Erleichterung, wenn sie, namentlich dem Arzt gegenüber, ihre Klagen und Befürchtungen recht ausführlich darlegen können; und dabei kommen dann, je nach dem Bildungsstande des Einzelnen, oft die wunderlichsten Vorstellungen über Anatomie und Physiologie im Allgemeinen und über das Verhalten und die Functionen des eigenen Körpers zu Tage. Häufig gelingt es dem Arzte durch Belehrung und verständiges Zureden manche dieser Vorstellungen zu berichtigen und auf die Dauer oder wenigstens für einige Zeit zu beseitigen; wo aber primär ein quälendes Krankheitsgefühl vorhanden ist, da wird dieses dadurch nicht weggenommen, und dann pflegt die Vorstellung des Krankseins bald in der gleichen oder auch in einer veränderten Form wiederzukehren.

Die Stimmung des Kranken ist anhaltend deprimirt; bei Allem, was er denkt und was er vernimmt, steht im Hintergrunde die Vorstellung des Krankseins; dieselbe stört ihm jede Freude und jeden Lebensgenuss. Doch können manche Kranke zeitweise, namentlich in Gegenwart von Fremden, sich vergessen und vielleicht sogar heitere Gesellschafter sein; nachher aber stellt sich das Krankheitsgefühl um so schwerer wieder ein. Den nächsten Angehörigen gegenüber ist der Kranke meist reizbar und unliebenswürdig; er quält sie durch Vorklagen seiner Leiden und durch Aussprechen der Befürchtungen, welche sich daran knüpfen; und wenn die Angehörigen, durch die häufige Wiederholung der schwarzen Prophezeihungen, welche sich doch nicht verwirklichen, allmählich abgestumpft, dem Jammern nicht mehr die gebührende Aufmerksamkeit schenken und sich nicht mehr aufregen lassen, so scheut der Kranke auch nicht vor den auffallendsten Uebertreibungen zurück.

Bei manchen Kranken ist ein bestimmter einzelner Körpertheil oder eine einzelne Region des Körpers der Gegenstand der gesteigerten Aufmerksamkeit und der von ihnen angenommene Sitz der

Krankheit. Besonders häufig sind es die Unterleibsorgane, in welchen die Kranken Schmerzen der verschiedensten Art oder Gefühle von Ziehen, von Druck, von Schwellung u. dgl. angeben; der Stuhlgang wird mit grösster Sorgfalt beobachtet; die Häufigkeit, die Menge, die Form und Farbe, die einzelnen Bestandtheile desselben werden untersucht und daraus Schlüsse gezogen. Andere Kranke haben Kopfschmerzen oder Schwindel oder irgend welche schwer zu bezeichnende anderweitige Empfindungen im Kopfe, für deren Beschreibung sie die sonderbarsten Vergleiche heranziehen, und aus denen sie auf das Bestehen einer Gehirnkrankheit schliessen; andere haben Rückenschmerzen oder sonstige abnorme Empfindungen im Rücken, aus welchen sie die Annahme einer Krankheit des Rückenmarks ableiten. Bei anderen Kranken bestehen Schmerzen oder anderweitige sonderbare Gefühle in der Brust, oder die Empfindung einer Abnormität in der Bewegung oder dem sonstigen Verhalten des Herzens, oder Schmerzen, Kriebeln, Taubsein und anderweitige Paraesthesien in den Extremitäten. Andere Kranke beschreiben mancherlei Veränderungen der Harnausscheidung, beobachten die Farbe und den Geruch des Urins, die etwaigen Sedimente, die Menge und Häufigkeit der Entleerung, die Form des Harnstrahls u. s. w. Viele Kranke sind wirklich impotent nur deshalb, weil sie es zu sein glauben oder zu sein fürchten, und weil im entscheidenden Moment die Angst und Sorge der überwiegende Affect ist. Endlich gibt es Kranke, bei welchen die Objecte der gesteigerten Aufmerksamkeit wechseln, indem sie bald im Unterleib, bald in der Brust, bald im Kopf, im Rücken, in den Extremitäten leiden, oder bei denen alle diese Theile gleichzeitig dem Gefühle oder der Meinung des Kranken abnorm erscheinen und vom Scheitel bis zur Zehe kein Körpertheil, wenn nach demselben gefragt wird, als frei von abnormen Sensationen und von Krankheit angegeben wird.

Gegen sein Leiden sucht der Kranke mit grosser Beharrlichkeit Hülfe; er consultirt der Reihe nach verschiedene Aerzte, aber auch Charlatane und populäre Schriften; aber nicht leicht wird ein bestimmter Curplan consequent durchgeführt; dagegen liebt es der Kranke, aus den Verordnungen, welche die verschiedenen Aerzte ihm gemacht haben, und von denen vielleicht jede in ihrem Zusammenhange zweckmässig sein würde, diejenigen einzelnen Stücke herauszunehmen, welche seinen Anschauungen zusagen, und dieselben dann zu einem Monstrum zusammenzusetzen, welches er als Richtschnur benutzt. Manche Kranke möchten gern die Aerzte für ihren Zustand verantwortlich machen, indem sie jede wirkliche oder scheinbare Verschlimmerung ihres Leidens und endlich vielleicht sogar die ganze Krankheit von der ärztlichen Behandlung ableiten.

In den schlimmen Fällen greift die Störung allmählich auch auf die höheren psychischen Functionen über. Das Interesse des Kranken concentrirt sich immer mehr auf die Beobachtung seines krankhaften Zustandes; alle anderen Dinge, Personen, Geschäfte und Verhältnisse werden ihm gleichgültig; er erhebt den Anspruch, dass seine Umgebung und wo möglich die ganze Welt sich nur um ihn drehe und sich nur mit ihm und seinem Zustande beschäftige; selbst den nächsten Angehörigen gegenüber zeigt er in dieser Beziehung den gröbsten Egoismus; er wird rücksichtslos, menschenscheu und oft menschenfeindlich. Dabei verliert er allmählich alle Initiative, kann keine Entschlüsse mehr fassen oder ausführen, wird unfähig zu der gewohnten Arbeit, und selbst die einfachsten Verrichtungen des alltäglichen Lebens erfordern ungewöhnliche Willensanstrengung. Viele Kranke denken ernstlich an Selbstmord, um aus dem unerträglichen Zustande herauszukommen; aber einerseits die noch immer nicht ganz aufgegebene Hoffnung auf Besserung und anderseits der Mangel an Initiative schützt sie vor der Ausführung. Doch kommt thatsächlich Selbstmord bei Hypochondern keineswegs selten vor, und nicht wenige Fälle von Selbstmord, bei denen das Motiv unbekannt bleibt, mögen aus versteckter Hypochondrie hervorgehen.

Zu den Aenderungen des Charakters kommen in schweren Fällen allmählich deutlichere Störungen der Intelligenz, des Wahrnehmens und Denkens. Der Kranke, der das richtige Urtheil über seinen eigenen Zustand schon lange verloren hat, verliert dasselbe immer mehr auch in benachbarten Gebieten. Während durch das Nachdenken und Grübeln über seinen Krankheitszustand bisher nur irrige Vorstellungen producirt wurden, kommt es später zu eigentlichen Wahnvorstellungen, die dann aller besseren Belehrung und selbst der Ueberführung durch Thatsachen hartnäckig Widerstand leisten. Der Inhalt dieser Wahnvorstellungen kann höchst verschiedenartig sein; sie haben aber im Allgemeinen noch die Tendenz, eine Erklärung für den vorhandenen Krankheitszustand zu liefern. Manche Kranke verfallen in Verfolgungswahn, indem sie ihre Krankheit davon ableiten, dass ihnen von gewissen Personen die Speisen und Getränke vergiftet werden, oder dass ihnen von bösen Menschen auf andere Weise Schmerzen bereitet oder die Kräfte entzogen oder sonst ein nachtheiliger Einfluss ausgeübt werde. Andere Kranke finden an ihrem Körper Anschwellungen oder sonstige Abnormitäten, von deren Nichtvorhandensein sie der Augenschein überzeugen müsste,

oder sie glauben Schlangen, Frösche oder sonstige Thiere im Magen
zu haben. Andere vermeiden aufs ängstlichste jede Berührung von
Personen oder von Gegenständen, weil sie glauben dadurch inficirt
oder auf irgend eine Weise verletzt zu werden. Auch diejenigen
Wahnvorstellungen, welche als Erklärungsversuche auftreten, sind
nur möglich bei mangelndem Urtheil und bekunden deshalb eine
Störung der höheren psychischen Functionen, namentlich des Wahrnehmens und des Denkens; mit dem Auftreten von eigentlichen Wahnvorstellungen beginnt daher schon das hypochondrische Irresein.

In Folge der hypochondrischen Verstimmung leiden allmählich
auch die vegetativen Functionen. Manche ältere Aerzte gingen so
weit zu behaupten, es könne bei Hypochondern die Organerkrankung,
welche sie während langer Zeit irriger Weise angenommen haben,
in Folge dieser Annahme und der Steigerung der Aufmerksamkeit
auf das betreffende Organ endlich wirklich zu Stande kommen, es
könne z. B. ein Kranker, der an einem Magenkrebs zu leiden glaubt,
in Folge dieses Glaubens wirklich einen Magenkrebs bekommen.
Eine solche Auffassung, wie sie meist zur Erklärung der vereinzelten Fälle gemacht wurde, in welchen nachträglich die Annahme
des Kranken über sein Leiden sich wider Erwarten doch bestätigte,
wird in neuerer Zeit mit Recht allgemein als unbegründet zurück-
gewiesen. Dabei ist jedoch zuzugestehen, dass es unter Umständen
für einen Körpertheil nicht gleichgültig ist, ob die Aufmerksamkeit
auf ihn gerichtet ist oder nicht, und namentlich zeigt schon die alltägliche Erfahrung, dass Veränderungen der allgemeinen Circulation
und vasomotorische Störungen in einzelnen Organen durch psychische
Einflüsse entstehen können. Eine Concentrirung der Aufmerksamkeit
auf die Herzbewegungen kann Beschleunigung derselben zur Folge
haben. Die meisten Menschen werden roth, wenn sie sich Mühe
geben das Erröthen zu vermeiden. Durch die Furcht vor der Cholera
kann zwar nicht wirkliche Cholera, aber doch Diarrhoe zu Stande
kommen. Wie in Folge der hypochondrischen Vorstellung der Impotenz solche wirklich entstehen kann, wurde bereits angeführt; auch
Pollutionen kommen in der Regel um so häufiger vor, je mehr der
Kranke auf dieselben sein Augenmerk richtet und sich wegen ihrer
Häufigkeit Sorge macht. Endlich ist auch an die Entstehung von
Paraesthesien in Folge der Steigerung der Aufmerksamkeit zu erinnern: der Gedanke an Hautparasiten kann genügen, um Jucken
hervorzurufen. — Die Gesammternährung des Körpers wird durch
die Hypochondrie mehr oder weniger beeinträchtigt, und bei einzelnen Kranken entsteht ein so hoher Grad von Anaemie und Abmage-

rung, dass man geneigt sein kann an eine schwere Organerkrankung
zu denken. Es erklären sich diese Ernährungsstörungen zum Theil
aus der Störung des Appetits, der Verdauung, des Schlafes, welche
durch die anhaltende psychische Depression bewirkt wird, in manchen Fällen auch aus der unvernünftigen Lebens- und Ernährungsweise, welche die Kranken angenommen haben, oder aus dem Missbrauch von Arzneimitteln und aus anderweitigen eingreifenden Cur-
versuchen.

Der Verlauf der Krankheit und die Prognose ist in den einzelnen Fällen sehr verschieden. Es kommen zahlreiche Fälle vor,
welche nur eine kurze Dauer haben, und bei welchen eine eingehende
Untersuchung des Kranken durch eine ärztliche Autorität genügt,
um denselben über seinen Zustand zu beruhigen; doch kehren leicht
hypochondrische Anwandlungen von Zeit zu Zeit wieder. Endlich
gibt es alle Zwischenstufen bis zu den hartnäckigsten Fällen, in
welchen die Krankheit, vielleicht mit zeitweise eintretenden Remissionen oder Intermissionen, während des ganzen Lebens fortdauert.

Therapie.

Bei der Hypochondrie ist ebenso wie bei der Hysterie ein möglichst vollständiges Verständniss des Zustandes von Seiten des Arztes
die Vorbedingung für eine wirksame Behandlung. Nur wenn der
Arzt in jedem einzelnen Fall eine sorgfältige Analyse vornimmt,
kann er hoffen, Mittel und Wege zu finden, um einen günstigen Einfluss auf den Kranken auszuüben.

Zunächst ist erforderlich eine genaue Untersuchung des körperlichen Zustandes, um entweder mit Sicherheit das Nichtvorhandensein einer wesentlichen körperlichen Krankheit behaupten zu können, oder die etwa vorhandene Störung und ihr Verhältniss zur hypochondrischen Verstimmung genau festzustellen. In manchen Fällen
von Hypochondria cum materie kann eine erfolgreiche Behandlung
der bestehenden körperlichen Anomalie von günstiger Wirkung auf
die Stimmung des Kranken sein. Besonders häufig ist die Sorge
für regelmässigen Stuhlgang eine der wichtigsten Indicationen. Dieselbe kann erfüllt werden durch eine Cur in Marienbad, Kissingen,
Homburg, Tarasp, oder auch zu Hause durch die Anwendung eines
der verschiedenen Bitterwässer oder eines anderen abführenden Mi-
neralwassers oder auch entsprechender künstlich hergestellter Salz-
lösungen. Es ist aber erfahrungsgemäss nicht zweckmässig, salinische
Abführmittel wesentlich länger als etwa vier Wochen hinter einander
gebrauchen zu lassen; und wo die Stuhlverstopfung habituell ist,

müssen Mittel angewendet werden, welche auch bei regelmässig
fortgesetztem Gebrauch nicht nachtheilig wirken und nicht in Folge
der Gewöhnung an Wirksamkeit verlieren. Dahin gehören unter
anderen die drastischen Abführmittel, wenn sie in kleinen Dosen
angewendet werden.

Es ist eine populäre Annahme, von der auch manche Aerzte nicht
frei sind, dass Kranke mit habitueller Stuhlverstopfung an den Gebrauch
von Abführmitteln nicht gewöhnt werden dürfen. Es werden deshalb
diese Kranken häufig so behandelt, dass man versucht, durch diätetische
Mittel oder durch körperliche Anstrengungen, Massage, Elektricität, Klystiere u. dgl. den Stuhlgang zu regeln, und dass man, wenn dies wie gewöhnlich nicht in genügendem Masse gelingt, von Zeit zu Zeit zu einem
Abführmittel greift, aber dasselbe nur während kurzer Zeit anwendet. Ein
solches Verfahren ist in der Mehrzahl der Fälle unzweckmässig. Die
sogenannten diätetischen Mittel, die, wenn sie für sich allein eine genügende Wirkung haben sollen, in der Regel in sehr grossen Quanti-
täten genossen werden müssen, stören meist die Magen- und Darmver-
dauung weit mehr, als ein passend ausgewähltes wirksames Abführmittel
dies thun würde; und wenn nur von Zeit zu Zeit, aber nicht regelmässig
täglich der Stuhlgang herbeigeführt wird, so ist gar keine Aussicht vorhanden, dass jemals eine genügende Regelung der Darmfunctionen erreicht werden könne. Die Kranken, welche in dieser Weise behandelt
werden, nehmen endlich zum grossen Theil ihre Zuflucht zu den gebräuchlichen Geheimmitteln, wie zu den Strahl'schen, Morrison'schen, Brandt-
schen Pillen, und sie befinden sich dann, wenn sie diese Mittel regelmässig und in zweckmässiger Weise anwenden, oft thatsächlich besser als
bei der bisherigen Methode. Bei einem Kranken mit habitueller Stuhlverstopfung besteht die Indication, jeden Tag einen oder zwei ergiebige
Stuhlgänge zu erzielen; und wenn dies durch Anwendung richtig aus-
gewählter Mittel während längerer Zeit, während Monaten oder Jahren,
geschehen ist, so kann die Folge sein, dass der Darm allmählich sich
an regelmässige Thätigkeit gewöhnt und später nur noch kleine Dosen
oder gar keine Medicamente mehr erforderlich sind. Es gibt eine grosse
Zahl von wirksamen Abführmitteln, und es sind vor allem die mit etwas
complicirter Zusammensetzung, welche ohne jeden Nachtheil, und ohne
dass die Wirkung mit der Zeit schwächer würde, Monate und Jahre lang
regelmässig täglich angewendet werden können. Dahin gehören z. B.
Zusammensetzungen aus Extr. Aloës, Extr. Colocynthidis, Rheum, Jalappe,
Gutti u. s. w., die man beispielsweise in folgender Form verordnen kann:
Rp. Extr. Aloës 2,0, Extr. Colocynthidis 0,5, Pulv. rad. Rhei q. s. ut f. pil.
No. 40. C. D. S. Täglich abends vor dem Zubettgehen 1 bis 3 Pillen zu
nehmen. Der Kranke hat auszuprobiren, wie viele Pillen er nöthig hat,
damit am folgenden Morgen ein oder zwei genügende Stuhlgänge erfolgen. Je nach Bedürfniss im Einzelfalle können die Pillen durch Aenderung der Zusammensetzung leicht schwächer oder stärker gemacht
werden. In ähnlicher Weise ist auch zu längerem Gebrauche dienlich
Pulvis Magnesiae cum Rheo, ferner Pulvis Liquir. comp. zu 1 Kaffeelöffel
ein- oder zweimal täglich. Wo stärkere Wirkung erforderlich ist, kann

man etwa die folgenden Pulver anwenden: Rp. Magnes. carbon., Pulv.
rad. Rhei, Pulv. fol. Sennae, Elaeosacchar. Menth. ana 10,0. M. f. p. D.
— Oder: Rp. Sulfur. depurat., Tartar. depurat. ana 15,0; Pulv. rad. Rhei,
Pulv. fol. Sennae ana 10,0; Elaeosacchar. Menth. 15,0. M. f. p. D. — Daneben ist die Beihülfe zweckmässiger diätetischer Verordnungen natürlich nicht ausgeschlossen.

In anderen Fällen liegen andere Indicationen vor. Die Lebensweise des Kranken ist bis ins Einzelne zu durchforschen und, so
weit sie unzweckmässig ist, zu verbessern. Bei Anaemie und bei
allen Zuständen von Schwäche kann ein roborirendes Verfahren,
namentlich eine zweckmässige Ernährung und je nach den Umständen die Anwendung von Eisenpräparaten nützlich sein. Bei Neurasthenie ist oft Verminderung der Arbeitslast oder zeitweiliges Aussetzen aller anstrengenden Thätigkeit, zweckmässige Regelung der
Lebensweise, Aufenthalt auf dem Lande, im Gebirge, an der See
von günstiger Wirkung. Die sexuelle Hypochondrie verliert sich in
vielen, aber freilich nicht in allen Fällen in der Ehe. Unter den
mannigfaltigen Paraesthesien können diejenigen, welche als Ursachen
der Hypochondrie mitwirken, eine besondere Behandlung erfordern;
es gilt dies namentlich, wenn es sich etwa um ausgebildete Neuralgien handelt; diejenigen dagegen, welche als Folgen der Hypochondrie anzusehen sind, dürfen in der Regel nicht speciell in Behandlung genommen werden; vielmehr muss man es vermeiden, ihnen
eine wesentliche Bedeutung beizulegen und dadurch die Aufmerksamkeit noch mehr auf dieselben zu lenken; auch kann man darauf
rechnen, dass sie mit der Besserung des Gesammtzustandes allmählich in den Hintergrund treten werden.

Von grösster Wichtigkeit ist die psychische Behandlung. Dieselbe hat zunächst darauf Rücksicht zu nehmen, wie weit im Einzelfalle die hypochondrische Verstimmung auf eine wirklich vorhandene
oder auch nur eingebildete Krankheit zurückzuführen ist, oder wie
weit die Verstimmung primär ist und erst secundär, etwa durch Erklärungsversuche, zu der Vorstellung von besonderen Krankheitszuständen geführt hat. Der erstere Fall ist im Allgemeinen der
günstigere. Wenn der Arzt, der für den Kranken Autorität ist, nach
genauer Untersuchung den Ausspruch thun kann, dass der vorhandene Krankheitszustand zu keinen wesentlichen Bedenken Veranlassung gebe, oder dass die von dem Kranken vorausgesetzte
Krankheit und auch sonst ein bedenkliches Leiden überhaupt nicht
vorhanden sei, so kann dies, vielleicht in Verbindung mit einiger
zweckentsprechender Belehrung, in vielen Fällen genügen, um für
einige Zeit oder selbst auf die Dauer die hypochondrischen Vor-

stellungen zu beseitigen. Im zweiten Falle, wenn die Verstimmung primär und unabhängig von bestimmten Krankheitsvorstellungen entstanden ist, wird dadurch gewöhnlich keine dauernde Wirkung erreicht: die Verstimmung dauert fort, und wenn auch vielleicht die Vorstellung der einen Krankheit beseitigt wird, so treten bald andere hypochondrische Vorstellungen an deren Stelle. Endlich in den schweren Fällen, in welchen bereits das Urtheil des Kranken gelitten hat, lässt sich derselbe überhaupt nicht mehr von der Irrthümlichkeit seiner Vorstellungen überzeugen. In den Fällen der letzteren Art wird der Arzt, welcher den psychischen Zustand des Kranken zu würdigen weiss, zwar oft in der Lage sein, das Bestehen irgend eines bestimmten Krankheitszustandes oder auch überhaupt einer körperlichen Krankheit mit aller Entschiedenheit in Abrede zu stellen; er wird sich aber hüten, deshalb den Kranken für gesund oder für nur in der Einbildung krank zu erklären; vielmehr wird er das Bestehen einer äusserst qualvollen Krankheit vollständig anerkennen.

Gänzlich verfehlt ist der Versuch, wie er in der naiven älteren Zeit nicht selten gemacht worden ist, den Kranken von seinen Wahnvorstellungen durch Täuschungen zu heilen, indem ihm etwa unter Anwendung von Taschenspielerkünsten die Frösche oder Spinnen, die er im Bauche hat, als durch Erbrechen oder Stuhlgang entleert demonstrirt werden u. dgl. Selbst wenn es gelänge, die eine Wahnvorstellung dadurch zu beseitigen, so würden ihm, da im Uebrigen sein Krankheitszustand unverändert geblieben ist, statt derselben sofort zahlreiche andere zu Gebote stehen. Auch dem Hypochonder gegenüber kommt man auf die Dauer mit Wahrheit und Offenheit am weitesten.

Im Uebrigen stehen der psychischen Behandlung ungefähr die gleichen Mittel zu Gebote wie bei der Hysterie. Namentlich in Betreff der Prophylaxis und der Bedeutung der Erziehung kann auf das früher Erörterte verwiesen werden (S. 409). — In vielen Fällen ist es von Nutzen, wenn man dem Kranken, so weit dies seinem Verständniss zugänglich ist, klar zu machen sucht, dass eine Störung der niederen psychischen Functionen die wesentliche Grundlage der Krankheit sei, und dass die Prognose seines Leidens davon abhängig sei, wie bei ihm die höheren Functionen sich verhalten, und ob überhaupt noch so viel gesunder geistiger Grund und Boden vorhanden sei, dass man hoffen dürfe, derselbe werde genügen, um die krankhafte Störung zu überwinden. Mancher rafft sich unter Aufbietung aller Kräfte auf, wenn man ihn darauf hinweist, wie seine ganze Zukunft und eventuell die seiner Familie von der praktischen Lösung dieser Frage abhange. Oft hat auch der Appell an den Ehrgeiz einigen Erfolg. Man legt dem Kranken dar, dass er nur durch eigene Anstrengung ge-

sund werden könne; der Arzt könne nichts Anderes thun, als dass
er ihm den richtigen Weg zeige; diesen Weg zu gehen und dabei
die ausserordentlichen Schwierigkeiten, welche sich entgegenstellen,
zu überwinden, das müsse nothwendig eigene Leistung des Kranken
sein. Dabei ist es zweckmässig, jede erfolgte Leistung als solche an-
zuerkennen und daraus den Kranken Muth zu noch grösseren Leistungen schöpfen zu lassen. Nothwendig ist es, den zu fordernden einzelnen Leistungen eine möglichst concrete Form zu geben. Je
nach der Individualität des Einzelfalles müssen die zu stellenden
Aufgaben in sehr verschiedener Weise formulirt werden. Den Kranken, der nicht mehr im Stande ist, grössere Strecken zu gehen, lässt
man täglich einen Weg von bestimmter Länge zurücklegen, wobei
man mit kleinen Strecken anfängt und dann in genau vorgeschriebener Progression allmählich die Strecke vergrössert, bis der Kranke
endlich zu einem guten Fussgänger geworden ist. Einem Kranken,
der zu aller geistigen Thätigkeit unfähig ist, der z. B. nicht mehr
als einige Zeilen hinter einander lesen kann, lässt man ein alle Tage
grösser werdendes Pensum von genau vorgeschriebener Zeilen- oder
Seitenzahl lesen. In anderen Fällen sind andere Leistungen zu fordern und durch systematische Trainirung zu ermöglichen. In zahlreichen Fällen habe ich durch die Verordnung der einfachen kalten Bäder in der Weise, wie es bei der Behandlung der Hysterie
näher angegeben wurde, gute Erfolge erreicht. Auch regelmässige
Regendouchen, ferner tägliche kalte Abwaschungen des ganzen Körpers unmittelbar nach dem Aufstehen mit schnellem Abtrocknen und
Ankleiden sind von einiger Wirkung.

Von entscheidender Bedeutung würde es sein, wenn man im
Stande wäre, ungünstige Lebensverhältnisse zu verbessern, dem
Kranken zu einer befriedigenden Thätigkeit, zu einem mit Pflichten
verbundenen Berufe zu verhelfen. Und wenn auch dies gewöhnlich
nicht in der Hand des Arztes liegt, so sind doch die Fälle nicht
selten, in welchen ein Fingerzeig oder ein eindringlicher Rath in
dieser Richtung einen wichtigen Einfluss auf die Entschlüsse des
Kranken haben kann. Für den Kranken ist weniger, wie man oft
annimmt, Zerstreuung erforderlich, als vielmehr die Fesselung der
Aufmerksamkeit auf anderweitige Interessen, die ihn gewissermassen
über sich selbst erheben und von der ausschliesslichen Sorge um
seine eigene Person abziehen. Für manche Kranke kann es von
Vortheil sein, wenn sie grössere Reisen unternehmen, Welt und
Menschen kennen lernen, namentlich wenn damit noch irgend welche
wissenschaftliche oder aesthetische oder auch mercantile Zwecke

sich verbinden lassen. Andere Kranke lassen sich für eine gemein-
nützige Thätigkeit erwärmen, oder sie können mit Vortheil in das
Getriebe der politischen Parteien hineingezogen werden. Andere
endlich können für grosse Fusstouren, Bergbesteigungen, Segeln,
Reiten, Jagen, Schiessen, Billardspielen oder für irgend eine andere
Art des Sport interessirt werden. — An die Geduld und Menschen-
kenntniss des Arztes werden bei der Hypochondrie noch grössere
Anforderungen gestellt als bei der Hysterie.

Endlich kann je nach der Constitution des Kranken die eine
oder andere Art der umstimmenden oder metasynkritischen Behandlung (vgl. S. 63) ein günstiges Resultat geben. Dahin gehören Curen
mit Milch oder Leberthran oder in anderen Fällen eine Cur mit
abführenden Mineralwässern, Trinkcuren in Karlsbad oder an anderen alkalisch-salinischen oder salinischen Quellen, Seebäder oder
Kaltwassercuren mit zweckmässiger Diätetik u. s. w.

Arzneimittel sind bei der Behandlung der Hypochondrie nur
dann zweckmässig, wenn sie bestimmten Indicationen entsprechen.
Durchaus verwerflich ist es, wenn der Arzt jeder einzelnen Klage
des Kranken mit einem besonderen Mittel zu entsprechen sucht;
auch ist es bedenklich, wenn er, um den Kranken zu beruhigen oder
zu beschäftigen, ihm Arzneimittel verordnet, von denen er selbst eine
wesentliche Wirkung sich nicht versprechen kann; doch kann wohl
einmal ein Mittel gegeben werden, um damit eine psychische Wirkung auszuüben.

Störungen der höheren psychischen Functionen.
Geisteskrankheiten.

Störungen der höheren psychischen Functionen kommen häufig
vor als Symptome von anderweitigen Gehirnkrankheiten (symptomatische Geistesstörung); dieselben sind bereits im Früheren
besprochen worden. In anderen Fällen treten die Störungen der
höheren psychischen Functionen als selbständige Krankheiten auf
(idiopathische Geistesstörung). Nur die letzteren Fälle werden zu den Geisteskrankheiten im engeren Sinne gerechnet. Eine
scharfe Abgrenzung der Geistesstörungen gegenüber den Störungen
der niederen psychischen Functionen lässt sich nicht durchführen.
Fälle von Hysterie und Hypochondrie werden zu den eigentlichen
Geisteskrankheiten gerechnet, sobald dabei die Störungen der höheren Functionen deutlich hervortreten (hysterisches und hypochon-

drisches Irresein). Anderseits sind mit den Störungen der höheren
psychischen Functionen häufig auch Störungen der niederen Functionen verbunden, und diese letzteren bilden oft ein wesentliches
Element der Krankheit und sind massgebend für das Gesammtbild
derselben.

Da die Geisteskrankheiten nur Aeusserungen einer abnormen
Functionirung des Gehirns sind, deren anatomische Grundlage im
Wesentlichen unbekannt ist, so kann die Eintheilung derselben in
der Hauptsache nur nach symptomatologischen Gesichtspunkten erfolgen. Wir müssen uns im Allgemeinen damit begnügen, die häufiger vorkommenden Symptomengruppen zusammenzufassen und als
besondere Krankheiten oder als besondere Form der Geisteskrankheit
aufzustellen. Es werden gewöhnlich vier Hauptformen unterschieden:

1. M e l a n c h o l i e (Trübsinn, Schwermuth) mit deprimirter
Stimmung, Verminderung des Selbstgefühls, Neigung zu Unlustgefüh-
len und psychischem Schmerz, allgemeiner Behinderung und Hemmung der Aeusserungen psychischer Thätigkeit.

2. M a n i e (Tollheit, Wahnsinn, Tobsucht) mit exaltirter Stimmung,
gehobenem Selbstgefühl, vorherrschenden Lustgefühlen, lebhaftem
Ablauf der psychischen Thätigkeit.

3. V e r r ü c k t h e i t (Verwirrtheit), charakterisirt durch Verkehrt-
heit und Zusammenhanglosigkeit der Vorstellungen und des Denkens.

4. B l ö d s i n n (Schwachsinn, Dementia) mit allgemeiner Abschwächung der psychischen Functionen.

Verrücktheit und Blödsinn bilden in vielen Fällen die Ausgänge
anderer Formen der Geistesstörung, namentlich auch der Melancholie
und der Manie. Es werden deshalb Melancholie und Manie als p r i -
m ä r e F o r m e n , Verrücktheit und Blödsinn als s e c u n d ä r e F o r m e n
bezeichnet. Die secundären Formen sind mit dem Charakter der psychischen Schwäche behaftet und geben eine absolut ungünstige Prognose.

Diese Eintheilung, welche noch häufig der Darstellung zu Grunde
gelegt wird, gibt in der That eine brauchbare vorläufige Uebersicht.
Auch hat man schon versucht, dieselbe auf psychologische Principien
zurückzuführen, indem man darauf hinwies, dass bei der Melancholie vorzugsweise eine Störung des Gefühlvermögens, bei der Manie eine Störung
des Begehrungsvermögens, bei der Verrücktheit eine Störung des Vor-
stellungsvermögens, endlich beim Blödsinn eine Abschwächung sämmtlicher Seelenvermögen bestehe. — Aber die Eintheilung ist nicht ausreichend. Sie umfasst nicht alle Formen, indem viele thatsächlich vorkommende Krankheitsfälle nur mit Zwang sich unter eine der vier Gruppen
unterbringen lassen. Ausserdem werden dabei Fälle zu einer Gruppe
vereinigt, welche praktisch höchst wichtige Verschiedenheiten zeigen. So

kommen Verrücktheit und Blödsinn, welche meist secundäre Formen sind, zuweilen auch als primäre Formen vor, und dann ist die Prognose bei Weitem weniger ungünstig. Endlich kann der gleiche Krankheitsfall mehreren Gruppen angehören. So z. B. können bei einem Kranken mit ausgesprochen melancholischem Zustand auch ausgebildete maniakalische Erscheinungen auftreten, und der Fall kann endlich in Verrücktheit oder in Blödsinn ausgehen. Aus diesem Grunde hat man oft geglaubt jene vier Gruppen nicht als besondere Krankheitsarten, sondern nur als verschiedene Stadien einer einzigen Krankheit, des Irreseins überhaupt, ansehen zu müssen.

In Wirklichkeit zeigen die einzelnen Krankheitsfälle sowohl in ihren Erscheinungen als in ihrem Verlauf ausserordentlich grosse Verschiedenheiten, und zum Zweck der Verständigung bedürfen wir kurzer und charakteristischer Bezeichnungen. Aber die Abgrenzung der Formen von einander und die allgemeine Eintheilung kann geschehen nach verschiedenen Gesichtspunkten, von denen jeder unter Umständen seine Berechtigung hat. Daher ist eine befriedigende Uebersicht nur dann zu gewinnen, wenn wir bei der Eintheilung nicht einseitig nur ein einzelnes Eintheilungsprincip zu Grunde legen, sondern gleichzeitig alle Gesichtspunkte, welche wesentliche Unterschiede begründen, zur Geltung kommen lassen.

Da es sich um Störungen der höheren psychischen Functionen handelt, so haben wir vor Allem zu berücksichtigen, ob die Störung mehr das Wahrnehmen oder das Denken oder das Wollen oder mehrere dieser Functionen gleichmässig betrifft. Zugleich aber ist zu unterscheiden zwischen den quantitativen und den qualitativen Störungen. Von besonderer Wichtigkeit ist ferner das gleichzeitige Verhalten der niederen psychischen Functionen. Endlich ist der Verlauf der Krankheit und die Aetiologie von Bedeutung.

Wir beschränken uns hier auf eine kurze Darlegung der wesentlichen unterscheidenden Gesichtspunkte und der daraus sich ergebenden Formen, wobei wir uns, so weit es bei dem veränderten Standpunkt möglich ist, an die gebräuchliche Nomenclatur halten. In Betreff der weiteren Ausführung ist auf die Lehrbücher der Psychiatrie zu verweisen.

W. Griesinger, Die Pathologie und Therapie der psychischen Krankheiten. 4. Aufl. Braunschweig 1876. — H. Maudsley, The physiology and pathology of mind. 2. ed. London 1868. Deutsch bearbeitet von R. Boehm. Würzburg 1870. — R. v. Krafft-Ebing, Lehrbuch der Psychiatrie. 2. Aufl. 2 Bde. Stuttgart 1883. — H. Schüle, Klinische Psychiatrie. Ziemssen's Handbuch Bd XVI. 3. Aufl. 1886. — E. Kraepelin, Compendium der Psychiatrie. Leipzig 1883. — Th. Meynert, Psychiatrie. Klinik der Erkrankungen des Vorderhirns. 1. Hälfte. Wien 1884. — Vgl. K. Kahlbaum, Die klinisch-diagnostischen Gesichtspunkte der Psychopathologie. Sammlung klinischer Vorträge. Nr. 126. Leipzig 1877.

Die Störungen der höheren psychischen Functionen sind entweder nur quantitative und bestehen in einer einfachen Abnahme derselben, oder sind qualitative, indem die Functionen nach Form und Inhalt sich krankhaft verändert zeigen. In manchen Fällen endlich sind quantitative und qualitative Störungen gleichzeitig vorhanden.

Die quantitativen Störungen äussern sich in einer Abnahme des Wahrnehmens, Denkens und Wollens, und zwar sind häufig alle höheren Functionen annähernd gleichmässig gestört, während in anderen Fällen die eine mehr als die andere beeinträchtigt erscheint. Zunächst geht gewöhnlich die Selbsterkenntniss verloren, welche ja schon beim gesunden Menschen mit Recht für besonders schwierig gehalten wird: der Kranke wird unfähig, seinen eigenen körperlichen und geistigen Zustand und sein Verhältniss zu seiner Umgebung richtig zu beurtheilen. Allmählich beachtet er auch weniger, was um ihn vorgeht; das Gedächtniss wird schwach, und zwar oft zunächst in Betreff der letzten Vergangenheit, während es in Bezug auf längstvergangene Zeiten anfangs häufig noch auffallend gut erscheint; die Combination der Vorstellungen wird mangelhaft, das Urtheil unsicher; die Willensäusserungen sind vermindert und schwach, ethische und aesthetische Motive treten in den Hintergrund oder sind gar nicht mehr vorhanden; zuweilen wird der Wille durch einseitige Richtung zum Eigensinn. Je weiter diese quantitative Abnahme der Functionen fortschreitet, desto mehr bildet sich der Zustand aus, welchen man als Blödsinn oder Dementia bezeichnet.

Die quantitativen Störungen sind in vielen Fällen die Folge von organischen Gehirnkrankheiten und sind dann nicht zu den Geisteskrankheiten im engeren Sinn zu rechnen. So kommt Dementia vor als angeborener Zustand bei mangelhafter Entwickelung des Gehirns (Idiotismus congenitus, S. 317) ferner bei seniler Atrophie (Dementia senilis) und bei allen anderen Formen der Atrophie, bei Zerstörungen des Gehirns, bei parenchymatöser Degeneration (Dementia paralytica, S. 323), bei Hydrocephalus und bei allen Krankheiten, welche mit Gehirndruck verbunden sind. In diesen Fällen ist die Prognose abhängig von der besonderen Art der Gehirnkrankheit: meist ist die Dementia unheilbar; nur wo sie vom Gehirndruck abhängt, kann sie nach Aufhebung desselben wieder verschwinden. — Ausserdem bildet die Dementia einen häufigen Ausgang oder ein Endstadium anderweitiger Geisteskrankheiten (secundärer Blödsinn) und ist dann immer unheilbar. Als Dementia acuta wird zuweilen ein Zustand von Stupor bezeichnet, wie er z. B. bei schwerer Inanition, nach bedeutenden Blutverlusten, nach lange dauerndem heftigem Fieber, nach übermässigen geistigen Anstrengungen und Gemüthsaffecten u. s. w. vorkommt; in diesen Fällen kann nach dem Aufhören der Ursachen der Zustand allmählich in Heilung übergehen.

Die quantitativen Störungen sind gewöhnlich, wenn sie nicht die höchsten Grade erreichen, weniger auffallend als die qualitativen Störungen und werden namentlich von den Laien meist weniger beachtet. Ein Kranker, der auf die herkömmlichen Fragen nach seinem Befinden noch die gebräuchlichen Antworten zu geben weiss, wird oft noch für geistig gesund angesehen, obwohl er vielleicht nicht im Stande sein würde, Tageszeit oder Wochentag oder Jahreszahl anzugeben. Ueberhaupt erregt ein Kranker, dessen Wahrnehmen, Denken und Wollen einfach schwächer ist als im Normalzustande, viel weniger Aufsehen als ein Kranker mit qualitativen Störungen, der etwa lebhafte Delirien hat oder sich in einem tobsüchtigen Anfall befindet. Und doch ist ein Organ, welches nicht mehr oder nur noch schwach functionirt, im Allgemeinen für schwerer erkrankt zu halten als ein solches, welches noch lebhafte, wenn auch qualitativ abnorme Thätigkeit zeigt. Und so sind auch die quantitativen psychischen Störungen durchschnittlich schwerer und hoffnungsloser als die qualitativen. In vielen Krankheitsfällen sind zuerst die qualitativen Störungen vorherrschend, und erst später, wenn die Krankheit sich verschlimmert, treten die quantitativen Störungen in den Vordergrund (terminaler Blödsinn).

Anderseits gibt es Zustände, welche auf den ersten Blick als schwere quantitative Beeinträchtigung der psychischen Functionen erscheinen können, während in Wirklichkeit nur die Aeusserungen der psychischen Thätigkeit fehlen. Dahin gehören z. B. manche der als Stupor bezeichneten Zustände, wie sie bei Gehirnkrankheiten und ferner bei Melancholia attonita vorkommen. Wie im festen Schlaf und im Zustande des Hypnotismus die psychische Thätigkeit aufhört oder vermindert ist, ohne dauernd aufgehoben zu sein, so kann auch in pathologischen Zuständen die psychische Thätigkeit „krankhaft gebunden" sein.

Bei den qualitativen Störungen kann man einigermassen unterscheiden die Störungen des Wahrnehmens, des Denkens und des Wollens. In manchen Fällen sind alle diese Functionen gleichzeitig gestört (totale Geisteskrankheit), in anderen betrifft die Störung vorzugsweise nur die eine oder die andere Seite der geistigen Thätigkeit (partielle Geisteskrankheit). Besonders häufig sind auch die Störungen der höheren Functionen mit Störungen der niederen Functionen verbunden.

Die Störungen des Wahrnehmens äussern sich in der Form von Illusionen und Hallucinationen. Nach der gebräuchlichen Definition werden als Illusionen diejenigen Sinnestäuschungen bezeichnet, welche durch falsche Deutung wirklicher Wahrnehmungen entstehen, als Hallucinationen diejenigen, welchen gar kein wirkliches Object entspricht. Es kommen auch Wahnvorstellungen vor, welche je nach der Auffassung zu den einen oder zu den anderen gerechnet werden können. Wenn z. B. ein Kranker die in seinem Gesichtsfelde wirklich vorhandenen Verdunkelungen

als bestimmte Objecte deutet, so kann man je nach der genaueren
Fassung der Definition sowohl von Illusionen als von Hallucinationen
reden (vgl. S. 349). Illusionen und Hallucinationen kommen auch
beim geistig Gesunden vor; derselbe erkennt aber z. B. seine Traum-
gebilde bei näherer Ueberlegung sofort als das, was sie sind. Als
Zeichen von Geistesstörung im engeren Sinne sind sie erst dann
anzusehen, wenn sie für den Ausdruck wirklicher Objecte gehalten
werden; und dies kommt nur dann vor, wenn zugleich das Urtheil
beeinträchtigt, also das Denken gestört ist.

　　Störungen des Denkens sind bei den Geisteskrankheiten
im engeren Sinne gewöhnlich in ausgebildeter Weise vorhanden,
und die anderweitigen Störungen werden in der Regel erst dadurch
zu eigentlichen Geisteskrankheiten, dass sie mit Störungen des Denkens sich verbinden. Diese Störungen können sich in mannigfaltiger
Weise äussern: die Vorstellungen werden oft in ungeordneter Weise
oder nach unwesentlichen und zufälligen Merkmalen aneinander-
gereiht (Störung der Ideenassociation), oder sie folgen übermässig
schnell aufeinander (Ideenjagd) und verweilen dabei oft nur kurze
Zeit im Bewusstsein (Ideenflucht), die Urtheile und Schlüsse entbehren mehr oder weniger des logischen Zusammenhanges (Verwirrtheit). — Mit den Störungen des Denkens sind häufig auch Illusionen und Hallucinationen verbunden, welche von dem Kranken in
Folge der Störung des Urtheils für den Ausdruck der Wirklichkeit
gehalten werden. Eine Störung des Denkens, welche acut auftritt
oder nur vorübergehend vorhanden ist, bezeichnet man als Delirium. Man unterscheidet ruhiges Delirium (Delirium mite s.
blandum) und lebhaftes Delirium (Delirium erethisticum).
Aus dem letzteren entsteht unter Betheiligung abnormer Willensäusserungen das Delirium ferox s. furibundum, welches ohne
scharfe Grenze in Tobsucht übergeht. — Andauernde Störungen des
Denkens finden sich bei den meisten chronischen Geisteskrankheiten.
Die Zustände, bei welchen die Störungen des Denkens besonders
auffallend und vorherrschend sind, kann man als Verrücktheit
im weiteren Sinne bezeichnen. Dabei sind gewöhnlich sogenannte Wahnvorstellungen oder fixe Ideen vorhanden, welche in
formaler Beziehung durch die Störung des Denkens bedingt sind,
während ihr specieller Inhalt von anderweitigen Umständen abhängig ist. Auch kommen dabei häufig die sogenannten Zwangsvorstellungen vor. Der Ausdruck Verrücktheit wird im engeren Sinne
neuerlichst vorzugsweise auf diejenigen Fälle angewendet, bei welchen das Urtheil über die eigene Persönlichkeit und ihr Verhältniss

zu der Umgebung in auffallender Weise gestört und gewissermassen verschoben oder verrückt ist. Man unterscheidet primäre und secundäre Verrücktheit, jenachdem der Zustand relativ idiopathisch aufgetreten ist oder nur den Ausgang einer anderen Art der Geistesstörung darstellt. Bei der secundären Verrücktheit tritt neben den qualitativen Störungen des Denkens eine allgemeine quantitative Abnahme der psychischen Functionen deutlich hervor. Die Prognose ist bei den Störungen des Denkens im Allgemeinen um so ungünstiger, je länger dieselben bestanden haben. Die secundäre Verrücktheit ist unheilbar.

Die Störungen des Wollens sind gewöhnlich mit Anomalien der niederen Functionen, namentlich der Triebe verbunden. Die abnormen Triebe, welche den Zwangsvorstellungen analog sind, und die man häufig gemeint hat einfach auf Zwangsvorstellungen zurückführen zu können, machen an sich noch nicht eine Geistesstörung im engeren Sinne aus; erst wenn das Denken nicht mehr im Stande ist die Triebe zu controliren, und wenn der bewusste Wille nicht mehr ausreicht die abnormen Triebe im Zaume zu halten, kommt eigentliche Geisteskrankheit zu Stande. Wenn das Vorherrschen der abnormen Triebe sich in acuten und heftigen Ausbrüchen äussert, so entsteht die Manie oder Tobsucht, bei der häufig auch noch Illusionen und Hallucinationen betheiligt sind. Die chronischen Aeusserungen bilden diejenige psychische Störung, welche man als moralisches Irresein (moral insanity der englischen Autoren) bezeichnet hat. Bei dem moralischen Irresein betrifft die Störung zuweilen nahezu das ganze Gebiet der ethischen Triebe und Gefühle und der daraus hervorgehenden Willensäusserungen; in anderen Fällen ist nur partielle Störung derselben vorhanden. Die Abnormität besteht oft nur in einfachem Defect, so dass z. B. das Individuum weder durch Liebe zu seinen Angehörigen noch durch gesellige Triebe, weder durch Sittlichkeit noch durch Gewissen in seinen Handlungen bestimmt oder gehemmt wird, sondern nur durch Berechnung nach Nützlichkeitsrücksichten, so dass je nach den Umständen seine Handlungen theils sittlich gut, theils indifferent, theils im höchsten Grade verwerflich ausfallen können. In anderen Fällen bestehen ausserdem noch abnorme Triebe, welche den Kranken zu unsittlichen oder verbrecherischen Handlungen veranlassen. Solche abnorme Triebe werden, wenn sie vereinzelt sich zeigen, zweckmässig als Monomanien bezeichnet; doch hat man in neuerer Zeit mit Recht davor gewarnt, dergleichen Monomanien als besondere Krankheiten aufzufassen, da sie vielmehr meist nur Einzelsymptome einer auch noch anderweitig

sich äussernden psychischen Störung sind. So kommt z. B. vor der
Trieb zur Brandstiftung (Pyromanie), zum Stehlen (Kleptomanie), zu
übermässigem Essen (Bulimie), zum Verschlucken ekelhafter Substanzen (Koprophagie etc.), zum übermässigen Alkoholgenuss (Dipsomanie), zu sexuellen Excessen (Erotomanie, Nymphomanie), zum
Zerstören, zu Mord oder Selbstmord u. s. w. — Eine Grenze zwischen
Individuen, welche zwar in gewissen Beziehungen moralisch defect,
aber doch noch als geistig gesund zu bezeichnen sind, und solchen,
welche an moralischem Irresein leiden, ist nicht scharf zu ziehen
und wird immer einigermassen willkürlich bleiben, ein Umstand, der
in forensischer Beziehung nicht selten Schwierigkeiten macht, und
der die häufig vorkommenden Abweichungen in dem Urtheil verschiedener Sachverständiger über den gleichen Fall oder selbst über
historische Persönlichkeiten hinreichend erklärt. Zu berücksichtigen
ist, dass, wie bei den Monomanien, so auch beim moralischen Irresein überhaupt die genauere Untersuchung häufig neben den Anomalien des Willens und der Triebe auch noch andere Störungen der
höheren oder niederen psychischen Functionen erkennen lässt. Besonders häufig ist bei dem moralischen Irresein hereditäre Belastung
oder Epilepsie betheiligt. Die Prognose ist im Allgemeinen eine
ungünstige, indem weder Erziehung noch anderweitige Behandlung
im Stande ist, den vorhandenen psychischen Defect zu ersetzen.

Neben den Störungen der höheren psychischen Functionen sind
gewöhnlich gleichzeitig auch Störungen der niederen Functionen vorhanden, und diese letzteren sind in manchen Fällen massgebend für
das allgemeine symptomatologische Bild der Geistesstörung, so dass
dieselbe ihren besonderen Charakter oder ihre Signatur erst erhält
durch die Art der gleichzeitig vorhandenen Störungen der Gefühle,
Stimmungen und Triebe. In dieser Beziehung pflegt man zu unterscheiden zwischen Exaltationszuständen und Depressions-
zuständen.

Der Zustand der Exaltation ist charakterisirt durch eine
Steigerung des Selbstgefühls und durch gehobene Stimmung, durch
sogenannten expansiven Affect. Es besteht das Gefühl eines ungewöhnlichen psychischen Wohlbefindens und einer ungewöhnlichen
Leistungsfähigkeit. Der Kranke ist Lustgefühlen leicht zugänglich,
während in Bezug auf Gefühle der Unlust und speciell des Schmerzes
oft psychische Anaesthesie vorhanden ist. Die Wahnvorstellungen,
welche in Folge der gleichzeitigen Störung des Wahrnehmens und
Denkens entstehen, entsprechen in ihrem Charakter der gehobenen
Stimmung. Der Kranke glaubt mehr zu sein, zu besitzen, zu können

als bisher. Es entwickelt sich sogenannter Grössenwahn. Die Geistesstörungen, bei welchen der Zustand der Exaltation, der gehobenen Stimmung, in dem Krankheitsbilde besonders in den Vordergrund tritt,
bezeichnet man neuerlichst gewöhnlich als Manie; ich halte es für
zweckmässiger, diesen Ausdruck für die eigentliche Tobsucht zu
reserviren und für die Zustände mit vorherrschender Exaltation den
älteren Namen Wahnsinn beizubehalten. — Exaltationszustände mit
Grössenwahnideen kommen auch vor als Ausdruck psychischer Reizungserscheinungen bei gewissen organischen Gehirnkrankheiten; sie
sind häufig die auffallendste Erscheinung im Anfange der parenchymatösen Degeneration, welche zu progressiver Paralyse führt (S. 326).

Der Zustand der Depression besteht wesentlich in einer nieder-
gedrückten Stimmung mit Verminderung des Selbstgefühls und allgemeiner Behinderung und Hemmung der Aeusserungen psychischer
Thätigkeit. Alles, was auf den Kranken einwirkt, hat Gefühle von
Unlust oder von psychischem Schmerz zur Folge, ein Zustand, der
oft als psychische Hyperaesthesie bezeichnet wird. Die Geistesstörungen, bei welchen ein Zustand von Depression besonders vorherrscht, werden als Melancholie bezeichnet. Die Wahnvorstellungen, welche durch gleichzeitige Störung der höheren Functionen
entstehen, entsprechen der deprimirten Stimmung. Der Kranke glaubt
an seinem Körper objectiv auffallende Abnormitäten zu finden (hypochondrische Wahnideen), oder er glaubt sich verfolgt, er sieht und
hört, wie sein Thun und Treiben beobachtet und ungünstig beurtheilt
wird, er fürchtet vergiftet oder auf andere Weise umgebracht oder
gefänglich eingezogen zu werden (Verfolgungswahn), er glaubt nicht
mehr die Mittel zur Bestreitung seines Lebensunterhalts zu besitzen
(Verarmungswahn), oder er hält sich für einen moralisch tief gesunke-
nen Menschen, für einen schweren Sünder, klagt sich bestimmter schwerer Verbrechen an (Versündigungswahn) u. s. w. Jenachdem die Hemmungen überwiegend sind oder durch reactive Willensäusserungen
unterbrochen werden, unterscheidet man eine Melancholia passiva und
eine Melancholia agitans s. activa. Ein melancholischer Zustand in Verbindung mit Stupor wird als Melancholia attonita bezeichnet.

Die Zustände der Exaltation oder der Depression können bestehen,
ohne dass Wahnvorstellungen sich entwickeln, und ohne dass überhaupt
auffallende Störungen der höheren psychischen Functionen hervortreten.
Relativ reine Exaltationszustände sind z. B. vorhanden bei einem mässigen
Grade der Betrunkenheit, ferner im Beginn mancher Geistesstörungen.
Die reinen Depressionszustände kommen in den leichtesten Graden besonders häufig vor als einfache psychische Verstimmung; aber auch die
höheren Grade der melancholischen Verstimmung können längere Zeit

bestehen ohne Wahnvorstellungen und überhaupt ohne auffallende Störung der höheren Functionen und bilden dann die Melancholia simplex oder die Mélancolie raisonnante der französischen Autoren. Auch die Hypochondrie, so lange dabei noch keine Störung des Urtheils und der übrigen höheren Functionen hervortritt, ist hierher zu rechnen.

Die Wahnvorstellungen kommen zum Theil dadurch zu Stande, dass die Kranken versuchen über die Ursache der gehobenen oder anderseits der deprimirten Stimmung sich Rechenschaft zu geben: sie sind Erklärungsversuche (Griesinger). Solche Erklärungsversuche können unter Umständen der Art sein, dass sie nicht gegen die formale Logik verstossen, so z. B. manche Deutungen von vorhandenen abnormen Gemeingefühlen. Bei der Entstehung der ausgebildeten Wahnvorstellungen ist aber gewöhnlich die gleichzeitig bestehende Störung der höheren psychischen Functionen, namentlich des Urtheils und des Denkens überhaupt, wesentlich betheiligt.

Durch die Art der Gefühle, Stimmungen und Triebe erhalten die Geisteskrankheiten ihren besonderen Charakter und gewissermassen ihre Signatur. Die Störung zeigt ein höchst verschiedenes Bild, jenachdem die niederen psychischen Functionen im Zustande der Exaltation oder der Depression oder endlich in einem indifferenten Zustande sich befinden.

So werden die Störungen des Wahrnehmens durch den vorherrschenden Gemüthsaffect in ihrer Art bestimmt, indem die Illusionen und Hallucinationen entweder heiterer und angenehmer Art oder unangenehm, beängstigend und bedrohend oder endlich indifferent erscheinen.

Auch bei den Störungen des Denkens wird der Charakter derselben wesentlich bestimmt durch die Art des gleichzeitig vorhandenen Affects. Die Delirien haben zuweilen vorwiegend heiteren Charakter, zuweilen sind sie unangenehm und schreckhaft, in anderen Fällen endlich indifferent. Auch bei den andauernden Störungen des Denkens sind die Wahnvorstellungen abhängig von dem Zustande der Gefühle und Stimmungen. Bei der Verrücktheit im engeren Sinne z. B. hält sich der Kranke in dem einen Falle für eine besonders hervorragende Persönlichkeit; er ist der Sohn eines Königs oder Kaisers oder auch selbst König, Kaiser oder sogar Gott. Dagegen haben bei vorhandenem Depressionszustand auch die fixen Ideen einen melancholischen Charakter: der Kranke ist ein schwerer Sünder, ein Verbrecher, er hat ein unerhörtes körperliches Leiden, er ist in seinen vermeintlichen Rechten schwer gekränkt. In anderen Fällen endlich sind die Wahnvorstellungen mehr indifferenter Art, oder sie haben einen gemischten Charakter. So kann der Kranke, der in Folge von Verfolgungswahn die allgemeine Aufmerksamkeit auf sich gerichtet glaubt, gerade daraus die Idee schöpfen, dass er eine besonders distinguirte Persönlichkeit sein müsse.

Endlich sind auch die Störungen des Wollens gewöhnlich entweder mit Exaltation oder mit Depression verbunden. Die Manie oder Tobsucht wird gewöhnlich zu den Exaltationszuständen gerechnet, und es ist dies insofern richtig, als dabei eine Exaltation des Willens und der Triebe besteht. In Betreff der Gefühle und Stimmungen kann aber sowohl Exaltation wie Depression vorhanden sein. Bei der Tobsucht mit Exaltation kann der Kranke in gehobenem Selbstgefühl über alle Rücksichten gegen Sachen und Personen sich hinwegsetzen; er kann, dem Triebe der Kraftentfaltung folgend, zerstören, was ihm in den Weg kommt, und etwa auch einen Menschen todtschlagen, wie man sonst eine Fliege todtschlagen würde. Aber die Tobsucht kann auch mit depressivem Affect verbunden sein. In manchen Fällen besteht anhaltend eine zornige Gemüthsstimmung (Mania furiosa), die unter Umständen durch Angstgefühle und schreckhafte Hallucinationen unterhalten wird. Bei Melancholie können intercurrent äusserst heftige Anfälle von Tobsucht vorkommen. Ein solcher Raptus melancholicus erscheint oft als eine directe Folge des unerträglichen Angstgefühls, gewissermassen als ein Ausbruch der Verzweiflung. In anderen Fällen wird der Melancholische tobsüchtig, weil er sich verfolgt oder beeinträchtigt glaubt und sich gegen seine Verfolger zur Wehre setzen oder unter Anwendung von Gewalt den auf ihn ausgeübten Hemmungen entfliehen will. Auch die Mania transitoria hat oft einen Zustand der Depression als Hintergrund (S. 346).

In manchen Fällen von Geisteskrankheit findet ein Wechsel statt zwischen Exaltation und Depression, am häufigsten so, dass zuerst ein melancholischer Zustand vorhanden ist, auf welchen dann ein Zustand der Exaltation folgt. Zuweilen tritt dann später nochmals ein Depressionszustand ein, und es kann wieder ein Zustand von Exaltation folgen u. s. w. (circuläres Irresein). In manchen Fällen findet auch ein häufiger und plötzlicher Wechsel der Stimmung statt, und namentlich bei den Zuständen psychischer Schwäche ist oft ein solcher Wechsel in auffallender Weise vorhanden, so dass der Kranke auf sehr geringe und oft ohne merkliche Veranlassung plötzlich aus dem Lachen ins Weinen und umgekehrt übergehen kann. Uebrigens sind in einzelnen Fällen selbst bei secundärer Verrücktheit oder bei terminalem Blödsinn noch deutliche Nachklänge der Wahnvorstellungen oder der Stimmungen zu bemerken, welche bei der primären Affection vorherrschend waren.

In prognostischer Beziehung ist besonders wichtig die Unterscheidung des Stadiums der Krankheit. Es wurde bereits angeführt,

dass auch bei denjenigen Fällen, welche anfangs vorzugsweise qualitative Störungen zeigen, im späteren Verlauf quantitative Störungen
sich entwickeln können. Die Fälle, bei welchen diese secundären
quantitativen Störungen einen hohen Grad erreichen und in den
Vordergrund treten, werden im Gegensatz zu den primären als
secundäre bezeichnet. Die Prognose ist im Allgemeinen um so
ungünstiger, je mehr die quantitativen Störungen, die Erscheinungen
geistiger Schwäche, ausgebildet sind. Bei den ausgesprochen secundären Fällen ist sie absolut ungünstig. Zu den primären Formen
gehören die Melancholie, der Wahnsinn, die primäre Verrücktheit,
die Tobsucht, der acute Blödsinn, zu den secundären Formen die
secundäre Verrücktheit und der secundäre Blödsinn.

Je nach den aetiologischen und anamnestischen Verhältnissen
hat man unterschieden zwischen Psychoneurosen und psychischen Entartungen (v. Krafft-Ebing). Zu den Psychoneurosen
rechnet man diejenigen Fälle, bei welchen die Störung ein von Geburt aus gut constituirtes und bisher normal functionirendes Gehirn
befallen hat, zu den psychischen Entartungen diejenigen, bei welchen
ein erblich belastetes oder anderweitig (z. B. durch Alkoholismus,
durch sexuelle Excesse, durch Epilepsie oder andere Gehirnkrankheiten) bereits schwerer geschädigtes Gehirn von der Störung betroffen wurde. Im Durchschnitt geben die Psychoneurosen bessere
Aussichten auf dauernde Heilung; bei den psychischen Degenerationen
machen die Krankheitserscheinungen zwar häufige Remissionen und
Intermissionen; aber es treten leicht Recidive auf, und in manchen
Fällen zeigt sich eine periodische Wiederkehr der Krankheitserscheinungen (periodisches Irresein). Die Degenerationszustände sind gewöhnlich weniger typisch, oft mit gemischten oder schnell wechselnden Erscheinungen, lassen sich weniger leicht in die gewöhnlichen Kategorien einreihen; die Krankheitsanlage wird häufig und
dann zuweilen in schwererer Form auf die Nachkommen vererbt.

Die Diagnose der Geisteskrankheit im Allgemeinen, die bei
ausgebildeter Krankheit sehr leicht ist, bietet in einzelnen Fällen
deshalb grosse Schwierigkeiten, weil es keine scharfen Grenzen gibt.
Geisteskrankheit im engeren Sinne nehmen wir nur dann an, wenn
eine deutliche Störung der höheren psychischen Functionen besteht.
Wo nur die niederen psychischen Functionen, die Gefühle, Stimmungen und Triebe gestört sind, wie z. B. bei der Hysterie, der
Hypochondrie, der einfachen Verstimmung, der Mélancolie raisonnante, da kann, so lange die höheren psychischen Functionen vollständig normal sind, wohl von Gemüthskrankheit (Dysthymie) ge-

redet werden, nicht aber von Geisteskrankheit im engeren Sinne. Aber häufig finden Uebergänge statt: die eigentliche Geisteskrankheit beginnt, sobald auch das Wahrnehmen, Denken und Wollen eine merkliche Störung zeigen.

Auch die Grenze zwischen Geisteskrankheiten und Gehirnkrankheiten ist keine absolute. Wir rechnen zu den Geisteskrankheiten nur die functionellen Störungen, d. h. diejenigen, bei denen anatomische Erkrankungen des Gehirns oder Einwirkungen auf dasselbe, welche als ausreichende Grundlagen der Störung anzusehen wären, bisher nicht nachzuweisen sind. Diese Grenze verschiebt sich mit der Zeit. Wie wir die progressive Paralyse, die Mania transitoria und manche andere Zustände, die noch vor Kurzem allgemein zu den Geisteskrankheiten gerechnet wurden, unter die Gehirnkrankheiten eingereiht haben, so wird voraussichtlich die Zukunft noch manchen Symptomencomplex und manchen Einzelfall, der bisher noch als Geisteskrankheit aufgefasst werden muss, zu den Gehirnkrankheiten rechnen lassen. Die Geisteskrankheiten werden nebst den übrigen functionellen Gehirnkrankheiten immer nur den anatomisch und physiologisch incommensurablen Rest bilden.

Endlich ist die Grenze zwischen geistig Gesunden und Geisteskranken nicht immer leicht festzustellen. Nicht jeder Mensch, der geistig abnorm ist, ist deshalb als geisteskrank zu bezeichnen. In dieser Beziehung sind die Begriffsbestimmungen der allgemeinen Pathologie und namentlich die Unterscheidung zwischen Vitium und Morbus festzuhalten. Nach dieser Begriffsbestimmung würde eine stationäre geistige Abnormität, z. B. ein congenitaler Defect, an sich noch nicht zu den Geisteskrankheiten im engeren Sinne zu rechnen sein. Vielmehr würde zum Begriff der Krankheit gehören, dass dabei ein Prozess, ein Fortschreiten in der einen oder anderen Richtung stattfinde. Es ist diese Unterscheidung von praktischer Wichtigkeit. Bei einem Menschen, bei welchem eine auffallende psychische Eigenthümlichkeit von je her vorhanden war, z. B. Mangel an Selbstvertrauen, Neigung zu Trübsinn und pessimistischer Weltanschauung, oder anderseits Selbstüberschätzung, Neigung zu Ausgelassenheit, zu optimistischer Auffassung der Verhältnisse, oder Empfindlichkeit, übertriebenes Rechtsgefühl, Streitsucht, oder irgend welche auffallenden und ungewöhnlichen Triebe und Neigungen, da gibt diese Eigenthümlichkeit an sich noch keine Veranlassung zu weiteren Besorgnissen: ein Mensch kann ein Sonderling, ein Original sein und so sein ganzes Leben lang bleiben. Wenn aber die gleiche Eigenthümlichkeit plötzlich bei einem bisher anders gearteten Menschen auf-

treten würde, so müsste sie den Verdacht erwecken, dass es sich
um den Anfang einer schwereren geistigen Störung handle.

Bei der Diagnose der besonderen Form oder Art der Geistesstörung wird man zunächst weniger darauf ausgehen, für den einzelnen Fall einen passenden Namen zu finden, als vielmehr die wesentlichen Elemente der vorhandenen Störung festzustellen. Zwar sind
uns die gebräuchlichen Krankheitsnamen unentbehrlich zum Zweck
einer kurzen Verständigung, und sie sind deshalb auch im Vorigen
möglichst im Anschluss an den herrschenden Sprachgebrauch aufgeführt worden, aber es ist nicht zu übersehen, dass diese Namen
zu verschiedenen Zeiten und bei verschiedenen Autoren in verschiedenem Sinne angewendet worden sind, dass ferner die Eigenthümlichkeiten der einzelnen Krankheitsfälle sich keineswegs immer durch
einen einzelnen der gebräuchlichen Namen ausdrücken lassen, und
dass endlich bei dem gleichen Kranken zuweilen die eine Form in
die andere übergeht. Daher erscheint es vor Allem wichtig, in
jedem einzelnen Falle festzustellen, wie derselbe sich in Bezug auf
die im Obigen aufgeführten Kategorien verhält, zunächst, ob die
vorhandene Störung der höheren psychischen Functionen nur eine
qualitative oder auch eine quantitative ist, dann, ob mehr das Wahrnehmen oder das Denken oder das Wollen gestört ist, ferner, wie
dabei die niederen psychischen Functionen sich verhalten, namentlich ob expansiver oder depressiver Affect besteht, oder ob die
Stimmung indifferent oder wechselnd ist. Aus diesen Feststellungen
und der Berücksichtigung des Verlaufs ergibt sich dann ferner die
für die Prognose besonders wichtige Entscheidung, ob der Fall noch
als primär oder schon als secundär anzusehen sei; und die Berücksichtigung der aetiologischen und anamnestischen Verhältnisse lässt
feststellen, ob er als Psychoneurose oder als psychische Entartung
aufzufassen sei. Erst in letzter Reihe ist auch der specielle Inhalt
der Wahnvorstellungen, der dem Laien gewöhnlich als das Wichtigste imponirt, der aber in Wirklichkeit gewöhnlich durch nebensächliche Verhältnisse bestimmt wird, zu berücksichtigen. Wenn in
dieser Weise der Einzelfall nach allen wesentlichen Richtungen ana-
lysirt ist, so hat es gewöhnlich keine Schwierigkeit, denselben mit
dem passenden Namen zu bezeichnen. Häufig aber sind wir genöthigt, mehr als einen der vorhandenen Namen anzuwenden oder
noch bezeichnende Epitheta zuzusetzen.

REGISTER.

Abnormitäten der Erregung in motorischen Nerven 132. — in sensiblen Nerven 47.

Abscess im Gehirn s. Gehirnabscess. — im Rückenmark 173.

Abulie bei Hysterie 402.

Affect 385. — depressiver 439. 441. — expansiver 438.

Agenesie des Gehirns 316. — halbseitige 318.

Ageusie 28.

Agoraphobie 354.

Agraphie 227.

Agrypnie 353.

Akinesis. 8. 86. s. auch Lähmungen.

Alalie 227.

Alexie 226.

Alternirende Lähmung 239. 240. 248. 283.

Amaurose 28. — bei Erkrankung des N. opticus 249. — bei Gehirntumoren 284.

Amblyopie 28. 249.

Amimie 226.

Amnestische Aphasie 226.

Amputationsneurome 15.

Amyelie 204. 205.

Amyotrophische Lateralsklerose s. Myatrophische L.

Anaemie des Gehirns s. Gehirnanaemie. — des Rückenmarks 197.

Anaesthesie 8. 23. 26. — acustica 28. — centrale 27. 45. — cutanea 28. — dolorosa 15. 19. 43. — der Fusssohlen 38. — gustatoria 28. — der Hände 37. — der Hautnerven 28. — hemiplegische 46. vgl. Hemiauaesthesie. — bei Hysterie 393. — der Körperoberfläche 39. — locale 27. — olfactoria 28. — optica 28. — paraplegische 46. — particlle 31. 37. — peripherische 27. 45. — rheumatische 27. — der Rückenhaut 42. — tactilis 28. 31. — thermische 35. 42. — totale 31. 37. — des Trigeminus 38. 46. — der unteren Körperhälfte 42. — unvollständige, vollständige 8. 27. 31. 37.

Analgesie 28. 36. 43. — bei Hysterie 394.

Anarthrie 227. 241. 244.

Aneurysmen im Gehirn 280. — miliare 258. — im Rückenmark 168.

Angina pectoris 49. 83.

Angiom im Gehirn 279.

Anosmie 28.

Antagonisten der Vasomotoren 43.

Aphasie 225. 232. 238. 264. 270. 275. — amnestische 226. — ataktische, motorische 227. — unvollständige, vollständige 226.

Aphonie 244.

Apoplektiforme Anfälle bei Dementia paralytica 328. — bei Gehirntumoren 283. — bei multipler Sklerose 321.

Apoplektische Cyste 260.

Apoplektische Narbe 260.

Apoplektischer Insult 261. 270. — Theorie desselben 262. 270.

Apoplexia 257. — ex vacuo 259. — fulminans 241. 263. — nervosa, sanguinea, serosa 257.

Arthropathien bei Tabes 191. — bei Hemiplegie 238.

Associationssystem 230.
Asymbolie 226.
Ataktische Aphasie 227.
Ataxie 186. — cerebelläre 246. 255. —
hereditäre 182. — locomotrice progressive 178.
Atelomyelie 204.
Athetose 136. 236.
Atrophie des Gehirns 316. 434. —
musculaire progressive 116. — der Nerven 12. — durch Nichtgebrauch 12.
— der Rückenmarksstränge 180.
Aura epileptica 360. 366. — motoria 360. — psychica 361. — sensibilis, vasomotoria 360.

Beriberi 18. 20.
Besessensein 402.
Beschäftigungskrämpfe 134. 145.
Bildungsmangel des Gehirns 316.
Bindegewebswucherung im Ner-
ven 16. — im Rückenmark 180.
Bleikolik 83.
Blepharospasmus 143.
Blödsinn 432. 434. — acuter 442. —
primärer 433. — bei progressiver Pa-
ralyse 327. — secundärer 434. 442. —
terminaler 435. 441.
Bogenfasern 231.
Brachycephalus 318.
Broca'sche Windung 225.
Brown-Sequard'sche Spinallāh-
mung 166.
Bulbärparalyse 125. — apoplekti-
forme 244. — progressive 125.
Bulbärparalytische Symptome
129. — bei Dementia paralytica 328.
bei Gehirntumoren 255. — bei Herderkrankungen in der Medulla oblongata 244. — bei multipler Sklerose
321.
Bulimie 438.

Capsula interna, Herderkrankungen
in derselben 235.
Caput obstipum 144.
Carcinom des Gehirns 278. — der
Nerven 14. — des Rückenmarks 168.
Cardialgie 83.

Catalepsie s. Katalepsie.
Centrum ovale, Herderkrankungen
desselben 230.
Cephalaea 77.
Cephalalgia 75. — febrilis 76. 341.
gastrica 76. — habituelle 77. — ner-
vosa, neuralgica, neurasthenica 75. —
rheumatica 76. — symptomatica 75. —
toxica, uraemica 76.
Cervico-brachial-Neuralgie 66.
Cervico-occipital-Neuralgie 65.
Cheyne-Stokes'sches Phänomen
263.
Cholesteatom im Gehirn 279.
Chorda tympani 102.
Chorea 134. 371. — Anglorum, Ger-
manorum 371. — idiopathische 373.
— major 135. 371. 396. 401. — minor
371. — symptomatische 373.
Circuläres Irresein 441.
Clavus hystericus 76. 96. 392.
Coccygodynie 70.
Colica flatulenta 84. — nervosa, rheu-
matica, saturnina 83. — stercoralis,
verminosa 84.
Collapsus 23. 338.
Commissurenfasern 231.
Commotion des Gehirns 262. — des
Rückenmarks 160. 167.
Compression von Nerven 10. 27. —
des Rückenmarks 169.
Compressionsmyelitis 170.
Congenitale Anomalien des Ge-
hirns 316. — des Rückenmarks 204.
Constanter Strom s. Electricität.
Continuitätstrennung von Nerven
10. — des Rückenmarks 157.
Contractur 134. 139. 236. 398.
Convulsionen 134. 138. 139. — bei
Cholaemie 138. — bei Epilepsie 134.
356. — bei Hysterie 395. — bei Kin-
dern 352. 370. — bei Uraemie 138.
314. 369.
Coordination 146. 153. 186. 372. —
der Augenbewegungen 233. — im Gehirn 372. — Mechanismus ders. 154.
— Prüfung ders. 185. — der Rumpfbewegungen 245. — im Rückenmark
147. 153. — Sitz derselben 147. 153.

187. 372. — Störungen ders. 148. 184.
372.
Coordinatorische Beschäf-
tigungsneurosen 146.
Coordinirte Krämpfe 135. 371. 396.
Corona radiata, Herderkrankungen
in ders. 230.
Corpora quadrigemina, Herder-
krankungen in dens. 234.
Corpus striatum, Herderkrankungen
in dems. 235.
Crampus 134. 139. 141.
Crises bronchiques, gastriques, néphré-
tiques 192.
Cruralneuralgie 68.
Cysten im Gehirn 279.
Cysticerken des Gehirns 280. 285.
— des Rückenmarks 168.

Decubitus bei Hemiplegie 238. — bei
Quertrennung des Rückenmarks 160.
— bei Tabes 191. — unilateralis 166.
238.
Degeneration, absteigende 162. —
aufsteigende 163. — graue 178. 180.
181. — der Nerven 12. — parenchymatöse des Gehirns 323. 324. — des
Rückenmarks 162. 172. 180. 181. —
secundäre 162.
Delirium 436. — blandum 436. —
Charakter dess. 440. — epilepticum
365. — erethisticum 436. — febrile
342. — ferox, furibundum 436. —
inanitionis 337. 354. — mite 436. —
potatorum 348. — ruhiges 436. —
traumaticum 347. — tremens 348.
Dementia 432. 434. — acuta 434. —
paralytica 323. 434. — senilis 434.
— terminale 435.
Depression, psychische 439. —
bei Delirium tremens 350. — bei Mania transitoria 346. — bei Melancholie
439.
Dermoidcysten im Gehirn 279.
Diabetes bei Erkrankung der Medulla
oblongata 243. 245.
Diffuse Erkrankungen des Gehirns
214. 288. — des Rückenmarks 156.
178.

Diplegia facialis 104.
Dipsomanie 438.
Dolichocephalus 317.
Druckerscheinungen bei Gehirn-
krankheiten 250.
Druckpunkte 136. 143.
Drucksinn 28. — Mangel dess. 31.
— Prüfung dess. 31.
Dynamometer 89.
Dysarthrie 227. 241.
Dyslalie 227.
Dysphagie 244.
Dysphasie 226.
Dyspnoea hysterica 393. 396.
Dysthymie 442.

Echinokocken des Gehirns 279. —
des Rückenmarks 168.
Eclampsia 369. — infantum 352. 370.
— puerperalis 370. — saturnina 138.
370. — symptomatica 369. — toxica
370. — uraemica 138. 314. 369. —
verminosa 370.
Ektasien der Gehirnsinus 280.
Electricität bei Hysterie 411. — bei
Katalepsie 381. — bei Krämpfen 140.
143. — bei Lähmungen 98. — bei
Neuralgien 61.
Electrocutane Sensibilität 36.
Electrotonus 99. 140.
Embolie von Gehirnarterien 267. 269.
270.
Emprosthotonus 133. 209.
Encephalitis 267. — suppurativa 272.
Encephalomalacie s. Gehirnerwei-
chung.
Energie, specifische der peripheri-
schen Nerven 6.
Entartungsreaction 93.
Epilepsie 134. 356. 438. 442. — Jack-
son'sche 223. — idiopathische 359.
— levior 362. — partielle 223. —
psychische 364. — saturnina 370. —
secundäre 357. — symptomatische 358.
— unilaterale 223. — uterina 360.
Epileptische Anfälle 360. — bei
Abscessen des Gehirns 275. — bei
Agenesie 319. — bei Cysticerken 285.
— bei Dementia paralytica 328. —

bei Herderkrankungen an der Convexität 223. — bei Hydrocephalus 309. 312. — bei Hypertrophie des Gehirns 316. — Theorie ders. 356. — nach Trauma 358. — bei Tumoren 283. 285. — unvollständige 362.

Epileptische Veränderung 357. 358.

Epileptogene Zone 360.

Epileptoide Zustände 363.

Epiphora bei Facialislähmung 102.

Ergotismus 138.

Ernährungsstörungen s. Trophoneurosen.

Erotomanie 438.

Erweichung des Gehirns s. Gehirnerweichung. — des Rückenmarks s. Rückenmarkserweichung.

Essentielle Lähmung 110. — bei Kindern, bei Erwachsenen 111.

État de mal 362.

Étonnement cérébral 262.

Exaltation 438. — bei Delirium tremens 350. — bei Dementia paralytica 326. — bei Mania transitoria 346. — bei Tobsucht 441. — bei Wahnsinn 439.

Exostosen der Schädelknochen 279.

Facialiskrampf 143.

Facialislähmung 100.

Fallsucht s. Epilepsie.

Febrile Störungen der Gehirnfunctionen 341.

Fernwirkungen bei Herderkrankungen des Gehirns 216. 284.

Fibrom des Gehirns 279. — der Nerven 14. — des Rückenmarks 168.

Fixe Ideen 436. — Charakter ders. 440.

Functionslähmungen 91. 397.

Fungus durae matris 279.

Fussphänomen 194.

Gastralgie 83.

Gehirnabscess 272. — idiopathischer 273. — latenter 275. — metastatischer 268. 273. — secundärer 273. — spontaner 273. — traumatischer 272.

Gehirnanaemie 335. — arterielle 335. — bei aufrechter Körperstellung, durch Blutverlust 337. — bei Epilepsie 356. — durch Gehirndruck 254. 339. — durch Herzschwäche 338. — partielle 336. — durch Stauung 339.

Gehirnbasis, Herderkrankungen an ders. 247.

Gehirnblutung 257.

Gehirndefecte 318.

Gehirndruck 250. 339. — Erscheinungen dess. 252. — Theorie dess. 253. — Vertheilung dess. 251. — Wirkungen dess. 252.

Gehirnerweichung 267. — einfache, eiterige, gangränöse, gelbe, graue 268. — hydrocephalische 267. 311. — rothe 267. 268. 272. — secundäre 267. — weisse 268.

Gehirnhaemorrhagie 257.

Gehirnhyperaemie 329. — active 331. — arterielle 332. — ex vacuo 333. — fluxionäre 332. — venöse 333. 340.

Gehirnkrankheiten 213. — anatomische 213. — diffuse 288. — functionelle 355. — herdweise 214.

Gehirnoedem 313. — allgemeines 313. entzündliches 314. — ex vacuo 313. — bei Nierenkrankheiten 314. — partielles 313. — durch Stauung 313.

Gehirnreizung 341. — mit Depression der Temperatur 345. — bei Kindern 352. — leichtere Formen ders. 353. — psychische 347.

Gehirnrinde, Herderkrankungen in ders. 217.

Gehirntumoren 277.

Geisteskrankheiten 431. — idiopathische 431. — partielle 435. — primäre 432. 442. — secundäre 432. 442. — symptomatische 431. — totale 435.

Gekreuzte Lähmung 239. 240. 248. 283.

Gelenkentzündungen s. Arthropathien.

Gelenkneuralgie 84.

Genickkrampf 199. 297.

Geschmacksstörung bei Facialislähmung 102.

Gesichtsfelddefecte 250.
Gesichtskrampf 143.
Gesichtslähmung 100.
Gesichtsschmerz 64.
Gichter 352.
Gliom des Gehirns 279. — des Rücken-
marks 168.
Globus hystericus 392. 396.
Glossy skin 161.
Grössenwahn 439. — bei Dementia
paralytica 326. — bei Wahnsinn 439.
Grosshirnganglien 232. — Function
ders. 233. — Herderkrankungen in
dens. 232.
Grüsskrämpfe 144.
Gürtelerscheinungen 157. 168. 170.
175.

Haematom der Dura mater 306. 324.
Haematorrhachis 171.
Haemorrhagie der Gehirnhäute 257.
des Gehirns 257. — des Rückenmarks
171. — der Rückenmarkshäute 204.
Hallucinationen 435. — Charakter
ders. 440. — bei Delirium tremens
349. — bei Hysterie 392. — bei Mania transitoria 345. — schreckhafte
441. — bei Tobsucht 437.
Hautjucken 71.
Hemianaesthesie 237. 239. 240.
Hemianopsie s. Hemiopie.
Hemichorea posthemiplegica 136. 236.
Hemicrania 78. — sympathico-paralytica, sympathico-tonica 78. 79.
Hemiopie 224. 232. 237. 249. 250. 284.
Hemiplegie 95. — andersseitige, contralaterale 223. 235. 239. 240. 244. 246.
264. 270. — hysterische 397. — laterale 244. — spinale 166. — stückweise
223.
Hemisphären des Grosshirns, Zerstörung ders. 229.
Herderkrankungen des Gehirns
214. — Arten ders. 256. — an der
Basis 247. — in der Capsula interna
232. — im Centrum ovale 230. — in
den Grosshirnganglien 232. — in der
Grosshirnrinde 217. — im Kleinhirn
245. — in der Medulla oblongata 243.

— im mittleren Kleinhirnschenkel 242.
— im Pedunculus 238. — im Pons
Varolii 239. — raumbeschränkende
Wirkungen ders. 250.
Herderkrankungen des Rücken-
marks 157. — Arten ders. 167.
Herdsymptome bei Gehirnkrankhei-
ten 214. — bei Rückenmarkskrank-
heiten 157.
Herpes Zoster bei Neuritis 19. 67.
Hinterstränge des Rückenmarks
151. — graue Degeneration ders. 178.
— Sklerose ders. 183. 189.
Hirn s. Gehirn.
Hitzschlag 344.
Höhlenbildung im Rückenmark 205.
Hydrencephalocele 308.
Hydrocephaloid 337. 353.
Hydrocephalus acquisitus 311. —
acutus 291. 311. — chronicus 299. 311.
— congenitus 308. 317. — externus
308. 311. 313. — ex vacuo 313. 316.
idiopathicus 311.
Hydromeningocele 205.
Hydromyelocele 205.
Hydromyelus congenitus 205.
Hydrorrhachis interna 205.
Hyperacusis bei Facialislähmung 101.
Hyperaemie des Gehirns s. Gehirn-
hyperaemie. — des Rückenmarks 197.
Hyperaesthesie 8. 23. — acustica
101. — aus centralen Ursachen 25.
391. — bei Hypochondrie 418. 421. —
bei Hysterie 391. 413. — bei Neuralgien 55. 57. — aus peripherischen
Ursachen 24. — psychische 25. 439.
Hyperemesis hysterica 396. 411.
Hyperkinesis 8. 86. 132. s. Krämpfe.
Hypertrophie des Gehirns 315. 279.
— der Hypophysis 279. — der Muskeln 118. — der Nerven 14. — der
Zirbeldrüse 279.
Hypnotismus 401. 409.
Hypochondrie 416. 440. — cum materie 417. 426. — Ernährungsstörungen bei ders. 425. — Hyperaesthesie
bei ders. 418. 421. — Irresein bei
ders. 416. 425. 431. — Paraesthesien
bei ders. 418. 421. 423. 425. — sexuelle

418. 428. — sine materie 417. — symptomatische 418. —Wahnvorstellungen bei ders. 424.
Hysterie 386. — Anaesthesie bei ders. 393. 413. — Analgesie bei ders. 394. — Anfälle bei ders. 401. 410. — Hyperaesthesie bei ders. 391. 413. — Irresein bei ders. 402. 431. — Krämpfe bei ders. 135. 395. 411. — Lähmungen bei ders. 397. 412. — psychische Störungen bei ders. 399. — Wahnvorstellungen bei ders. 402.
Hysteroepilepsie 404.

Ideenassociation, Störung ders. 436.
Ideenflucht 436.
Ideenjagd 436.
Idiotismus congenitus 317. 434.
Illusionen 435. 437. — Charakter ders. 440.
Inactivitätsatrophie 12.
Inanitionsdelirien 337. 354.
Inductionsstrom s. Electricität.
Infiltration celluleuse 261.
Intentionszittern 135. 320.
Intercostalneuralgie 67.
Intracranielle Neuralgie 78. — -s Oedem 313.
Irradiation 57.
Irresein 433. — circuläres 441. — hypochondrisches 416. 425. 431. — hysterisches 402. 431. — moralisches 437. — periodisches 442.
Ischias 68.

Jackson'sche Epilepsie 223.
Jucken 71.

Kakke 18. 20.
Katalepsie 133. 380. 398.
Kaumuskelkrampf 143.
Kaumuskellähmung 106.
Kinderlähmung 110. — essentielle, spinale 110.
Kitzel 37. 71.
Klauenhand 120.
Kleinhirn, Herderkrankungen in dems. 245.
Kleptomanie 438.

Knochenbrüchigkeit bei Tabes 192.
Knochenneubildungen in der Dura mater 279.
Kopfcongestionen s. Gehirnhyperaemie.
Kopfschmerz 75. s. Cephalalgia.
Koprophagie 438.
Körperstellung, Einfluss ders. auf die Blutvertheilung 338.
Krampfcentrum 240. 244. 356.
Krämpfe 9. 132. — allgemeine 133. — centrale 132. 137. 141. — bei Chorea 371. — bei Coordinationsstörungen 185. — coordinirte 135. 371. 396. — bei coordinirten Bewegungen 145. — des Cucullaris 144. — diffuse 133. — epileptische 134. 356. 369. — functionelle 145. — im Gebiete des N. accessorius, facialis, trigeminus 143. 144. — hysterische 135. 395. — klonische 134. — localisirte 141. — peripherische 132. 137. — saltatorische 136. — des Sternocleidomastoideus 144. — tetanische 133. 207. — tonische 133.
Kranioskopie 218.
Kretinismus 318.
Kyphose 169. — paralytische 108. 120.

Lähmungen 86. — acute spinale 110. — alternirende 239. 240. 248. 283. — centrale 87. 90. 95. — des N. facialis 100. — functionelle 91. 397. — im Gebiete einzelner Nerven 99. — gekreuzte 239. 240. 248. 283. — des N. hypoglossus 106. — hysterische 397. — myopathische 57. — neuropathische 87. — peripherische 87. 91. 95. — des N. phrenicus 108. — psychische 222. 399. — des N. radialis 109. — der Rückenmuskeln 108. — des M. serratus 107. — des N. thoracicus longus 107. — wechselständige 239. 240. 248. 283. — des Zwerchfells 108.
Lagophthalmus 100.
Lateralsklerose 193. — myatrophische 194.
Leitung, isolirte 6.

Leptomeningitis cerebralis 289.
— acute 290. — chronische 301.
Leptomeningitis spinalis 197. —
acute 197. — chronische 202.
Linsenkern, Herderkrankungen in
dems. 235.
Lipom des Gehirns 279. — des Rücken-
marks 168.
Lipomatosis musculorum progressiva
118.
Localisation des Schmerzes 50. —
der Sinneswahrnehmungen 30.
Localisirung der Gehirnfunc-
tionen 215. 218.
Lordose 169.
Lumbo-abdominal-Neuralgie 67.

Macrocephalus 317.
Magenkrampf 83.
Magenschwindel 355.
Malum perforans pedis 19. 191.
Malum Pottii 169.
Manie 432. 437. 439. — Charakter
ders. 441. — furiosa 441. — bei Me-
lancholie 441. — potatorum 347. —
puerperalis 348. — transitoria 345. 441.
Markschwamm im Gehirn 278.
Mastodynie 83.
Medulla oblongata, Herderkrankungen in ders. 243.
Melancholie 432. 439. 442. — active,
agitans 439. — attonita 435. 439. —
passive 439. — raisonnante 440. 442.
— simplex 440.
Melkkrampf 145.
Meniére'sche Krankheit 243.
Meningitis cerebralis 289. — acute
289. — der Basis 297. — chronische
299. — der Convexität 296. — epidemica 293. 298. — bei Gehirnabscess
276. 292. — metastatische 292. —
Nachkrankheiten bei ders. 299. —
secundäre 292. — simplex 291. 298.
— spontane 292. — traumatische 292.
— tuberculöse 294. 298.
Meningitis spinalis 197. — acute
197. — chronische 202. — epidemische
198. 293. — rheumatische 198. — simplex 197.

Meningocele 308.
Metasynkritische Methode 63.
Microcephalus 317. 318.
Migräne 78.
Mimischer Gesichtskrampf 143.
Mitempfindung 57.
Monomanien 437.
Monophasie 226.
Monoplegien 223. 275.
Moral insanity 437.
Moralisches Irresein 437.
Multiple Neuritis 19. — Neurome 15.
— Sklerose 319.
Mundklemme s. Trismus.
Muskelatrophie, progressive 115.
— juvenile Form ders. 116. 119. —
spinale Form 117. 122. — typische
Form 116. 119.
Muskeln, Hypertrophie ders. 118. —
Pseudohypertrophie ders. 118.
Muskelunruhe 371. 372.
Myatrophische Lateralsklerose
194.
Myelitis 172. — centralis, circum-
scripta, diffusa, disseminata 173. —
haemorrhagica 171. 174. — transversa
173.
Myelomalacie s. Rückenmarkserwei-
chung.
Myodesma 93.
Myositis 123.
Myotonie 134.
Myxom des Gehirns 279. — der Ner-
ven 14. — des Rückenmarks 168.

Nähkrämpfe 145.
Nervenentzündung 16.
Nervennaht 11.
Neubildung von Nerven 14.
Neuralgia 9. 52. — ascendens 56. —
der Brustdrüse 83. — cardiaca 83.
— der Cervicalnerven 65. 66. — des
N. cruralis 68. — descendens 56. —
diaphragmatica 82. — der Gelenke
84. — der Hautnerven 64. — der
inneren Organe 74. — der Intercostalnerven 67. — intracranielle 78. — des
N. ischiadicus 68. — der Lumboab-
dominalnerven 67. — der Magenner-

ven 83. — mesenterica 83. — phrenica 82. — pleuritica 82. — rheumatische 54. — scroti, spermatica, testiculi 84.
Neurasthenie 25. 355.
Neuritis 16. — acute 16. 18. — ascendens 17. 18. 19. 174. — chronische 16. — descendens 17. — disseminata 18. — interstitielle 16. — migrans 17. 18. — multiple 18. 19. — nodosa 17. — parenchymatöse 16. — rheumatische 18. — suppurativa 16. — traumatische 18.
Neurome 14. — falsche, gemischte 14. — multiple 15. — wahre 14.
Neuroretinitis 254.
Nickkrämpfe 144.
Nictitatio 143.
Nodus cursorius 242.
Noeud vital 243.
Nucleus caudatus, Herderkrankungen in dems. 235.
Nucleus lentiformis, Herderkrankungen in dems. 235.
Nymphomanie 435.

Ohnmacht bei Gehirnanaemie 335. 337. 338.
Opisthotonus 133. 199. 209. 395.
Orthotonus 133. 209.
Ortssinn, Prüfung dess. 33.
Osteom im Gehirn 279. — im Rückenmark 168.

Pachymeningitis cerebralis 289. — acute 289. — chronische 301. — externa 290. — haemorrhagica 307. — interna 290.
Pachymeningitis spinalis 197. 203. — cervicalis hypertrophica, eiterige, externa, interna 203.
Panneuritis epidemica 18.
Paraesthesie 8. 23. 25. 34. 43. — bei Hypochondrie 418. 421. 423. 425. — bei Hysterie 392.
Parakinesis 8. 86.
Paralysis 8. 86. — agitans 135. 378. — ascendens acuta 212. — glossopharyngo-labialis 125. — progressive

der Irren 323. — spastica 19. 136; vgl. auch Lähmungen.
Paraphasie 226.
Paraplegie 95. 158. — bei Gehirnkrankheiten 240. 244. — bei Rückenmarkskrankheiten 158. 167 ff.
Paresis 8. 86; vgl. auch Lähmungen.
Pavor nocturnus 353.
Pedunculus cerebri, Herderkrankungen in dems. 238.
Periodisches Irresein 442.
Phrenologie 218.
Plagiocephalus 318.
Platzschwindel 354.
Pleurothotonus 133. 209.
Points douloureux 56.
Polioencephalitis 115.
Poliomyelitis anterior acuta 110. — chronica, subacuta 115.
Polymyositis 123.
Polyneuritis 18.
Pons Varolii, Herderkrankungen in dems. 239.
Porencephalie 318.
Priapismus bei Rückenmarkskrankheiten 160.
Progressive Bulbärparalyse 125.
Progressive Muskelatrophie 115; s. Muskelatrophie.
Progressive Paralyse der Irren 323.
Progressive Spinalparalyse 178.
Projectionssystem 230.
Projectionstheorie 220.
Prosopalgie 64.
Pruritus 71. — nervosus, podicis, scroti, senilis, toxicus, vaginae 72.
Psammome im Gehirn 279.
Pseudohypertrophie der Muskeln 118.
Psychische Amaurose 224. 328.
Psychische Entartungen 442.
Psychische Functionen 229. 381. — höhere 229. 382. — Localisirung ders. 218. — niedere 352. — Störungen ders. 229. 381.
Psychische Lähmungen 222. 399.
Psychische Störungen 229. 431. — bei Hypochondrie 424. — bei Hysterie

399. — qualitative 435. — quantitative 434.

Psychische Taubheit 224. 328.

Psychoneurosen 442.

Punkte, schmerzhafte 56.

Pyromanie 438.

Quertrennung des Rückenmarks 157. — halbseitige 165. — particlle 164. — totale 157. — unvollständige 163. — vollständige 157.

Raptus melancholicus 441.

Reflex-Epilepsie 360. 367.

Reflexklonus 191.

Reflexkrämpfe 139.

Reflexlähmungen 18. 19. 174.

Regeneration von Nerven 10.

Reizbare Schwäche 25. 355.

Rindenepilepsie 223. 357.

Rindenlähmungen 223. 232.

Romberg'sches Symptom 38.

Rückenmark 151. — anatomischer Bau dess. 151. — anatomische Erkrankungen dess. 156. — diffuse Erkrankungen dess. 178. — functionelle Krankheiten dess. 206. — Herderkrankungen dess. 157. — Systemerkrankungen dess. 178.

Rückenmarkserweichung 173. 180. — eiterige, gelbe, graue, rothe, weisse 173.

Rückenmarkskrankheiten 151. — anatomische 156. — diffuse 178. — functionelle 206. — herdweise 157. — längsverlaufende, progressive 156. 178. — quertrennende, querverlaufende 156. 157.

Rückenschmerz 81.

Salaamkrämpfe 144.

Sarkom des Gehirns 278. — der Nerven 14. — des Rückenmarks 169.

Scheintod 380. 398.

Schlaflosigkeit 353.

Schlaganfall 257.

Schmerz 48. — in inneren Organen 48. — Localisation dess. 48. 50. — Qualität dess. 48. — als Wächter der Gesundheit 44. 52.

Schmerzempfindung, Mangel ders. 36. 43. — mehrfache 37. — Organe ohne solche 49. — Prüfung ders. 36. — Verspätung ders. 36. 187.

Schmerzhafte Punkte 56.

Schmiedekrampf 145.

Schreibekrampf 134. 145. — paralytische Form dess. 150.

Schusterkrampf 145.

Schüttelfrost 135. 138.

Schüttelkrämpfe 135.

Schwäche, reizbare 25. 355.

Schwermuth 432.

Schwindel 243. 246. 255. 276. 282. — epileptischer 354. 363. — als Folge von Gehirnreizung 354; s. auch Ataxie, cerebelläre.

Seelenblindheit 224. 328.

Seelentaubheit 224. 328.

Sehhügel, Herderkrankungen in dems. 234.

Seitenstränge des Rückenmarks 151. — Degeneration ders. 188. — Sklerose ders. 193.

Shock 23. 338.

Singultus 144. 244. 412.

Sinus durae matris, Ektasie ders. 280. — Thrombose ders. 303.

Sinusthrombose 303. — marantische 303. — phlebitische 304. 305. — primäre 303.

Skirrhus im Gehirn 278.

Sklerose, diffuse, des Gehirns 322. — der Hinterstränge des Rückenmarks 183. 189. — latérale amyotrophique 194. — multiple 319. — der Seitenstränge 193.

Skoliose 169.

Somnambulismus s. Hypnotismus.

Sonnenstich 344.

Spasmus 9. 132; s. auch Krämpfe.

Spastische Spinalparalyse 188. 192.

Spina bifida 205.

Spinalapoplexie 171.

Spinalirritation 81. — bei Hysterie 392.

Spinalparalyse, progressive 178. — spastische 188. 192.

Spondylarthrocace 169.
Stabkranz, Herderkrankungen in dems. 230.
Starrkrampf 207.
Starrsucht 380.
Status epilepticus 362.
Stauungspapille 254. 284.
Stenon'scher Versuch 197.
Stottern 148.
Streifenhügel, Herderkrankungen in dems. 235.
Strickkrämpfe 145.
Stupor 434. 435.
Syncope s. Ohnmacht.
Synostose, frühzeitige der Nähte des Schädels 317.
Syphilidophobie 418.
Syphilom des Gehirns 250. — der Nerven 14. — des Rückenmarks 168.
Syringomyelie 205.
Systemerkrankungen des Rückenmarks 178. — combinirte 183.
Tabes dorsalis 178. 189. — confirmata, consummata 190. — coordinatoria 186. 189. — incipiens 189. — motoria 188. — sensibilis 184. 189. — spastica 188. 192.
Tanzwuth 371.
Taubheit, nervöse 28. — psychische 224. 328.
Temperatursinn 28. — Mangel dess. 35. 42. — Prüfung dess. 35.
Tetanie 133. 137.
Tetanische Krämpfe 133.
Tetanus 207. — hydrophobicus 211. — neonatorum, rheumaticus, toxicus 208. — traumaticus 207.
Thalamus opticus, Herderkrankungen in dems. 234.
Thomsen'sche Krankheit 134.
Thränenträufeln bei Facialislähmung 102.
Thrombose von Gehirnarterien 267. 269. 271. — des Gehirnsinus s. Sinusthrombose.
Tic convulsif 143.
Tic douloureux 64.
Tobsucht 432. 437. 442. - Charakter ders. 441.

Tollheit 432.
Torticollis 144.
Transfert 394.
Tremor 134. — febrilis 135. 341. — mercurialis, opiophagorum, potatorum, saturninus 138. 379. — senilis 135. 379.
Trismus 133. 139. 143. 209.
Trophoneurosen 44. 124. — bei Anaesthesie 44. — bei Hemiplegie 238. — bei Lähmungen 95. — bei Neuralgie 59. — bei Neuritis 19. — bei Rückenmarkskrankheiten 161. 191. 200.
Trübsinn 432.
Tuberkel des Gehirns 279. — des Rückenmarks 168.
Tubercula dolorosa 15. 83.
Tumoren des Gehirns 277. — des Rückenmarks 168.

Vasomotorische Störungen bei Anaesthesie 43. — bei Epilepsie 356. — bei Hemikranie 78. 79. — bei Hemiplegie 238. — bei Hysterie 396. — bei Lähmungen 94. — bei Neuralgie 58. — bei Rückenmarkskrankheiten 160.
Veitstanz 371.
Verarmungswahn 439.
Verfolgungswahn 439. — bei Delirium tremens 350. — bei Hypochondrie 424. — bei Hysterie 402. — bei Mania transitoria 346. — bei Melancholie 441.
Verknöcherung der Nähte des Schädels 317.
Verlangsamung der Leitung im Rückenmark 36. 184. 187.
Verrücktheit 432. 436. 440. — primäre 433. 437. — secundäre 437. 441. 442.
Verschliessung von Gehirnarterien 267.
Versündigungswahn 439.
Vertigo epileptica 354. 363.
Vertige stomacale 355.
Verwirrtheit 432. 436.
Vierhügel, Herderkrankungen in dens. 234.

Wahnsinn 432. 439. 442.
Wahnvorstellungen 435. 436. —
bei Dementia paralytica 326. — hypochondrische 424. 439. — hysterische
402. — bei Manie 438. — bei Melancholie 439. — bei Verrücktheit 440.
— bei Wahnsinn 438.
Wärmeregulirung, Störung ders.
bei Dementia paralytica 328. — Gehirnreizung 345. — Hitzschlag 344.
— Meningitis 295. — Rückenmarkskrankheiten 161. — Sonnenstich 344.
— Tetanus 210.
Weberkrampf 145.
Wechselständige Lähmung 239.
240. 248. 283.
Wirbel, Caries ders. 169. 198. — Exo-

stosen ders. 168. — Fracturen, Luxa-
tionen ders. 167.
Wortblindheit 227.
Worttaubheit 224. 227.
Wundstarrkrampf 207.

Zähneklappern 143.
Zähneknirschen 144.
Zittern s. Tremor.
Zwangsbewegungen 135. 242. 246.
Zwangsstellungen 242.   [371.
Zwangsvorstellungen 436.
Zwerchfellkrampf 144.
Zwerchfelllähmung 108. — bei pro-
gressiver Muskelatrophie 121. — bei
Paralysis ascendens acuta 212. — bei
Rückenmarkskrankheiten 160. 200.